U0415151

云平台架构师(第3版)

——在云上创建安全、可扩展、高可用性的应用程序

瑞提什·莫迪(Ritesh Modi)
[印度]杰克·李(Jack Lee) 著
里廷·斯卡里亚(Rithin Skaria)
刘 颖 等译

国防工业出版社
·北京·

著作权合同登记　图字：01－2024－1443 号

图书在版编目（CIP）数据

云平台架构师：在云上创建安全、可扩展、高可用性的应用程序：第 3 版 /（印）瑞提什·莫迪，（印）杰克·李，（印）里廷·斯卡里亚著；刘颖等译．—北京：国防工业出版社，2024．3

书名原文：Azure for Architects：Create secure，scalable，high-availability applications on the cloud（3rd Edition）

ISBN 978-7-118-12862-8

Ⅰ．①云…　Ⅱ．①瑞…　②杰…　③里…　④刘…　Ⅲ．①云计算　Ⅳ．①TP393．027

中国国家版本馆 CIP 数据核字（2024）第 060849 号

※

国防工业出版社出版发行

（北京市海淀区紫竹院南路 23 号　邮政编码 100048）

雅迪云印（天津）科技有限公司印刷

新华书店经售

*

开本 710×1000　1/16　**印张** 33¼　**字数** 584 千字

2024 年 3 月第 1 版第 1 次印刷　**印数** 1—2000 册　**定价** 198．00 元

（本书如有印装错误，我社负责调换）

国防书店：（010）88540777　　书店传真：（010）88540776

发行业务：（010）88540717　　发行传真：（010）88540762

本书翻译委员会

主　任：刘　颖　朱连宏

副主任：杨相礼　李济廷　袁　莉

委　员：张　巍　张洋铭　朱　丰　祖烁迪

于　乔　郑　重

序言

简介

本部分简要介绍作者、本书的内容、入门所需的技术技能，以及使用 Azure 构建解决方案所需的硬件和软件需求。

Azure 架构第 3 版简介

由于支持高可用性、可伸缩性、安全性、性能和灾难恢复，Azure 已被广泛用于创建和部署不同类型的应用程序。根据最新进展，这是 Azure 架构的第 3 版，可以帮助您掌握设计无服务器架构的核心概念，包括容器、Kubernetes 部署和大数据解决方案。您将学习如何构建解决方案，如无服务器功能，将了解容器和 Kubernetes 的部署模式，将探索使用 Spark 和 Databricks 进行大规模大数据处理。随着您的进步，您将使用 Azure DevOps 实现 DevOps，使用 Azure 认知服务与智能解决方案合作，并将安全性、高可用性和可扩展性集成到每个解决方案中。最后，您将深入了解 Azure 安全概念，如 OAuth、OpenConnect 和身份管理。

读完本书后，您将有能力设计基于容器和无服务器功能的智能 Azure 解决方案。

作者简介

Ritesh Modi：前微软高级技术布道师。由于他对微软产品、服务和社区的贡献，他被公认为微软区域总监。他是云架构师、出版作家、演讲家，也是一位因其在数据中心、Azure、Kubernetes、区块链、认知服务、DevOps、人工智能和自动化领域的贡献而广受欢迎的领导者。他是 8 本书的作者。

Ritesh 曾在许多国家和国际会议上发言，并且是 MSDN 杂志的出版作者。他在为客户构建和部署企业解决方案方面有超过 10 年的经验，拥有超过 25 个技术认证。他的爱好是写书、和女儿玩、看电影及学习新技术。他目前住在印度的海德拉巴。您可以在推特上关注他@ automationnext。

Jack Lee：高级 Azure 认证顾问，也是对软件开发、云计算和 DevOps 创新充满热情的 Azure 实践负责人。Jack 因其对科技界的贡献被公认为微软最有价值的专家。他曾在各种用户团体和会议上发表演讲，包括微软加拿大公司的全球 Azure 训练营。Jack 是 hackathons 公司经验丰富的导师和法官，也是一个专注于 Azure、DevOps 和软件开发的用户小组的主席。他是"*Cloud Analytics with Microsoft Azure*"的共同作者，由 Packt 出版社出版。您可以在推特上关注 Jack@ jlee_consulting。

Rithin Skaria：拥有超过 7 年在 Azure、AWS 和 OpenStack 中管理开源工作负载的经验的开源布道师。他目前为微软工作，是微软内部开展的几个开源社区活动的一分子。他是微软认证培训师，Linux 基金会认证工程师兼管理员，Kubernetes Application 开发人员兼管理员、OpenStack 认证管理员。说到 Azure，他有 4 个认证（解决方案架构、Azure 管理、DevOps 和安全），他还通过了 Office 365 管理认证。他在多个开源部署、管理和迁移这些工作负载到云计算中发挥了重要作用。他还与人合著了"*Linux Administration on Azure*"一书，由 Packt 出版社出版。可以在领英（LinkedIn）上与他联系@ rithin-skaria。

评审人简介

Melony Qin：STEM 领域的女性。她目前在微软担任项目经理，是国际计算机协会（Association for Computing Machinery, ACM）和美国项目管理协会（Project Management Institute, PMI）的成员。她为微软 Azure 的无服务器计算、大数据处理、DevOps、人工智能、机器学习和物联网做出了贡献。她拥有所有 Azure 认证（包括应用程序和基础设施以及数据和 AI 跟踪）、Kubernetes 管理员认证（Certified Kubernetes Administrator, CKA）和 Kubernetes 应用程序开发人员认证（Certified Kubernetes Application Developer, CKAD），主要研究开源软件（Open-Source Software, OSS）、DevOps、Kubernetes、无服务器、大数据分析，以及社区中 Microsoft Azure 上的物联网。她是"*Microsoft Azure Infrastructure*"和"*Kubernetes Workshop*"这两本书的

(共同)作者,均由 Packt 出版社出版。您可以通过推特@ MelonyQ 联系到她。

Sanjeev Kumar:微软 Azure 上 SAP 的云解决方案架构师。他目前居住在瑞士苏黎世。他与 SAP 技术合作超过 19 年。他在公共云技术领域工作了大约 8 年,过去 2 年的工作重点是 Microsoft Azure。

Sanjeev Kumar 担任 SAP on Azure 云架构顾问,曾与多家世界顶级金融服务和制造公司合作。他的重点领域包括云体系结构和设计,以帮助客户将其 SAP 系统迁移到 Azure,并为 SAP 部署采用 Azure 最佳实践,特别是通过将基础架构作为代码和 DevOps 实施。他还使用 Docker 和 Azure Kubernetes 服务从事集装箱化和微服务领域的工作,使用 Apache Kafka 进行流式数据处理,使用 Node.js 进行全堆栈应用程序开发。他参与了各种产品开发计划,包括 IaaS、PaaS 和 SaaS。他还对人工智能、机器学习以及大规模数据处理和分析等新兴主题感兴趣。他在 Azure、DevOps 和 LinkedIn 上以代码的形式撰写与 SAP 相关的主题,您可以通过@ sanjeevkumarprofile 找到他。

学习目标

读完这本书,您将能够:

(1) 了解 Azure 云平台的组件;

(2) 使用云设计模式;

(3) 在 Azure 部署中使用企业安全指南;

(4) 设计和实施无服务器和集成解决方案;

(5) 在 Azure 上构建高效的数据解决方案;

(6) 了解 Azure 上的容器服务。

受众

如果您是云架构师、DevOps 工程师或希望了解 Azure 云平台关键架构方面的开发人员,那么本书适合您。对 Azure 云平台的基本理解将帮助您更有效地掌握本书中涵盖的概念。

方法

这本书涵盖了每一个主题,包括基本概念的逐步解释、实际例子和自我评估问题。通过提供参与项目工作的理论和实践经验的平衡,本书将帮助您了解建筑师如何在现实世界中工作。

硬件要求

为了获得最佳体验,我们推荐以下配置:

(1) 最小 4GB RAM;

(2) 最低 32GB 的可用内存。

软件要求

(1) Visual Studio 2019;

(2) Docker for Windows 最新版本;

(3) AZ PowerShell 模块 1.7 及以上;

(4) Azure CLI 最新版本;

(5) Azure 订阅;

(6) Windows Server 2016/2019;

(7) Windows 10 最新版本- 64 位。

惯例

文本中的码字、数据库表名、文件夹名、文件名、文件扩展名、路径名、虚拟URL 和用户输入如下所示:

Azure 自动化仍然不知道所需状态配置(DSC)。它在一些本地机器上可用。应将其上载到 Azure 自动化 DSC 配置。Azure 自动化提供 Import-AzurerAutomationSCConfiguration 指令,将配置导入 Azure 自动化:

```
Import-AzureRmAutomationDscConfiguration -SourcePath "C:
\DSC \AA \DSCfiles \ConfigureSiteOnIIS.ps1" -ResourceGroupName
" omsauto" - AutomationAccountName " datacenterautomation" -
Published -Verbose
```

资源下载

本书的代码包也托管在 GitHub 上,地址为

https://github.com/PacktPublishing/Azure-for-Architects-Third-Edition

我们还从自己丰富的图书和视频目录中获得了其他代码包,请点击它:

https://github.com/PacktPublishing

目录

第1章 开始使用Azure入门指南

每隔几年,就会出现一项技术创新,并永久性地改变周围的社会生态系统。如果我们回到过去,20世纪70年代和80年代是大型主机的时代。这些大型主机体积庞大,经常占据很大的空间,几乎负责所有的计算工作。由于这种技术很难获得,而且使用起来很耗时,所以许多企业过去常常在能够建立起可运行的大型主机之前的一个月就订购大型主机。

在20世纪90年代初,个人计算机和互联网的需求激增。因此,计算机变得体积更小且相对容易被一般大众所购买。个人计算机和互联网领域的持续创新最终改变了整个计算机行业。许多人都有能够运行多个程序并能连接互联网的台式计算机。互联网的兴起也促进了客户端-服务器部署的兴起。如今,可以有集中的服务器托管应用程序,并且任何一个在全球任何地方连接到互联网的人都可以获得服务。这也是服务器技术变得突出的时期;Windows NT在此期间发布,随后在世纪之交又发布了Windows 2000和Windows 2003。

21世纪最引人注目的创新就是便携式设备(尤其是智能手机)的兴起和普及,随之而来的是大量应用程序。应用程序可以连接到互联网上的集中服务器,并照常后能程序进行业务。用户不再依赖浏览器来完成这项工作;所有服务器要么是自托管的,要么是使用服务提供商托管的,比如互联网服务供应商(Internet Service Provider, ISP)。

用户对他们的服务器没有太多的控制权。多个客户及其部署是同一台服务器的一部分,即使客户不知道它。

然而,在21世纪头10年的中期和后期,发生了其他一些事情。这就是云计算的兴起,它再次改写了整个IT行业的格局。最初,采用的速度很慢,人们谨慎地对待它,要么是因为云还处于襁褓期,需要慢慢成熟,要么是因为人们对它有各种各样的负面看法。

为了更好地理解这种颠覆性技术,我们将在本章中讨论以下主题。

(1) 云计算。

(2) 基础设施即服务(Infrastructure as a Service, IaaS)、平台即服务(Platform as a Service, PaaS)和软件即服务(Software as a Service, SaaS)。

(3) 认识 Azure。

(4) Azure 资源管理器(Azure Resource Manager, ARM)。

(5) 虚拟化、容量和 Docker。

(6) 智能云交互。

1.1 云计算

今天,云计算是最有前途的未来技术之一,无论大小的企业都将其作为 IT 战略的一部分。如果不将云计算纳入整个解决方案讨论,很难进行任何有关 IT 战略的有意义的对话。

云计算,通俗讲就是指互联网上资源的可用性。这些资源作为服务提供给互联网上的用户。例如,用户可以通过互联网按需存储他们的文件、文档等。在这里,存储是由云供应商提供的一种服务。

云供应商是向其他企业和消费者提供云服务的企业或公司联合体。它们代表用户托管和管理这些服务,并且负责支持和保持服务的健康。云供应商在全球范围内开放了许多大型数据中心,以满足用户的 IT 需求。

云资源由按需基础设施(如计算基础设施、网络和存储设施)上的托管服务组成,这种类型的云称为 IaaS。

1.1.1 云计算的优势

云计算的采用正处于历史最高水平,并且由于诸如此类的几个优势而不断增长。

(1) 现收现付制。客户不需要为云资源购买硬件和软件。使用云资源没有资本支出;客户只需为他们使用或保留资源的时间付费。

(2) 全球性存取。云资源可以通过互联网在全球范围内使用。客户可以从任何地方按需访问其资源。

(3) 无限资源。云技术的扩展能力是无限的;客户可以提供他们想要的、尽可能多的资源,没有任何限制。这也称为无限的可伸缩性。

(4) 管理服务。云提供商为客户提供许多由他们管理的服务。这为客户减轻了技术和财务负担。

1.1.2 为什么要云计算

要理解云计算的需求,我们必须了解行业的视角。

1. 灵活性与敏捷性

现在,应用程序使用微服务范式组成较小的服务,而不是使用大爆炸式的部署方法创建大型的单片应用程序。微服务帮助客户以独立和自治的方式创建服务,这些服务可以在不影响整个应用程序的情况下独立发展。它们提供了大量的灵活性和敏捷性,以更快、更好的方式将更改引入生产。有许多微服务一起创建应用程序,并为客户提供集成解决方案。这些微服务应该是可发现的,并且具有定义良好的集成端点。与传统的单片应用程序相比,微服务方法的集成数量非常高。这些集成增加了应用程序开发和部署的复杂性。

2. 速度、标准化和一致性

因此,部署方法也应该进行更改,以适应这些服务的需要,即频繁更改和频繁部署。对于频繁的更改和部署,重要的是使用有助于以可预测和一致的方式实现这些更改的流程,则应该使用自动化的敏捷流程,以便能够孤立地部署和测试较小的变更。

3. 待相关

最后,应该重新定义部署目标。不仅应该在几秒内轻松创建部署目标,而且构建的环境也应该在不同版本之间保持一致,并使用适当的二进制文件、框架和配置。

4. 可伸缩性

使用微服务的一些重要原则是:它们具有独立的无限扩展能力、全局高可用性、恢复点接近于零的灾难恢复时间目标。这些微服务的质量需要能够无限扩展的基础设施,不应该有任何资源限制。在这种情况下,同样重要的是,当资源没有被利用时,组织不为它们预先支付费用。

5. 效费比

云计算的基本原则是:通过自动增加和减少资源数量与容量,为正在消耗和最优使用的资源付费。这些新兴的应用程序需求要求云作为首选的平台,以方便扩展,并拥有高可用性、抗灾难、轻松引入更改等功能,同时以经济有效的方式实现可预测和一致的自动化部署。

1.1.3 Azure 中的部署范例

Azure 中有 3 种不同的部署模式。

(1) IaaS。

(2) PaaS。

(3) SaaS。

这 3 种部署模式之间的区别在于客户通过 Azure 执行的控制级别。图 1.1 显示了每个部署模式中不同级别的控制。

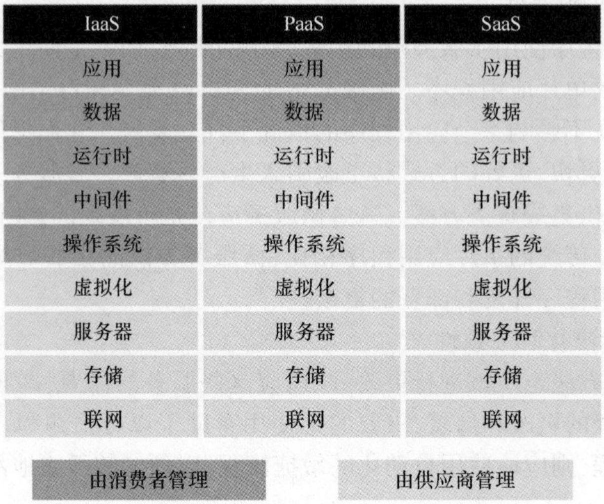

IaaS	PaaS	SaaS
应用	应用	应用
数据	数据	数据
运行时	运行时	运行时
中间件	中间件	中间件
操作系统	操作系统	操作系统
虚拟化	虚拟化	虚拟化
服务器	服务器	服务器
存储	存储	存储
联网	联网	联网

由消费者管理　　由供应商管理

图 1.1　云服务—IaaS、PaaS 和 SaaS

从图 1.1 中可以明显看出,当使用 IaaS 部署时,客户拥有更多的控制权,而随着我们从 PaaS 部署发展到 SaaS 部署,这种级别的控制权不断减少。

(1) IaaS。IaaS 是一种部署模型,允许客户在 Azure 上提供自己的基础设施。Azure 提供了几种基础设施资源,客户可以按需提供它们。客户负责维护和管理自己的基础设施。Azure 将确保这些虚拟基础设施资源所承载的物理基础设施的维护。在这种方法下,客户需要在 Azure 环境中进行主动的管理和操作。

(2) PaaS。PaaS 剥夺了客户对基础设施的部署和控制。与 IaaS 相比,这是一个更高层次的抽象。在这种方法中,客户带来自己的应用程序、代码和数据,并将它们部署到 Azure 提供的平台上。这些平台由 Azure 管理和治理,客户对他们的应用程序全权负责。客户只执行与其应用程序部署相关的活动。与 IaaS 相比,该模型为应用程序的部署提供了更快、更容易的选项。

(3) SaaS。SaaS 是比 PaaS 更高层次的抽象。在这种方法中,客户可以使用软件及其服务。客户只将他们的数据带入这些服务,他们对这些服务没有任何控制权。

现在我们已经对 Azure 中的服务类型有了一个基本的理解,接下来让我们深入了解 Azure 的细节,并从头开始理解它。

1.2　认识 Azure

Azure 提供了云的所有优点,同时保持开放和灵活。Azure 支持各种操作系统、语言、工具、平台、实用程序和框架。例如,它支持 Linux、Windows、SQL Server、

MySQL、PostgreSQL 等操作系统和数据库；它也支持大多数编程语言，包括 C#、Python、Java、Node. js 和 Bash；它还支持 NoSQL 数据库，如 MongoDB 和 Cosmos DB 以及持续集成工具，如 Jenkins 和 Azure DevOps Services（前身是 Visual Studio Team Services（VSTS））。这个生态系统背后的整体理念是让客户能够自由选择自己的语言、平台、操作系统、数据库、存储以及工具和实用程序。从技术的角度来看，客户不应该受到限制；相反，他们应该能够构建并专注于自己的业务解决方案，而 Azure 为他们提供了可以使用的世界级技术堆栈。

Azure 与客户选择的技术堆栈非常兼容。例如，Azure 支持所有流行的（开源和商业的）数据库环境。同时，Azure 提供 Azure SQL、MySQL 和 Postgres PaaS 服务；它提供 Hadoop 生态系统，并提供 HDInsight，一个 100% 基于 PaaS 的 Apache Hadoop，它还为喜欢采用 IaaS 方法的客户提供 Linux 上的 Hadoop 虚拟机（VM）实现；Azure 还提供了 Redis Cache 服务，并支持其他流行的数据库环境，如 Cassandra、Couchbase 和 Oracle 作为 IaaS 实现。

Azure 中的服务数量每天都在增加，最新的服务列表可以在 https://azure. microsoft. com/services 上找到。

Azure 还提供了一种独特的云计算范式，称为混合云。混合云是指一种部署策略，其中一部分服务部署在公共云上，而其他服务部署在本地私有云或数据中心上。公有云和私有云之间存在 VPN（Virtual Private Network）连接。Azure 为客户提供了在公共云与本地数据中心上划分和部署工作负载的灵活性。

Azure 在全球各地都有数据中心，并将这些数据中心合并为区域。每个区域都有多个数据中心，以确保从灾难中快速高效地进行恢复。截至撰写本文时，全球共有 58 个地区。这为客户提供了在其选择的位置部署服务的灵活性。他们还可以结合这些区域来部署一个抗灾的解决方案，并在客户基础附近部署。

注意：在中国和德国，Azure 云服务是独立的，用于一般用途和政府用途。这意味着云服务在单独的数据中心进行维护。

1.3 Azure 作为智能云

Azure 提供的基础设施和服务使用超大规模的处理来吸收数十亿的事务。它为数据提供巨量的存储空间，并提供大量可以相互传递数据的互联服务。有了这样的能力，就可以对数据进行处理，从而产生有意义的知识和见解。通过数据分析可以产生如下多种类型的见解。

（1）描述性。这种类型的分析提供了关于正在发生或过去已经发生的事情的细节。

(2) 预测性。这种类型的分析提供了关于未来将要发生什么的细节。

(3) 规范性。这种类型的分析提供了关于应该做什么来增强或防止当前或未来的事件的详细信息。

(4) 认知性。这种类型的分析实际上以自动化的方式执行由说明性分析决定的操作。

虽然从数据中获得见解很好,但采取行动也同样重要。Azure 提供了一个丰富的平台来吸收大量数据、处理和转换数据、存储数据并从中产生见解,进而将其显示在实时仪表盘上,也可以根据这些见解自动采取行动。这些服务对 Azure 的每个客户都可用,它们提供了一个丰富的生态系统,客户可以在其中创建解决方案。企业正在创建大量的应用和服务,这些应用和服务完全颠覆了行业,因为 Azure 提供的这些智能服务很容易获得,它们被组合起来为终端客户创造了有意义的价值。Azure 确保那些在商业上无法为中小型企业实现的服务,现在可以在几分钟内轻松地使用和部署。

1.4 Azure 资源管理器

Azure 资源管理器(ARM)是微软的技术平台和编排服务,它捆绑了前面讨论过的所有组件。它将 Azure 的资源提供商、资源和资源组聚集在一起,形成一个有凝聚力的云平台;它使 Azure 服务以订阅的形式可用,资源类型可用于资源组,资源和资源 API 可被门户和其他客户机访问,并且它对这些资源的访问进行身份验证;它还支持对订阅及其资源组进行标记、身份验证、基于角色的访问控制(RBAC)、资源锁定和策略实施等功能;它还提供了使用 Azure 门户、Azure PowerShell 和命令行界面(CLI)工具的部署和管理特性。

1.4.1 ARM 体系结构

ARM 的架构及其组件如图 1.2 所示。正如我们所看到的,Azure 订阅包含多个资源组。每个资源组包含从资源提供程序中可用的资源类型创建的资源实例。

1.4.2 为什么要 ARM

在 ARM 之前,Azure 使用的框架称为 Azure Service Manager (ASM)。对它有一个简单的介绍是很重要的,这样我们就可以清楚地了解 ARM 的出现和 ASM 缓慢而稳定的衰落。

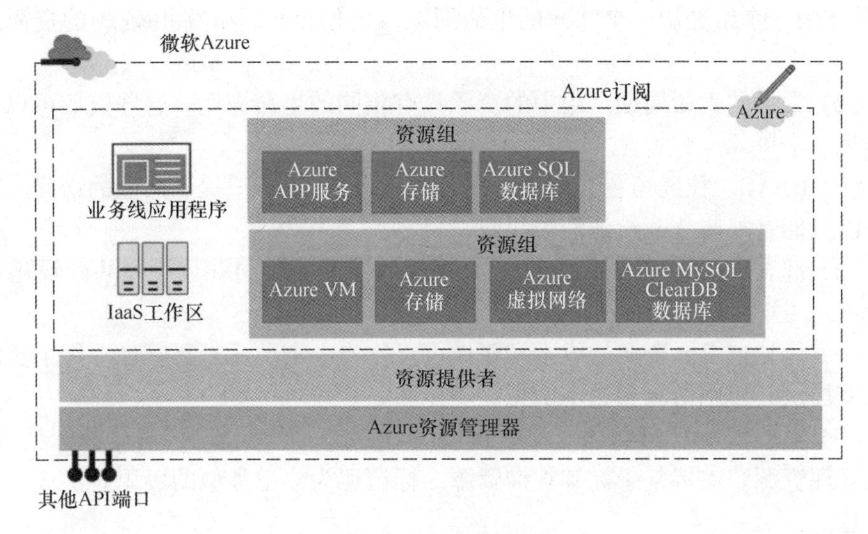

图 1.2 ARM 体系结构

1.4.2.1 ASM 的局限性

ASM 具有固有的约束。例如,ASM 部署很慢,如果早期的操作已经在进行中,阻塞操作就会被阻塞。ASM 的一些限制如下。

(1) 并行性。并行性是 ASM 中的一个挑战。不可能成功地并行执行多个事务。ASM 中的操作是线性的,因此,它们一个接一个地被执行。如果多个事务同时执行,则会出现并行操作错误或事务被阻塞。

(2) 资源。ASM 中的资源是相互隔离地提供和管理的;ASM 资源之间没有关系,不可能将服务和资源分组或将它们配置在一起。

(3) 云服务。云服务是 ASM 中的部署单元。它们依赖于关联组,由它们的设计和体系结构可知,它们是不可伸缩的。

粒度和离散的角色与权限不能分配给 ASM 中的资源。客户是订阅中的服务管理员或共同管理员。他们要么完全控制资源,要么根本不使用资源。ASM 不提供部署支持,部署要么是手动完成的,要么我们需要求助于在 .net 或 PowerShell 中编写过程脚本,但资源间 ASM API 不一致。

1.4.3 ARM 的优势

与 ASM 相比,ARM 有以下明显的优势。

(1) 分组。ARM 允许将资源分组到一个逻辑容器中。这些资源可以一起管理,并作为一个组经历一个共同的生命周期。这使得识别相关和依赖的资源更加容易。

(2) 常见的生命周期。组中的资源具有相同的生命周期。这些资源可以演变并作为一个单元一起管理。

(3) RBAC。粒度角色和权限可以分配给资源,为客户提供离散的访问。客户还可以只拥有那些分配给他们的权限。

(4) 部署支持。ARM 提供了基于模板的部署支持,DevOps 和基础设施即代码(IaC)。这些部署更快、一致且可预测。

(5) 优越技术。资源的成本和账单可以作为一个单元进行管理。每个资源组都可以提供其使用情况和成本信息。

(6) 易处理。ARM 提供了一些高级特性,如安全性、监视、审计和标记,以更好地管理资源。支持基于标签查询资源。标记还为标记类似的资源提供成本和账单信息。

(7) 迁移。在资源组内和跨资源组迁移及更新资源更加容易。

1.4.4 ARM 概念

在 ARM 中,Azure 中的一切都是资源,其包括虚拟机、网络接口、公网 IP 地址、存储账户和虚拟网络。ARM 是基于与资源提供者和资源使用者相关的概念。Azure 通过多个资源提供者提供资源和服务,这些资源提供者被分组使用和部署。

1. 资源提供者

这些服务负责通过 ARM 提供资源类型。ARM 中的顶级概念是资源提供程序。这些提供者是资源类型的容器。资源类型被分组到资源提供者中,他们负责部署和管理资源。例如,某个虚拟机资源类型是由叫 Microsoft. Compute/VirtualMachines 的资源供应商提供的,表示状态传输(Representational State Transfer,REST) API 操作的版本是用来区分它们的,版本命名是基于微软发布的日期。订阅必须能够使用相关的资源提供者来部署资源,并不是所有的资源提供者都可以开箱即用的订阅。如果某个资源对订阅不可用,那么,我们需要检查每个区域中所需的资源提供程序是否可用。如果可用,客户可以显式地注册订阅。

2. 资源类型

资源类型是定义资源公共 API 接口和实现的实际资源规范。它们实现由资源支持的工作和操作。与资源提供者类似,资源类型在其内部实现方面也会随着时间的推移而演变,并且它们的模式和公共 API 接口有多个版本。版本名称是基于它们被微软作为预览或通用可用性(GA)发布的日期。在向资源提供程序注册后,资源类型就可以作为订阅使用了。此外,并不是所有资源类型都可以在每个

Azure 区域中使用。资源的可用性依赖于资源提供者在 Azure 区域的可用性和是否注册,并且必须支持提供资源所需的 API 版本。

3. 资源组

资源组是 ARM 中的部署单位。它们是在安全和管理边界内对多个资源实例进行分组的容器。资源组在订阅中是唯一命名的。资源可以配置在不同的 Azure 区域上,但却属于同一个资源组。资源组为其内部的所有资源提供额外的服务。资源组提供元数据服务,如标签,这使资源分类成为可能;资源的政策性管理;RBAC;保护资源不被意外删除或更新等。如前所述,它们有安全边界,没有访问资源组的用户不能访问其中包含的资源。每个资源实例都需要是资源组的一部分,否则无法部署。

4. 资源和资源实例

资源是从资源类型创建的,是资源类型的实例。实例在全局或资源组级别上可以是唯一的,其唯一性由资源的名称及其类型定义。如果我们将其与面向对象编程构造相比较,可以将资源实例视为对象,而将资源类型视为类。服务通过资源实例支持和实现的操作来使用。资源类型定义属性,每个实例应该在提供实例期间配置强制属性。有些属性是强制性的,而其他属性是可选的。它们从父资源组继承安全性和访问配置,可以为每个资源覆盖这些继承的权限和角色分配,可以以这样一种方式锁定资源:它的一些操作可以被阻塞,并且不能被角色、用户和组使用,即使他们可以访问它。可以对资源进行标记,以方便发现和管理。

5. ARM 特征

下面是 ARM 提供的一些主要特性。

(1) RBAC。Azure Active Directory (Azure AD)对用户进行身份验证,以提供对订阅、资源组和资源的访问。ARM 在平台中实现了 OAuth 和 RBAC,基于分配给用户或组的角色为资源、资源组和订阅启用授权及访问控制。权限定义了对资源中操作的访问。这些权限可以允许或拒绝对资源的访问。角色定义是这些权限的集合。角色将 Azure AD 用户和组映射到特定的权限。角色随后被分配到一个范围,可以是单个、资源集合、资源组或订阅。添加到角色中的 Azure AD 标识(用户、组和服务主体)根据角色中定义的权限获得对资源的访问权。ARM 提供了多个开箱即用的角色。它提供系统角色,如所有者、贡献者和读者。它还提供基于资源的角色,如 SQL DB 贡献者和 VM 贡献者。ARM 还允许创建自定义角色。

(2) 标签。标签是向资源添加额外信息和元数据的名称-值对。资源和资源组都可以使用多个标签。标签有助于对资源进行分类,以获得更好的发现性和可管理性。可以快速搜索和轻松识别资源,还可以为具有相同标签的资源获取账单和成本信息。虽然这个特性是由 ARM 提供的,但是 IT 管理员根据资源和资源组定义了它的用法和分类。例如,分类法和标签可以与部门、资源使用、位置、项目或从成本、使用、计费或搜索角度认为符合的任何其他标准相关联。然后，可以将这些标签应用于资源。在资源组级别定义的标记不会被它们的资源继承。

(3) 规则。ARM 提供的另一个安全特性是自定义策略。它可以创建自定义策略来控制对资源的访问。策略被定义为约定和规则，在与资源和资源组交互时必须遵守它们。策略定义包含对资源的操作或对资源访问的明确拒绝。默认情况下，如果策略定义中没有提到，则允许所有访问。这些策略定义被分配给资源、资源组和订阅范围。重要地是，要注意，这些策略不是 RBAC 的替代品。事实上，它们是 RBAC 的补充和合作。策略是在用户通过 Azure AD 认证并通过 RBAC 服务授权后评估的。ARM 提供了一种基于 json 的策略定义语言来定义策略。策略定义的一些例子是：策略必须标记每个供应的资源，而资源只能供应到特定的 Azure 区域。

(4) 锁。可以锁定订阅、资源组和资源，以防止经过身份验证的用户意外删除或更新。应用于更高级别的锁流向子资源，或者应用于订阅级别的锁会锁定每个资源组及其中的资源。

(5) 多区域。Azure 为供应和托管资源提供了多个区域。ARM 允许在不同的位置供应资源，同时仍然位于同一资源组内。一个资源组中可以包含来自不同区域的资源。

(6) 幂等。该特性确保了资源部署的可预测性、标准化和一致性，确保每次部署都将导致相同的资源和配置状态，无论执行多少次。

(7) 可扩展性。ARM 提供了一个可扩展的体系结构，允许在平台上创建和插入新的资源提供者和资源类型。

1.5 虚拟服务器

虚拟服务器是一项突破性的创新，它彻底改变了人们看待物理服务器的方式。它指的是将一个物理对象抽象成一个逻辑对象。

物理服务器的虚拟化导致了虚拟服务器，即 VM。这些虚拟机消耗并共享其所在物理服务器的物理 CPU、内存、存储和其他硬件。这使得应用程序环境的按需提供更快、更容易，以降低成本提供高可用性和可伸缩性。一台物理服务器足以容纳多个虚拟机，每个虚拟机包含自己的操作系统和托管服务。

我们不再需要购买额外的物理服务器来部署新的应用程序和服务，现有的物理服务器足以承载更多的虚拟机。此外，作为合理化的一部分，在虚拟化的帮助下，许多物理服务器被合并成少数几个。

每个虚拟机包含整个操作系统，与其他虚拟机（包括物理主机）完全隔离。虽然虚拟机使用主机物理服务器提供的硬件，但它可以完全控制分配给它的资源和环境。这些虚拟机可以驻留在网络上,例如具有自己身份的物理服务器。

Azure 可以在几分钟内创建 Linux 和 Windows 虚拟机。微软提供了自己的图片,以及来自合作伙伴和社区的图片;用户也可以提供自己的图像。使用这些映像创建虚拟机。

1.6 容器

容器也是一种虚拟化技术,但是,它们不虚拟化服务器。相反,容器是操作系统级的虚拟化。这意味着,容器与宿主一起共享操作系统内核(由宿主提供)。运行在主机(物理或虚拟)上的多个容器共享主机操作系统内核。容器确保它们重用宿主内核,而不是每个容器都有一个专用的内核。

容器与它们的主机或在主机上运行的其他容器完全隔离。Windows 容器使用 Windows 存储过滤驱动程序和会话隔离来隔离操作系统服务,如文件系统、注册表、进程和网络,甚至对于运行在 Linux 主机上的 Linux 容器也是如此。Linux 容器使用 Linux 命名空间、控制组和联合文件系统来虚拟化主机操作系统。

容器看起来就像拥有一个全新的、未接触过的操作系统和资源。这种安排提供了许多好处,如下所示。

(1) 与虚拟机相比,容器的供应速度更快,所需的时间也更短。容器中的大多数操作系统服务都是由主机操作系统提供的。

(2) 容器是轻量级的,比虚拟机需要更少的计算资源。容器不再需要操作系统资源开销。

(3) 容器比虚拟机小得多。

(4) 容器可以以直观、自动化和简单的方式帮助解决与管理多个应用程序依赖项相关的问题。

(5) 容器提供基础设施,以便在单个位置定义所有应用程序依赖项。

容器是 Windows Server 2016 和 Windows 10 的固有特性;但是,它们是通过 Docker 客户端和 Docker 守护进程来管理和访问的。容器可以在 Azure 上使用 Windows Server 2016 SKU 作为映像创建。每个容器都有一个必须运行的主进程,以便容器存在。当此进程结束时,容器将停止。此外,容器可以以交互模式运行,也可以像服务一样以分离模式运行。

图 1.3 显示了启用容器的所有技术层。最底层提供了网络、存储、负载均衡器和网卡方面的核心基础设施。基础设施的顶层是计算层,由物理服务器或物理服务器之上的物理服务器和虚拟服务器组成。这一层包含能够承载容器的操作系统。操作系统提供了上面的层用来调用内核代码和对象来执行容器的执行驱动程

序。Microsoft 创建了用于管理和创建容器的 Host Container System Shim (HCSShim),并使用 Windows 存储过滤驱动程序进行映像和文件管理。

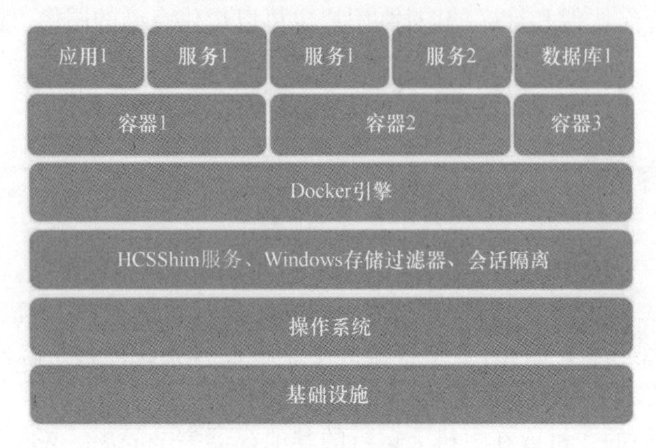

图 1.3　容器体系结构

为 Windows 会话启用容器环境隔离。Windows Server 2016 和 Nano Server 提供操作系统,启用容器特性,并执行用户级 Docker 客户端和 Docker 引擎。Docker Engine 使用 HCSShim 服务、存储过滤驱动程序和会话在服务器上生成多个容器,每个容器包含一个服务、应用程序或数据库。

1.7　Docker

Docker 为 Windows 容器提供管理特性。它由以下两个可执行文件组成。

(1) Docker 守护进程。

(2) Docker 客户。

Docker 守护进程是管理容器的主力。它是一个 Windows 服务,负责管理主机上与容器相关的所有活动。Docker 客户端与 Docker 守护进程交互,负责捕获输入并将它们发送给 Docker 守护进程。Docker 守护进程提供运行时、库、图形驱动程序和引擎,用于在主机服务器上创建、管理和监视容器和映像。它还能够创建用于构建应用程序并将其发送到多个环境的自定义映像。

1.8　与智能云交互

Azure 提供了多种连接、自动化和与智能云交互的方法。所有这些方法都要求使用有效凭证对用户进行身份验证。连接到 Azure 的不同方法如下。

（1）Azure 门户。

（2）PowerShell。

（3）Azure CLI。

（4）Azure REST API。

1.8.1 Azure 门户

Azure 门户是一个很好的起点。通过 Azure 门户，用户可以登录并开始手动创建和管理 Azure 资源。门户通过浏览器提供直观和友好的用户界面。Azure 门户提供了一种使用刀片导航到资源的简单方法。刀片显示资源的所有属性，包括其日志、成本、与其他资源的关系、标记、安全选项等。整个云部署可以通过门户进行管理。

1.8.2 PowerShell

PowerShell 是一种基于对象的命令行 shell 和脚本语言，用于基础设施和环境的管理、配置和管理。它构建在 .net 框架之上，并提供自动化功能。PowerShell 已经真正成为 IT 管理员和自动化开发人员中管理和控制 Windows 环境的一流工具。今天，几乎每个 Windows 环境和许多 Linux 环境都可以由 PowerShell 管理。事实上，几乎 Azure 的每个方面都可以由 PowerShell 管理。Azure 提供了对 PowerShell 的丰富支持。它为每个包含数百个 cmdlet 的资源提供者提供了一个 PowerShell 模块。用户可以在他们的脚本中使用这些 cmdlet 来自动化与 Azure 的交互。Azure PowerShell 模块可以通过 Web 平台安装程序和 PowerShell Gallery 获得。Windows Server 2016 和 Windows 10 提供了包管理和 PowerShellGet 模块，用于从 PowerShell 库快速轻松地下载和安装 PowerShell 模块。PowerShellGet 模块提供了安装模块 cmdlet，用于在系统上下载和安装模块。

安装模块是在定义良好的模块位置复制模块文件的简单操作，可以按照如下步骤完成：

```
Import-module PowerShellGet
Install-Module-Name az-verbose
```

Import-module 命令用于在当前执行范围内导入模块及其相关功能，Install-Module 用于帮助安装模块。

1.8.3 Azure CLI

Azure 还提供了 Azure CLI 2.0,可以部署在 Linux、Windows 和 macOS 操作系统上。Azure CLI 2.0 是 Azure 新的命令行工具,用于管理 Azure 资源。Azure CLI 2.0 为命令行管理和管理 Azure 资源进行了优化,并用于构建针对 ARM 的自动化脚本。CLI 可以用于使用 Bash shell 或 Windows 命令行执行命令。Azure CLI 在非 Windows 用户中非常有名,因为它允许您在 Linux 和 macOS 上与 Azure 对话。安装 Azure CLI 2.0 的步骤可以在 https://docs.microsoft.com/cli/azure/install-azure-cli?view=azure-clilatest 上找到。

1.8.4 Azure REST API

所有 Azure 资源都通过 REST 端点向用户公开。REST API 是通过提供对服务资源的创建、检索、更新或删除(CRUD)访问来实现 HTTP 操作(或方法)的服务端点。用户可以使用这些 API 来创建和管理资源。事实上,CLI 和 PowerShell 机制在内部使用这些 REST API 来与 Azure 上的资源交互。

1.8.5 ARM 模版

在前面的一节中,我们讨论了 ARM 提供的部署特性,如多服务、多区域、可扩展和幂等特性。ARM 模板是 ARM 中提供资源的主要手段。ARM 模板为 ARM 的部署特性提供了实现支持。

ARM 模板提供了一个声明性模型,通过它可以指定资源,并明确它们的配置、脚本和扩展。ARM 模板基于 JavaScript 对象表示法(JSON)格式。它们使用 JSON 语法和约定来声明和配置资源。JSON 文件是基于文本的、用户友好的且易于阅读的文件。

它们可以存储在源代码存储库中,并具有版本控制功能。它们也是一种表示 IaC 的方法,可以用于在 Azure 资源组中一次又一次、可预测和统一地提供资源。模板需要一个资源组进行部署。只能部署到资源组中,并且资源组在执行模板部署前必须已经存在。模板不能创建资源组。

模板在设计和实现中提供了通用和模块化的灵活性。模板能够接受用户的参数、声明内部变量、定义资源之间的依赖关系、链接同一资源组或不同资源组中的资源以及执行其他模板。它们还提供脚本语言类型表达式和函数,使它们在运行时是动态和可定制的。

PowerShell 允许以下两种模板部署模式。

(1) 增量式部署。增量部署添加资源模板中声明的资源,但这些资源不存在于资源组中,在不属于模板定义的资源组中保持资源不变,在模板和资源组中都存在且配置装态相同的资源组内保持资源不变。

(2) 完成式部署。完成式部署是将模板中声明的资源添加到资源组中,将模板中不存在的资源从资源组中删除,资源组和模板中存在的资源保持不变,并且配置状态相同。

1.9 小结

云计算是一种相对较新的范式,目前仍处于起步阶段。随着时间的推移,将会出现大量的创新功能。Azure 是当今最顶尖的云提供商之一,它通过 IaaS、PaaS、SaaS 和混合部署提供丰富的功能。事实上,微软的私有云实现 Azure Stack 很快就会发布。这在私有云和公共云中具有相同的特性,它们都将无缝、透明地连接在一起。

开始使用 Azure 非常容易,但是如果开发人员和架构师没有适当地设计与架构他们的解决方案,也可能落入陷阱。本书试图为正确地使用适当的服务和资源构建解决方案提供指导和说明。Azure 上的每个服务都是一种资源。理解这些资源在 Azure 中如何组织和管理是很重要的。本章提供了关于 ARM 和组的上下文,它们是为资源提供构建块的核心框架。ARM 为资源提供了一组服务,帮助在管理资源时提供一致性、标准化和一致性。RBAC、标记、策略和锁等服务对每个资源提供者及资源都可用。Azure 还提供了丰富的自动化特性使得自动化和与资源交互。PowerShell、ARM 模板和 Azure CLI 等工具可以被合并为发布管道、持续部署和交付的一部分。用户可以使用这些自动化工具从异构环境连接到 Azure。

下一章将讨论一些重要的体系结构关注点,这些关注点有助于解决常见的基于云的部署问题,并确保应用程序在长期内是安全的、可用的、可伸缩的和可维护的。

第2章 Azure解决方案的可用性、可伸缩性和监视

体系结构方面的关注点,如高可用性和可伸缩性,对于任何架构师来说都是一些最高优先级的项目。这在许多项目和解决方案中都很常见。然而,在将应用程序部署到云中时,由于涉及的复杂性,这变得更加重要。大多数情况,复杂性不是来自应用程序,而是来自云上类似资源的可用选择。云计算带来的另一个复杂问题是新特性的持续可用性。这些新特性几乎可以使架构师的决策事后看来完全是多余的。

在本章中,我们将从架构师的角度,在 Azure 上部署高可用性和可伸缩的应用程序。

Azure 是一个成熟的平台,它为在多个级别上实现高可用性和可伸缩性提供了许多选择。对于架构师来说,了解它们是至关重要的,包括它们之间的差异和所涉及的成本,并最终能够选择满足最佳解决方案需求的适当解决方案。没有万能的解决方案,但是每个项目都有一个好的解决方案。

对于组织来说,运行可供用户随时使用的应用程序和系统是最重要的优先事项之一。他们希望自己的应用程序是可操作的和功能性的,并且即使发生一些不愉快的事件,他们的客户也能继续使用。高可用性是本章的主要主题。“保持灯亮着”是针对高可用性的常见比喻。实现应用程序的高可用性不是一件容易的任务,组织必须为此花费大量的时间、精力、资源和金钱。此外,组织的实施仍然存在不能产生预期结果的风险。Azure 为虚拟机(VM)和平台即服务(PaaS)提供了大量高可用性特性。在本章中,我们将介绍 Azure 提供的架构和设计特性,以确保运行应用程序和服务的高可用性。

本章将讨论以下主题。

(1) 高可用性。

(2) Azure 高可用性。

(3) 高可用性的架构考虑。

(4) 可伸缩性。

(5) 升级和维护。

2.1 高可用性

高可用性是任何业务关键服务及其部署的核心非功能技术需求之一。高可用性是指服务或应用程序的特性,使其能够持续运行;它通过满足或超过其承诺的服务水平协议(SLA)来做到这一点。用户根据业务类型被承诺一定的 SLA。服务应该可以根据其 SLA 使用。例如,SLA 可以为应用程序定义全年 99%的可用性。这意味着,用户可以使用 361.35 天。如果它不能在这段时间内保持可用,则违反了 SLA 的定义。大多数关键任务应用程序将其一年的高可用性 SLA 定义为 99.999%。这意味着,应用程序应该在一年中正常运行和可用,但它只能在 5.2h 内关闭和不可用。如果停机时间超过这个时间,您就有资格获得信用,信用将根据总正常运行时间百分比计算。

这里需要注意的是,高可用性是根据时间定义的(每年、每月、每周或这些时间的组合)。

服务或应用程序由多个组件组成,这些组件部署在不同的层和层上。服务或应用部署在操作系统(OS)上,托管在物理机或虚拟机上。它消耗网络和存储服务,用于各种用途。它甚至可能依赖于外部系统。为了使这些服务或应用具有高可用性,重要的是网络、存储、操作系统、虚拟机或物理机,以及应用程序的每个组件都要考虑 SLA 和高可用性。一个明确的应用程序生命周期流程用于确保从应用程序规划开始到将其引入操作之前都应该加入高可用性。这也涉及引入冗余。冗余资源应该包括在整个应用程序和部署体系结构中,以确保如果一个资源宕机,另一个资源将接管并为客户的请求服务。

影响应用程序高可用性的一些主要因素如下。

(1) 计划维护。

(2) 计划外的维修。

(3) 应用程序部署架构。

我们将在下面的部分中研究这些因素。让我们仔细看看在 Azure 中部署的高可用性是如何确保的。

2.2 Azure 高可用性

实现高可用性和满足高 SLA 要求是非常困难的。Azure 提供了许多为应用程序提供高可用性的特性,从主机和客户操作系统到使用其 PaaS 的应用程序。架构师可以通过配置来使用这些特性在其应用程序中获得高可用性,而不是从头构建这些特性或依赖于第三方工具。

在本节中,我们将研究 Azure 提供的使应用程序具有高可用性的特性和功能。在我们进入架构和配置细节之前,理解与 Azure 高可用性相关的概念是很重要的。

2.2.1 概念

Azure 提供的实现高可用性的基本概念如下。

(1) 可用性集。

(2) 故障域。

(3) 更新域。

(4) 可用性区域。

正如你所知道的,我们设计的解决方案要求具有高可用性是非常重要的。工作负载可能是关键任务,需要高可用性的体系结构。现在我们将仔细研究 Azure 中每个高可用性的概念。让我们从可用性集开始。

1. 可用性集

Azure 中的高可用性主要通过冗余实现。冗余意味着在主资源发生故障时,有多个相同类型的资源实例进行控制。然而,仅仅拥有更多类似的资源并不能使它们高度可用。例如,在一个订阅中可能有多个 VM,但是仅仅有多个 VM 并不能使它们具有高可用性。Azure 提供了一种称为可用性集的资源,拥有与之相关联的多个 VM 使它们具有高可用性。在可用性集中应该至少托管两个 VM,以使它们具有高可用性。可用性集中的所有 VM 都变得高度可用,因为它们被放置在 Azure 数据中心的独立物理机架上。在更新过程中,这些虚拟机是一次更新一个,而不是一次全部更新。可用性集提供了一个故障域和一个更新域来实现这一点,我们将在下一节中对此进行更多讨论。简而言之,可用性集在数据中心级别提供冗余,类似于本地冗余存储。

需要注意的是,可用性集提供了数据中心内的高可用性。如果整个数据中心宕机,那么,应用程序的可用性将受到影响。为了确保当数据中心宕机时应用程序仍然可用,Azure 引入了一个名为可用性区域的新特性,我们很快就会了解到。

如果您还记得基本概念列表,那么,列表中的下一个就是故障域。故障域通常用缩写 FD 表示。在下一节中,我们将讨论 FD 是什么,以及在设计高可用性解决方案时它是如何相关的。

2. 故障域

故障域(FD)是指一组虚拟机,它们共用同一个电源和同一个网络交换机。当一个 VM 被分配给一个可用性集时,它托管在一个 FD 中。每个可用性集默认有 2

个或 3 个 FD,这取决于 Azure 区域。一些区域提供 2 个 FD,而另一些区域在一个可用性集中提供 3 个 FD。FD 是用户不可配置的。

当创建多个虚拟机时,虚拟机被放在不同的 FD 上。如果虚拟机数量大于 FD,则新增的虚拟机放置在已有的 FD 上。例如,如果有 5 个虚拟机,则会有多个虚拟机上托管 FD。

FD 与 Azure 数据中心中的物理机架相关。FD 可以在由于硬件、电源和网络故障而导致的计划外停机时提供高可用性。由于每个 VM 被放置在不同的机架上,具有不同的硬件、不同的电源和不同的网络,所以,如果机架断开,其他 VM 将继续运行。

3. 更新域

FD 负责计划外停机,而更新域负责计划外维护的停机。每个 VM 还被分配一个更新域,该更新域内的所有 VM 将一起重新启动。在一个可用性集中可以有多达 20 个更新域。用户无法配置更新域。当创建多个虚拟机时,它们被放置在单独的更新域中。如果在一个可用集上发放了超过 20 个虚拟机,则这些虚拟机将以轮询的方式放在这些更新域上。更新域负责计划的维护。在 Azure 门户中的服务运行状况中,您可以检查计划的维护细节并设置警报。

4. 可用性区域

这是 Azure 引入的一个相对较新的概念,与存储账户的分区冗余非常相似。可用分区通过在区域内的独立数据中心上放置 VM 实例来提供区域内的高可用性。可用分区适用于 Azure 中的许多资源,包括虚拟机、托管磁盘、虚拟机规模集和负载均衡器。可用分区支持的完整资源列表可以在支持可用分区的服务中找到,链接如下:https://docs. microsoft. com/zh - cn/azure/availability - zones/az - region。在很长一段时间里,无法跨区域配置可用性是 Azure 的一个缺陷,最终可用性区域的引入解决了这个问题。

每个 Azure 区域由多个数据中心组成,这些数据中心配备了独立的电源、冷却系统和网络。有些地区有更多的数据中心,而有些地区数据中心较少。区域内的这些数据中心称为区域。为了确保弹性,在所有启用的区域中至少有 3 个独立的区域。在可用分区中部署虚拟机可以确保这些虚拟机位于不同的数据中心、不同的机架和网络上。区域内的这些数据中心与高速网络有关,这些虚拟机之间的通信没有延迟。图 2. 1 显示了如何在一个区域中设置可用性分区。

您可以在 https://docs. microsoft. com/zh - cn/azure/availability - zones/az - overview 中找到关于可用分区的更多信息。

区域冗余服务跨越可用性区域复制应用程序和数据,以防止单点故障。

如果一个应用程序需要更高的可用性,并且您希望确保即使整个 Azure 区域宕机,它仍然可用,那么,可用性的下一阶是流量管理器特性,这将在本章稍后讨

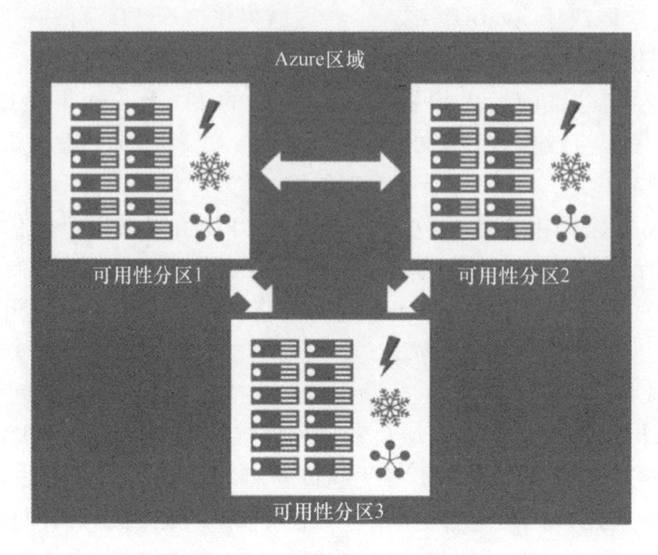

图 2.1　区域内的可用分区

论。现在让我们来理解 Azure 对 VM 的负载平衡。

2.2.2　负载均衡

顾名思义,负载均衡是指在虚拟机和应用之间均衡负载的过程。对于一个 VM,不需要负载均衡器,因为整个负载都在一个 VM 上,没有其他 VM 共享负载。但是,如果多个 VM 包含相同的应用程序和服务,则可以通过负载均衡在它们之间分配负载。Azure 提供了以下一些资源来实现负载平衡。

(1) 负载均衡器。Azure 负载均衡器有助于设计具有高可用性的解决方案。在传输控制协议(TCP)堆栈中,它是第 4 层传输级负载均衡器,其将传入流量分配给在负载均衡集中定义的健康服务实例。第 4 级负载均衡器在传输级工作,具有网络级信息(如 IP 地址和端口),决定传入请求的目标。负载均衡器将在本章后面进行更详细的讨论。

(2) 应用程序网关。Azure 应用程序网关为您的应用程序提供高可用性。它们是第 7 层负载均衡器,将传入的流量分配到健康的服务实例中。第 7 级负载均衡器可以在应用程序级工作,并具有应用程序级的信息,如 Cookie、HTTP、HTTPS 和传入请求的会话。本章稍后将更详细地讨论应用程序网关。当部署 Azure Kubernetes 服务时也会使用应用网关,特别是当来自互联网的入口流量需要路由到集群中的 Kubernetes 服务时。

（3）Azure 前门。Azure 前门非常类似于应用程序网关；但是，它在区域或数据中心级别不起作用，相反，它有助于全局地跨区域路由请求。在全局级别上，它具有与应用程序网关提供的相同的特性集。它还提供了一个 Web 应用程序防火墙，用于过滤请求，并提供其他与安全相关的保护。它提供了会话关联、传输层安全性（TLS）终止和基于 URL 的路由等特性。

（4）流量管理器。流量管理器根据区域端点的运行状况和可用性在全局级别上帮助跨多个区域路由请求。它支持使用 DNS 重定向项来实现这一点。它具有高度的弹性，在区域故障期间也没有服务影响。

既然我们已经探讨了可用于实现负载平衡的方法和服务，我们将继续讨论如何使 VM 高可用。

2.2.3 虚拟机高可用性

虚拟机提供计算能力。它们为应用程序和服务提供处理能力和托管。如果应用程序部署在单个 VM 上，而该机器关闭，则该应用程序将不可使用。如果应用程序由多个层组成，并且每个层都部署在自己的单个 VM 实例中，那么，即使单个 VM 实例停机，也会导致整个应用程序不可使用。Azure 试图让单个 VM 实例在 99.9%的时间内具有高可用性，特别是当这些单个实例 VM 为其磁盘使用高级存储时。Azure 为那些被分组在一个可用性集中的 VM 提供了更高的 SLA。它为包含两个或多个虚拟机的可用性集中的虚拟机提供 99.95%的 SLA。虚拟机放在可用分区时，SLA 为 99.99%。在下一节中，我们将讨论计算资源的高可用性。

2.2.4 计算机高可用性

需要高可用性的应用需要部署在同一个可用性集中的多个虚拟机上。如果应用程序由多个层组成，那么，每个层在其专用可用性集中应该有一组 VM。简而言之，如果一个应用程序有 3 层，那么，应该有 3 个可用性集和至少 6 个 VM（每个可用性集中有 2 个），以使整个应用程序高可用。

那么，Azure 如何为每个可用集中有多个 VM 的可用集的 VM 提供 SLA 和高可用性？这是你可能想到的问题。

在这里，使用我们之前考虑过的概念，即故障和更新域。当 Azure 在一个可用性集中看到多个 VM 时，它将这些 VM 放在一个单独的 FD 上。换句话说，这些虚拟机被放置在不同的物理机架上，而不是同一个机架上。这将确保至少有一个 VM 在电源、硬件或机架故障时仍然可用。一个可用性集中有 2 个或 3 个 FD，根据可用性集中的虚拟机数量,这些虚拟机被放置在单独的 FD 中,或者以轮询的方式重复。这确保了高可用性不会因为机架的故障而受到影响。

Azure 还将这些 VM 放在一个单独的更新域中。换句话说,Azure 在内部标记这些 VM,这些 VM 会一个接一个地补丁和更新,这样更新域中的任何重启都不会影响应用程序的可用性。这确保了高可用性不会因为 VM 和主机维护而受到影响。值得注意的是,Azure 不负责操作系统级别和应用程序的维护。

通过将 VM 放置在单独的故障和更新域中,Azure 确保了所有 VM 永远不会同时停机,并且它们是活动的,可以为请求服务,即使它们可能正在进行维护或面临物理停机挑战。

图 2.2 显示了 4 个虚拟机(2 个有 Internet 信息服务(IIS),另外 2 个安装了 SQL Server)。IIS 和 SQL VM 都是可用性集的一部分。IIS 和 SQL 虚拟机位于数据中心的不同机架和不同的 FD 中。它们也在单独的更新域中。

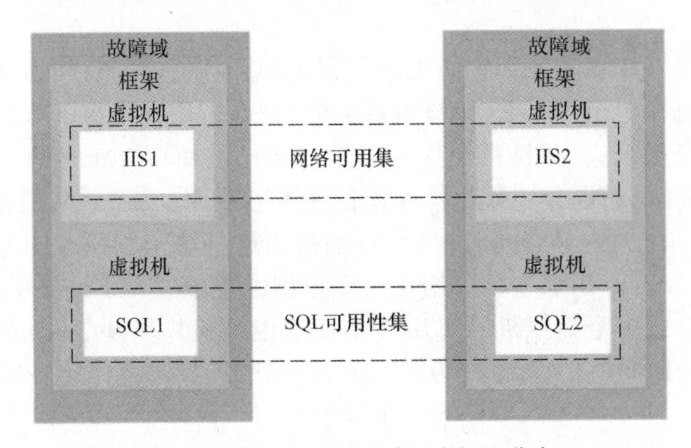

图 2.2　跨故障和更新域的虚拟机分布

故障域与更新域的关系如图 2.3 所示。

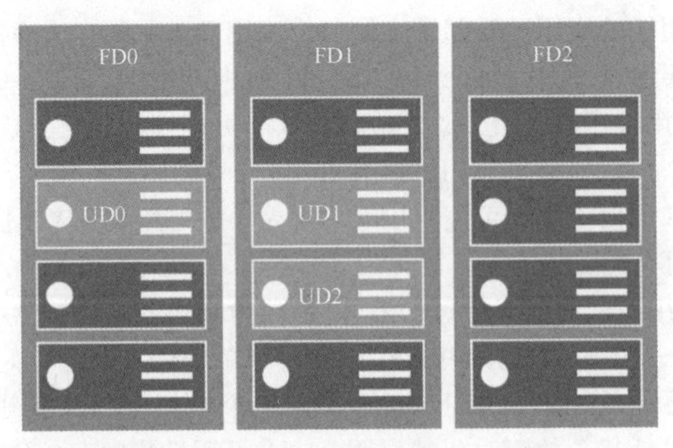

图 2.3　可用性集中更新域和 FD 的布局

到目前为止,我们已经讨论了如何实现计算资源的高可用性。在下一节中,您将了解如何为 PaaS 实现高可用性。

2.2.5 高可用性的平台

Azure 提供了许多新特性来确保 PaaS 的高可用性,这里列出了一些。

(1) 应用服务中的容器。

(2) Azure 容器实例组。

(3) Azure Kubernetes 服务。

(4) 其他容器编排器,如 DC/OS 和 Swarm。

另一个带来高可用性的重要平台是 Service Fabric。服务结构和包含 Kubernetes 的容器协调器都确保了所需数量的应用程序实例始终处于启动状态并在环境中运行。这意味着,即使环境中有一个实例出现故障,协调器也会通过主动监控了解它,并在不同的节点上启动一个新实例,从而保持理想的和需要的实例数量。这样做不会受到管理员的任何手动或自动干扰。

虽然 Service Fabric 允许任何类型的应用程序变得高可用,但像 Kubernetes、DC/OS 和 Swarm 这样的协调器是特定于容器的。另外,了解这些平台提供的特性有助于滚动更新,而不是可能影响应用程序可用性的大型银行更新,这一点很重要。

当我们讨论 VM 的高可用性时,我们简要地了解了负载平衡是什么。让我们仔细看看它,更好地理解它在 Azure 中的工作原理。

2.2.6 Azure 中的负载均衡器

Azure 提供了两种具有负载均衡器功能的资源:第一种资源是一个 4 级负载均衡器,它工作在 TCP OSI 堆栈中的传输层;第二种资源是一个 7 级负载均衡器(应用程序网关),它工作在应用程序和会话层。

尽管应用程序网关和负载均衡器都提供了平衡负载的基本特性,但它们的用途不同。在许多用例中,部署应用程序网关比部署负载均衡器更有意义。

应用程序网关提供了以下 Azure 负载均衡器无法提供的特性。

(1) Web 应用程序防火墙。这是 OS 防火墙之上的一个附加防火墙,它提供了查看传入消息的能力。这有助于识别和防止常见的基于 Web 的攻击,如 SQL 注入、跨站点脚本攻击和会话劫持。

(2) 基于 Cookie 的会话关联。负载均衡器将传入流量分配到健康且相对免费的服务实例。请求可以由任何服务实例提供服务。但是,有些应用程序需要高级特性,其中第一个请求之后的所有后续请求都应该由同一个服务实例处理。这称为基于 Cookie 的会话关联。应用程序网关提供基于 Cookie 的会话亲和性,使用 Cookie 将用户会话保持在同一个服务实例上。

(3) 安全套接字层(SSL)卸载。请求和响应数据的加密和解密由 SSL 执行,通常是代价高昂的操作。理想情况下,Web 服务器应该将其资源用于处理和服务请求,而不是用于通信流的加密和解密。SSL 卸载有助于将这个加密过程从 Web 服务器转移到负载均衡器,从而为服务于用户的 Web 服务器提供更多的资源。来自用户的请求被加密,但是在应用程序网关而不是 Web 服务器上被解密。从应用网关到 Web 服务器的请求是未加密的。

(4) 端到端 SSL。虽然 SSL 卸载对于某些应用程序是一个很好的特性,但对于某些关键的安全应用程序,即使流量通过负载均衡器,也需要完整的 SSL 加密和解密。还可以为端到端 SSL 加密配置应用程序网关。

(5) 基于 URL 的内容路由。应用程序网关对于根据传入请求的 URL 内容将流量重定向到不同的服务器也很有用。这有助于在托管其他应用程序的同时托管多个服务。

Azure 负载均衡器基于其可用的传输级信息来分配传入通信量。它依赖于以下特点。

(1) 起始 IP 地址。

(2) 目标 IP 地址。

(3) 起始端口号。

(4) 目标端口号。

(5) 一种协议类型——TCP 或 HTTP。

Azure 负载均衡器可以是私有负载均衡器,也可以是公共负载均衡器。它可以使用专用负载均衡器在内部网络中分配流量。由于这是内部的,不会有任何公共 IP 分配,它们不能从互联网访问。公共负载均衡器有一个外部公共 IP,可以通过互联网访问。在图 2.4 中,您可以看到如何将内部(私有)和公共负载均衡器合并到单个解决方案中,分别处理内部和外部流量。

在图 2.4 中,您可以看到外部用户通过公共负载均衡器访问 VM,然后来自 VM 的流量使用内部负载均衡器分布到另一组 VM 上。

我们已经比较了 Azure 负载均衡器与 Application 的不同之处网关。在下一节中,我们将更详细地讨论应用程序网关。

2.2.7 Azure 应用网关

Azure 负载均衡器帮助我们在基础设施级别启用解决方案。然而,有时使用

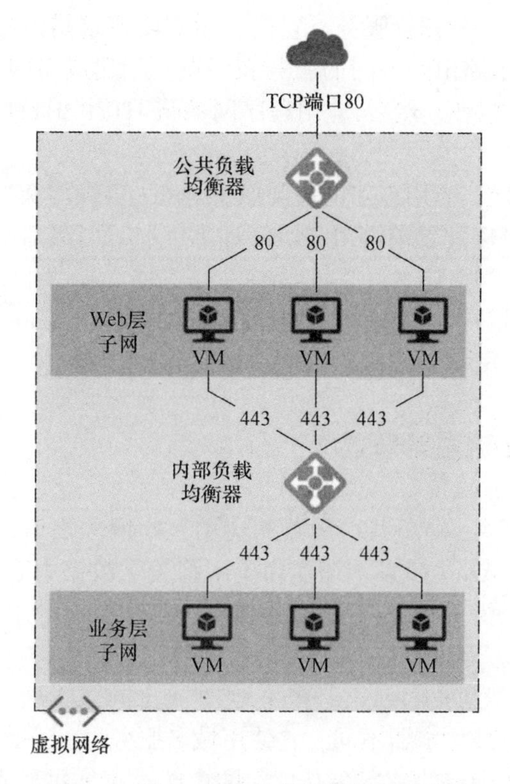

图 2.4 使用 Azure 负载均衡器分配流量

负载均衡器需要高级服务和特性。这些高级服务包括 SSL 终止、保持会话、高级安全等。Azure 应用程序网关提供了这些附加特性；Azure 应用程序网关是一个 7 级负载均衡器，它与 TCP OSI 堆栈中的应用程序和会话负载一起工作。

与 Azure 负载均衡器相比，应用网关拥有更多的信息，以便对服务器之间的请求路由和负载平衡做出决策。应用程序网关由 Azure 管理，并且是高可用的。

一个应用程序网关位于用户和虚拟机之间，如图 2.5 所示。

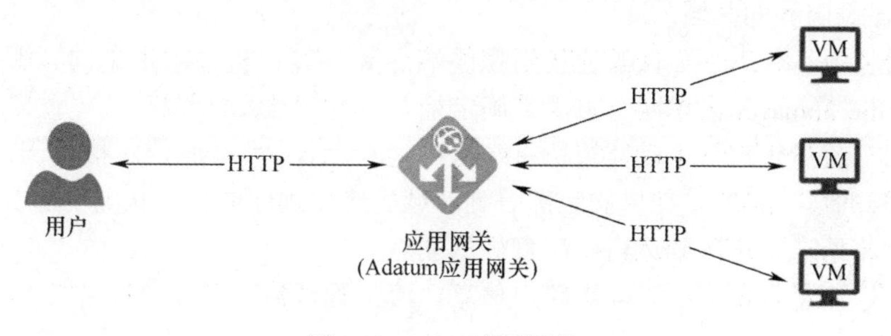

图 2.5 Azure 应用网关

应用程序网关是一种托管服务。它们使用应用请求路由(Application Request Routing, ARR)将请求路由到不同的服务和端点。创建应用网关需要配置一个私有 IP 地址或公网 IP 地址。然后,应用程序网关将 HTTP/HTTPS 流量路由到已配置的端点。

从配置的角度来看,应用程序网关类似于 Azure 负载均衡器,具有额外的结构和特性。应用网关可以配置前端 IP 地址、证书、端口配置、后端池、会话亲和性及协议信息。

我们讨论过的另一个与 VM 高可用性相关的服务是 Azure 流量管理量(Azure Traffic Manager)。让我们在下一节中进一步了解这个服务。

2.2.8 Azure 流量管理器

在很好地理解了 Azure 负载均衡器和应用程序网关之后,就可以深入了解流量管理器的细节了。Azure 负载均衡器和应用网关是数据中心或区域内高可用性所急需的资源;然而,为了实现跨区域和数据中心的高可用性,需要另一种资源,而 Traffic Manager 在这方面可以帮助我们。

Traffic Manager 帮助我们创建跨多个地理、地区和数据中心的高可用解决方案。流量管理器与负载均衡器不同。它使用域名服务(DNS)将请求重定向到由端点的运行状况和配置确定的适当端点。流量管理器不是代理或网关,它不会看到客户端和服务之间通过的流量。它只是基于最合适的端点重定向请求。

端点是面向 Internet 的、可访问的公共 URL。应用程序是在多个地理区域和 Azure 区域内提供的。部署到每个地区的应用程序都有一个由 DNS CNAME 引用的唯一端点。这些端点被映射到 Traffic Manager 端点。在配置 Traffic Manager 实例时,它会默认获得一个端点,该端点带有.trafficmanager. net URL 扩展名。

当请求到达 Traffic Manager URL 时,它会在列表中找到最合适的端点,并将请求重定向到该端点。简而言之,Azure Traffic Manager 充当一个全局 DNS 来识别将为请求提供服务的区域。

但是,流量管理器如何知道使用哪些端点并将客户机请求重定向到哪些端点呢? Traffic Manager 考虑两个方面来确定最合适的端点和区域。

首先,流量管理器主动监视所有端点的运行状况,可以监控虚拟机、云服务和应用服务的运行状况。如果确定部署到区域的应用程序的运行状况不适合重定向流量,则将请求重定向到运行状况良好的端点。

其次,流量管理器可以配置路由信息。流量管理器中有 6 种流量路由方式,如下所示。

(1) 优先级。当所有通信流都应该转到默认端点,并且在主端点不可用的情况下备份可用时,应该使用优先级。

(2) 加权。这应该用于在端点之间均匀地分配流量,或者根据定义的权重。

(3) 性能。这应该用于不同区域的端点,用户应该根据其位置重定向到最近的端点。这对网络延迟有直接影响。

(4) 地理位置。这应该用于基于最近的地理位置将用户重定向到一个端点(Azure、外部或嵌套)。这可以帮助坚持与数据保护、本地化和基于区域的流量收集相关的遵从性。

(5) 子网。这是一种新的路由方法,它有助于根据客户端 IP 地址为其提供不同的端点。在这种方法中,为每个端点分配了一系列 IP 地址。将这些 IP 地址范围映射到客户机 IP 地址,以确定适当的返回端点。使用这种路由方法,可以根据起始 IP 地址为不同的人提供不同的内容。

(6) 多重值。这也是 Azure 中添加的一个新方法。在这种方法中,将多个端点返回给客户机,并且可以使用它们中的任何一个。这确保了如果一个端点不健康,则可以使用其他端点代替。这有助于提高解决方案的整体可用性。

需要注意的是,在流量管理器确定一个有效的正常端点之后,客户端将直接连接到应用程序。现在让我们继续了解 Azure 在全局路由用户请求方面的能力。

在下一节中,我们将讨论另一种服务,称为 Azure Front Door。这个服务就像 Azure 应用网关;但是,有一个小的区别使这个服务与众不同。让我们继续学习更多关于 Azure 前门(Azure Front Door)的知识。

2.2.9 Azure 前门

Azure Front Door 是 Azure 中的最新产品,它帮助将请求路由到全球级别的服务,而不是本地地区或数据中心级别的服务,就像 Azure 应用网关和负载均衡器那样。Azure 前门类似于应用网关,只是范围不同而已。它是一个第 7 层负载均衡器,帮助将请求路由到部署在多个区域的最近的、性能最好的服务端点。它提供了 TLS 终止、会话关联、基于 URL 的路由和多站点托管等功能,以及 Web 应用程序防火墙。它与 Traffic Manager 类似,在默认的情况下,它对整个区域故障具有弹性,并提供路由功能。它还定期执行端点运行状况探测,以确保仅将请求路由到正常的端点。

它提供了以下 4 种不同的路由方法。

(1) 延迟。请求将路由端到端延迟最小的端点。

(2) 优先级。请求将路由到主端点和在主端点失败的情况下的辅助端点。

(3) 加权。请求将根据分配给端点的权重进行路由。

(4) 会话亲和性。一个会话中的请求将以相同的端点结束,以利用先前请求的会话数据。原始请求可以以任何可用端点结束。

在全球范围内寻求弹性的部署应该在其架构中包括 Azure Front Door,以及应用网关和负载均衡器。在下一节中,您将看到在设计高可用性解决方案时应该考虑的一些体系结构方面的考虑。

2.3 高可用性的体系结构考虑

Azure 通过不同的方式和不同的级别提供高可用性。高可用性可应用于数据中心级、区域级,甚至跨 Azure。在本节中,我们将介绍一些用于高可用性的体系结构。

2.3.1 Azure 区域内的高可用性

图 2.6 所示的体系结构显示了一个 Azure 区域内的高可用性部署。高可用性

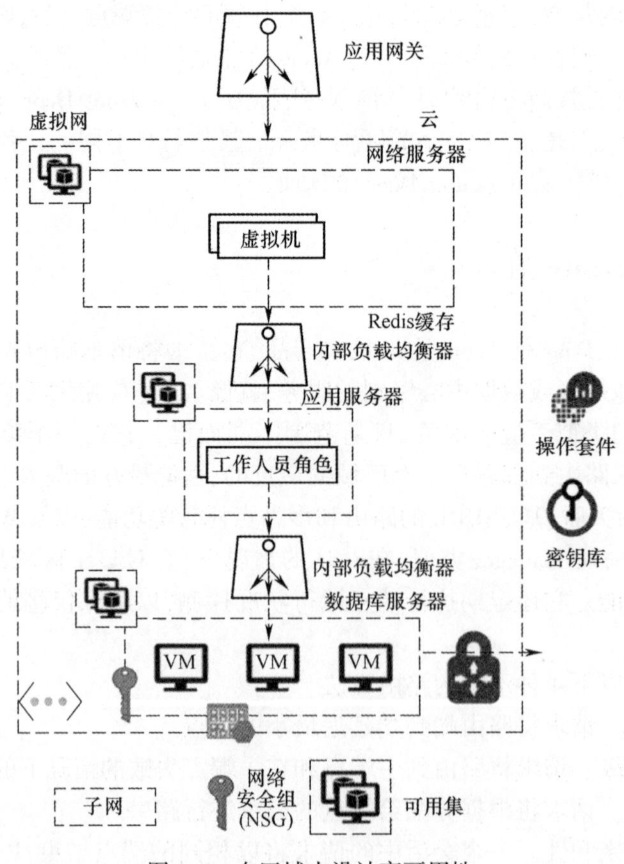

图 2.6　在区域内设计高可用性

是在单个资源级别上设计的。在这种架构中，每层都有多个虚拟机通过应用程序网关或负载均衡器连接，它们是一个可用性集的每个部分。每个层都与一个可用性集相关联。这些虚拟机被放置在单独的故障域和更新域。当 Web 服务器连接到应用程序网关时，其他层（如应用程序层和数据库层）具有内部负载平衡器。

既然您已经知道了如何在同一区域内设计高可用性的解决方案，那么，让我们讨论一下如何设计一个类似但分布在 Azure 区域内的体系结构。

2.3.2 跨 Azure 区域的高可用性

该架构在两个不同的 Azure 区域中展示了类似的部署。如图 2.7 所示，两个区域部署了相同的资源。高可用性是在这些区域内的单个资源级别上设计的。在每一层有多个虚拟机，通过负载均衡器连接，它们是可用性集的一部分。这些虚拟机被放置在单独的故障域和更新域。当 Web 服务器连接到外部负载均衡器时，其他层（如应用程序层和数据库层）都有内部负载均衡器。需要注意的是，如果需要高级服务，如会话关联、SSL 终止、使用 Web 应用程序防火墙（WAF）的高级安全以

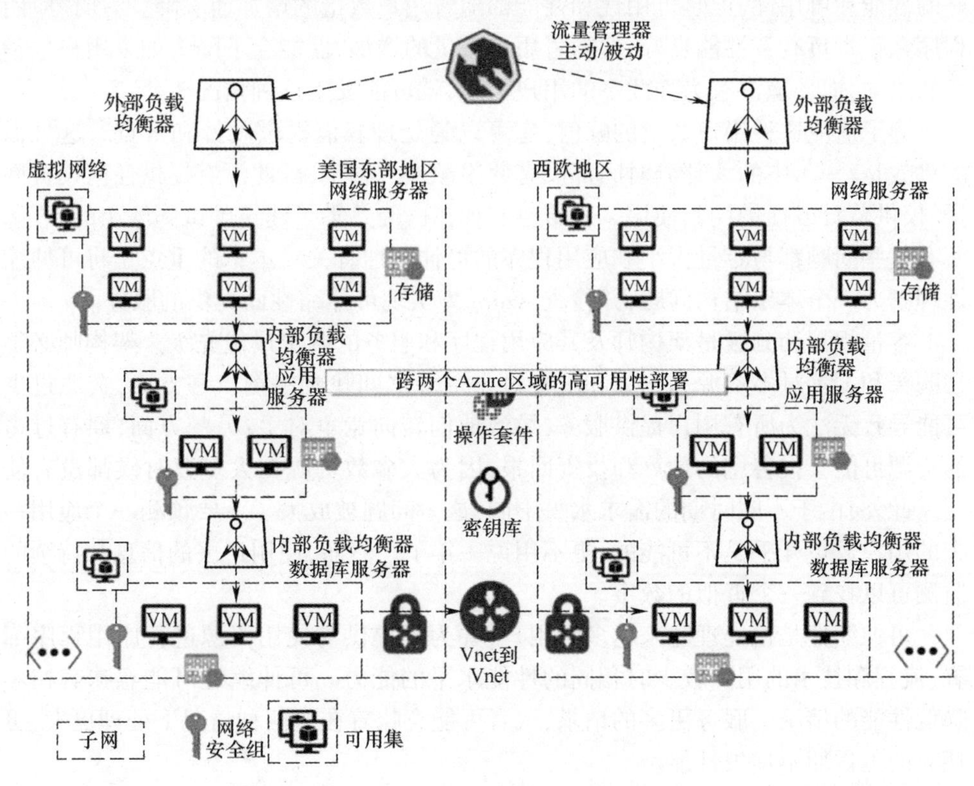

图 2.7 跨 Azure 区域设计高可用性

及基于路径的路由,应用程序负载均衡器可以用于 Web 服务器和应用层(而不是 Azure 负载均衡器)。两个区域中的数据库使用虚拟网络对等和网关彼此连接,这有助于配置日志传送、SQL Server Always On 和其他数据同步技术。

两个区域的负载均衡器的端点用于配置流量管理器的端点,流量按照优先级负载均衡方式路由。流量管理器帮助将所有请求路由到美国东部地区,故障转移后,在第一个地区不可用的情况下,将所有请求路由到西欧。

在下一节中,我们将探讨可伸缩性,这是云的另一个优势。

2.4 可伸缩性

运行可供用户使用的应用程序和系统,对于任何业务关键型应用程序的架构师来说都很重要。然而,还有另一个同样重要的应用程序特性是架构师最优先考虑的,这就是应用程序的可伸缩性。

设想这样一种情况:部署了一个应用程序,在只有少数用户的情况下获得了良好的性能和可用性,但是可用性和性能都随着用户数量的增加而下降。有时,应用程序在正常负载下性能良好,但随着用户数量的增加,性能会下降。如果用户数量突然增加,而环境没有为如此多的用户构建,就可能发生这种情况。

为了适应这种用户数量的峰值,您可以为处理峰值提供硬件和带宽。这方面的挑战是,一年中的大部分时间都没有使用额外的容量,因此没有提供任何投资回报,仅供节日或促销期间使用。我希望您现在已经熟悉了建筑师试图解决的问题。所有这些问题都与容量大小和应用程序的可伸缩性有关。本章的重点是将可伸缩性理解为一个体系结构问题,并检查 Azure 为实现可伸缩性而提供的服务。

容量规划和分级是架构师及其应用程序和服务的两个最优先级。架构师必须在购买和配置过多资源和购买和配置过少资源之间找到平衡。一方面,资源过少可能导致无法为所有用户提供服务,导致他们转向竞争对手;另一方面,拥有过多的资源可能会损害您的预算和投资回报,因为大多数资源在大多数时候都没有使用。此外,由于不同时期的需求水平不同,这一问题被放大了。要预测一个应用一天的用户数量几乎是不可能的,更不用说一年了。然而,使用过去的信息和持续的监测可以找到一个近似的数字。

可伸缩性是指处理越来越多的用户,并为其提供与使用资源进行应用程序部署、流程和技术的用户较少时相同的性能水平的能力。可伸缩性可能意味着在不降低性能的情况下服务更多的请求,或者可能意味着在这两种情况下处理更大、更耗时的工作而不损失性能。

架构师应该在项目一开始和规划阶段就进行容量规划和规模调整,以便为应用程序提供可伸缩性。

一些应用程序有稳定的需求模式,而另一些则很难预测。可伸缩性需求对于稳定需求的应用程序是众所周知的,而识别它们对于可变需求的应用程序则是一个更加复杂的过程。我们将在下一节中讨论自动伸缩的概念,它应该用于需求无法预测的应用程序。

人们往往会混淆可伸缩性和性能。在下一节中,您将看到这两个术语的快速比较。

2.4.1 可伸缩性和性能

当涉及架构问题时,很容易混淆可伸缩性和性能,因为可伸缩性就是确保无论使用应用程序的用户数量如何,所有用户都能获得相同的预定性能级别。

性能与确保应用程序满足预定义的响应时间和吞吐量有关。可伸缩性指的是在需要时提供更多资源,以容纳更多用户,同时不牺牲性能。

最好用一个类比来理解这一点:火车的速度与铁路网的性能直接相关。然而,让更多列车以相同或更高的速度并行运行代表了铁路网的可伸缩性。

现在您已经了解了可伸缩性和性能之间的区别,下面讨论 Azure 如何提供可伸缩性。

2.4.2 Azure 的可伸缩性

在本节中,我们将研究 Azure 提供的使应用程序具有高可用性的特性和功能。在我们进入架构和配置细节之前,理解 Azure 的高可用性概念(换句话说,可伸缩性)是很重要的。

伸缩指的是增加或减少用于服务用户请求的资源数量。缩放可自动或手动。手动伸缩需要管理员手动启动伸缩过程,而自动伸缩指的是根据环境和生态系统的可用事件(如内存和 CPU 可用性)自动增加或减少资源。资源可以扩展或缩小,也可以向外或向内,这将在本节稍后进行解释。

除了滚动更新之外,Azure 提供的实现高可用性的基本结构如下:

①缩放;②向外和向内缩放③自动定量。

1) 比例放大

扩展虚拟机或服务需要向现有服务器添加更多的资源,如 CPU、内存和磁盘。它的目的是增加现有物理硬件和资源的能力。

2) 比例缩小

降低虚拟机或服务的规模意味着从现有服务器中移除现有资源,如 CPU、内存和磁盘。它的目的是减少现有物理和虚拟硬件和资源的容量。

3）横向扩展

向外扩展需要添加更多的硬件，如额外的服务器和容量。这通常包括添加新服务器、为它们分配 IP 地址、在它们上部署应用程序，并使它们成为现有负载均衡器的一部分，以便流量可以路由到它们。向外扩展可以是自动的，也可以是手动的。然而，为了获得更好的结果，应该使用自动化，如图 2.8 所示。

图 2.8　横向扩展

4）向内扩展

向内扩展是指在现有服务器和容量方面删除现有硬件的过程。这通常包括删除现有的服务器，重新分配它们的 IP 地址，并将它们从现有的负载均衡器配置中删除，这样流量就不能路由到它们。与向外扩展一样，向内扩展也可以是自动或手动的。

5）自动伸缩

自动伸缩是根据应用程序需求动态地向上/向下伸缩或向外/向内伸缩的过程，这是通过自动化实现的。自动伸缩非常有用，因为它可以确保部署总是由理想数量的服务器实例组成。自动伸缩有助于构建容错的应用程序。它不仅支持可伸缩性，而且使应用程序具有高可用性。最后，它提供了最好的成本管理。自动伸缩使得根据需求对服务器实例进行优化配置成为可能。它有助于避免过量配置服务器，只会导致服务器没有充分利用，并删除向外扩展后不再需要的服务器。

到目前为止，我们已经讨论了 Azure 中的可伸缩性。Azure 为其大多数服务提供了可伸缩性选项。让我们在下一节探讨 Azure 中 PaaS 的可伸缩性。

2.4.3　PaaS 的可伸缩性

Azure 提供了托管应用程序的 App Service。App Service 是 Azure 提供的 PaaS

服务。它为网络和移动平台提供服务。在 Web 和移动平台背后是由 Azure 代表其用户管理的托管基础设施。用户不会看到或管理任何基础设施;但是,他们有能力扩展该平台并在其上部署应用程序。这样,架构师和开发人员就可以专注于他们的业务问题,而不必担心基础平台和基础设施的供应、配置和故障排除。开发者可以灵活地选择任何语言、操作系统和框架来开发他们的应用程序。App Service 提供多种计划,根据选择的计划,可以提供不同程度的可扩展性。App Service 提供以下 5 种方案。

(1) 免费。这是使用共享的基础设施。这意味着来自相同或多个租户的多个应用程序将部署在相同的基础设施上。它免费提供 1GB 的存储空间。然而,在这个计划中没有缩放设施。

(2) 共享。这也是使用共享的基础设施,并免费提供 1GB 的存储空间。此外,自定义域也是作为一种额外特性提供的。然而,在这个计划中没有缩放设施。

(3) 基础。这有 3 个不同的库存单元(SKU):B1、B2 和 B3。它们在 CPU 和内存方面的可用资源单位都在不断增加。简而言之,它们提供了支持这些服务的虚拟机的改进配置。此外,它们还提供存储、自定义域和 SSL 支持。基本计划提供了手动缩放的基本功能。此计划中没有可用的自动伸缩功能。最多可以使用 3 个实例向外扩展应用程序。

(4) 标准。这也有 3 个不同的 SKU:S1、S2 和 S3。它们在 CPU 和内存方面的可用资源单位都在不断增加。简而言之,它们提供了支持这些服务的虚拟机的改进配置。此外,它们提供存储、自定义域和 SSL 支持,这些支持与基本计划类似。该计划还提供了一个流量管理器实例、暂存槽和一个日常备份,作为基本计划之上的附加功能。标准计划提供了自动伸缩功能。最多可以使用 10 个实例扩展应用程序。

(5) 附加费用。这款游戏还有 3 个不同的 SKU:P1、P2 和 P3。它们在 CPU 和内存方面的可用资源单位都在不断增加。简而言之,它们提供了支持这些服务的虚拟机的改进配置。此外,它们提供存储、自定义域和 SSL 支持,这与基本计划类似。该计划还提供了一个流量管理器实例、暂存槽和 50 个每日备份,作为基本计划之上的附加功能。标准计划提供了自动伸缩的特性。最多可以使用 20 个实例向外扩展应用程序。

我们已经探讨了 PaaS 服务可用的可伸缩性层。现在,让我们看看如何在 App Service 计划的情况下实现伸缩性。

1) PaaS——向上和向下伸缩

由 App Service 承载的服务的伸缩非常简单。Azure 应用服务 Scale Up 菜单会打开一个新面板,上面列出了所有的计划及其 SKU。选择一个计划和 SKU 将会伸缩一个服务,如图 2.9 所示。

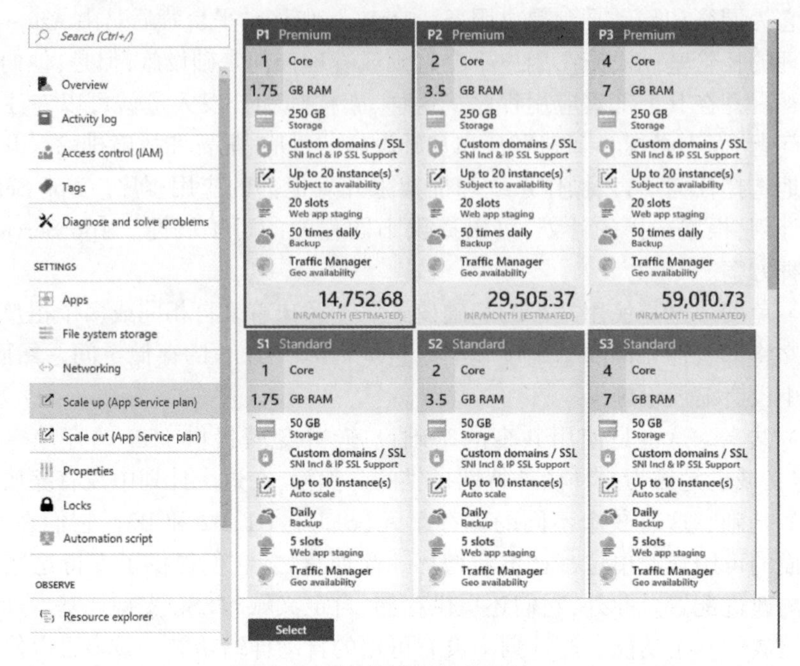

图 2.9　不同的计划与他们的 SKU

2）PaaS——向外和向内伸缩

应用服务中的服务也非常简单。Azure 应用服务 Scale Out 菜单项会打开一个带有伸缩配置选项的新窗格。

默认的情况下，高级和标准计划都禁用自动伸缩功能。可以使用 Scale Out 菜单项并单击 Enable autoscale 按钮来启用它，如图 2.10 所示。

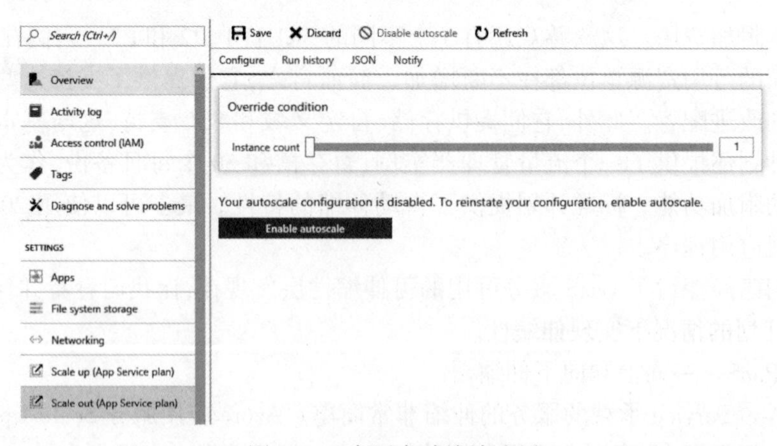

图 2.10　启用自动缩放选项

手动伸缩不需要配置,但自动伸缩可以帮助配置以下属性(图 2.11)。

(1) 伸缩模式。这是基于 CPU 或内存使用等性能指标,或者用户可以简单地指定多个伸缩实例。

(2) 何时进行扩展。可以添加多个规则来决定何时向外扩展和向内扩展。每个规则都可以确定 CPU 或内存消耗等标准,是增加还是减少实例数量,以及每次增加或减少多少实例。至少应该配置一条向外扩展的规则和一条向内扩展的规则。阈值定义有助于定义应该通过增加或减少实例数量来触发自动伸缩的上限和下限。

(3) 如何扩展。这指定在每个向外扩展或在操作中扩展时要创建或删除多少实例。

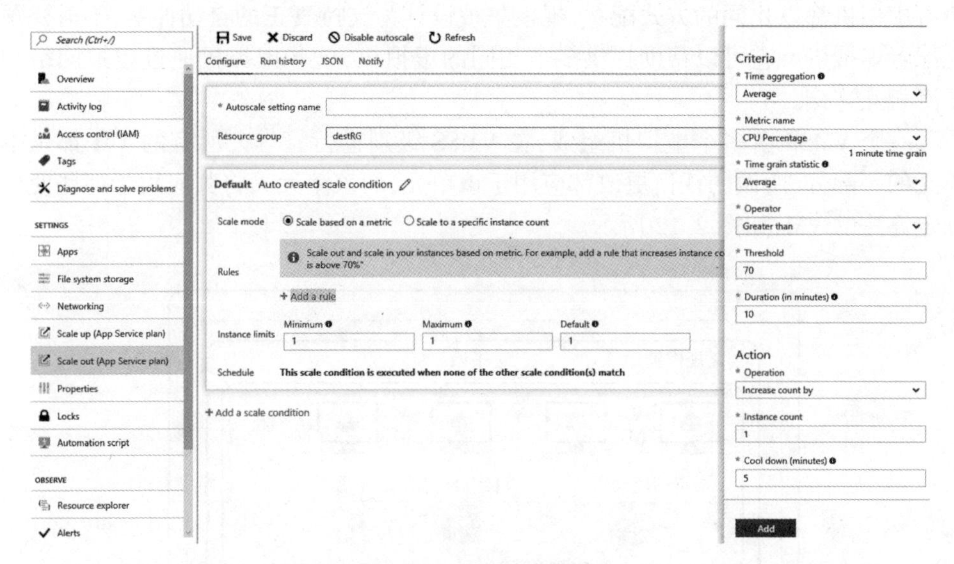

图 2.11 设置实例限制

这是一个非常好的特性,可以在任何部署中启用。但是,您应该同时支持向外扩展和向内扩展,以确保向外扩展后环境恢复到正常容量。

既然我们已经讨论了 PaaS 中的可伸缩性,下面让我们继续讨论 IaaS 中的可伸缩性。

2.4.4 IaaS 的可伸缩性

有些用户希望完全控制他们的基础设施、平台和应用程序。他们更喜欢使用 IaaS 解决方案而不是 PaaS 解决方案。当这些客户创建虚拟机时,他们还负责容量调整和扩展。不存在用于手动伸缩或自动伸缩虚拟机的开箱即用配置。这些客户必须编写自己的自动化脚本、触发器和规则来实现自动伸缩。VM 带来了维护它们的责任。虚拟机的补丁、更新和升级由所有者负责。建筑师应该同时考虑计划维护和计划外维护。必须考虑这些 VM 应该如何修补、顺序、分组和其他因素,以确保应用程序的可伸缩性和可用性不受影响。为了帮助缓解这类问题,Azure 提供了 VM 规模集(VMSS)作为解决方案,我们将在接下来讨论。

2.5 VM 规模集

VMSS 是 Azure 计算资源,您可以使用它来部署和管理一组相同的 VM。由于所有虚拟机都以相同的方式配置,规模集被设计为支持真正的自动伸缩,不需要预先配置虚拟机。它可以帮助提供多个相同的虚拟机,这些虚拟机通过虚拟网络和子网相互连接。

一个 VMSS 由多个虚拟机组成,在 VMSS 级别进行管理。所有的 VM 都是本单元的一部分,所做的任何更改都应用于该单元,而该单元又将其应用于那些使用预定算法的 VM,如图 2.12 所示。

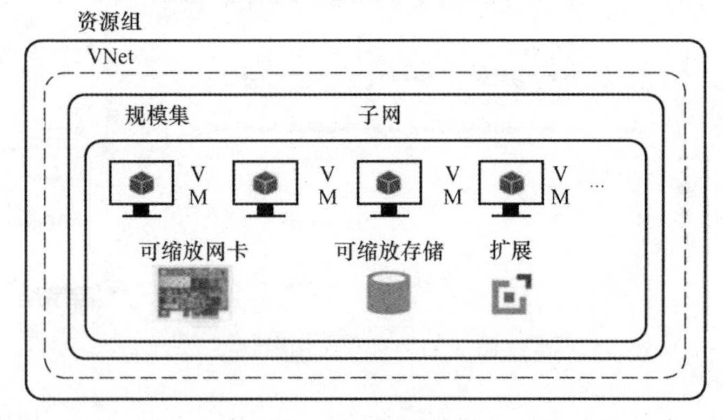

图 2.12　VM 规模集

这使得这些虚拟机可以使用 Azure 负载均衡器或应用程序网关进行负载平衡。虚拟机类型包括 Windows 虚拟机和 Linux 虚拟机。它们可以使用 PowerShell 扩展运行自动化脚本,并且可以使用状态配置集中管理它们。它们可以作为一个单元进行监视,也可以单独使用 Log 进行监视分析。

VMSS 可以从 Azure 门户、Azure CLI、Azure 资源管理器模板、REST API 和 PowerShell cmdlet 中发放;可以从任何平台、环境或操作系统,用任何语言调用 REST API 和 Azure CLI。

Azure 的许多服务已经使用 VMSS 作为其底层架构,其中包括 Azure Batch、Azure Service Fabric 和 Azure Container Service。Azure 容器服务则在这些 VMSS 上提供 Kubernetes 和 DC/OS。

2.5.1 VMSS 的体系结构

使用平台映像时,VM 允许在一个规模集中创建最多 1000 个 VM,如果使用自定义映像,则允许创建 100 个 VM。如果一个规模集中的虚拟机数量小于 100,则将其放在一个可用性集中;但是,如果数量大于 100,则创建多个可用性集(称为放置组),虚拟机分布在这些可用性集之间。我们从第 1 章"开始使用 Azure 入门指南"中了解到,可用性集中的 VM 被放置在单独的故障和更新域中。虚拟机相关的可用集默认有 5 个故障域和更新域。VMSS 提供了一个保存整个集合元数据信息的模型。修改该模型并应用变更将影响所有虚拟机实例。这些信息包括虚拟机实例的最大和最小数量、操作系统 SKU 和版本、当前虚拟机数量、故障域和更新域等,如图 2.13 所示。

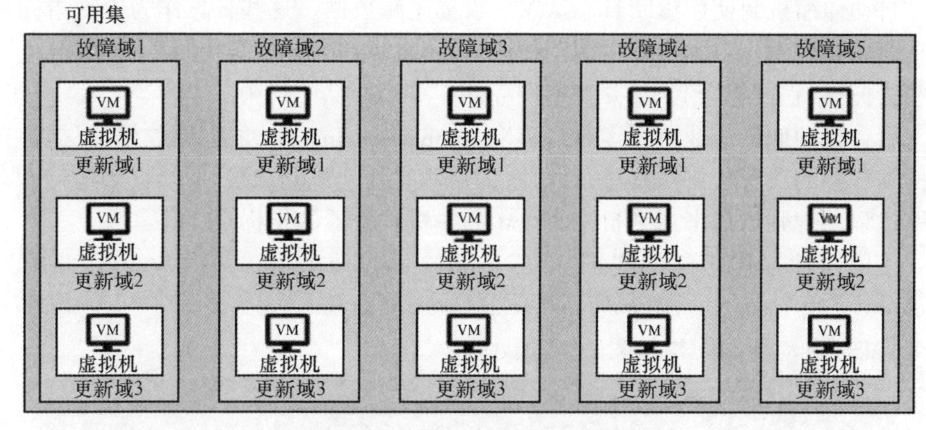

图 2.13 可用性集内的虚拟机

2.5.2 VMSS 伸缩

伸缩是指增加或减少计算和存储资源。VMSS 是一种功能丰富的资源,可以使扩展变得简单和高效。它提供自动伸缩,这有助于根据外部事件和数据(如 CPU 和内存使用情况)进行伸缩。这里给出了一些 VMSS 扩展特性。

1)水平与垂直伸缩

伸缩可以是水平的,也可以是垂直的,或者两者都是。水平扩展是向外和向内扩展的另一个名称,而垂直扩展则是向上和向下扩展。

2)能力

虚拟机有一个容量属性,它决定了一个规模集中的虚拟机数量。一个可以将这个属性的值设为0来部署VMSS。它不会创建一个单一的虚拟机;但是,如果您通过为容量属性提供一个数字来提供一个VMSS,那么将创建这个虚拟机数量。

3）自动定量

VMSS中虚拟机的自动伸缩是指根据配置的环境增加或删除虚拟机实例,以满足应用程序的性能和可伸缩性需求。通常,在没有VMSS的情况下,这是通过自动化脚本和运行本实现的。

VMSS通过支持配置来帮助实现这个自动化过程。与编写脚本不同,VMSS可以配置为自动向上和向下伸缩。

自动伸缩使用多个集成组件来实现其最终目标。自动伸缩需要持续监控VM,并收集有关VM的遥测数据。存储、组合这些数据,然后根据一组规则进行评估,以确定是否应该触发自动伸缩。触发器可以是向外扩展或向内扩展,也可以是按比例放大或缩小。

自动伸缩机制使用诊断日志从VM收集遥测数据。这些日志作为诊断指标存储在存储账户中。自动伸缩机制还使用Application Insights监控服务,该服务读取这些指标,将它们组合起来,并将它们存储在一个存储账户中。

后台自动伸缩作业持续运行以读取Application Insights的存储数据,根据为自动伸缩配置的所有规则对其进行评估,如果满足任何规则或规则组合,则运行自动伸缩过程。规则可以考虑来自来宾VM和主机服务器的指标。

使用属性描述定义的规则:https://docs.microsoft.com/zh-cn/azure/virtual-machine-scale-sets/virtual-machine-scale-sets-upgrade-scale-set。

VMSS自动伸缩架构如图2.14所示。

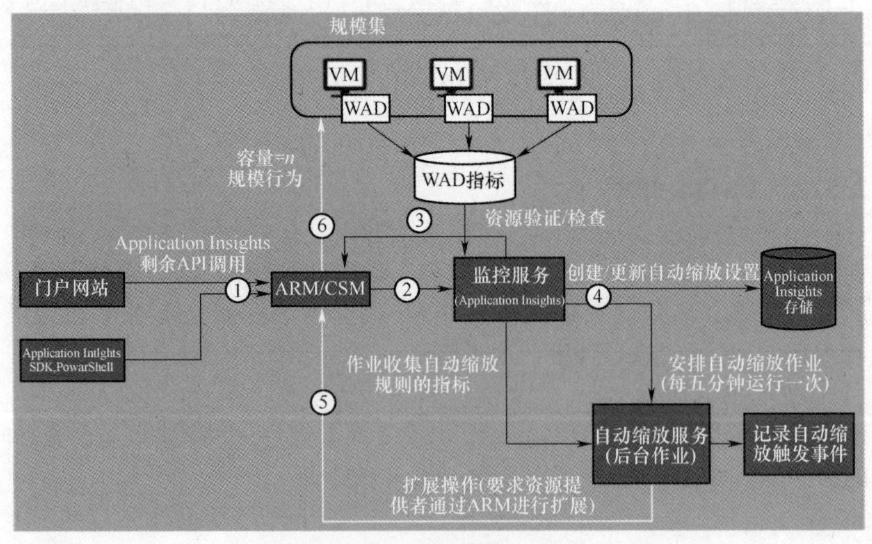

图2.14　虚拟机自动定量架构

可以为比环境中可用的通用指标更复杂的场景配置自动伸缩。例如,伸缩可以基于以下任何一种。

(1) 特定的一天。

(2) 定期安排,如周末。

(3) 工作日对应周末。

(4) 假期和一次性活动。

(5) 多种资源指标。

可以使用 Application Insights 资源的 Schedule 属性配置这些规则,这有助于注册规则。

架构师应该确保至少有两个向外和向内的操作一起配置。向内或向外扩展配置无助于实现 VMSS 提供的扩展好处。

总之,我们已经介绍了 Azure 中的可伸缩性选项,以及 IaaS 和 PaaS 中的详细可伸缩性特性,以满足您的业务需求。如果您回忆起共享责任模型,就会记得平台升级和维护应该由云提供商完成。在这种情况下,微软负责与平台相关的升级和维护。让我们在下一节中看看如何实现这一点。

2.6 升级和维护

VMSS 和应用部署完成后,需要对它们进行积极维护。应定期进行有计划的维护,以确保环境和应用程序从安全性和弹性的角度来看都具有最新的特性。

升级可以与应用程序、用户 VM 实例或映像本身相关联。升级可能相当复杂,因为它们应该在不影响环境和应用程序的可用性、可伸缩性和性能的情况下进行。为了确保使用滚动升级方法一次只对一个实例进行更新,VMSS 必须支持并为这些高级场景提供功能。

Azure 团队提供了一个实用程序来管理 VMSS 的更新。它是一个基于 Python 的实用程序,可以从 https://github.com/gbowerman/vmssdashboard 下载。它通过 REST API 调用 Azure 来管理规模集。该实用程序可用于在一个 FD 或一组 VM 上启动、停止、升级和重新映像 VM,如图 2.15 所示。

既然您对升级和维护有了基本的了解,那么,让我们看看在 VMSS 中应用程序更新是如何完成的。

2.6.1 应用程序更新

VMSS 中的应用程序更新不应该手动执行。它们必须作为使用自动化的发布

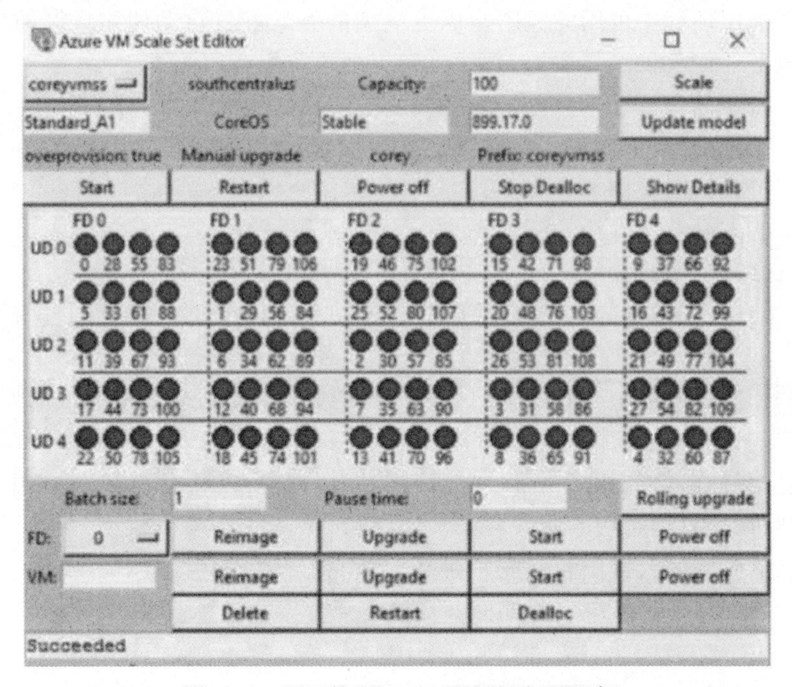

图 2.15　用于管理 VMSS 更新的实用程序

管理和管道的一部分运行。此外，更新应该一次只发生在一个应用程序实例上，而不会影响应用程序的整体可用性和可伸缩性。应该部署配置管理工具（如：Desired State Configuration, DSC）来管理应用程序更新。DSC 拉取服务器可以配置最新版本的应用程序配置，并且应该在滚动的基础上应用于每个实例。

在下一节中，我们将重点讨论如何在客户操作系统上完成更新。

2.6.2　用户更新

虚拟机的更新由管理员负责。Azure 不负责给客户虚拟机打补丁。客户更新处于预览模式，用户应该手动控制补丁或使用自定义自动化方法，如运行本和脚本。但是，滚动补丁升级处于预览模式，可以在 Azure 资源管理器模板中使用升级策略进行配置，如下所示：

```
"upgradePolicy": {
"mode": "Rolling",
"automaticOSUpgrade": "true" or "false",
        "rollingUpgradePolicy": {
          "batchInstancePercent": 20,
```

```
        "maxUnhealthyUpgradedInstanceCount": 0,
        "pauseTimeBetweenBatches": "PT0S"
    }
}
```

现在我们知道了 Azure 中如何管理客户端更新，让我们看看如何完成图像更新。

2.6.3 图片更新

VMSS 可以在不停机的情况下更新操作系统版本。操作系统更新包括更改操作系统的版本或 SKU 或更改自定义映像的 URI。无须停机的更新意味着每次更新一个或组内的 VM（如每次更新一个 FD），而不是一次更新所有 VM。通过这样做，任何未升级的虚拟机都可以继续运行。

到目前为止，我们已经讨论了更新和维护。现在让我们研究一下 VMSS 伸缩的最佳实践是什么。

2.6.4 VMSS 扩展的最佳实践

在本节中，我们将介绍应用程序应该实现的一些最佳实践，以利用 VMSS 提供的扩展能力。

1）优先选择向外扩展

向外扩展是比向上扩展更好的扩展解决方案。放大或缩小意味着调整 VM 实例的大小。当虚拟机调整大小时，通常需要重启虚拟机，这有其自身的缺点。首先，机器有停机时间。其次，如果有活跃用户连接到该实例上的应用程序，他们可能会面临应用程序可用性不足的问题，甚至可能会丢失事务。向外扩展不影响现有虚拟机；相反，它提供更新的机器并将它们添加到组中。

2）新实例与休眠实例

向外扩展是比向上扩展更好的扩展解决方案。放大或缩小意味着调整 VM 实例的大小。当虚拟机调整大小时，通常需要重启虚拟机，这有其自身的缺点。首先，机器有停机时间。其次，如果有活跃用户连接到该实例上的应用程序，他们可能会面临应用程序可用性不足的问题，甚至可能会丢失事务。向外扩展不影响现有虚拟机；相反，它提供更新的机器并将它们添加到组中。

3）适当地配置实例的最大和最小数量

将最小实例数和最大实例数都设置为 2，并且当前实例数为 2，这意味着不可能发生伸缩操作。最大实例数和最小实例数之间应该有足够的区别（包括在内）。

自动伸缩总是在这些限制之间伸缩。

4）并发性

应用程序被设计成可伸缩性,以专注于并发性。应用程序应该使用异步模式,以确保在资源忙于服务其他请求时,客户机请求不会无限期地等待获取资源。在代码中实现异步模式可以确保线程不会等待资源,并且系统会耗尽所有可用线程。如果预期会出现间歇性故障,则应用程序应该实现超时的概念。

5）设计无状态应用程序

应用程序和服务应该设计为无状态的。使用有状态服务实现可伸缩性是一个挑战,而扩展无状态服务是很容易的。伴随状态而来的是对附加组件和实现的需求,如复制、集中或分散的存储库、维护和黏性会话。所有这些都是通往可伸缩性的道路上的障碍。想象一个在本地服务器上维护活动状态的服务。不管整个应用程序或单个服务器上的请求数量如何,后续请求必须由同一服务器提供服务。后续请求不能被其他服务器处理。这使得可伸缩性实现成为一个挑战。

6）缓存与内容分发网络(CDN)

应用程序和服务应该利用缓存。缓存有助于消除对数据库或文件系统的多个后续调用。这有助于为更多的请求提供可用和免费的资源。CDN 是另一种用于缓存静态文件(如图像和 JavaScript 库)的机制。它们可以在全球的服务器上使用,还为额外的客户机请求提供可用和免费的资源,这使应用程序具有高度可伸缩性。

7）*N*+1 的设计

N+1 设计是指在每个组件的整体部署中建立冗余。这意味着即使在不需要冗余的情况下,也要为冗余做好计划。这可能意味着增加虚拟机、存储和网络接口。

在使用 VMSS 设计工作负载时,考虑上述最佳实践将提高应用程序的可伸缩性。在下一节中,我们将探讨监控。

2.7 监控

监控是一个重要的体系结构关注点,它应该是任何解决方案的一部分,无论大小、任务是否关键、是否基于云,都不应该被忽视。

监控是指跟踪解决方案并捕获各种遥测信息,处理这些信息,根据规则识别符合警报要求的信息,并提出警报。通常,代理部署在环境中并对其进行监控,将遥测信息发送到集中式服务器,在该服务器上进行生成警报和通知涉众的其余处理。

监控对解决方案采取主动和被动的操作和措施。这也是审计解决方案的第一步。如果没有监控日志记录的能力,就很难从各种角度(如安全性、性能和可用性)审计系统。

监控可以帮助我们在可用性、性能和可伸缩性问题出现之前识别它们。通过监控,可以在硬件故障、软件错误配置和补丁更新挑战影响用户之前发现它们,并且可以在性能下降发生之前修复它们。

响应式日志监测能够精确定位导致问题的区域和位置,识别问题,并能够更快、更好地进行修复。

团队可以通过监测遥测信息确定问题的模式,并通过创新的解决方案和功能来消除这些问题。

Azure 是一个丰富的云环境,它提供了多种丰富的监控特性和资源,不仅可以监控基于云的部署,还可以监控基于前提的部署。

2.7.1 Azure 监控

应该回答的第一个问题是:“我们必须监控什么?”对于部署在云上的解决方案来说,这个问题变得更加重要,因为对它们的控制受到限制。

应该监控一些重要的组件。

(1) 自定义应用程序。

(2) Azure 资源。

(3) Guest OS (VM)。

(4) 主机操作系统(Azure 物理服务器)。

(5) Azure 基础设施。

对于这些组件有不同的 Azure 日志和监控服务,我们将在下一节中讨论它们。

2.7.2 Azure 活动日志

活动日志以前称为审计日志和操作日志,它是 Azure 平台上的控制平面事件。它们在订阅级别提供信息和遥测信息,而不是在单个资源级别。它们跟踪在订阅级别发生的所有更改的信息,如使用 Azure 资源管理器(ARM)创建、删除和更新资源。活动日志帮助我们发现服务主体、用户或组的身份,并在任何给定的时间点对(如写入或更新)、资源(如存储、虚拟机或 SQL 数据库)执行操作。它们提供关于在其配置中被修改的资源的信息,但不提供它们的内部工作和执行。例如,可以获取启动虚拟机、调整虚拟机大小或停止虚拟机的日志。

我们将要讨论的下一个主题是诊断日志。

2.7.3 Azure 诊断日志

源自 Azure 资源内部工作原理的信息被捕获在所谓的诊断日志中。它们提供有关资源固有的资源操作的遥测信息。并不是每个资源都提供诊断日志,而且提供关于自己内容的日志的资源与其他资源完全不同。诊断日志是为每个资源单独配置的。诊断日志的示例包括将文件存储在存储账户的 blob 的容器中。我们将要讨论的下一种日志是应用程序日志。

2.7.4 Azure 应用程序日志

应用程序日志可以由 Application Insights 资源捕获,并可以集中管理。它们可以获得关于自定义应用程序内部工作方式的信息,如性能指标和可用性,用户可以从中获得见解,以便更好地管理它们。

最后,我们有客户和主机操作系统日志。让我们来理解这些是什么。

2.7.5 来宾和主机操作系统日志

客户机和主机操作系统日志都提供给使用 Azure Monitor 的用户。它们提供关于主机和来宾操作系统状态的信息,如图 2.16 所示。

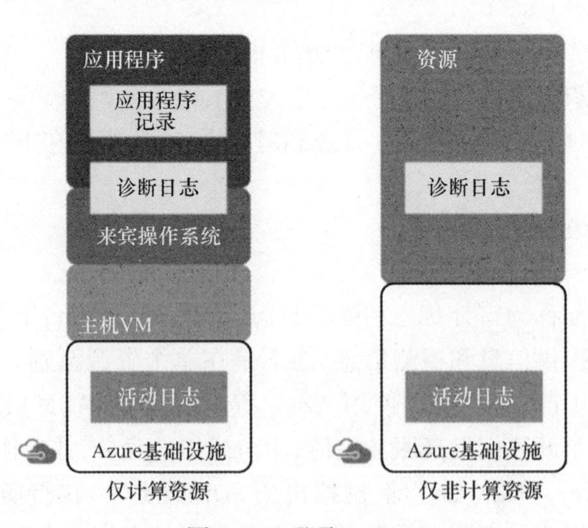

图 2.16 登录 Azure

与监控相关的 Azure 资源有 Azure 监控(Azure Monitor)、Azure 应用见解(Azure

Application Insights）和日志分析（Azure Log Analytics，以前称为“运营洞察”）。

还有其他工具，如 System Center Operations Manager（SCOM），它们不是云特性的一部分，但可以部署在基于 IaaS 的 VM 上，以监控 Azure 或本地数据中心上的任何工作负载。让我们在下一节中讨论这 3 个监视资源。

2.7.6 Azure 监控

Azure 监控是一个核心工具和资源，它提供了完整的管理特性，允许您监视 Azure 订阅。它为活动日志、诊断日志、指标、应用程序洞察和日志分析提供管理功能。它应该被视为所有其他监视功能的指示板和管理资源。

我们的下一个主题是 Azure 应用洞察。

2.7.7 Azure 应用见解

Azure Application Insights 为自定义应用程序提供集中的 Azure 规模监控、日志和度量功能。自定义应用程序可以向 Azure Application Insights 发送指标、日志和其他遥测信息；它还提供了丰富的报告、仪表板和分析功能，以从输入数据中获得见解并对其采取行动。

现在我们已经介绍了应用洞察，让我们看看另一个类似的服务——Azure Log Analytics。

2.7.8 Azure 日志分析

Azure Log Analytics 支持对日志的集中处理，并从中生成洞察和警报。活动日志、诊断日志、应用程序日志、事件日志，甚至自定义日志都可以向 Log Analytics 发送信息，Log Analytics 可以进一步提供丰富的报告、仪表板和分析功能，以从传入数据中获得见解并对其采取行动。

现在我们知道了 Log Analytics 的目的，让我们讨论如何在 Log Analytics 工作区中存储日志，以及如何查询日志。

2.7.9 日志

Log Analytics 工作区提供了搜索功能，可以搜索特定的日志条目，将所有遥测数据导出到 Excel 和/或 Power BI，并搜索名为 Kusto Query Language（KQL）的查询语言，类似于 SQL。

日志搜索屏幕如图 2.17 所示。

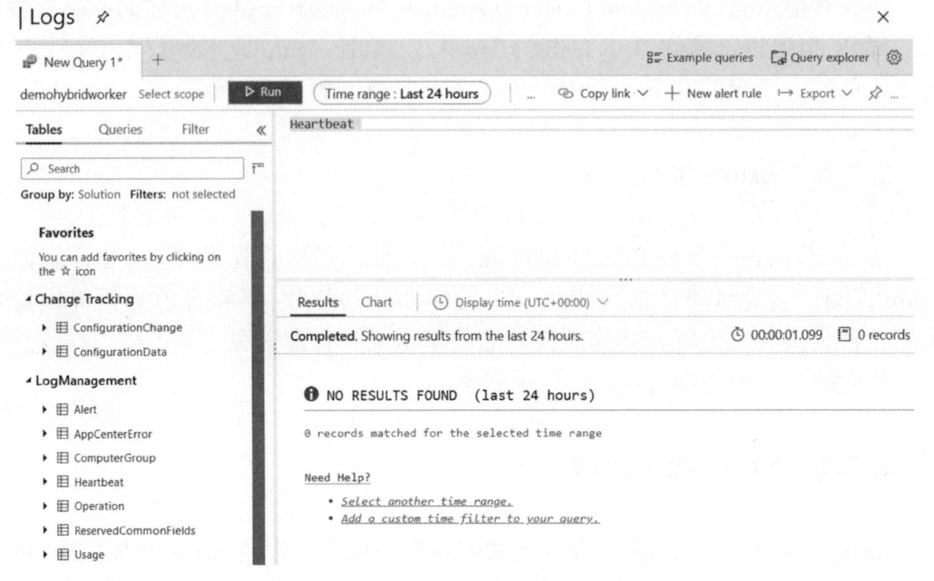

图 2.17　日志分析工作区中的日志搜索

在下一节中,我们将介绍 Log Analytics 解决方案,它们类似于 Log Analytics 工作区中的附加功能。

2.7.10　解决方案

Log Analytics 中的解决方案是可以添加到工作区中的进一步功能,可以捕获默认情况下未捕获的额外遥测数据。当这些解决方案被添加到工作空间时,适当的管理包将被发送到所有连接到工作空间的代理,以便它们可以配置自己从 VM 和容器中捕获特定于解决方案的数据,然后将其发送到 Log Analytics 工作空间。来自微软及其合作伙伴的监控解决方案可从 Azure Marketplace 获得。

Azure 提供了大量的日志分析解决方案,用于跟踪和监控环境和应用程序的不同方面。至少,应该向工作空间中添加一组通用且适用于几乎任何环境的解决方案。

(1) 容量和性能。

(2) 代理的健康。

(3) 更改跟踪。

(4) 容器。

(5) 安全与审计。

(6) 更新管理。

(7) 网络性能监控。

监视的另一个关键方面是警报。警报有助于在任何被监视的事件期间通知正确的人。在下一节中,我们将介绍警报。

2.7.11 警报

日志分析允许我们生成与摄入数据相关的警报。它通过运行由输入数据的条件组成的预定义查询来实现这一点。如果它在查询结果的范围内找到任何记录,就会生成警报。Log Analytics 提供了一个高度可配置的环境,用于确定生成警报的条件、查询应返回记录的时间窗口、查询应执行的时间窗口以及查询返回警报时应采取的操作,如图 2.18 所示。

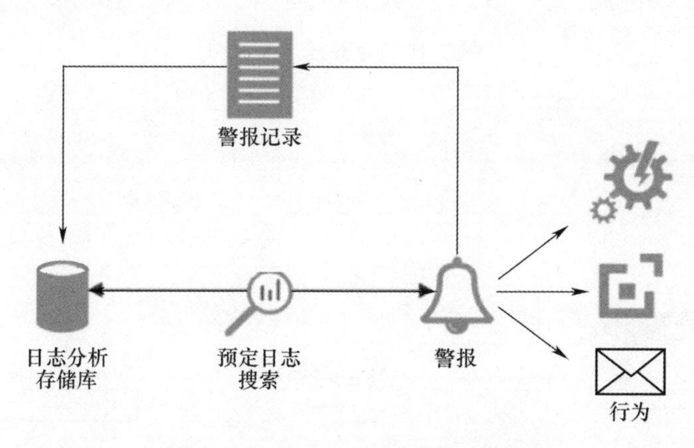

图 2.18 通过日志分析配置警报

让我们看看通过 Log Analytics 配置警报的步骤。

(1) 配置警报的第一步是从 Azure 门户添加新的警报规则,或者从 Log Analytics 资源的警报菜单中添加自动化。

(2) 从结果面板中,选择警报规则的范围。作用域决定了应该监视哪些资源以获取警报——可以是资源实例,如 Azure 存储账户、资源类型,如 Azure VM、资源组或订阅(图 2.19)。

(3) 在选择资源之后,必须为警报设置条件。条件确定根据所选资源的日志和度量评估的规则,只有在条件变为 true 后才会生成警报。有大量的指标和日志可用于生成条件。在下面的示例中,将为 Percentage CPU (Avg)创建一个静态阈值为 80% 的警报,并且每 5min 收集一次数据,每分钟评估一次,如图 2.20 所示。

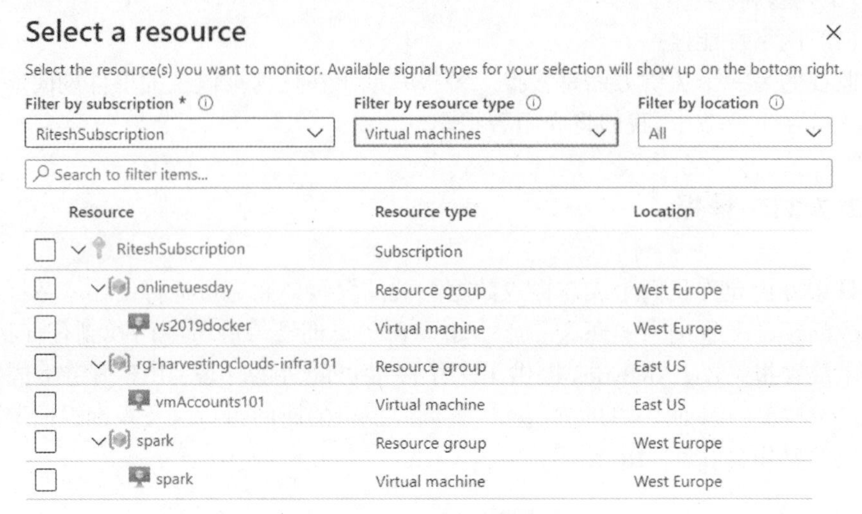

图 2.19　为警报选择资源

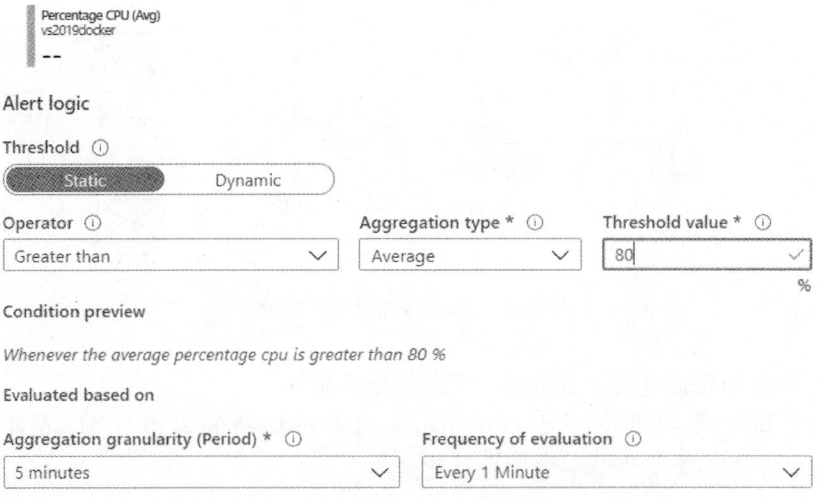

Percentage CPU (Avg)
vs2019docker
--

Alert logic

Threshold

Static　Dynamic

Operator: Greater than

Aggregation type *: Average

Threshold value *: 80 %

Condition preview

Whenever the average percentage cpu is greater than 80 %

Evaluated based on

Aggregation granularity (Period) *: 5 minutes

Frequency of evaluation: Every 1 Minute

图 2.20　为 CPU 百分比(平均)创建警报

警报还支持动态阈值,它使用机器学习来学习度量的历史行为,并检测可能表明服务问题的违规行为。

(4) 最后,创建一个操作组或重用一个现有的组,以确定有关涉众的警报的通知。Action Groups 部分允许您配置应该遵循警告的内容。一般来说,应该有一个补救和/或通知行动。Log Analytics 提供了 8 种不同的方式来创建新操作。它们可以按您喜欢的任何方式组合。警报将执行以下任何或所有配置的操作。

① 邮件/短信/推送/语音通知。发送邮件/短信/推送/语音通知给已配置的接收者。

② Webhook。Webhook 使用 HTTP POST 机制运行任意外部进程。例如,可以执行 REST API,或者调用 Service Manager/ ServiceNow API 来创建票据。

③ Azure 函数。它运行一个 Azure 函数,传递必要的有效负载并运行有效负载所包含的逻辑。

④ 逻辑应用程序。执行自定义逻辑应用程序工作流。

⑤ 电子邮件 Azure 资源管理器角色。该功能向 Azure 资源管理器角色的持有者发送电子邮件,如所有者、贡献者或读者。

⑥ 安全 Webhook。一个 Webhook 使用 HTTP POST 机制运行一个任意的外部进程。Webhook 是通过身份提供者来保护的,如 Azure Active Directory。

⑦ 自动化运行本。该操作执行 Azure Automation 运行本。

⑧ ITSM。在使用这个选项之前,应该提供 ITSM 解决方案。它帮助连接和发送信息到 ITSM 系统

(5) 完成所有这些配置后,您需要为生成警报规则提供 Name、Description 和 Severity 值。

如本节开始所述,警报在监视中发挥着重要作用,它帮助授权人员根据触发的警报采取必要的操作。

2.8 小结

高可用性和可伸缩性是至关重要的体系结构关注点。几乎每个应用程序和每个架构师都试图实现高可用性。Azure 是一个成熟的平台,它理解应用程序中这些体系结构关注点的需求,并提供资源在多个层次上实现它们。这些体系结构关注点不是事后考虑的,它们应该是应用程序开发生命周期的一部分,从规划阶段本身开始。

监控是任何解决方案的重要架构方面。这也是能够正确审计应用程序的第一步。它使操作能够以反应和主动的方式管理解决方案。它提供必要的记录,用于故障排除和修复可能来自平台和应用程序的问题。Azure 中有许多资源专门用于实现对 Azure、其他云和本地数据中心的监控。应用程序洞察和日志分析是这方面最重要的两种资源。不用说,监控是必需的,通过基于监控数据的见解进行创新,使您的解决方案和产品更好。

本章纯粹是关于解决方案的可用性、可伸缩性和监控;下一章是关于与虚拟网络、存储账户、区域、可用分区和可用性集相关的设计模式。在设计云中的解决方案时,这些原则对于构建具有提高生产力和可用性的低成本解决方案非常重要。

第3章 设计模式——网络、存储、消息传递和事件

在前一章中，您大致了解了 Azure 云，并了解了一些与之相关的重要概念。本章是关于 Azure 云模式的，它与虚拟网络、存储账户、区域、可用分区和可用集相关。这些是在成本、效率和整体生产力方面影响最终交付给客户的体系结构的重要构造。本章还简要讨论了帮助我们实现架构可伸缩性和性能的云模式。

在本章中，我们将讨论以下主题。

(1) Azure 虚拟网络设计。

(2) Azure 存储设计。

(3) Azure 可用分区、区域和可用集。

(4) Azure 设计模式与消息传递、性能和可伸缩性的相关。

3.1 Azure 可用分区和区域

Azure 由连接到单个大型网络中的大型数据中心进行备份。这些数据中心根据它们的物理接近程度被分组到 Azure 区域。例如，西欧地区的 Azure 用户可以使用西欧的数据中心。虽然用户无法选择首选的数据中心，但是他们可以选择自己的 Azure 区域，Azure 将分配一个适当的数据中心。

选择适当的区域是一个重要的体系结构决策，因为对以下方面产生了影响。

(1) 资源利用。

(2) 遵守数据及私隐规定。

(3) 应用程序的性能。

(4) 运行应用程序的成本。

让我们详细讨论每一点。

3.1.1 资源利用

并不是所有的资源在每个 Azure 区域都可用。如果您的应用程序体系结构需

要的资源在某个区域中不可用,则选择该区域将没有帮助。相反,应该根据应用程序所需资源的可用性来选择区域。在开发应用程序体系结构时,资源可能是不可用的,但它可以出现在 Azure 的路线图中,以便随后可用。

例如,Log Analytics 并非在所有地区都可用。如果您的数据源位于区域 A,而 Log Analytics 工作空间位于区域 B,那么您需要支付带宽费用,即从区域 A 到 B 的数据出口费用。类似地,一些服务可以使用位于同一区域的资源。又如,如果您想加密部署在 Region A 的虚拟机的磁盘,则需要将 Azure Key Vault 部署在 Region A 来存储加密密钥。在部署任何服务之前,您需要检查您的依赖项服务在该区域是否可用。查看 Azure 产品跨地区可用性的一个好来源是这个产品页面:https://azure. microsoft. com/zh - cn/global - infrastructure/services/? products = all。

3.1.2 遵守数据及隐私规定

每个国家都有自己的数据和隐私遵守规则。有些国家对在本国境内存储公民数据非常具体。因此,对于每个应用程序的体系结构都应该考虑此类法律需求。

3.1.3 应用性能

应用程序的性能取决于请求和响应到达目的地和返回目的地时所采取的网络路由。在地理上离您更近的位置可能并不总是具有最低延迟的区域。我们以千米或英里为单位计算距离,但延迟是基于数据包所经过的路由。例如,为东南亚用户部署在西欧的应用程序将不如部署在东亚地区的应用程序为该地区用户提供更好的性能。因此,在最近的区域构建解决方案以提供最低的延迟从而获得最佳性能是非常重要的。

3.1.4 运行应用程序的成本

Azure 服务的成本因地区而异,所以应选择整体成本较低的地区。在这本书中有一个关于易用管理的完整章节(第 6 章),关于成本的更多细节应该参考它。

到目前为止,我们已经讨论了如何选择正确的区域来构建解决方案。现在我们已经为解决方案找到了一个合适的区域,下面讨论如何在 Azure 中设计虚拟网络。

3.2 虚拟网络

虚拟网络应该被看作一个物理的办公室或家庭局域网网络设置。虽然 Azure 虚拟网络(Azure Virtual Network,VNet)实现为一个由巨大的物理网络基础设施备份的软件定义的网络,但在概念上,它们是相同的。

托管虚拟机需要 VNet。它在 Azure 资源之间提供了一种安全的通信机制,以便它们能够相互连接。VNet 为资源提供内部 IP 地址,促进对其他资源(包括同一虚拟网络上的虚拟机)的访问和连接,提供路由请求,并提供到其他网络的连接。

虚拟网络包含在一个资源组中,托管在一个区域内,如西欧。它不能跨越多个区域,但可以跨越一个区域内的所有数据中心,这意味着,我们可以跨越一个区域内的多个可用分区的虚拟网络。对于跨区域的连接,虚拟网络可以通过 VNet-to-VNet 连接。

虚拟网络还提供到本地数据中心的连接,从而实现混合云。您可以使用多种类型的 VPN 技术将本地数据中心扩展到云,如站点到站点 VPN 和点到站点 VPN。通过使用 ExpressRoute,Azure VNet 和本地网络之间也有专用的连接。

虚拟网络是免费的。每次订阅都可以创建 50 个横跨所有地区的虚拟网络。然而,这个数字可以通过接触 Azure 支持来增加。如果数据没有离开部署区域,则不会收取费用。在编写本文时,可用区域内来自同一区域的入站和出站数据传输不会产生费用;但账单将从 2020 年 7 月 1 日开始。

有关网络限制的信息可以在微软文档 https://docs. microsoft. com/zh-cn/azure/azure-resource-manager/management/request-limits-and-throttling 中找到。

3.2.1 虚拟网络的体系结构

与任何其他资源一样,虚拟网络可以使用 ARM 模板、REST API、PowerShell 和 CLI 进行配置。尽早规划网络拓扑是非常重要的,以避免在开发生命周期后期出现问题。这是因为一旦网络被准备好并且资源开始使用它,就很难在不停机的情况下更改它。例如,将虚拟机从一个网络移动到另一个网络时需要关闭虚拟机。

让我们看看在设计虚拟网络时的一些关键体系结构注意事项。

1. 区域

VNet 是 Azure 资源,在某个区域(如西欧)内提供。跨越多个区域的应用程序将需要单独的虚拟网络,每个区域一个,并且它们还需要使用 VNet-to-VNet 连接。对于入站和出站流量,VNet-to-VNet 连接都有相关的成本。入站(进入)数据没有费用,但有与出站数据相关的费用。

2. 专用的 DNS

VNet 默认使用 Azure 的 DNS 来解析虚拟网络中的名称,它也允许在互联网上进行名称解析。如果应用程序想要一个专用的名称解析服务或想要连接到本地数据中心,它应该提供自己的 DNS 服务器,应该在虚拟网络中配置 DNS 服务器,以便成功地进行名称解析。此外,您可以在 Azure 中托管您的公共域,并从 Azure 门户完全管理记录,而不需要管理其他 DNS 服务器。

3. 虚拟网络数量

虚拟网络数量受区域数量、业务带宽利用率、跨区域连通性、安全等因素影响。使用更少但更大的 VNet 代替多个更小的 VNet 将消除管理开销。

4. 每个虚拟网络的子网数量

子网在虚拟网络中提供隔离,它们还可以提供安全边界。网络安全组(Network Security Groups,NSG)可以与子网关联,从而限制或允许对 IP 地址和端口的特定访问。具有独立安全性和可访问性需求的应用程序组件应该放在独立的子网中。

5. 网络和子网的 IP 范围

每个子网都有一个 IP 范围。IP 范围不能太大而导致 IP 利用率不足,也不能太小而导致子网因 IP 地址不足而阻断。在了解部署的未来 IP 地址需求之后,应该考虑这一点。

为 Azure 网络、子网和本地数据中心的 IP 地址和范围进行规划不应该有重叠,以确保无缝连接和可访问性。

6. 监控

监控是一个重要的体系结构,必须包含在整个部署中。Azure Network Watcher 提供了日志记录和诊断功能,可以洞察网络性能和运行状况。Azure Network Watcher 的一些功能是:

(1) 诊断进出虚拟机的网络流量过滤问题;

(2) 理解用户自定义路由的下一跳;

(3) 查看虚拟网络中的资源及其关系;

(4) 虚拟机与终端之间的通信监控;

(5) 从虚拟机获取流量;

(6) NSG 流日志,记录通过 NSG 的流量相关信息。这些数据将被存储在 Azure Storage 中以供进一步分析。

它还提供了一个资源组中所有网络资源的诊断日志。

通过日志分析可以监控网络性能。网络性能监控管理解决方案提供网络监控能力。它监视网络的运行状况、可用性和可达性。它还用于监控公共云和承载多层应用程序的各个层的内部子网之间的连接性。

7. 安全注意事项

虚拟网络是 Azure 上的任何资源最先访问的组件之一。安全性在允许或拒绝对资源的访问中起着重要的作用。NSG 是为虚拟网络启用安全的主要手段。它们可以被附加到虚拟网络子网,每个入站和出站流都被它们约束、过滤和允许。

8. 用户定义路由(User-defined Routing,UDR)和 IP 转发也有助于过滤和路由到 Azure 上资源的请求。您可以在 https://docs. microsoft. com/azure/virtual-network/virtual-networks-udr-overview 上阅读更多关于 UDR 和强制隧道的内容。

AzureFirewall 是 Azure 提供的一种完全托管的服务防火墙。它可以帮助您保护虚拟网络中的资源。Azure Firewall 可以用于入站和出站信息流的包过滤。此外,Azure 防火墙的威胁情报功能可以用来警告和拒绝来自或来自恶意域或 IP 地址的流量。IP 地址和域的数据源是微软的威胁情报数据源。

通过部署网络设备 https://docs. microsoft. com/zh - cn/previous - versions/azure/virtual-network/virtual-network-ip-addresses-overview-classic,如 Barracuda、F5 等第三方组件,也可以实现资源的安全保护。

9. 部署

虚拟网络应部署在各自的资源组中。网络管理员应该拥有使用该资源组的所有者权限,而开发人员或团队成员应该拥有贡献者权限,允许他们在其他资源组中创建其他 Azure 资源,这些资源使用来自虚拟网络的服务。

将具有静态 IP 地址的资源部署在专用子网中,而与动态 IP 地址相关的资源可以部署在另一个子网中,这也是一个很好的实践。

策略不仅应该被创建,以便只有网络管理员才能删除虚拟网络,而且还应该被标记为计费目的。

10. 连通性

在虚拟网络中,一个区域内的资源可以无缝通信。即使是虚拟网络中其他子网上的资源也可以在没有任何显式配置的情况下相互通信。多个区域内的资源不能使用同一个虚拟网络。虚拟网络的边界在一个区域内。为了使资源跨区域通信,我们需要在两端设置专用网关以方便通信。

话虽如此,如果您想在不同区域的两个网络之间发起一个私有连接,可以使用 Global VNet 对等。通过 Global VNet 对等,通信是通过微软的骨干网完成的,这意味着,在通信过程中不需要公共互联网、网关或加密。如果您的虚拟网络位于具有不同地址空间的同一区域,那么,一个网络中的资源将不能与另一个网络进行通信。由于它们在同一区域,我们可以使用虚拟网络对等,类似于 Global VNet 对等;唯一的区别是源虚拟网络和目的虚拟网络部署在同一个区域。

由于许多组织都有混合云,Azure 资源有时需要与本地数据中心通信或连接,反之亦然。Azure 虚拟网络可以使用 VPN 技术和 ExpressRoute 连接到本地数据中心。事实上,一个虚拟网络能够并行地连接到多个本地数据中心和其他 Azure 区域。作为最佳实践,每个连接都应该位于虚拟网络中的专用子网中。

现在我们已经讨论了虚拟网络的几个方面,让我们继续讨论虚拟网络的优势。

3.2.2 虚拟网络的优势

虚拟网络是部署任何有意义的 IaaS 解决方案所必需的。没有虚拟网络,就不能供应虚拟机。除了成为 IaaS 解决方案中几乎必需的组件之外,它们还提供了巨大的体系结构优势,这里概述了其中一些优势。

(1) 独立性。大多数应用程序组件具有独立的安全性和带宽需求,并具有不同的生命周期管理。虚拟网络有助于为这些组件创建独立的口袋,这些组件可以通过虚拟网络和子网独立于其他组件进行管理。

(2) 安全性。对访问资源的用户进行过滤和跟踪是虚拟网络提供的一个重要特性。他们可以阻止对恶意 IP 地址和端口的访问。

(3) 可扩展性。虚拟网络就像云上的私有局域网。它们还可以通过连接全球其他虚拟网络扩展到广域网(Wide Area Network,WAN),也可以扩展到本地数据中心。

我们已经探讨了虚拟网络的优势。现在的问题是,我们如何利用这些优势,设计一个虚拟网络来托管我们的解决方案。在下一节中,我们将研究虚拟网络的设计。

3.3 虚拟网络设计

在本节中,我们将考虑一些流行的虚拟网络设计和用例场景。

虚拟网络可以有多种用途。网关可以部署在每个虚拟网络端点,以实现安全性,并传输数据包的完整性和机密性。当连接到本地网络时,必须有一个网关;然而,当使用 Azure VNet 对等时,它是可选的。此外,您可以利用 Gateway Transit 特性简化扩展本地数据中心的过程,而无须部署多个网关。网关传输允许您与所有对等虚拟网络共享 ExpressRoute 或 VPN 网关。这将使管理变得容易,并降低部署多个网关的成本。

在前一节中,我们讲到了对等,并提到我们不使用网关或公共 Internet 来在对等网络之间建立通信。让我们继续探讨对等的一些设计方面,以及在特定场景中需要使用哪些对等。

3.3.1 连接到同一区域和订阅内的资源

同一个区域和订阅内的多个虚拟网络可以相互连接。在 VNet 对等的帮助下，两个网络可以连接起来，并使用 Azure 专用网络骨干传输数据包。这些网络上的虚拟机和服务可以相互通信，受到网络流量的限制。图 3.1 中，VNet1 和 VNet2 均部署在美国西部地区。VNet1 的地址空间为 172.16.0.0/16，VNet2 的地址空间为 10.0.0.0/16。默认情况下，VNet1 中的资源不能与 VNet2 中的资源进行通信。由于我们已经在两者之间建立了对等的 VNet，资源将能够通过微软主干网彼此通信。

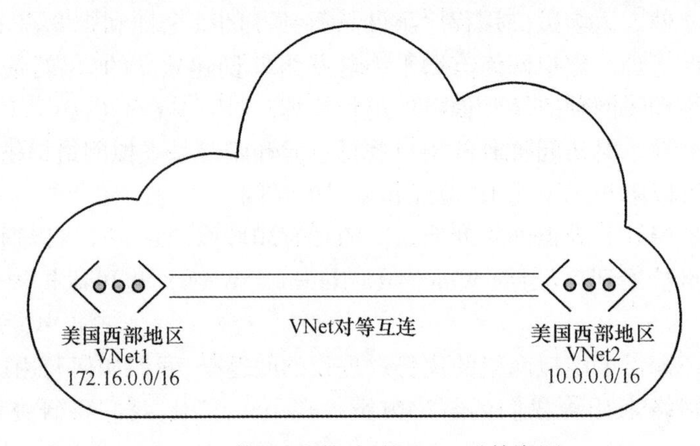

图 3.1　使用相同订阅的 VNet 对等资源

3.3.2 在另一个订阅中连接到同一区域内的资源

这个场景与前一个非常相似，除了虚拟网络托管在两个不同的订阅中。订阅可以是同一租户的一部分，也可以来自多个租户。如果这两个资源都是同一订阅的一部分，并且来自同一区域，则应用前面的场景。这个场景可以通过两种方式实现，即使用网关或使用虚拟网络对等。

如果我们在此场景中使用网关，则需要在两端部署网关以方便通信。图 3.2 所示是使用网关连接具有不同订阅的两个资源的体系结构表示。

然而，网关的部署会产生一些费用。我们将讨论 VNet 对等，然后将比较这两种实现，以确定哪种实现最适合我们的解决方案。

在使用对等时，我们没有部署任何网关。图 3.3 表示对等是如何完成的。

VNet 对等连接提供了一个低延迟、高带宽的连接，如图 3.3 所示，我们没有部

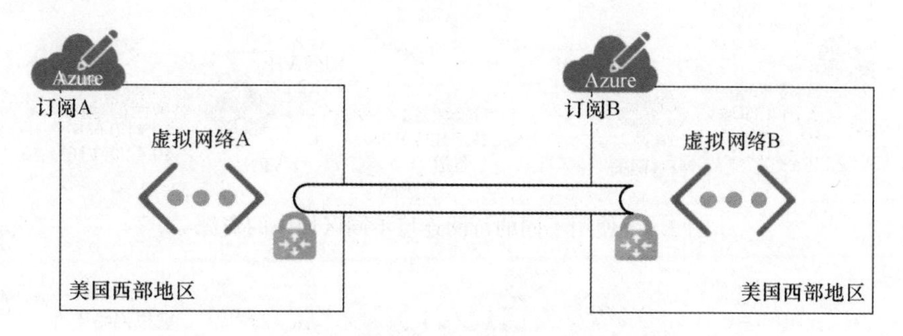

图 3.2　使用网关进行不同订阅的 VNet 对等资源

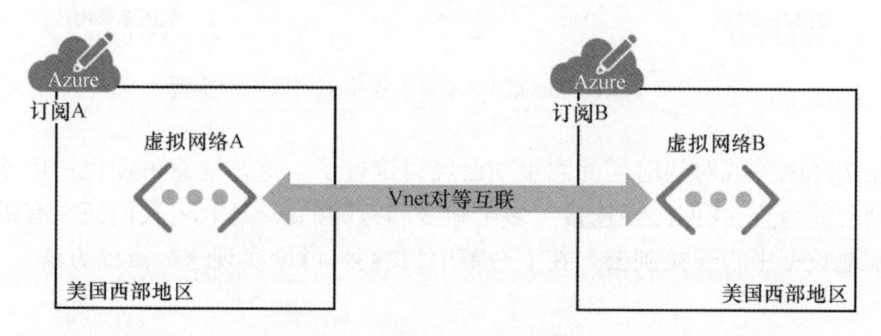

图 3.3　跨订阅的 VNet 对等

署任何网关来实现通信。这对于数据复制或故障转移等场景非常有用。如前所述,对等连接使用微软主干网,这消除了对公共互联网的需要。

网关用于需要加密而不需要考虑带宽的场景,因为这将是一个带宽受限的连接。然而,这并不意味着带宽有限制。此外,这种方法也用于对延迟不太敏感的客户。

到目前为止,我们已经查看了同一地区的资源。在下一节中,我们将探讨如何在两个不同区域的虚拟网络之间建立连接。

3.3.3　在另一个订阅中连接到不同区域的资源

在这个场景中,我们也有两个实例:一个使用网关;另一个使用全局 VNet 对等。

通信将通过公共网络,我们将在两端部署网关,以促进加密连接。图 3.4 解释了它是如何完成的。

我们将采用类似的方法,使用全球 VNet 对等。图 3.5 显示了如何进行全局 VNet 对等。

图 3.4　使用不同的订阅连接不同区域中的资源

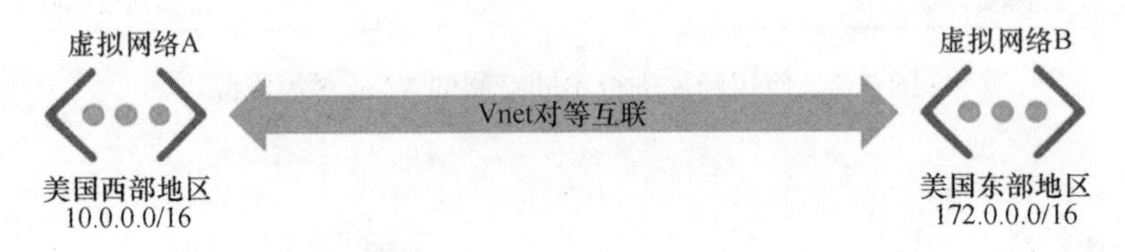

图 3.5　使用 Global VNet 对等连接不同区域的资源

在选择网关或对等时的注意事项已经讨论过了。这些注意事项也适用于此场景。到目前为止,我们已经连接了多个地区和订阅的虚拟网络;我们还没有讲到如何将本地数据中心连接到云。在下一节中,我们将讨论实现这一点的方法。

3.3.4　连接到本地数据中心

虚拟网络可以连接到本地数据中心,这样 Azure 和本地数据中心就可以成为一个单独的 WAN。需要在网络两侧的网关和 VPN 上部署本地网络。下面有 3 种不同的技术可用于此目的。

1. Site-to-site VPN 部署

当 Azure 网络和本地数据中心连接起来形成一个 WAN 时,应该使用这种方式。在这种情况下,两个网络上的任何资源都可以访问网络上的任何其他资源,而不管它们是部署在 Azure 上还是本地数据中心上。出于安全考虑,要求 VPN 网关在网络两端都可用。此外,Azure 网关应该部署在它们自己的子网中,再连接到本地数据中心的虚拟网络中。必须为内部网关分配公共 IP 地址,以便 Azure 通过公共网络与它们连接,如图 3.6 所示。

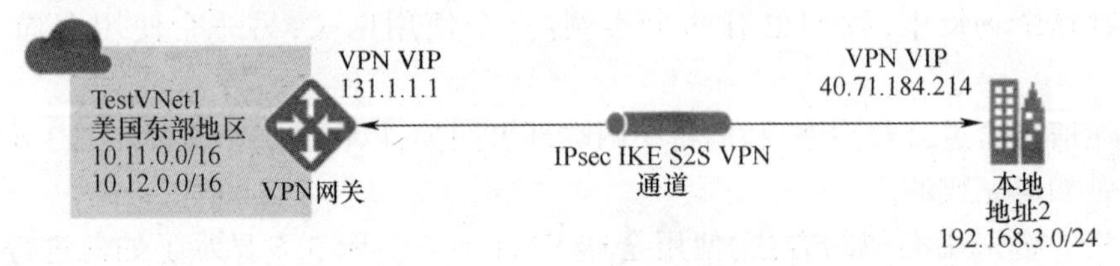

图 3.6　Site-to-site VPN 架构

2. Point-to-site VPN 部署

这类似于站点到站点的 VPN 连接,但是有一个单独的服务器或计算机连接到本地数据中心。当很少有用户或客户端愿意从远程位置安全地连接到 Azure 时,应该使用它。此外,在这种情况下,内部部署端不需要公共 IP 和网关,如图 3.7 所示。

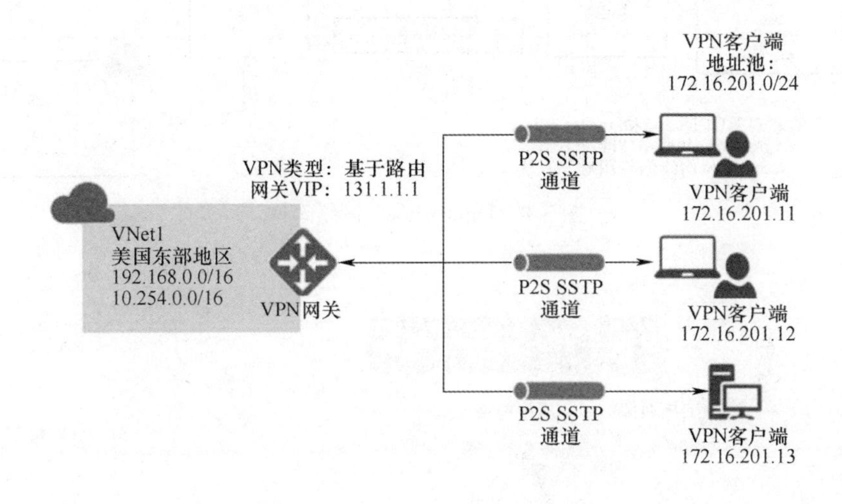

图 3.7　Point-to-site VPN 架构

3. ExpressRoute

Site-to-site VPN 和 Point-to-site VPN 都使用公共互联网工作。他们使用 VPN 和证书技术对网络上的流量进行加密。然而,有些应用程序希望使用混合技术部署一些组件在 Azure 上,另一些组件在本地数据中心上,同时不希望使用公共互联网连接到 Azure 和本地数据中心。Azure ExpressRoute 是他们的最佳解决方案,尽管与其他两种类型的连接相比,它是一个昂贵的选择。它也是最安全可靠的提供商,具有更高的速度和更低的延迟,因为流量从不访问公共互联网。Azure ExpressRoute 可以通过连接提供商提供的专用连接将本地网络扩展到 Azure。如果您的解决方案是网络密集型的,如一个事务性企业应用程序(如 SAP),强烈建议使用 ExpressRoute(图 3.8)。

图 3.9 展示了 3 种类型的混合网络。

从安全和独立性的角度来看,虚拟网络的一个良好实践是为每个逻辑组件拥有单独的子网,并进行单独的部署。

我们在 Azure 中部署的所有资源都需要以这样或那样的方式联网,所以在用 Azure 架构解决方案时,需要对网络有深刻的理解。另一个关键因素是存储。在下一节中,您将了解更多关于存储的知识。

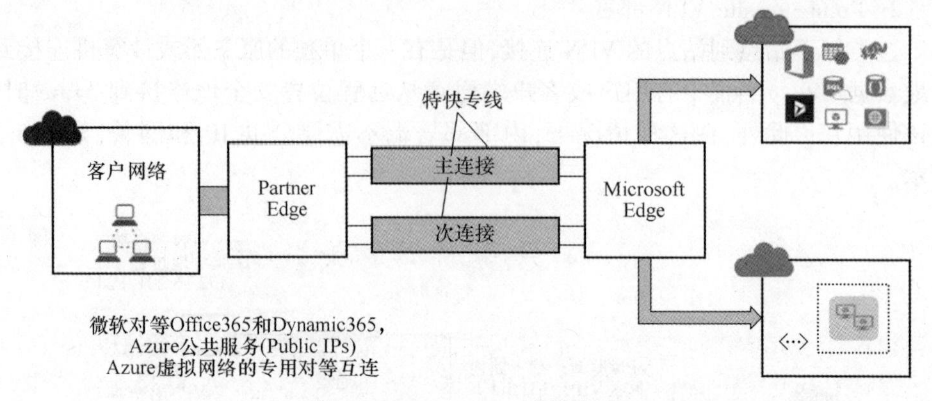

图 3.8　ExpressRoute 网络架构

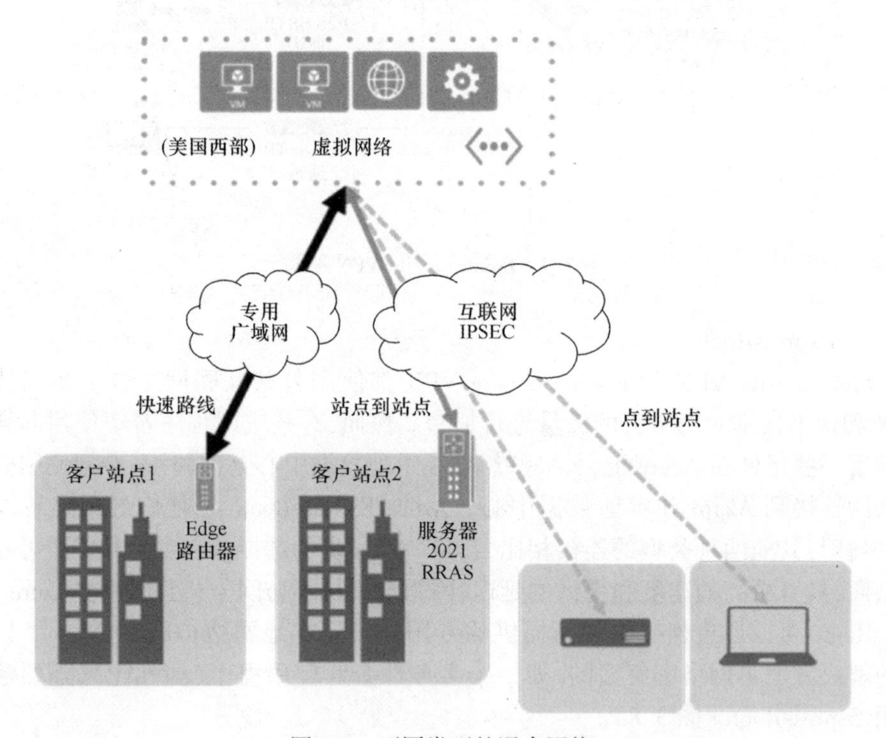

图 3.9　不同类型的混合网络

3.4　存储

Azure 通过存储服务提供了持久、高可用性和可伸缩的存储解决方案。

存储用于长期需要的数据。几乎每一种编程语言都可以在互联网上使用Azure 存储。

3.4.1 存储分类

存储有两类存储账户。

（1）标准的存储性能层，允许存储表、队列、文件、Blobs 和 Azure 虚拟机磁盘。

（2）在编写时支持 Azure 虚拟机磁盘的高级存储性能层。高级存储提供比普通存储更高的性能和 IOPS。高级存储目前作为数据磁盘提供给由 ssd 备份的虚拟机。

根据存储的数据类型，存储被划分为不同的类型。让我们来看看这些存储类型并进一步了解它们。

3.4.2 存储类别

Azure 提供 4 种类型的通用存储服务。

（1）Azure Blob 存储。这种类型的存储最适合非结构化数据，如文档、图像和其他类型的文件。Blob 存储可以在 Hot、Cool 或 Archive 层中。Hot 层用于存储需要频繁访问的数据。Cool 层用于存放访问频率低于 Hot 层且存储时间为 30 天的数据。最后，Archive 层用于访问频率很低的归档目的。

（2）Azure Table 存储。这是一个 NoSQL 键-属性数据存储。它应该用于结构化数据。数据以实体的形式存储。

（3）Azure 队列存储。这为存储大量消息提供了可靠的消息存储。这些消息可以通过 HTTP 或 HTTPS 调用从任何地方访问。队列消息的大小最多可达 64kB。

（4）Azure 磁盘。这是 Azure 虚拟机的块级存储。

这 5 种存储类型迎合了不同的结构需求，几乎覆盖了所有类型的数据存储设施。

3.4.3 存储特点

Azure 存储是有弹性的。这意味着，你可以存储小到几兆字节或大到拍字节的数据。您不需要预先阻塞容量，它将自动增长和收缩。消费者只需支付存储空间的实际使用费用。以下是使用 Azure 存储的一些主要优势。

（1）Azure 存储是安全的。只能使用 SSL 协议访问它。此外，访问应该经过身份验证。

(2) Azure 存储提供了生成账户级安全访问签名(Secure Access Signature, SAS)令牌的工具,存储客户端可以使用它对自己进行身份验证,它还可以为 Blob、队列、表和文件生成单独的服务级 SAS 令牌。

(3) 存储在 Azure 存储中的数据可以被加密。这就是所谓的静态安全数据。

(4) Azure 磁盘加密用于对 IaaS 虚拟机中的操作系统和数据磁盘进行加密。在 Azure 存储中,客户端加密(Client-Side Encryption, CSE)和存储服务加密(Storage Service Encryption,SSE)都用于对数据进行加密。SSE 是一个 Azure 存储设置,它确保数据在写入存储时被加密,在存储引擎读取数据时被解密。这确保启用 SSE 不需要更改任何应用程序。在 CSE 中,客户端应用程序可以在数据发送和写入到 Azure 存储之前使用 Storage SDK 对数据进行加密。客户机应用程序稍后可以在读取数据时对其进行解密。这为传输中的数据和静止的数据提供了安全性。CSE 依赖于 Azure 密钥库。

(5) Azure 存储是高可用性和持久性的。这意味着,Azure 总是维护 Azure 账户的多个副本。副本的位置和数量取决于复制配置。

Azure 提供了以下复制设置和数据冗余选项:

(1) 本地冗余存储(Locally Redundant Storage,LRS)。在主区域的单个物理位置中,将有 3 个同步的数据副本。从计费角度来看,这是最便宜的选择;但是,对于需要高可用性的解决方案,不推荐使用这种方法。LRS 为给定年份的对象提供了 99.999999999%的持久性水平。

(2) 区域冗余存储(Zone-redundant Storage,ZRS)。对于 LRS,副本存储在相同的物理位置。在 ZRS 中,数据将跨主区域的可用分区同步复制。由于这些可用区域中的每个都是主区域中的一个单独的物理位置,因此 ZRS 提供了比 LRS 更好的持久性和更高的可用性。

(3) 两地三中心冗余存储(Geo-redundant Storage,GRS)。GRS 通过使用 LRS 在一个主区域内同步复制 3 份数据来提高其高可用性。它还将数据复制到辅助区域的单个物理位置。

(4) 地理区域冗余存储(Geo-zone-redundant Storage,GZRS)。这与 GRS 非常相似,但 GZRS 不是在主区域的单个物理位置内复制数据,而是在 3 个可用区域之间同步复制数据。正如我们在 ZRS 案例中讨论的那样,由于可用区域是主区域内的隔离物理位置,GZRS 具有更好的耐久性,可以包含在高可用性设计中。

(5) Read-access Geo-redundant Storage(RA-GRS) 和 Read-access Geo-zone-redundant Storage(RA-GZRS)。在主数据中心发生故障转移时,辅助区域将使用这些数据。RA-GRS 和 RA-GZRS 的复制模式分别与 GRS 和 GZRS 相同,唯一的区别是可以读取通过 RA-GRS 或 RA-GZRS 复制到次级区域的数据。

现在我们已经理解了 Azure 上可用的各种存储和连接选项,让我们了解一下该技术的底层架构。

3.4.4 存储账户的体系结构

存储账户应该与其他应用程序组件在同一区域内提供。这意味着,使用相同的数据中心网络主干而不产生任何网络费用。

Azure 存储服务在容量、事务率和带宽方面都有可伸缩性目标。一个通用存储账户可以存储 500TB 的数据。如果需要存储超过 500TB 的数据,那么,应该创建多个存储账户,或者使用高级存储。

通用存储的最大性能为每秒 20000 IOPS 或每秒 60MB 数据。对于更高的 IOPS 或每秒管理的数据的任何要求都将被抑制。如果从性能角度来看,这对您的应用程序来说还不够,那么,应该使用高级存储或多个存储账户。对于一个账户,访问表的可伸缩性限制最多为 20000(每个 1kB)项。被插入、更新、删除或扫描的实体数将对目标有贡献。单个队列每秒可以处理大约 2000 条消息(每个 1kB),每个 AddMessage、GetMessage 和 DeleteMessage 计数将被视为一条消息。如果这些值不足以满足您的应用程序,您应该将消息分散到多个队列中。

虚拟机的大小决定了可用数据磁盘的大小和容量。虽然更大的虚拟机拥有更高 IOPS 容量的数据磁盘,但最大容量仍将被限制为 20000 IOPS 和 60MB/s。需要注意的是,这些都是最大值,因此,在最终确定存储架构时,通常应该考虑更低的级别。

在撰写本文时,GRS 账户在美国为入口提供了 10Gb/s 的带宽目标,如果启用 RA-GRS/GRS,则为 20Gb/s。当涉及 LRS 账户时,其限制比 GRS 要高。对于 LRS 账户,进入为 20Gb/s,出口为 30Gb/s。在美国以外,带宽目标为 10Gb/s,出口为 5Gb/s。如果需要更高的带宽,您可以联系 Azure Support,他们将能够为您提供更多的选择。

存储账户应该被启用以便对 SAS 令牌进行身份验证。他们不应该允许匿名访问。此外,对于 Blob 存储,应该使用基于访问这些容器的不同类型和类别的客户端生成的单独的 SAS 令牌创建不同的容器。应该定期重新生成这些 SAS 令牌,以确保密钥不会面临被破解或被猜测的风险。在第 8 章中,您将了解更多关于 SAS 令牌和其他安全选项的知识。

一般来说,为 Blob 存储账户获取的 Blobs 应该被缓存。我们可以通过比较缓存最后修改的属性重新获取最新的 Blob 来确定缓存是否过期。

存储账户提供并发特性,保证相同的文件和数据不会被多个用户同时修改。他们提供了以下内容。

(1) 乐观并发性。这允许多个用户同时修改数据,但是在写入时,它检查文件或数据是否已经更改。如果有，它会告诉用户重新获取数据并再次执行更新。这是表的默认并发性。

(2) 悲观并发性。当一个应用程序试图更新一个文件时，它会设置一个锁，该锁明确地拒绝其他用户对该文件的任何更新。这是使用 SMB 协议访问文件时的默认并发性。

(3) 最后一个写入者获胜。更新不受约束，最后一个用户更新文件，而不管最初读取什么，这被称为队列、Blob 和文件(使用 REST 访问时)的默认并发性。

至此，您应该知道不同的存储服务是什么，以及如何在解决方案中利用它们。在下一节中，我们将研究设计模式，并了解它们如何与架构设计相关联。

3.5 云设计模式

设计模式是已知设计问题的有效解决方案。它们是可以应用于问题的可重用解决方案。它们不是可以像在解决方案中那样合并的可重用代码或设计。它们是解决问题的文档描述和指导。问题可能出现在不同的上下文中，设计模式可以帮助解决它。Azure 提供了许多服务，每个服务都提供特定的特性和功能。使用这些服务很简单，但是通过将多个服务编织在一起来创建解决方案可能是一个挑战。此外，为解决方案实现高可用性、超级可伸缩性、可靠性、性能和安全性并不是一项简单的任务。

Azure 设计模式提供了可以针对单个问题量身定制的现成解决方案。它们帮助我们在 Azure 上提供高可用性、可伸缩、可靠、安全和以性能为中心的解决方案。尽管存在许多模式，并且其中一些模式将在后续章节中详细讨论，但一些消息传递、性能和可伸缩性模式将在本章中提到。此外，还提供了关于这些模式的详细描述的链接。这些设计模式本身就值得写一本完整的书。在此提到它们是为了使您知道它们的存在，并为您提供参考资料。

3.5.1 消息传递模式

消息传递模式有助于以松散耦合的方式连接服务。这意味着，服务之间从不直接通信。相反，一个服务生成一条消息并将其发送给一个代理(通常是一个队列)，对该消息感兴趣的任何其他服务都可以选择并处理它。发送方和接收方服务之间没有直接的通信。这种解耦不仅使服务和整个应用程序更加可靠，而且还使其更加健壮和容错。接收者可以以自己的速度接收和阅读信息。

消息传递有助于创建异步模式。消息传递包括将消息从一个实体发送到另一个实体。这些消息由发送方创建和转发，存储在持久存储中，最后由接收方使用。

消息传递模式解决的最重要的体系结构关注点如下。

(1) 持久性。消息存储在持久性存储中，在故障转移的情况下，应用程序可以在接收到消息后读取它们。

(2) 可靠性。消息有助于实现可靠性，因为它们被持久化在磁盘上并且永远不会丢失。

(3) 消息可用性。在恢复连接后和停机前，消息可供应用程序使用。

Azure 提供了服务总线队列和主题来在应用程序中实现消息传递模式。Azure 队列存储也可以用于相同的目的。

在 Azure 服务总线队列和队列存储之间的选择决定消息应该存储多长时间、消息的大小、延迟和成本。Azure 服务总线支持 256kB 的消息，而队列存储支持 64kB 的消息。Azure 服务总线可以无限制地存储消息，而队列存储可以存储消息 7 天。服务总线队列的成本和延迟更高。

根据应用程序的需求，在决定最佳队列之前应该考虑上述因素。在下一节中，我们将讨论不同类型的消息传递模式。

1. 竞争消费者模式

除非应用程序实现了异步读取消息的逻辑，否则，消息的单个消费者以同步方式工作。竞争消费者模式实现了一个解决方案，其中多个消费者准备好处理传入消息，它们竞争处理每个消息。这可以带来高可用性和可伸缩的解决方案。此模式是可伸缩的，因为对于多个使用者，可以在较小的周期内处理较多的消息。它具有高可用性，因为即使某些使用者崩溃，也应该至少有一个使用者来处理消息。

当每个消息独立于其他消息时，应该使用此模式。消息本身包含使用者完成任务所需的所有信息。如果消息之间存在任何依赖关系，则不应使用此模式。使用者应该能够独立完成这些任务。此外，如果存在对服务的可变需求，此模式也适用。可以根据需要添加或删除其他使用者。

实现竞争消费模式需要一个消息队列。在这里，来自多个源的模式通过一个队列，该队列连接到另一端的多个消费者。这些使用者应该在阅读后删除每条消息，这样它们就不会被重新处理，如图 3.10 所示。

请参阅 Microsoft 文档，以了解关于此模式的更多信息，链接如下：https://docs.microsoft.com/zh-cn/azure/architecture/patterns/competing-consumers。

2. 优先队列模式

通常需要将一些信息优先于其他信息。此模式对于向使用者提供不同服务水平协议（Service-level Agreements，SLA）的应用程序非常重要，SLA 基于不同的计划和订阅提供服务。

队列遵循先进先出的模式，消息按顺序处理。但是，在优先级队列模式的帮助

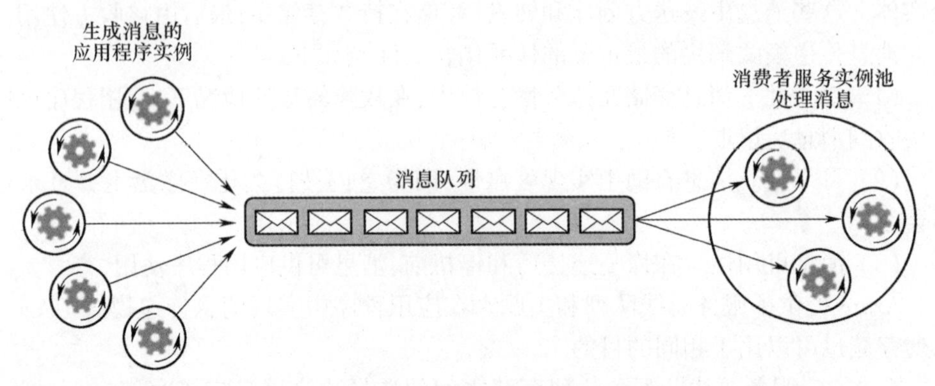

图 3.10　竞争消费者模式

下,可以快速跟踪某些消息的处理,因为它们具有更高的优先级。有多种方法可以实现这一点。如果该队列允许您分配优先级并根据优先级重新排序消息,那么,即使是一个队列也足以实现此模式,如图 3.11 所示。

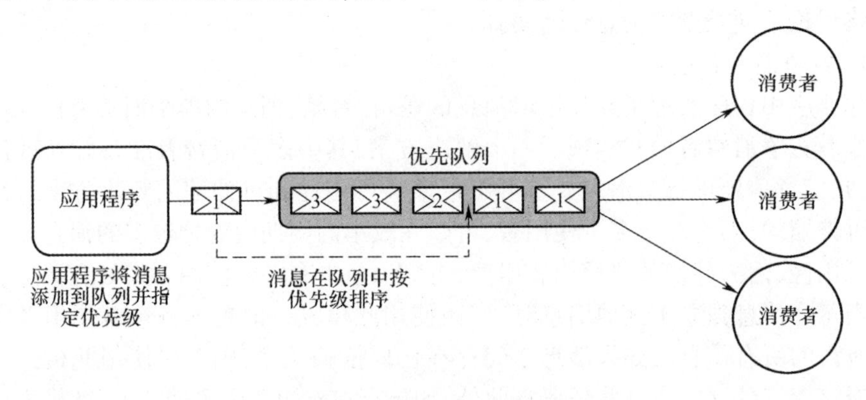

图 3.11　单一优先队列模式

但是,如果队列不能重新排序消息,那么,可以为不同的优先级创建单独的队列,并且每个队列可以有与它相关联的单独消费者,如图 3.12 所示。

实际上,该模式可以使用竞争消费模式快速跟踪来自使用多个消费者的每个队列的消息处理。有关优先队列模式的更多信息,请参阅 Microsoft 文档:https://docs.microsoft.com/zh-cn/azure/storage/queues/storage-queues-introduction。

3. 基于队列的负载均衡模式

基于队列的负载均衡模式减少了需求高峰对任务和服务的可用性与警惕性的影响。在任务和服务之间,队列将充当缓冲区,可以调用它来处理可能导致服务中断或超时的意外沉重负载。此模式有助于解决性能和可靠性问题。为了防止服务过载,我们将引入一个队列,该队列将存储消息,直到该服务检索到消息为止。服

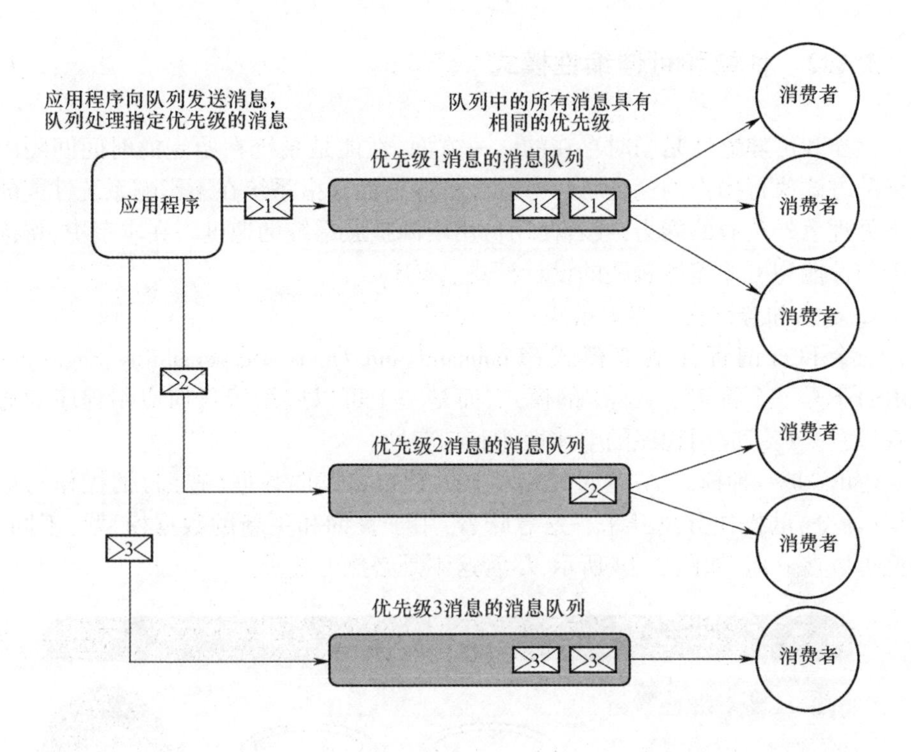

图 3.12　为不同的优先级使用不同的消息队列

务将以一致的方式从队列中提取消息并进行处理。

图 3.13 显示了基于队列的负载均衡模式是如何工作的。

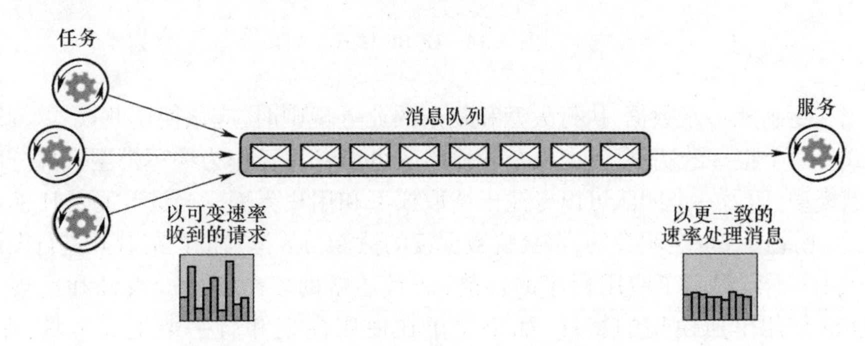

图 3.13　基于队列的负载均衡模式

尽管此模式有助于处理意外的需求峰值，但在设计延迟最小的服务时，它并不是最佳选择。提到延迟，这是一种性能度量，在下一节中，我们将重点讨论性能和可伸缩性模式。

3.5.2 性能和可伸缩性模式

性能和可伸缩性是同时存在的。一方面,性能是系统在给定的时间间隔内以积极的方式执行操作的速度;另一方面,可伸缩性是指系统在不影响系统性能的情况下处理意外负载的能力,或者使用可用资源扩展系统的速度。在本节中,将描述两个与性能和可伸缩性相关的设计模式。

1. 命令和查询责任隔离模式

命令和查询责任隔离模式(Command and Query Responsibility Segregation, CQRS)不是一个特定于 Azure 的模式,而是一个可以应用于任何应用程序的通用模式。它提高了应用程序的整体性能和响应性。

CQRS 是一种模式,它通过使用单独的接口将读取数据(查询)的操作与更新数据(命令)的操作分离开来。这意味着,用于查询和更新的数据模型是不同的。模型可以被分离,如图 3.14 所示,尽管这不是必然的要求。

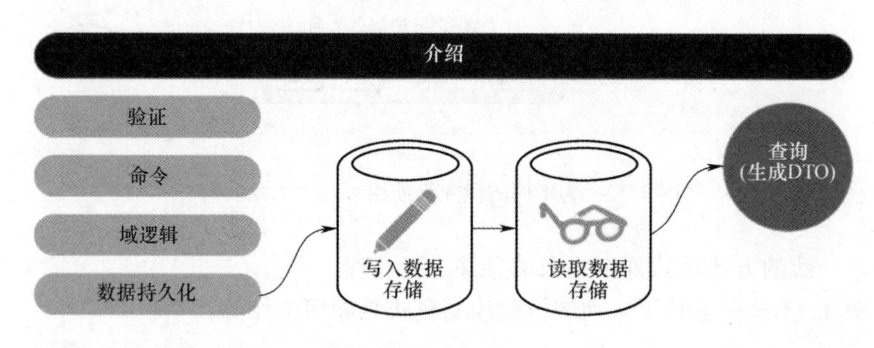

图 3.14　CQRS 模式

当在更新和检索数据、执行大型和复杂的业务规则时,应该使用此模式。此外,该模式有一个很好的用例,其中一个开发团队可以专注于作为编写模型一部分的复杂领域模型,而另一个团队可以专注于读取模型和用户界面。当读与写的比例不平衡时,使用此模式也是明智的,它会将数据读的性能与数据写的性能分开进行微调。

CQRS 不仅提高了应用程序的性能,而且还帮助多个团队的设计和实现。由于 CQRS 使用单独模型的特性,如果您正在使用模型和脚手架生成工具,那么, CQRS 并不适合,如图 3.14 所示。

请参阅 Microsoft 文档,以了解关于此模式的更多信息,链接如下:https://docs.microsoft.com/zh-cn/azure/architecture/patterns/cqrs。

2. 事件溯源模式

由于大多数应用程序都要处理数据,而且用户也要处理数据,因此,应用程序的经典方法是维护和更新数据的当前状态。从源读取数据、修改数据并使用修改后的值更新当前状态是典型的数据处理方法。然而,也有一些限制。

(1) 由于更新操作是直接对数据存储进行的,这将降低整体性能和响应能力。

(2) 如果有多个用户正在处理和更新数据,可能会出现冲突,一些相关的更新可能会失败。

对此的解决方案是实现事件溯源模式,在该模式中,所有的更改将被记录在一个只追加的存储中。一系列事件将由应用程序代码推送到事件存储区,并在那里持久化。事件存储中的事件充当关于数据当前状态的记录系统。消费者将得到通知,如果需要,他们可以在事件发布后处理事件。

事件溯源模式如图 3.15 所示。

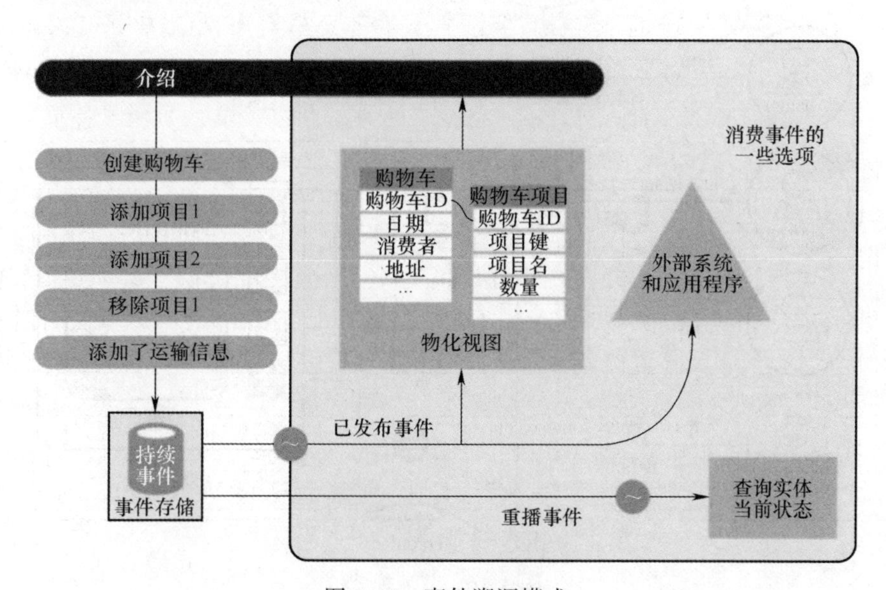

图 3.15 事件溯源模式

有关此模式的更多信息,请访问:https://docs.microsoft.com/zh-cn/azure/architecture/patterns/event-sourcing。

3. Throttling 模式

有时,有些应用程序从性能和可伸缩性的角度来看有非常严格的 SLA 要求,而不考虑使用服务的用户数量。在这些情况下,实现 Throttling 模式非常重要,因为它可以限制允许执行的请求数量。应用程序的负载在所有情况下都不能准确预测。当应用程序的负载出现峰值时,通过控制资源消耗,节流可以减少服务器和服务的压力。Azure 基础设施是这种模式的一个很好的例子。

当应用程序优先满足 SLA 时,应使用此模式,以防止某些用户消耗超过分配的资源,优化需求峰值和突发,并在成本方面优化资源消耗。对于已经构建并部署在云上的应用程序来说,这些都是有效的场景。

在应用程序中可以有多种策略来处理 Throttling。Throttling 策略可以在超过阈值时拒绝新请求,或者可以让用户知道该请求在队列中,并且在请求数量减少时将获得执行该请求的机会。

图 3.16 说明了在多租户系统中 Throttling 模式的实现,其中为每个租户分配了一个固定的资源使用限制。一旦它们超过了这个限制,对资源的任何额外需求都会受到限制,从而为其他租户维持足够的资源。

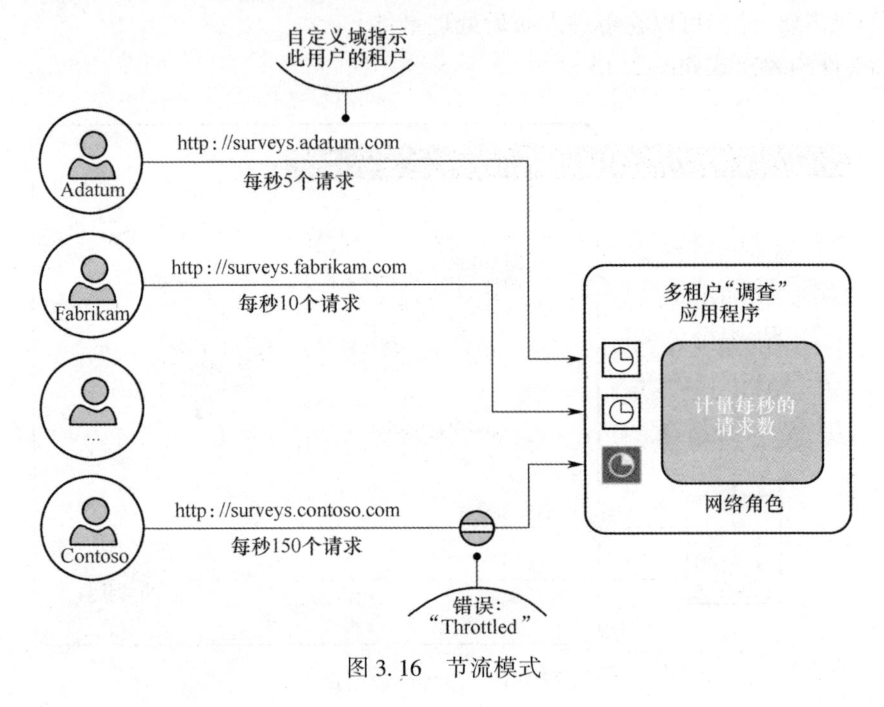

图 3.16　节流模式

可以在 https://docs.microsoft.com/azure/architecture/patterns/throttling 阅读更多关于此模式的内容。

4. Retry 模式

Retry 模式是一种极其重要的模式,它使应用程序和服务对瞬时故障更具弹性。假设您正在尝试连接并使用一个服务,但由于某种原因该服务不可用。如果服务很快就可以使用,那么,继续尝试获得一个成功的连接是有意义的。这将使应用程序更加健壮、容错和稳定。在 Azure 中,大多数组件都在互联网上运行,而互联网连接可能会间歇性地产生瞬态故障。由于这些错误可以在几秒内得到纠正,因此,不应该允许应用程序崩溃。应用程序的设计方式应该是:在失败的情况下,可以再次尝试使用服务,在成功或最终确定存在需要时间来纠正的错误时停止重试。

当应用程序在与远程服务交互或访问远程资源时,可能发生短暂故障,应该实现此模式。这些错误预计是短暂的,重复以前失败的请求可以在随后的尝试中成功。

根据错误和应用程序的性质,Retry 模式可以采用不同的重试策略。

(1) 重试固定次数。这表示在确定出现故障并引发异常之前,应用程序将尝试与服务进行固定次数的通信。例如,它将重试 3 次以连接到另一个服务。如果在这 3 次尝试中成功连接,则整个操作将成功;否则,将引发异常。

(2) 基于计划的重试。这表示应用程序将在固定的秒数或分钟内重复尝试与服务通信,并在重试之前等待固定的秒数或分钟。例如,应用程序将尝试在 60s 内每 3s 连接一次服务。如果在此时间内连接成功,则整个操作成功;否则,将引发异常。

(3) 滑动和延迟重试。这表示应用程序将根据计划重复尝试与服务通信,并在后续尝试中不断添加增量延迟。例如,在总共 60s 的时间内,第一次重试在 1s 之后发生,第二次重试在第一次重试之后 2s 发生,第三次重试在第一次重试之后 4s 发生,以此类推。这减少了重试的总次数。

图 3.17 演示了重试模式。第一个请求得到一个 HTTP 500 响应,第二个重试再次得到一个 HTTP 500 响应,最后请求成功并得到 HTTP 200 作为响应。

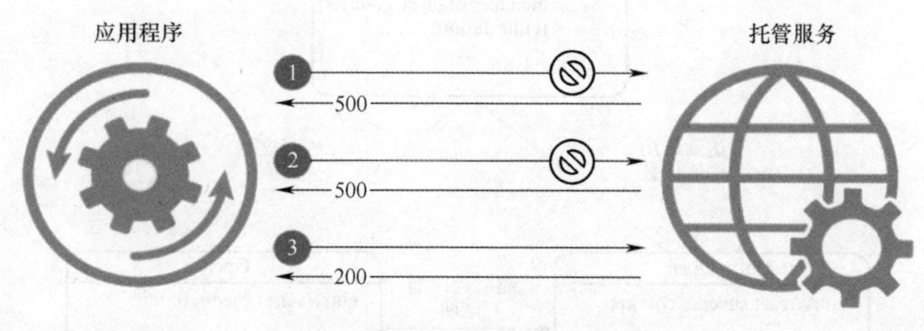

图 3.17　重试模式

可以参阅此 Microsoft 文档 https://docs.microsoft.com/zh-cn/azure/architecture/patterns/retry,以了解关于此模式的更多信息。

5. 断路器模式

这是一个非常有用的模式。设想一下,您正在尝试连接并使用一个服务,但由于某种原因该服务不可用。如果服务不会很快可用,继续重试连接是没有用的。此外,在重新尝试时占用其他资源会浪费大量可能用于其他地方的资源。

断路器模式有助于消除这种资源浪费。它可以防止应用程序重复尝试连接和使用不可用的服务。它还帮助应用程序检测服务是否重新启动并运行,并允许应用程序连接到它。

要实现断路器模式,对服务的所有请求都应该通过充当原始服务代理的服务。此代理服务的目的是维护状态机,并充当原始服务的网关。它有 3 种状态。根据应用程序的需求,可能包含更多的状态。

实现此模式所需的最小状态如下。

(1) Open。这表示服务关闭,应用程序立即显示为异常,而不是允许它重试或等待超时。当服务再次启动时,状态转换为 Half-Open。

(2) Closed。此状态表示服务是健康的,应用程序可以继续并连接到它。通常,计数器会在转换到 Open 状态之前显示失败的数量。

(3) Half-Open。当服务启动并运行时,这种状态允许有限数量的请求通过它。这种状态是检验通过的请求是否成功的试金石测试。如果请求成功,状态将从"Half-Open"转换为"Closed"。该状态还可以实现一个计数器,允许一定数量的请求成功,然后才能过渡到 Closed 状态。

这 3 种状态及其转换如图 3.18 所示。

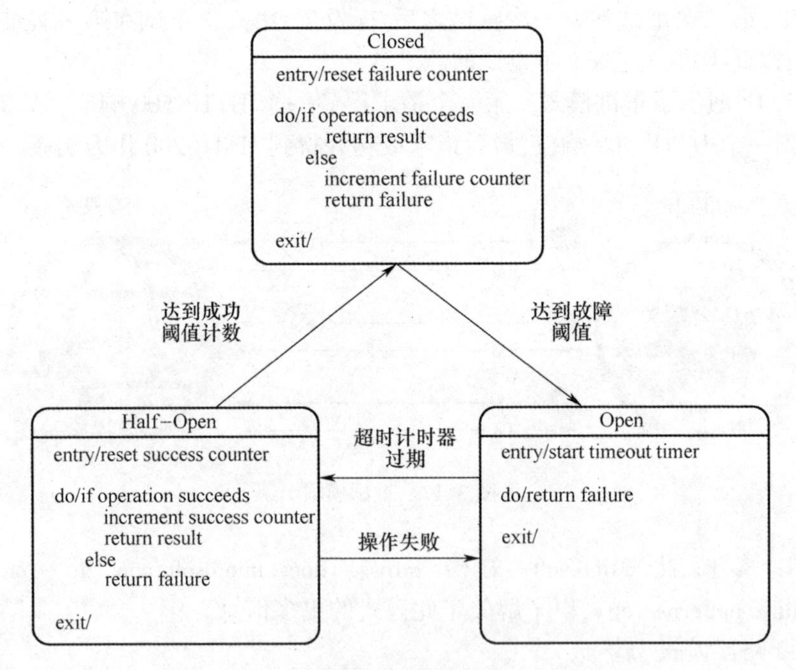

图 3.18　断路器模式

在 Microsoft 文档中,可以阅读更多关于此模式的内容,链接如下:https://docs.microsoft.com/zh-cn/azure/architecture/patterns/circuit-breaker。

在本节中,我们讨论了可用于在云中构建可靠、可伸缩和安全的应用程序的设计模式。不过,您可以在 https://docs.microsoft.com/azure/architecture/patterns 上探索其他模式。

3.6 小结

Azure 上有许多可用的服务,其中大多数都可以组合起来创建真正的解决方案。本章介绍了 Azure 提供的 3 个最重要的服务:区域、存储和网络。它们构成了部署在任何云上的大多数解决方案的主干。本章详细介绍了这些服务,以及它们的配置和配置如何影响设计决策。

本章详细介绍了存储和网络的重要性。网络和存储都提供了很多选择,根据您的需求选择适当的配置是很重要的。

最后,描述了一些与消息传递相关的重要设计模式,如竞争消费者、优先队列和负载均衡。本文举例说明了 CQRS 和 Throttling 等模式,并讨论了 Retry 和断路器等其他模式。在部署解决方案时,我们将把这些模式作为基线。

在下一章中,我们将讨论如何自动化我们将要构建的解决方案。随着我们在自动化世界的进步,每个组织都想要消除一个接一个创建资源的开销,这是非常苛刻的。因为自动化是解决这个问题的方法,在下一章中你会了解到更多。

第4章
Azure的自动化架构

每个组织都追求减少人工工作量和错误,而自动化由于其可预测性、标准化和一致性,在产品构建和运营中扮演着重要的角色。自动化已经成为每个首席信息官(Chief Information Officer, CIO)和数据官的关注焦点,以确保他们的系统是高度可用的、可扩展的、可靠的,还能满足他们客户的需求。

云的出现使得自动化更加突出,因为无须购置硬件资源即可动态分配新资源。因此,云计算公司希望所有活动都实现自动化,以减少误用、报错、治理、维护和管理。

在本章节中,我们将评估 Azure Automation 在自动化上提供的主要服务,以及它与其他类似服务的不同之处。本章将包括以下内容。

(1) Azure Automation 概述。

(2) Azure Automation 服务。

(3) Azure Automation 服务的资源。

(4) 编写 Azure Automation 的 Runbook。

(5) Webhooks。

(6) 混合辅助角色。

让我们从 Azure Automation 开始,逐步了解自动化流程的云服务。

4.1 自动化

组织内的 IT 资源的配置、操作、管理和取消配置都需要自动化。图 4.1 展示了这些用例各自代表了什么。

在云计算出现之前,IT 资源主要是本地的,并且这些活动经常使用手工流程。然而,随着云应用的增加,自动化得到了越来越多的关注。主要原因是:云技术的敏捷性和灵活性提供了可在运行中提供、取消和管理这些资源的机会,所需的时间比过去少得多。伴随着这种灵活性和敏捷性的是对云计算的可预测性与一致性的要求,因为组织创建资源变得很容易。

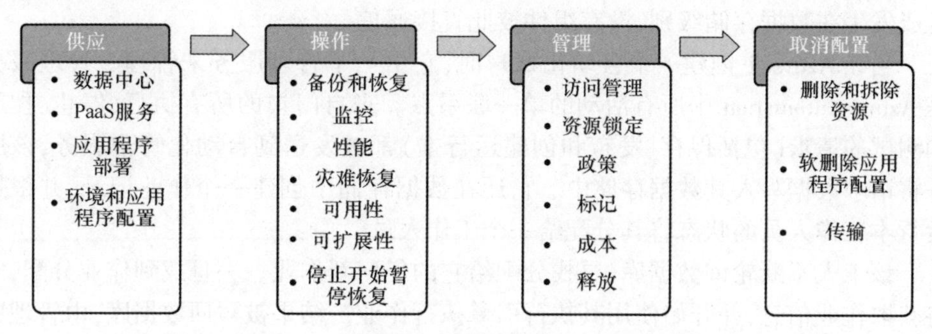

图 4.1　自动化用例

微软有一个很好的 IT 自动化工具 System Center Orchestrator。对于本地环境和云环境来说,它是一个很好的自动化工具,但它是一个产品,而不是一个服务。它应该被授权并部署在服务器上,然后可以执行运行本(runbook)来影响对云和本地环境的更改。

微软意识到需要一个自动化解决方案,它可以作为服务提供给客户,而不是作为产品购买和部署,以实现 Azure 自动化。

4.2　Azure Automation

Azure 提供了一种名为 Azure Automation 的服务,它不仅是 Azure 上的流程、活动和任务自动化的基本服务,而且也是本地的自动化服务。使用 Azure Automation,组织可以自动化那些与处理、拆解、操作和跨云、IT 环境、平台和语言的资源管理相关的流程和任务。在图 4.2 中,我们可以看到 Azure Automation 的一些特性。

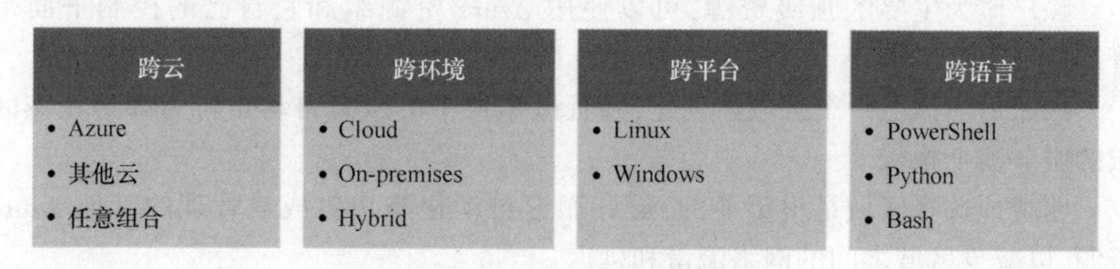

图 4.2　Azure Automation 的特性

4.3　Azure Automation 的架构

Azure Automation 由多个组件组成,每个组件都与其他组件完全解耦。大多数集成发生在数据存储级别,没有组件彼此直接通信。

当在 Azure 上创建一个自动化账户时,它由一个管理服务来管理。管理服务是 Azure Automation 中所有活动的单一联系点。来自门户的所有执行、停止、挂起和测试的请求(包括保存、发布和创建运行本)都被发送到自动化管理服务,该服务将请求数据写入其数据存储中。它还在数据存储中创建一个作业记录,并根据运行本工作人员的状态将其分配给一个工作人员。

该工人不断轮询数据库,寻找分配给它的任何新作业。一旦找到作业分配,它将获取作业信息,并开始使用其执行引擎执行作业。结果被写回数据库,由管理服务读取,并显示在 Azure 门户上。

我们将在本章后面阅读到的混合工作者也是运行本工作者,尽管它们没有在图 4.3 中显示。

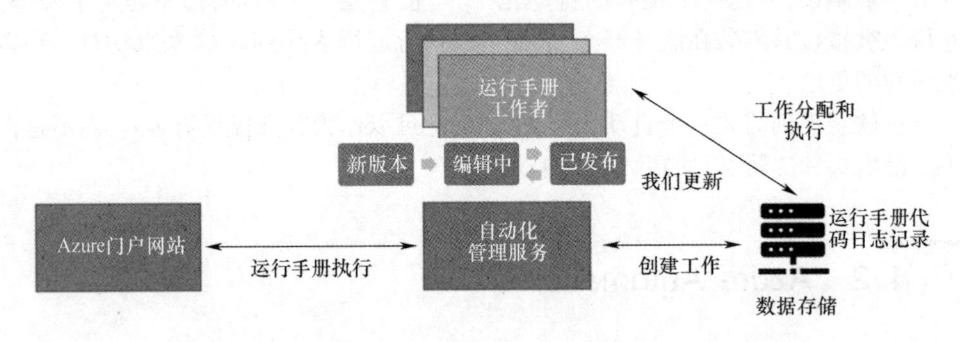

图 4.3 Azure Automation 的架构

开始使用 Azure Automation 的第一步是创建一个新账户。一旦创建了账户,所有其他构件都将在账户中创建。

账户作为主要的顶级资源,可以使用 Azure 资源组和它自己的控制平面来管理。

该账户应该在一个区域内创建,并且该账户中的所有自动化行为都将在该区域的服务器上执行。

明智地选择区域是很重要的,最好靠近自动化账户集成或管理的其他 Azure 资源,以减少区域之间的网络流量和延迟。

自动化账户还支持两个 Run As 账户,这些账户可以从自动化账户创建。由于这些 Run As 账户类似于服务账户,我们创建它们主要是为了执行操作。Run As 账户有两种类型:一种称为 Azure Classic Run As 账户;另一种称为 Run As 账户。它们都用于连接 Azure 订阅。Azure Classic Run As 账户用于使用 Azure 服务管理 API 连接 Azure,而 Run As 账户用于使用 Azure 资源管理(Azure Resource Management,ARM) API 连接 Azure。

这两个账户都使用证书来对 Azure 进行身份验证。这些账户可以在创建自动化账户的同时创建,或者您可以选择稍后在 Azure 门户中创建它们。

建议稍后创建这些 Run As 账户,而不是在创建自动化账户时创建它们,因为如果它们是在设置自动化账户时创建的,那么,自动化将使用默认配置在后台生成证书和服务主体。如果需要对这些 Run As 账户进行更多的控制和自定义配置,如使用现有的证书或服务主体,那么,应该在自动化账户之后创建 Run As 账户。

一旦创建了自动化账户,它就提供了一个仪表板,通过它可以启用多个自动化场景。

可以使用自动化账户启用的一些重要场景与以下相关。

(1) 过程自动化。

(2) 配置管理。

(3) 更新管理。

自动化是关于编写可重用和通用的脚本,以便在多个场景中重用它们。例如,一个自动化脚本应该足够通用,可以启动和停止任何订阅和管理组中的任何资源组中的任何虚拟机。对虚拟机服务器信息以及资源组、订阅和管理组名称进行硬编码将导致创建多个类似的脚本,对一个脚本的任何更改无疑将导致所有脚本的更改。最好通过使用脚本参数和变量创建一个用于此目的的脚本,您应该确保执行程序为这些工件提供了准则。

让我们仔细看看前面提到的每个场景。

4.3.1 过程自动化

过程自动化指的是反映真实过程的脚本的开发。流程自动化由多个活动组成,其中每个活动执行一个离散的任务。这些活动一起形成了一个完整的过程。活动的执行可能基于前一个活动是否成功执行。

任何流程自动化都需要执行它所依赖的基础设施满足一些需求。其中一些如下。

(1) 创建工作流的能力。

(2) 长时间执行的能力。

(3) 在工作流未完成时保存执行状态的能力,这也称为检查点和水合。

(4) 从上次保存的状态恢复而不是从头开始的能力。

(5) 我们将要探讨的下一个场景是配置管理。

4.3.2 配置管理

配置管理是指在整个系统生命周期中管理系统配置的过程。Azure 自动化状态配置是 Azure 配置管理服务,允许用户为云节点和本地数据中心编写、管理和编译 PowerShell DSC 配置。

Azure 自动化状态配置让我们可以管理 Azure 虚拟机、Azure 经典虚拟机、物理机或虚拟机(Windows/Linux),它还提供了对其他云提供商中的虚拟机的支持。

Azure 自动化状态配置最大的优点之一是它提供了可伸缩性。我们可以通过一个中央管理接口管理数千台机器。我们可以轻松地为机器分配配置,并验证它们是否符合所需的配置。

Azure 自动化的另一个优点是可以用作存储所需状态配置(Desired State Configuration, DSC)的存储库,并且在需要时可以使用它们。

在下一节中,我们将讨论更新管理。

4.3.3 更新管理

正如您已经知道的,当涉及 IaaS 时,更新管理是客户管理更新和补丁的责任。Azure Automation 的更新管理特性可以用来自动化或管理 Azure 虚拟机的更新和补丁。有多种方法可以让您在 Azure 虚拟机上启用更新管理。

(1) 从您的自动化账户访问。

(2) 通过浏览 Azure 门户。

(3) 从 Runbook 访问。

(4) 从 Azure 虚拟机访问。

从 Azure 虚拟机启用它是最简单的方法。但是,如果您有大量虚拟机,并且需要启用更新管理,那么,您必须考虑可伸缩的解决方案,如运行本或自动化账户。

现在您已经清楚了这些场景,让我们来探索与 Azure 自动化相关的概念。

4.4 与 Azure Automation 相关的概念

现在您知道 Azure 自动化需要一个账户,这个账户称为 Azure 自动化账户。在我们深入研究之前,让我们检查一下与 Azure 自动化相关的概念。理解这些术语的含义非常重要,因为我们将在本章中使用这些术语。让我们从运行本开始。

4.4.1 运行本

AzureAutomation 运行本(Runbook)是一组表示流程自动化中的单个步骤或完整流程自动化的脚本语句的集合。可以从父运行本调用其他运行本,并且这些运行本可以用多种脚本语言编写。支持编写运行本的语言如下。

(1) PowerShell。

(2) Python 2(在写作本书时)。

(3) PowerShell 工作流。

(4) 图形化 PowerShell。

(5) 图形化 PowerShell 工作流。

创建一个自动化账户非常简单,可以从 Azure 门户网站完成。在 All Services 刀片服务器中,您可以找到 Automation Account,或者在 Azure 门户中搜索它。如前所述,在创建过程中,您将获得创建 Run As 账户的选项。图 4.4 显示了创建自动化账户所需的输入。

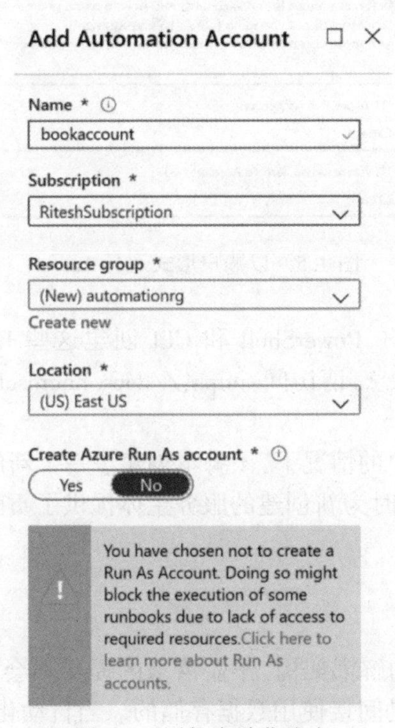

图 4.4 添加自动化账户

4.4.2 运行账户

默认情况下,Azure 自动化账户不能访问任何 Azure 订阅中包含的任何资源,包括它们所在的订阅。一个账户需要访问 Azure 订阅和它的资源来管理它们。Run As 账户是提供对订阅和其中资源访问的一种方式。

这里介绍一种可选方案。对于每个经典和基于资源管理器的订阅,最多可以有一个 Run As 账户;然而,一个自动化账户可能需要连接到许多订阅。在这种情况下,建议为每个订阅创建共享资源,并在运行本中使用它们。

在创建自动化账户之后,导航到门户上的 Run As Accounts 视图,您将看到可以创建的两种类型的账户。在图 4.5 中,您可以看到在 Run As Accounts 刀片中可以创建 Azure Run As Account 和 Azure Classic Run As Account。

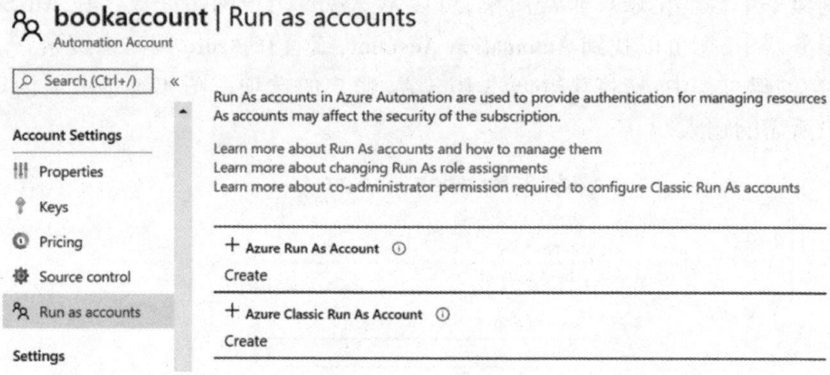

图 4.5　以账户形式运行 Azure

可以使用 Azure 门户、PowerShell 和 CLI 创建这些 Run As 账户。有关使用 PowerShell 创建账户的信息,请访问:https://docs.microsoft.com/azure/automation/manage-runas-account。

在 ARM Run As 账户的情况下,该脚本创建了一个新的 Azure AD 服务主体和一个新的证书,并在订阅时为新创建的服务主体提供了贡献者 RBAC 权限。

4.4.3　任务

由于 Azure 自动化的解耦架构,作业请求的提交不会直接链接到作业请求的执行。它们之间的链接是间接使用数据存储的。当自动化接收到执行运行本的请求时,它会在其数据库中创建一条包含所有相关信息的新记录。在 Azure 中,还有另一个在多个服务器上运行的服务,称为 Hybrid Runbook Worker,它查找添加到数据库中的任何新条目以执行运行本。一旦它看到一个新记录,就锁定这个记录,这样其他服务就不能读取它,然后执行运行本。

4.4.4　资产

Azure 自动化资产指的是可以跨运行本使用的共享工件,如图 4.6 所示。

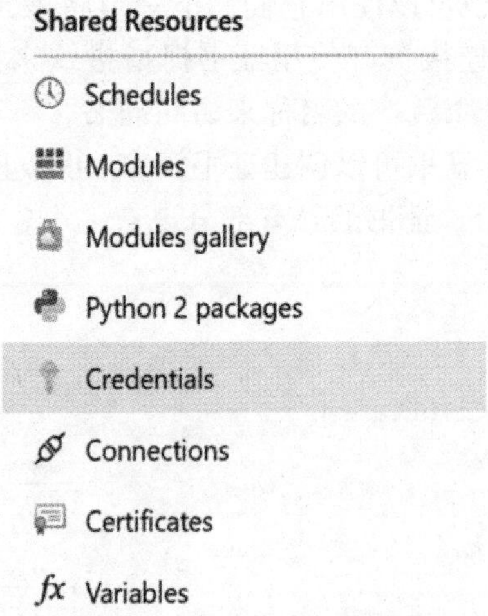

Shared Resources

Schedules

Modules

Modules gallery

Python 2 packages

Credentials

Connections

Certificates

Variables

图 4.6 Azure 自动化中的共享工件

4.4.5 凭据

凭据指的是秘密信息,如用户名/密码组合,可用于连接到其他需要身份验证的集成服务。这些凭据可以使用 Get-AutomationPSCredential PowerShell cmdlet 及其相关名称在运行本中使用:

```
$myCredential = Get-AutomationPSCredential -Name 'MyCredential'
```

Python 语法要求我们导入 automationassets 模块,并使用 get_automation_credential 函数和相关的凭据名称:

```
import automationassets
cred = automationassets.get_automation_credential("credtest")
```

4.4.6 证书

证书指的是 X.509 证书,可以从证书颁发机构购买,也可以是自签名的。在 Azure Automation 中,证书用于标识目的。每个证书都有一对密钥,称为私钥/公钥。私钥用于在 Azure Automation 中创建证书资产,而公钥应该在目标服务中可用。使用私钥,自动化账户可以创建数字签名,并在将其发送到目标服务之前将其附加到请求中。目标服务可以使用已经可用的公钥从数字签名中获取详细信息(散列),并确定请求发送者的身份。

在 Azure 自动化中,证书资产存储证书信息和密钥。这些证书可以直接在运行本中使用,连接的资产也可以使用它们。下一节将展示在连接资产中使用证书的方法。Azure 服务主体连接资产使用证书拇指指纹来标识它想要使用的证书,而其他类型的连接使用证书资产的名称来访问证书。

通过提供名称和上传证书可以创建证书资产,可以上传公共证书(.cer 文件)以及私有证书(.pfx 文件)。证书的私有部分也有一个密码,应该在访问证书之前使用(图 4.7)。

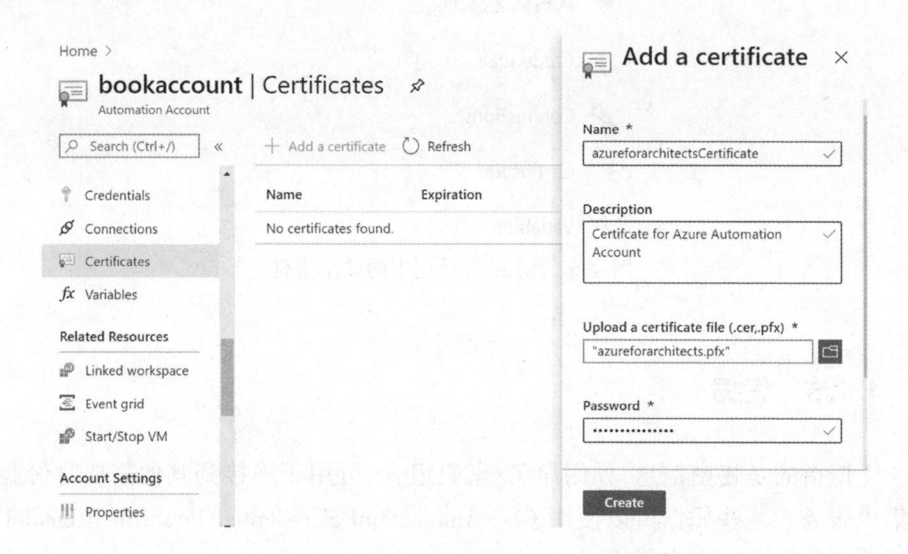

图 4.7　向 Azure Automation 中添加证书

创建证书包括提供名称和描述、上传证书、提供密码(对于 .pfx 文件)以及通知用户该证书是否可导出。

在创建该证书资产之前,应该有一个可用的证书。证书可以从证书颁发机构购买,也可以自己生成。生成的证书称为自签名证书。对于重要的环境(如生产环境),使用来自证书颁发机构的证书始终是一种良好的实践。出于开发目的,可以使用自签名证书。

要使用 PowerShell 生成自签名证书,请使用以下命令:

```
$cert =New-SelfSignedCertificate -CertStoreLocation "Cert:\CurrentUser\my"-KeySpec KeyExchange -Subject "cn=azureforarchitects"
```

这将在您个人文件夹中的当前用户证书存储中创建一个新证书。因为这个证书也需要上传到 Azure 自动化的证书资产中,所以它应该被导出到本地文件系统中,如图 4.8 所示。

在导出证书时,也应该导出私钥,所以应该选择 Yes, export the private key。

选择 Personal Information Exchange 选项,其余值应保持默认值。

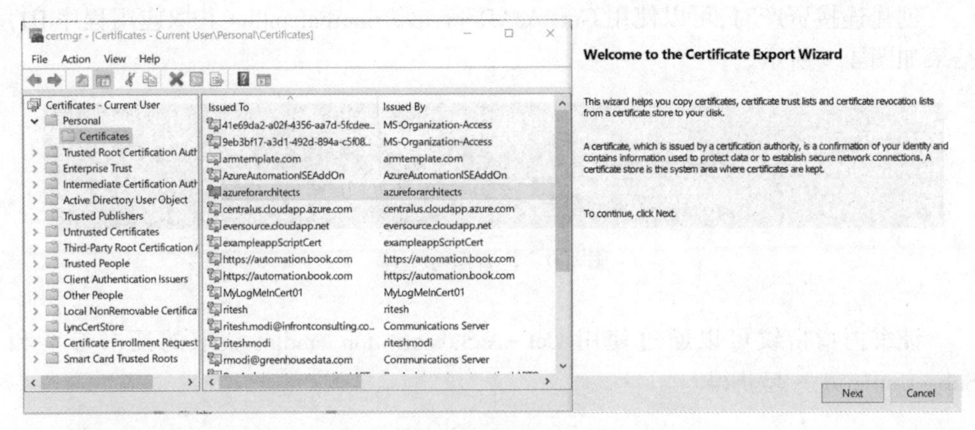

图 4.8 导出证书

提供一个密码和文件名 C:\azureforarchitects.pfx,导出应该成功。

可以通过多种方式连接到 Azure。然而,最安全的方式是使用证书。使用该证书在 Azure 上创建一个服务主体。可以使用证书对服务主体进行身份验证。证书的私钥是用户的,公钥是 Azure 的。在下一节中,将使用本节中创建的证书创建一个服务主体。

4.4.7 使用证书凭证创建服务主体

可以使用 Azure 门户、Azure CLI 或 Azure PowerShell 创建服务主体。本节提供了使用 Azure PowerShell 创建服务主体的脚本。

登录到 Azure 之后,上一节中创建的证书将被转换为 base64 编码。创建了一个新的服务主体 azureforarchitects,并且证书凭据与新创建的服务主体相关联。最后,提供新的服务主体基于贡献者角色对订阅的访问控制权限:

```
Login-AzAccount
$certKey = [system.Convert]::ToBase64String($cert.GetRawCertData())
$sp = New-AzADServicePrincipal -DisplayName "azureforarchitects"
New-AzADSpCredential -ObjectId $sp.Id -CertValue $certKey -StartDate
$cert.NotBefore -EndDate $cert.NotAfter
New-AzRoleAssignment -RoleDefinitionName contributor -ServicePrinci-
palName
$sp.ApplicationId
Get-AzADServicePrincipal -ObjectId $sp.Id
$cert.Thumbprint
Get-AzSubscription
```

创建连接资产时,可以使用 Get-AzADServicePrincipalcmdlet 获取应用程序 ID,结果如图 4.9 所示。

```
ServicePrincipalNames : {http://azureforarchitects, ef52538d-9eb6-45e0-bf67-7f484b84cd25}
ApplicationId         : ef52538d-9eb6-45e0-bf67-7f484b84cd25
ObjectType            : ServicePrincipal
DisplayName           : azureforarchitects
Id                    : 15ee7335-9b96-4ae7-957f-62e4997e7b4d
Type                  :
```

图 4.9　检查服务主体

证书拇指指纹可以通过使用 Get-AzSubscription cmdlet 获取的证书参考和 SubscriptionId 一起获得。

4.4.8　连接

连接资产用于创建到外部服务的连接信息。在这方面,甚至 Azure 也被认为是一个外部服务。连接资产包含成功连接到服务所需的所有必要信息。Azure 自动化提供了 3 种开箱即用的连接类型。

(1) Azure。

(2) Azure 经典证书。

(3) Azure 服务主体。

使用 Azure 服务主体来连接 Azure 资源管理器的资源,使用 Azure 经典证书来连接 Azure 经典资源是一个很好的实践。需要注意的是,Azure 自动化没有提供任何连接类型来使用用户名和密码等凭据连接到 Azure。

Azure 和 Azure 经典证书本质上是相似的。它们都帮助我们连接到基于 Azure Service 管理 API 的资源。事实上,Azure 自动化在创建一个经典 Run As 账户的同时创建了一个 Azure 经典证书连接。

Azure 服务主体由 Run As 账户内部使用,用于连接基于 Azure 资源管理器的资源。

一个新的 AzureServicePrincipal 类型的连接资产如图 4.10 所示。它需要以下几项内容。

(1) 连接的名称。必须提供一个名称。

(2) 对连接的描述。该值为可选值。

(3) 选择适当的 Type。必须选择一个选项;本章中选择 AzureServicePrincipal 来创建用于所有目的的连接资产。

(4) ApplicationId,也称为 clientid,是在创建服务主体期间生成的应用程序 ID。下一节将展示使用 Azure PowerShell 创建服务主体的过程。必须提供应用程序ID。

（5）TenantId 是租户的唯一标识符。该信息可以从 Azure 门户或使用 Get-AzSubscription cmdlet 获得。必须提供租户标识符。

（6）CertificateThumbprint 是证书标识符。这个证书应该已经使用证书资产上传到 Azure Automation。必须提供证书指纹。

（7）SubscriptionId 是订阅的标识符。必须提供订阅 ID。

（8）您可以使用自动化账户中的 Connections 刀片服务器添加一个新的连接，如图 4.10 所示。

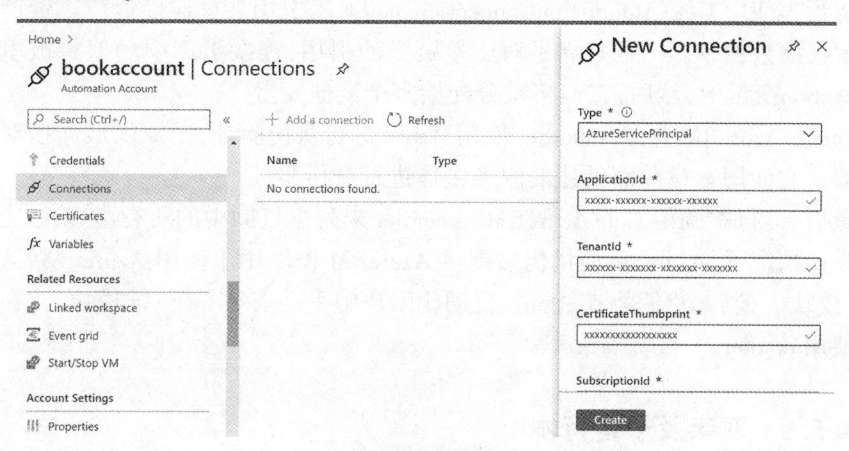

图 4.10　向自动化账户添加一个新连接

4.5　运行本的编写和执行

Azure 自动化允许创建称为运行本的自动化脚本。可以使用 Azure 门户或 PowerShell ISE 创建多个运行本。它们也可以从 Runbook Gallery 导入。可以在这个图库中搜索特定的功能，并且在运行本中显示整个代码。

运行本可以像普通的 PowerShell 脚本一样接受参数值。下一个示例使用一个名为 connectionName 的参数，类型为 string。当执行这个运行本时，必须为这个参数提供一个值：

```
param(
    [parameter(mandatory=$true)]
    [string] $connectionName
)

$connection = Get-AutomationConnection  -name $connectionName
```

```
$subscriptionid =$connection.subscriptionid
$tenantid = $connection.tenantid
$applicationid = $connection.applicationid
$cretThumbprint = $connection.CertificateThumbprint

Login-AzureRMAccount -CertificateThumbprint $cretThumbprint
-ApplicationId $applicationid -ServicePrincipal -Tenant $tenantid
Get-AzureRMVM
```

运行本使用 Get-AutomationConnectioncmdlet 来引用共享连接资产。资产的名称包含在参数值中。一旦建立了对连接资产的引用，连接引用中的值将被填充到 $connection变量中，然后，它们将被分配给多个其他变量。

Login-AzureRMAccountcmdlet 使用 Azure 进行身份验证，并提供从连接对象获得的值。它使用本章前面创建的服务主体进行身份验证。

最后，运行本调用 Get-AzureRMVmcmdlet 来列出订阅中的所有虚拟机。

默认情况下，Azure 自动化仍然提供 AzureRM 模块用于使用 Azure。默认不安装 Az 模块。稍后，我们将在 Azure 自动化账户中手动安装一个 Az 模块，并在运行本中使用 cmdlet。

4.5.1 双亲及子运行本

运行本有一个从编写到执行的生命周期。这些生命周期可以分为创作状态和执行状态。

创作生命周期如图 4.11 所示。

当创建一个新的运行本时，它具有新状态，并且由于被编辑和保存了多次，它接受编辑中的状态，最后，当它被发布后，状态更改为已发布。还可以编辑已发布的运行本，在这种情况下，它会返回编辑中状态。

图 4.11 编辑的生命周期

下面将描述编辑生命周期。

生命周期从运行本执行请求开始，另外运行可以以多种方式执行。

（1）从 Azure 门户手动设置。

（2）通过使用父运行本作为子运行本。

（3）通过网络钩。

运行本是如何启动的并不重要,生命周期保持不变。自动化引擎接收到执行运行本的请求。自动化引擎创建作业并将其分配给运行本工作者。目前,运行本的状态是进入队列。

有多个运行本工作者,所选的一个将获取作业请求并将状态更改为开始。在这个阶段,如果脚本中有任何脚本和解析问题,状态将更改为失败,执行将停止。

一旦运行本的执行由工作者启动,状态就会变为运行中。运行本在运行时可以有多个不同的状态。

如果执行没有任何未处理和终止的异常,运行本将更改其状态为已完成。

运行的运行本可以由用户手动停止,它将具有终止状态(图 4.12)。

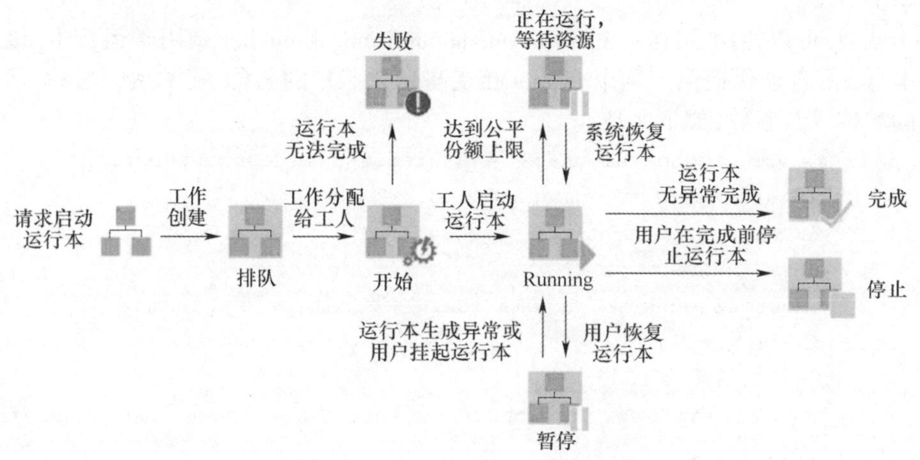

图 4.12　运行本的执行生命周期

4.5.2　创建一个运行本

运行本可以从 Azure 门户通过转到左侧导航窗格中的“Runbook”菜单项来创建。运行本有一个名称和类型。类型决定了用于创建运行本的脚本语言。我们已经讨论了可能的语言,在本章中,PowerShell 将主要用于所有示例。

创建 PowerShell 运行本与创建 PowerShell 脚本完全相同。它可以声明和接受多个参数——参数可以具有诸如数据类型之类的属性,这些属性是强制性的(就像任何 PowerShell 参数属性一样)。它可以调用模块可用且已经加载和声明的 PowerShell cmdlet,还可以调用函数并返回输出。

运行本还可以调用另一个运行本。它可以在原始进程和上下文中内联调用子运行本,也可以在单独的进程和上下文中调用子运行本。

内联调用运行本类似于调用 PowerShell 脚本。下一个例子使用内联方法调用子运行本:

```
.\ConnectAzure.ps1 -connectionName "azureforarchitectsconnection"
Get-AzSqlServer
```

在前面的代码中,我们看到了 ConnectAzure 运行本如何接受名为 connectionName 的参数,并为其提供了适当的值。在使用服务主体对 Azure 进行身份验证之后,该运行本将创建到 Azure 的连接。检查调用子运行本的语法。它非常类似于调用带参数的通用 PowerShell 脚本。

下一行代码是 Get-AzVm,它从 Azure 获取相关信息并列出了虚拟机的详细信息。您将注意到,尽管身份验证发生在子运行本中,但 Get-AzVmcmdlet 成功并列出订阅中的所有虚拟机,因为子运行本与父运行本在同一个作业中执行,并且它们共享上下文。

或者,可以使用 Start - AzurermAutomationRunbook cmdlet 调用子运行本,该命令由 Azure 自动化提供。这个 cmdlet 接受自动化账户的名称、资源组的名称、运行簿的名称以及参数,如下所述:

```
$params = @{"connectionName"="azureforarchitectsconnection"}
$job = Start-AzurermAutomationRunbook'
    - AutomationAccountName 'bookaccount''
    - Name 'ConnectAzure''
    -ResourceGroupName 'automationrg' -parameters $params
if($job -ne $null) {
    Start-Sleep -s 100
    $job = Get-AzureAutomationJob -Id $job.Id -AutomationAccountName
'bookaccount'
    if ($job.Status -match "Completed") {
        $jobout = Get-AzureAutomationJobOutput '
                                  -Id $job.Id'
                                  -AutomationAccountName 'bookaccount''
                                  -Stream Output
              if ($jobout) {Write-Output $jobout.Text}
    }
}
```

使用此方法将创建一个不同于父作业的新作业,它们在不同的上下文中运行。

4.6 使用 Az 模块

到目前为止,所有示例都使用了 AzureRM 模块。前面显示的运行手册将被重写,以使用 Az 模块中的 cmdlets。

如前所述,Az 模块默认不安装。可以使用 Azure 自动化中的 Modules 库菜单项来安装它们。

在图库中搜索 Az,结果将显示与之相关的多个模块。如果选择导入安装 Az 模块,它会抛出一个错误,提示它的依赖模块没有安装,应该在安装当前模块之前安装它们。通过搜索 Az 可以在 Modules 库刀片上找到该模块,如图 4.13 所示。

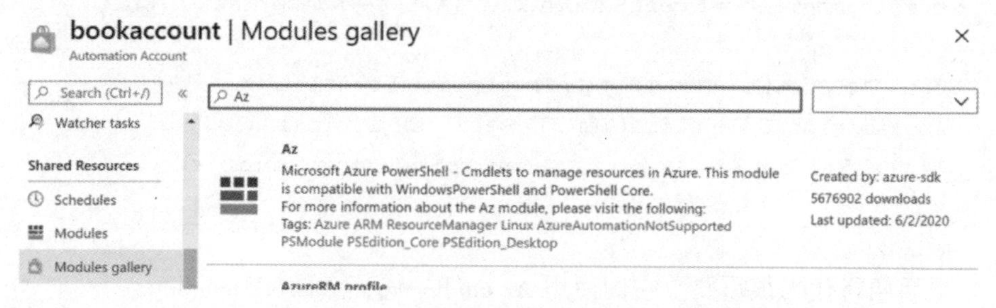

图 4.13　在模块库刀片上找到 Az 模块

不是选择 Az 模块,而是选择 Az. Accounts,然后按照向导导入模块,如图 4.14 所示。

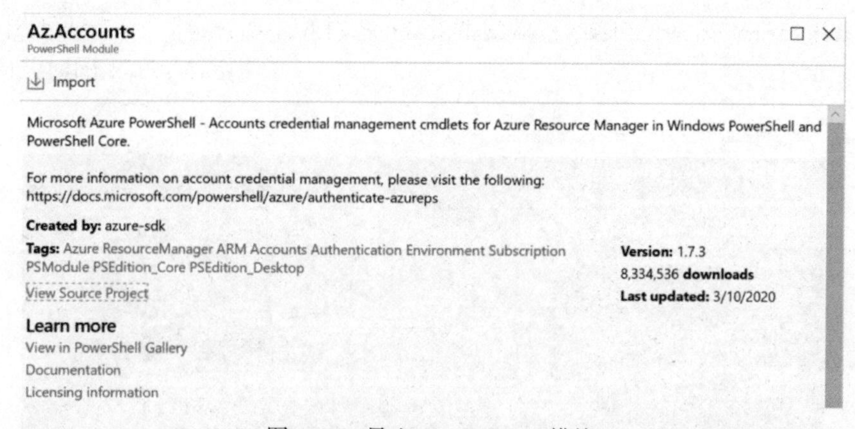

图 4.14　导入 Az. Accounts 模块

Az. Accounts 安装完成后,可以导入 Az. Resources 模块。Azure 虚拟机相关的 cmdlet 可以在 Az. Compute 模块中获得,并且可以使用与导入 Az. Accounts 相同的方法来导入它。

一旦导入了这些模块,运行本就可以使用这些模块提供的 cmdlet。前面显示的 ConnectAzure 运行本已经被修改为使用 Az 模块:

```
param(
    [parameter(mandatory=$true)]
    [string] $connectionName
)
```

```
$connection = Get-AutomationConnection  -name $connectionName
$subscriptionid = $connection.subscriptionid
$tenantid = $connection.tenantid
$applicationid = $connection.applicationid
$cretThumbprint = $connection.CertificateThumbprint

Login-AzAccount -CertificateThumbprint $cretThumbprint
-ApplicationId $applicationid -ServicePrincipal
-Tenant $tenantid  -SubscriptionId  $subscriptionid

Get-AzVm
```

最后两行代码很重要。它们使用 Az cmdlet 代替 AzureRMcmdlet。

执行这个 Runbook 将得到类似如下的结果,如图 4.15 所示。

图 4.15　Az. Accounts 模块导入成功

在下一节中,我们将使用 Webhook。

4.7 Webhook

Webhook 是在 REST 端点和 JSON 数据有效负载出现后出名的。Webhook 在任何应用程序的可扩展性中都是一个重要的概念和架构决策。Webhook 是留在应用程序特殊区域的占位符,这样应用程序的用户就可以用包含自定义逻辑的端点 URL 来填充这些占位符。应用程序将调用端点 URL,自动传入必要的参数,然后执行其中可用的登录。

Azure 自动化运行本可以从 Azure 门户手动调用,也可以使用 PowerShell cmdlet 和 Azure CLI 来调用它们。有多种语言版本的 SDK 可以调用运行本。

Webhook 是调用运行本的最强大的方法之一。需要注意的是,包含主要逻辑的运行本不应该直接作为 Webhook 公开。它们应该使用父运行本来调用,并且父运行本应该作为一个 Webhook 公开。父运行本应该确保在调用主子运行本之前进行适当的检查。

创建 Webhook 的第一步通常是编写运行本,就像之前做的那样。运行本编写完成后,它将作为一个 Webhook 公开。

创建了一个新的基于 PowerShell 的运行本,名为 exposedrunbook。该运行本接受对象类型的单个参数$ WebhookData。它应该被命名为 verbatim。该对象由 Azure 自动化运行时创建,并提供给运行本。Azure 自动化运行时在获取 HTTP 请求头值和正文内容后构造该对象,并填充该对象的 RequestHeader 和 RequestBody 属性:

```
param(
    [parameter(mandatory=$true)]
    [object] $WebhookData

)

$webhookname = $WebhookData.WebhookName
$headers = $WebhookData.RequestHeader
$body = $WebhookData.RequestBody

Write-output "webhook header data"
Write-Output $webhookname
Write-output $headers.message
Write-output $headers.subject

$connectionname = (ConvertFrom-Json -InputObject $body)
```

```
./connectAzure.ps1 -connectionName $connectionname[0].name
```

该对象的 3 个重要属性是 WebhookName、RequestHeader 和 RequestBody。这些值从这些属性中检索，并由运行本发送到输出流。

头和主体内容可以是用户调用 Webhook 时提供的任何内容。这些值被填充到各自的属性中，并在运行本中变得可用。在前面的示例中，调用者设置了两个消息头，即 message 和 status。调用者还将提供要用作主体内容一部分的共享连接的名称。

在运行本被创建之后，它应该在 Webhook 被创建之前发布。发布运行本之后，点击顶部的 Webhook 菜单，开始为运行本创建一个新的 Webhook 的过程，如图 4.16所示。

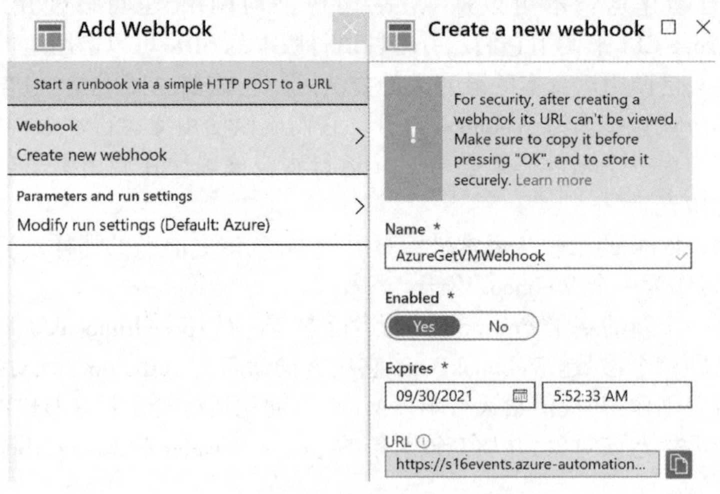

图 4.16　创建 Webhook

应该提供一个 Webhook 的名称。这个值可以在运行本中使用 WebhookData 参数和 WebhookName 属性名。

Webhook 可以处于 enabled 或 disabled 状态，它可以在给定的日期和时间过期。它还生成一个对此 Webhook 和运行本唯一的 URL。这个 URL 应该提供给任何想要调用 Webhook 的人。

4.7.1　调用 Webhook

Webhook 是通过 POST 方法作为 HTTP 请求调用的。当 Webhook 被调用时，HTTP 请求会与 Azure 自动化一起启动运行本。它创建 WebHookData 对象，用传入的 HTTP 头和正文数据填充该对象，并创建一个由运行本工作人员获取的作业。这个调用使用上一步生成的 Webhook URL。

Webhook 可以通过 Postman 来调用,任何代码都可以通过 POST 方法来调用 REST 端点。在下一个例子中,PowerShell 将被用来调用 Webhook:

```
$uri = "https://s16events.azure-automation.net/
webhooks? token=rp0w93L60fAPYZQ4vryxl%2baN%2bS1Hz4F3qVdUaKUDzgM%
3d"

$connection  = @(
          @{name="azureforarchitectsconnection"}

      )
$body = ConvertTo-Json -InputObject $connection
$header = @{ subject="VMS specific to Ritesh";message="Get all vir-
tual
machine details"}

$response = Invoke-WebRequest -Method Post -Uri $uri -Body $body
-Headers
$header
$jobid = (ConvertFrom-Json ($response.Content)).jobids[0]
```

PowerShell 代码声明了 Webhook 的 URL,并以 JSON 格式构造了主体,name 设置为 azureforarchitectsconnection,还有一个包含两个头名称-值对的头——subject 和 message。头数据和正文数据都可以使用 WebhookData 参数在运行本中检索。

invoke-webrequestcmdlet 使用 POST 方法在前面提到的端点上提出请求,同时提供头和正文。

该请求本质上是异步的,作业标识符作为 HTTP 响应返回,而不是实际的运行书输出。它也可以在响应内容中使用。作业如图 4.17 所示。

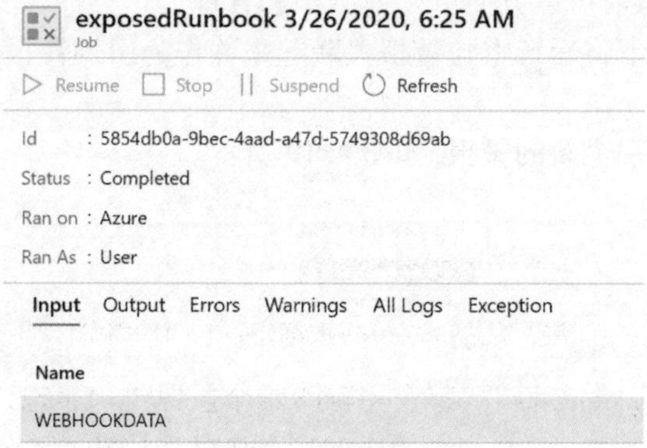

exposedRunbook 3/26/2020, 6:25 AM
Job

▷ Resume ☐ Stop || Suspend ⟳ Refresh

Id	: 5854db0a-9bec-4aad-a47d-5749308d69ab
Status	: Completed
Ran on	: Azure
Ran As	: User

Input Output Errors Warnings All Logs Exception

Name
WEBHOOKDATA

图 4.17 检查任务

单击 WEBHOOKDATA 会显示在 HTTP 请求中到达运行本自动化服务的值，如图 4.18 所示。

{"WebhookName":"AzureGetVMWebhook","RequestBody":"[\r\n{\r\n \"name\": \"azureforarchitectsconnection\"\r\n}\r\n]","RequestHeader":{"Host":"s16events.azure-automation.net","User-Agent":"Mozilla/5.0","message":"Get all virtual machine details","subject":"VMS specific to Ritesh","x-ms-request-id":"34da1397-f0d1-4ec4-b86a-fd705bfaafd3"}}

图 4.18　验证输出

单击输出菜单将显示订阅中的虚拟机和 SQL Server 列表。

Azure 自动化中的下一个重要概念是 Azure Monitor 和 Hybrid Workers，下一节将详细解释它们。

4.7.2　从 Azure Monitor 调用运行手册

可以调用 Azure 自动化运行本作为对 Azure 内生成的警报的响应。Azure Monitor 是管理订阅中跨资源和资源组的日志和指标的中心服务。您可以使用 Azure Monitor 来创建新的警报规则和定义，当这些规则和定义被触发时，就可以执行 Azure 自动化运行本。它们可以调用 Azure 自动化运行本的默认形式，也可以调用一个 webhook 来执行相关的运行本。Azure Monitor 与调用运行本的能力之间的这种集成为自动纠正环境、伸缩计算资源或在没有任何人工干预的情况下采取纠正操作提供了大量的自动化机会。

Azure 警报可以在不同的资源和资源级别中创建和配置，但是集中化警报定义是一个很好的实践，可以方便更好地维护和管理。

让我们了解一下将运行本与警报关联起来并作为引发警报的一部分调用运行本的过程。

第一步是创建一个新的警报，如图 4.19 所示。

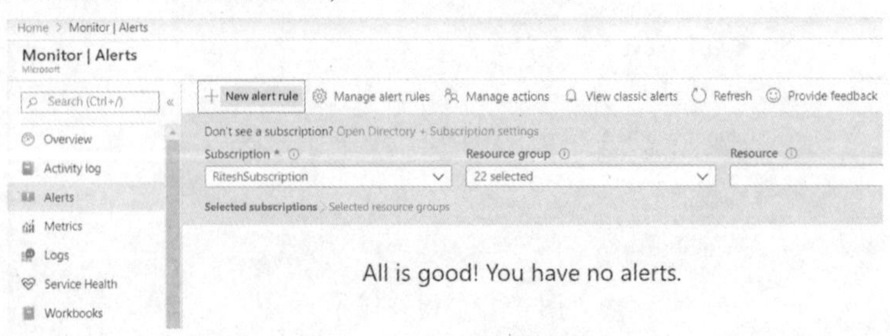

图 4.19　创建警报规则

选择一个应该被监视和评估的资源,以便生成警报。从列表中选择了一个资源组,它会自动启用资源组内的所有资源。可以从资源组中删除资源选择,如图 4.20 所示。

Select a resource

Select the resource(s) you want to monitor. Available signal types for your selection will show up on the bottom right.

Filter by subscription * ⓘ　RiteshSubscription

Filter by resource type ⓘ　Virtual machines

Filter by location ⓘ　All

Search to filter items...

	Resource	Location
☐	RiteshSubscription	
☐	rg-harvestingclouds-infra101	East US
☐	vmAccounts101	East US
☐	spark	West Europe
☐	spark	West Europe
☑	visualstudio2017	West Europe
☑	visualstudio	West Europe

图 4.20　选择警报的范围

配置应该计算的条件和规则。选择 Activity Log 作为 Signal type 后,选择 Power Off Virtual Machine 信号名称,如图 4.21 所示。

Configure signal logic

Choose a signal below and configure the logic on the next screen to define the alert condition.

Signal type ⓘ　Activity Log

Monitor service ⓘ　All

Displaying 1 - 18 signals out of total 18 signals

Search by signal name

Signal name ↑↓	Signal type ↑↓	Monitor service ↑↓
All Administrative operations	Activity Log	Administrative
Create or Update Virtual Machine (Microsoft.Compute/virtualMachines)	Activity Log	Administrative
Delete Virtual Machine (Microsoft.Compute/virtualMachines)	Activity Log	Administrative
Start Virtual Machine (Microsoft.Compute/virtualMachines)	Activity Log	Administrative
Power Off Virtual Machine (Microsoft.Compute/virtualMachines)	Activity Log	Administrative
Redeploy Virtual Machine (Microsoft.Compute/virtualMachines)	Activity Log	Administrative
Restart Virtual Machine (Microsoft.Compute/virtualMachines)	Activity Log	Administrative
Deallocate Virtual Machine (Microsoft.Compute/virtualMachines)	Activity Log	Administrative
Generalize Virtual Machine (Microsoft.Compute/virtualMachines)	Activity Log	Administrative
Capture Virtual Machine (Microsoft.Compute/virtualMachines)	Activity Log	Administrative
Run Command on Virtual Machine (Microsoft.Compute/virtualMachines)	Activity Log	Administrative
Convert Virtual Machine disks to Managed Disks (Microsoft.Compute/virtualM...	Activity Log	Administrative
Perform Maintenance Redeploy (Microsoft.Compute/virtualMachines)	Activity Log	Administrative

图 4.21　选择信号类型

生成的窗口将允许您配置 Alert logic/condition。选择 Event Level 为 Critical,设置 Status 为 Succeeded,如图 4.22 所示。

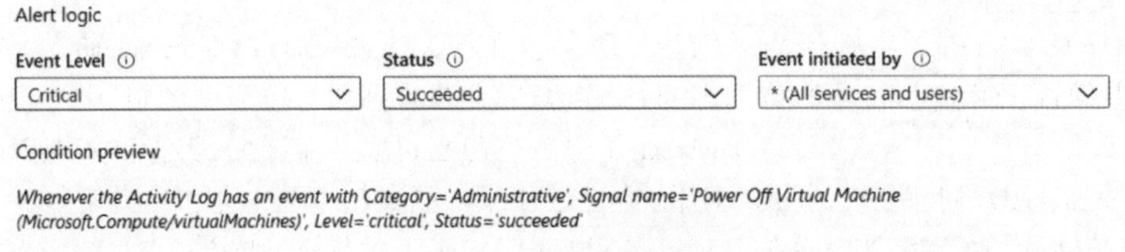

图 4.22　设置警报逻辑

确定警报条件之后最重要的是配置,它通过调用运行本配置警报响应。我们可以使用 Action 组来配置对警报的响应。它提供了许多选项来调用 Azure 函数、Webhook 或 Azure 自动化运行本,以及发送电子邮件和短信。

通过提供名称、短名称、托管订阅、资源组和 Action name 创建操作组。对应于 Action name,选择 Automation Runbook 选项作为 Action Type,如图 4.23 所示。

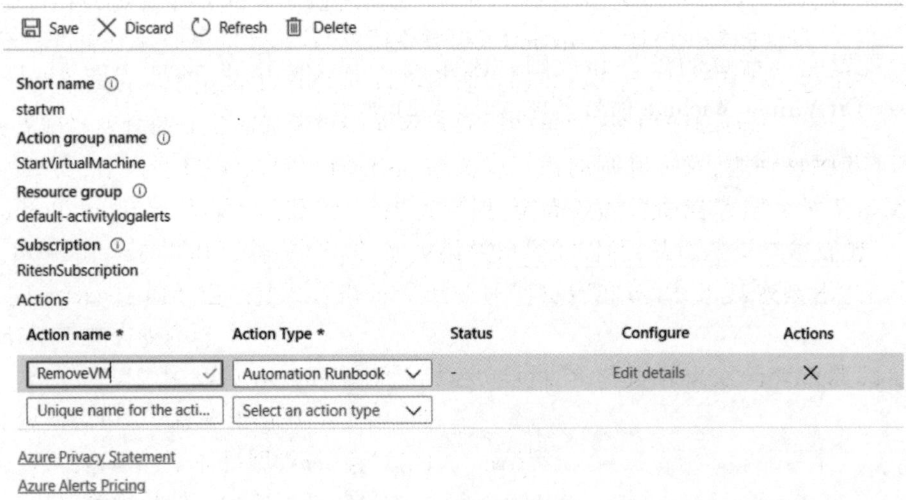

图 4.23　配置动作组

选择一个自动化运行本将打开另一个页面,用于选择适当的 Azure 自动化账户和运行本。有几个运行本可用,其中一个已经在这里使用,如图 4.24 所示。

最后,提供一个名称和托管资源组来创建一个新的警报。

如果虚拟机被手动释放,则警报条件会得到满足,并发出警报,如图 4.25 所示。

Configure Runbook

Run runbook *

Enabled Disabled

Runbook source *

Built-in User

Runbook *

Remove VM

This runbook will remove (delete) the Azure virtual machine that triggered the alert.

Subscription *

RiteshSubscription

Automation account *

bookaccount

Enable the common alert schema *

Yes No

Learn more about common alert schema

图 4.24 创建运行本

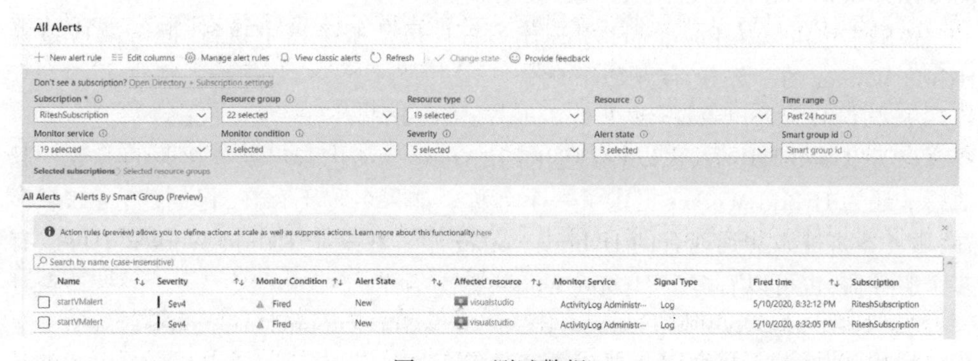

图 4.25 测试警报

如果在几秒后查看虚拟机的详细信息，您会看到该虚拟机正在被删除，如图 4.26 所示。

4.7.3 混合辅助角色

到目前为止，所有运行本的执行都是在 Azure 提供的基础设施上进行的。运

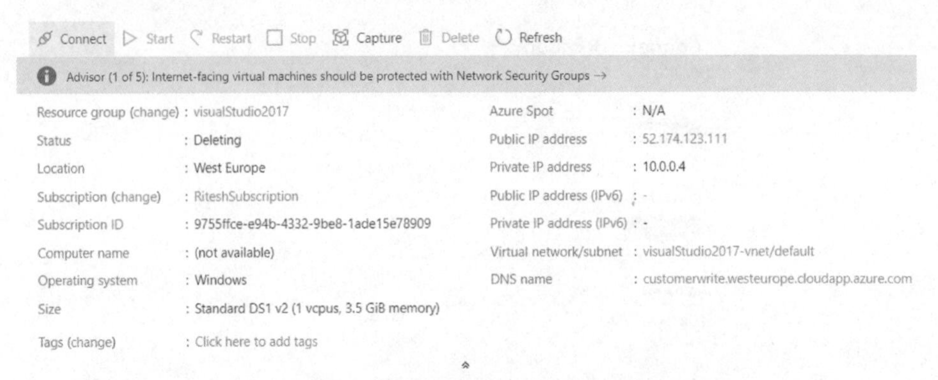

图 4.26　验证结果

行手册工作者是 Azure 计算资源,由 Azure 提供,并在其中部署了适当的模块和资产。运行本的任何执行都发生在这个计算上。但是,用户可以在这个用户提供的计算上(而不是在默认的 Azure 计算上)使用自己的计算并执行运行手册。

这有很多优点。首先,最重要的是,整个执行和它的日志都由用户拥有,而 Azure 没有可见性。其次,用户提供的计算可以在任何云上,也可以在本地。

添加混合辅助角色(Hybrid Worker)的多个步骤如下。

(1) 首先,需要在用户提供的计算上安装一个代理。微软提供了一个脚本,可以自动下载和配置代理。此脚本可从 https://www.powershellgallery.com/packages/New-OnPremiseHybridWorker/1.6 获取。

该脚本也可以从 PowerShell ISE 作为管理员从服务器中执行,服务器应该是 Hybrid Worker 的一部分,使用以下命令:

```
Install-Script -Name New-OnPremiseHybridWorker - verbose
```

(2) 安装好脚本后,可以将其连同与 Azure 自动化账户细节相关的参数一起执行。还为 Hybrid Worker 提供了一个名称。如果名称不存在,将创建它;如果存在,服务器将被添加到现有的 Hybrid Worker 中。在一个 Hybrid Worker 中可以有多个服务器,也可以有多个 Hybrid Worker:

```
New-OnPremiseHybridWorker.ps1-AutomationAccountName bookaccount
-AAResourceGroupName automationrg'
-HybridGroupName "localrunbookexecutionengine"'
-SubscriptionID xxxxxxxx-xxxx-xxxx-xxxx-xxxxxxxxxxxx
```

(3) 一旦执行完成,导航回门户将显示一个 Hybrid Worker 的条目,如图 4.27 所示。

(4) 如果此时执行一个 Azure 运行本,它依赖于 Az 模块,并上传了一个自定义证书到证书资产,则它将会失败,出现与 Az 模块相关的错误并且无法找到证书,如图 4.28 所示。

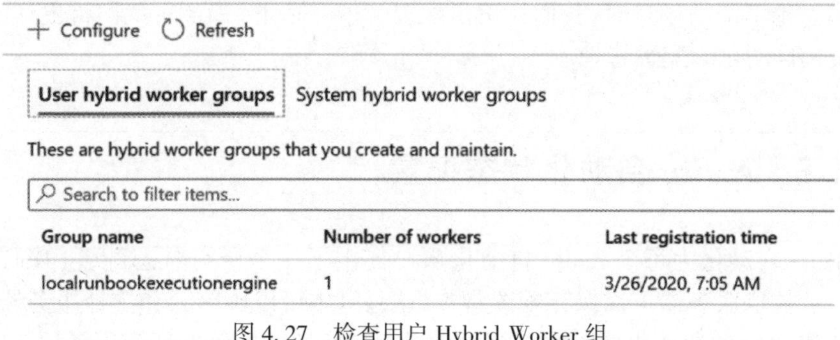

图 4.27　检查用户 Hybrid Worker 组

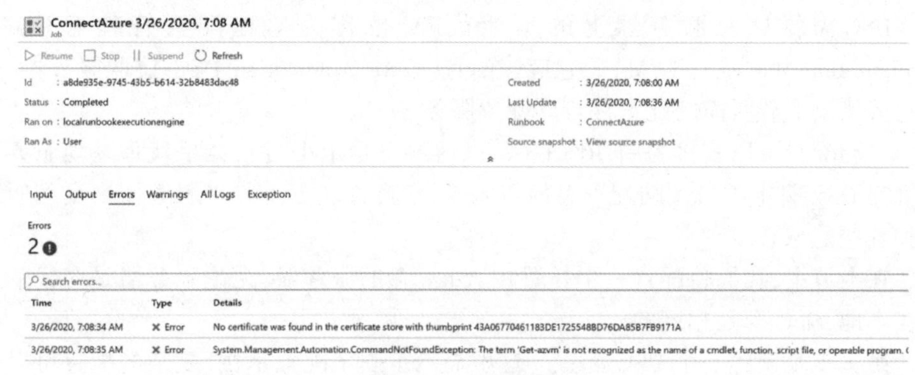

图 4.28　检查报错

（5）在服务器上使用如下命令安装 Az 模块：

```
Install-module -name Az -AllowClobber - verbose
```

让 .pfx 证书在此服务器上可用也是很重要的。应该将前面导出的证书复制到服务器并手动安装。

（6）安装 Az 模块和证书后，在 Hybrid Worker 上重新执行运行本，如图 4.29 所示，它应该会显示订阅中的虚拟机列表。

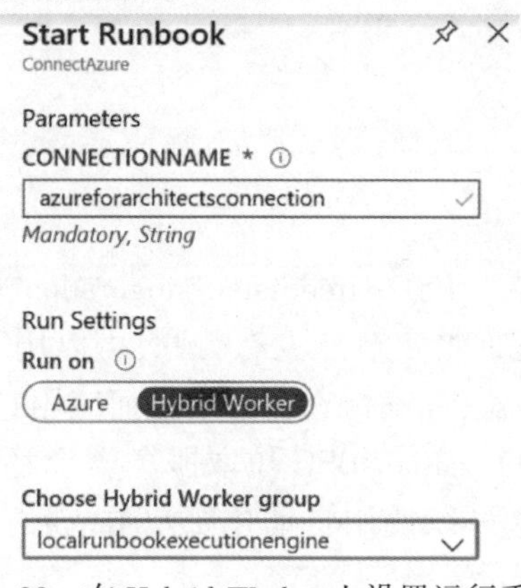

图 4.29　在 Hybrid Worker 上设置运行手册

当讨论不同的场景时,我们讨论了配置管理。在下一节中,我们将更详细地讨论 Azure 自动化的配置管理。

4.8 Azure 自动化状态配置

Azure 自动化为每个 Azure 自动化账户提供了一个所需状态配置(DSC)拉取服务器。拉取服务器可以保存配置脚本,这些脚本可以由跨云和本地服务器拉取。这意味着,Azure 自动化可以用于配置世界上任何地方托管的任何服务器。

DSC 需要这些服务器上的本地代理,也称为本地配置管理器(Local Configuration Manager, LCM)。它应该配置 Azure Automation DSC 拉取服务器,这样它就可以下载所需的配置并自动配置服务器。

自动配置可以安排为周期性的(默认情况下是半小时),如果代理发现服务器配置与 DSC 脚本中可用的配置有任何偏差,它将自动更正并将服务器恢复到所需的和预期的状态。

在本节中,我们将配置一个托管在 Azure 上的服务器,无论服务器是在云上还是在本地,流程都是相同的。

第一步是创建一个 DSC 配置。这里显示了一个配置示例,复杂的配置可以类似地编写:

```
configuration ensureiis {
import-dscresource -modulename psdesiredstateconfiguration

node localhost {
        WindowsFeature iis {
            Name = "web-server"
            Ensure = "Present"

        }
    }
}
```

配置非常简单。它导入 PSDesiredStateConfiguration 基础 DSC 模块并声明一个单节点配置。此配置与任何特定节点没有关联,可以用于配置任何服务器。该配置应该配置 IIS Web 服务器,并确保它存在于任何应用它的服务器上。

这个配置在 Azure Automation DSC 拉取服务器上还不可用,所以第一步是将配置导入拉取服务器。这可以使用自动化账户 Import-AzAutomationDscConfigurationcmdlet 来完成,如下所示:

```
Import - AzAutomationDscConfiguration - SourcePath " C: \ Ritesh \
ensureiis.ps1"-AutomationAccountName bookaccount -ResourceGroupName
automationrg -Force -Published
```

这里有一些重要的事情需要注意。配置的名称应该与文件名匹配,并且它必须只包含字母数字字符和下划线。一个好的命名约定是使用动词/名词组合。cmdlet 需要配置文件的路径和 Azure 自动化账户的详细信息来导入配置脚本。

在这个阶段,配置在门户上是可见的,如图 4.30 所示。

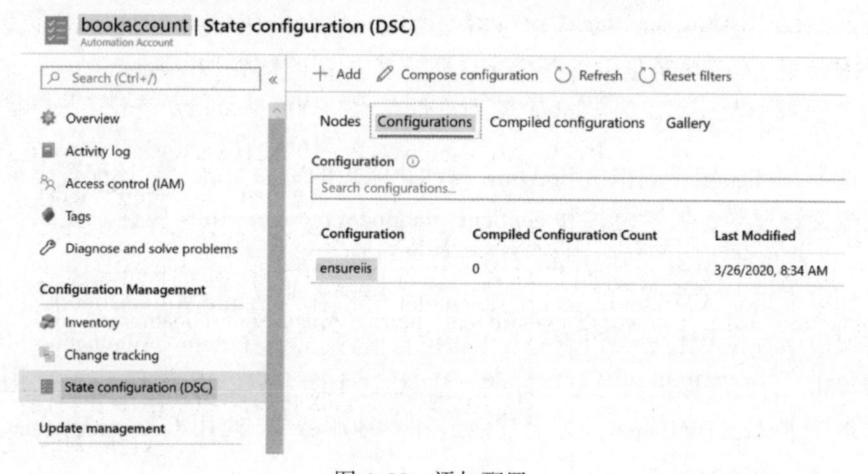

图 4.30 添加配置

一旦配置脚本被导入,就会使用 Start-AzAutomationDscCompilationJob cmdlet 编译并存储在 DSC 拉取服务器中,如下所示:

```
Start-AzAutomationDscCompilationJob -ConfigurationName 'ensureiis'
- ResourceGroupName ' automationrg ' - AutomationAccountName '
bookaccount'
```

配置的名称应该与最近上传的匹配,编译后的配置现在应该在编译配置选项卡上可用,如图 4.31 所示。

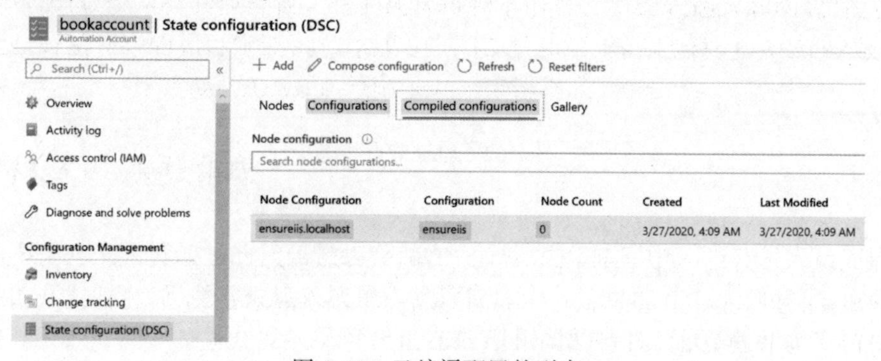

图 4.31 已编译配置的列表

需要注意的是，图 4.31 中的 Node Count 是 0。这意味着，一个名为 ensure-iss.localhost 节点配置的存在，但没有分配给任何节点。下一步是将配置分配给节点。

到目前为止，我们在 DSC 拉取服务器上有一个编译好的 DSC 配置可用，但是没有节点需要管理。下一步是装载虚拟机并将它们与 DSC 拉取服务器关联。这是通过 Register-AzAutomationDscNode cmdlet 实现的：

```
Register-AzAutomationDscNode -ResourceGroupName 'automationrg'
-AutomationAccountName 'bookaccount' -AzureVMLocation "west
Europe" -AzureVMResourceGroup 'spark' -AzureVMName 'spark'
-ConfigurationModeFrequencyMins 30 -ConfigurationMode 'ApplyAndAuto-
Correct'
```

这个 cmdlet 接受虚拟机和 Azure 自动化账户的资源组名。它还配置虚拟机的本地配置管理器的配置模式和 configurationModeFrequencyMins 属性。该配置将每 30min 检查并自动纠正与应用到它的配置的任何偏差。

如果未指定 VMresourcegroup，则 cmdlet 尝试在与 Azure Automation 账户相同的资源组中查找 VM，如果没有提供 VM 位置值，则尝试在 Azure Automation 区域中查找 VM。为他们提供值总是更好的。注意，这个命令只能用于 Azure VM，因为它显式地要求 AzureVMname。对于其他云和本地服务器，使用 Get-AzAutomationDscOnboardingMetaconfig cmdlet。

现在，还可以在门户中找到一个新的节点配置项，如图 4.32 所示：

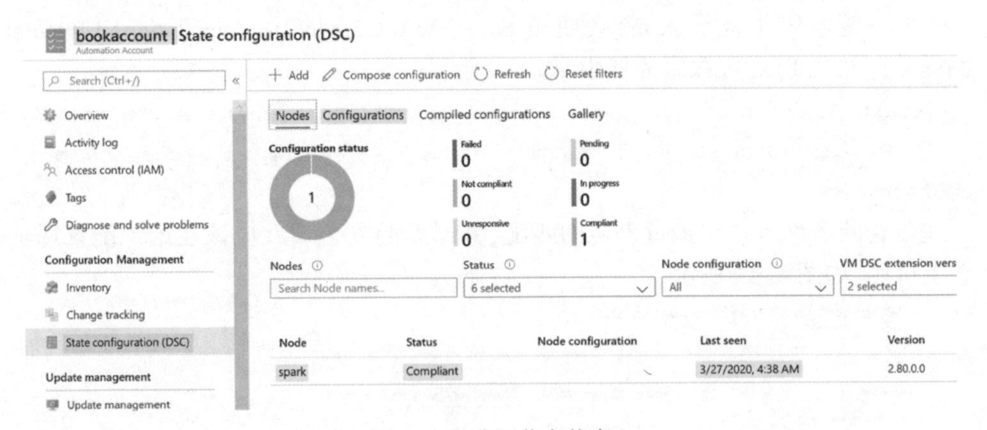

图 4.32　验证节点状态

节点信息获取方式如下：

```
$node = Get-AzAutomationDscNode -ResourceGroupName 'automationrg'
-AutomationAccountName 'bookaccount' -Name'spark'
```

并且可以为节点分配一个配置：

```
Set-AzAutomationDscNode -ResourceGroupName 'automationrg'
-AutomationAccountName 'bookaccount' -NodeConfigurationName 'ensureiis.
localhost' -NodeId $node.Id
```

编译完成后，就可以将其分配给节点。初始状态为 Pending，如图 4.33 所示。

图 4.33　验证节点状态

几分钟后，将配置应用到节点上，节点变为 Compliant，状态变为 Completed，如图 4.34 所示。

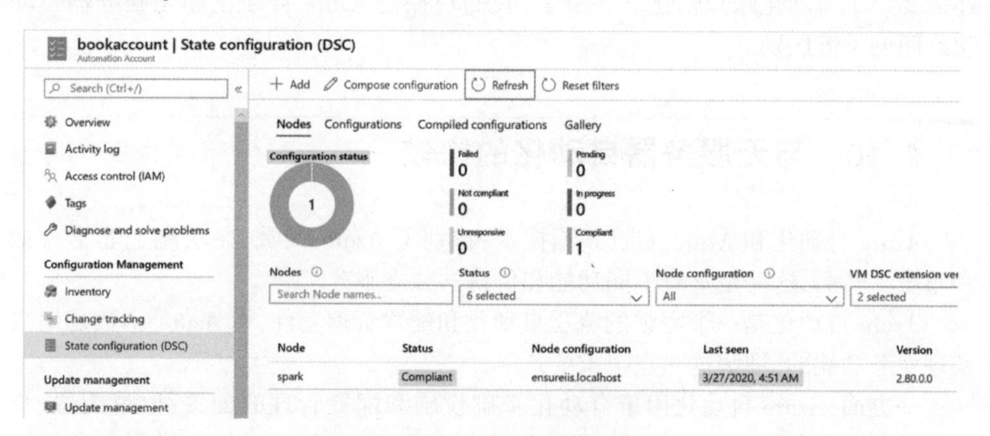

图 4.34　验证节点是否符合要求

稍后，登录服务器，检查是否安装了 Web 服务器(IIS)，确认已经安装，如图 4.35所示。

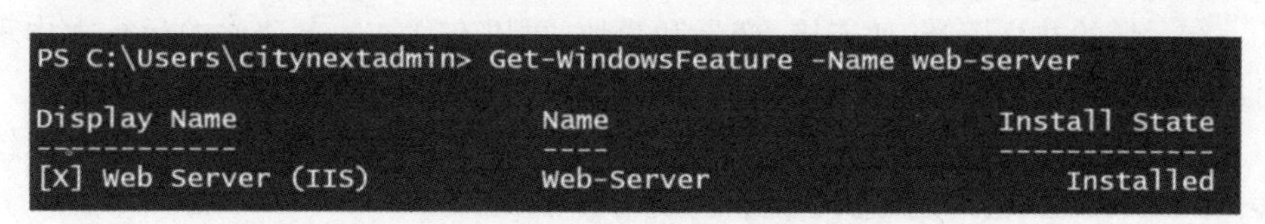

图 4.35　检查是否已达到期望的状态

在下一节中，我们将讨论 Azure 自动化的定价。

4.9 Azure Automation 的定价

如果没有在 Azure 自动化上执行运行本，那么它就没有成本。Azure 自动化的成本是按运行本作业的执行每分钟收费。这意味着，如果运行本的总执行时间是 10000min，那么，Azure 自动化的成本将是每分钟 0.002 美元乘以 9500，因为前 500min 是免费的。

根据使用的特性，Azure 自动化还涉及其他成本。例如，在 Azure 自动化中，一个 DSC 拉取服务器没有任何成本；在拉取服务器上加载 Azure VM 也不需要。然而，如果使用非 Azure 服务器（通常是其他云或本地服务器），那么，前 5 台服务器是免费的。除此之外，在美国西部地区，每台服务器每个月的费用为 6 美元。

价格可能因地区而不同，最好在官方定价页面上验证价格：https://azure.microsoft.com/pricing/details/automation。

您可能会问，当我们可以通过 Azure 函数部署无服务器的应用程序时，为什么还需要一个自动化账户？在下一节中，我们将探讨 Azure 自动化和无服务器自动化之间的关键区别。

4.10 与无服务器自动化的比较

Azure 自动化和 Azure 无服务器技术，特别是 Azure 函数，在功能上非常相似和重叠。然而，这些是具有不同功能和价格的独立服务。

Azure 自动化是一个完整的流程自动化和配置管理套件，而 Azure 函数是用来实现业务功能的，理解这一点很重要。

一方面，Azure 自动化用于自动化基础设施和配置管理的配置、取消配置、管理和操作过程；另一方面，Azure 函数用于创建服务，实现可以作为微服务和其他 API 一部分的功能。

Azure 自动化并不意味着无限的规模，而且负载预计是适度的，而 Azure 函数可以自动处理无限的流量和规模。

有大量的共享资产，如连接、变量和模块，可以在 Azure 自动化的运行本中重用；然而，Azure 函数中没有现成的共享概念。

Azure 自动化可以通过检查点的方式管理中间状态，并从最后保存的状态继续，而 Azure 函数通常是无状态的，不维护任何状态。

4.11 小结

Azure 自动化是 Azure 中的一个重要服务,也是唯一用于流程自动化和配置管理的服务。本章涵盖了许多与 Azure 自动化和流程自动化相关的重要概念,包括连接、证书和模块等共享资产。

它涵盖了运行本的创建,包括以不同的方式调用运行本,如父子关系、Webhook 和使用门户。本章还讨论了运行本的体系结构和生命周期。

我们还研究了 Hybrid Workers 的使用,并在本章的最后探讨了使用 DSC 拉取服务器和本地配置管理器进行配置管理。最后,我们与其他技术进行了比较,如 Azure 函数。

在下一章中,我们将探讨为 Azure 部署设计策略、锁和标签。

第5章 Azure的部署设计策略、锁和标签

Azure 是一个多功能的云平台。客户不仅可以创建和部署他们的应用程序，还可以积极地管理和治理他们的环境。云平台通常遵循现收现付的模式，客户可以订阅将几乎任何东西部署到云上。它可以像一个基本的虚拟机一样小，也可以是拥有更高库存单元(Stock-keeping Units, SKU)的数千个虚拟机。

Azure 不会阻止任何客户提供他们想要的资源。在一个组织中，可能有大量的人可以访问到组织的 Azure 订阅。需要有一个治理模型，以便只有那些有权创建资源的人才能够提供必要的资源。Azure 提供了资源管理特性，如 Azure 基于角色的(特性)访问控制(Role-Based Access Control, RBAC)、Azure 策略、管理组、蓝图和资源锁，用于管理和提供资源治理。

治理的其他方面主要包括成本、使用和信息管理。组织的管理团队总是希望了解云平台消费和成本的最新情况。他们想要确定哪个团队、部门或单位使用的成本占总成本的百分比。简而言之，他们希望拥有基于消费和成本不同维度的报告。Azure 提供了一个标签特性，可以帮助实时提供这类信息。

在本章中，我们将讨论以下主题。

(1) Azure 管理集团。

(2) Azure 标签。

(3) Azure 策略。

(4) Azure 锁。

(5) Azure 特性访问控制。

(6) Azure 蓝图。

(7) 实现 Azure 治理特性。

5.1 Azure 管理集团

我们从 Azure 管理组开始，因为在接下来的大部分章节中，我们将引用或提到

管理组。管理组充当您有效分配或管理角色和策略的范围级别。如果您有多个订阅,则管理组非常有用。

管理组充当组织订阅的占位符,还可以有嵌套的管理组。如果在管理组级别应用策略或访问,则底层管理组和订阅将继承该策略或访问。在订阅级别,该策略或访问将由资源组继承,然后最终由资源继承。

管理团队的层次结构如图 5.1 所示。

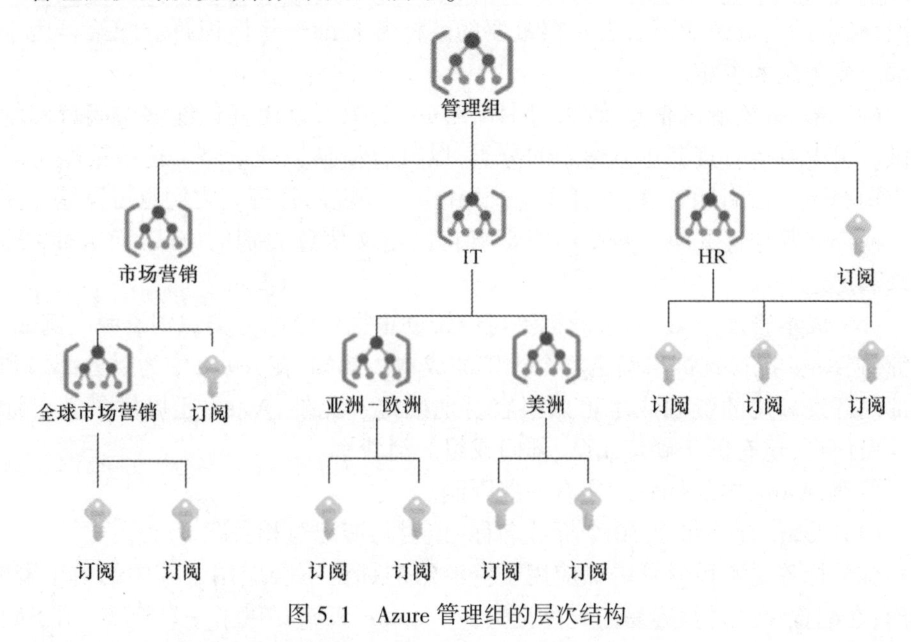

图 5.1　Azure 管理组的层次结构

在图 5.1 中,我们使用管理组来分离不同部门的运营,如市场营销、IT 和 HR。在每个部门内部,都有嵌套的管理组和订阅,这有助于将资源组织成策略和访问管理的层次结构。在后面的章节,您将看到如何将管理组用作治理、策略管理和访问管理的范围。

在下一节中,我们将讨论 Azure 标签,它在资源的逻辑分组中扮演着另一个重要的角色。

5.2　Azure 标签

Azure 允许用名称-值对标记资源组和资源。标签有助于资源的逻辑组织和分类。Azure 还允许为一个资源组对资源标记 50 个名称-值对。尽管资源组充当资源的容器或占位符,标记资源组并不意味着标记其组成资源。资源组和资源应该根据它们的使用情况进行标记,这将在本节后面进行解释。标签被绑定到订阅、资源组或资源。Azure 接受任何名称-值对,因此,组织定义名称及其可能的值是很重要的。

但是为什么标签很重要呢?换句话说,使用标签可以解决哪些问题?标签有以下好处。

(1) 资源的分类。Azure 订阅可以被组织中的多个部门使用。对于管理团队来说,确定任何资源的所有者是很重要的。标签有助于将标识符分配给可用于表示部门或角色的资源。

(2) Azure 资源的信息管理。同样,Azure 资源可以由任何能够访问订阅的人提供。组织希望对资源进行适当的分类,以符合信息管理策略。这些策略可以基于应用程序生命周期管理,如开发、测试和生产环境的管理。它们也可以基于使用情况或任何其他优先级。每个组织都有自己定义信息类别的方式,而 Azure 用标签来满足这一点。

(3) 成本管理。Azure 中的标签可以帮助根据资源的分类识别资源。例如,可以针对 Azure 执行查询来确定每个类别的成本。例如,在 Azure 中为财务部门和营销部门开发环境的资源成本可以很容易地确定。此外,Azure 还提供了基于标签的计费信息,这有助于确定团队、部门或组的消费率。

然而,Azure 中的标签确实有一些限制。

(1) Azure 允许最多 50 个标签名称-值对与资源组相关联。

(2) 标签是不可继承的。应用于资源组的标记不会应用于其中的单个资源。然而,在配置资源时很容易忘记标记资源。Azure 策略提供了一种机制,用于确保在供应期间用适当的值标记标签。我们将在本章后面讨论这些策略的细节。

可以使用 PowerShell、Azure CLI 2.0、Azure 资源管理器模板、Azure 门户和 Azure 资源管理器接口将标签分配给资源和资源组。

下面是一个使用 Azure 标签进行信息管理分类的示例,如图 5.2 所示。

在本例中,部门、项目、环境、所有者、批准者、维修员、开始日期、退休日期、补丁日期构成的名称-值对用于标记资源。使用 PowerShell、Azure CLI 或 REST API 可以非常容易地找到特定标记或标记组合的所有资源。下一节将讨论使用 PowerShell 为资源分配标签的方法。

5.2.1 标签与 PowerShell

标签可以使用 PowerShell、Azure 资源管理器模板、Azure 门户和 REST API 来管理。在本节中,将使用 PowerShell 创建和应用标签。PowerShell 提供了一个命令,用于检索和附加标签到资源组和资源。

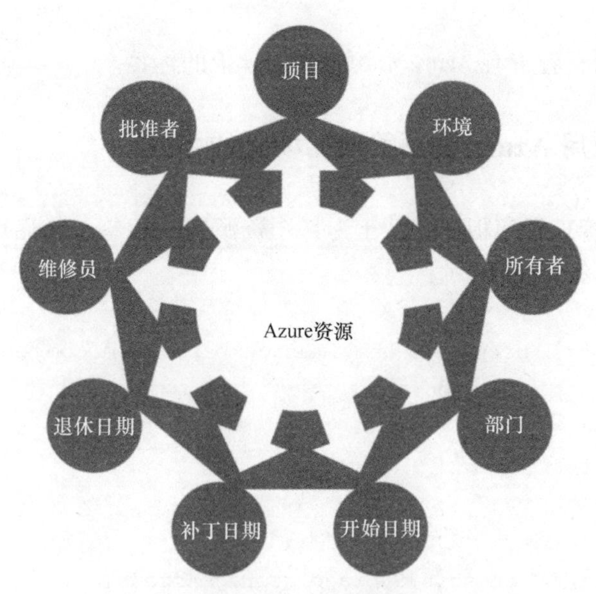

图 5.2　使用 Azure 标签的信息管理分类

(1) 要使用 PowerShell 检索与资源关联的标签,可以使用 Get-AzResource 命令:

```
(Get-AzResource -Tag @{ "Environment"="Production"}).Name
```

(2) 使用 PowerShell 检索与资源组关联的标签,可以使用以下命令:

```
Get-AzResourceGroup -Tag @{"Environment"="Production"}
```

(3) 要将标签设置为资源组,可以使用 Update-AzTag 命令:

```
$tags = @{"Dept"="IT"; "Environment"="Production"}
$resourceGroup = Get-AzResourceGroup -Name demoGroup
New-AzTag -ResourceId $resourceGroup.ResourceId -Tag $tags
```

(4) 要将标签设置为资源,可以使用相同的 Update-AzTag 命令:

```
$tags = @{"Dept"="Finance"; "Status"="Normal"}
$resource = Get-AzResource -Name demoStorage -ResourceGroup demo-
Group
New-AzTag -ResourceId $resource.id -Tag $tags
```

(5) 您可以使用 Update - AzTag 命令更新现有的标签,但是需要将操作指定为合并或替换。合并将添加新的标签,传递到现有的标签;然而,替换操作将用新标签替换所有旧标签。下面是一个更新资源组中的标签而不替换现有标签的例子:

```
$tags = @{"Dept"="IT"; "Environment"="Production"}
$resourceGroup = Get-AzResourceGroup -Name demogroup
Update-AzTag -ResourceId $resourceGroup.ResourceId -Tag $tags -Opera-
```

tion Merge

现在让我们看看带有 Azure 资源管理器模板的标签。

5.2.2 使用 Azure 资源管理器模板的标签

Azure 资源管理器模板还有助于为每个资源定义标签。它们可以用于为每个资源分配多个标签,如下所示:

```
{
    "$schema": "https://schema.management.azure.com/schemas/2019-04-01/deploymentTemplate.json#",
    "contentVersion": "1.0.0.0",
    "resources": [
    {
      "apiVersion": "2019-06-01",
      "type": "Microsoft.Storage/storageAccounts",
      "name": "[concat('storage', uniqueString(resourceGroup().id))]",
      "location": "[resourceGroup().location]",
      "tags": {
          "Dept": "Finance",
          "Environment": "Production"
      },
      "sku": {
          "name": "Standard_LRS"
      },
      "kind": "Storage",
      "properties": { }
    }
    ]
}
```

在前面的示例中,使用 Azure 资源管理器模板将两个标签 Dept 和 Environment 添加存储到账户资源中。

5.2.3 标记资源组和资源

对于架构师来说,必须确定 Azure 资源和资源组的分类与信息体系结构。它们应该识别根据查询需求对资源进行分类的类别。但是,它们还必须确定标签应该附加到单个资源还是附加到资源组。

如果一个资源组中的所有资源都需要相同的标签,那么最好标记资源组,即使标记不继承资源组中的资源。如果您的组织需要将标签传递给所有底层资源,那么,您可以考虑编写一个 PowerShell 脚本来从资源组获取标签,并更新资源组中资源的标签。在决定标记应该应用于资源级别还是资源组级别之前,考虑对标签的查询是很重要的。如果查询与跨订阅和跨资源组的单个资源类型相关,那么,将标签分配给单个资源就更有意义。但是,如果识别资源组足以使查询有效,那么,标签应该只应用于资源组。如果在资源组之间移动资源,则应用于资源组级别的标签将丢失。如果您正在移动资源,请考虑再次添加标签。

5.3 Azure 策略

在前一节中,我们讨论了为 Azure 部署应用标签。标签对于组织资源非常有用,但是还有一件事没有讨论:组织如何确保每个部署都应用标签? Azure 标签应该自动执行到资源和资源组。Azure 没有对资源和资源组应用适当的标签进行检查。这不仅适用于标签,也适用于 Azure 上任何资源的配置。例如,您可能希望在地理上限制资源的供应位置(如仅限美国东部地区)。

到目前为止,您可能已经猜到了这一部分是关于在 Azure 上制定治理模型的。治理是 Azure 中的一个重要元素,因为它确保每个访问 Azure 环境的人都知道组织的优先级和流程。它还有助于控制成本,有助于定义管理资源的组织约定。

每个策略可以使用多个规则构建,多个策略可以应用于一个订阅或资源组。根据是否满足规则,策略可以执行各种操作。操作可以是拒绝正在进行的事务、审计事务(这意味着写入日志并允许它完成),或者在发现事务丢失时将元数据添加到事务中。

策略可以与资源的命名约定、资源的标记、可以供应的资源类型、资源的位置或这些资源的任何组合相关。

Azure 提供了许多内置策略,并且可以创建自定义策略。有一种基于 JSON 的策略语言可用于定义自定义策略。现在您已经了解了 Azure 策略的用途和用例,让我们继续讨论内置策略、策略语言和自定义策略。

5.3.1 内置策略

Azure 提供了一个创建自定义策略的服务;然而,它也提供了一些可用于治理的开箱即用的策略。这些策略与允许的位置、允许的资源类型和标记有关。有关这些内置策略的更多信息可以在下面找到：https://docs.microsoft.com/azure/azure-resource-manager/resource-manager-policy。

5.3.2 策略语言

Azure 中的策略使用 JSON 来定义和描述策略。政策的采纳有两个步骤。应该定义策略，然后应用和分配策略。策略具有范围，可以应用于管理组、订阅或资源组级别。

策略定义使用 if…then 块，类似于任何流行的编程语言。执行 if 块来计算条件，然后根据这些条件的结果执行 then 块：

```
{
    "if": {
        <condition> | <logical operator>
    },
    "then": {
        "effect": "deny | audit | append"
    }
}
```

这些策略不仅允许简单的 if 条件，而且还允许多个 if 条件在逻辑上连接在一起，以创建复杂的规则。这些条件可以使用 AND、OR 和 NOT 运算符进行连接。

(1) AND 语法要求所有条件都为真。

(2) OR 语法要求其中一个条件为真。

(3) NOT 语法反转条件的结果。

下面显示 AND 语法，它由关键字 allOf 表示：

```
"if": {
    "allOf": [
    {
        "field": "tags",
        "containsKey": "application"
    },
    {
        "field": "type",
        "equals": "Microsoft.Storage/storageAccounts"
    }
  ]
},
```

下面显示 OR 语法，它由 anyOf 关键字表示：

```
"if":{
   "anyOf":[
   {
      "field":"tags",
      "containsKey":"application"
   },
   {
      "field":"type",
      "equals":"Microsoft.Storage/storageAccounts"
   }
  ]
},
```

下面显示 NOT 语法,它由 not 关键字表示:

```
"if":{
   "not":[
   {
      "field":"tags",
      "containsKey":"application"
   },
   {
      "field":"type",
      "equals":"Microsoft.Storage/storageAccounts"
   }
  ]
},
```

实际上,这些逻辑运算符可以组合在一起,如下所示:

```
"if":{
   "allOf":[
   {
     "not":{
      "field":"tags",
      "containsKey":"application"
     }
   },
   {
     "field":"type",
     "equals":"Microsoft.Storage/storageAccounts"
   }
```

```
  ]
},
```

这与 C#和 Node. js 等流行编程语言中 if 条件的使用非常相似:

```
If ("type" == "Microsoft.Storage/storageAccounts") {
    Deny
}
```

需要注意的是,这里没有 allow 操作,尽管有一个 Deny 操作。这意味着,政策规则应该在编写时考虑到否定的可能性。规则应该评估条件,如果条件满足,则执行 Deny 操作。

5.3.3 允许字段

在条件中定义策略时允许的字段如下。

(1) 名称。应用策略的资源名称。这是非常具体和适用于资源的使用情况。

(2) 类型。资源类型,如"Microsoft. Compute/VirtualMachines"。例如,该策略将应用于虚拟机的所有实例。

(3) 位置。资源的位置(即 Azure 区域)。

(4) 标签。与资源相关联的标签。

(5) 属性别名。特定于资源的属性。这些属性对于不同的资源是不同的。

在下一节中,您将了解更多关于在生产环境中保护资源的信息。

5.4 Azure 锁

锁是停止资源上某些活动的机制。基于角色的访问控制在一定范围内为用户、组和应用程序提供权限。基于角色的访问控制有开箱即用的角色,如所有者、贡献者和读者。使用贡献者角色,可以删除或修改资源。尽管用户扮演贡献者的角色,如何阻止这些活动? 进入 Azure 锁。

Azure 锁可以在以下两个方面提供帮助。

(1) 它们可以锁定资源,使它们不能被删除,即使您拥有所有者访问权。

(2) 它们可以以既不能删除也不能修改配置的方式锁定资源。

对于生产环境中不应该被意外修改或删除的资源,锁通常非常有用。

可以在订阅、资源组、管理组和单个资源级别应用锁,可以在订阅、资源组和资源之间继承锁。在父级应用锁将确保子级的资源也将继承它。稍后在子作用域中添加的资源默认情况下也会继承锁配置。在资源级别应用锁还将防止删除包含该资源的资源组。锁只应用于有助于管理资源的操作,而不是应用于资源内部的操作。用户需要 Microsoft. Authorization/ * 或 Microsoft. Authorization/locks/ * RBAC 权限创建和修改锁。

锁可以通过 Azure 门户 Azure PowerShell 来创建和应用 Azure 命令行界面、Azure 资源管理器模板和 REST 接口。

使用 Azure 资源管理器模板创建一个锁,步骤如下:

```
{
  "$schema": "https://schema.management.azure.com/schemas/2015-01-01/deploymentTemplate.json#",
  "contentVersion": "1.0.0.0",
  "parameters": {
    "lockedResource": {
      "type": "string"
    }
  },
  "resources": [
    {
    "name": "[concat(parameters('lockedResource'), '/Microsoft.Authorization/myLock')]",
    "type": "Microsoft.Storage/storageAccounts/providers/locks",
    "apiVersion": "2019-06-01",
    "properties": {
    "level": "CannotDelete"
    }
    }
  ]
}
```

Azure 资源管理器模板代码的资源部分包含了所有要在 Azure 中供应或更新的资源的列表。存在存储账户资源,并且存储账户有锁定资源。使用动态字符串连接提供了锁的名称,所应用的锁是 CannotDelete 类型的,这意味着,锁定存储账户以便删除。只有解除锁定后才能删除存储账户。

使用 PowerShell 创建并应用一个锁到资源上的操作如下:

```
New-AzResourceLock -LockLevel CanNotDelete -LockName LockSite '
-ResourceName examplesite -ResourceTypeMicrosoft.Web/sites '
-ResourceGroupName exampleresourcegroup
```

使用 PowerShell 创建并应用一个锁到一个资源组,操作如下:

```
New-AzResourceLock -LockName LockGroup -LockLevel CanNotDelete '
-ResourceGroupName exampleresourcegroup
```

使用 Azure CLI 创建并应用一个锁到一个资源,如下所示:

```
az lock create --name LockSite --lock-type CanNotDelete \
--resource-group exampleresourcegroup --resource-nameexamplesite \
--resource-type Microsoft.Web/sites
```

使用 Azure CLI 创建并应用一个锁到一个资源组,操作如下:

```
az lock create --name LockGroup --lock-type CanNotDelete \--resource
-group
exampleresourcegroup
```

要创建或删除资源锁,用户应该具有 Microsoft.Authorization/* 或 Microsoft.Authorization/locks/* 权限。您还可以进一步提供粒度权限。默认情况下,所有者和用户访问管理员将有权创建或删除锁。

如果你想知道 Microsoft.Authorization/* 和 Microsoft.Authorization/locks/* 关键字是什么,可以在下一节中了解更多关于它们的信息。

现在让我们看看 Azure 特性访问控制。

5.5 Azure 基于角色的访问控制

Azure 使用 Azure Active Directory 为其资源提供身份验证。身份验证之后,应该决定允许该身份访问的资源,这就是所谓的授权。授权评估已授予标识的权限。任何访问 Azure 订阅的人都应该被给予足够的权限,以便能够执行他们的特定工作,而不是更多。

授权通常也称为角色访问控制。Azure 中的角色访问控制指的是在一个范围内为身份分配权限。范围可以是管理组、订阅、资源组或单个资源。

基于角色的访问控制(RBAC)帮助为不同的标识创建和分配不同的权限。这有助于在团队中隔离职责,而不是每个人都拥有所有权限。角色访问控制有助于使人们只对自己的工作负责,因为其他人甚至可能没有执行它的必要访问权。应该注意的是,在更大范围内提供权限会自动确保子资源继承这些权限。例如,为资源组提供读访问权限的标签意味着该标签也将对该组内的所有资源具有读访问权限。

Azure 提供了 3 个通用的内置角色。

(1) 所有者角色。拥有对所有资源的完全访问权限。

(2) 贡献者角色。它可以访问读/写资源。

(3) reader 角色。对资源具有只读权限。

Azure 提供了更多的角色,但是它们是特定于资源的,如网络贡献者和安全管理器角色。

要获得 Azure 为所有资源提供的所有角色,请在 PowerShell 控制台中执行 Get-AzRoleDefinition 命令。

每个角色定义都有一定的允许和不允许的操作。例如,所有者角色拥有所有允许的操作;不禁止任何行动:

```
PS C:\Users\riskaria> Get-AzRoleDefinition -Name "Owner"
Name             : Owner
Id               : 8e3af657-a8ff-443c-a75c-2fe8c4bcb635
IsCustom         : False
Description      : Lets you manage everything, including access to re-
sources.
Actions          : {*}
NotActions       : {}
DataActions      : {}
NotDataActions   : {}
AssignableScopes : {/}
```

每个角色包含多个权限。每个资源提供一个操作列表。资源支持的操作可以通过 Get-AzProviderOperation cmdlet 获取。这个命令接受提供程序和资源的名称来检索操作:

```
PS C:\Users\riskaria> Get-AzProviderOperation -OperationSearchString
"Microsoft.Insights/*" |select Operation
```

这将导致如下输出:

```
PS C:\Users\riskaria> Get-AzProviderOperation -OperationSearchString
"Microsoft.Insights/*" |select Operation

Operation
.....
Microsoft.Insights/Metrics/Action
Microsoft.Insights/Register/Action
Microsoft.Insights/Unregister/Action
Microsoft.Insights/ListMigrationDate/Action
Microsoft.Insights/MigrateToNewpricingModel/Action
Microsoft.Insights/RollbackToLegacyPricingModel/Action
⋮
⋮
Microsoft.Insights/PrivateLinkScopes/PrivateEndpointConnectionProxies/
Read
```

```
Microsoft.Insights/PrivateLinkScopes/PrivateEndpointConnectionProxies/Write
Microsoft.Insights/PrivateLinkScopes/PrivateEndpointConnectionProxies/Delete
Microsoft.Insights/PrivateLinkScopeOperationStatuses/Read
Microsoft.Insights/DiagnosticSettingsCategories/Read
```

这里显示的输出提供了 Microsoft. Insights 中可用的所有操作。洞察资源提供者的相关资源,这些资源包括度量、注册和其他,而动作包括读、写和其他。

现在让我们看看自定义角色。

5.5.1 自定义角色

Azure 提供了许多开箱即用的通用角色,如所有者、贡献者和读者,以及特定于资源的特定角色,如虚拟机贡献者。将读者角色分配给用户/组或服务主体意味着将读者权限分配给范围。范围可以是资源、资源组或订阅。类似地,贡献者将能够读取和修改分配的作用域。虚拟机贡献者可以修改虚拟机设置,而不能修改任何其他资源设置。然而,有时现有的角色可能不适合我们的需求。在这种情况下,Azure 允许创建自定义角色。可以将它们分配给用户、组和服务主体,并适用于资源、资源组和订阅。

自定义角色是通过组合多个权限创建的。例如,一个自定义角色可以包含来自多个资源的操作。在下一个代码块中,将创建一个新的角色定义,但不是手动设置所有属性,而是检索一个现有的"Virtual Machine Contributor"角色,因为它几乎与新自定义角色的配置匹配。为了防止产生冲突,避免使用与内置角色相同的名称。然后,清除 ID 属性,并提供一个新的名称和描述。代码还会清除所有操作,添加一些操作,在清除现有范围后添加一个新的范围,最后创建一个新的自定义角色:

```
$role = Get-AzRoleDefinition "Virtual Machine Contributor"
$role.Id = $null
$role.Name = "Virtual Machine Operator"
$role.Description = "Can monitor and restart virtual machines."
$role.Actions.Clear()
$role.Actions.Add("Microsoft.Storage/*/read")
$role.Actions.Add("Microsoft.Network/*/read")
$role.Actions.Add("Microsoft.Compute/*/read")
$role.Actions.Add("Microsoft.Compute/virtualMachines/start/action")
$role.Actions.Add("Microsoft.Compute/virtualMachines/restart/ac-
```

```
tion")
    $role.Actions.Add("Microsoft.Authorization/* /read")
    $ role.Actions.Add ( " Microsoft.Resources/subscriptions/resourceGroups/
read")
    $role.Actions.Add("Microsoft.Insights/alertRules/* ")
    $role.Actions.Add("Microsoft.Support/* ")
    $role.AssignableScopes.Clear()
    $role.AssignableScopes.Add("/subscriptions/548f7d26-b5b1-468e-ad45
-6ee12a
    ccf7e7")
    New-AzRoleDefinition -Role $role
```

Azure 门户中有一个预览功能,您可以使用它从 Azure 门户本身创建自定义 RBAC 角色。您可以选择从头创建角色、克隆现有角色或开始编写 JSON 清单。图 5.3 显示了创建一个自定义角色,它在 IAM > +Add 部分可用。

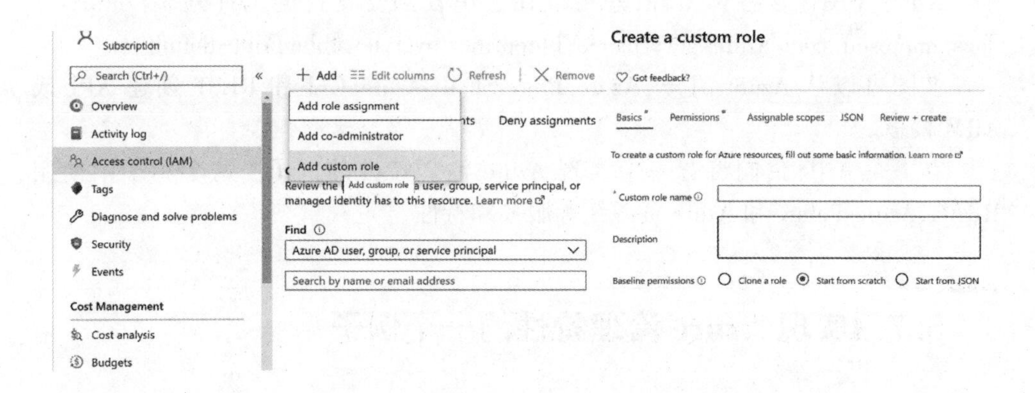

图 5.3　从 Azure 门户创建自定义角色

这使得自定义角色创建过程变得轻松。

5.5.2　锁与角色访问控制有何不同?

锁与角色访问控制不同。角色访问控制有助于允许或拒绝对资源的权限。这些权限涉及对资源执行操作,如读、写和更新操作。锁与禁止配置或删除资源的权限有关。

在下一节中,我们将讨论 Azure 蓝图,它帮助我们梳理工作,如角色分配、策略分配,以及我们目前讨论过的更多内容。

5.6 Azure 蓝图

您将熟悉蓝图这个词,它指的是架构师用于构建解决方案的计划或图纸。类似地,在 Azure 中,云架构师可以利用 Azure 蓝图来定义一组符合组织标准、流程和模式的可重复 Azure 资源。

蓝图允许我们编排各种资源和其他工件的部署,例如:

(1) 角色分配;

(2) 政策分配;

(3) Azure 资源管理器模板;

(4) 资源群组。

Azure 蓝图对象被复制到多个区域,并由 Azure Cosmos DB 支持。无论您部署到哪个区域,复制都有助于提供对资源的一致访问并维护组织的标准。

Azure 蓝图包含各种工件,您可以在这里找到受支持的工件列表: https://docs. microsoft. com/azure/governance/blueprints/overview#blueprint-definition。

蓝图可以从 Azure 门户、Azure PowerShell、Azure CLI 和 REST 创建 API 或 ARM 模板。

在下一节中,我们将看一个实现 Azure 治理特性的例子。这个例子中使用 RBAC、Azure Policy 和 Azure 资源锁等服务和特性。

5.7 实现 Azure 治理特性的一个例子

在本节中,我们将介绍一个虚拟组织的示例架构实现,该组织希望实现 Azure 治理和成本管理特性。

5.7.1 背景

Company Inc 是一家在 Azure IaaS 平台上实施社交媒体解决方案的全球公司。它们使用部署在上面的 Web 服务器和应用服务器 Azure 虚拟机和网络。Azure SQL Server 作为后端数据库。

5.7.2 Company Inc 的角色访问控制

第一个任务是确保适当的团队和应用程序所有者能够访问他们的资源。每个团队都有不同的需求。为了清晰起见,Azure SQL 部署在 Azure IaaS 工件的单独资源组中。

管理员为订阅分配以下角色,如表 5.1 所列。

表 5.1 不同角色的访问细节

角色	分配给	描　述
所有者	管理员	管理所有资源组和订阅
安全经理	安全管理员	此角色允许用查看 Azure 安全中心和资源状态
贡献者	基础架构管理	管理虚拟机和其他资源
读者	开发人员	可以查看资源,但不能修改资源。开发人员应在其开发/测试环境中工作

5.7.3 Azure 策略

公司应该实现 Azure 策略,以确保其用户总是按照公司的指导方针提供资源。

Azure 中的策略管理着与资源部署相关的各个方面。策略还将控制初始部署后的更新。在下一节中给出了应该实现的一些策略。

1) 部署到特定位置

Azure 资源和部署只能在特定的位置执行,不可能在政策之外的地区部署资源。例如,允许进入的地区是西欧和美国东部。不应该在任何其他区域部署资源。

2) 资源和资源组的标签

Azure 中的每一种资源,包括资源组,都将被强制分配标签。这些标签至少将包括有关部门、环境、创建数据和项目名称的详细信息。

3) 所有资源的诊断日志和应用洞察

部署在 Azure 上的每个资源都应该尽可能启用诊断日志和应用程序日志。

5.7.4 Azure 锁

公司应该实现 Azure 锁,以确保关键资源不会被意外删除。每个对解决方案的运行至关重要的资源都需要被锁定。这意味着,即使是 Azure 上运行服务的管理员也没有能力删除这些资源,删除资源的唯一方法是先删除锁。

您还应该注意:

(1) 除了开发和测试环境外,所有生产和预生产环境都将被锁定,无法删除;

(2) 拥有单个实例的所有开发和测试环境也将被锁定以便删除;

(3) 所有与 Web 应用程序相关的资源都将被锁定,以便在所有生产环境中删除；

(4) 无论环境如何，所有共享资源都将被锁定以便删除。

5.8 小结

在本章中，您了解到公司迁移到云平台的首要任务是治理和成本管理。使用现收现付(pay-as- your -go)模式订阅 Azure 可能会损害公司的预算，因为任何访问该订阅的人都可以提供他们想要的任何资源。有些资源是免费的，但有些资源是昂贵的。

您还了解到，对于组织来说，保持对云平台成本的控制是非常重要的。标签有助于生成账单报告。这些报告可以基于部门、项目、所有者或任何其他标准。虽然成本很重要，但治理也同样重要。Azure 提供了锁、策略和角色访问控制来实现适当的治理。策略确保资源操作可以被拒绝或审计，锁确保资源不能被修改或删除，角色访问控制确保员工有正确的权限来执行他们的工作。有了这些特性，企业可以对其 Azure 部署进行良好的治理和成本控制。

在下一章中，我们将讨论 Azure 中的成本管理。我们将采用不同的优化方法、成本管理和计费 API。

第6章 Azure解决方案的费用管理

在前一章中,我们讨论了标签、策略和锁,以及如何从合规的角度利用它们。标签允许我们为资源添加元数据;它们还帮助我们对资源进行逻辑管理(Logical Management)。在 Azure 门户中,我们可以用标签过滤资源。企业往往拥有大量的资源,使用过滤将帮助我们轻松地管理资源。此外,标签可以用来筛选账单报告或使用情况报告。在本章中,我们将探讨 Azure 解决方案的成本管理。

企业转向云计算的主要原因是节省成本。订阅 Azure 没有预付成本。Azure 提供了一种现收现付的订阅方案,其计费基于资源的消费量。Azure 会统计资源使用情况并提供月度发票。Azure 不设置资源消费上限。由于我们的服务在公共云上,Azure(像任何其他服务提供商一样)对资源部署数量有一些软硬限制。软限制可以通过联系 Azure 支持服务部门来增加,而有些资源是有硬性限制的。查询服务限制请访问:https://docs.microsoft.com/en-us/azure/azure-resource-manager/management/azure-subscription-service-limits,您的订阅类型不同,默认的限制也不同。

对于公司来说,密切关注 Azure 的消费量和使用情况是很重要的。尽管他们可以创建策略来设置组织标准和约定,但也需要跟踪账单和消费数据。此外,他们应该采用最佳的 Azure 资源使用方案,从而使回报最大化。为此,架构师需要了解 Azure 的资源和特性,它们对应的成本,以及特性和解决方案的成本/效益分析。

在本章中,我们将讨论以下主题。

(1) Azure 报价一览。

(2) 计费。

(3) 发票。

(4) 使用和配额。

(5) 使用和计费 API。

(6) Azure 定价计算器。

(7) 费用优化的最佳做法示例。

让我们继续讨论每一点。

6.1 Azure 报价一览

Azure 提供不同的购买方案。目前说过先使用后付费,但是还有其他方案,如企业协议(Enterprise Agreements)、Azure 赞助和 CSP 中的 Azure。这些内容对计费来说非常重要,我们将依次介绍这些内容。

(1) 先使用后付费。这种产品众所周知,客户根据消费情况进行支付,费率可从 Azure 的公开文档查看。客户每个月都会收到微软开具的使用发票,他们可以通过信用卡或发票支付方式进行支付。

(2) 企业协议。企业协议需要同微软进行资金承诺,这意味着,你的组织与微软签署协议,并承诺他们将使用 x 数量的 Azure 资源。如果使用量超过了约定的金额,客户将收到一张超额发票。在企业协议下,客户可以创建多个账户,并在每个账户中拥有多个订阅。有两种类型的企业协议:直接企业协议和间接企业协议。直接企业协议下,客户与微软有直接计费关系;使用间接企业协议时,账单由合作伙伴管理。由于与微软做出承诺,企业协议客户将获得更好的优惠和折扣。企业协议通过一个称为企业协议门户(https://ea.azure.com)的门户网站进行管理,您需要拥有注册权限才能访问该门户。

(3) Azure in CSP。这是客户接触云计算方案提供商(Cloud Solution Provider),该合作伙伴为客户提供订阅方案。计费将完全由合作伙伴管理,客户将不会与微软有直接的计费关系。微软为合作伙伴开具发票,而合作伙伴为客户开具发票,并附加他们的利润。

(4) Azure 赞助。微软向初创企业、非政府组织和其他非营利组织提供赞助,让它们使用 Azure。赞助有固定期限和固定数额的信用额度。如果期限到期或信用耗尽,订阅将被转换为现收现付订阅。如果组织想要延长他们的赞助资格,他们必须与微软合作。

我们刚刚概述了 Azure 提供的一些产品。完整的列表可以在 https://azure.microsoft.com/zh-cn/services/上找到,其中包括其他产品,如 Azure for Students、Azure Pass 和 Dev/Test 订阅。

接下来,让我们讨论一下 Azure 的计费。

6.2 计费

Azure 是一个具有以下特性的服务实用程序。

(1) 没有预付费用。

(2) 没有终止费用。

(3) 按时分秒计费,取决于资源的类型。

(4) 即时消费的付款。

在这种情况下,使用 Azure 资源的预付成本很难估计,因为 Azure 中的每一种资源都有自己的成本模型和基于存储、使用及时间跨度的收费。对于管理、行政和财务部门来说,跟踪使用和成本非常重要。Azure 提供了使用情况和计费报告功能,以帮助高层管理和行政人员根据多个标准生成成本和使用情况报告。

Azure 门户通过费用管理+计费功能提供详细的计费与使用信息,可以从主导航栏进入,如图 6.1 所示。

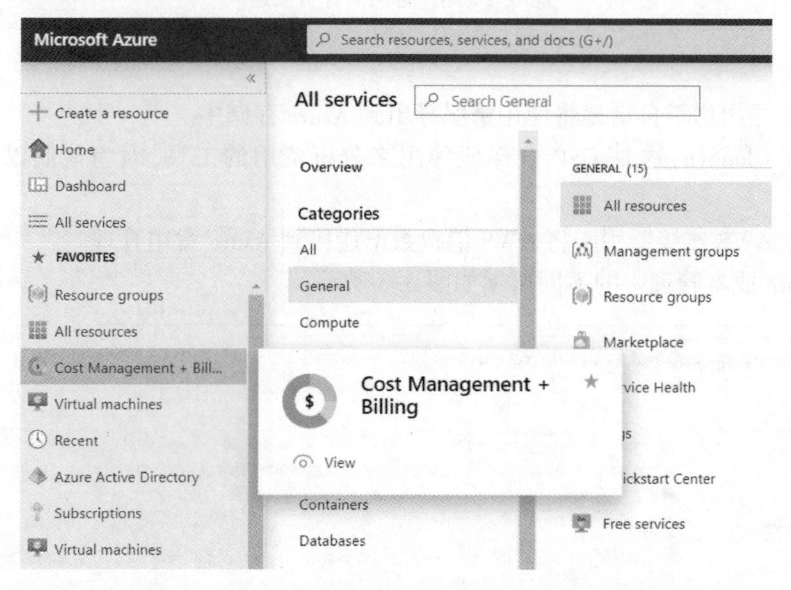

图 6.1 Azure 门户中的 Cost Management + Billing

注意:如果您的账单由云计算方案提供商管理,您将无法访问该功能。客户如果将其在云计算方案提供商处的遗留订阅转换为 Azure 计划,他们可以在现收现付计划中查看成本。我们将在本章后面讨论 Azure 计划和现代商业平台。

费用管理+计费显示了所有订阅和您可以使用的计费范围,如图 6.2 所示。

费用管理部分有几个分栏。

(1) 费用分析用于分析某个范围的使用情况。

(2) 预算用于设置预算。

(3) 费用预警用于在使用率超过阈值时通知管理员。

(4) 顾问推荐用于获得省钱的建议。我们将在本章的最后一节讨论 Azure

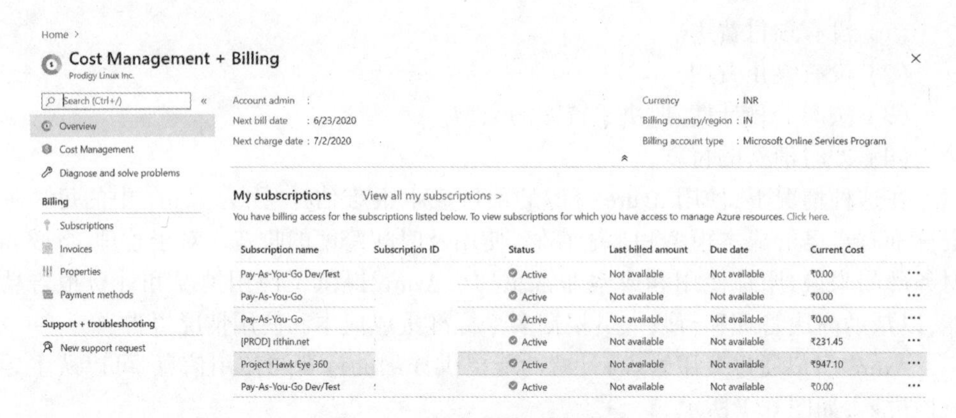

图 6.2　用户订阅的计费概述

顾问。

(5) 导出用于自动地将使用情况导出到 Azure 存储中。

(6) Cloudyn,这是 CSP 合作伙伴用来分析费用的工具,因为他们没有成本管理。

(7) AWS 连接器用于将 AWS 消费数据连接到 Azure 费用管理。

Azure 成本管理中的不同选项如图 6.3 所示。

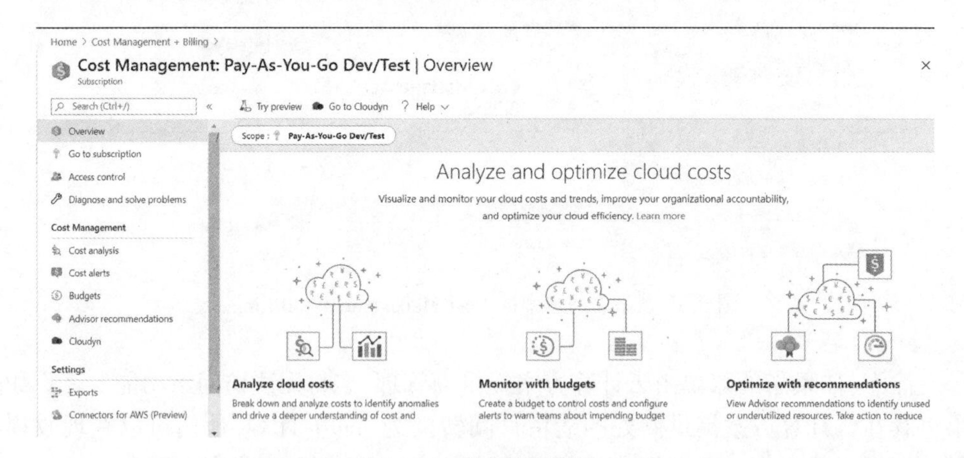

图 6.3　成本管理概述

点击此页面上的费用分析菜单,将提供一个全面的交互式面板,使用它可以从不同的维度和度量来分析费用,如图 6.4 所示。

该面板不仅显示当前费用,而且还能预测费用,并在多个维度进行细分。其中,服务名, 地址, 资源组名是默认提供的,但也可以更改为其他维度。总是有一个与每个视图相关联的作用域。另外,还有按计费账户、管理组、订阅和资源组等

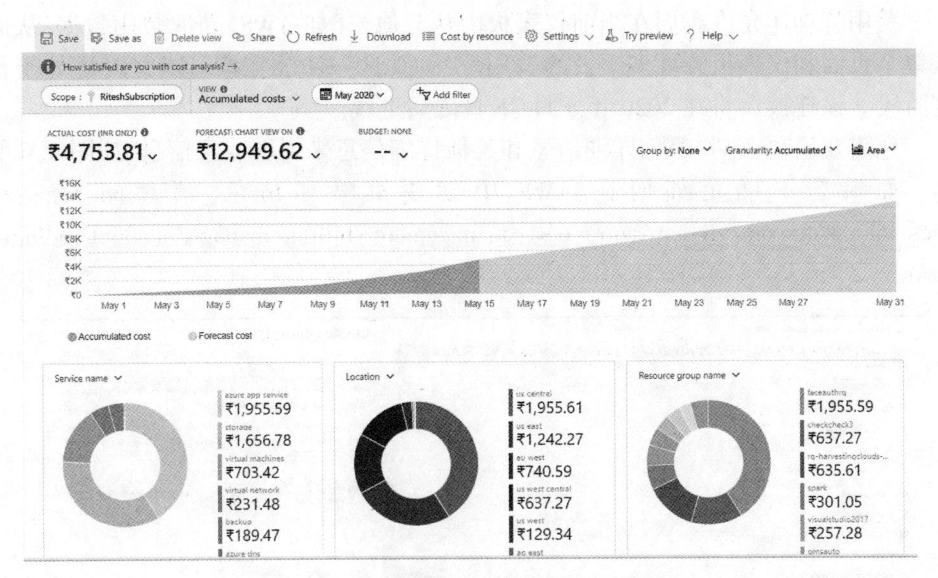

图 6.4　通过成本分析选项分析订阅成本

的划分方式。您可以根据想要分析的级别切换划分范畴。

左侧的预算菜单允许我们设置预算，以便更好地进行费用管理，并在实际费用将超过预算时提供警报功能，如图 6.5 所示。

Dashboard > Cost Management + Billing > Cost Management: [PROD] rithin.net | Budgets >

Cost Management: [PROD] rithin.net | Create budget

Subscription

Search (Ctrl+/)

Overview
Go to subscription
Access control
Diagnose and solve problems

Cost Management
Cost analysis
Cost alerts
Budgets
Advisor recommendations
Cloudyn

Settings
Exports
Connectors for AWS (Preview)

Support + troubleshooting
New support request

1 Create a budget　2 Set alerts

Create a budget and set alerts to help you monitor your costs.

Budget scoping

The budget you create will be assigned to the selected scope. Use additional filters like resource groups to have your budget monitor with more granularity as needed.

Scope　[PROD] rithin.net
Change scope
Add filter

Budget Details

Give your budget a unique name. Select the time window it analyzes during each evaluation period, its expiration date and the amount.

* Name　Enter a unique name
* Reset period　Monthly
* Creation date　2020　May　1
* Expiration date　2022　April　30

图 6.5　创建预算

费用管理还允许我们在当前仪表板内从其他云(如 AWS)获取费用数据,从而从单个页面和仪表板管理多个云的费用。然而,这一功能在撰写本文时还处于预览阶段。该连接器将在 2020 年 8 月 25 日之后上线。

您需要填写 AWS 角色详细信息和其他详细信息来提取成本信息,如图 6.6 所示。如果您不确定如何在 AWS 中创建策略和角色,请参阅 https://docs.microsoft.com/zh-cn/azure/cost-management-billing/manage/account-admin-tasks。

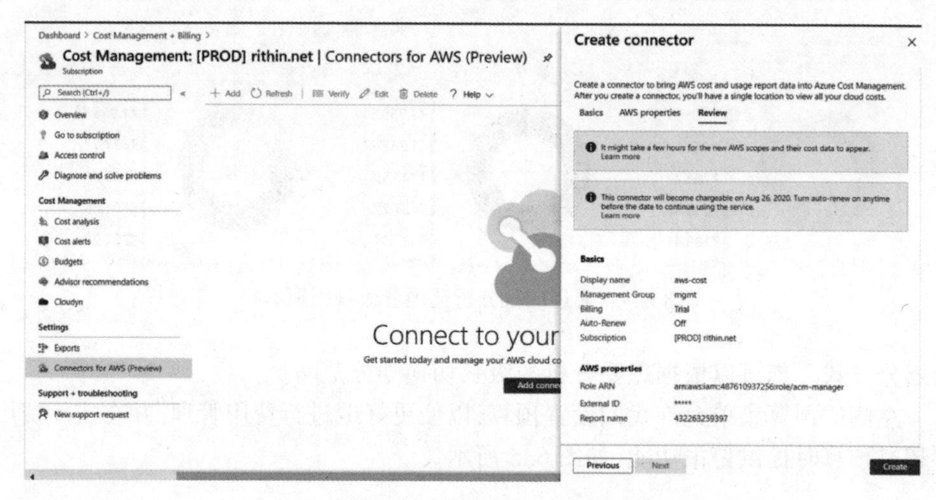

图 6.6　在成本管理中创建一个 AWS 连接器

此外,可以定期将成本报表导出到存储账户。

订阅页面服务器中也提供了成本分析。在总览一节中,您可以看到资源及其成本。此外,还有另一个图表,您可以在其中看到当前支出、预测支出和余额(如果您使用基于信用额度的订阅)。

图 6.7 显示费用信息。

单击图 6.7 中的任何一个费用会将您重定向到费用管理-费用分析部分。在费用管理中有很多维度,您可以将数据分组进行分析。可用的维度将根据您所选择的范围而变化。一些常用的维度如下。

(1) 资源类型。

(2) 资源组。

(3) 标签。

(4) 资源位置。

(5) 资源 ID。

(6) 仪表类别。

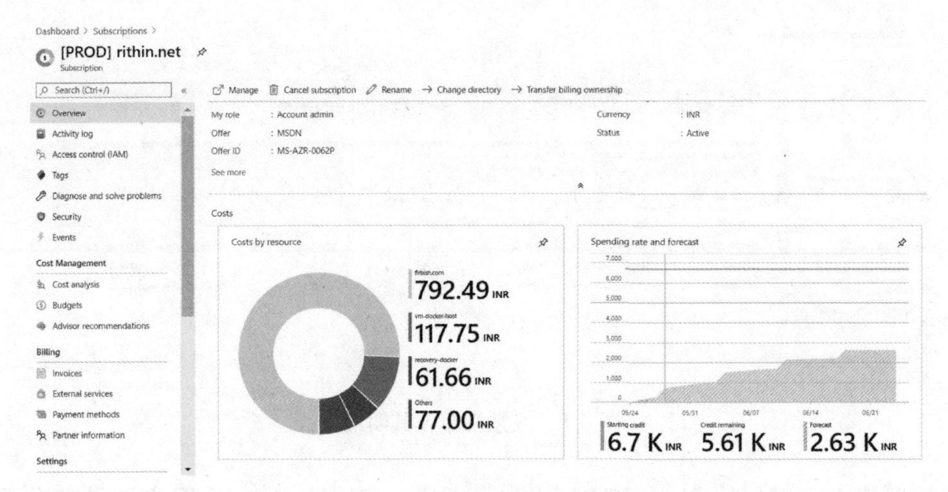

图 6.7　订阅的成本分析

(7) 仪表子类别。

(8) 服务。

在本章的开头,我们说过标签可以用于费用管理。例如,假设您有一个名为 Department 的标签,其值为 IT、HR 和 Finance。适当地标记资源可以帮助您了解每个部门产生的成本。您也可以通过下载按钮下载 CSV、Excel 或 PNG 格式的费用报告。

此外,成本管理支持多种视图。您可以创建自己的面板并保存它。企业协议客户可以从成本管理连接器或 Power BI 中获得额外的好处。使用连接器,用户可以将使用统计数据拉到 PowerBI 和创建可视化。

到目前为止,我们一直在讨论如何通过费用管理跟踪使用情况。下一节,我们将探讨发票是如何为我们使用的服务工作的。

6.3 发票

Azure 的计费系统还提供了关于每月生成的发票的信息。

根据提供类型的不同,开发票的方法可能会有所不同。对于现收现付的用户,发票将每月发送给账户管理员。但是,对于企业协议客户,发票将在登记时发送给联系人。

单击发票菜单将显示生成的所有发票的列表,单击任何发票将提供有关该发票的详细信息。图 6.8 显示了发票是如何在 Azure 门户中显示的。

发票有两种类型:一种类型是针对 Azure 服务的,如 SQL、虚拟机和网络;另一

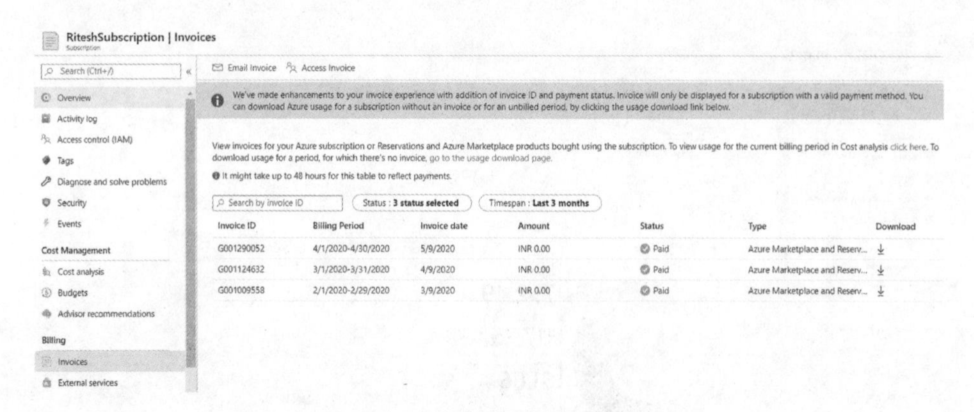

图 6.8　发票清单及其明细

种类型是 Azure Marketplace 和 Reservation。Azure Marketplace 为客户提供来自不同供应商的合作伙伴服务。稍后我们将讨论 Azure 保留。

默认情况下,对于现收现付订阅,账户管理员可以访问发票。如果他们愿意,可以通过选择图 6.8 中的获取发票选项将访问权委托给其他用户,如组织的财务团队。此外,账户管理员可以选择他们想要发送发票副本的电子邮件地址。

电邮发票选项现在不适用于支持计划。或者,您可以访问账户门户并下载发票。微软正在逐渐弃用这个门户,并且大多数的特性都停止使用了,因为它们被集成到了 Azure 门户中。

到目前为止,已经讨论了订阅以及如何开发票。微软推出的新产品是现代商务。有了这种新的商业体验,购买过程和体验都得到了简化。让我们仔细看看现代商务,并了解它与我们迄今为止讨论过的遗留平台有何不同。

6.3.1　现代商业经验

如果您的组织已经在与 Microsoft 合作,那么,您就会知道每个要约都涉及多个协议,如网页直连、企业协议、云服务提供商、微软服务和产品协议(Microsoft Service and Product Agreement)、服务器云端注册(Server Cloud Enrollment)等。除此之外,它们每个都有自己的门户,如企业协议有企业协议门户、云服务提供商有合作伙伴中心门户、批量许可也有自己的门户。

每个报价都有不同的条款和条件,客户每次购买都需要仔细阅读。不容易从一个报价转到另一个,因为每个报价都有不同的条款和条件。让我们假设您已经拥有企业协议订阅,并希望将其转换为云服务提供商的订阅;您可能必须删除一些合作伙伴服务,因为它们在云服务提供商中不受支持。对于每种产品,每种报价都有不同的规则。从客户的角度来看,很难理解什么支持什么以及规则如何不同。

针对这个问题,微软最近发布了一份微软客户协议(Microsoft Customer Agreement),这将作为基本条款和条件。当您注册一个新项目时,可以随时修改它。

对于 Azure,将会有 3 个 Go-To-Market 项目。

(1) Field Led。客户将直接与微软账户团队互动,账单将由微软直接管理。最终,它将取代企业协议。

(2) Partner Led。这相当于 Azure-in-CSP 程序,由合作伙伴管理您的账单。世界各地有不同的合作伙伴。快速的网络搜索可以帮助您找到身边的伙伴。此程序将替换 Azure-in-CSP 程序。作为现代商业的第一步,合作伙伴将与微软签署 Microsoft Partner Agreement (MPA),并通过让他们签署微软客户协议来过渡他们现有的客户。在写这本书时,许多合作伙伴已经将他们的客户转向了现代商业,这种新的商业体验在 139 个国家都有。

(3) Self Service。这将取代网页直连。它不需要合作伙伴或微软账户团队的任何参与。客户可以直接从 microsoft. com 购买,并在购买过程中签署微软客户协议。

在 Azure 中,计费将在 Azure Plan 上完成,并且计费将始终与日历月份对齐。购买 Azure Plan 与购买任何其他订阅非常相似。不同之处在于,微软客户协议将在这个过程中签署。

Azure Plan 可以承载多个订阅,它将充当一个根级容器。所有的使用都被绑定回一个 Azure Plan。Azure Plan 中的所有订阅都将充当托管服务的容器,如虚拟机、SQL 数据库和网络。

使用现代商业之后,我们可以看到现代商业的以下几点改变和进步。

(1) 最终,门户将被弃用。例如,以前的企业协议客户只能从企业协议门户下载注册使用信息。现在微软以比企业协议门户更丰富的经验将其集成到 Azure 费用管理中。

(2) 以美元定价,并以当地货币计价。如果您的货币不是美元,那么,将使用外汇汇率,同时也可用在发票上。微软使用汤森路透的外汇汇率,这些汇率将在每个月的第一天分配。不管市场汇率是什么,这个汇率值整个月都是固定的。

(3) 转换到新的 Azure Plan 的 CSP 客户将能够使用 Cost 管理。Access to Cost Management 开启了一个新的成本跟踪世界,因为它提供了对所有本地成本管理特性的访问。

到目前为止,我们讨论的所有订阅都将最终转移到 Azure 上计划,这是 Azure 的未来。现在你已经了解了 Modern 的基础知识商业,让我们讨论另一个在我们设计解决方案时扮演非常重要角色的主题。大多数服务在默认情况下都有限制;其中一些限制可以增加,而另一些则是硬性限制。当我们设计一个解决方案时,需要确保有足够的配额。容量规划是建筑设计的重要组成部分。在下一节中,您将了解关于订阅限制的更多信息。

6.4 使用和配额

正如前一节所提到的,容量规划需要是我们构建解决方案时的第一个步骤。我们需要验证订阅是否有足够的配额来容纳我们正在构建的新资源。如果没有,在部署期间,我们可能会面临问题。

对于每种资源类型,每个订阅都有一个有限的配额。例如,一个 MSDN Microsoft 账户最多可以提供 10 个公共 IP 地址。类似地,所有资源对于每种资源类型都有一个最大的默认限制。可以通过联系 Azure 服务支持部门或点击用量+配额页面中的请求增加按钮来增加订阅的这些资源类型数量。

考虑到每个地区的资源数量,浏览列表将是一个挑战。门户提供了筛选数据集和查找所需内容的选项。在图 6.9 中,您可以看到,如果我们将位置过滤设置为美国中部,并将资源提供程序设置 Microsoft. Storage,我们可以确认哪些配额可用于存储账户。

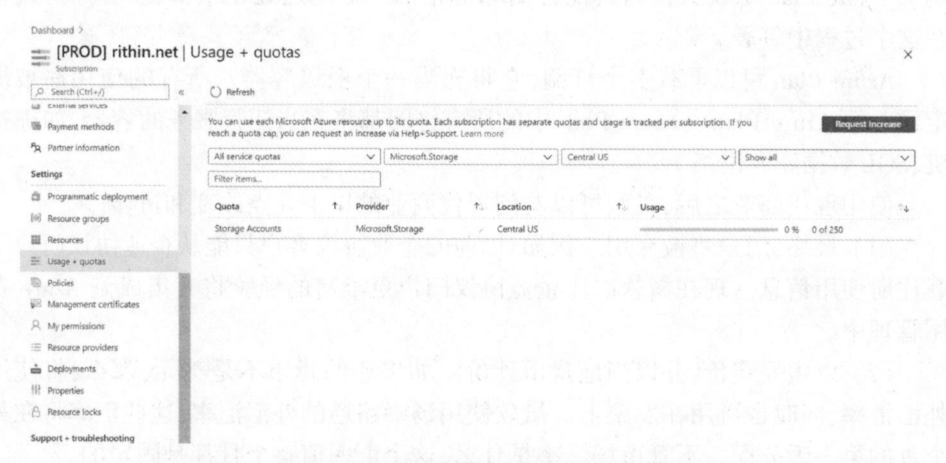

图 6.9 给定位置和资源提供者的使用情况和配额

在图 6.9 中可以清楚地看到,我们没有创建任何位于美国中部的存储账号,并且仍有创建 250 个新账号的配额。如果我们正在构建的解决方案需要超过 250 个账户,则需要点击请求增加,之后会与 Azure 服务支持部门联系。

这个页面让我们可以在部署之前自由地执行容量规划。

在筛选报告时,我们使用术语资源提供者并选择了 Microsoft. Storage。在下一节中,我们将进一步了解这个术语的含义。

6.5 资源提供者和资源类型

无论您是与 Azure 门户交互、过滤服务，还是过滤计费使用报告，都可能需要与资源提供者和资源类型打交道。例如，当您创建一个虚拟机时，您正在与 Microsoft. Compute 资源提供程序和 virtualMachines 资源类型。单击创建虚拟机的创建按钮可以通过 API 与资源提供者通信，从而完成部署。该 API 的格式总是表示为{resource - provider}/{resource - type}。因此，虚拟机的资源类型是 Microsoft. Compute/virtualMachines。简而言之，资源提供者帮助创建资源类型。

资源提供者需要用 Azure 订阅注册。如果没有注册资源提供程序，则无法在订阅中使用资源类型。默认情况下，大多数提供商是自动注册的；话虽如此，在某些情况下我们必须手动注册。

要获得可用的提供程序列表、已注册的提供程序和未注册的提供程序，以及注册未注册的提供程序，反之亦然，可以使用图 6.10 所示的面板。对于这个操作，您需要分配必要的角色——所有者或贡献者角色就足够了。图 6.10 显示了该面板的外观。

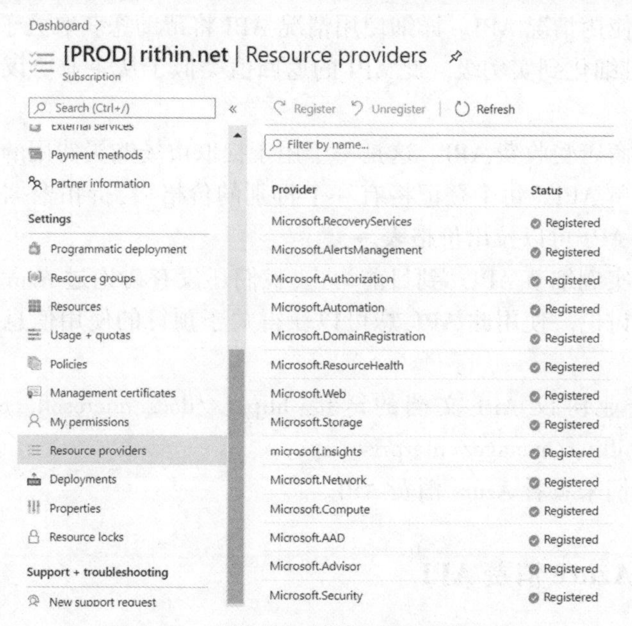

图 6.10　注册和非注册资源提供者列表

在前一节中，我们讨论了如何下载发票和使用信息。如果您需要以编程方式下载数据并保存它，那么可以使用 API。下一节讲述关于 Azure 计费 API。

6.6 使用和计费 API

尽管门户是手动查找使用、计费和发票信息的好方法,但 Azure 还提供了以下 API 以编程方式检索详细信息并创建定制的面板和报告。API 的不同取决于您使用的订阅类型。由于有许多 API,我们将与每个 API 共享 Microsoft 文档,以便您可以探索它们。

6.6.1 Azure 企业计费 API

企业协议客户有一组专用的 API 可用于处理账单数据。以下 API 使用来自企业协议门户的 API 密钥进行身份验证;令牌从 Azure Active Directory 将不能与它们一起工作。

(1) 余额和概要 API。正如我们之前所讨论的,企业协议有资金承诺,追踪余额、超期、信贷调整和 Azure Marketplace 收费非常重要。使用这个 API,客户可以提取账单期间的余额和概要。

(2) 详细使用情况 API。详细使用情况 API 将帮助您获取关于注册的日常使用信息,粒度可细化到实例级。此 API 的返回值类似于从企业协议门户下载的使用情况报告。

(3) 市场商店受收费 API。这是一个用于提取市场购买费用的专用 API。

(4) 价格单 API。每个登记将有一个特别的价格表,折扣根据客户的不同而不同。价格表 API 可以拉出价格表。

(5) 保留实例细节 API。到目前为止,我们还没有讨论过 Azure 保留,但它将在本章的最后讨论。使用此 API,您可以获得关于预订的使用信息和注册中的预订列表。

以下是企业协议 API 文档的链接:https://docs.microsoft.com/azure/cost-management-billing/manage/enterprise-api。

现在让我们来看看 Azure 消费 API。

6.6.2 Azure 消费 API

Azure 消费 API 可以与企业协议以及网站直接(有一些例外)订阅一起使用。这需要一个令牌,该令牌需要通过对 Azure Active Directory 进行身份验证来生成。因为这些 API 也支持企业协议,所以不要将这个令牌与我们在前一节中提到的企业协议 API 键混淆。以下是无须说明的关键 API。

（1）使用 API 细节。

（2）市场费用的 API。

（3）预约建议 API。

（4）预约详细信息和摘要 API。

企业协议客户对以下 API 有额外的支持。

（1）报价单。

（2）预算。

（3）余额。

文件可以在这里找到：https://docs.microsoft.com/zh-cn/azure/cost-management-billing/cost-management-billing-overview。

此外，还有另外一组 API 只能由网站直接客户使用。

（1）Azure 资源使用情况 API。此 API 可以与企业协议或按需付费订阅一起使用，以下载使用数据。

（2）Azure 资源速率卡 API。这只适用于 Web Direct，不支持企业协议。Web Direct 的客户可以使用它来下载价格表。

（3）Azure 下载支票 API。这只适用于 Web Direct 客户。它用于以编程方式下载发票。

这些名称可能看起来很熟悉，不同的只是我们调用的端点。对于 Azure 企业计费 API，URL 将从 https://consumption.azure.com 开始，而对于 Azure 消费 API，URL 以 https://management.azure.com 开始。

这就是区分它们的方法。在下一节中，您将看到成本管理专门使用的一组新的 API。

6.6.3 Azure 成本管理 API

随着 Azure 成本管理的引入，客户可以使用一组新的 API。这些 API 是成本管理的支柱，我们之前在 Azure 门户中使用过。关键 API 如下。

（1）队列使用情况 API。这与 Azure 门户中的费用分析使用的 API 相同。我们可以使用有效负载来定制响应。当我们需要定制报表时，它非常有用。日期范围不能超过 365 天。

（2）预算 API。预算是 Azure 成本管理的另一个特性，这个 API 允许我们以编程的方式与预算交互。

（3）预测 API。这可以用来得到一个范围的预测。预测 API 现在只对 EA 客户可用。

（4）维度 API。早些时候，当我们讨论成本管理时，我们说过成本管理支持基于范围的多个维度。如果您希望获得基于特定范围所支持的维度列表,可以使用此 API。

(5) 导出 API。成本管理的另一个特性是:我们可以自动将报告导出到存储账户。可以使用导出 API 与导出配置进行交互,如存储账户的名称、自定义、频率等。

查看官方文档 https://docs.microsoft.com/rest/api/costmanagement。

因为现代商业正在扩展微软客户协议,所以我们可以在此探索一套全新的 API:https://docs.microsoft.com/rest/api/billing。

您可能已经注意到,我们在这些场景中都没有提到云服务提供商。在云服务提供商中,客户不能访问账单,因为它是由合作伙伴管理的,因此 API 没有公开。然而,向 Azure 计划的过渡将允许云服务提供商客户使用 Azure 成本管理 API 来查看零售价格。

可以用任何编程或脚本语言来使用这些 API,并将它们混合在一起创建完整的全面计费解决方案。在下一节中,我们将重点关注 Azure 定价计算器,它将帮助客户或架构师了解部署成本。

6.7 Azure 定价计算器

Azure 为用户和客户提供了一个成本计算器来估算他们的成本与使用情况。获取该计算器可访问 https://azure.microsoft.com/pricing/calculator,如图 6.11 所示。

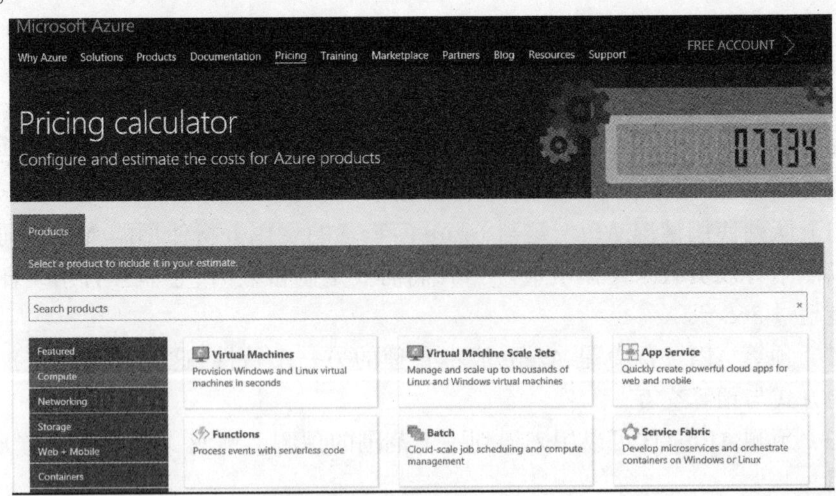

图 6.11 Azure 定价计算器

用户可以从左侧菜单中选择多个资源，它们将被添加到计算器中。下面以添加虚拟机为例，应该提供关于虚拟机区域、操作系统、类型、层、实例大小、小时数和计数的进一步配置，以计算成本，如图 6.12 所示。

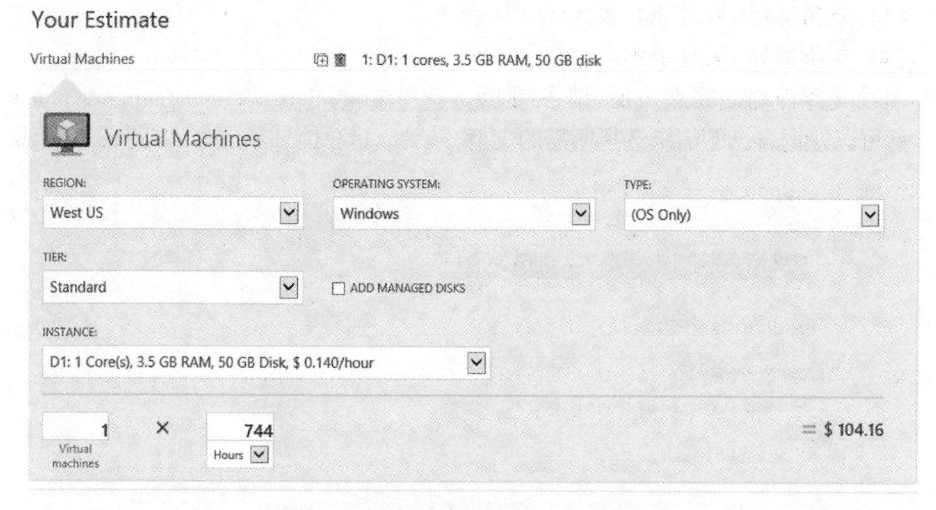

图 6.12　提供计算资源成本的配置细节

类似地，Azure 函数的成本与虚拟机内存大小、执行时间和每秒执行次数有关，如图 6.13 所示。

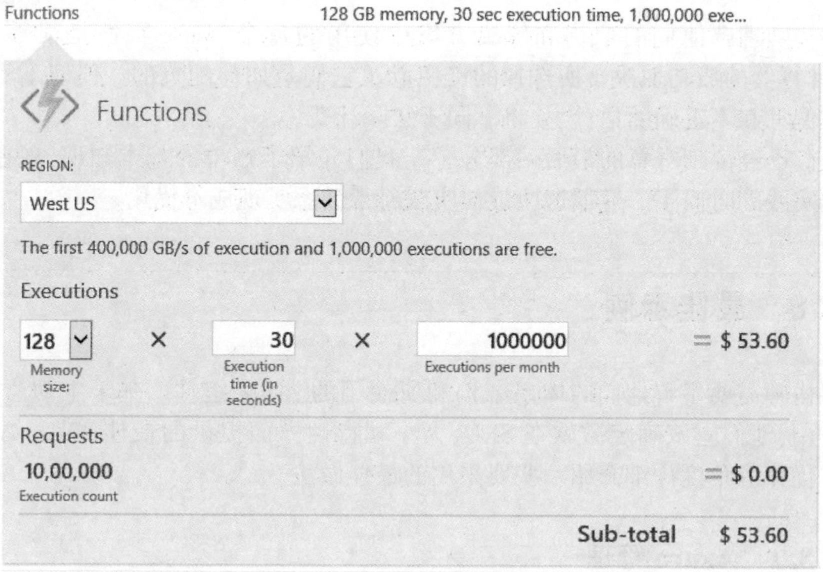

图 6.13　计算 Azure 函数的开销

Azure 提供了不同的级别和支持计划。

(1) 默认支持:免费。

(2) 开发人员支持:每月 29 美元。

(3) 标准支持:每月 300 美元。

(4) 专业指导:每月 1000 美元。

查看支持计划的完整对比,请参阅 https://azure.microsoft.com/support/plans。

您可以根据自己的需求选择所需的支持,最后显示总体估算成本,如图 6.14 所示。

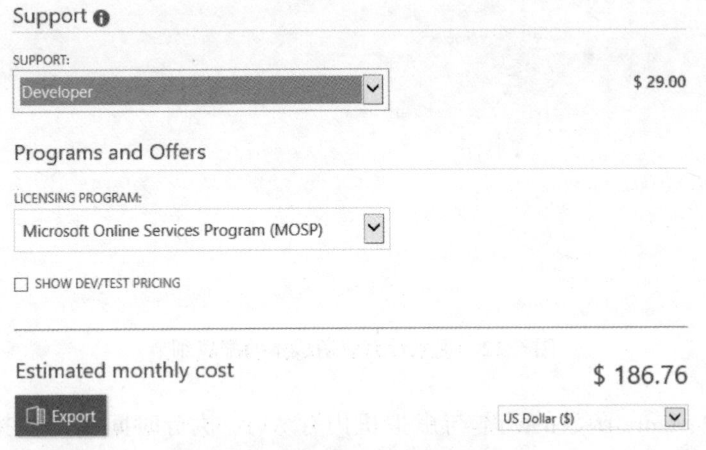

图 6.14　选定支持计划的成本估算

架构师理解他们的架构和解决方案中使用的每个 Azure 特性是很重要的。Azure 计算器的成功取决于所选择的资源以及它们是如何配置的。任何不实陈述将导致偏见和不正确的估计,并将不同于实际计费。

我们已经读到本章的最后一部分了。我们介绍了账单的基本知识,现在是学习最佳实践的时候了。遵循这些最佳实践将帮助您实现成本优化。

6.8　最佳示例

架构师需要了解他们的体系结构和所使用的 Azure 组件。基于主动监控、审计和使用,他们应该确定微软在 SKU、大小和特性方面提供的最佳产品。本节将从成本优化的角度详细介绍一些要采用的最佳做法。

6.8.1　Azure 管理

Azure 管理可以定义为一组流程或机制,可以利用这些流程或机制来维护对

Azure 中部署的资源的完全控制。一些要点如下。

(1) 为所有资源类型和资源组设置命名约定。确保在所有资源和资源组中一致和全面地遵循命名约定。这可以通过建立 Azure 策略来实现。

(2) 通过对资源、资源组和订阅应用标记,为它们建立逻辑组织和多个分类法。标签可以对资源进行分类,还可以帮助从不同的角度评估成本。这可以通过建立 Azure 策略来实现,多个策略可以组合到计划中。可以应用这些计划,反过来,这些计划将应用所有的政策进行遵从性检查和报告。

(3) 直接使用 Azure 蓝图而不是 ARM 模板。这将确保新环境、资源和资源组的部署可以按照公司标准进行标准化,包括命名约定和标记的使用。

6.8.2 计算的最佳方案

计算是指帮助执行服务的服务。为了实现最佳的资源利用和成本效率,Azure 架构师应该遵循的一些最佳计算实践如下。

(1) 利用 Azure 顾问查看可用于节省虚拟机成本的选项,并查明虚拟机是否未得到充分利用。顾问使用机器学习模式和人工智能分析您的使用情况并提供建议。这些建议在成本优化中起着重要作用。

(2) 使用 Azure 保留实例(Reserved Instance)。通过预付或每月支付虚拟机的费用,保留实例可以为你节省计算成本。国际扶轮的任期可以是 1 年或 3 年。如果您购买保留实例,将降低计算成本,并且您将只看到虚拟机的磁盘、网络和许可证(如果有)收费。如果您有 5 个虚拟机,可以选择 5 个保留实例,完全抑制了计算成本。保留实例自动查找具有匹配 SKU 的虚拟机并将其附加到虚拟机上。根据虚拟机的大小,潜在的节省可能从 20%到 40%不等。

(3) 使用 Azure 混合效益(Hybrid Benefit),您可以使用自己的 Windows 服务器或 SQL 许可证,降低许可证成本。结合保留实例和 Azure 混合效益可以给您带来巨大节约。

(4) 为您的计算服务(如虚拟机)选择最佳位置。选择一个所有 Azure 特性都在同一个区域的位置。这将避免出口交通。

(5) 为虚拟机选择最佳大小。大型虚拟机的成本高于小型虚拟机,而且可能根本不需要大型虚拟机。

(6) 在有需求时调整虚拟机的大小,在需求减弱时减少它们的大小。Azure 非常频繁地发布新的 SKU。如果一个新的尺寸更适合您的需要,那么,就必须使用它。

(7) 在空闲时间或不需要时关闭计算服务。这适用于非生产环境。

(8) 释放虚拟机,而不是关闭它们。这将释放它们的所有资源,它们的消耗将停止。

(9) 为开发和测试目的使用开发/测试实验室。它们提供策略、自动关机和自动启动特性。

(10) 使用虚拟机规模集,从少量虚拟机开始,并在需求增加时向外扩展。

(11) 为应用程序网关选择正确的大小(小型、中型或大型)。它们由虚拟机备份,有助于降低成本。

(12) 如果不需要 Web 应用防火墙,请选择基础层应用网关。

(13) 选择正确的 VPN 网关层(基本 VPN、标准 VPN、高性能和超性能)。

(14) 减少 Azure 区域之间的网络流量。

(15) 使用带有公共 IP 的负载均衡器来访问多个虚拟机,而不是为每个虚拟机分配一个公共 IP。

(16) 监视虚拟机并计算性能和使用指标。根据这些计算,确定是升级还是降低虚拟机的规模。这可能导致缩小规模并减少虚拟机的数量。

在架构时,考虑这些最佳实践将不可避免地导致成本的节约。现在我们已经讨论了计算,让我们采用类似的方法来处理存储。

6.8.3 存储的最佳方案

由于我们在云端托管我们的应用程序,Azure 存储将用于存储与这些应用程序相关的数据。如果我们不遵循正确的做法,事情可能会出错。以下是一些最佳的存储实践。

(1) 选择合适的存储冗余类型(GRS、LRS、RA-GRS)。GRS 比 LRS 昂贵。

(2) 归档存储数据到冷层或归档访问层。将频繁访问的数据保留在热层中。

(3) 删除不需要的对象。

(4) 删除不需要的虚拟机后,显式地删除虚拟机操作系统磁盘。

(5) 存储账户应该根据其大小、写、读、列表和容器操作进行计量。

(6) 选择标准磁盘而不是高级磁盘,只有在业务需要时才使用高级磁盘。

(7) 使用 CDN 和缓存静态文件,而不是每次从存储获取它们。

(8) Azure 提供了预留容量,以节省 blob 数据的成本。

随时使用这些最佳实践将帮助您构建经济有效的存储解决方案。在下一节中,我们将讨论部署 PaaS 服务所涉及的最佳实践。

6.8.4 PaaS 的最佳方案

Azure 提供了许多 PaaS 服务,如果它们配置错误,您可能会在发票中收到意外的费用。为了避免这种情况,您可以利用以下最佳实践。

(1) 选择适当的 Azure SQL 层(Basic, Standard, Premium RS,Premium)和适当的性能级别。

(2) 在单个数据库和弹性数据库之间进行适当选择。如果有很多数据库,那么,使用弹性数据库比使用单个数据库更节省成本。

(3) 重新构建解决方案,使用 PaaS(无服务器或带有容器的微服务)解决方案,而不是 IaaS 解决方案。这些 PaaS 解决方案减少了维护成本,并以每分钟的消耗为基础。如果您不使用这些服务,则没有成本,尽管您的代码和服务是全天候可用的。

有特定资源的成本优化,不可能在一章中涵盖所有这些。建议您仔细阅读各特性的成本和使用说明文档。

6.8.5 普遍的最佳方案

到目前为止,我们已经学习了特定于服务的最佳方案,我们将以一些通用的指导方针结束这一节。

(1) 不同地区的资源成本是不同的。尝试另一个区域,前提是它不会产生任何性能或延迟问题。

(2) EA 提供比其他优惠更好的折扣。您可以和微软联系看看如果注册了EA,您能得到什么好处。

(3) 如果 Azure 的成本可以预先支付,那么,您就可以获得各种订阅的折扣。

(4) 删除或移除不使用的资源。找出未充分利用的资源,并减少其 SKU 或规模。如果不需要,删除它们。

(5) 使用 Azure Advisor 并认真对待它的建议。

正如前面提到的,这些是一些通用的指导原则,当您构建更多的解决方案时,将能够为自己创建一组最佳实践。首先,您可以考虑这些。然而,Azure 中的每个组件都有自己的最佳实践,在构建架构时,参考文档将帮助您创建一个具有成本效益的解决方案。

6.9 小结

在本章中,我们了解了在云环境中工作时成本管理和管理的重要性。我们还介绍了 Azure 提供的各种定价选项和各种价格优化功能。管理项目的成本是至关重要的,因为每月的费用可能非常低,但如果不定期监控资源,可能会上升。云架构师应该以经济有效的方式设计他们的应用程序。他们应该使用适当的 Azure 资源,适当的 SKU、层和大小,并知道何时开始、停止、扩大规模、缩小规模、横向扩展、横向收缩、传输数据等。适当的成本管理将确保实际费用符合预算费用。

在下一章中,我们将讨论 Azure 与数据服务相关的各种特性,如 Azure SQL、Cosmos DB 和分区。

第7章 Azure OLTP的解决方案

Azure 同时提供了基础设施即服务（IaaS）和平台即服务(PaaS)。这些类型的服务为组织提供了不同级别的存储、计算和网络控制。存储是在处理数据的存储和传输时使用的资源。Azure 提供了很多存储数据的选项,如 Azure Blob 存储、Table 存储、Cosmos DB、Azure SQL 数据库、Azure Data Lake 等。虽然其中一些选项用于大数据存储、分析和表示,但还有一些选项用于处理事务的应用程序。Azure SQL 是 Azure 中处理事务性数据的主要资源。

本章将重点讨论使用事务性数据存储的各个方面,如 Azure SQL 数据库和其他通常在在线中使用的 Online Transaction Processing（OLTP)系统,并将涵盖以下主题。

（1）OLTP 应用。

（2）关系数据库。

（3）部署模型。

（4）AzureSQL 数据库。

（5）单一实例。

（6）弹性池。

（7）管理实例。

（8）Cosmos DB。

我们将从 OLTP 应用程序是什么开始这一章,并列出 Azure 的 OLTP 服务及其用例。

7.1 OLTP 应用

如前所述,OLTP 应用程序是帮助处理和管理事务的应用程序。一些最流行的 OLTP 实现可以在零售、金融交易系统和订单输入中找到。这些应用程序执行数据捕获、数据处理、数据检索、数据修改和数据存储。然而,它并没有到此为止。

OLTP 应用程序将这些数据任务视为事务。事务有一些重要的属性,OLTP 应用程序负责这些属性。这些属性在缩写 ACID 下分组。让我们详细讨论一下这些属性。

(1) 原子性。该属性表示事务必须由语句组成,要么所有语句都应该成功完成,要么不执行任何语句。如果将多个语句组合在一起,则这些语句形成一个事务。原子性意味着每个事务都被视为成功或失败的最低单个执行单元。

(2) 一致性。此属性关注数据库中数据的状态。它规定状态的任何更改都应该是完整的,并且基于数据库的规则和约束,不应该允许部分更新。

(3) 隔离性。该属性表示在一个系统上可以有多个并发事务执行,每个事务都应该隔离处理。一个交易不应该知道或干扰任何其他交易。如果事务是按顺序执行的,那么,到最后,数据的状态应该与之前相同。

(4) 持久性。这个属性表明,一旦将数据提交到数据库,即使在失败之后,数据也应该被持久化和可用。已提交的事务成为事实。

现在您已经了解了什么是 OLTP 应用程序,接下来让我们讨论关系数据库在 OLTP 应用程序中的角色。

7.1.1 关系数据库

OLTP 应用程序通常依赖关系数据库进行事务管理和处理。关系数据库通常采用由行和列组成的表格格式。数据模型转换为多个表,其中每个表使用关系连接到另一个表(基于规则)。这个过程也称为标准化。

Azure 中有多个服务支持 OLTP 应用程序和关系数据库的部署。在下一节中,我们将看看 Azure 中与 OLTP 应用程序相关的服务。

7.2 Azure 云服务

在 Azure 门户中搜索 sql 会提供多种结果。我已经标记了一些资源,以显示可以直接用于 OLTP 应用程序的资源,如图 7.1 所示。

图 7.1 显示了在 Azure 上创建基于 SQL server 的数据库的各种特性和选项。

同样,在 Azure 门户中快速搜索数据库可以提供多种资源,图 7.2 中标记的资源可以用于 OLTP 应用程序。

图 7.2 显示了 Azure 提供的资源,它可以在各种数据库中托管数据,包括以下内容。

(1) MySQL 数据库。

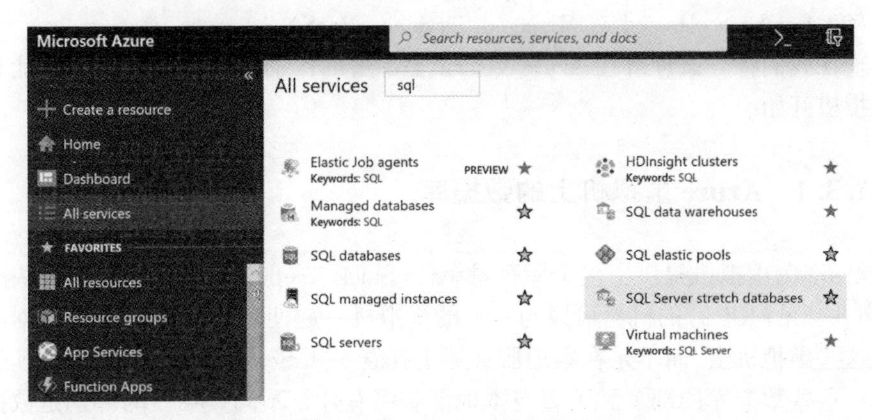

图 7.1　Azure SQL 服务列表

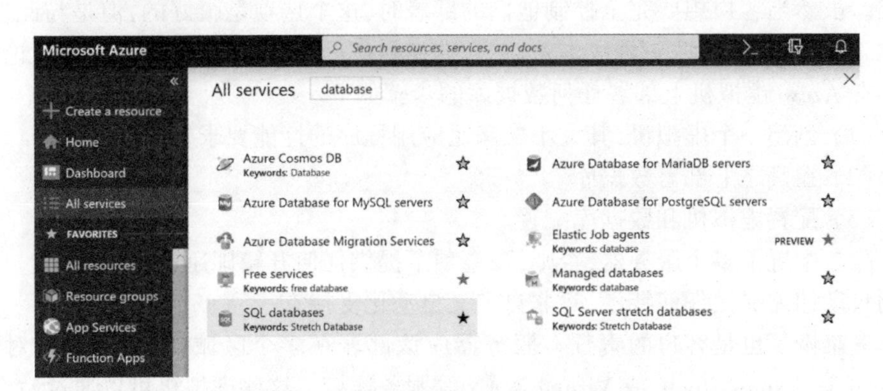

图 7.2　用于 OLTP 应用程序的 Azure 服务列表

（2）MariaDB 数据库。

（3）PostgreSQL 数据库。

（4）Cosmos DB。

接下来，让我们讨论部署模型。

7.3　部署模型

Azure 中的部署模型是根据管理或控制级别进行分类的。这取决于用户选择他们喜欢的管理或控制级别；可以通过使用像 Virtual Machines 这样的服务来获得完全的控制，或者可以使用托管服务，这些服务将由 Azure 为他们管理。

在 Azure 上部署数据库有两种部署模式。

（1）Databases on Azure Virtual Machines（IaaS）。

(2) Databases Hosted as Managed Services (PaaS)。

现在我们将尝试理解在 Azure Virtual 上部署的区别机器和托管实例。让我们从虚拟机开始。

7.3.1 Azure 虚拟机上的数据库

Azure 为虚拟机提供了多个库存量单位(Stock Keeping Units)。还有一些高计算、高吞吐量(IOPS)的机器可以与一般的虚拟机一起使用。可以将这些数据库部署在这些虚拟机上,而不是在本地服务器上托管 SQL Server、MySQL 或任何其他数据库。这些数据库的部署和配置与本地部署没有什么不同。唯一的区别是数据库托管在云上,而不是使用本地服务器。管理员必须执行与本地部署相同的活动和步骤。虽然当客户想要完全控制他们的部署时,这个选项是很好的,但是与此选项相比,有一些模型可以更具成本效益、可伸缩和高可用性,这将在本章后面讨论。

在 Azure 虚拟机上部署任何数据库的步骤如下。

(1) 创建一个虚拟机,其大小应满足应用程序的性能要求。

(2) 在其之上部署数据库。

(3) 配置虚拟机和数据库配置。

除非配置了多个服务器,否则,该选项不提供任何开箱即用的高可用性。它也不为自动伸缩提供任何特性,除非自定义自动化支持它。

灾难恢复也是客户的责任。服务器应该部署在多个区域上,使用全球对等、VPN 网关、ExpressRoute 或 Virtual WAN 等服务连接。这些虚拟机可以通过站点到站点的 VPN 或 ExpressRoute 连接到本地数据中心,而不向外界暴露任何信息。

这些数据库也称为非托管数据库。Azure 托管的数据库(虚拟机除外)是由 Azure 管理的,称为托管数据库。在下一节中,我们将详细讨论这些内容。

7.3.2 作为管理服务托管的数据库

托管服务意味着 Azure 为数据库提供管理服务。这些托管服务包括数据库的托管,确保主机的高可用性,确保数据在灾难恢复期间被内部复制以获得可用性,确保在所选 SKU 的约束下的可伸缩性,监视主机和数据库,为通知或执行操作生成警报,为故障排除提供日志和审计服务,并负责性能管理和安全警报。

简而言之,当用户使用 Azure 的托管服务时,有很多服务可以开箱即用,而且他们不需要对这些数据库执行活动管理。在本章中,我们将深入了解 Azure SQL 数据库,并提供其他数据库的信息,如 MySQL 和 Postgres。此外,我们将介绍非关系数据库,如 Cosmos DB,它是一个 NoSQL 数据库。

7.4 SQL Azure 数据库

Azure SQL Server 提供了一个以 PaaS 形式托管的关系数据库。客户可以提供这个服务,带来他们自己的数据库模式和数据,并将他们的应用程序连接到它。当部署在虚拟机上时,它提供了 SQL Server 的所有特性。这些服务不提供创建表及其模式的用户界面,也不直接提供任何查询功能。应该使用 SQL Server Management Studio 和 SQL CLI 工具连接到这些服务并直接使用它们。

Azure SQL 数据库有 3 种不同的部署模式。

(1) 单实例。在这个部署模型中,一个数据库被部署在一个逻辑服务器上。这涉及在 Azure 上创建两个资源:一个 SQL 逻辑服务器和一个 SQL 数据库。

(2) 弹性池。该部署模式是在一个逻辑服务器上部署多个数据库。同样,这涉及在 Azure 上创建两个资源:一个 SQL 逻辑服务器和一个 SQL 弹性数据库池——它包含所有数据库。

(3) 管理实例。这是来自 Azure 的一个相对较新的部署模型 SQL 团队。这种部署反映了逻辑服务器上的数据库集合,提供了对系统数据库资源的完全控制。通常,系统数据库在其他部署模型中是不可见的,但它们在模型中是可用的。这个模型非常接近 SQL 的部署服务器本地,如图 7.3 所示

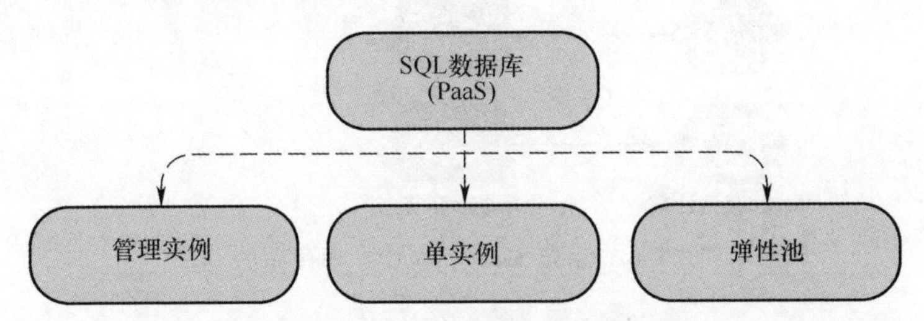

图 7.3 Azure SQL 数据库部署模型

如果您想知道什么时候使用什么,则应该看看 SQL 数据库和 SQL 管理实例之间的特性比较。一个完整的特性比较在 https://docs.microsoft.com/zh-cn/azure/azure-sql/managed-instance/sql-managed-instance-paas-overview 上。

接下来,我们将介绍 SQL 数据库的一些特性。让我们从应用程序特性开始。

7.4.1 应用功能

Azure SQL 数据库提供了多个特定于应用程序的特性,以满足 OLTP 系统的不同需求。

(1) 柱状存储。该特性允许以列格式而不是行格式存储数据。

(2) 内存中的 OLTP。通常,数据存储在 SQL 中的后端文件中,应用程序需要数据时就从这些文件中提取数据。与此相反,内存中的 OLTP 将所有数据放在内存中,在读取数据存储时没有延迟。将内存中的 OLTP 数据存储在 SSD 上为 Azure SQL 提供了可能的最佳性能。

(3) 本地 SQL Server 的所有功能。

我们将要讨论的下一个特性是高可用性。

1. 高可用性

Azure SQL 在默认情况下是 99.99%的高可用性。它有两种不同的架构来基于 SKU 维护高可用性。对于基本 SKU、标准 SKU 和通用 SKU,整个体系结构分为以下两个层。

(1) 计算层。

(2) 存储层。

这两个层都内置了冗余,以提供高可用性,如图 7.4 所示。

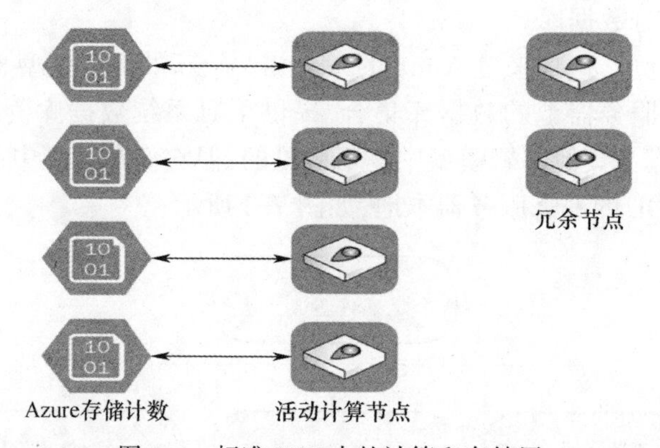

图 7.4　标准 SKU 中的计算和存储层

对于高级 SKU 和业务关键型 SKU,计算和存储都位于同一层。高可用性是通过复制部署在一个四节点集群中的计算和存储来实现的,使用类似于 SQL Server Always On 可用性组的技术,如图 7.5 所示。

现在您已经了解了如何处理高可用性,让我们跳到下一个特性:备份。

2. 备份

Azure SQL 数据库还提供了自动备份数据库并将其存储在存储账户上的特性。这个特性非常重要,特别是在数据库损坏或用户意外删除表的情况下。这个特性在服务器级是可用的,如图 7.6 所示。

架构师应该准备一个备份策略,以便在需要时使用备份。在配置备份时,请确保您的备份频率既不要太高也不要太低。根据业务需求,应该配置每周备份或甚

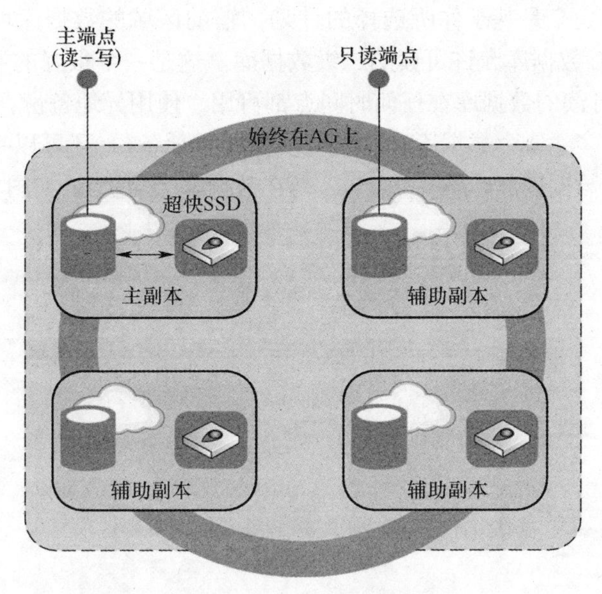

图 7.5　四节点集群部署

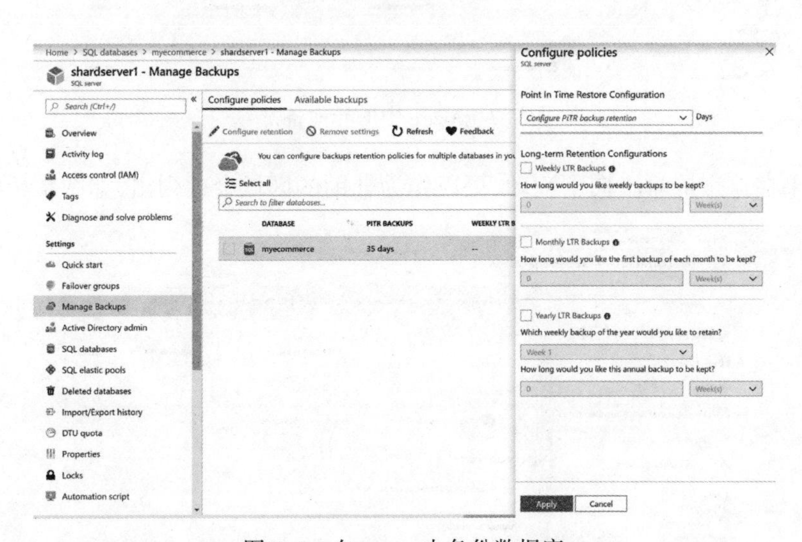

图 7.6　在 Azure 中备份数据库

至每日备份,如果需要,还应该配置更频繁的备份。这些备份可用于恢复数据。

备份将有助于业务连续性和数据恢复。还可以使用异地备份在区域故障期间恢复数据。在下一节中,我们将介绍异地备份。

3. 异地备份

Azure SQL 数据库还提供了能够将一个数据库复制到另一个区域(也称为辅助

区域)的优点,这完全是基于你所选择的计划。辅助区域的数据库可以被应用程序读取。Azure SQL 数据库允许可读的二级数据库。这是一个很好的业务连续性解决方案,因为一个可读的数据库在任何时间点都可用。使用异地备份,可以在不同地区或同一地区拥有多达 4 个数据库辅助设备。使用异地备份,还可以在发生灾难时将故障转移到辅助数据库。Geo-replication 是在数据库级配置的,如图 7.7 所示。

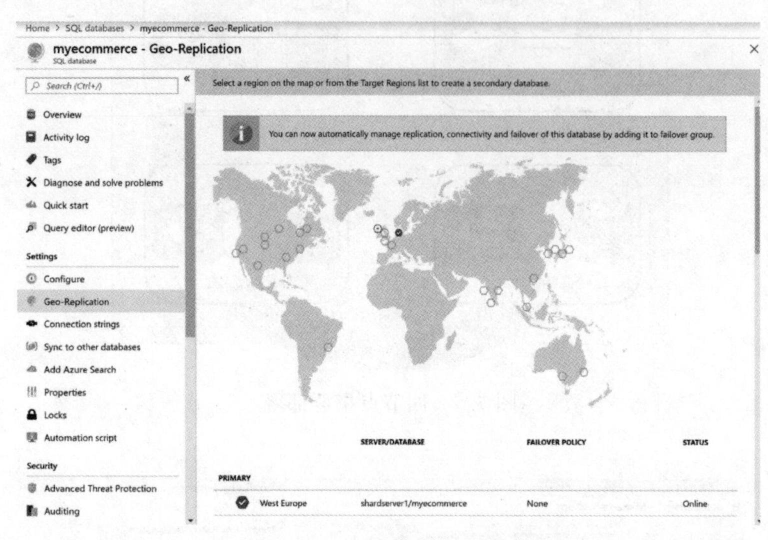

图 7.7　Azure 中的异地备份

如果在这个屏幕上向下滚动,可以作为辅助的区域会被列出,如图 7.8 所示。

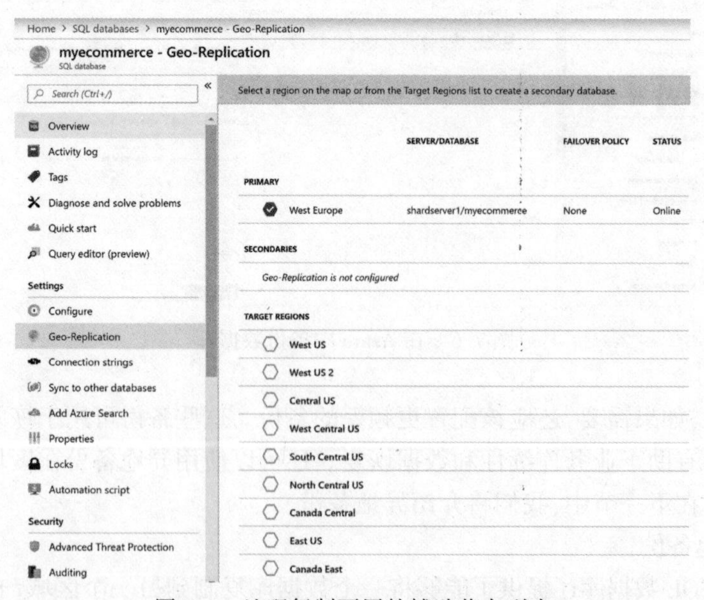

图 7.8　地理复制可用的辅助节点列表

在设计涉及地理复制的解决方案之前,我们需要验证数据驻留和遵从性法规。如果出于合规原因,不允许将客户数据存储在某个区域之外,那么,我们不应该将其复制到其他区域。

在下一节中,我们将探讨可伸缩性选项。

4. 可伸缩性

Azure SQL Database 通过添加更多的资源(如计算、内存和 IOPS)来提供垂直的可伸缩性。这可以通过增加数据库的数量来实现数据库吞吐量单位(Database Throughput Units,DTu)或 vCore 模式下的计算和存储资源,如图 7.9 所示 。

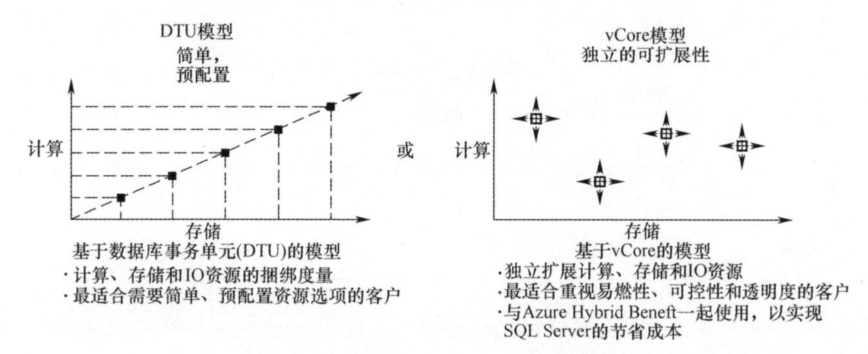

图 7.9 Azure SQL 数据库中的可伸缩性

本章的后面,我们已经讨论了基于 DTU 的模型和基于 vCore 的模型之间的区别。

下面,我们将讨论安全性,这将帮助您理解如何在 Azure 中构建安全的数据解决方案。

7.4.2 安全性

安全性是任何数据库解决方案和服务的一个重要因素。Azure SQL 为自己提供了企业级安全性,本节将列出 Azure SQL 中的一些重要安全特性。

1. 防火墙

Azure SQL 数据库默认不提供对任何请求的访问。访问 SQL Server 时,应该明确接受源 IP 地址。还有一个选项可以允许所有基于 Azure 的服务访问 SQL 数据库。这个选项包括托管在 Azure 上的虚拟机。

可以在服务器级而不是数据库级配置防火墙。允许访问 Azure 服务选项,允许所有服务(包括虚拟机)访问驻留在逻辑服务器上的数据库。

由于安全原因,默认情况下将关闭此功能;启用此功能将允许从所有 Azure 服务访问,如图 7.10 所示。

2. 在专用网络上的 Azure SQL 服务器

尽管通常可以通过互联网访问 SQL 服务器,但对 SQL 服务器的访问可能仅限

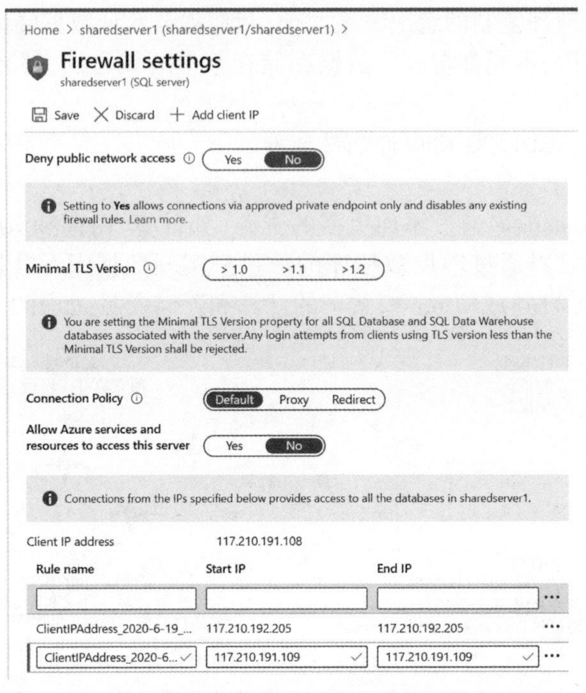

图 7.10　在 Azure 中配置服务器级的防火墙

于来自虚拟网络的请求。这是 Azure 中相对较新的特性,有助于从虚拟网络的另一个服务器上的应用程序访问 SQL 服务器中的数据,而不需要通过网络请求。

为此,虚拟网络中应该添加 Microsoft. Sql 类型的服务点,虚拟网络应该与 Azure Sql 数据库在同一个区域,如图 7.11 所示。

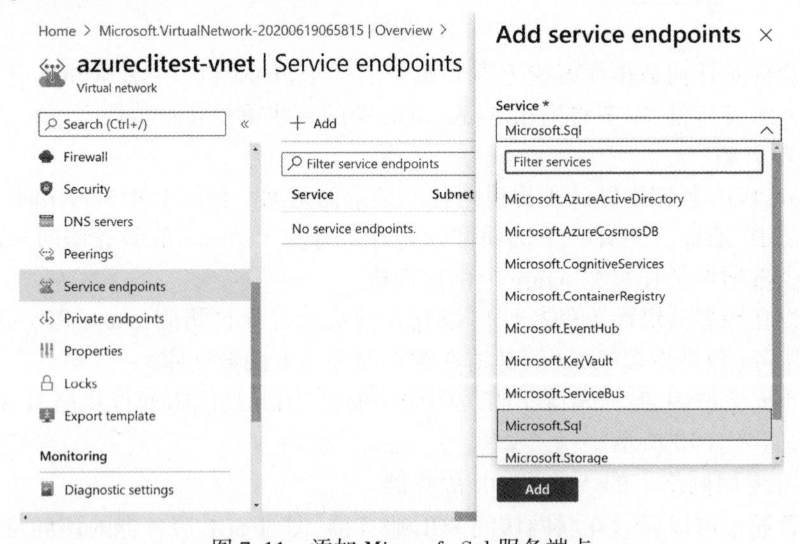

图 7.11　添加 Microsoft. Sql 服务端点

应在虚拟网络内选择适当的子网，如图 7.12 所示。

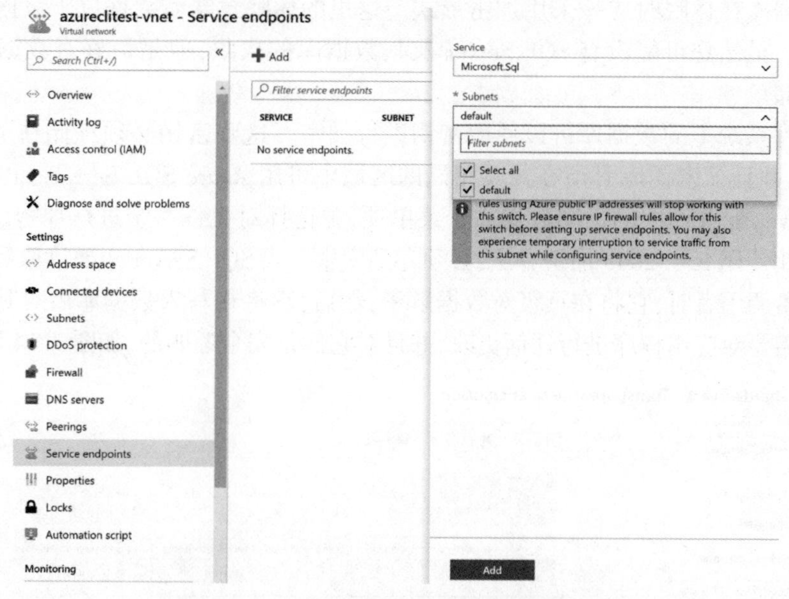

图 7.12　为 Microsoft. Sql 选择一个子网服务

最后，从 Azure SQL Server 配置栏中，应该添加一个现有的启用了 Sql 服务端点的具有 Microsoft. Sql 的虚拟网络，如图 7.13 所示 。

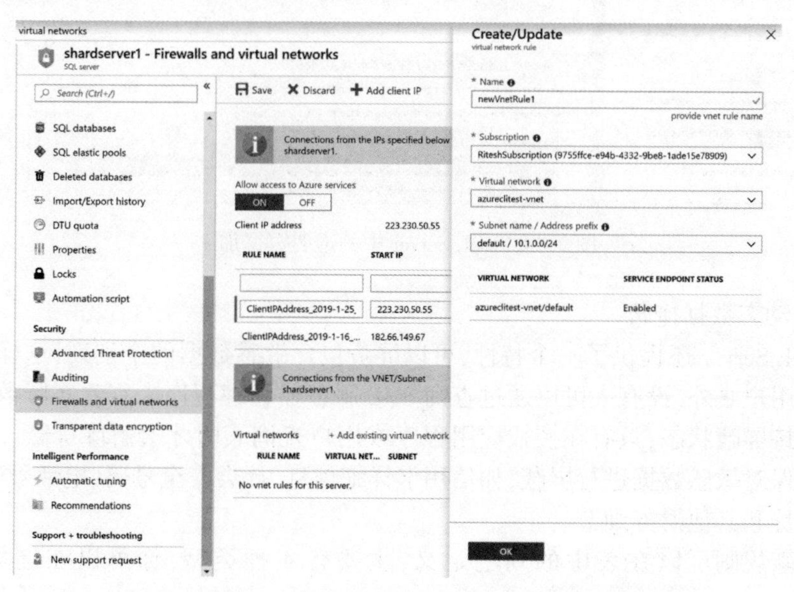

图 7.13　使用 Microsoft. Sql 服务端点添加一个虚拟网络

3. 休眠的加密数据库

数据库在休眠时应该采用加密形式。这里的休眠意味着数据位于数据库的存储区域。虽然您可能没有 SQL Server 及其数据库的权限,但是最好对数据库进行加密存储。

文件系统上的数据库可以使用密钥进行加密。这些密钥必须存储在 Azure 密钥库中,并且该密钥库必须在与其相同的区域中可用 Azure SQL Server。可以使用 SQL Server 配置栏中的透明数据加密菜单项,并选择对文件系统进行加密。

密钥使用 RSA 2048 加密算法,必须存到库中。当 SQL Server 想要读取数据并将其发送给调用者时,它将在页级对数据解密;然后,它将在写入数据库后对其进行加密。不需要对应用程序进行任何更改,并且对它们是完全透明的,如图 7.14 所示。

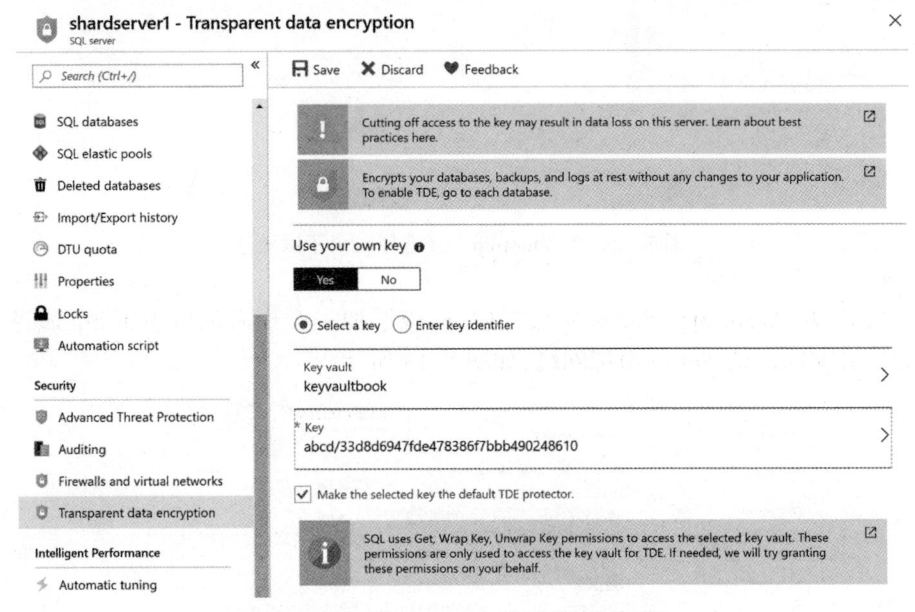

图 7.14　SQL Server 中的透明数据加密

4. 动态数据掩蔽

SQL Server 还提供了一个特性,可以屏蔽包含敏感数据的个别列,这样除了有特权的用户之外,没有人可以通过查询 SQL 服务器管理程序来查看实际数据。数据将保持屏蔽状态,只有在授权应用程序或用户查询表时才会解除屏蔽。架构师应该确保对敏感数据进行屏蔽,如信用卡详细信息、社会安全号码、电话号码、电子邮件地址和其他财务细节。

屏蔽规则可以在表中的列上定义,主要有 4 种类型,你可以在这里查看:https://docs.microsoft.com/sql/relational-databases/security/dynamic-data-masking?view=sql-server-ver15#defining-a-dynamic-data-mask。

图 7.15 显示了如何添加数据屏蔽。

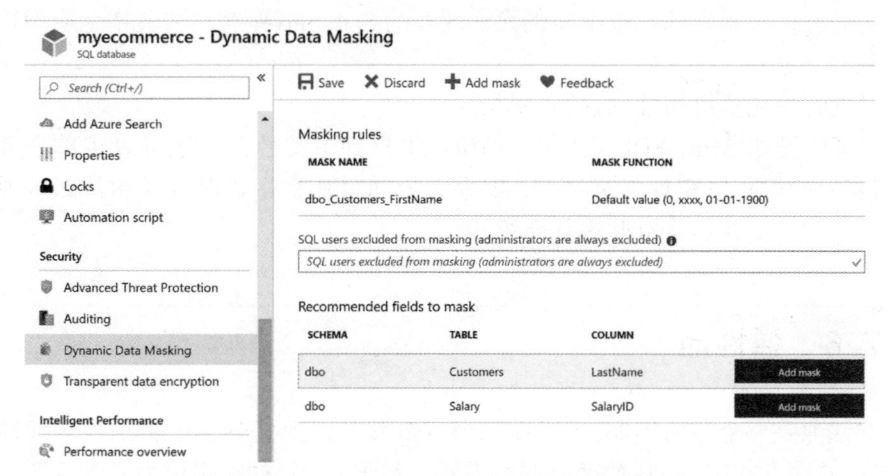

图 7.15　SQL 数据库中的动态数据屏蔽

5. Azure 活动目录集成

Azure SQL 的另一个重要安全特性是可以与之集成用于认证目的的 Azure 活动目录(Active Directory)。没有结合 Azure 活动目录,对 SQL Server 唯一可用的身份验证机制是通过用户名和密码身份验证——也就是 SQL 身份验证。不可能使用集成的 Windows 身份验证。用于 SQL 身份验证的连接字符串由明文的用户名和密码组成,这是不安全的。与 Azure 活动目录集成后,可以使用 Windows 身份验证、服务主体名或基于令牌的身份验证对应用程序进行身份验证。使用 Azure SQL 数据库与 Azure 活动目录集成是一个很好的方案。

还有其他安全特性,如高级威胁保护、环境审计和监视,应该在任何企业级 Azure 上启用 SQL 数据库部署。

至此,我们已经总结了 Azure SQL 数据库的特性,现在可以继续讨论 SQL 数据库的类型了。

7.5 单一实例

单实例数据库作为单个逻辑服务器上的单个数据库托管,这些数据库无法访问 SQL Server 提供的完整特性。每个数据库都是独立的和可移植的。单实例支持基于 vCPU 的和我们前面讨论过的基于 DTU 的购买模型。

单一数据库的另一个额外优势是成本效率。如果您在基于 vCore 的模型中,可以选择更低的计算和存储资源来优化成本。如果您需要更多的计算或存储能力,您总是可以扩展。动态可伸缩性是单个实例的一个突出特性,它有助于根据业务需求动态地扩展资源。单个实例允许现有的 SQL Server 客户将其本地应用程序转移到云上。

其他特性包括可用性、监控和安全性。

当我们开始 Azure SQL 数据库一节时,也提到了弹性池。还可以将单个数据库转换为弹性池,以实现资源共享。如果您想知道什么是资源共享和什么是弹性池,在下一节中,我们将对此进行介绍。

7.6 弹性池

弹性池是一个逻辑容器,可以在一个逻辑服务器上托管多个数据库。弹性池有基于 vCore 和基于 DTU 的两种购买模式。基于 vCPU 的购买模型是默认和推荐的部署方法,您可以根据业务工作负载自由选择计算和存储资源。如图 7.16 所示,您可以选择您的数据库需要多少内核和多少存储。

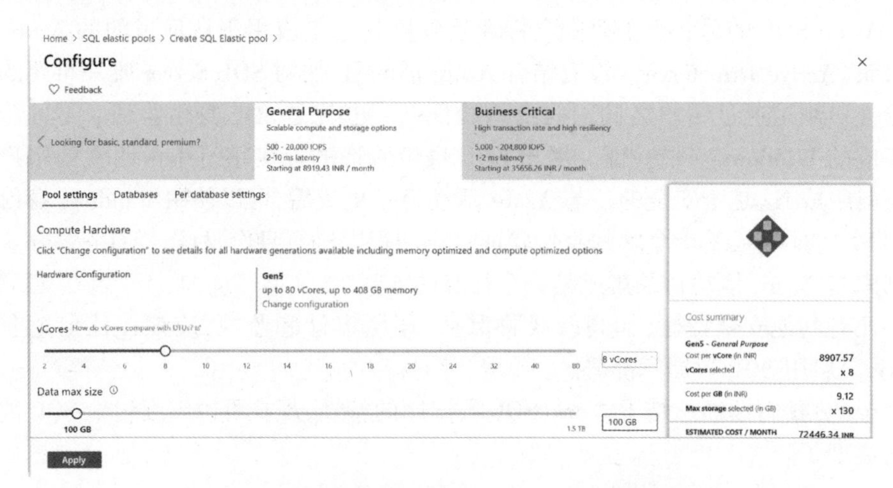

图 7.16　在基于 vCore 的模型中建立弹性池

此外,在图 7.16 的顶部,您可以看到有一个选项,上面写着寻找基础型、标准型或高级型? 如果您选择此选项,模型将切换为 DTU 模型。

基于 DTU 模型的弹性池可用 SKU 如下。

(1) 基础型。

(2) 标准型。

(3) 高级型。

图 7.17 显示了可为每个 SKU 提供的最大 DTU 数量。

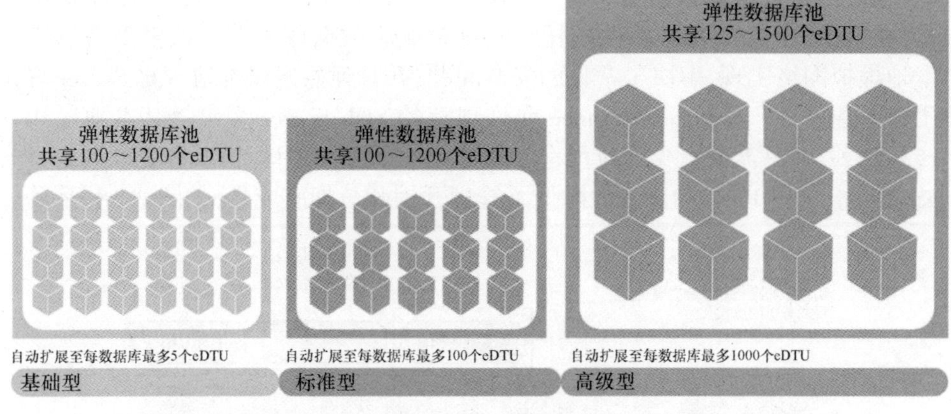

图 7.17　弹性池中每个 SKU 的 DTU 数量①

在 Azure SQL 单实例中讨论的所有特性也适用于弹性池；然而，水平可伸缩性是支持分片的另一个特性。分片是指对数据进行垂直或水平分区，并将数据存储在单独的数据库中。通过使用比实际分配给该数据库的 DTU 更多的 DTU，也可以对弹性池中的各个数据库进行自动伸缩。

弹性池还提供了成本方面的另一个优势。在后面的一节中，您将看到 Azure SQL 数据库使用 DTU 进行定价，并且一旦提供了 SQL Server 服务，DTU 就会立即提供。无论是否使用 DTU，DTU 都要收费。如果有多个数据库，那么，可以将这些数据库放入弹性池中，并让它们共享 DTU。

关于使用 Azure SQL 弹性池实现分片的所有信息都在下面提供：https://docs.microsoft.com/zh-cn/azure/azure-sql/database/firewall-create-server-level-portal-quickstart。

接下来，我们将讨论托管实例部署选项，它是一个可伸缩的、智能的、基于云的、完全管理的数据库。

7.7　托管实例

托管实例是一种独特的服务，它提供了一个托管 SQL 服务器，类似于本地服务器上可用的服务。用户可以访问主数据库、模型数据库和其他系统数据库。当有多个数据库和客户将他们的实例迁移到 Azure 时，托管实例是理想的。托管实例由多个数据库组成。

① 译者注：eDTU 即为弹性 DTU，是 DTU 的池化概念，池中数据库可以进行添加或删除。

Azure SQL 数据库提供了一种新的部署模型,称为 Azure SQL 数据库提供与 SQL Server 几乎 100%的兼容性的托管实例企业版数据库引擎。该模型提供了一个本地虚拟网络实现,解决了常见的安全问题,并且强烈建议本地 SQL Server 客户使用该业务模型。Managed Instance 允许现有的 SQL Server 客户将其本地应用程序转移到云上,只需要最少的应用程序和数据库更改,同时保留所有更改同时具有 PaaS 功能。这些 PaaS 功能大大降低了管理开销和总拥有成本,如图 7.18 所示。

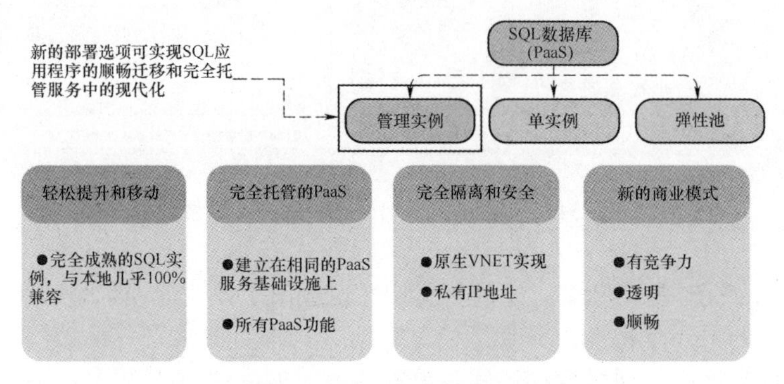

图 7.18　Azure SQL 数据库管理实例

Azure SQL 数据库、Azure SQL 管理实例和 Azure 虚拟机上的 SQL Server 之间的完整比较可以在这里获得:https://docs.microsoft.com/azure/azure-sql/azure-sql-iaas-vs-paas-what-is-overview#comparison-table。

Managed Instance 的主要特性如图 7.19 所示。

Feature	Description
SQL Server version / build	SQL Server Database Engine (latest stable)
Managed automated backups	Yes
Built-in instance and database monitoring and metrics	Yes
Automatic software patching	Yes
The latest Database Engine features	Yes
Number of data files (ROWS) per the database	Multiple
Number of log files (LOG) per database	1
VNet - Azure Resource Manager deployment	Yes
VNet - Classic deployment model	No
Portal support	Yes
Built-in Integration Service (SSIS)	No - SSIS is a part of Azure Data Factory PaaS
Built-in Analysis Service (SSAS)	No - SSAS is separate PaaS
Built-in Reporting Service (SSRS)	No - use Power BI or SSRS IaaS

图 7.19　SQL 数据库管理实例特性

我们在本章中多次提到了基于 vCPU 的定价模型和基于 DTU 的定价模型这两个术语,是时候仔细看看这些定价模式了。

7.8 SQL 数据库定价

Azure SQL 之前只有一种定价模型——基于 DTU 的模型——但也推出了一种基于 vCPU 的替代定价模型。定价模型是根据客户的需求来选择的。当客户需要简单且预先配置的资源选项时,将选择基于 DTU 的模型。基于 vCore 的模型提供了选择计算和存储资源的灵活性,还提供了控制和透明度。

让我们仔细看看每个模型。

7.8.1 基于 DTU 的定价

DTU 是 Azure SQL 数据库性能度量的最小单位。每一个 DTU 对应一定数量的资源。这些资源包括存储、CPU 周期、IOPS、网络带宽。例如,单个 DTU 可能提供 3 个 IOPS、几个 CPU 周期和读操作的 IO 延迟(5ms)与写操作的 IO 延迟(10ms)。

一方面,Azure SQL Database 提供了多个用于创建数据库的 SKU,每个 SKU 都是 SKU 为 DTU 的最大数量定义了约束。例如,BasicSKU 只提供 5 个 DTU、最大 2GB 的数据,如图 7.20 所示。

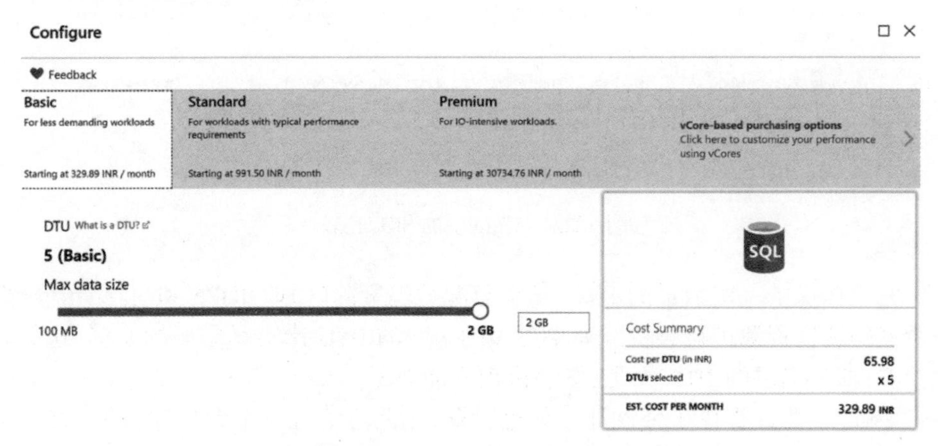

图 7.20　不同 SKU 的 DTU

另一方面,标准 SKU 提供 10~300 个 DTU 之间的任何东西 DTU,最大数据容量为 250GB。正如您在这里看到的,每个 DTU 的成本大约是 991 卢比(约合 1.40 美元),如图 7.21 所示。

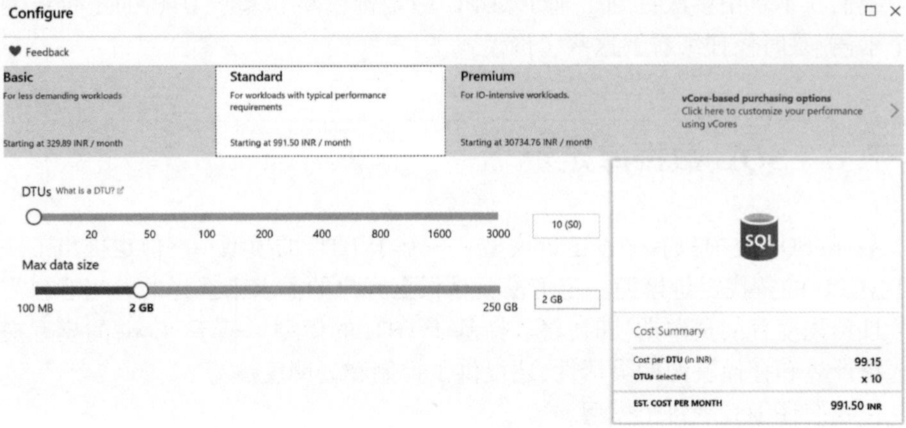

图 7.21　标准 SKU 中选定的 DTU 数量的成本汇总

以下提供了这些 SKU 在性能和资源方面的比较 Microsoft，如图 7.22 所示。

	Basic	Standard	Premium
Target workload	Development and production	Development and production	Development and production
Uptime SLA	99.99%	99.99%	99.99%
Backup retention	7 days	35 days	35 days
CPU	Low	Low, Medium, High	Medium, High
IO throughput (approximate)	2.5 IOPS per DTU	2.5 IOPS per DTU	48 IOPS per DTU
IO latency (approximate)	5 ms (read), 10 ms (write)	5 ms (read), 10 ms (write)	2 ms (read/write)
Columnstore indexing	N/A	S3 and above	Supported
In-memory OLTP	N/A	N/A	Supported

图 7.22　Azure 中的 SKU 比较

一旦提供了一定数量的 DTU，就会分配后端资源（CPU、IOPS 和内存），并根据是否使用这些资源进行收费。如果更多的采购的 DTU 比实际需要的要多，这会导致浪费；如果提供的 DTU 不足，则会出现性能瓶颈。

Azure 也为此提供了弹性池。如您所知，弹性池中有多个数据库，DTU 被分配给弹性池，而不是单个数据库。一个池中的所有数据库都可以共享 DTU。这意味着，如果一个数据库的利用率很低，并且只消耗 5 个 DTU，那么，另一个数据库将消耗 25 个 DTU 以进行补偿。

需要注意的是，总的 DTU 消耗不能超过为弹性池准备的 DTU 数量。此外，应该为弹性池中的每个数据库分配一个最小的 DTU 数量，并且这个最小的 DTU 计数是预先为数据库分配的。

弹性池有自己的 SKU,如图 7.23 所示。

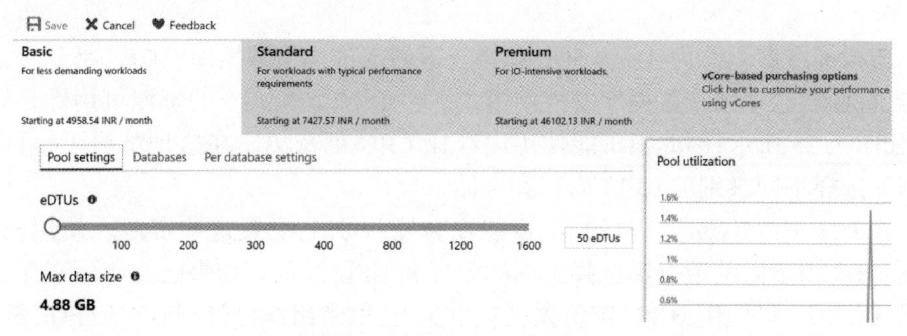

图 7.23 弹性池中的 SKU

此外,在单个弹性池中可以创建的数据库的最大数量也有限制。完整的限制可以在这里回顾:https://docs.microsoft.com/azure/azure-sql/database/resource-limits-dtu-elastic-pools。

7.8.2 基于 vCPU 的定价

这是 Azure SQL 的新定价模型。此定价模型提供了获取分配给服务器的虚拟 CPU(vCPU)数量的选项,而不是设置应用程序所需的 DTU 数量。vCPU 是一个逻辑 CPU,附带硬件,如存储、内存和 CPU 内核。

在这个模型中,有 3 个 SKU,即通用型、超大型和关键业务型,有不同数量的 vCPU 和可用资源。此定价适用于所有 SQL 部署模型,如图 7.24 所示。

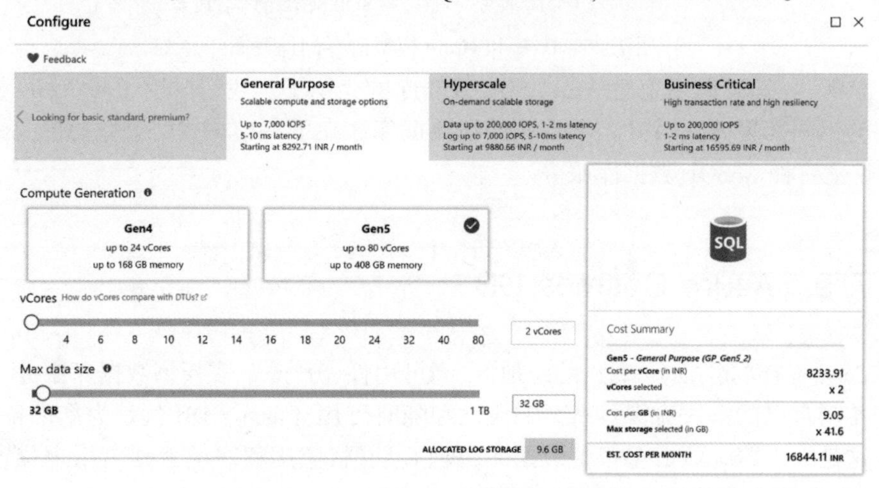

图 7.24 通用 SKU 的 vCPU 定价

7.8.3 如何选择合适的定价模式

架构师应该能够为 Azure SQL 选择合适的定价模型数据库。DTU 是一种很好的定价机制,它适用于数据库的使用模式。由于 DTU 模式中的资源可用性是线性的,如图 7.25 所示,因此很可能使用内存比 CPU 更密集。在这种情况下,可以为数据库选择不同级别的 CPU、内存和存储。

在 DTU 中,资源是打包的,不可能在粒度级别上配置这些资源。使用 vCPU 模型,可以为不同的数据库选择不同的内存和 CPU 级别。如果已知应用程序的使用模式,那么,可使用 vCPU 定价模型。事实上,如果组织已经拥有本地 SQL Server 许可证,vCPU 模型还提供了混合许可证的好处。有多达的折扣 30%提供给这些 SQL Server 实例。

在图 7.25 中,您可以从左边的图中看到,随着 DTU 数量的增加,资源可用性也呈线性增长;然而,使用 vCPU 定价,可以为每个数据库选择独立的配置。

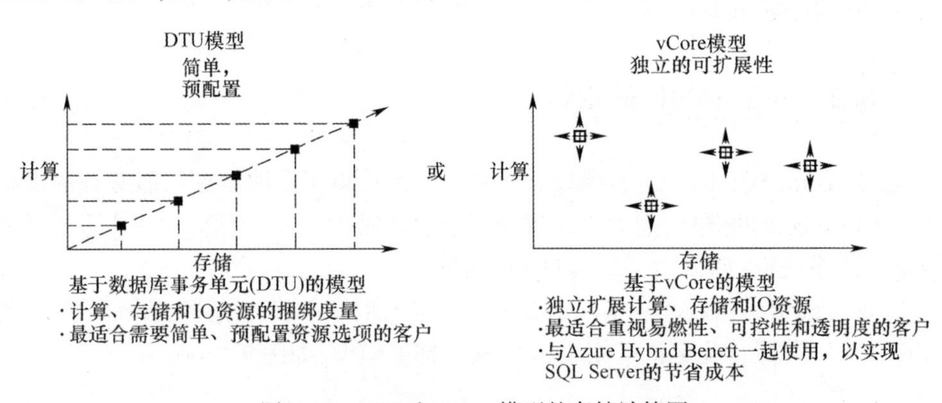

图 7.25 DTU 和 vCore 模型的存储计算图

至此,我们可以结束对 Azure SQL 数据库的介绍了。我们讨论了与 Azure SQL 相关的不同部署方法、特性、定价和计划数据库。在下一节中,我们将介绍 Cosmos DB,它是一种 NoSQL 数据库服务。

7.9 Azure Cosmos DB

Cosmos DB 是 Azure 真正的跨地区、高可用性、分布式、多模型数据库服务。如果您希望自己的解决方案具有高响应性和随时可用,Cosmos DB 就是为您准备的。由于这是一个跨地区的多模型数据库,我们可以将应用程序部署到离用户位置更近的地方,从而实现低延迟和高可用性。

通过单击一个按钮,吞吐量和存储可以跨任意数量的 Azure 区域进行扩展。有几种不同的数据库模型可以覆盖几乎所有的非关系数据库需求。

(1) SQL (documents)。

(2) MongoDB。

(3) Cassandra。

(4) Table。

(5) Gremlin Graph。

Cosmos DB 中的对象层次结构从 Cosmos DB 账户开始。一个账户可以有多个数据库,每个数据库可以有多个容器。根据数据库的类型,容器可能由文档组成,如 SQL 的情况;表存储中的半结构化键值数据;或实体和这些实体之间的关系,如果使用 Gremlin 和 Cassandra 存储 NoSQL 数据。

Cosmos DB 可用于存储 OLTP 数据。它解释了 ACID 与事务数据的关系,但有一些需要注意的地方。

Cosmos DB 在单个文档级别上提供了 ACID 需求。这意味着,文档中的数据在更新、删除或插入时,将保持其原子性、一致性、隔离性和持久性。然而,除了文档之外,一致性和原子性必须由开发人员自己管理。

Cosmos DB 的价格可以在这里找到:https://azure.microsoft.com/pricing/details/cosmos-db。

图 7.26 显示了 Azure Cosmos DB 的一些特性。

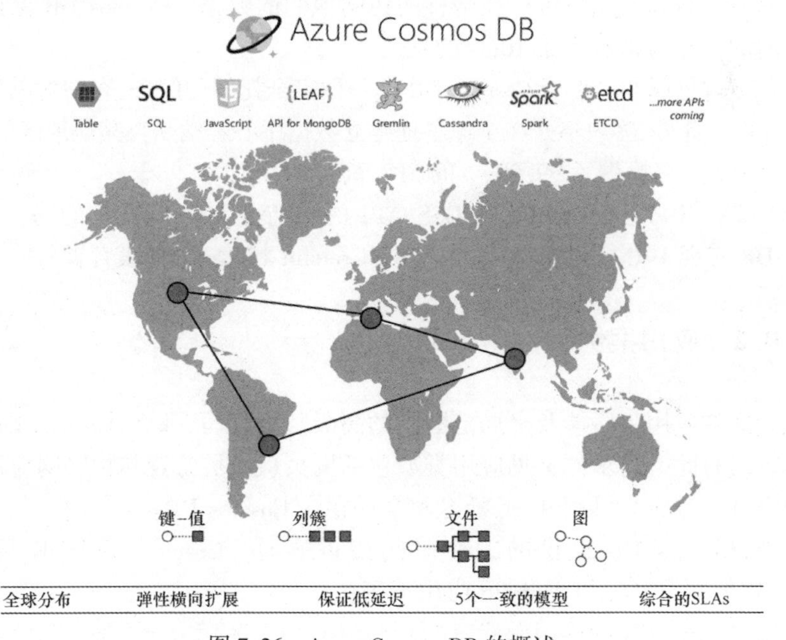

图 7.26　Azure Cosmos DB 的概述

在下一节中,我们将介绍 Azure Cosmos DB 的一些关键特性。

7.9.1 特性

Azure Cosmos DB 的一些主要优点如下。

(1) 全球分布。使用 Azure Cosmos DB 可以在全球范围内构建高响应和高可用性的应用程序。在复制的帮助下,数据的副本可以存储在靠近用户的 Azure 区域中,从而提供更少的延迟和全局分布。

(2) 备份。您可以随时选择是否复制到某个区域。假设您在美国东部地区有一个可用的数据副本,并且您的组织正计划关闭他们在美国东部的流程并迁移到英国南部。只需几次点击,美国东部可以删除,英国南部可以添加到账户复制。

(3) 始终可用。Cosmos DB 为读写提供了 99.999%的高可用性。可以通过 Azure 门户或编程方式调用 Cosmos DB 账户到另一个区域的区域故障转移。这确保了在区域故障期间应用程序的业务连续性和灾难恢复计划。

(4) 可扩展性。Cosmos DB 为全球的写和读提供了无可比拟的弹性可伸缩性。可伸缩性响应是巨大的,这意味着,您可以通过一个 API 调用每秒扩展数千到数亿个请求。有趣的是,这在全球范围内都可以实现,但您只需要为吞吐量和存储支付费用。这种级别的可伸缩性非常适合处理意外的峰值。

(5) 低延迟。正如前面提到的,将数据副本复制到离用户更近的位置大大减少了延迟;这意味着,用户可以在毫秒内访问他们的数据。Cosmos DB 保证在全世界范围内的读和写都有少于 10ms 的延迟。

(6) 节省总成本。由于 Cosmos DB 是一种完全托管的服务,客户对其管理水平的要求较低。此外,客户不必在全球各地建立数据中心容纳来自其他地区的用户。

(7) SLA。它提供了 99.999%的 SLA 高可用性。

(8) 支持开源程序 API。对 OSS API 的支持是 Cosmos DB 的另一个优势。Cosmos DB 实现了 Cassandra、Mongo DB、Gremlin 和 Azure 的表存储。

7.9.2 应用案例

如果您的应用程序涉及全局范围内的高级数据读写,那么,Cosmos DB 是理想的选择。具有此类需求的常见应用类型包括网页、手机、游戏和物联网应用。这些应用程序将受益于高可用性、低延迟和全局存在 Cosmos DB。

此外,Cosmos DB 提供的响应时间接近实时。Cosmos DB SDK 可以利用 Xamarin 框架开发 iOS 和 Android 应用程序。

使用 Cosmos DB 的热门游戏有《行尸走肉:无人区》和《光环 5: 守护者》。

用例场景和示例的完整列表可以在这里找到:https://docs. microsoft. com/ azure/cosmos-db/use-cases。

Cosmos DB 是 Azure 中的首选服务,用于存储半结构化数据,作为 OLTP 应用程序的一部分。我可以写一整本书来单独介绍 CosmosDB,本节的目的是向您介绍 Cosmos DB 及其在处理 OLTP 应用程序中所扮演的角色。

7.10 小结

在本章中,您了解了 Azure SQL 数据库是 Azure 的旗舰服务之一。目前,大量客户正在使用该服务,它提供了关键任务数据库管理系统所需的所有企业功能。

您发现 Azure SQL 数据库有多种部署类型,如单实例、托管实例和弹性池。架构师应该对他们的需求进行完整的评估,并选择适当的部署模型。在他们选择部署模型之后,应该在 DTU 和 vCPU 之间选择定价策略。他们还应该配置 Azure SQL 中所有的安全性、可用性、灾难恢复、监控、性能和可伸缩性需求数据库相关数据。

在下一章,我们将讨论如何在 Azure 中构建安全的应用程序。我们将介绍大多数服务的安全实践和特性。

第8章 在Azure上构建安全的应用程序

在前一章中,我们讨论了 Azure 数据服务。当我们处理敏感数据时,安全性是一个大问题。安全无疑是架构师要实现的最重要的非功能性需求。企业非常重视安全策略的正确实施。事实上,在应用程序的开发、部署和管理中,安全性几乎是每个利益相关者最关心的问题之一。当构建应用程序以部署到云中时,这一点变得更加重要。

为了让您理解如何在 Azure 上根据部署的性质保护您的应用程序,本章将讨论以下主题。

(1) 理解 Azure 中的安全性。

(2) 基础设施层面的安全。

(3) 应用程序级别的安全。

(4) Azure 应用程序中的身份验证和授权。

(5) 使用 OAuth、Azure Active Directory 和其他认证方法使用联邦身份,包括 Facebook 等第三方身份提供商。

(6) 理解托管身份并使用它们访问资源。

8.1 安全

如前所述,安全性是任何软件或服务的重要元素。应该实现足够的安全性,以便应用程序只能由被允许访问它的人使用,并且用户不应该能够执行他们不被允许执行的操作。同样,整个请求-响应机制应该使用这样的方法来构建,即确保只有目标方能够理解消息,并确保很容易检测到消息是否被篡改。

出于以下原因,Azure 中的安全性更加重要。首先,部署应用程序的组织无法完全控制底层硬件和网络。其次,安全性必须内置于每一层,包括硬件、网络、操作系统、平台和应用程序。任何遗漏或错误配置都会使应用程序容易受到入侵者的攻击。例如,您可能听说过最近影响 Zoom 会议的漏洞,该漏洞允许黑客记录会议,即使会议主持人已禁止参会者记录。消息人士称,数百万 Zoom 账户已经在暗网上出售。公司已采取必要措施来解决此漏洞。

如今,安全性是一个大问题,尤其是在云中托管应用程序时,如果处理不当,可能会导致可怕的后果。因此,有必要了解保护工作负载的最佳实践。我们在开发和运营领域取得了进展,开发和运营团队在工具和实践的帮助下有效地合作,安全性也是一个大问题。

为了在不影响流程的整体生产力和效率的情况下,将安全原则和实践作为开发平台的重要组成部分,引入了一种称为 DevSecOps 的新文化。DevSecOps 帮助我们在开发阶段早期识别安全问题,而不是在运行后减轻它们。在一个开发过程中,安全是每个阶段的关键原则,DevSecOps 降低了在后期雇佣安全专业人员来发现软件安全缺陷的成本。

保护应用程序意味着未知和未经授权的实体无法访问它。这也意味着与应用程序的通信是安全的,不会被篡改。这包括以下安全措施。

(1) 身份验证。身份验证检查用户的身份,并确保给定的身份可以访问应用程序或服务。身份验证是在 Azure 中使用 OpenID Connect 执行的,OpenID Connect 是一种建立在 OAuth 2.0 上的身份验证协议。

(2) 授权。授权允许并建立身份可以在应用程序或服务中执行的权限。授权在 Azure 中使用 OAuth 执行。

(3) 机密性。机密性确保用户和应用程序之间的通信保持安全。实体之间的有效载荷交换是加密的,因此仅对发送者和接收者有意义,而对其他人没有意义。使用对称和非对称加密来确保消息的机密性。证书用于实现加密,即消息的加密和解密。

对称加密使用单个密钥,发送方和接收方共享,而非对称加密使用一对私钥和公钥进行加密,更加安全。Linux 中用来认证的 SSH 密钥对就是一个非常好的非对称加密的例子。

(4) 完整性。完整性确保发送方和接收方之间的有效负载与消息交换不会被篡改。接收方收到的消息与发送方发送的消息相同。数字签名和散列是检查传入消息完整性的实现机制。

安全性是服务提供商和服务消费者之间的合作关系。双方对部署堆栈都有不同级别的控制,每一方都应该实施安全最佳实践,以确保识别和减轻所有威胁。我们已经从第 1 章中了解到,云广泛地提供了 3 种模式——IaaS、PaaS、SaaS——并且每一种模式都有不同级别的对部署堆栈的协作控制。各方应为其控制下和范围内的组件实施安全措施。未能在堆栈中的任何一层或由任何一方实现安全性将使整个部署和应用程序容易受到攻击。每个组织都需要有一个生命周期的安全模型,就像任何其他过程一样。这确保了安全实践不断改进,以避免任何安全缺陷。在下一节中,我们将讨论安全生命周期以及如何使用它。

8.1.1 安全生命周期

安全性通常被视为解决方案的非功能性需求。然而,随着目前网络攻击数量的增加,现在它被认为是每个解决方案的功能要求。

每个组织对其应用程序都遵循某种应用程序生命周期管理。当安全性被视为功能需求时,它应该遵循相同的应用程序开发过程。安全不应该是事后的想法;它应该从一开始就是应用程序的一部分。在应用程序的总体规划阶段,还应该规划安全性。根据应用程序的性质,应该识别不同种类和类别的威胁,并且基于这些识别,应该记录它们的范围和减轻它们的方法。应进行威胁建模练习,以说明每个组件可能面临的威胁。这将导致为应用程序设计安全标准和策略。这通常是安全设计阶段。下一个阶段称为威胁缓解或构建阶段。在此阶段,执行代码和配置方面的安全实施,以减轻安全威胁和风险。

系统只有经过测试才是安全的。应进行适当的渗透测试和其他安全测试,以识别尚未实施或被忽略的潜在威胁缓解措施。测试中的缺陷得到了修复,并且该周期在应用程序的整个生命周期中都在继续。为了安全起见,应该遵循图 8.1 所示的应用程序生命周期管理过程。

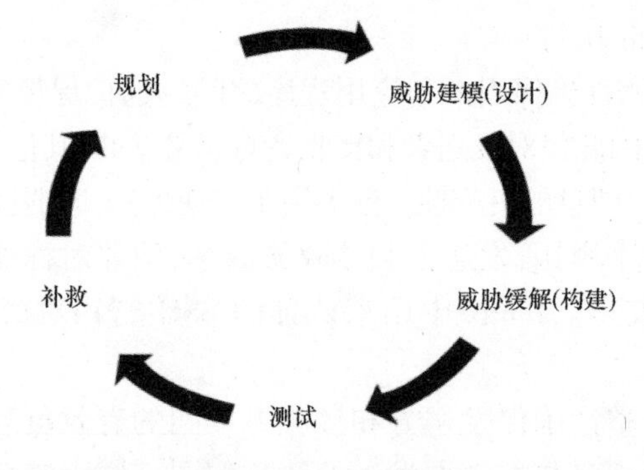

图 8.1 安全生命周期

规划、威胁建模、识别、缓解、测试、补救是迭代过程,即使应用程序或服务处于运行状态,这些过程也会继续。应该对整个环境和应用程序进行主动监控,以主动识别威胁并减轻威胁。监控还应该启用警报和审核日志,以帮助进行反应式诊断、故障排除以及消除威胁和漏洞。

任何应用程序的安全生命周期都是从规划阶段开始的,最终会进入设计阶段。在设计阶段,应用程序的架构被分解成具有离散通信和宿主边界的粒度组件。威胁是根据它们与托管边界内和跨托管边界的其他组件的交互来识别的。在整个体系结构中,通过实施适当的安全功能来减轻威胁,一旦减轻措施到位,就要进行进一步的测试来验证威胁是否仍然存在。在应用程序部署到生产环境并开始运行后,将对其进行监控,以发现任何安全漏洞,并进行主动或被动补救。

如前所述,不同的组织有不同的过程和方法来实现安全生命周期;同样,微软提供了关于安全生命周期的完整指南和信息,可在以下链接查阅:https://www.Microsoft.com/securityengineering/sdl/practices。利用微软共享的实践,每个组织都可以专注于构建更安全的解决方案。随着我们在云计算时代不断进步,并将我们的企业和客户数据迁移到云中,了解如何保护这些数据至关重要。在下一节中,我们将探讨 Azure 安全性和不同级别的安全性,这将有助于我们在 Azure 中构建安全的解决方案。

8.1.2 Azure 安全

Azure 通过多个 Azure 区域的数据中心提供所有服务。这些数据中心在区域内以及跨区域互连。Azure 知道它为其客户托管任务关键型应用程序、服务和数据。它必须确保安全对其数据中心和区域至关重要。

客户将应用部署到云是基于他们相信 Azure 将保护他们的应用和数据免受漏洞与破坏。如果这种信任被打破,客户将不会迁移到云,因此,Azure 在所有层都实现了安全性,如图 8.2 所示,从数据中心的物理边界到逻辑软件组件。每一层都受到保护,即使是 Azure 数据中心团队也无法访问它们。

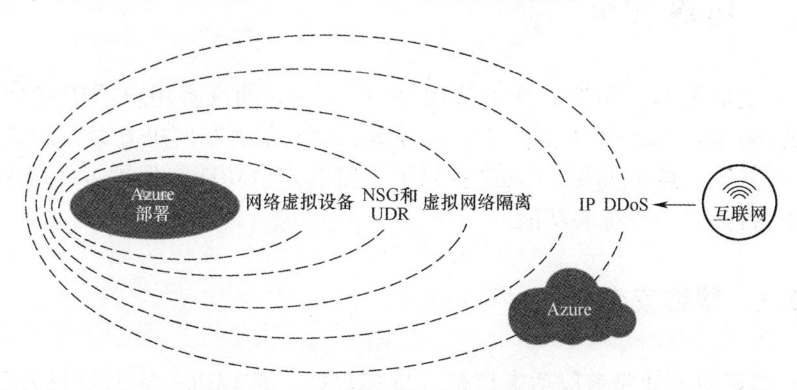

图 8.2 Azure 数据中心不同层的安全特性

安全性对微软和 Azure 都至关重要。微软确保与客户建立信任,并通过确保客户的部署、解决方案和数据在物理上和虚拟上都完全安全来实现这一点。如果云平台没有物理和数字安全,人们就不会使用它。

为了确保客户对 Azure 的信任,Azure 开发中的每个活动都是从安全角度进行规划、记录、审核和监控的。Azure 物理数据中心受到保护,免受入侵和未经授权的访问。事实上,即使是微软的人员和运营团队也无法访问客户的解决方案和数据。这里列出了 Azure 提供的一些现成的安全功能。

(1) 安全用户访问。客户的部署、解决方案和数据只能由客户访问。即使是 Azure 数据中心人员也无法访问客户工件。客户可以允许其他人访问,然而,这由客户自行决定。

(2) 静态加密。Azure 加密其所有管理数据,其中包括各种企业级存储解决方案,以满足不同的需求。微软还为 Azure SQL 数据库、Azure 宇宙数据库和 Azure 数据湖等托管服务提供加密。由于数据是静态加密的,任何人都无法读取。它还向其客户以及那些可以加密静态数据的人提供这一功能。

(3) 传输时加密。Azure 加密从其网络流出的所有数据。它还确保其网络主干免受任何未经授权的访问。

(4) 主动监控和审计。Azure 持续主动监控其所有数据中心。它主动识别任何漏洞、威胁或风险,并减轻它们。

Azure 符合特定国家、地方、国际和行业的合规标准。您可以在 https://www.Microsoft.com/trustcenter/compliance/complianceoffices 上浏览完整的 MicroSoft 法规遵从性产品列表。在 Azure 中部署兼容解决方案时,请将此作为参考。现在我们知道了 Azure 中的关键安全特性,让我们继续深入研究 IaaS 安全性。在下一节中,我们将探讨客户如何利用 Azure 中可用的 IaaS 安全功能。

8.2 IaaS 安全

Azure 是部署 IaaS 解决方案的成熟平台。Azure 的许多用户希望完全控制他们的部署,通常将 IaaS 用于他们的解决方案。这些部署和解决方案在默认和设计上是安全的,这一点很重要。Azure 提供了丰富的安全功能来保护 IaaS 解决方案。在本节中,将介绍一些主要功能。

8.2.1 网络安全

IaaS 部署的最低要求包括虚拟机和虚拟网络。虚拟机可能通过将公共 IP 应用于其网络接口而暴露于互联网,或者它可能只对内部资源可用。反过来,这些内部资源中的一部分可能会暴露在互联网上。在任何情况下,虚拟机都应该受到保护,以便未经授权的请求甚至不会到达它们。应该使用能够过滤网络本身上的请求的设施来保护虚拟机,而不是让请求到达虚拟机并由虚拟机对其采取行动。

隔离是虚拟机用作其安全机制之一的一种机制。该围栏可以根据请求的协议、源 IP、目的 IP、始发端口、目的端口来允许或拒绝请求。此功能是使用 Azure 网络安全组(NSG)资源部署的。NSG 由针对传入和传出请求进行评估的规则组成。根据这些规则的执行和评估,决定是允许还是拒绝访问请求。

NSG 非常灵活,可以应用于虚拟网络子网或单个网络接口。一方面,应用于子网时,安全规则将应用于该子网中托管的所有虚拟机;另一方面,应用于网络接口只会影响对与该网络接口相关联的特定虚拟机的请求。也可以将 NSG 同时应用于网络子网和网络接口。通常,这种设计应该用于在网络子网级别应用通用的安全规则,在网络接口级别应用唯一的安全规则。它有助于设计模块化的安全规则。

图 8.3 描述了 NSG 评估的流程。

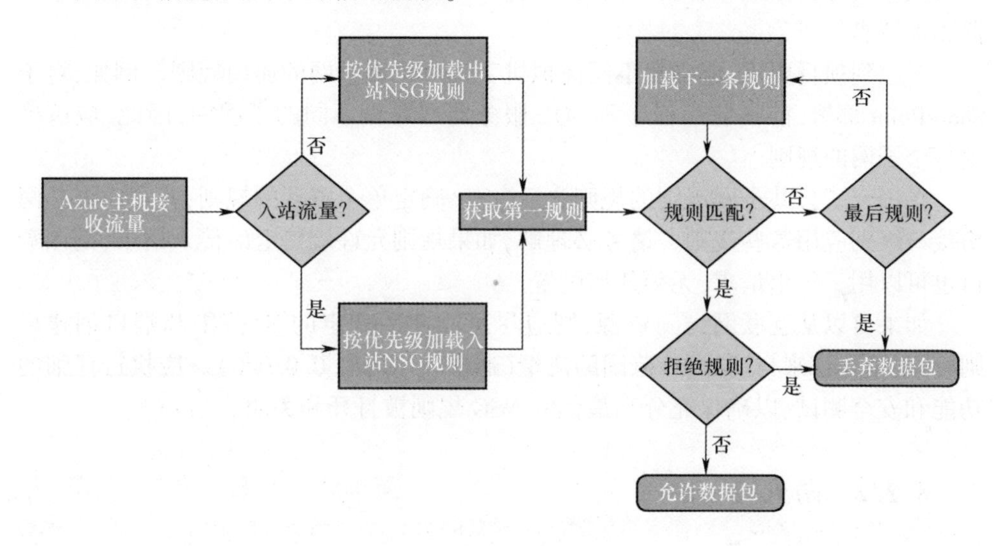

图 8.3　对 NSG 评估的流程图

当请求到达 Azure 主机时,根据它是入站请求还是出站请求,针对请求/响应加载并执行适当的规则。如果规则与请求/响应匹配,则请求/响应被允许或拒绝。规则匹配由重要的请求/响应信息组成,如源 IP 地址、目标 IP 地址、源端口、目标端口、使用的协议。此外,NSG 支持服务标签。服务标签表示来自给定 Azure 服务的一组 IP 地址前缀。微软管理地址前缀并自动更新它们。这消除了每次地址前缀发生变化时更新安全规则的麻烦。

可供使用的服务标签集可在 https://docs.microsoft.com/zh-cn/azure/virtual-network/service-tags-overview 上找到。服务标签可以用于 NSG 以及 Azure 防火墙。既然您已经了解了 NSG 的工作原理,那么让我们来看看 NSG 的设计,它将帮助您确定在创建 NSG 规则以提高安全性时应该考虑的要点。

NSG 设计方法如下。

设计 NSG 的第一步是确定资源的安全要求。应确定或考虑以下因素。

(1) 资源只能从互联网上获得吗?

(2) 资源可以从内部资源和互联网上获得吗?

(3) 资源是否只能从内部资源访问?

(4) 根据正在部署的解决方案的体系结构,确定所使用的相关资源、负载平衡器、网关和虚拟机。

(5) 配置虚拟网络及其子网。

利用这些调查的结果,应该创建一个适当的 NSG 设计。理想情况下,每个工作负载和资源类型应该有多个网络子网。不建议在同一子网上同时部署负载平衡器和虚拟机。

考虑到项目要求,应确定不同虚拟机工作负载和子网的通用规则。例如,对于 SharePoint 部署,前端应用程序和 SQL 服务器部署在不同的子网中,因此,应该确定每个子网的规则。

在确定了公共子网级别的规则之后,应该确定单个资源的规则,并且应该在网络接口级别应用这些规则。请务必理解,如果规则允许端口上的传入请求,则该端口也可以用于传出请求,无须任何配置。

如果可以从互联网访问资源,则应尽可能使用特定的 IP 范围和端口创建规则,而不是允许来自所有 IP 范围的流量(通常表示为 0.0.0.0/0)。应执行仔细的功能和安全测试,以确保充分和最佳的 NSG 规则被打开和关闭。

8.2.2 防火墙

网络安全组为请求提供外部安全边界。但是,这并不意味着虚拟机不应该实施额外的安全措施。在内部和外部实现安全性总是更好。无论是在 Linux 还是在 Windows 中,虚拟机都提供了一种在操作系统级别过滤请求的机制。这在 Windows 和 Linux 中都称为防火墙。

建议为操作系统实施防火墙。它们帮助构建虚拟安全墙,只允许那些被认为可信的请求。任何不受信任的请求都将被拒绝访问。甚至还有物理防火墙设备,但是在云上,使用的是操作系统防火墙。图 8.4 显示了 Windows 操作系统的防火墙配置。

防火墙过滤网络数据包,并识别传入的端口和 IP 地址。防火墙使用这些数据包中的信息来评估规则,并决定是允许还是拒绝访问。

说到 Linux,有不同的防火墙解决方案可供选择。一些防火墙产品非常具体地针对正在使用的分布,如 SUSE 用 SuSefirewall2、Ubuntu 用 ufw。最广泛使用的实现是 firewalld 和 iptables,它们在每个发行版上都可用。

防火墙设计方法如下。

作为最佳实践,应该针对各个操作系统评估防火墙。每个虚拟机在整个部署

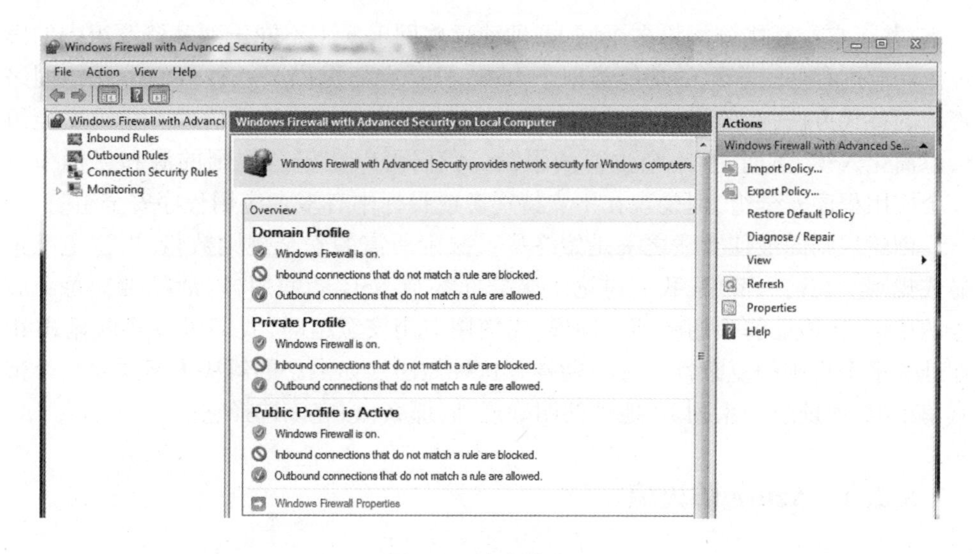

图 8.4 防火墙配置

和解决方案中都有不同的责任。应确定这些个人责任的规则,并相应地打开和关闭防火墙。

在评估防火墙规则时,考虑子网和单个网络接口级别的 NSG 规则非常重要。如果处理不当,规则可能会在 NSG 级别被拒绝,但在防火墙级别保持开放,反之亦然。如果请求在 NSG 级别被允许,在防火墙级别被拒绝,应用程序将无法正常工作;如果请求在 NSG 级别被拒绝,在防火墙级别被允许,则安全风险就会增加。

防火墙帮助您构建多个由安全规则隔离的网络。应执行仔细的功能和安全测试,以确保打开和关闭足够和最佳的防火墙规则。

使用 Azure 防火墙是最有意义的,这是一种基于 NSG 之上的云网络服务。它非常容易设置,为管理提供集中管理,并且不需要维护。Azure 防火墙和 NSG 相结合,可以在虚拟机、虚拟网络甚至不同的 Azure 订阅之间提供安全性。话虽如此,如果解决方案需要额外的安全级别,我们可以考虑实施操作系统级别的防火墙。我们将在即将到来的 Azure 防火墙部分更深入地讨论 Azure 防火墙。

8.2.3 应用安全组

NSG 应用于虚拟网络子网级别或直接应用于单个网络接口。虽然在子网级别应用 NSG 就足够了,但有时这还不够。单个子网中有不同类型的可用工作负载,每个工作负载都需要不同的安全组。可以将安全组分配给虚拟机的单个网络接口卡(NIC),但是如果有大量虚拟机,这很容易成为维护的噩梦。

Azure 有一个相对较新的特性,称为应用安全组。我们可以创建应用程序安全组,并将它们直接分配给多个网卡,即使这些网卡属于不同子网和资源组中的虚拟机。应用程序安全组的功能类似于 NSG,只是它们提供了一种将组分配给网络资源的替代方法,在跨资源组和子网分配组时提供了额外的灵活性。应用安全组可以简化 NSG,然而,有一个主要的限制。我们可以在安全规则的源和目标中有一个应用程序安全组,但是现在不支持在源或目标中有多个应用程序安全组。

创建规则的最佳实践之一是始终尽量减少所需的安全规则数量,以避免维护显式规则。在前一节中,我们讨论了服务标签与 NSG 的使用,以消除维护每个服务的单个 IP 地址前缀的麻烦。同样,当使用应用安全组时,我们可以降低显式 IP 地址和多个规则的复杂性。尽可能推荐这种做法。如果您的解决方案需要一个带有单个 IP 地址或一系列 IP 地址的明确规则,那么,您应该选择它。

8.2.4 Azure 防火墙

在前一节中,我们讨论了在 Windows/Linux 操作系统中使用 Azure 防火墙来允许或禁止通过特定端口和服务的请求和响应。虽然从安全角度来看,操作系统防火墙发挥着重要作用,必须针对任何企业部署实施,但 Azure 提供了一种称为 Azure 防火墙的安全资源,该资源具有类似的功能,即根据规则过滤请求,并确定应该允许还是拒绝请求。

使用 Azure 防火墙的优点是:它在请求到达操作系统之前对其进行评估。Azure 防火墙是一种网络资源,是在虚拟网络级别保护资源的独立服务。使用 Azure 防火墙可以保护与虚拟网络直接相关的任何资源,包括虚拟机和负载平衡器。

Azure 防火墙是一种高度可用和可扩展的服务,不仅可以保护基于超文本传输协议的请求,还可以保护进出虚拟网络的任何类型的请求,包括文件传输协议、SSH 和 RDP。Azure 防火墙还可以在部署期间跨越多个可用性区域,以提高可用性。

强烈建议在 Azure 上为任务关键型工作负载部署 Azure 防火墙以及其他安全措施。同样重要的是,要注意,即使使用了其他服务,如 Azure 应用网关和 Azure 前门,也应该使用 Azure 防火墙,因为所有这些工具都有不同的范围和功能。此外,Azure 防火墙为服务标签和威胁情报提供支持。在前一节中,我们讨论了使用服务标签的优势。威胁情报可用于在流量来自或去往已知恶意 IP 地址和域时生成警报,这些信息记录在微软威胁情报源中。

8.2.5 减小攻击表面积

NSG 和防火墙有助于管理对环境的授权请求。但是,环境不应过度暴露于攻击。系统的表面区域应该以最佳方式启用,以实现其功能,但禁用程度应足以使攻击者无法发现漏洞和进入没有任何预期用途的开放区域,或开放但没有充分保护的区域。安全性应该得到充分加强,使任何攻击者都很难闯入系统。

应该完成的一些配置包括以下几方面。

(1) 从操作系统中删除所有不必要的用户和组。

(2) 确定所有用户的组成员身份。

(3) 使用目录服务实现组策略。

(4) 阻止脚本执行,除非它由可信机构签名。

(5) 记录并审核所有活动。

(6) 安装恶意软件和防病毒软件,安排扫描,并经常更新定义。

(7) 禁用或关闭不需要的服务。

(8) 锁定文件系统,以便只允许授权访问。

(9) 锁定对注册表的更改。

(10) 必须根据要求配置防火墙。

(11) PowerShell 脚本执行应设置为受限或远程签名。这可以使用设置-执行策略-执行策略受限或设置-执行策略-执行策略远程签名的 PowerShell 命令来完成。

(12) 通过互联网浏览器启用增强的保护。

(13) 限制创建新用户和组的能力。

(14) 移除互联网接入并为 RDP 实施跳转服务器。

(15) 禁止通过互联网登录使用 RDP 的服务器。取而代之的是,使用站点到站点的虚拟专用网络、点对点虚拟专用网络或从网络内部到远程机器的 RDP 快速路由。

(16) 定期部署所有安全更新。

(17) 在环境中运行安全合规管理器工具,并实施其所有建议。

(18) 使用安全中心和操作管理套件主动监控环境。

(19) 部署虚拟网络设备,将流量路由到内部代理和反向代理。

(20) 所有敏感数据,如配置、连接字符串和凭据,都应该加密。

上述是从安全角度考虑的一些要点。这份名单将继续增长,我们需要不断提高安全性,以防止任何形式的安全漏洞。

8.2.6 实现跳转服务器

从虚拟机中删除互联网访问是一个好主意。限制远程桌面服务从互联网的可访问性也是一个很好的做法,但是您如何访问虚拟机呢?一个好方法是只允许内部资源使用 Azure VPN 选项 RDP 到虚拟机。然而,还有另一种方法——使用跳转服务器。

跳转服务器是部署在控制区(Demilitarized Zone, DMZ)的服务器。这意味着,它不在托管核心解决方案和应用程序的网络上;相反,它位于单独的网络或子网中。跳转服务器的主要目的是接受用户的 RDP 请求,并帮助他们登录。从这个跳转服务器,用户可以使用 RDP 进一步导航到其他虚拟机。它可以访问两个或多个网络:一个与外部世界相连;另一个位于解决方案内部。跳转服务器实现了所有的安全限制,并提供了一个连接到其他服务器的安全客户端。通常,跳转服务器上的电子邮件和互联网访问被禁用。

https://Azure.Microsoft.com/resources/templates/201-vmss-windows-jumpbox 上提供了一个使用 Azure 资源管理器模板部署带有虚拟机规模集(Virtual Machine Scale Sets, VMSS)的跳转服务器的示例。

8.2.7 Azure Bastion

在前一节中,我们讨论了实现跳转服务器。Azure Bastion 是一项完全受管的服务,可以在虚拟网络中进行资源调配,通过 TLS 直接在 Azure 门户中为您的虚拟机提供 RDP/SSH 访问。堡垒主机将充当跳转服务器,消除对虚拟机公共 IP 地址的需求。使用 Bastion 的概念和实现跳转服务器是一样的;然而,由于这是一个托管服务,它完全由 Azure 管理。

由于 Bastion 是 Azure 提供的完全受管理的服务,并且经过内部强化,因此我们不需要在 Bastion 子网上应用额外的 NSG。此外,由于我们没有将任何公共 IP 附加到虚拟机上,因此它们受到了端口扫描的保护。

8.3 应用安全

网络应用程序可以托管在虚拟机之上的基于 IaaS 的解决方案中,也可以托管在 Azure 提供的托管服务中,如应用服务。应用服务是 PaaS 部署范例的一部分,我们将在下一节中研究它。在本节中,我们将研究应用程序级安全性。

8.3.1 SSL/TLS

安全套接字层(SSL)现在已被否决,并被传输层安全性(TLS)取代。TLS 通过加密技术提供端到端的安全性。它提供以下两种类型的加密。

（1）对称的。消息的发送者和接收者都可以使用相同的密钥，它用于消息的加密和解密。

（2）不对称。每个利益相关者都有两个密钥——一个私钥和一个公钥。私钥保留在服务器上或用户那里，并保持机密，而公钥则免费分发给每个人。公钥的持有者用它来加密消息，消息只能用相应的私钥解密。由于私钥属于所有者，因此只有他们才能解密消息。公用密钥算法（Rivest-Shamir-Adleman，RSA）是用来生成这些公钥-私钥对的算法之一。

（3）密钥也可以在通常称为 X.509 证书的证书中获得，尽管证书除了密钥之外还有更多细节，并且通常由可信的证书颁发机构颁发。

网络应用程序应使用 TLS 来确保用户和服务器之间的消息交换是安全和机密的，并且身份受到保护。这些证书应该从受信任的证书颁发机构购买，而不是自签名证书。

8.3.2 托管身份

在我们了解托管身份之前，了解没有托管身份的应用程序是如何构建的非常重要。

应用程序开发的传统方式是在配置文件中使用秘密，如用户名、密码或 SQL 连接字符串。将这些秘密放入配置文件使得应用程序无须修改代码就可以轻松灵活地更改这些秘密。它帮助我们坚持“开放为拓，封闭为改”的原则。然而，从安全角度来看，这种方法也有缺点。任何有权访问配置文件的人都可以查看这些机密，因为这些机密通常以纯文本形式列出。有一些黑客可以加密它们，但是它们不是万无一失的。

在应用程序中使用机密和凭据的更好方法是将它们存储在机密存储库中，如 Azure 密钥库。Azure Key Vault 使用硬件安全模块（Hardware Security Module，HSM）提供完全的安全性，机密以加密的方式存储，并使用存储在单独硬件中的密钥进行按需解密。秘密可以存储在密钥库中，每个秘密都有一个显示名称和密钥。密钥是 URI 的形式，可用于引用应用程序的秘密，如图 8.5 所示。

在应用程序配置文件中，我们可以使用名称或密钥来引用秘密。然而，现在还有另一个挑战。应用程序如何连接到密钥库并进行身份验证？

密钥库具有访问策略，这些策略定义了用户或组对密钥库中的机密和凭据的访问权限。可以提供访问权限的用户、组或服务应用程序是在 Azure 活动目录（Azure AD）中提供和托管的。虽然可以使用密钥库访问策略向单个用户账户提供访问权限，但最好使用服务主体来访问密钥库。服务主体有一个标识符，也称为应用程序标识或客户端标识，以及一个密码。客户端标识及其密码可用于使用

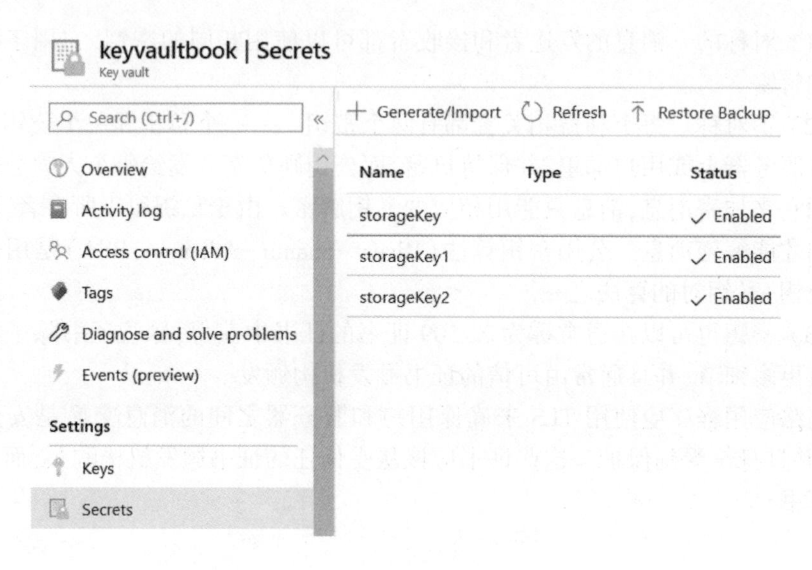

图 8.5　在密钥库中存储秘密

Azure 密钥库进行身份验证。该服务主体可以被允许访问秘密。Azure 密钥库的访问策略是在密钥库的访问策略窗格中授予的。在图 8.6 中,您可以看到服务主体 https://keyvault. book. com,已授予对名为 keyvaultbook 的密钥库的访问权限。

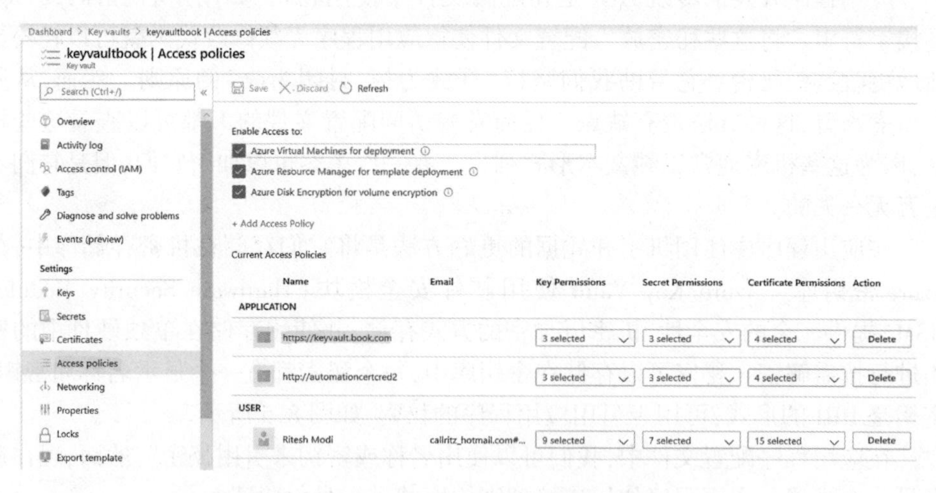

图 8.6　授予服务主体访问密钥库的权限

这给我们带来了另一个挑战:要访问密钥库,我们需要使用配置文件中的客户端 ID 和机密来连接到密钥库,获取机密,并检索其值。这几乎等同于在配置文件中使用用户名、密码和 SQL 连接字符串。

这是托管身份可以提供帮助的地方。Azure 推出了托管服务身份,后来将其重命名为托管身份。托管身份是 Azure 管理的身份。在后台,托管身份还会创建服务主体和密码。对于托管身份,不需要将凭据放在配置文件中。

托管身份只能用于通过支持 Azure AD 作为身份提供者的服务进行身份验证。托管身份仅用于身份验证。如果目标服务没有为身份提供基于角色的访问控制(RBAC)权限,则身份可能无法在目标服务上执行其预期的活动。

托管身份有以下两种类型。

(1) 系统分配的托管身份。

(2) 用户分配的托管身份。

系统分配的身份由服务本身生成。例如,如果应用程序服务想要连接到 Azure SQL 数据库,则它可以生成系统分配的托管身份作为其配置选项的一部分。当父资源或服务被删除时,这些被管理的身份也被删除。如图 8.7 所示,应用服务可以使用系统分配的身份来连接到 Azure 数据库。

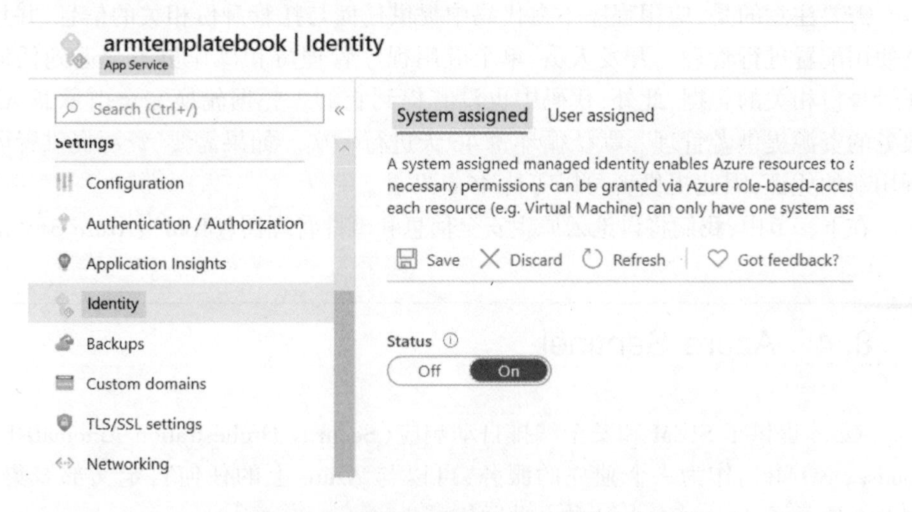

图 8.7 为应用服务启用系统分配的托管身份

用户分配的托管身份被创建为独立的独立身份,随后被分配给 Azure 服务。它们可以在多个 Azure 服务中应用和重用,因为它们的生命周期不依赖于分配给它们的资源。

一旦创建了托管身份,并且在目标资源上向其授予了 RBAC 或访问权限,就可以在应用程序中使用它来访问目标资源和服务。

Azure 提供了一个 SDK 和一个 REST API 来与 Azure AD 对话,并获得托管身份的访问令牌,然后使用该令牌访问和消费目标资源。

SDK 是 Microsoft. azure. services. appauthenticationNuGet 软件包的一部分。一旦访问令牌可用,就可以使用它来消耗目标资源。

获取访问令牌所需的代码如下：

```
var tokenProvider = new AzureServiceTokenProvider();
string token=await tokenProvider.getAccessTokenAsync("https://vault.azure.net");
```

或者，使用以下方法：

```
string token=await tokenProvider. getAccessTokenAsync("https: //database.windows.net");
```

应该注意的是，应用程序代码需要在应用程序服务或功能应用程序的上下文中运行，因为身份被附加到它们，并且只有当它从它们内部运行时，才在代码中可用。

前面的代码有两个不同的用例。访问密钥库和 Azure 数据库的代码显示在一起。

需要注意的是，应用程序不在代码中提供任何与托管身份相关的信息，并且完全使用配置进行管理。开发人员、单个应用程序管理员和操作员不会遇到任何与托管身份相关的凭据，此外，代码中也没有提到它们。凭据轮换完全由承载 Azure 服务的资源提供者管理。默认循环每 46 天进行一次。如果需要，资源提供者可以调用新的凭证，因此提供者可以等待 46 天以上。

在下一节中，我们将讨论云原生安全信息和事件管理器(SIEM)：Azure Sentinel。

8.4 Azure Sentinel

Azure 提供了 SIEM 和安全编排自动响应(Security Orchestration Automated Response, SOAR)，作为一个独立的服务，可以与 Azure 上的任何自定义部署集成。图 8.8 展示了 Azure Sentinel 的一些关键特性。

Azure Sentinel 从部署和资源中收集信息日志，并执行分析，以找到与从数据源中提取的各种安全问题相关的模式和趋势。

应该对环境进行主动监控，应该收集日志，并且应该从这些日志中挑选出信息，作为与代码实现分开的活动。这就是 SIEM 服务出现的地方。有无数的连接器可以和 Azure Sentinel 一起使用；这些连接器中的每一个都将用于向 Azure Sentinel 添加数据源。Azure Sentinel 为 Office 365、Azure AD、Azure 威胁防护等微软服务提供连接器。收集的数据将被馈送到日志分析工作区，您可以编写查询来搜索这些日志。

可以在 Azure 上启用 SIEM 工具，如 Azure Sentinel，以从日志分析和 Azure 安全中心获取所有日志，反过来，这些工具可以从多个来源、部署和服务获取日志。

图 8.8 Azure Sentinel 的主要特性

然后 SIEM 可以在收集的数据上运行它的智能化算法,并产生结论。它可以根据发现的情报生成报告和仪表板以供使用,同时也可以调查可疑的活动和威胁,并对其采取行动。

虽然 Azure Sentinel 在功能上听起来与 Azure 安全中心非常相似,但 Azure Sentinel 可以做得比 Azure 安全中心多得多。它使用连接器从其他途径收集日志的能力使其不同于 Azure 安全中心。

8.5 PaaS 安全

Azure 提供了大量的 PaaS 服务,每个服务都有自己的安全功能。通常,可以使用凭据、证书、令牌来访问 PaaS 服务。PaaS 服务允许生成短期安全访问令牌。客户端应用程序可以发送这些安全访问令牌来代表受信任的用户。在本节中,我们将介绍几乎每个解决方案中使用的一些最重要的平台即服务。

8.5.1 Azure 私有链接

Azure 私有链接通过虚拟网络中的私有端点提供对 Azure PaaS 服务以及 Azure 托管的客户所有/合作伙伴共享服务的访问。使用 Azure Private Link 时,我们不必向公共互联网公开我们的服务，我们的服务和虚拟网络之间的所有流量都通过微软的主干网络。

Azure 私有端点是一个网络接口，它有助于私有地和安全地连接到由 Azure 私有链接支持的服务。由于私有端点映射到 PaaS 服务的实例，而不是整个服务，因此用户只能连接到资源。拒绝与任何其他服务的连接，这可以防止数据泄漏。私有端点还允许您通过快速路由或虚拟专用网隧道从内部安全访问。这消除了建立公共对等或通过公共互联网到达服务的需要。

8.5.2 Azure 应用网关

Azure 提供了一个名为 Azure 应用网关的 7 级负载平衡器，它不仅可以平衡负载，还可以帮助使用网址中的值进行路由。它还有一个称为网络应用防火墙的功能。Azure 应用网关支持网关的 TLS 终止，因此，后端服务器将获得未加密的流量。这有几个优点，如更好的性能、更好的后端服务器利用率和智能的数据包路由。在前一节中，我们讨论了 Azure 防火墙以及它如何在网络级别保护资源。另一方面，网络应用防火墙在应用级别保护部署。

任何部署在互联网上的应用程序都面临着许多安全挑战。一些重要的安全威胁如下。

(1) 跨站点脚本。

(2) 远程代码执行。

(3) SQL 注入。

(4) 拒绝服务攻击(DoS)。

(5) 分布式拒绝服务攻击(DDoS)。

除此之外，还有很多。

开发人员可以通过编写防御代码和遵循最佳实践解决大量此类攻击；然而，不仅仅是代码应该负责在现场识别这些问题。如前所述，网络应用防火墙配置可以识别此类问题并拒绝请求的规则。

建议使用应用网关网络应用防火墙功能来保护应用免受实时安全威胁。网络应用防火墙要么允许请求通过，要么阻止它，这取决于它的配置。

8.5.3 Azure Front Door

Azure 推出了一项相对较新的服务，称为 Azure Front Door。Azure Front Door 的作用和 Azure 应用网关很像；然而，范围是不同的。虽然应用程序网关在单个区域内工作，但 Azure Front Door 在全球范围内跨区域和数据中心工作。它还有一个

Web 应用程序防火墙,可以配置为保护部署在多个地区的应用程序免受各种安全威胁,如 SQL 注入、远程代码执行、跨站点脚本。

应用网关可以部署在 Front Door 后面,以解决连接耗尽的问题。此外,在 Front Door 后面部署应用程序网关将有助于满足负载平衡要求,因为 Front Door 只能在全局级别执行基于路径的负载平衡。向体系结构添加应用网关将为虚拟网络中的后端服务器提供进一步的负载平衡。

8.5.4 Azure 应用服务环境

Azure 应用服务部署在后台共享网络上。应用服务的所有 SKU 都使用虚拟网络,其他租户也可能使用该网络。为了在 Azure 上有更多的控制和安全的应用服务部署,服务可以托管在专用的虚拟网络上。这可以通过使用 Azure 应用服务环境(ASE)来实现,它提供了完全性的隔离来大规模运行您的应用服务。这还通过允许您部署 Azure 防火墙、应用程序安全组、NSG、应用程序网关、网络应用程序防火墙、Azure 前门来提供额外的安全性。在应用服务环境中创建的所有应用服务计划都将处于独立的定价层,我们不能选择任何其他层。

然后,可以在 Azure 日志分析和安全中心整理来自该虚拟网络和计算的所有日志,最后通过 Azure Sentinel 进行整理。

然后 Azure Sentinel 可以提供见解并执行工作簿和运行手册,以自动方式响应安全威胁。安全行动手册可以在 Azure Sentinel 中运行,以响应警报。每个安全行动手册都包括在发生警报时需要采取的措施。行动手册基于 Azure 逻辑应用程序,这将使您可以自由使用和自定义逻辑应用程序可用的内置模板。

8.5.5 日志分析

日志分析是一个新的分析平台,用于管理云部署、内部数据中心和混合解决方案。

它提供多种模块化解决方案,这是一种有助于实现某项功能的特定功能。例如,安全和审计解决方案有助于确定组织部署的完整安全视图。类似地,还有更多的解决方案,如自动化和变更跟踪,应该从安全的角度来实现。日志分析安全和审计服务提供以下 5 类信息。

(1) 安全域。这些提供了查看安全记录、恶意软件评估、更新评估、网络安全、身份和访问信息以及具有安全事件的计算机的能力,还提供了对 Azure 安全中心仪表板的访问。

(2) 反恶意软件评估。这有助于识别未受恶意软件保护且存在安全问题的服务器。它提供有关潜在安全问题暴露的信息,并评估任何风险的危险程度。用户可以根据这些建议采取主动行动。Azure 安全中心子类别提供 Azure 安全中心收集的信息。

(3) 值得注意的问题。这可以快速识别活跃的问题并对其严重性进行分级。

(4) 检测。此类别处于预览模式。它通过可视化安全警报来识别攻击模式。

(5) 威胁情报。通过可视化带有出站恶意 IP 流量的服务器总数、恶意威胁类型和显示这些 IP 来源的地图,这有助于识别攻击模式。

当从门户网站查看时,前面的细节如图 8.9 所示。

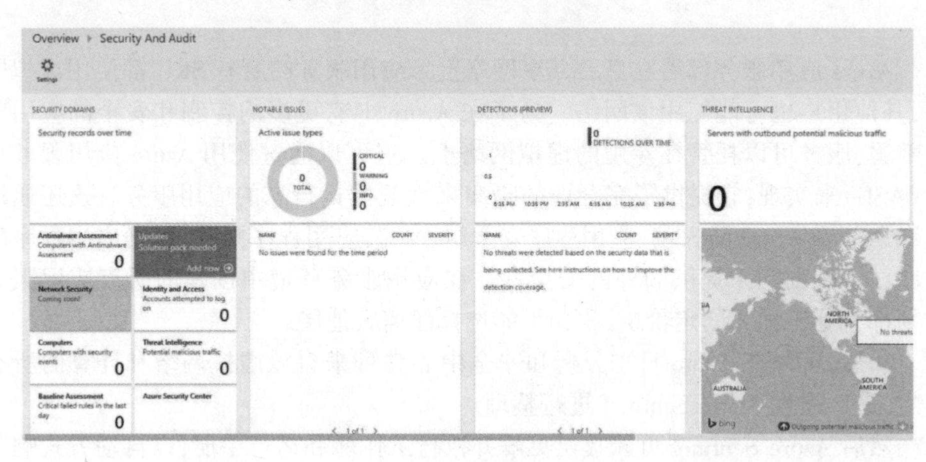

图 8.9 日志分析的安全和审计窗格中显示的信息

既然您已经了解了 PaaS 服务的安全性,那么,就让我们来探索如何保护存储在 Azure Storage 中的数据。

8.6 Azure Storage

存储账户在整个解决方案体系结构中扮演着重要角色。存储账户可以存储重要信息,如用户个人身份信息(PII)数据、商业交易以及其他敏感和机密数据。

最重要的是,存储账户是安全的,并且只允许授权用户访问。存储的数据被加密并使用安全通道传输。存储以及使用存储账户及其数据的用户和客户端应用程序在数据的整体安全性中起着至关重要的作用。数据应始终保持加密。这还包括连接到数据存储的凭据和连接字符串。

Azure 提供 RBAC 来管理谁可以管理 Azure 存储账户。这些 RBAC 权限授予 Azure AD 中的用户和组。然而,当一个要在 Azure 上部署的应用程序被创建时,它将拥有 Azure AD 中没有的用户和客户。为了允许用户访问存储账户，Azure Storage 提供了存储访问密钥。在存储账户级别有两种类型的访问密钥——主密钥和辅助密钥。拥有这些密钥的用户可以连接到存储账户。当访问存储账户时，这些存储访问密钥用于身份验证步骤。应用程序可以使用主键或辅助键访问存储账户。提供了两个密钥，如果主密钥被泄露，应用程序可以被更新以使用次密钥，同时主密钥被重新生成。这有助于最大限度地减少应用程序停机时间。此外，它通过在不影响应用程序的情况下移除受损的密钥来增强安全性。在 Azure 门户上看到的存储关键细节如图 8.10 所示。

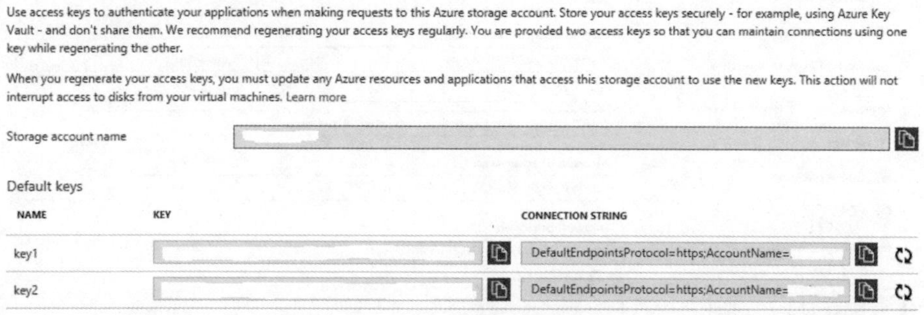

Use access keys to authenticate your applications when making requests to this Azure storage account. Store your access keys securely - for example, using Azure Key Vault - and don't share them. We recommend regenerating your access keys regularly. You are provided two access keys so that you can maintain connections using one key while regenerating the other.

When you regenerate your access keys, you must update any Azure resources and applications that access this storage account to use the new keys. This action will not interrupt access to disks from your virtual machines. Learn more

Storage account name

Default keys

NAME	KEY	CONNECTION STRING
key1		DefaultEndpointsProtocol=https;AccountName=
key2		DefaultEndpointsProtocol=https;AccountName=

图 8.10　存储账户的访问密钥

Azure Storage 在一个账户中提供 4 种服务：Blob、文件、队列、表。这些服务中的每一个还使用安全访问令牌为它们自己的安全提供基础设施。

共享访问签名（SAS）是一种 URI 协议，它授予 Azure 存储服务的受限访问权限：blobs、文件、队列、表。这些 SAS 令牌可以与不应该信任整个存储账户密钥的客户端共享，以限制对某些存储账户资源的访问。通过向这些客户端分发 SAS URI，可以在指定的时间段内授予对资源的访问权限。

SAS 令牌存在于存储账户和单个 blob、文件、表、队列级别。存储账户级别的签名更强大，并且有权在单个服务级别允许和拒绝权限。它也可以用来代替单独的资源服务级别。

SAS 令牌提供对资源的细粒度访问，也可以组合使用。这些令牌包括读取、写入、删除、列出、添加、创建、更新、处理。此外，甚至可以在生成 SAS 令牌时确定对资源的访问。它可以分别用于 blobs、表、队列、文件，也可以是它们的组合。存储账户密钥是针对整个账户的，不能针对单个服务进行约束，也不能从权限角度进行约束。与存储账户访问密钥相比，创建和撤销 SAS 令牌要容易得多。可以创建特定时间段内使用的 SAS 令牌，之后它们会自动失效。

注意：如果存储账户密钥被重新生成，则基于它们的 SAS 令牌将变得无效，并且应该创建新的 SAS 令牌并与客户端共享。在图 8.11 中，您可以看到选择范围、权限、开始日期、结束日期、允许的IP地址、允许的协议、签名密钥来创建SAS令牌的选项。

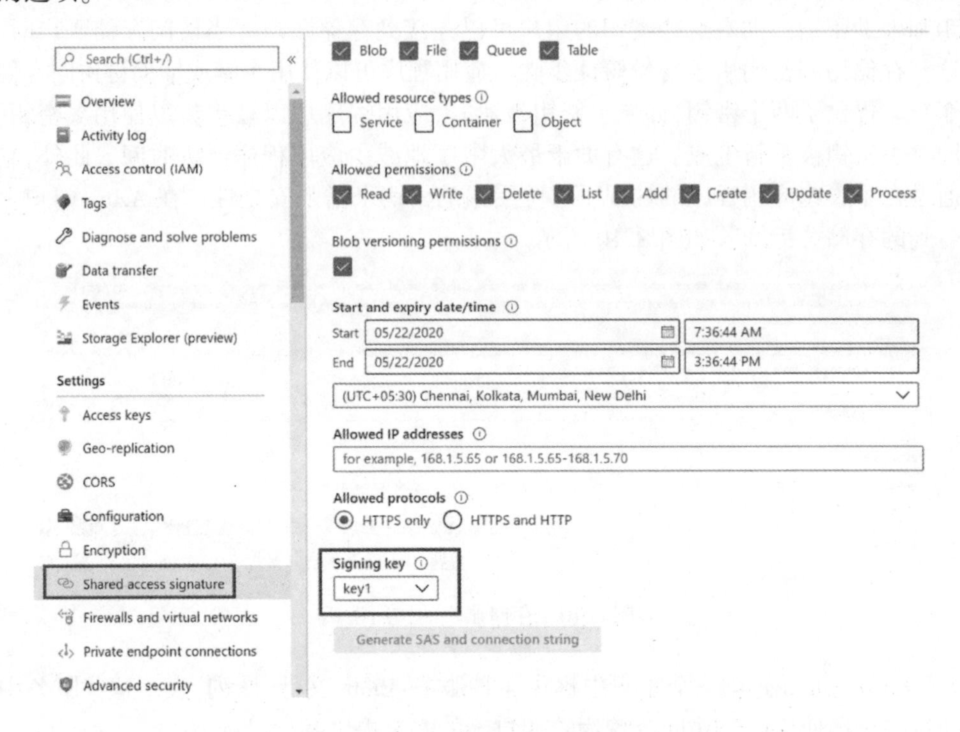

图 8.11　创建SAS令牌

如果我们正在重新生成密钥1(在前面的示例中,我们用它来签署SAS令牌),那么,我们需要用密钥2或新的密钥1创建一个新的SAS令牌。

Cookie窃取、脚本注入和DoS攻击是攻击者用来破坏环境和窃取数据的常见手段。浏览器和HTTP协议实现了一个内置机制,确保这些恶意活动不会被执行。一般来说,任何跨域的东西都是HTTP或浏览器不允许的。在一个域中运行的脚本不能从另一个域中请求资源。然而,在一些有效的用例中,这样的请求应该被允许。HTTP协议实现跨来源的资源共享(CORS)。在CORS的帮助下,跨域访问资源并使它们工作是可能的。Azure Storage为Blob、文件、队列、表资源配置CORS规则。Azure Storage允许创建针对每个经过身份验证的请求进行评估的规则。如果满足规则,则允许请求访问资源。在图8.12中,您可以看到如何向每个存储服务添加CORS规则。

数据不仅要在传输过程中受到保护,它在休息时也应该受到保护。如果静态数据没有加密,则任何可以访问数据中心物理驱动器的人都可以读取数据。尽管数据泄露的可能性微乎其微,但客户仍应加密他们的数据。存储服务加密还有助

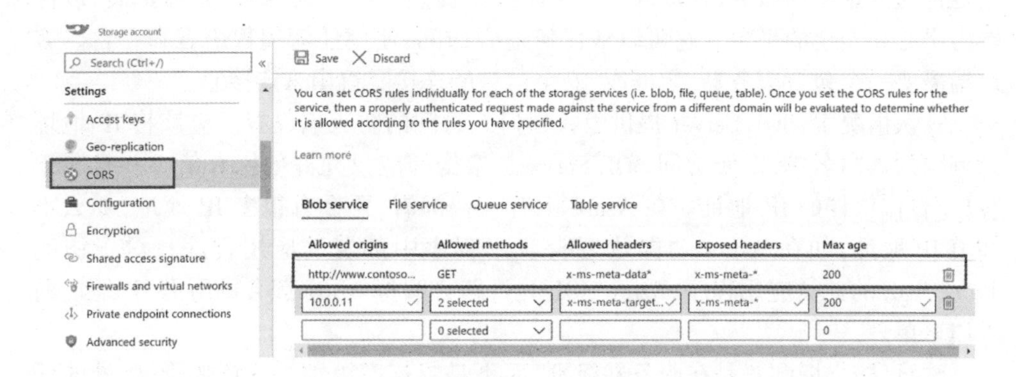

图 8.12　为存储账户创建 CORS 规则

于保护静态数据。该服务透明地工作,并在用户不知道的情况下自我注入。当数据保存在存储账户中时,它会加密数据;当数据被读取时,它会自动解密。整个过程无须用户执行任何额外的活动。

Azure 账户密钥必须定期轮换。这将确保攻击者无法访问存储账户。

重新生成密钥也是一个好主意;但是,这必须根据其在现有应用中的使用情况进行评估。如果它破坏了现有的应用程序,则这些应用程序应该优先用于变更管理,并且应该逐渐应用变更。

我们始终建议在有限的时间范围内使用单个服务级别的 SAS 令牌。该令牌应该只提供给应该访问资源的用户。始终遵循最小权限原则,只提供必要的权限。

SAS 密钥和存储账户密钥应存储在 Azure 密钥库中。这提供了对它们的安全存储和访问。这些密钥可以由应用程序在运行时从密钥库中读取,而不是存储在配置文件中。

此外,您还可以使用 Azure AD 来授权对 Blob 和队列存储的请求。我们将使用 RBAC 向服务主体授予必要的权限,一旦我们使用 Azure AD 对服务主体进行身份验证,就会生成一个 OAuth 2.0 令牌。这个令牌可以添加到您的 API 调用的授权头中,以授权针对 Blob 或队列存储的请求。微软建议在使用 Blob 和队列应用程序时使用 Azure AD 授权,因为 Azure AD 提供了卓越的安全性,并且与 SAS 令牌相比非常简单。

在下一节中,我们将评估 Azure 数据库可用的安全选项。

8.7　Azure SQL

SQL Server 将关系数据存储在 Azure 上,Azure 是一种托管关系数据库服务。

它也称为数据库即服务(DBaaS),为存储数据提供了一个高度可用、可扩展、以性能为中心和安全的平台。它可以从任何地方访问,使用任何编程语言和平台。客户端需要一个包含服务器、数据库、安全信息的连接字符串来连接它。

默认情况下,SQL Server 提供阻止任何人访问的防火墙设置。应该将 IP 地址和范围列入白名单,以便访问 SQL Server。架构师应只允许他们有信心并且属于客户/合作伙伴的 IP 地址。在 Azure 中有一些部署,要么有很多 IP 地址,要么不知道 IP 地址,如在 Azure 功能或逻辑应用程序中部署的应用程序。对于访问 Azure SQL 的此类应用程序,Azure SQL 允许跨订阅将 Azure 服务的所有 IP 地址列入白名单。

注意:防火墙配置是在服务器级别,而不是数据库级别。这意味着,此处的任何更改都会影响服务器中的所有数据库。在图 8.13 中,您可以看到如何向防火墙添加客户端 IP 来授予对服务器的访问权限。

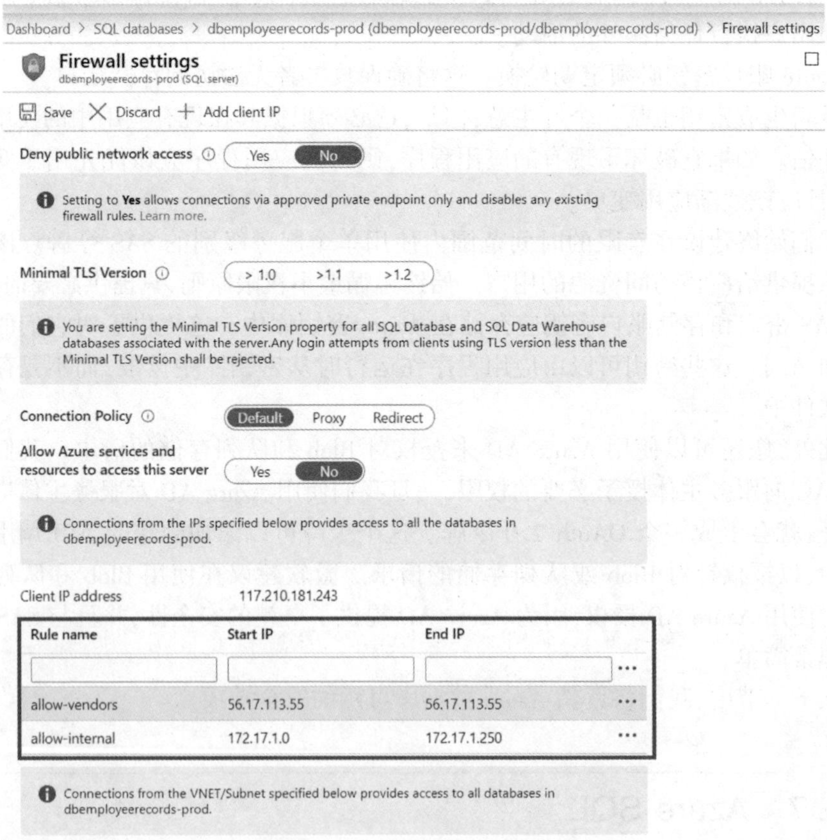

Dashboard > SQL databases > dbemployeerecords-prod (dbemployeerecords-prod/dbemployeerecords-prod) > Firewall settings

Firewall settings
dbemployeerecords-prod (SQL server)

Save Discard Add client IP

Deny public network access Yes No

Setting to **Yes** allows connections via approved private endpoint only and disables any existing firewall rules. Learn more.

Minimal TLS Version > 1.0 >1.1 >1.2

You are setting the Minimal TLS Version property for all SQL Database and SQL Data Warehouse databases associated with the server.Any login attempts from clients using TLS version less than the Minimal TLS Version shall be rejected.

Connection Policy Default Proxy Redirect

Allow Azure services and resources to access this server Yes No

Connections from the IPs specified below provides access to all the databases in dbemployeerecords-prod.

Client IP address 117.210.181.243

Rule name	Start IP	End IP
allow-vendors	56.17.113.55	56.17.113.55
allow-internal	172.17.1.0	172.17.1.250

Connections from the VNET/Subnet specified below provides access to all databases in dbemployeerecords-prod.

图 8.13 配置防火墙规则

Azure SQL 还通过加密静态数据提供了增强的安全性。这确保了没有人,包括 Azure 数据中心管理员,可以查看存储在 SQL Server 中的数据。SQL Server 用来加密静态数据的技术被称为透明数据加密(TDE)。实施 TDE 不需要在应用程序级别进行任何更改。当用户保存和读取数据时,SQL Server 透明地加密和解密数据。此功能在数据库级别可用。我们还可以将 TDE 与 Azure Key Vault 集成在一起,以拥有"自带钥匙"(BYOK)。使用 BYOK,我们可以在 Azure 密钥库中使用客户管理的密钥启用 TDE。

SQL Server 还提供了动态数据屏蔽(DDM),这对于屏蔽某些类型的数据尤其有用,如信用卡详细信息或用户 PII 数据。屏蔽和加密不一样。屏蔽不会加密数据,只会屏蔽数据,这样可以确保数据不是人类可读的格式。用户应该在 Azure SQL Server 中屏蔽和加密敏感数据。

SQL Server 还为所有服务器提供审计和威胁检测服务。在这些数据库之上运行着高级数据收集和情报服务,以发现威胁和漏洞,并向用户发出警报。审核日志由 Azure 在存储账户中维护,管理员可以查看并采取行动。SQL 注入和匿名客户端登录等威胁可以生成警报,管理员可以通过电子邮件获知这些警报。在图 8.14 中,您可以看到如何启用威胁检测。

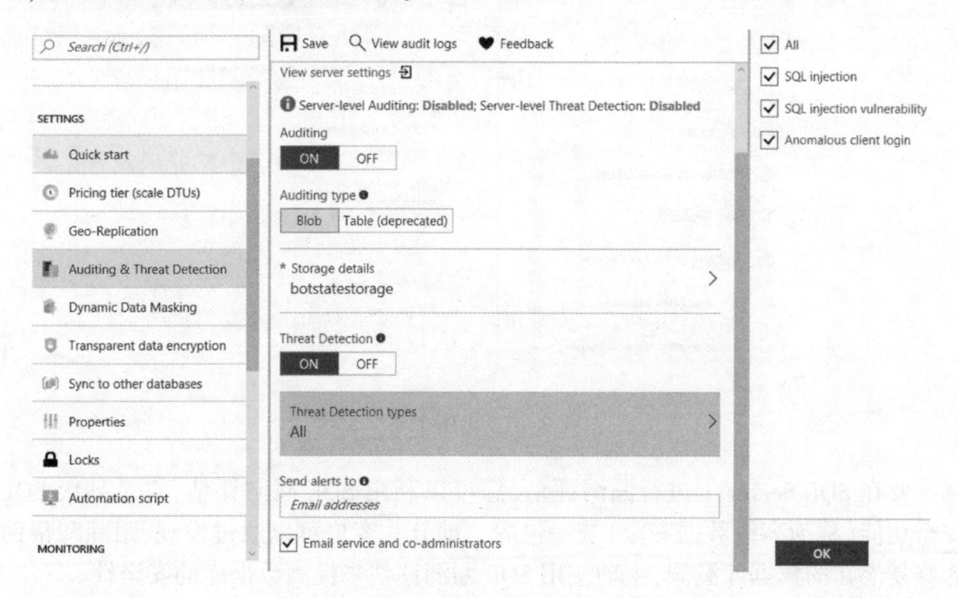

图 8.14　启用威胁保护并选择要检测的威胁类型

数据可以在 Azure SQL 中屏蔽。这有助于我们以人类无法读取的格式存储数据,如图 8.15 所示。

Azure SQL 还提供了 TDE 来加密静态数据,如图 8.16 所示。

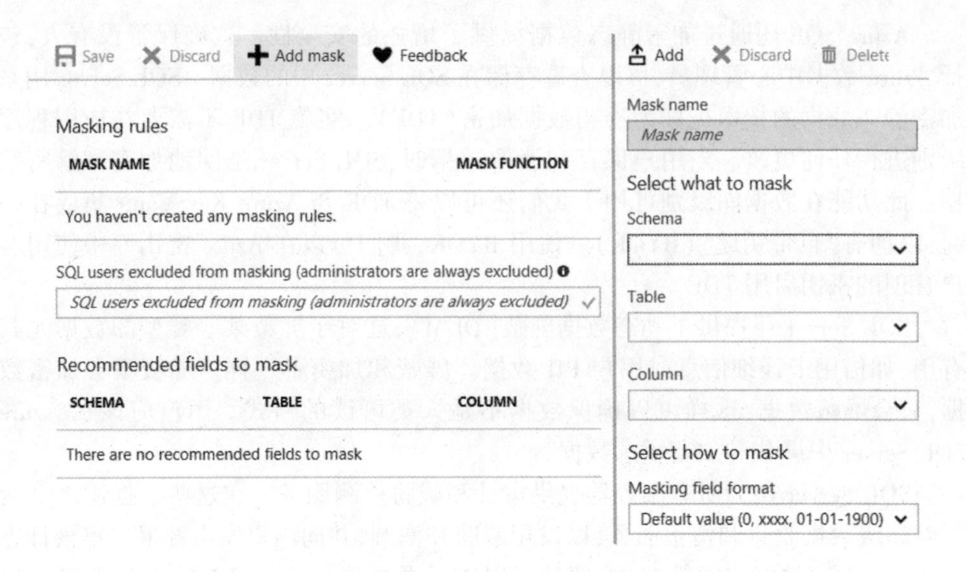

图 8.15　配置屏蔽数据的设置

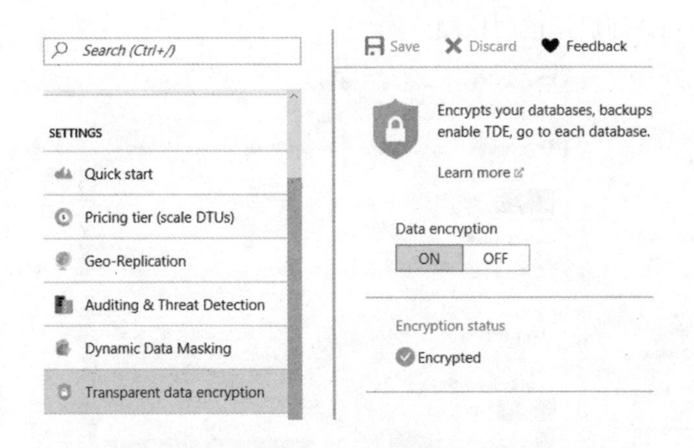

图 8.16　启用 TDE

要在 SQL Server 上进行漏洞评估，您可以利用 SQL 漏洞评估，它是高级 SQL 安全功能（称为高级数据安全）统一包的一部分。客户可以通过发现、跟踪和帮助您修复潜在的数据库漏洞，主动使用 SQL 漏洞评估来提高数据库的安全性。

在前面的小节中，我们已经多次提到 Azure 密钥库，当时我们讨论了托管身份、数据库等。您现在知道 Azure 密钥库的目的了，在下一节中，我们将探索一些有助于保护密钥库内容的方法。

8.8 Azure 密钥库

从安全角度来看,使用密码、密钥、凭据、证书、唯一标识符来保护资源是任何环境和应用程序的重要元素。它们需要得到保护,确保这些资源保持安全且不被破坏是安全架构的一个重要支柱。确保机密和密钥安全的管理和操作,同时,在需要时使它们可用,是不可忽视的重要方面。通常情况下,这些秘密到处都在使用——在源代码中、在配置文件中、在纸片上以及以其他数字格式。为了克服这些挑战并将所有秘密统一存储在一个集中的安全存储中,应该使用 Azure 密钥库。

Azure 密钥库与其他 Azure 服务集成良好。例如,很容易使用存储在 Azure 密钥库中的证书,并将其部署到 Azure 虚拟机的证书存储中。各种密钥,包括存储密钥、物联网和事件密钥以及连接字符串,都可以作为机密存储在 Azure 密钥库中。它们可以被透明地检索和使用,而没有任何人查看或临时存储在任何地方。SQL Server 和其他服务的凭据也可以存储在 Azure 密钥库中。

Azure 密钥库按地区工作。这意味着,Azure 密钥库资源应该在部署应用程序和服务的同一区域进行调配。如果部署由多个区域组成,并且需要 Azure 密钥库的服务,则应调配多个 Azure 密钥库实例。

Azure 密钥库的一个重要特性是秘密、密钥和证书不存储在通用存储中。这些敏感数据得到了 HSM 的支持。这意味着,这些数据存储在 Azure 上单独的硬件中,只能由用户拥有的密钥解锁。为了提供额外的安全性,您还可以为 Azure 密钥库实现虚拟网络服务端点。这将限制特定虚拟网络对密钥库的访问。您还可以限制对 IPv4 地址范围的访问。

在 Azure Storage 部分,我们讨论了使用 Azure AD 来授权对 blobs 和队列的请求。有人提到,我们使用从 Azure AD 获得的 OAuth 令牌来验证 API 调用。在下一节中,您将学习如何使用 OAuth 进行身份验证和授权。完成下一部分后,您将能够将其与我们在 Azure Storage 部分讨论的内容联系起来。

8.9 使用 OAuth 进行身份验证和授权

Azure AD 是一个身份提供者,它可以基于租户中已经可用的用户和服务主体来验证用户。Azure AD 实现了 OAuth 协议,支持互联网授权。它实现了授权服务器和服务,以支持 OAuth 授权流、隐式授权流以及客户端凭据流。这些是客户端应用程序、授权端点、用户、受保护资源之间不同的、记录良好的 OAuth 交互流。

Azure AD 还支持单点登录(SSO),这在登录到使用 Azure AD 注册的应用程序时增加了安全性和易用性。在开发新的应用程序时,您可以使用 OpenID Connect、OAuth、SAML、基于密码或链接或禁用的 SSO 方法。如果您不确定使用哪一种,请参考微软的流程图:https://docs.microsoft.com/zh-cn/azure/active-directory/manage-apps/what-is-single-sign-on。

Web 应用程序、基于 JavaScript 的应用程序和本机客户端应用程序(如移动和桌面应用程序)可以使用 Azure AD 进行身份验证和授权。有社交媒体平台,如 Facebook、Twitter 等,支持 OAuth 协议进行授权。

下面显示了使用 Facebook 为 Web 应用程序启用身份验证的一种最简单的方法。还有其他使用安全二进制文件的方法,但这超出了本书的范围。

在本演练中,将提供一个 Azure 应用程序服务和一个应用程序服务计划来托管一个自定义的网络应用程序。需要一个有效的 Facebook 账户作为先决条件,以便将用户重定向到该账户进行身份验证和授权。

可以使用 Azure 门户创建一个新的资源组,如图 8.17 所示。

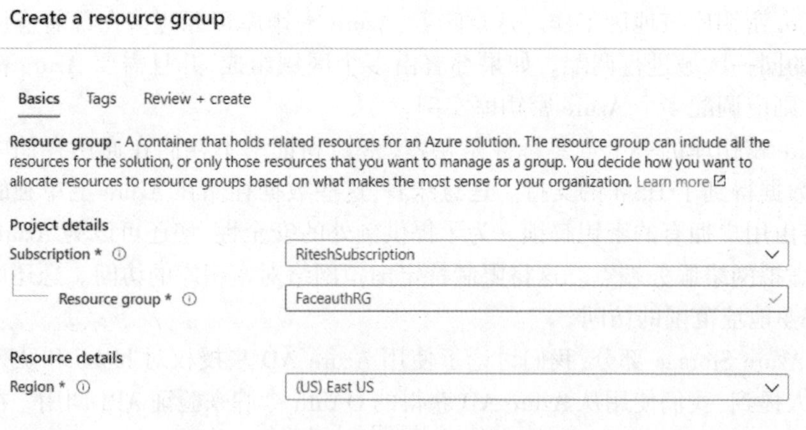

图 8.17 创建新的资源组

创建资源组后,可以使用门户创建新的应用服务,如图 8.18 所示。

请务必注意 Web 应用程序的网址,因为稍后在配置 Facebook 应用程序时会用到它。

一旦在 Azure 中提供了 Web 应用程序,下一步就是在 Facebook 创建一个新的应用程序。这是在 Facebook 内表示您的 Web 应用程序以及为 Web 应用程序生成适当的客户端凭据所必需的。这是 Facebook 了解网络应用的方式。

导航到 developers.facebook.com,并使用适当的凭据登录。通过选择右上角 My Apps 下的 Create App 选项来创建新应用程序,如图 8.19 所示。

Web App

Project Details

Select a subscription to manage deployed resources and costs. Use resource groups like folders to organize and manage all your resources.

Subscription * ⓘ RiteshSubscription

Resource Group * ⓘ FaceauthRG

Create new

Instance Details

Name * faceauthenticationdemo

.azurewebsites.net

Publish * Code Docker Container

Runtime stack * .NET Core 2.1 (LTS)

Operating System * Linux Windows

Region * Central US

Not finding your App Service Plan? Try a different region.

App Service Plan

App Service plan pricing tier determines the location, features, cost and compute resources associated with your app.
Learn more

Windows Plan (Central US) * ⓘ (New) ASP-FaceauthRG-87df

Create new

Review + create < Previous Next : Monitoring >

图 8.18 创建新的应用程序

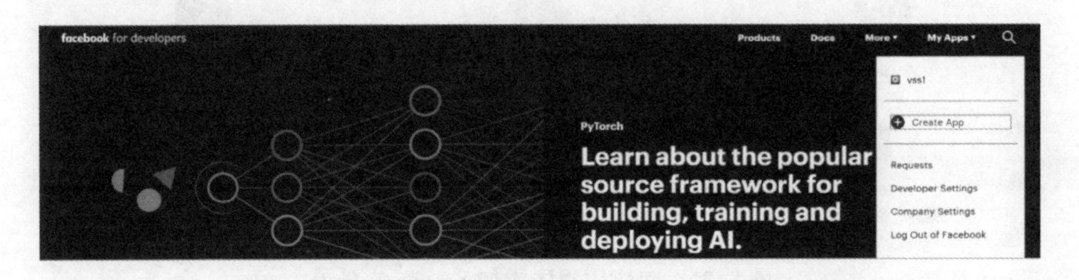

图 8.19 从 Facebook 开发者门户创建一个新的应用

该网页将提示您为该 Web 应用程序提供一个名称，以便在 Facebook 创建一个新的应用程序，如图 8.20 所示。

添加一个新的 Facebook Login 产品，然后单击 Set Up，为要在 Azure 应用程序服务上托管的自定义网络应用程序配置登录，如图 8.21 所示。

Set Up 按钮提供了几个选项，如图 8.22 所示，这些选项配置了 OAuth 流，如授

图 8.20　添加新应用程序

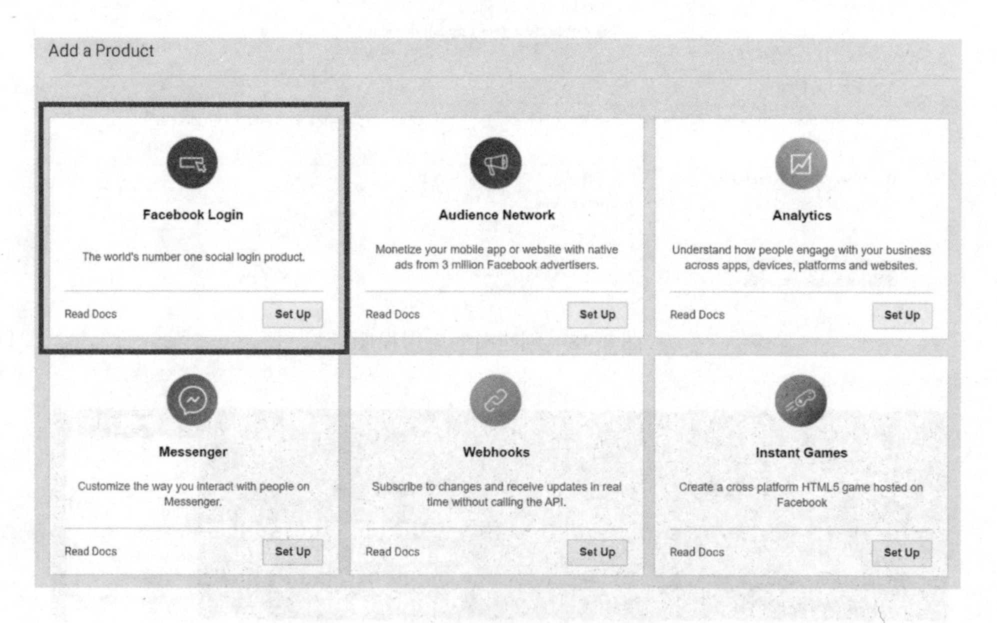

图 8.21　向应用程序添加 Facebook 登录

权流、隐式流或客户端凭据流。选择 Web 选项，因为这需要 Facebook 授权。

在 Azure 上设置网络应用程序后，提供我们之前提到的网络应用程序的网址，如图 8.23 所示。

单击左侧菜单中的 Settings 项，并为应用程序提供 OAuth 重定向网址。Azure 已经为每个流行的社交媒体平台提供了定义明确的回拨网址，Fackbook 使用的是 domain name/. auth/login/Facebook/callback，如图 8.24 所示。

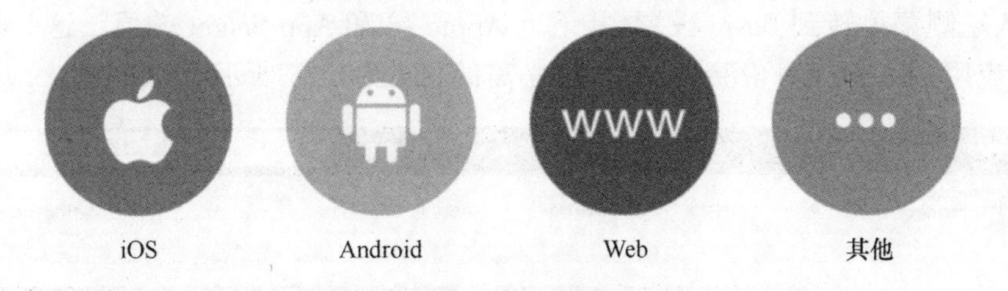

图 8.22　选择平台

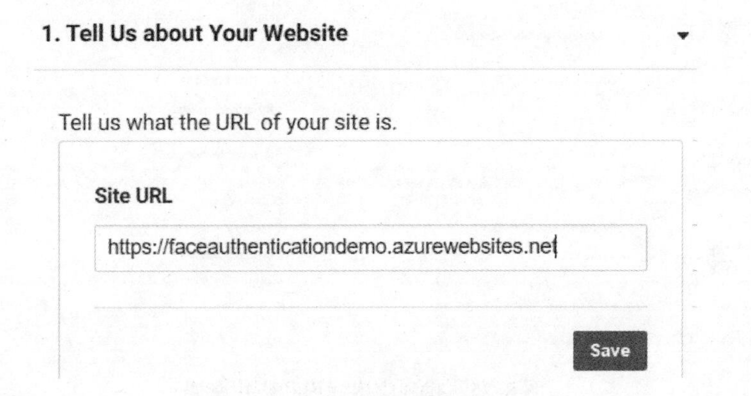

图 8.23　向应用程序提供站点网址

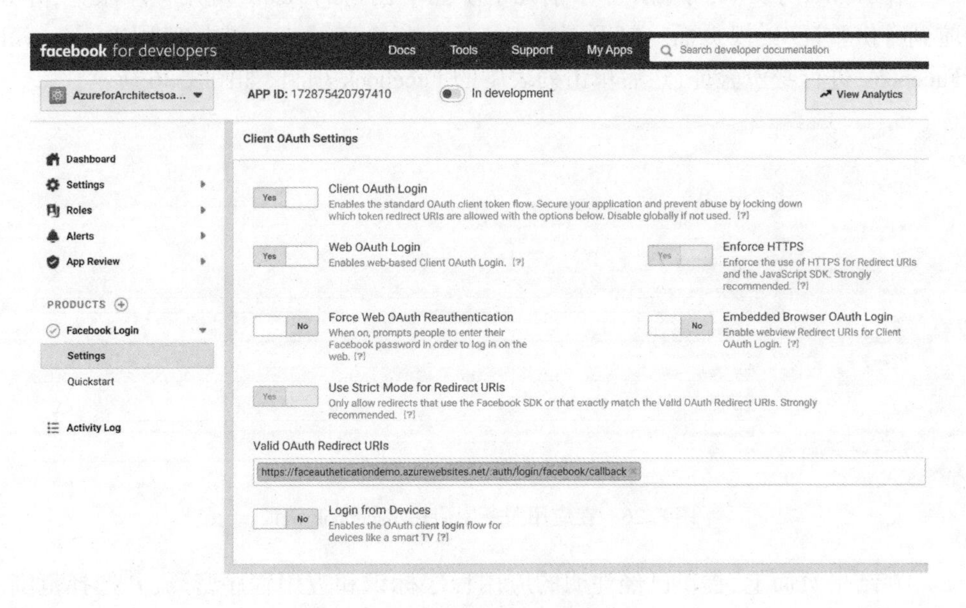

图 8.24　添加 OAuth 重定向 URI

从左侧菜单转到 Basic 设置,并记下 Apple Id 和 App Secret 的值。这些是配置 Azure 应用程序服务身份验证/授权所必需的,如图 8.25 所示。

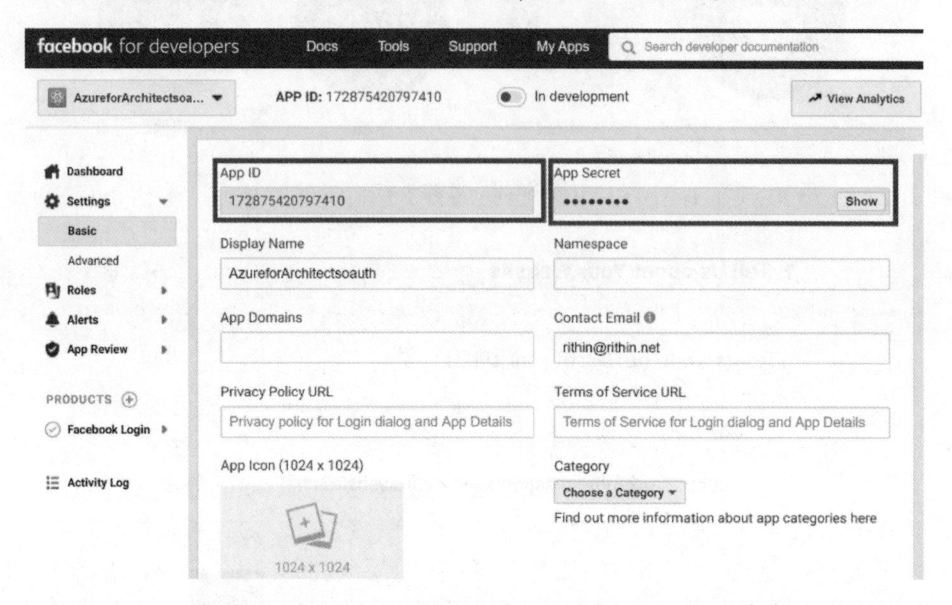

图 8.25　找到应用标识和应用密码

在 Azure 门户中,导航回本节前几个步骤中创建的 Azure 应用程序服务,并导航到身份验证/授权页面。打开 App Services Authentication,选择使用 Log in with Facebook 进行身份验证,然后单击列表中的 Facebook 项目,如图 8.26 所示。

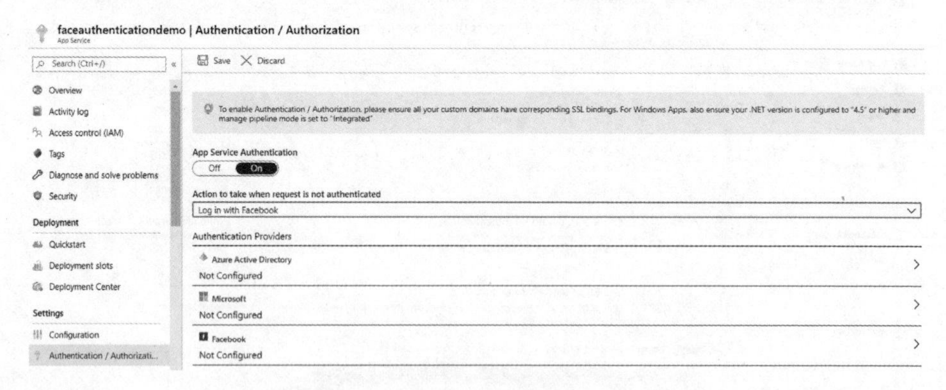

图 8.26　在应用服务中启用 Facebook 认证

在结果页面上,提供已经注明的应用程序标识和应用程序密码,并选择范围。范围决定了 Facebook 与网络应用程序共享的信息,如图 8.27 所示。

单击 OK 按钮,然后单击 Save 按钮保存身份验证/授权设置。

f These settings allow users to sign in with Facebook. Click here to learn more.

App ID 537218586990886

App Secret f218c2a096454a9618fc0eda6c1718f0

Scope	Description
public_profile	Provides access to a subset of items that are part of a person's public profile.
user_friends	Provides access the list of friends that also use your app.
email	Provides access to the person's primary email address via the email property on the user object.
user_actions.books	Provides access to all common books actions published by any app the person has used.
user_actions.fitness	Provides access to all common Open Graph fitness actions published by any app the person has used.
user_actions.music	Provides access to all common Open Graph music actions published by any app the person has used.
user_actions.news	Provides access to all common Open Graph news actions published by any app the person has used which publishes these actions.
user_actions.video	Provides access to all common Open Graph video actions published by any app the person has used which publishes these actions.
user_birthday	Access the date and month of a person's birthday.
user_education_history	Provides access to a person's education history through the education field on the User object.
user_events	Provides read-only access to the Events a person is hosting or has RSVP'd to.
user_games_activity	Provides access to read a person's game activity (scores, achievements) in any game the person has played.
user_hometown	Provides access to a person's hometown location through the hometown field on the User object.

OK

图 8.27　选择范围

现在,如果启动了一个新的匿名浏览器会话,并且您转到了自定义 Web 应用程序,那么,请求应该会被重定向到 Facebook。正如您可能在其他网站上看到的那样,当您使用 LoginwithFacebook 时,系统会要求您提供凭据,如图 8.28 所示。

图 8.28　使用 Facebook 登录网站

一旦您输入了凭据,用户同意对话框将要求您允许与 Web 应用程序共享来自

Facebook 的数据,如图 8.29 所示。

图 8.29　用户同意与应用程序共享您的信息

如果同意了隐私协议,网络应用程序的网页应显示,如图 8.30 所示。

对于 Azure AD、Twitter、Microsoft、Google,可以使用类似的方法来保护您的网络应用程序。如果需要,您还可以集成自己的身份提供者。

此处显示的方法仅说明了使用存储在其他地方的凭据和外部应用程序访问受保护资源的授权来保护网站的方法之一。Azure 还提供了 JavaScript 库和 .NET 程序集使用命令式编程方法来消费 Azure AD 和其他社交媒体平台提供的 OAuth 端点。建议您使用这种方法,以便在应用程序中更好地控制和灵活地进行身份验证和授权。

到目前为止,我们已经讨论了安全特性以及如何实现它们。监测和审计也很重要。实施审计解决方案将帮助您的安全团队审计日志并采取预防措施。在下一节中,我们将讨论 Azure 中的安全监控和审计解决方案。

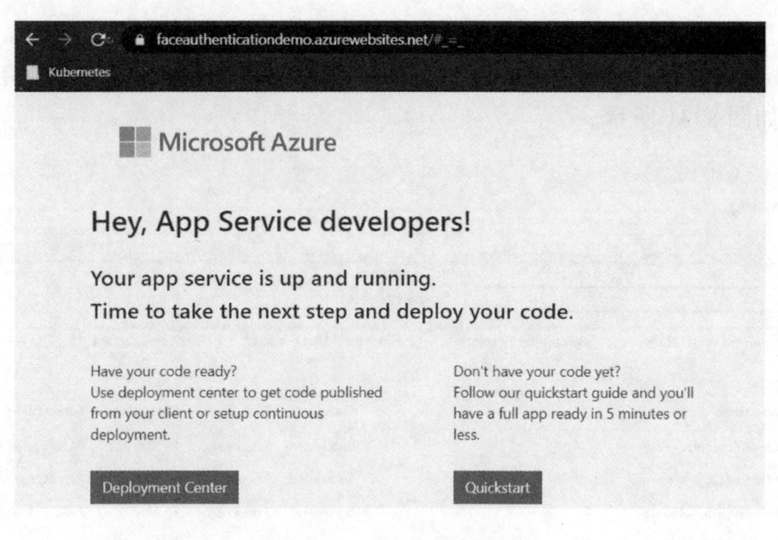

图 8.30 访问登录页面

8.10 安全监控和审计

您环境中的每一项活动,从电子邮件到更改防火墙,都可以归类为安全事件。从安全的角度来看,有必要有一个中央日志系统来监控和跟踪所做的更改。在审计过程中,如果您发现可疑活动,则可以发现体系结构中的缺陷以及如何补救。如果您遇到数据泄露,则日志将帮助安全专业人员了解攻击模式以及攻击是如何执行的。此外,可以采取必要的预防措施,以避免今后发生类似事件。Azure 提供了以下两种重要的安全资源来管理 Azure 订阅、资源组和资源的所有安全方面。

(1) Azure 监视器。

(2) Azure 安全中心。

在这两种安全资源中,我们将首先探索 Azure 监视器。

8.10.1 Azure 监视器

Azure 监视器是监控 Azure 资源的一站式商店。它提供了关于 Azure 资源及其状态的信息,还提供了一个丰富的查询界面,使用可以使用订阅、资源组、单个资源、资源类型级别的数据进行分割的信息。Azure 监视器从众多数据源收集数据,包括 Azure、客户应用程序、虚拟机中运行的代理的指标和日志。其他服务,如 Azure 安全中心和网络观察器,也将数据摄取到日志分析工作区,可以从 Azure 监视器进行分析。您可以使用 REST API 向 Azure 监视器发送自定义数据。

Azure 监视器可以通过 Azure 门户、PowerShell、命令行界面、REST 应用编程接口使用,如图 8.31 所示。

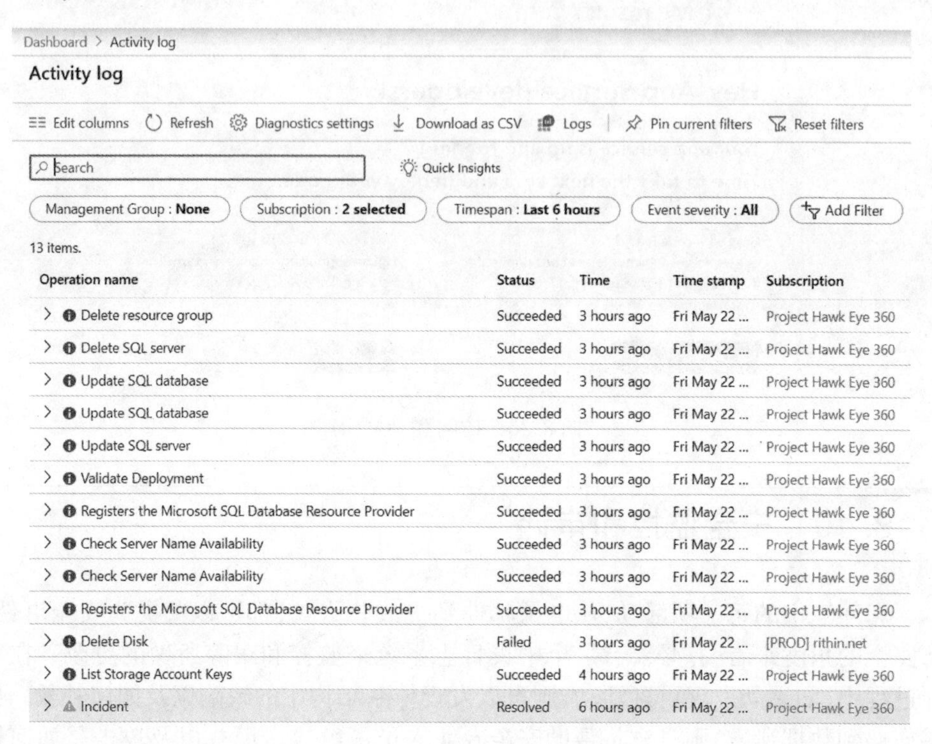

图 8.31　探索活动日志

以下是 Azure 监视器提供的日志。

(1) 活动日志。显示对资源执行的所有管理级操作。它提供了有关创建时间、创建者、资源类型和资源状态的详细信息。

(2) 操作日志(经典)。它提供了对资源组和订阅中的资源执行的所有操作的详细信息。

(3) 度量。这将获取单个资源的性能信息,并对它们设置警报。

(4) 诊断设置。通过设置 Azure 存储来存储日志,将日志实时流式传输到 Azure 事件中心,并将其发送到日志分析,这有助于我们配置效果日志。

(5) 日志搜索。这有助于将日志分析与 Azure 监视器集成。

Azure 监视器可以识别与安全相关的事件并采取适当的措施。重要的是,应该只允许授权的个人访问 Azure 监视器,因为它可能包含敏感信息。

8.10.2　Azure 安全中心

Azure 安全中心,顾名思义,是满足所有安全需求的一站式商店。通常有两种与安全相关的活动——实施安全和监控任何威胁和违规。安全中心的建立主要是为了帮助这两项活动。Azure 安全中心使用户能够定义他们的安全策略,并在 Azure 资源上实施它们。基于 Azure 资源的当前状态,Azure 安全中心提供安全建议来强化解决方案和单个 Azure 资源。这些建议包括几乎所有 Azure 安全最佳实践,如数据和磁盘加密、网络保护、端点保护、访问控制列表、传入请求的白名单以及阻止未经授权的请求。资源范围从基础架构组件(如负载平衡器、网络安全组、虚拟网络)到平台即服务资源(如 Azure SQL 和存储)。以下是从 Azure 安全中心的"概述"窗格中摘录的内容,其中显示了订阅、资源安全卫生等方面的总体安全得分,如图 8.32 所示。

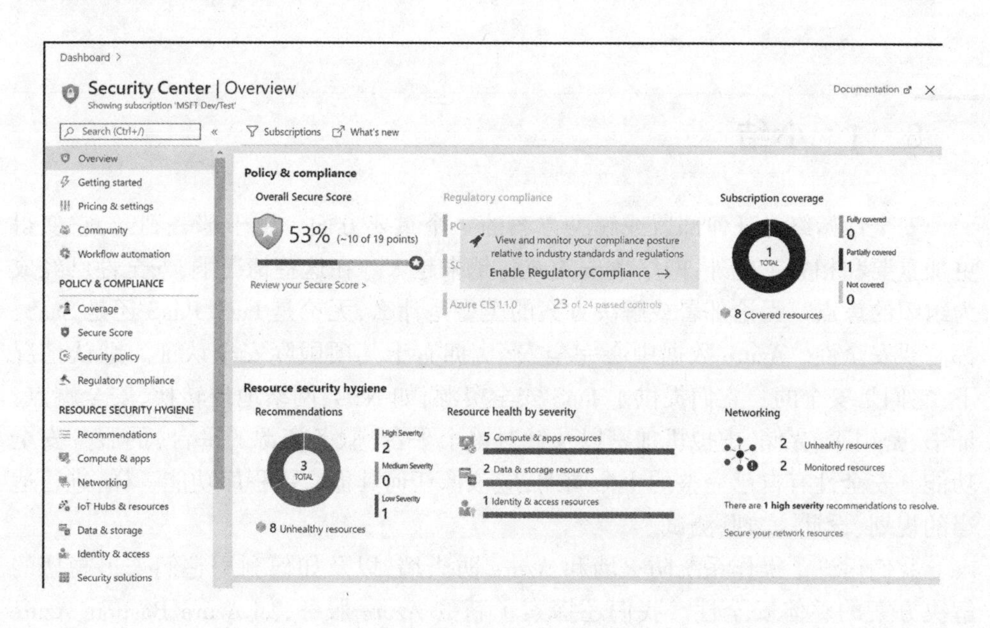

图 8.32　Azure 安全中心概述

Azure 安全中心是一个丰富的平台,为多种服务提供推荐,如图 8.33 所示。另外,这些建议可以导出到 CSV 文件中以供参考。

正如本节开头所提到的,监控和审计在企业环境中至关重要。Azure 监视器可以有多个数据源,并可用于审核这些来源的日志。Azure 安全中心提供持续的评估和优先的安全建议以及整体安全评分。

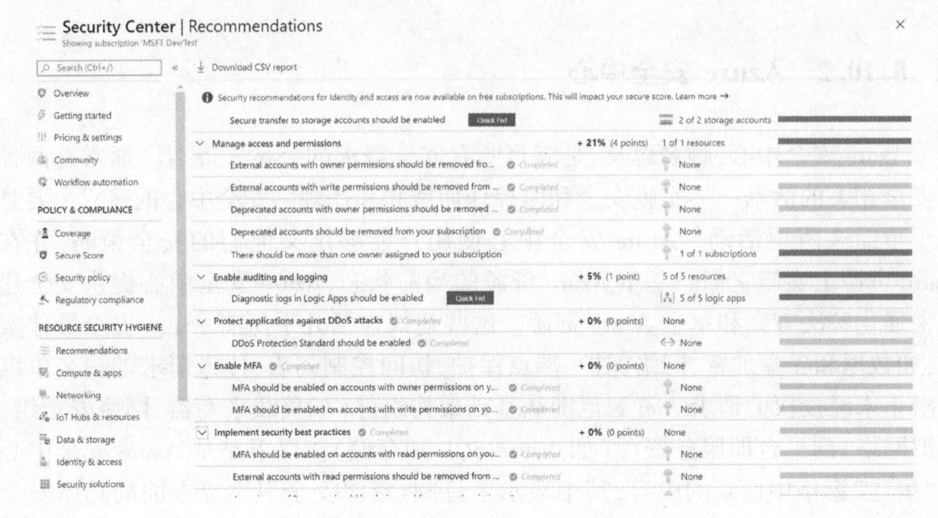

图 8.33　Azure 安全中心建议

8.11　小结

安全性始终是任何部署或解决方案的一个重要方面。由于部署到云,它变得更加重要和相关。此外,网络攻击的威胁越来越大。在这些情况下,安全性已经成为组织的焦点。无论部署或解决方案的类型是什么,无论是 IaaS、PaaS 还是 SaaS,都需要安全性。Azure 数据中心完全安全,拥有十几项国际安全认证。默认情况下,它们是安全的。它们提供了 IaaS 安全资源,如 NSG、网络地址转换、安全端点、证书、密钥库、存储、虚拟机加密以及针对单个平台(服务资源的平台)的服务安全功能。安全性有自己完整的生命周期,应该像任何其他应用程序功能一样,进行适当的规划、设计、实现、测试。

我们讨论了操作系统防火墙和 Azure 防火墙,以及如何利用它们来提高您的解决方案的整体安全性。我们还探索了新的 Azure 服务,如 Azure Bastion、Azure Front Door、Azure 私有链接。

应用程序安全性是另一个关键领域,我们讨论了使用 OAuth 执行身份验证和授权。我们快速演示了如何创建应用服务和集成 Facebook 登录。Facebook 只是一个例子;您可以使用 Google、Twitter、Microsoft、Azure AD 或任何自定义身份提供商。

我们还探索了 Azure SQL 提供的安全选项,这是 Azure 提供的托管数据库服务。我们讨论了安全特性的实现,在最后一节中,我们结束了对 Azure 监视器和

Azure 安全中心的监控和审核。安全性在您的环境中起着至关重要的作用。架构师应该始终将安全性作为架构的主要支柱之一来设计和构建解决方案;Azure 提供了许多选项来实现这一点。

既然您已经知道如何在 Azure 中保护数据,在下一章中,我们将重点介绍 Hadoop 的大数据解决方案,接下来是数据湖存储、数据湖分析、数据工厂。

第9章 Azure大数据解决方案

在前一章中,您了解到可以在 Azure 上实施的各种安全策略。有了安全的应用程序,我们就可以管理大量的数据。在过去几年里,大数据一直是热门研究方向。它需要专门的工具、软件和存储来处理。有趣的是,这些工具、平台和存储选项在几年前并不是可用的服务。然而,通过新的云技术,Azure 提供了大量的工具、平台和资源,可以轻松创建大数据解决方案。本章将详细介绍以一种有意义的方式获取、清理、过滤和可视化数据的完整体系结构。

本章将涵盖以下主题。

(1) 大数据概述。

(2) 数据集成。

(3) 提取-转换-加载(ETL)。

(4) 数据工厂。

(5) 数据湖存储。

(6) 工具生态系统,如 Spark、Databricks 和 Hadoop。

(7) Databricks。

9.1 大数据

随着廉价设备(如物联网设备和手持设备)的大量涌入,产生和获取的数据量呈指数级增长。几乎每个企业都有大量的数据,如果需要,他们准备购买更多的数据。当大量数据以多种不同的格式出现并不断增长时,我们可以说正在处理大数据。简而言之,大数据有 3 个关键特征。

(1) 容量。容量指的是数据的数量,包括大小(如 GB、TB 和 PB)和记录的数量(如层次化数据存储中的 100 万行、10 万张图像、5 亿 JSON 文档等)。

(2) 速度。速度是指数据到达或被摄取的速度。如果数据不频繁变化或新数据不频繁到达,则称数据的速度较低;如果数据频繁更新且大量新数据频繁到达,则称其速度较高。

(3) 多样性。多样性是指数据的不同种类和格式。数据可以以不同的格式来自不同的来源。数据可以是结构化数据(如逗号分隔的文件、JSON 文件或层次化数据)、半结构化数据库(如无模式的 NoSQL 文档)或非结构化数据(如二进制大对象(BLOB)、图像、PDF 等)。对于如此多的变体,重要的是要有一个定义好的流程来处理摄取的数据。

在下一节中,我们将了解大数据的一般流程。

9.1.1 大数据流程

当数据以不同的格式和不同的速度来自多个来源时,重要的是设定一个存储、吸收、过滤和清理数据的过程,以帮助我们更容易地处理这些数据,并使这些数据对其他过程有用。需要一个定义良好的过程来管理数据。大数据的一般流程如图9.1 所示。

图 9.1 大数据处理

大数据处理主要分为 4 个阶段。让我们来详细探讨一下。

(1) 摄取。这是将数据带入大数据环境并摄取数据的过程。数据可以来自多个来源,连接器应该用于在大数据平台内摄取这些数据。

(2) 存储。数据摄入后,应在数据池中长期存储。应该同时存储历史数据和实时数据,并且必须能够存储结构化、半结构化和非结构化数据。应该有连接器从数据源读取数据,或者数据源应该能够将数据推送到存储器。

(3) 分析。数据从存储中读取后,需要对其进行分析,这一过程需要对数据进行过滤、分组、连接和转换,以获得理解。

(4) 可视化。分析可以通过多个通知平台作为报告发送,或用于生成图形和图表仪表板。

在此之前,由于需要昂贵的硬件和大量的投资,企业并不容易获得捕获、吸收、存储和分析大数据所需的工具;而且,没有平台可以处理它们。随着云的出现,企业使用他们喜欢的工具和框架来收集、吸收、存储和执行大数据分析变得更加容易。他们可以付钱给云提供商使用他们的基础设施,避免任何资本支出。此外,与任何本地解决方案相比,云计算的成本非常低。大数据需要大量的计算、存储和网络资源。通常,在一台机器或服务器上需要的资源数量是不实际的。即使在单个服务器上提供了足够的资源,处理整个大数据池所需的时间也相当大,因为每个作业都是按顺序完成的，而且每个步骤都依赖于前一个步骤。我们需要专门的框架和工具，这些框架和工具可以将工作分布到多个服务器上，最终从这些服务器取回结果，并在适当地组合所有服务器的结果后呈现给用户。这些工具是专门的大数据工具，可以帮助实现可用性、可伸缩性和开箱即用的分发，以确保大数据解决方案可以通过优化快速运行，并具有内置的健壮性和稳定性。

Azure 的两个大数据服务是 HD Insights 和 Databricks。让我们继续探索大数据领域中可用的各种工具。

9.2 大数据工具

大数据领域有很多工具和服务，我们将在本章中介绍其中一些。

9.2.1 Azure 数据工厂

Azure 数据工厂是 Azure 中的旗舰 ETL 服务。它定义传入数据（根据其格式和模式），根据业务规则和过滤器转换数据，增强现有数据，最后将数据传输到其他下游服务易于使用的目标存储区。它能够在 Azure 上运行管道（包含 ETL 逻辑），以及自定义基础设施，还可以运行 SQL Server Integration Services 包。

9.2.2 Azure 数据湖存储

Azure 数据湖存储是一种企业级大数据存储，具有弹性、高可用性和开箱即用的安全性。它与 Hadoop 兼容，可以扩展到 PB 级的数据存储。它构建在 Azure 存储账户之上，因此直接获得了存储账户的所有好处。在 Azure 存储和数据湖存储 Gen1 的功能合并后，当前的版本称为 Gen2。

9.2.3 Hadoop

Hadoop 是由 Apache 软件基金会创建的，是一个分布式的、可伸缩的、可靠的处理大数据的框架，它将大数据分解成更小的数据块，并将它们分布在集群中。Hadoop 集群包含两种类型的服务器——主服务器和从服务器。主服务器包含 Hadoop 的管理组件，而从服务器是数据处理发生的地方。Hadoop 负责从机之间的逻辑分区数据；从节点执行对数据的所有转换，收集见解，并将它们传递回主节点，主节点将对它们进行整理，以生成最终的输出。Hadoop 可以扩展到数千台服务器，每个服务器为工作提供计算和存储。Hadoop 可以作为服务使用 Azure 中的 HDInsight 服务。

Hadoop 核心系统由 3 个主要组件组成。

(1) HDFS。Hadoop Distributed File System 是用于存储大数据的文件系统。它是一个分布式框架,通过将大型数据文件分解成更小的块,并将它们放在集群中的不同 slave 上,从而提供帮助。HDFS 是一个容错文件系统。这意味着,尽管不同的数据块提供给集群中的不同的从服务器,但还需要在从服务器之间复制数据,以确保在任何从服务器出现故障时,这些数据在另一台服务器上也可用。它还为请求者提供了快速有效的数据访问。

(2) MapReduce。MapReduce 是另一个重要的框架,它使 Hadoop 能够并行处理数据。这个框架负责处理存储在 HDFS slave 中的数据,并将其映射到从服务器。在从服务器完成处理之后,“reduce”部分从每个从服务器带来信息,并将它们整理在一起作为最终的输出。一般情况下,HDFS 和 MapReduce 都在同一个节点上,这样数据就不需要在从服务器之间传输,在处理从服务器时,可以获得更高的效率。

(3) YARN。Yet Another Resource Negotiator (YARN) 是一个重要的 Hadoop 架构组件,它可以帮助调度与集群内应用程序和资源管理相关的作业。YARN 是作为 Hadoop 2.0 的一部分发布的,许多人将其称为 MapReduce 的继承者,因为它在批处理和资源分配方面更高效。

9.2.4 Apache Spark

Apache Spark 是一个分布式的、可靠的大规模数据处理分析平台。它提供了一个集群,能够在大量数据上并行地运行转换和机器学习工作,并将整合结果返回给客户端。它由主节点和工作节点组成,其中主节点负责在工作节点之间划分和分发作业中的操作和数据,以及合并来自所有工作节点的结果并将结果返回客户端。在使用 Spark 时需要记住的一件重要的事情是:逻辑或计算应该很容易并行化,而且数据量太大,一台机器无法容纳。作为 HDInsight 和 Databricks 提供的服务,Spark 在 Azure 中是可得到的。

9.2.5 Databricks

Databricks 构建在 Apache Spark 之上。PaaS 管理一个 Spark 集群供用户使用。它提供了很多新增的特性,如一个完整的门户网站来管理 Spark 集群及其节点,帮助创建笔记,调度和运行作业,并为多个用户提供安全性和支持。现在,是时候学习如何集成来自多个数据源的数据,并使用我们讨论过的工具将它们一起使用了。

9.3 数据集成

我们很清楚集成模式是如何用于应用程序的,由多个服务组成的应用程序使用各种模式集成在一起。然而,对于许多企业来说,还有另一种范式是关键需求,称为数据集成。数据集成的激增主要发生在过去 10 年,当时数据的生成和可用性已经变得非常高。生成数据的速度、多样性和数量都急剧增加,而且几乎到处都有数据。

每个企业都有许多不同类型的应用程序,它们都以自己专有的格式生成数据。通常,数据也是从市场上购买的。即使在企业的兼并和合并过程中,也需要迁移和合并数据。

数据集成是指从多个来源获取数据并生成具有更多意义和可用性的新输出信息的过程。

在以下场景中,肯定需要进行数据集成。

(1) 将数据从一个源或一组源迁移到一个目标目的地。这需要使数据以不同的格式提供给不同的利益相关者和使用者。

(2) 从数据中获得见解。随着数据可用性的迅速增加,企业希望从中获得见解。他们想要创造能够提供真知灼见的解决方案;来自多个数据源的数据应该被合并、清理、扩充并存储在数据仓库中。

(3) 生成实时仪表盘和报告。

(4) 创建分析解决方案。

一方面,当用户使用应用程序时,应用程序集成具有运行时行为——例如,在信用卡验证和集成的情况下;另一方面,数据集成是作为后端练习进行的,并不直接与用户活动相关联。

让我们继续理解 Azure 数据工厂的 ETL 流程。

9.3.1 ETL

ETL 是一个非常受欢迎的进程,有助于构建目标数据源来存放应用程序可使用的数据。一般来说,数据是原始格式的,为了使其可供消耗,数据应该经历以下 3 个不同的阶段。

(1) 提取。通常使用由与目标数据源相关的连接信息组成的数据连接器。例如,可能有多个源,为了检索数据,它们都需要连接在一起。提取阶段通常使用由与目标数据源相关的连接信息组成的数据连接器。它们还可以使用临时存储来从数据源获取数据并存储数据,以便更快地检索。这个阶段负责摄取数据。

(2) 转换。在提取阶段之后可用的数据可能不会被应用程序直接使用。这可能有多种原因,如数据可能不规范,可能缺少数据,或者可能有错误的数据,甚至可能有根本不需要的数据,或者数据的格式可能不利于目标应用程序的使用。在所有这些情况下,必须以应用程序能够有效地使用数据的方式对数据进行转换。

(3) 加载。转换后,应以格式和架构加载到目标数据源,以便更快、更轻松,以性能为中心地提供给应用程序。同样,这通常由用于目标数据源和将数据加载到它们中的数据连接器组成。

接下来,让我们介绍 Azure 数据工厂是如何与 ETL 进程相关联的。

9.4 Azure 数据工厂入门

Azure 数据工厂是一个完全受监督的、高度可用的、高度可伸缩的、易于使用的工具,用于创建集成解决方案和实现 ETL 阶段。数据工厂帮助您使用用户界面以拖放方式创建新的管道,而无须编写任何代码;但是,它仍然提供功能,以允许您以首选语言编写代码。在使用数据工厂服务之前,有一些重要的概念需要了解,我们将在下面的章节中更详细地探讨这些概念。

(1) 活动。活动是独立的任务,能够在数据工厂管道中运行和处理逻辑。有多种类型的活动,如与数据移动、数据转换和控制活动相关的活动。每个活动都有一个策略,通过该策略,它可以决定重试机制和重试间隔。

(2) 管道。数据工厂中的管道由活动组组成,负责将活动聚集在一起。管道是支持运行 ETL 阶段的工作流和编排器。管道允许将活动编织在一起,并允许声明它们之间的依赖关系。通过使用依赖关系,可以并行地运行一些任务,而顺序地运行其他任务。

(3) 数据集。数据集是数据的来源和目的地。这些可能是 Azure 存储账户、数据湖存储或其他许多来源。

(4) 链接服务。这些服务包含数据集的连接和连接性信息,并由单个任务连接到数据集。

(5) 集成运行时。负责数据工厂运行的主引擎称为集成运行时。集成运行时在以下 3 种配置中可用。

① Azure。在这种配置中,数据工厂运行在 Azure 提供的计算资源上。

② 自托管。在此配置中,数据工厂在您自己带来的计算资源上运行。这可能是通过本地或基于云的虚拟机服务器运行。

③ Azure SQL Server 集成服务(SQL Server Integration Services, SSIS)。该配置允许运行使用 SQL Server 编写的传统 SSIS 包。

(6) 版本。数据工厂有两个不同的版本。重要的是,所有的新更新都将发生在 V2 上,而 V1 将保持原样,或在某一点上消失。推荐使用 V2,原因如下。

① 它提供运行 SQL Server 集成包的能力。

② 与 V1 相比,它具有更强的功能。

③ 它具有更强的监督功能,这是 V1 中没有的。

现在您已经对数据工厂有了一个很好地理解,接下来让我们了解 Azure 上可用的各种存储选项。

9.5 Azure 数据湖入门

Azure 数据湖为大数据解决方案提供存储。它专门用于存储大数据解决方案中通常需要的大量数据。它是一个 Azure 提供的托管服务。客户需要将他们的数据存储在数据湖中。

Azure 数据湖存储有两个版本:版本 1 (Gen1)和当前版本 2 (Gen2)。Gen2 拥有 Gen1 的所有功能,但一个特别的区别是:它是建立在 Azure Blob 存储之上的。

由于 Azure Blob 存储具有高可用性,可以多次复制,具有灾难准备性,并且成本较低,因此这些优势被转移到了 Gen2 数据湖。数据湖可以存储任何类型的数据,包括关系数据、非关系数据、基于文件系统的数据和分层数据。

创建数据湖 Gen2 实例就像创建一个新的存储账户一样简单。唯一需要做的更改是从存储账户的 Advanced 选项卡启用分层名称空间。需要注意的是,从通用存储账户到 Azure 数据湖并没有直接的迁移或转换,反之亦然。另外,存储账户用于存储文件,而数据湖则用于读取和摄取大量数据。

接下来,我们将介绍大数据处理的流程和主要阶段。这些是不同的阶段,每个阶段负责不同的数据活动。

9.6 将数据从 Azure 存储迁移到数据湖存储 Gen2

在本节中,我们将把数据从 Azure Blob 存储迁移到同一个 Azure Blob 存储实例的另一个 Azure 容器中,我们还将使用 Azure 数据工厂管道将数据迁移到 Azure 数据湖 Gen2 实例中。以下部分概述了创建这种端到端解决方案所需的步骤。

9.6.1 准备源存储账户

在我们创建 Azure 数据工厂管道并将其用于迁移之前,我们需要创建一个新的存储账户,由许多容器组成,并上传数据文件。在现实世界中,这些文件和存储连接已经准备好了。创建一个新的 Azure 存储账户的第一步是创建一个新的资源组,或者在 Azure 订阅中选择一个现有的资源组。

9.6.2 分配一个新的资源组

Azure 中的每个资源都与一个资源组相关联。在我们提供 Azure 存储账户之前,需要创建一个资源组来托管该存储账户。这里给出了创建资源组的步骤。

(1) 需要注意的是,在提供 Azure 存储账户的同时,可以创建一个新的资源组,或者可以使用现有的资源组:导航到 Azure 门户,登录,然后点击+ Create a resource;然后搜索 Resource group。

(2) 在搜索结果中选择 Resource group,创建新的资源组。提供一个名称并选择一个适当的位置。注意:所有资源都应该托管在相同的资源组和位置中,以便于删除它们。

在分配资源组之后,我们将在其中分配一个存储账户。

9.6.3 发放存储账户

在本节中,我们将介绍创建一个新的 Azure 存储账户的步骤。这个存储账户将获取要迁移数据的数据源。执行以下步骤创建存储账户。

(1) 点击+ Create a resource,搜索 Storage Account。从搜索结果中选择 Storage Account,然后创建一个新的存储账户。

(2) 提供名称和位置,然后根据前面创建的资源组选择订阅。

(3) 为 Account kind 选择 StorageV2(general purpose v2),为 Performance 选择 Standard,为 Replication 选择 local-redundant storage (LRS),如图 9.2 所示。

(4) 现在在存储账户中创建两个容器。rawdata 容器包含将被数据工厂管道提取的文件,并将作为源数据集,而 finaldata 将包含数据工厂管道将写入数据的文件,并将作为目标数据集,如图 9.3 所示。

(5) 上传一个数据文件(这个文件可以从源代码中获得)到 rawdata 容器中,如图 9.4 所示。

完成这些步骤之后,就完成了源数据准备活动。现在我们可以专注于创建数

Create storage account

Azure Storage is a Microsoft-managed service providing cloud storage that is highly available, secure, durable, scalable, and redundant. Azure Storage includes Azure Blobs (objects), Azure Data Lake Storage Gen2, Azure Files, Azure Queues, and Azure Tables. The cost of your storage account depends on the usage and the options you choose below. Learn more

PROJECT DETAILS

Select the subscription to manage deployed resources and costs. Use resource groups like folders to organize and manage all your resources.

* Subscription: RiteshSubscription

* Resource group: BigDataSolutions

Create new

INSTANCE DETAILS

The default deployment model is Resource Manager, which supports the latest Azure features. You may choose to deploy using the classic deployment model instead. Choose classic deployment model

* Storage account name: adfsamplesourcedata

* Location: East US

Performance: Standard / Premium

Account kind: StorageV2 (general purpose v2)

Replication: Locally-redundant storage (LRS)

Access tier (default): Cool / Hot

图 9.2　配置存储账户

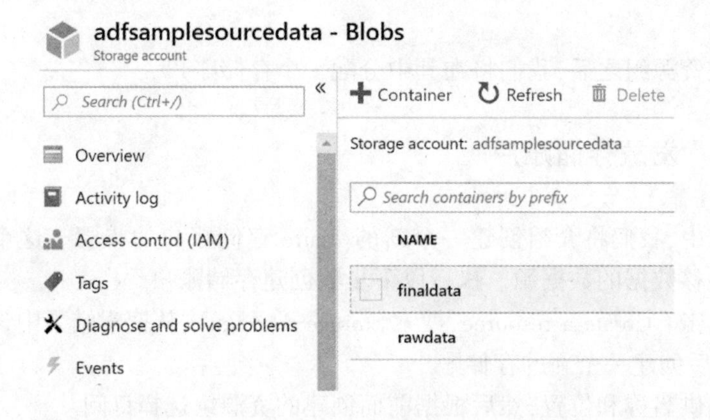

图 9.3　创建容器

据湖实例。

9.6.4　提供数据湖 Gen2 服务

我们已经知道,数据湖 Gen2 服务是建立在 Azure 存储账户之上的。正因为如此,我们将以与之前相同的方式创建一个新的存储账户——唯一的不同是在新的

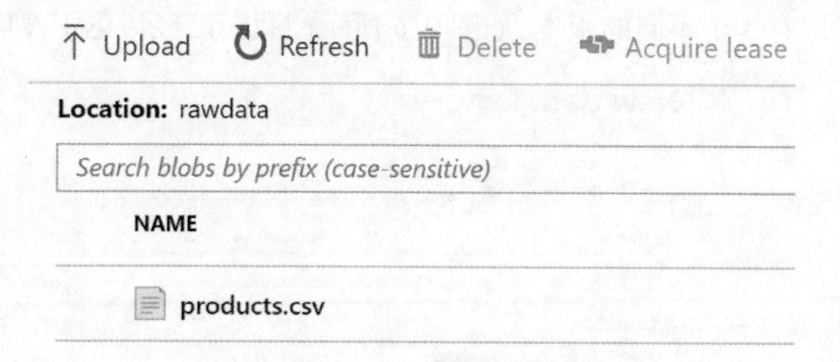

图 9.4　上传数据文件

Azure 存储账户的 Advanced 选项卡中选择了 Enabled 给 Hierarchical namespace。这将创建新的数据湖 Gen2 服务，如图 9.5 所示。

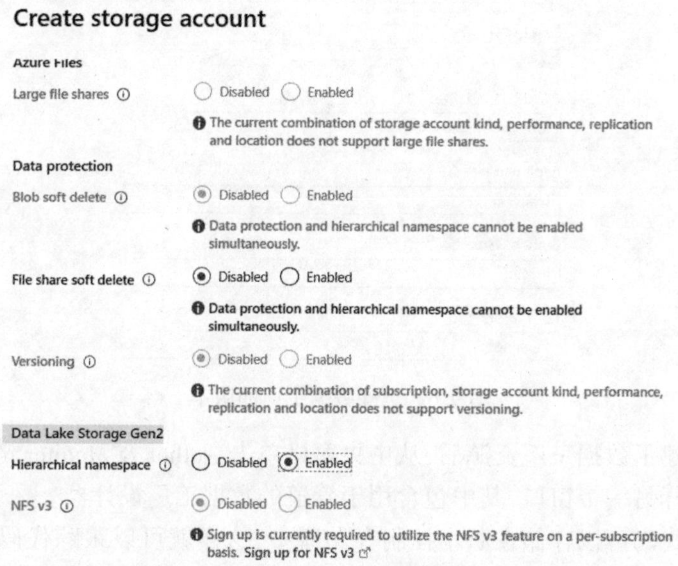

Create storage account

Azure Files

Large file shares　○ Disabled ○ Enabled

The current combination of storage account kind, performance, replication and location does not support large file shares.

Data protection

Blob soft delete　◉ Disabled ○ Enabled

Data protection and hierarchical namespace cannot be enabled simultaneously.

File share soft delete　◉ Disabled ○ Enabled

Data protection and hierarchical namespace cannot be enabled simultaneously.

Versioning　◉ Disabled ○ Enabled

The current combination of subscription, storage account kind, performance, replication and location does not support versioning.

Data Lake Storage Gen2

Hierarchical namespace　○ Disabled ◉ Enabled

NFS v3　◉ Disabled ○ Enabled

Sign up is currently required to utilize the NFS v3 feature on a per-subscription basis. Sign up for NFS v3

图 9.5　创建一个新的存储账户

在创建数据湖之后，我们将专注于创建一个新的数据工厂管道。

9.6.5　Azure 数据工厂

既然我们已经准备好了资源组和 Azure 存储账户，现在是时候创建一个新的数据工厂资源了。

(1) 通过选择 V2 并提供名称和位置，以及资源组和订阅选择，创建一个新的数据工厂管道。

数据工厂有 3 个不同的版本,如图 9.6 所示。我们已经讨论了 V1 和 V2。

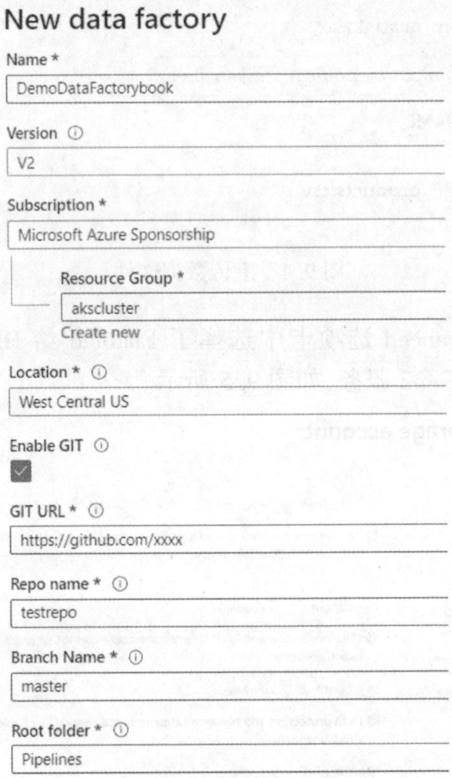

图 9.6　选择数据工厂的版本

(2) 创建了数据工厂资源后,从中央窗格单击 Author & Monitor 链接。

这将打开另一个窗口,其中包含用于管道的数据工厂设计器。

管道的代码可以存储在版本控制存储库中,这样就可以跟踪代码更改并促进开发人员之间的协作。如果您在这些步骤中错过了设置存储库设置,可以稍后完成。

如果创建数据工厂资源时没有配置任何存储库设置,那么,下一节将重点讨论与版本控制存储库设置相关的配置。

9.6.6　存储库设置

在创建任何数据工厂构件(如数据集和管道)之前,最好设置代码存储库来托管与数据工厂相关的文件:

(1) 在 Authoring 页面中,单击 Manage 按钮,然后,单击左侧菜单中的 Git Con-

figuration。这将打开另一个窗格;单击此窗格中的 Set up code repository 按钮,如图9.7 所示。

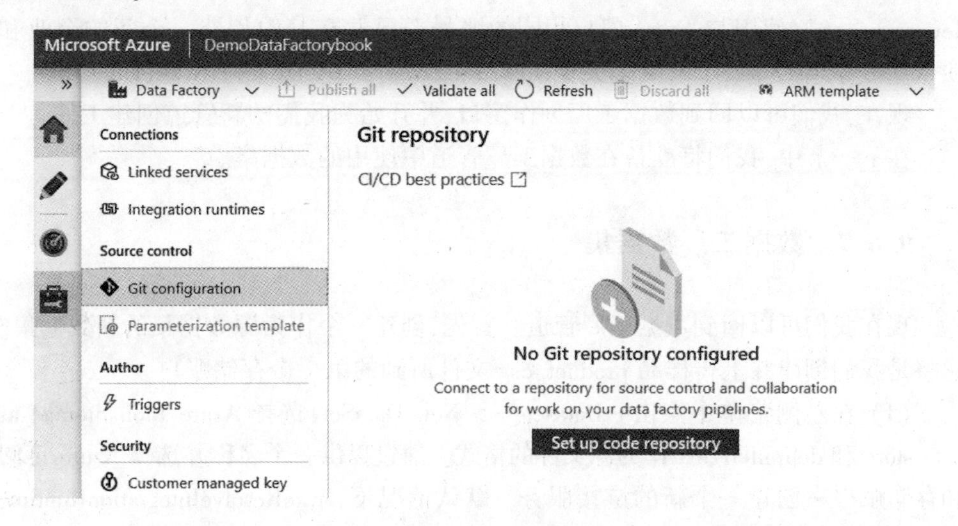

图 9.7　设置 Git 存储库

(2) 从合成叶片中,选择要在其中存储数据工厂代码文件的任何一种存储库类型。在本例中,我们选择 Azure DevOps Git(图 9.8)。

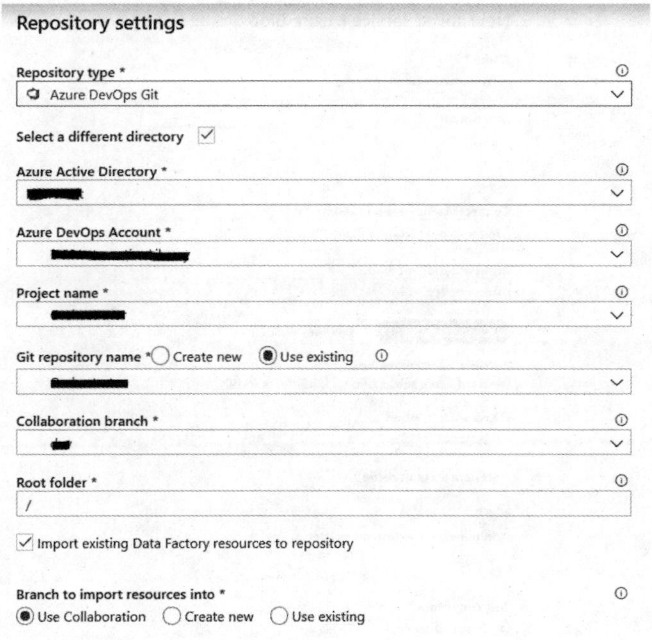

Repository settings

Repository type *

Azure DevOps Git

Select a different directory

Azure Active Directory *

Azure DevOps Account *

Project name *

Git repository name * Create new Use existing

Collaboration branch *

Root folder *

/

Import existing Data Factory resources to repository

Branch to import resources into *

Use Collaboration Create new Use existing

图 9.8　选择适当的 Git 存储库类型

(3) 从 Azure DevOps 中创建一个新的存储库或重用一个现有的存储库。您应该已经在 Azure DevOps 中拥有了一个账户。如果没有,则访问 https://dev. azure. com,使用与 Azure 门户相同的账号登录并在其中创建一个新的企业和项目。参考第 13 章,了解更多关于在 Azure DevOps 中创建企业和项目的知识。

现在,我们可以回到数据工厂创作窗口,并开始为我们的新管道创建工件。

在下一节中,我们将准备在数据工厂管道中使用的数据集。

9.6.7 数据工厂数据集

现在我们可以回到数据工厂管道。首先,创建一个作为源数据集的新数据集。它将是我们创建并上传样品 product. csv 文件所到的第一个存储账户。

(1) 在左侧菜单中点击+ Datasets -> New DataSet,选择 Azure Blob Storage as data store 和 delimitedText 作为源文件的格式。通过提供一个名称并选择 Azure 订阅和存储账户来创建一个新的链接服务。默认情况下,AutoResolveIntegrationRuntime 用于运行时环境,这意味着,Azure 将在 Azure 管理的计算上提供运行时环境。链接服务提供多种身份验证方法,我们正在使用 shared access signature (SAS) uniform resource locator (URI)方法,也可以使用账户密钥、服务主体和托管身份作为身份验证方法,如图 9.9 所示。

图 9.9 实现身份验证方法

(2) 然后,在 General 选项卡的结果下窗格中,单击 Open properties 链接,并提供数据集的名称,如图 9.10 所示。

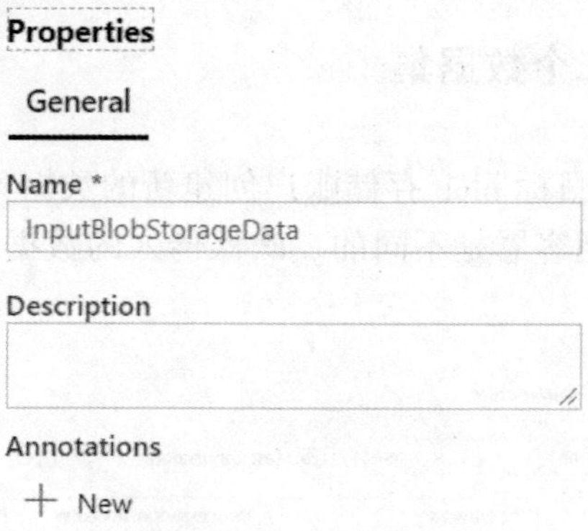

Properties

General

Name *

InputBlobStorageData

Description

Annotations

+ New

图 9.10　命名数据集

(3) 在 Connection 选项卡中,提供关于容器、存储账户中的 blob 文件名、行分隔符、列分隔符和其他信息的详细信息,这些信息将帮助数据工厂正确地读取源数据。

配置后的 Connection 选项卡应该类似于图 9.11。注意:该路径包含了容器的名称和文件的名称,如图 9.11 所示。

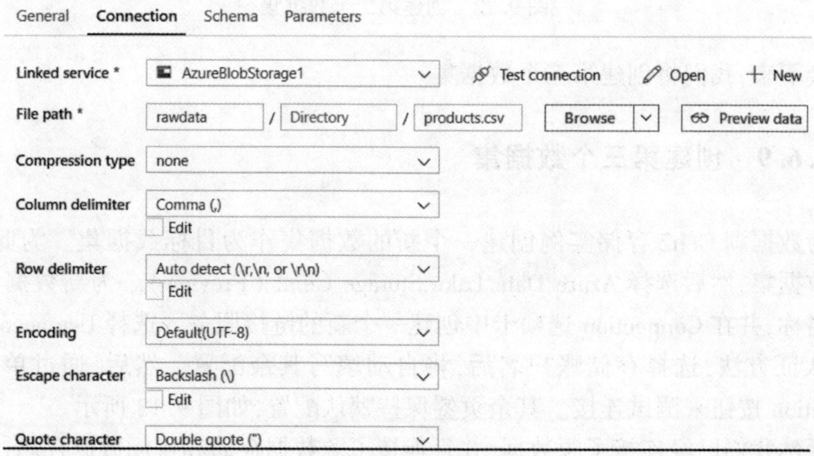

General　Connection　Schema　Parameters

Linked service *	AzureBlobStorage1	Test connection　Open　+ New
File path *	rawdata / Directory / products.csv	Browse　Preview data
Compression type	none	
Column delimiter	Comma (,) Edit	
Row delimiter	Auto detect (\r,\n, or \r\n) Edit	
Encoding	Default(UTF-8)	
Escape character	Backslash (\) Edit	
Quote character	Double quote (")	

图 9.11　连接配置

(4) 此时,如果您单击 Preview data 按钮,它将显示来自 product. csv 文件的预览数据。在 Schema 选项卡上,添加两个列,并将它们命名为 ProductID 和 ProductPrice。当名称不相同时,模式有助于为列提供标识符,并将源数据集中的源列映射到目标数据集中的目标列。

现在已经创建了第一个数据集,接下来创建第二个数据集。

9.6.8 创建第二个数据集

按照以前的方法为目标 blob 存储账户创建新的数据集和链接服务。注意:存储账户与源是相同的,但容器是不同的。确保传入的数据也有与之相关联的模式信息,如图 9.12 所示。

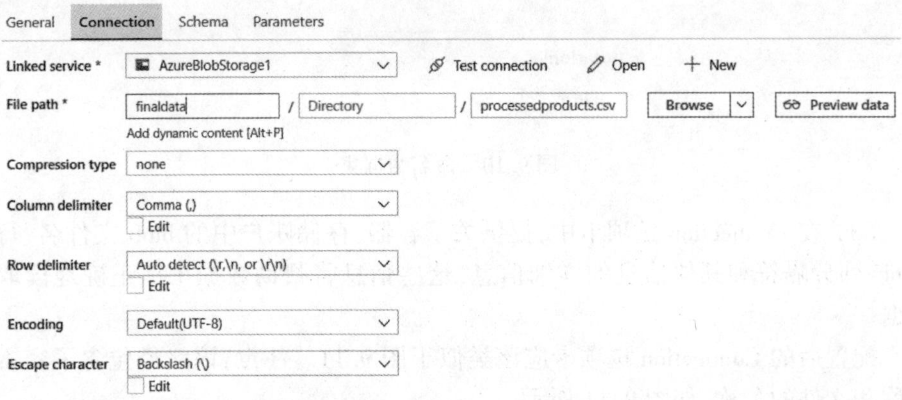

图 9.12 创建第二个数据集

接下来,我们将创建第三个数据集。

9.6.9 创建第三个数据集

为数据湖 Gen2 存储实例创建一个新的数据集作为目标数据集。为此,选择新的数据集,然后选择 Azure Data Lake Storage Gen2 (Preview)。为新数据集指定一个名称,并在 Connection 选项卡中创建一个新的链接服务。选择 Use account key 作为认证方法,选择存储账户名后,将自动填写其余配置。然后,通过单击 Test connection 按钮来测试连接。其余页签保持默认配置,如图 9.13 所示。

既然我们已经连接了源数据,并且连接了源数据存储和目标数据存储,现在就可以创建包含数据转换逻辑的管道了。

9.6.10 创建一个管道

在创建所有数据集之后,我们可以创建一个管道来使用这些数据集。下面给

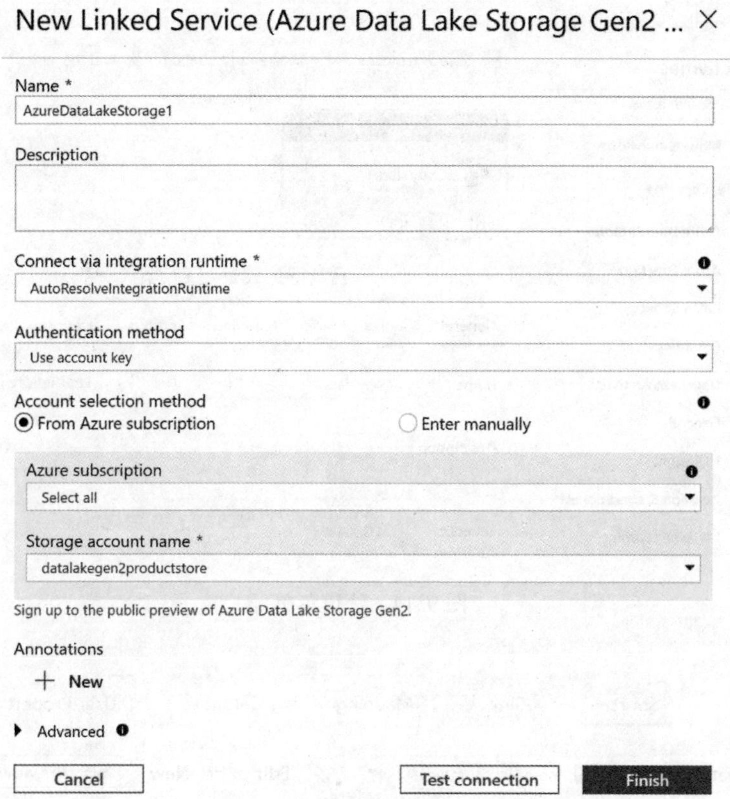

New Linked Service (Azure Data Lake Storage Gen2 ... ×

Name *
AzureDataLakeStorage1
Description

Connect via integration runtime *
AutoResolveIntegrationRuntime
Authentication method
Use account key
Account selection method
From Azure subscription
Enter manually
Azure subscription
Select all
Storage account name *
datalakegen2productstore
Sign up to the public preview of Azure Data Lake Storage Gen2.
Annotations
+ New
Advanced
Cancel
Test connection
Finish

图 9.13　连接页签中的配置

出了创建管道的步骤。

（1）单击左侧菜单中的+ Pipeline→New Pipeline 菜单，创建一个新的管道。然后，从 Move & Transform 菜单中拖放 Copy Data 活动，如图 9.14 所示。

（2）生成的 General 选项卡可以保持原样，但是 Source 选项卡应该配置为使用我们之前配置的源数据集，如图 9.15 所示。

（3）Sink 选项卡用于配置目标数据存储和数据集，它应该被配置为使用我们之前配置的目标数据集，如图 9.16 所示。

（4）在 Mapping 选项卡上，将源数据集的列映射到目标数据集的列，如图 9.17 所示。

9.6.11　添加一个拷贝数据活动

在我们的管道中，我们可以添加多个活动，每个活动负责一个特定的转换任

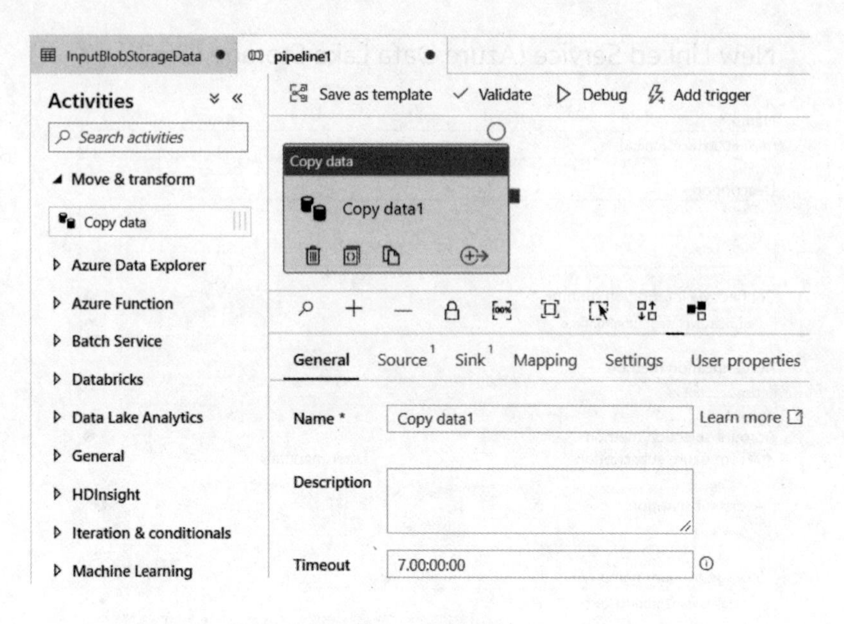

图 9.14　管道菜单

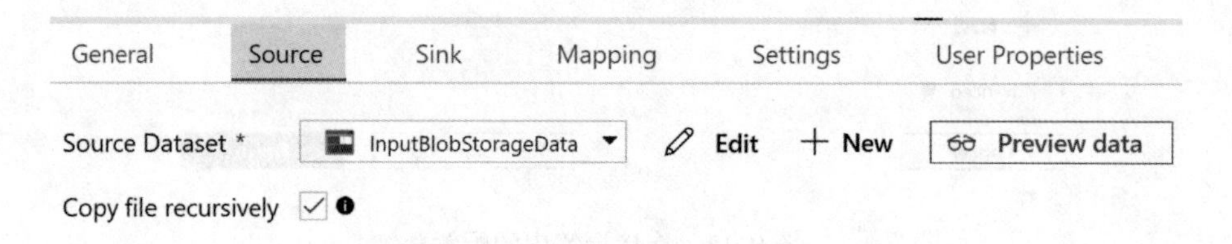

图 9.15　Source 选项卡

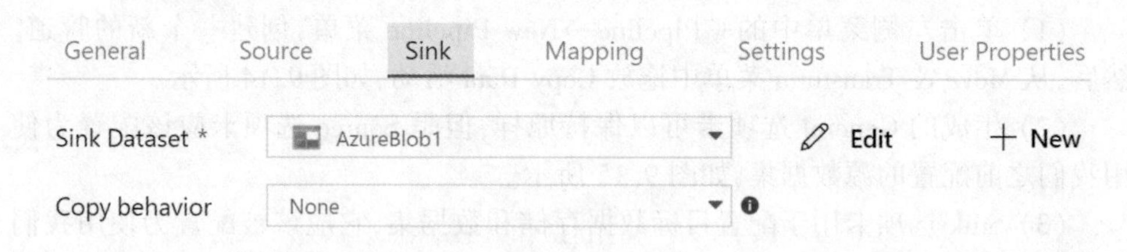

图 9.16　Sink 选项卡

务。本节介绍的任务负责将数据从 Azure 存储账户复制到 Azure 数据湖存储。

（1）从左侧活动菜单添加另一个 Copy Data 活动迁移数据到数据湖存储，这两个备份任务将并行运行，如图 9.18 所示。

源的配置是包含 product. csv 文件的 Azure Blob 存储账户。接收器配置将针对数据湖 Gen2 存储账户。

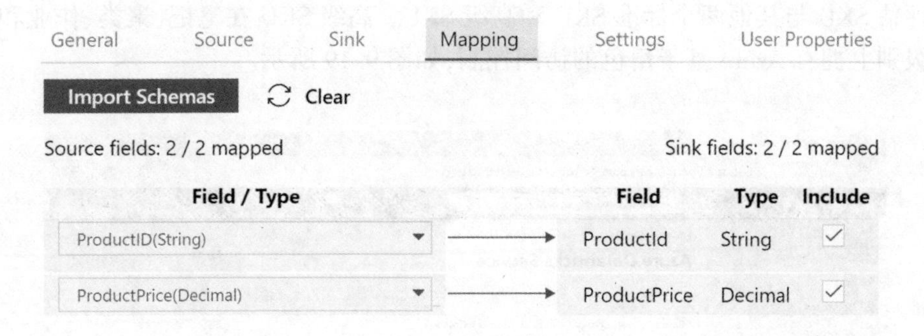

图 9.17　映射选项卡

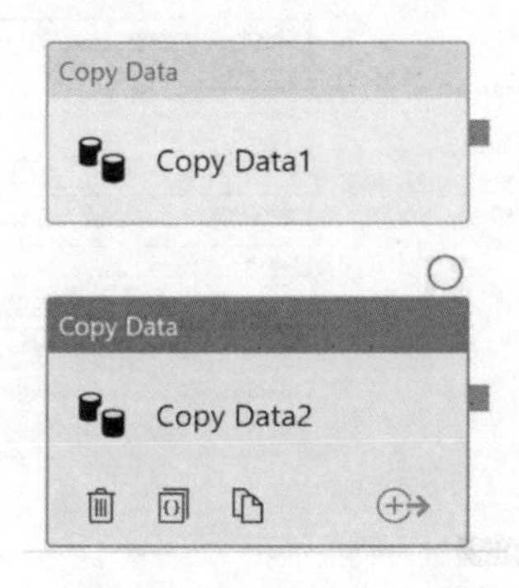

图 9.18　Copy Data 活动

(2) 其余配置可以保留第二个 Copy Data 活动的默认设置。

管道的创建完成后,可以将其发布到 GitHub 等版本控制库中。接下来,我们将研究如何使用 Databricks 和 Spark 创建解决方案。

9.7　使用 Databricks 创建解决方案

Databricks 是一个使用 Spark 作为服务的平台。我们不需要在虚拟机上提供主节点和工作节点。相反,Databricks 为我们提供了一个由主节点和工作节点组成的托管环境,并对它们进行管理。我们需要提供数据处理的步骤和逻辑,其余的由 Databricks 平台负责。在本节中,我们将介绍使用 Databricks 创建解决方案的步骤。我们将下载样本数据进行分析。CSV 样例可以从 https://ourworldindata.org/coronavirussource-data 下载,尽管本书也提供了代码。前面提到的 URL 将有更多的最新数据;然而,格式可能已经改变,因此建议使用本书代码示例中的文件。

(1) 创建 Databricks 解决方案的第一步是从 Azure 门户提供它。有一个 14 天的评估 SKU 与其他两个标准 SKU 和高级 SKU。高级 SKU 在笔记、聚类、作业和表的级别上拥有 Azure 基于角色的访问控制,如图 9.19 所示。

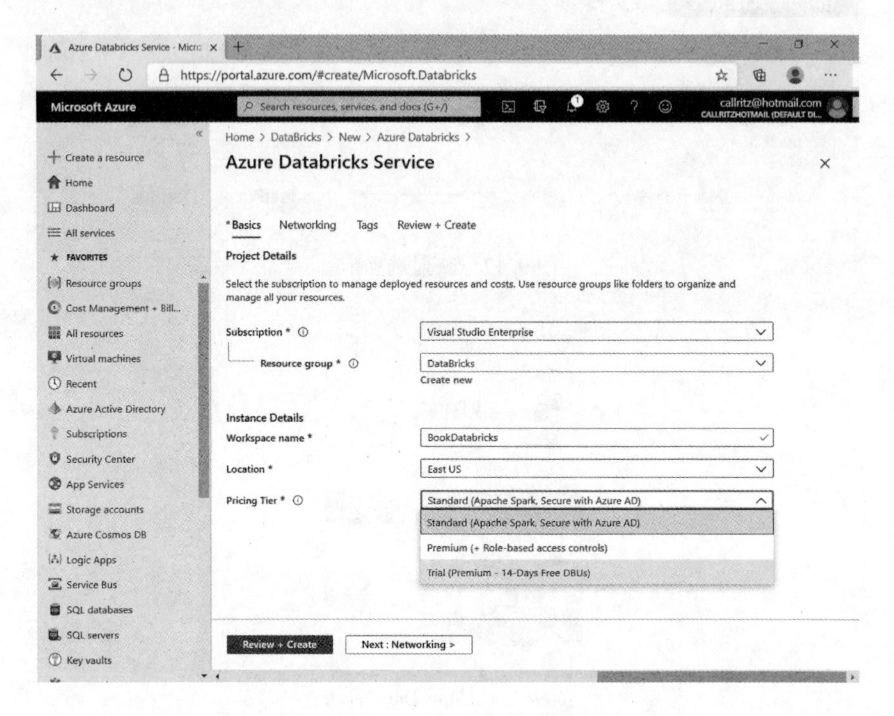

图 9.19 Azure 门户-数据库服务

(2) 在提供了数据块工作区之后,从 Overview 窗格中单击 Launch workspace 按钮。这将打开一个新的浏览器窗口,并最终将您登录到 Databricks 门户。

(3) 在 Databricks 门户中,从左侧菜单中选择 Cluster 并创建一个新的聚类,如图 9.20 所示。

(4) 提供名称、Databricks 运行时版本、工作类型的数量、虚拟机大小配置和驱动程序类型服务器配置。

(5) 创建聚类可能需要几分钟时间。聚类创建完成后,点击 Home,从上下文菜单中选择一个用户,创建一个新的笔记,如图 9.21 所示。

(6) 为笔记命名,如图 9.22 所示。

(7) 创建一个新的存储账户,如图 9.23 所示。这将作为 CSV 格式的原始 COVID 数据的存储。

(8) 创建一个容器来存储 CSV 文件,如图 9.24 所示。

(9) 将 owid-covid-data. csv 文件上传到此容器。

完成上述步骤后,下一个任务是加载数据。

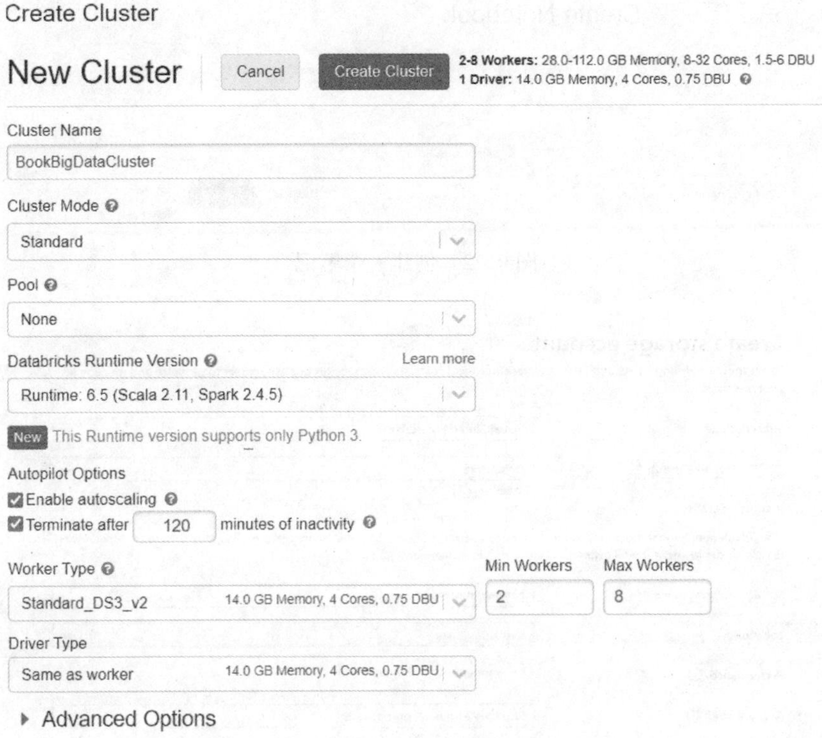

Create Cluster

New Cluster | Cancel | Create Cluster | **2-8 Workers:** 28.0-112.0 GB Memory, 8-32 Cores, 1.5-6 DBU **1 Driver:** 14.0 GB Memory, 4 Cores, 0.75 DBU

Cluster Name

BookBigDataCluster

Cluster Mode

Standard

Pool

None

Databricks Runtime Version　Learn more

Runtime: 6.5 (Scala 2.11, Spark 2.4.5)

New This Runtime version supports only Python 3.

Autopilot Options

☑ Enable autoscaling

☑ Terminate after 120 minutes of inactivity

Worker Type　Min Workers　Max Workers

Standard_DS3_v2　14.0 GB Memory, 4 Cores, 0.75 DBU　2　8

Driver Type

Same as worker　14.0 GB Memory, 4 Cores, 0.75 DBU

▸ Advanced Options

图 9.20　创建一个新的聚类

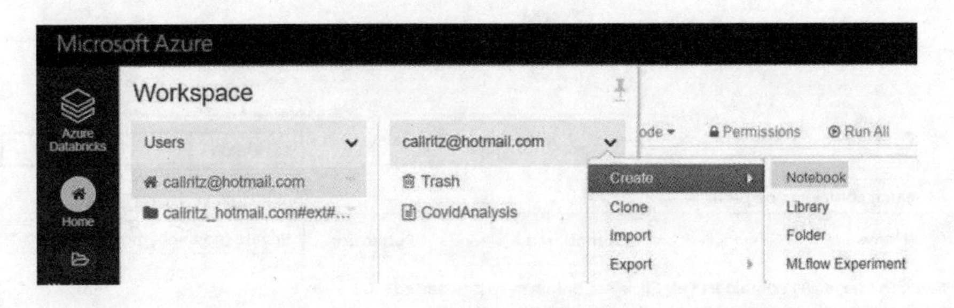

图 9.21　选择一个新的笔记

9.7.1　加载数据

第二个主要步骤是在 Databricks 工作区中加载 COVID 数据。这可以通过两种主要方式实现。

(1) 在 Databricks 中挂载 Azure 存储容器,然后在挂载中加载可用的文件。

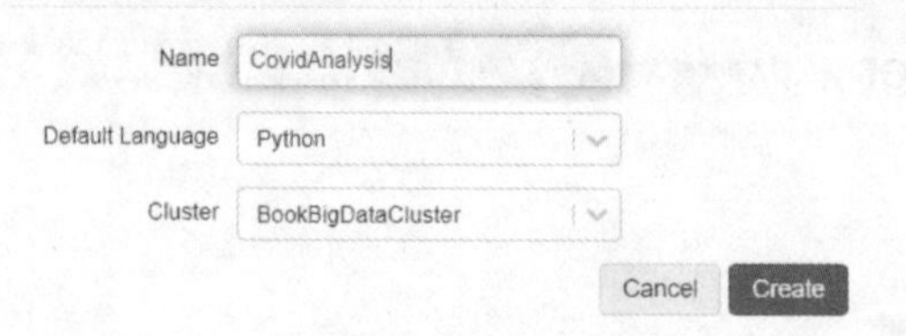

图 9.22　创建一个笔记

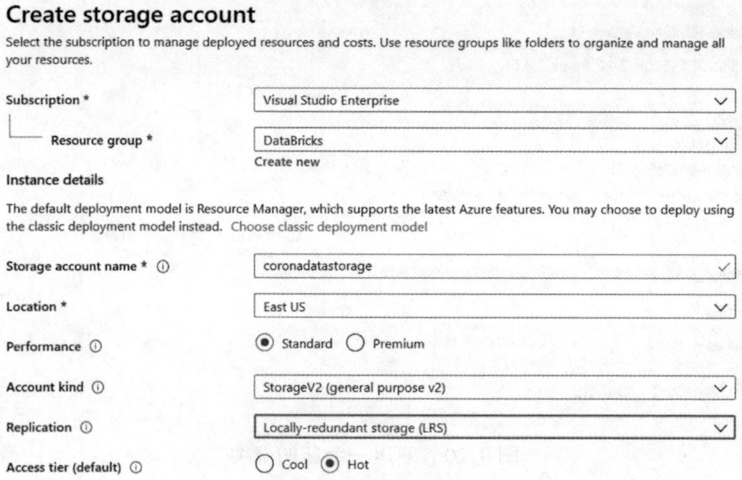

Create storage account

Select the subscription to manage deployed resources and costs. Use resource groups like folders to organize and manage all your resources.

Subscription * — Visual Studio Enterprise

Resource group * — DataBricks

Create new

Instance details

The default deployment model is Resource Manager, which supports the latest Azure features. You may choose to deploy using the classic deployment model instead. Choose classic deployment model

Storage account name * — coronadatastorage

Location * — East US

Performance — Standard　Premium

Account kind — StorageV2 (general purpose v2)

Replication — Locally-redundant storage (LRS)

Access tier (default) — Cool　Hot

图 9.23　创建一个新的存储账户

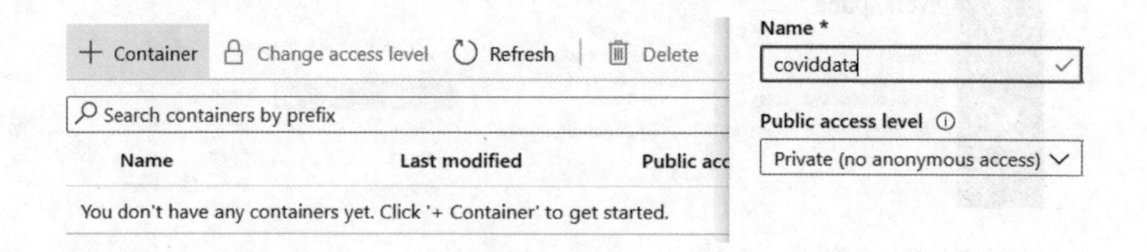

图 9.24　创建一个容器

(2) 直接从存储账户加载数据。此方法已在以下示例中使用。

使用 Databricks 加载和分析数据需要执行以下步骤。

(1) 连接并访问存储账户。需要存储账户的密钥,密钥存储在 Spark 配置中。注意这里的键是:“fs. azure. account. key. coronadataststorage . blob. core. windows”:

```
spark.conf.set ( " fs.azure.account.key.coronadatastorage. blob.core.
```

windows.net","xxxxxxxxxxxxxxxxxxxxxxxxxxxxxxxxxxxxxxxxxxxxxxxxxxxxxxxxxx
xxxxxxxxxxxxxxxxxxxxxxxxxxxxxxxxxxxxxxxxxxxxxxxxxx==")

(2) 通过导航到门户中存储账户的设置和 Access Keys 属性,可以检索 Azure 存储账户的键。

下一步是加载文件并读取 CSV 文件中的数据。模式应该从文件本身推断出来,而不是显式提供。还有一个标题行,使用下一个命令中的选项表示。

该文件使用以下格式引用:wasbs://{{container}}@{{存储账户名}}.blob.core.windows.net/{{filename}}。

(3) SparkSession 对象的 read 方法提供了读取文件的方法。要读取 CSV 文件,应该使用 CSV 方法及其必需的参数,如 CSV 文件的路径。还可以提供其他可选参数来定制数据文件的读取过程。Spark 支持 JSON、Optimized Row Columnar (ORC)、Parquet 等多种文件格式,支持 SQL Server、MySQL、NoSQL 等关系型数据库,支持 Cassandra、MongoDB 等数据存储,支持 Apache Hive 等大数据平台。让我们看一下下面的命令,以理解 Spark DataFrames 的实现:

```
coviddata = spark.read.format("csv").option("inferSchema", "true").
option("header", "true").load("wasbs://coviddata@ coronadatastorage.blob.
core.windows.net/owid-covid-data.csv")
```

使用此命令在 Spark 中创建一个 DataFrame 类型的新对象。Spark 提供 RDD (Resilient Distributed Dataset)对象来操作和处理数据。RDD 是低级对象,为使用它们编写的任何代码可能都没有经过优化。数据帧是基于 RDD 的高级构造,提供了访问和使用它们 RDD 的优化。使用数据帧比使用 RDD 更好。

数据帧以行-列格式提供数据,这使得可视化和处理数据更加容易。Spark 数据帧类似于 pandas 数据帧,不同之处在于实现。

(4) 下面的命令显示数据帧中的数据。它显示了数据帧:coviddata.show()中可用的所有行和列。您应该会得到与图 9.25 中所示类似的输出。

```
|iso_code|location|            date|total_cases|new_cases|total_deaths|new_deaths|total_cases_per_million|new_cases_per_million|total_deaths_per_million|new_deaths_per_million|
total_tests|new_tests|total_tests_per_thousand|new_tests_per_thousand|new_tests_smoothed|new_tests_smoothed_per_thousand|tests_units|stringency_index|population|population_density
|median_age|aged_65_older|aged_70_older|gdp_per_capita|extreme_poverty|cvd_death_rate|diabetes_prevalence|female_smokers|male_smokers|handwashing_facilities|hospital_beds_per_100k
|
+--------+--------+-------------------+-----------+---------+------------+----------+-----------------------+---------------------+------------------------+----------------------+
----------+---------+------------------------+----------------------+------------------+-------------------------------+-----------+----------------+----------+------------------
+----------+-------------+-------------+--------------+---------------+--------------+-------------------+--------------+------------+----------------------+----------------------
+
|     ABW|   Aruba|2020-03-13 00:00:00|          2|        2|           0|         0|                 18.733|               18.733|                     0.0|                   0.0|
null|     null|                    null|                  null|              null|                           null|       null|            null|       0.0|  106766.0|            584.8|
41.2|       13.085|        7.452|     35973.781|           null|          null|              11.62|          null|        null|                  null|                  null|
|     ABW|   Aruba|2020-03-20 00:00:00|          4|        2|           0|         0|                 37.465|               18.733|                     0.0|                   0.0|
null|     null|                    null|                  null|              null|                           null|       null|            null|     30.56|  106766.0|            584.8|
41.2|       13.085|        7.452|     35973.781|           null|          null|              11.62|          null|        null|                  null|                  null|
```

图 9.25 数据帧中的原始数据

(5) 加载数据的模式是由 Spark 推断的,可以使用以下命令进行检查。

```
coviddata.printSchema()
```

其输出结果如图 9.26 所示。

```
root
 |-- iso_code: string (nullable = true)
 |-- location: string (nullable = true)
 |-- date: timestamp (nullable = true)
 |-- total_cases: integer (nullable = true)
 |-- new_cases: integer (nullable = true)
 |-- total_deaths: integer (nullable = true)
 |-- new_deaths: integer (nullable = true)
 |-- total_cases_per_million: double (nullable = true)
 |-- new_cases_per_million: double (nullable = true)
 |-- total_deaths_per_million: double (nullable = true)
 |-- new_deaths_per_million: double (nullable = true)
```

图 9.26　获取每个列的 DataFrame 模式

(6) 可以使用以下命令计算 CSV 文件中的行数,该命令的输出显示文件中有 19288 行,如图 9.27 所示。

```
coviddata.count()
```

```
▸ (1) Spark Jobs

Out[7]: 19288
```

图 9.27　在数据帧中查找记录的计数

(7) 原始的数据帧有 30 多个列。我们也可以选择可用列的子集并直接使用它们,如图 9.28 所示。

```
+--------+-------------------+---------+----------+
|location|               date|new_cases|new_deaths|
+--------+-------------------+---------+----------+
|   Aruba|2020-03-13 00:00:00|        2|         0|
|   Aruba|2020-03-20 00:00:00|        2|         0|
|   Aruba|2020-03-24 00:00:00|        8|         0|
|   Aruba|2020-03-25 00:00:00|        5|         0|
|   Aruba|2020-03-26 00:00:00|        2|         0|
|   Aruba|2020-03-27 00:00:00|        9|         0|
|   Aruba|2020-03-28 00:00:00|        0|         0|
|   Aruba|2020-03-29 00:00:00|        0|         0|
|   Aruba|2020-03-30 00:00:00|       22|         0|
|   Aruba|2020-04-01 00:00:00|        5|         0|
|   Aruba|2020-04-02 00:00:00|        0|         0|
```

图 9.28　从整个列中选择几个列

(8) 还可以使用筛选方法筛选数据,如下所示:

```
CovidDataSmallSet.filter(" location == 'United States' ").show()
```

(9) 也可以使用 AND (&)或 OR(|)操作符同时添加多个条件:

```
CovidDataSmallSet.filter((CovidDataSmallSet.location == 'United States') |
(CovidDataSmallSet.location == 'Aruba')).show()
```

(10) 要找出行数和其他统计细节,如平均值、最大值、最小值和标准偏差,可以使用描述方法:

```
CovidDataSmallSet.describe().show()
```

使用上面的命令后,你会得到类似的输出,如图 9.29 所示。

```
+-------+-----------+-----------------+-----------------+
|summary|   location|        new_cases|       new_deaths|
+-------+-----------+-----------------+-----------------+
|  count|      19288|            19288|            19288|
|   mean|       null|536.6524263790958|35.05174201576109|
| stddev|       null|4828.611755359697|335.3488977234115|
|    min|Afghanistan|            -2461|                0|
|    max|   Zimbabwe|           107909|            10520|
+-------+-----------+-----------------+-----------------+
```

图 9.29 使用描述方法显示每一列的统计信息

(11) 还可以找出指定列中空数据或空数据的百分比。下面展示了几个示例:

```
from pyspark.sql.functions import col
(coviddata.where(col("diabetes_prevalence").isNull()).count() * 100)/
coviddata.count()
```

输出显示 5.998548320199087,这意味着 95%的数据为空。我们应该从数据分析中删除这些列。类似地,在 total_tests_per_thousand 列上运行相同的命令将返回 73.6.2090418913314,这比前一个列要好得多。

(12) 要从数据帧中删除一些列,可以使用下一个命令:

```
coviddatanew=coviddata.drop("iso_code").drop("total_tests").drop("total_
tests").drop("new_tests").drop("total_tests_per_thousand").drop("new_
tests_per_thousand").drop("new_tests_smoothed").drop("new_tests_smoothed_
per_thousand ")
```

(13) 有时,您需要有一个数据聚合。在这种情况下,可以执行数据分组,如下所示:

```
coviddatanew = coviddata.groupBy('location').agg({'date': 'max'})
```

这将显示来自 groupBy 语句的数据,如图 9.30 所示

(14) 正如您在 max (date)列中所看到的,所有国家的日期几乎都是相同的,我们可以使用这个值来过滤记录,并获得代表最大日期的每个国家的单行:

```
coviddatauniquecountry = coviddata.filter("date='2020-05-23 00:00:00'")
```

```
+--------------------+-------------------+
|            location|          max(date)|
+--------------------+-------------------+
|                Chad|2020-05-23 00:00:00|
|            Anguilla|2020-05-23 00:00:00|
|            Paraguay|2020-05-23 00:00:00|
|              Russia|2020-05-23 00:00:00|
|       International|2020-03-10 00:00:00|
|               Yemen|2020-05-23 00:00:00|
|               World|2020-05-23 00:00:00|
|             Senegal|2020-05-23 00:00:00|
|              Sweden|2020-05-23 00:00:00|
|              Guyana|2020-05-23 00:00:00|
|             Eritrea|2020-05-23 00:00:00|
|              Jersey|2020-05-23 00:00:00|
|         Philippines|2020-05-23 00:00:00|
```

图 9.30　来自 groupBy 语句的数据

```
%coviddatauniquecountry.show()
```

(15) 如果我们对新数据帧的记录进行计数,我们将得到 209 条记录。

我们可以将新的数据帧保存到另一个 CSV 文件中,其他数据处理器可能需要这个文件:

```
coviddatauniquecountry.rdd.saveAsTextFile("dbfs:/mnt/coronadatastorage/
uniquecountry.csv")
```

我们可以用下面的命令检查新创建的文件:

```
fs ls /mnt/coronadatastorage/
```

挂载路径如图 9.31 所示。

path
dbfs:/mnt/coronadatastorage/uniquecountry.csv/

图 9.31　Spark 节点内挂载的路径

(16) 也可以使用 Databricks 目录中的 createTempView 或 createOrReplace-TempView 方法将数据添加到 Databricks 目录中。将数据放入编目可以使其在给定的上下文中可用。要将数据添加到目录中,可以使用 DataFrame 的 createTempView 或 createOrReplaceTempView 方法,为目录中的表提供一个新视图:

```
coviddatauniquecountry.createOrReplaceTempView("corona")
```

(17) 一旦表在编目中,就可以从 SQL 会话中访问它,如下所示:

```
spark.sql("select * from corona").show()
```

SQL 语句中的数据如图 9.32 所示。

```
+--------------------+-------------------+-----------+
|            location|               date|total_cases|
+--------------------+-------------------+-----------+
|               Aruba|2020-05-23 00:00:00|        101|
|         Afghanistan|2020-05-23 00:00:00|       9216|
|              Angola|2020-05-23 00:00:00|         60|
|            Anguilla|2020-05-23 00:00:00|          3|
|             Albania|2020-05-23 00:00:00|        981|
|             Andorra|2020-05-23 00:00:00|        762|
|United Arab Emirates|2020-05-23 00:00:00|      27892|
|           Argentina|2020-05-23 00:00:00|      10636|
|             Armenia|2020-05-23 00:00:00|       5928|
| Antigua and Barbuda|2020-05-23 00:00:00|         25|
|           Australia|2020-05-23 00:00:00|       7095|
|             Austria|2020-05-23 00:00:00|      16361|
|          Azerbaijan|2020-05-23 00:00:00|       3855|
|             Burundi|2020-05-23 00:00:00|         42|
|             Belgium|2020-05-23 00:00:00|      56511|
|               Benin|2020-05-23 00:00:00|        135|
|Bonaire Sint Eust...|2020-05-23 00:00:00|          6|
|        Burkina Faso|2020-05-23 00:00:00|        814|
|          Bangladesh|2020-05-23 00:00:00|      30205|
|            Bulgaria|2020-05-23 00:00:00|       2408|
+--------------------+-------------------+-----------+
```

图 9.32　来自 SQL 语句的数据

（18）可以对表执行额外的 SQL 查询，如下所示：

```
spark.sql("select * from corona where location in ('India','Angola') orderby
ocation").show()
```

这只是对 Databricks 的可能性很少的一部分。它有更多的特性和服务不能在一章中涵盖。更多信息请访问 https://azure.microsoft.com/services/databricks。

9.8　小结

本章介绍了 Azure 数据工厂服务，它负责在 Azure 中提供 ETL 服务。因为它是平台即服务，所以它提供了无限的可伸缩性、高可用性和易于配置的管道。它与 Azure DevOps 和 GitHub 的集成也是无缝的。我们还探讨了使用 Azure 数据湖 Gen2 存储来存储任何类型的大数据的特性和好处。它是一种成本效益高、高度可伸缩、分层的数据存储，用于处理大数据，并与 Azure HDInsight、Databricks 和 Hadoop 生态系统兼容。

我们并没有完全深入到本章中提到的所有主题。它更多的是关于 Azure 的可能性，特别是使用 Databricks 和 Spark。Azure 中有多种与大数据相关的技术，包括 HDInsight、Hadoop、Spark 及其相关生态系统，以及 Databricks。Databricks 是为 Spark 提供附加功能的平台即服务环境。在下一章中，您将了解 Azure 中的无服务器计算能力。

第10章 Azure无服务器技术——使用Azure功能

在前一章中,您了解了 Azure 上可用的各种大数据解决方案。在本章中,您将了解无服务器技术如何帮助您处理大量数据。

无服务器是当今技术中最热门的术语之一,每个人都想赶上这个潮流。无服务器在整体计算、软件开发过程、基础设施和技术实现方面带来了很多优势。在这个行业中有很多正在发生的事情:在这个范围的一端是基础设施即服务(Infrastructure as a Service, IaaS),另一端是无服务器的。介于两者之间的是平台即服务(Platform as a Service, PaaS)和容器。我遇到过许多开发人员,在我看来,他们之间对 IaaS、PaaS、容器和无服务器计算存在一些混淆。此外,关于无服务器范例的用例、适用性、体系结构和实现也存在许多混淆。无服务器是一种新的范式,它不仅正在改变技术,而且正在改变组织内的文化和流程。

我们将通过介绍无服务器开始这一章,随着我们的进展本章将涵盖以下主题。

(1) 作为服务的功能。

(2) Azure 函数。

(3) Azure 持久函数。

(4) Azure 事件网格。

10.1 无服务器

无服务器是指一种部署模型,其中用户只负责他们的应用程序代码和配置。在无服务器计算中,客户不必担心带来自己的底层平台和基础设施,而是可以专注于解决他们的业务问题。

无服务器并不意味着没有服务器。代码和配置总是需要计算、存储和网络来运行。但是,从客户的角度来看,这样的计算、存储和网络是不可见的。他们不关心底层平台和基础设施。他们不需要管理或监视基础设施和平台。无服务器提供了一个可以自动伸缩、进进出出的环境,而客户甚至不知道它。所有与平台和基础设施相关的操作都发生在幕后,并由云提供商执行。为客户提供了具有性能的服务水平协议(Service-level Agreements , SLA),而 Azure 确保无论总体需求如何都能满足这些 SLA。

客户只需要带来他们的代码,云提供商的责任是提供运行代码所需的基础设施和平台。让我们来深入了解 Azure 函数的各种优势。

10.2 Azure 函数的优点

无服务器计算是一种相对较新的模式,它帮助组织将大型功能转换为较小的、离散的、按需的功能,这些功能可以通过自动触发器与调度作业调用和执行。它们也称为功能即服务(Functions as a Service, FaaS),在其中组织可以专注于他们的领域挑战,而不是底层的基础设施和平台。FaaS 还有助于将解决方案体系结构转换为更小的、可重用的功能,从而增加投资回报。

有太多的无服务器计算平台可用。这里列出了一些重要的因素。

(1) Azure 功能。

(2) AWS Lambda。

(3) IBM OpenWhisk。

(4) Iron. io。

(5) 谷歌云功能。

事实上,每隔几天就会有一个新的平台/框架被引入,对于企业来说,决定哪种框架最适合自己变得越来越困难。Azure 提供了一个名为 Azure Functions 的丰富的无服务器环境,以下是它所支持的一些特性。

(1) 有很多方法可以调用函数——手动调用、定时调用或基于某个事件调用。

(2) 多种类型的绑定支持。

(3) 同步和异步运行函数的能力。

(4) 能够基于多种类型的触发器执行函数。

(5) 能够运行长时间和短时间的功能。但是,不建议使用长时间运行的大型函数,因为它们可能会导致意外超时。

(6) 能够为不同的功能架构使用代理特性。

(7) 多种使用模型,包括消费以及应用服务模型。

(8)能够使用多种语言编写函数,如 JavaScript、Python 和 C#。

(9) 基于 OAuth 的授权。

(10) 持久函数扩展有助于编写有状态函数。

(11) 多种认证选项,包括 Azure AD、Facebook、Twitter 和其他身份提供商。

(12) 能够轻松配置入站和出站参数。

(13) 集成 Visual Studio,用于编写 Azure 函数。

(14) 大规模并行。

让我们来看看 FaaS 以及它在无服务器体系结构中扮演的角色。

10.3 FaaS

Azure 提供了 FaaS。这些都是来自 Azure 的无服务器实现。使用 Azure 函数,代码可以用用户喜欢的任何语言编写,Azure 函数将提供运行时来执行它。根据选择的语言,为用户提供一个合适的平台,让用户自带代码。函数是一个部署单元,可以自动向外扩展和向内扩展。在处理函数时,用户无法查看底层的虚拟机和平台,但 Azure 函数提供了一个通过 Kudu Console 查看的小窗口。

Azure 函数有两个主要组件。

(1) Azure 函数运行时。

(2) Azure 函数绑定和触发器。

让我们详细了解这些组件。

10.3.1 Azure 函数运行时

Azure 函数的核心是它的运行时。Azure 函数的前身是 Azure WebJobs。Azure WebJobs 的代码也构成了 Azure 函数的核心。在 Azure WebJobs 中添加了额外的特性和扩展来创建 Azure 函数。Azure Functions 运行时是让函数工作的神奇之处。Azure 函数托管在 Azure App Service 中。Azure App Service 加载 Azure 运行时,并等待外部事件或手动活动发生。在请求到达或触发器发生时,App Service 加载传入的有效负载,读取函数的函数。function. json 文件查找函数的绑定和触发器,将传入的数据映射到传入的参数,并使用参数值调用函数。一旦函数完成了它的执行,这个值将通过定义为函数绑定的传出参数再次传递回 Azure Functions 运行时 function. json 文件。函数运行时将这些值返回给调用者。Azure Functions 运行时充当黏合剂,实现了函数的整个性能。

目前的 Azure 运行时版本是"~3"。它基于 . NET Core 3. 1 框架。在此之前,版本"~2"是基于 . NET Core 2. 2 框架的。第一个版本"~1",是基于 . NET 4. 7 框架的。

由于底层框架本身的变化,从版本 1 到版本 2 发生了重大变化。然而,从版本 2 到版本 3 很少有破坏性的变化,在版本 2 中编写的大多数函数也将继续在版本 3

上运行。但是,建议在从版本 2 迁移到版本 3 之后进行足够的测试。从版本 1 到版本 2 在触发器和绑定方面也有破坏性的变化。触发器和绑定现在可以作为扩展使用,每个扩展在版本 2 和版本 3 中的不同程序集中。

10.3.2 Azure 函数绑定和触发器

如果 Azure 函数运行时是 Azure 函数的大脑,那么,Azure 函数绑定和触发器就是它的心脏。Azure 函数使用触发器和绑定促进了服务之间的松散耦合和高内聚。针对非服务器环境编写的应用程序使用命令式语法实现传入和传出参数和返回值。Azure Functions 使用声明机制使用触发器调用函数,并使用绑定配置数据流。

绑定指的是在传入数据和 Azure 函数之间创建连接以及映射数据类型的过程。从运行时到 Azure 函数的连接可以是单向的,反之亦然,也可以是多向的——绑定可以在 Azure 运行时和 Azure 函数之间双向传输数据。Azure 函数以声明的方式定义绑定。

触发器是一种特殊类型的 binding,通过它可以基于外部事件调用函数。除了调用函数之外,触发器还将传入的数据、有效负载和元数据传递给函数。

binding 在 function. json 文件中定义如下:

```
{
  "bindings":[
    {
      "name": "checkOut",
      "type": "queueTrigger",
      "direction": "in",
      "queueName": "checkout-items",
      "connection": "AzureWebJobsDashboard"
    },
    {
      "name": "Orders",
      "type": "table",
      "direction": "out",
      "tableName": "OrderDetails",
      "connection": "<<Connection to table storage account>>"
    }
  ],
"disabled": false
}
```

在本例中，只要存储队列中有新项，就会声明一个触发器来调用该函数。类型是 queueTrigger，方向是入站，queueName 是 checkout-items，并且还显示了关于目标存储账户连接和表名的详细信息。所有这些值对于这个绑定的功能都很重要。checkOut 名称可以在函数代码中作为变量使用。

类似地，也声明了返回值的绑定。这里，返回值被命名为 Orders，数据是来自 Azure Functions 的输出。绑定使用提供的连接字符串将返回的数据写到 Azure 存储表中。

绑定和触发器都可以使用 Azure 函数中的 Integrate 选项卡进行修改和编写。在后端，function. json 文件被更新。checkOut 触发器是这样声明的，如图 10.1 所示。

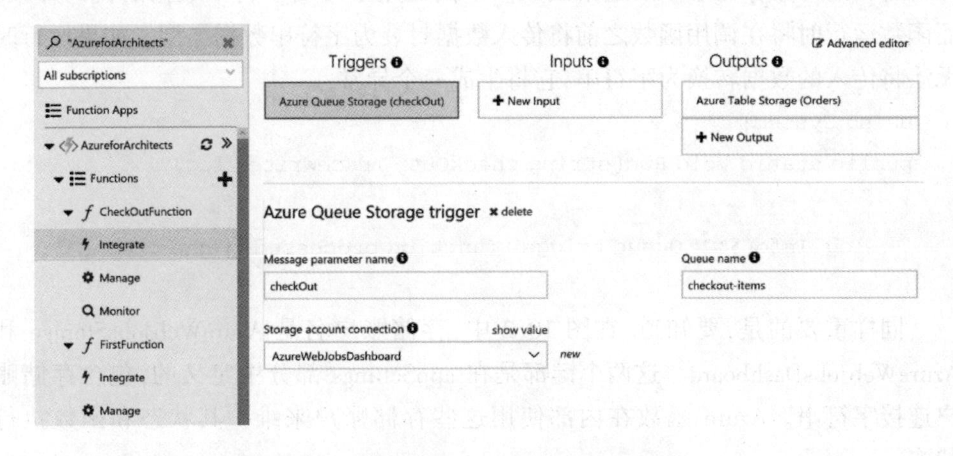

图 10.1　integration 选项卡的 Triggers 部分

下面显示的是 Orders 输出，如图 10.2 所示。

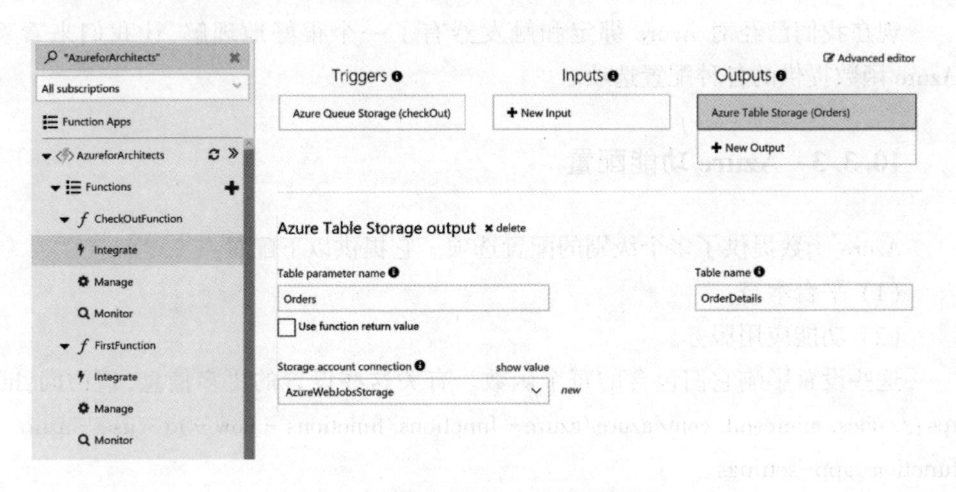

图 10.2　添加存储账户的输出细节

Azure 函数的作者不需要编写任何管道代码来从多个源获取数据。他们只是决定期望从 Azure 运行时获得的数据类型,这在下一个代码段中显示。注意:签出可以作为函数的字符串使用,可以将多个数据类型用作函数的绑定。例如,队列绑定可以提供以下功能。

(1) 一个普通的旧 CLR(公共语言运行时)对象(POCO)。

(2) 一个字符串。

(3) 一个字节。

(4) CloudQueueMessage。

函数的作者可以使用这些数据类型中的任何一种,而 Azure 函数运行时将确保将适当的对象作为参数发送给函数。下面是用于接受字符串数据的代码片段,而函数运行时将在调用函数之前将传入数据封装为字符串数据类型。如果运行时无法将传入的数据转换为字符串,它将生成一个异常:

```
using System;
public static void Run(string checkOut, TraceWriter log)
{
    log.Info($"C# Queue trigger function processed: { checkOut }");
}
```

同样重要的是,要知道,在图 10.2 中,存储账户名是 AzureWebJobsStorage 和 AzureWebJobsDashboard。这两个键都是在 appSettings 部分中定义的,包含存储账户连接字符串。Azure 函数在内部使用这些存储账户来维护其状态和函数执行状态。

有关 Azure 绑定和触发器的更多信息,请参阅:https://docs.microsoft.com/azure/azure-functions/functions-bindings-storage-queue。

现在我们已经对 Azure 绑定和触发器有了一个很好地理解,让我们来看看 Azure 函数提供的各种配置选项。

10.3.3 Azure 功能配置

Azure 函数提供了多个级别的配置选项。它提供以下配置:

(1) 平台本身;

(2) 功能应用服务。

这些设置影响它们包含的每个函数。有关这些设置的更多信息,请访问:https://docs.microsoft.com/azure/azure-functions/functions-how-to-use-azure-function-app-settings。

1. 平台配置

Azure 函数托管在 Azure App Service 中,因此它们获得了它的所有特性。诊断和监控日志可以使用平台特性轻松配置。此外,应用服务提供了分配 SSL 证书的选项,使用自定义域、身份验证和授权作为其网络特性的一部分。

尽管客户并不关心函数实际在哪些基础设施、操作系统、文件系统或平台上执行,但 Azure 函数提供了必要的工具来查看底层系统并进行更改。门户内控制台和 Kudu 控制台是用于此目的的工具。它们提供了一个富编辑器来编写 Azure 函数和编辑它们的配置。

Azure 函数,就像 App Service 一样,允许你在 Web 中存储配置信息。web. config 应用程序设置部分,该部分可按需读取。功能应用的部分平台特性如图 10. 3 所示。

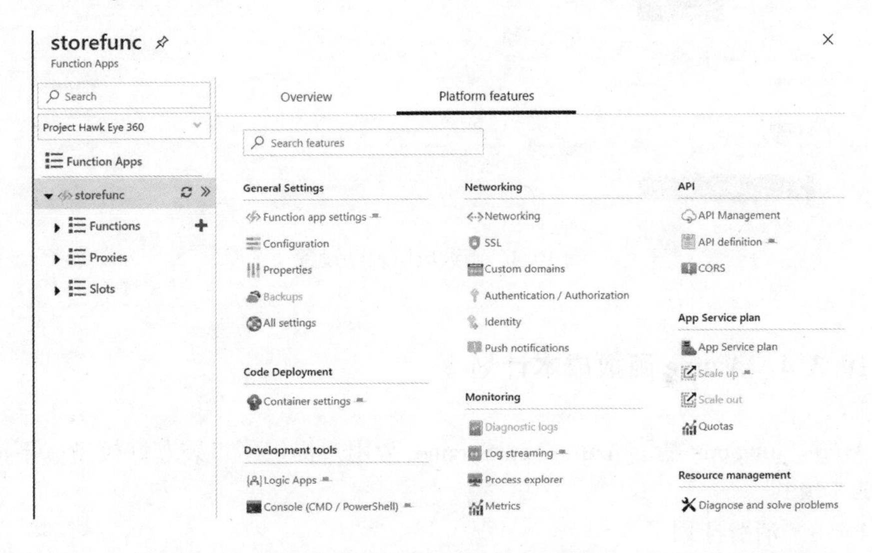

图 10. 3　功能应用的平台特性

这些平台特性可用于配置身份验证、自定义域、SSL 等。此外,平台功能选项卡提供了可以用于功能应用的开发工具的概述。在下一节中,我们将看看平台功能中可用的功能应用设置。

2. App Service 功能设置

这些设置影响所有功能,可以在这里管理应用程序设置。Azure 函数中的代理可以被启用和禁用。我们将在本章后面讨论代理。它们还有助于改变函数应用程序的编辑模式和部署到插槽,如图 10. 4 所示。

预算是任何项目成功的一个非常重要的方面。让我们来探索一下 Azure 函数提供的各种计划。

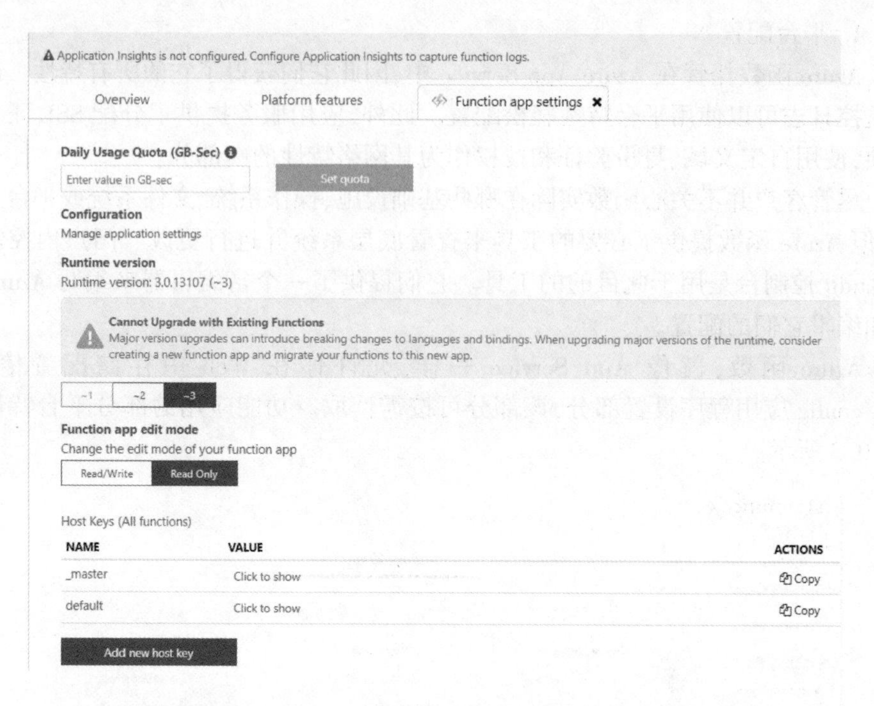

图 10.4　函数应用程序设置

10.3.4　Azure 函数成本计划

Azure Functions 基于 Azure App Service,为用户提供了口袋友好模型。下面有 3 种成本模式。

1. 一个消费计划

这是基于函数的每秒消耗和执行。根据功能实际使用和执行时计算的使用情况计算成本。如果一个函数没有执行,则没有与它相关的开销。然而,这并不意味着在此计划中性能会受到影响。Azure 函数将根据需求自动向外扩展和向内扩展,以确保保持基本的最低性能水平。一个函数执行允许 10min 完成。

该计划的一个主要缺点是:如果有几秒钟没有使用函数,那么,函数可能会变冷,并且出现的下一个请求可能会在得到响应时遇到短暂的延迟,因为函数是空闲的。这种现象称为冷启动。但是,即使没有合法请求,也有一些变通方法可以使函数保持温暖。这可以通过编写一个计划函数来实现,该函数不断调用目标函数以保持温度。

2. 额外的计划

与 App Service 和消费计划相比,这是一个相对较新的计划,提供了很多好处。

在这个计划中,Azure 函数没有冷启动。函数可以与私有网络相关联,客户可以选择自己的虚拟机大小来执行函数。它提供了许多开箱即用的设施,这在之前的两种计划中是不可能实现的。

3. App 服务计划

该计划在后端提供了完全专用的虚拟机的功能,因此成本与虚拟机的成本及其大小成正比。即使没有调用函数,也存在与此计划相关的固定成本。函数代码可以运行多长时间都可以。虽然没有时间限制,但默认限制设置为 30min。这可以通过更改主机中的值来更改 hosts. json 文件。在 App Service 计划中,函数运行时如果几分钟没有使用就会空闲,只能通过 HTTP 触发器激活。有一个 Always On 设置可以用来防止函数运行时处于空闲状态。缩放可以是手动的,也可以是基于自动缩放设置的。

除了灵活的定价选项外,Azure 还为架构部署提供了各种托管选项。

10.3.5 Azure 函数目标主机

Azure 函数运行时既可以托管在 Windows 上,也可以托管在 Linux 上。基于 PowerShell Core、Node. js、Java、Python 和 . net Core 的函数可以在 Windows 和 Linux 操作系统上运行。知道函数需要哪种类型的底层操作系统是很重要的,因为这个配置设置绑定到函数应用程序,进而绑定到其中包含的所有函数。

另外,在 Docker 容器中运行函数也是可能的。这是因为 Azure 提供的 Docker 映像中安装了一个预构建的函数运行时,并且可以使用这些映像托管函数。现在,Docker 映像可以用于在 Kubernetes Pods 中创建容器,并托管在 Azure Kubernetes Service、Azure Container Instances 或非托管的 Kubernetes 集群上。这些映像可以存储在 Docker Hub、Azure Container Registry 或任何其他全局或私有映像库中。

为了更清楚地理解,让我们来看看 Azure 函数的一些最突出的用例。

10.3.6 Azure 函数用例

Azure 函数有很多实现。让我们来看看其中的一些用例。

1. 实现微服务

Azure 函数有助于将大型应用程序分解成较小的、离散的功能代码单元。每个单元都被独立对待,并在自己的生命周期中进化。每个这样的代码单元都有自己的计算、硬件和监视需求。每个功能都可以连接到所有其他功能。这些单元被编曲者编织在一起以构建完整的功能。例如,在电子商务应用程序中,可以有单独的功能(代码单元),每个功能负责列出目录、推荐、类别、子类别、购物车、结账、支付类型、支付网关、送货地址、账单地址、税收、送货费用、取消、返回、电子邮件、短信等。其中一些功能可以用于为电子商务应用程序创建用例,如产品浏览和结账流。

2. 多个端点之间的集成

Azure 函数可以通过集成多个功能来构建整个应用程序功能。集成可以基于事件的触发,也可以基于推送。这有助于将大型单片应用程序分解为小型组件。

3. 数据处理

Azure 函数可以用于批量处理传入数据。它可以帮助处理多种格式的数据,如 XML、CSV、JSON 和 TXT。它还可以运行转换、浓缩、清洗和过滤算法。事实上,可以使用多个功能,每个功能要么进行转换,要么进行浓缩,要么进行清洗或过滤。Azure 函数还可以用于集成高级认知服务,如光学字符识别(OCR)、计算机视觉和图像处理及转换。如果您想处理 API 响应并转换它们,这是理想的选择。

4. 集成遗留应用程序

Azure 函数可以帮助将遗留应用程序与更新的协议和现代应用程序集成。遗留应用程序可能不使用行业标准协议和格式。Azure 函数可以充当这些遗留应用程序的代理,接受来自用户或其他应用程序的请求,将数据转换为遗留应用程序能够理解的格式,并根据遗留应用程序能够理解的协议与之进行通信。这为集成旧的和遗留的应用程序并将其引入主流组合提供了大量的机会。

5. 安排工作

Azure 函数可以用于连续或周期性地执行某些应用程序函数。这些应用程序功能可以执行诸如定期备份、恢复、运行批处理作业、导出和导入数据以及批量电子邮件等任务。

6. 通信网关

当使用通知集线器、短信、电子邮件等时,可以在通信网关中使用 Azure 函数。例如,您可以使用 Azure Functions 通过 Azure notification Hubs 向 Android 和 iOS 设备发送推送通知。

Azure 函数有不同的类型,必须根据它们与优化工作负载的关系来选择它们。

10.3.7 Azure 函数的类型

Azure 函数可以分为 3 种不同的类型。

(1) 按需函数。这些函数在显式调用或调用时被执行。这类函数的例子包括基于 http 的函数和 Webhook。

(2) 调度函数。这些函数类似于定时作业,并以固定的间隔执行函数。

(3) 基于事件的函数。这些函数基于外部事件执行。例如,向 Azure Blob 存储上传一个新文件会生成一个事件,该事件可以启动 Azure 函数的执行。

在下一节中,您将学习如何创建一个事件驱动的函数,该函数将连接到 Azure Storage 账户。

10.4 创建事件驱动的函数

在本例中,将创建一个 Azure 函数并将其连接到 Azure Storage 账户。Storage 账户有一个容纳所有 Blob 文件的容器。Storage 账户的名称是 incomingfiles,容器是 orders,如图 10.5 所示。

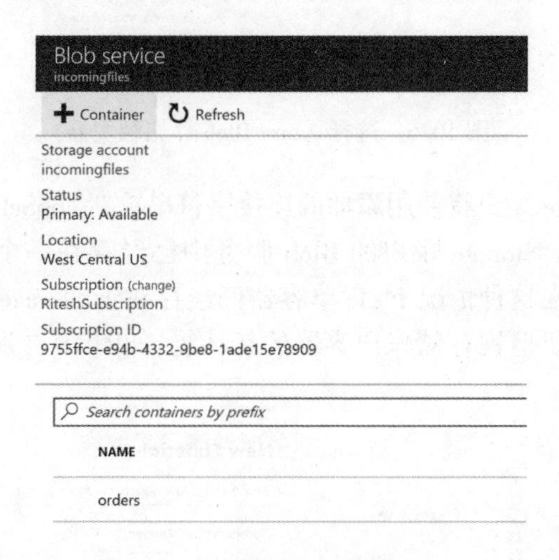

图 10.5 存储账户详细信息

执行以下步骤从 Azure 门户创建一个新的 Azure 函数。

(1) 点击左边功能菜单旁边的+按钮。

(2) 从生成的屏幕中选择 In-Portal 并单击 Continue 按钮。

(3) 选择 Azure Blob Storage 触发器,如图 10.6 所示。

现在,这个 Azure 功能还没有连接到 Storage 账户。Azure 函数需要存储账户的连接信息,这可以从存储账户的 Access keys 选项卡中获得。使用 Azure Functions 编辑器环境也可以获得相同的信息。实际上,该环境允许从同一编辑器环境创建新的 Storage 账户。

Azure Blob 存储触发器可以使用存储账户连接输入类型旁边的 New 按钮来添加。它允许选择现有的 Storage 账户或创建一个新的 Storage 账户。因为我已经有了几个存储账户,所以我正在重用它们,但是您应该创建一个单独的 Azure 存储账

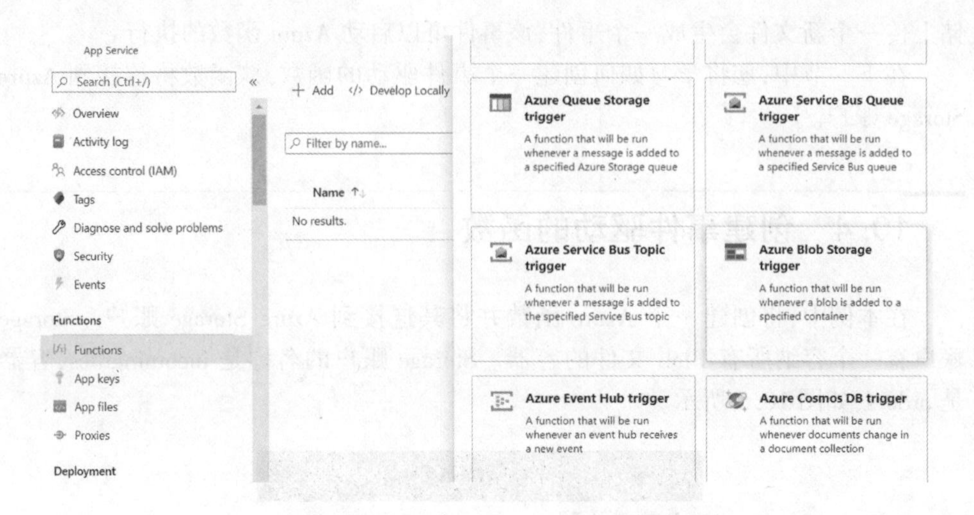

图 10.6　选择 Azure Blob 存储触发器

户。选择一个 Storage 账户将使用添加的连接字符串更新 appSettings 部分中的设置。

确保目标 Azure Storage 账户的 Blob 服务中已经存在一个容器。路径输入指的是容器的路径。在这种情况下，订单容器已经存在于 Storage 账户中。这里显示的 Create 按钮将提供监视存储账户容器的新功能，如图 10.7 所示。

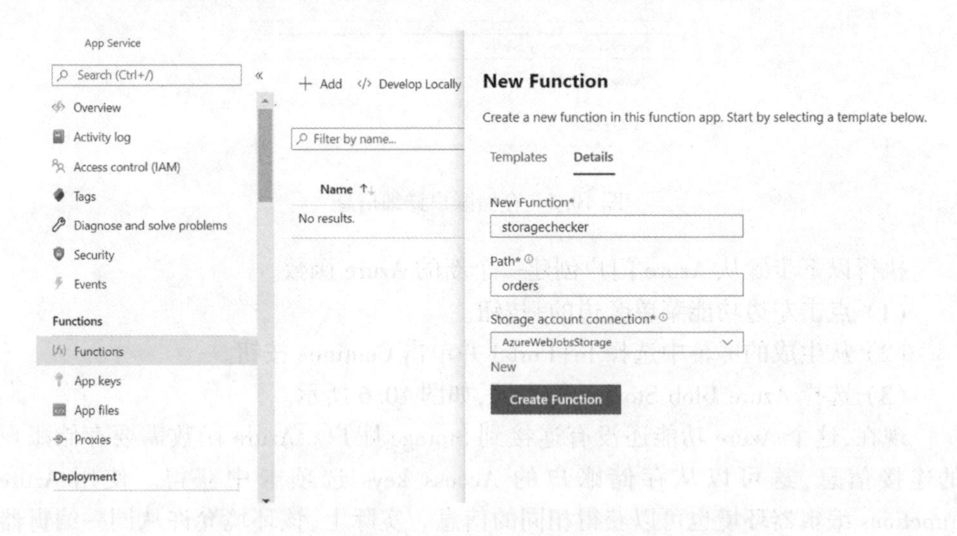

图 10.7　创建一个监视 Storage 账户容器的函数

storagerelatedfunctions 函数的代码如下：

```
public static void Run(Stream myBlob, TraceWriter log)
{
```

```
    log.Info($"C# Blob trigger function Processed blob\n  \n Size {myBlob.
Length} Bytes");
}
The bindings are shown here:
{
"bindings": [
    {
      "name": "myBlob",
      "type": "blobTrigger",
      "direction": "in",
      "path": "orders",
      "connection": "azureforarchitead2b_STORAGE"
    }
  ],
  "disabled": false
}
```

现在,上传任何 Blob 文件到 order 容器应该触发函数,如图 10.8 所示。

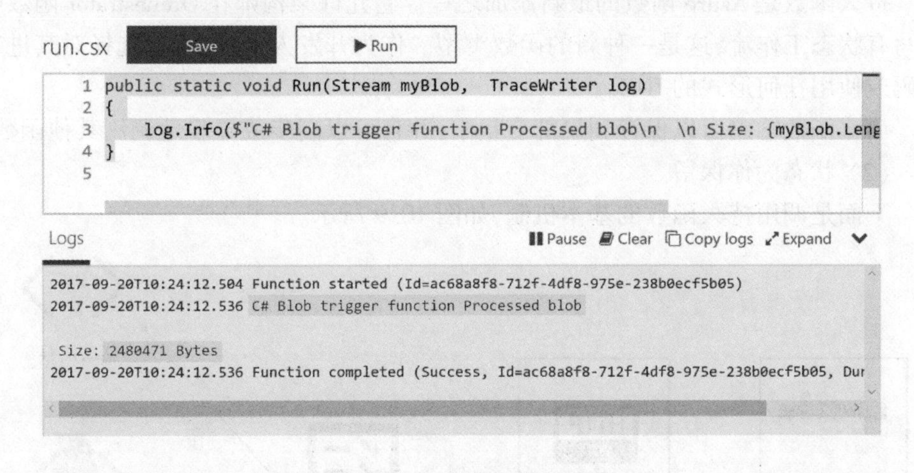

图 10.8 C# Blob 触发函数处理的 Blob

在下一节中,我们将深入研究 Azure 函数代理,它将帮助您高效地处理 API 的请求和响应。

10.5 函数代理

Azure 函数代理是 Azure 函数中相对较新的添加。函数代理有助于隐藏 Azure

函数的细节,并向客户公开完全不同的端点。函数代理可以接收端点上的请求,通过更改值来修改请求的内容、主体、头和 URL,并使用额外的数据来增加它们,并将其内部传递给 Azure 函数。一旦它们从这些函数中获得响应,它们就可以再次转换、覆盖和增加响应,并将其发送回客户机。

它还有助于使用不同的头文件为 CRUD(创建、读取、删除和更新)操作调用不同的函数,从而将大型函数分解为较小的函数。它通过不公开原始函数端点提供了一定程度的安全性,还有助于在不影响调用者的情况下更改内部函数实现和端点。函数代理通过向客户端提供一个函数 URL,然后在后端调用多个 Azure 函数来完成工作流来提供帮助。关于 Azure 函数代理的更多信息可以在下面找到:https://docs.microsoft.com/azure/azure-functions/functions-proxies。

在下一节中,我们将详细介绍持久函数。

10.6 持久函数

持久函数是 Azure 函数的最新添加之一。它允许架构师在 Orchestrator 函数中编写有状态工作流,这是一种新的函数类型。作为开发人员,您可以选择对其进行编码或使用任何形式的 IDE。

(1) 函数输出可以保存到局部变量中,并且可以同步或异步地调用其他函数。

(2) 状态为你保留。

下面是调用持久函数的基本机制,如图 10.9 所示。

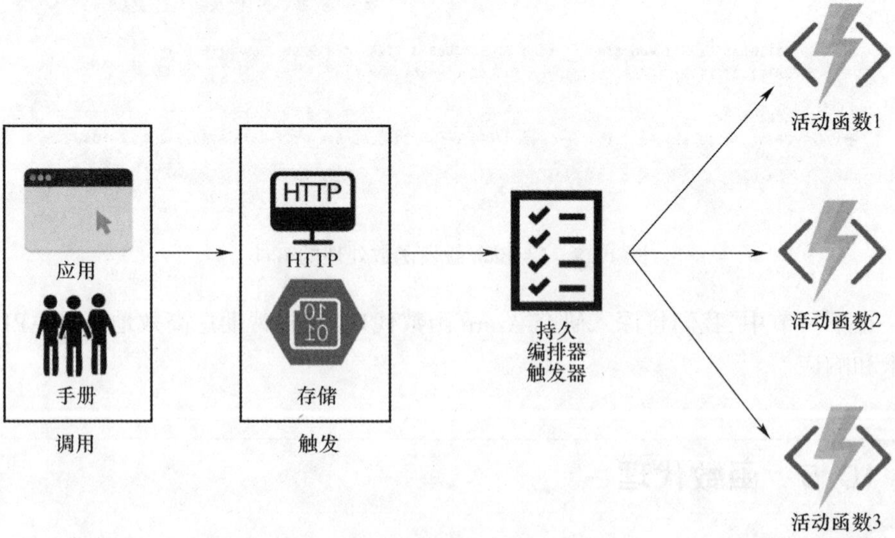

图 10.9 调用持久函数的机制

Azure 持久函数可以被 Azure 函数提供的任何触发器调用。这些触发器包括 HTTP、Blob 存储、表存储、服务总线队列等。它们可以由有权访问它们的人手动触发,也可以由应用程序触发。图 10.9 显示了两个触发器作为示例。这些也称为启动器持久函数。启动器持久函数调用持久编排器触发器,该触发器包含用于编排的主要逻辑,并编排活动函数的调用。

在持久编排器中编写的代码必须是确定性的。这意味着,无论执行多少次代码,它返回的值都应该保持不变。Orchestrator 函数本质上是一个长期运行的函数。它可以水化、状态序列化,并且在调用持久活动函数后进入睡眠状态。这是因为它不知道持久活动函数何时完成,并且不想等待它。当持久活动函数完成其执行时,Orchestrator 函数将再次执行。函数的执行从顶部开始,直到调用另一个持久活动函数或完成函数的执行。它必须重新执行之前已经执行过的代码行,并且应该得到之前得到的相同的结果。注意:在持久编排器中编写的代码必须是确定性的。这意味着,无论执行多少次代码,它返回的值都应该保持不变。

让我用一个例子来解释这一点。如果我们使用一个通用的 . Net Core datetime 类并返回当前的日期时间,那么,每次执行该函数时,它都会产生一个新的值。持久性函数上下文对象提供了 CurrentUtcDateTime,它将在重新执行时返回第一次返回的 datetime 值。

这些编排功能还可以等待外部事件并启用与人工移交相关的场景。这个概念将在本节的后面进行解释。

可以使用或不使用重试机制调用这些活动函数。持久性函数可以帮助解决许多挑战,并提供功能来编写函数,可以做以下工作。

(1) 执行长时间运行的函数。

(2) 维护状态。

(3) 并行或顺序执行子函数。

(4) 轻松从失败中恢复。

(5) 编排函数在工作流中的执行。

现在您已经对持久函数的内部工作原理有了一定的了解,接下来让我们探索如何在 Visual Studio 中创建持久函数。

现在您已经对持久函数的内部工作原理有了一定的了解,接下来让我们探索如何在 Visual Studio 中创建持久函数。

10.6.1 用 Visual Studio 创建持久函数的步骤

创建持久函数的步骤如下。

(1) 导航到 Azure 门户,并单击左侧菜单中的 Resource 组。

（2）单击顶部菜单中的+Add 按钮创建一个新的资源组。

（3）提供生成表单的资源组信息，然后单击 Create 按钮，如图 10.10 所示。

Create a resource group

Basics　Tags　Review + Create

Resource group - A container that holds related resources for an Azure solution. The resource group can include all the resources for the solution, or only those resources that you want to manage as a group. You decide how you want to allocate resources to resource groups based on what makes the most sense for your organization. Learn more

PROJECT DETAILS

* Subscription　RiteshSubscription

* Resource group　DurableFunctionsExampleRG

RESOURCE DETAILS

* Region　West Europe

图 10.10　创建资源组

（4）进入新创建的资源组，点击顶部菜单中的“+添加”按钮，添加新的功能 App，在生成的搜索框中搜索功能 App。

（5）选择 Function App，点击 Create 按钮。填写生成的函数 App 表单，然后单击 Create 按钮。您还可以重用我们之前创建的函数应用程序。

（6）一旦函数应用程序被创建，我们将进入我们的本地开发环境，Visual Studio 2019 安装在上面。我们将从 Visual Studio 开始，创建一个 Azure 函数类型的新项目，为它提供一个名称，并选择 Azure functions v3(. net core)的函数运行时。

（7）在项目创建之后，我们需要将 DurableTask NuGet 包添加到项目中，以使用持久性函数。在撰写本章时使用的版本是 2.2.2，如图 10.11 所示。

图 10.11　添加一个 DurableTask NuGet 包

（8）现在，我们可以在 Visual Studio 中编写持久函数了。添加一个新函数，为它提供一个名称，并选择持久函数编排触发器类型，如图 10.12 所示。

（9）Visual Studio 为持久函数生成了样板代码，我们将使用它来学习持久函数。持久函数活动是由主 Orchestrator 函数调用的函数。通常有一个主 Orchestrator 函数和多个持久性函数活动。一旦安装了扩展，为函数提供一个名称，并编写一些有用的代码，如发送电子邮件或短信，连接到外部系统和执行逻辑，或使用它们的端点执行服务，如认知服务。

Visual Studio 在一行代码中生成 3 组函数。

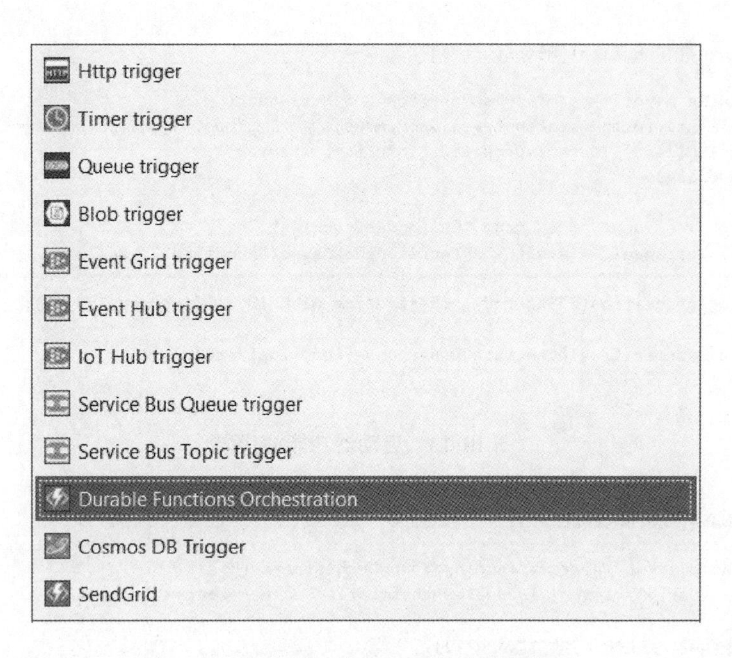

图 10.12　选择一个持久函数编排触发器

① HttpStart。这是启动器函数。这意味着，它负责启动持久函数编排。生成的代码包含一个 HTTP 触发启动函数；但是，它可以是任何基于触发器的函数，如 BlobTrigger、ServiceBus 队列或基于触发器的函数。

② RunOrchestrator。这是主要的持久编排函数。它负责从启动器函数接受参数，然后调用多个持久任务函数。每个持久任务函数负责一个功能，这些持久任务可以根据需要并行或顺序调用。

③ SayHello。这是持久任务函数，从持久函数协调器中调用它来完成特定的工作。

(10) 下面显示了启动器函数(HttpStart)的代码。这个函数有一个 HTTP 类型的触发器，并且它接受一个 DurableClient 类型的附加绑定。这个 DurableClient 对象帮助调用 Orchestrator 函数，如图 10.13 所示。

(11)下面显示了 Orchestrator 函数(RunOrchestrator)的代码。这个函数有一个 OrchestrationTrigger 类型的触发器，并接受一个 IDurableOrchestrationContext 类型的参数。这个 context 对象有助于调用持久任务，如图 10.14 所示。

(12) 接下来显示持久任务函数(HelloFunction)的代码。这个函数有一个 ActivityTrigger 类型的触发器，并接受一个参数，该参数可以是执行其功能所需的任何类型。它有一个 string 类型的返回值，该函数负责将一个字符串值返回给业务流程函数，如图 10.15 所示。

```
[FunctionName("Function1_HttpStart")]
0 references
public static async Task<HttpResponseMessage> HttpStart(
    [HttpTrigger(AuthorizationLevel.Anonymous, "get", "post")] HttpRequestMessage req,
    [DurableClient] IDurableOrchestrationClient starter,
    ILogger log)
{
    // Function input comes from the request content.
    string instanceId = await starter.StartNewAsync("Function1", null);

    log.LogInformation($"Started orchestration with ID = '{instanceId}'.");

    return starter.CreateCheckStatusResponse(req, instanceId);
}
```

图 10.13　启动器功能的代码

```
[FunctionName("Orchestrator")]
0 references
public static async Task<List<string>> RunOrchestrator(
    [OrchestrationTrigger] IDurableOrchestrationContext context)
{
    var outputs = new List<string>();

    // Replace "hello" with the name of your Durable Activity Function.
    outputs.Add(await context.CallActivityAsync<string>("Function1_Hello", "Tokyo"));
    outputs.Add(await context.CallActivityAsync<string>("Function1_Hello", "Seattle"));
    outputs.Add(await context.CallActivityAsync<string>("Function1_Hello", "London"));

    // returns ["Hello Tokyo!", "Hello Seattle!", "Hello London!"]
    return outputs;
}
```

图 10.14　Orchestrator 触发器函数的代码

```
[FunctionName("HelloFunction")]
0 references
public static string SayHello([ActivityTrigger] string name, ILogger log)
{
    log.LogInformation($"Saying hello to {name}.");
    return $"Hello {name}!";
}
```

图 10.15　持久任务函数的代码

接下来,我们可以本地执行这个函数,它将启动一个存储模拟器(如果还没有启动的话),并为 HTTP 触发器函数提供一个 URL,如图 10.16 所示。

我们将使用一个名为 Postman 的工具来调用这个 URL(可以从 https://www.getpostman.com/下载)。我们只需要复制 URL 并在 Postman 中执行它。该活动如图 10.17 所示。

```
C:\Users\Ritesh\AppData\Local\AzureFunctionsTools\Releases\3.6.0\cli_x64\func.exe
[05-06-2020 07:20:20] {
[05-06-2020 07:20:20]   "DynamicThrottlesEnabled": false,
[05-06-2020 07:20:20]   "MaxConcurrentRequests": -1,
[05-06-2020 07:20:20]   "MaxOutstandingRequests": -1,
[05-06-2020 07:20:20]   "RoutePrefix": "api"
[05-06-2020 07:20:20] }
[05-06-2020 07:20:20] Starting JobHost
[05-06-2020 07:20:20] Starting Host (HostId=riteshpc-14923052, InstanceId=c2b4b895-e8e8-4f2d-9508-d4e4b25f3760, Version=
3.0.13353.0, ProcessId=11308, AppDomainId=1, InDebugMode=False, InDiagnosticMode=False, FunctionsExtensionVersion=(null)
)
[05-06-2020 07:20:20] Loading functions metadata
[05-06-2020 07:20:20] 3 functions loaded
[05-06-2020 07:20:20] Generating 3 job function(s)
[05-06-2020 07:20:20] Found the following functions:
[05-06-2020 07:20:20] FunctionApp7.DurbleFunctions.SayHello
[05-06-2020 07:20:20] FunctionApp7.DurbleFunctions.HttpStart
[05-06-2020 07:20:20] FunctionApp7.DurbleFunctions.RunOrchestrator
[05-06-2020 07:20:20]
[05-06-2020 07:20:20] Initializing function HTTP routes
[05-06-2020 07:20:20] Mapped function route 'api/HttpStart' [get,post] to 'HttpStart'
[05-06-2020 07:20:20]
[05-06-2020 07:20:20] Host initialized (360ms)
[05-06-2020 07:20:20] Starting task hub worker. InstanceId: . Function: . HubName: TestHubName. AppName: . SlotName: . E
xtensionVersion: 2.2.2. SequenceNumber: 0.

Http Functions:

        HttpStart: [GET,POST] http://localhost:7071/api/HttpStart
```

图 10.16　启动存储模拟器

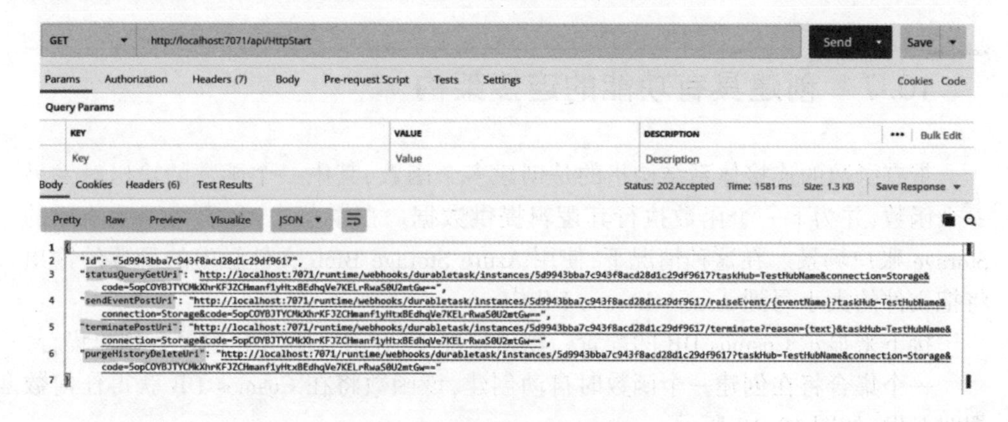

图 10.17　使用 Postman 调用 URL

注意：当你启动编排器时，会生成 5 个 URL：

（1）在 Postman 上点击这个 URL 会打开一个新选项卡，如果我们执行这个请求，它会显示工作流的状态，如图 10.18 所示。

（2）terminatePostUri URL 用于停止一个已经运行的 Orchestrator 函数。

（3）sendEventPostUri URL 用于向挂起的持久函数发送事件。持久性函数在等待外部事件时可以挂起。在这些情况下使用这个 URL。

（4）purgeHistoryDeleteUri URL 用于从其表存储账户中删除持久性函数维护

```
{
    "name": "Orchestrator",
    "instanceId": "5e3af8a1f19e4a31967a1ae08fea47ba",
    "runtimeStatus": "Completed",
    "input": null,
    "customStatus": null,
    "output": [
        "Hello Tokyo!",
        "Hello Seattle!",
        "Hello London!"
    ],
    "createdTime": "2020-06-05T07:24:12Z",
    "lastUpdatedTime": "2020-06-05T07:24:42Z"
}
```

图 10.18　编排器的当前状态

的历史。

现在您已经了解了如何使用 Visual Studio 使用持久性函数。下面让我们介绍 Azure 函数的另一个方面:将它们链接在一起。

10.7　创建具有功能的连接架构

带有函数的连接体系结构指的是创建多个函数,其中一个函数的输出触发另一个函数,并为下一个函数执行其逻辑提供数据。在本节中,我们将继续前面的 Storage 账户场景。在这种情况下,使用 Azure Storage Blob 文件触发的函数的输出将把文件的大小写到 Azure Cosmos DB 中。

接下来显示 Cosmos DB 的配置。默认情况下,在 Cosmos DB 中没有创建集合。

一个集合将在创建一个函数时自动创建,该函数将在 Cosmos DB 获得任何数据时触发,如图 10.19 所示。

让我们按照以下步骤从一个函数的输出中检索下一个函数的数据。

(1) 在 Cosmos DB 中创建一个新的数据库 testdb,并在其中创建一个名为 testcollection 的新集合。在配置 Azure 函数时,您需要数据库和集合名,如图 10.20 所示。

(2) 创建一个具有 Blob Storage 触发器和输出 CosmosDB 绑定的新函数。函数返回的值将是上传文件的数据的大小。这个返回值将被写入 Cosmos DB。输出绑定将写入 Cosmos DB 集合。导航到 Integrate 选项卡,点击 Outputs 标签下面的 New Output 按钮,并选择 Azure Cosmos DB,如图 10.21 所示。

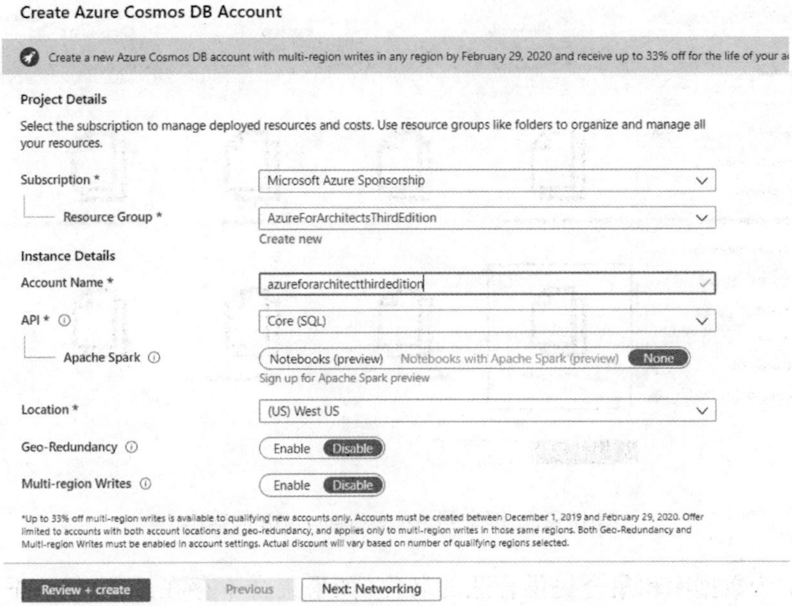

Create Azure Cosmos DB Account

Create a new Azure Cosmos DB account with multi-region writes in any region by February 29, 2020 and receive up to 33% off for the life of your a

Project Details

Select the subscription to manage deployed resources and costs. Use resource groups like folders to organize and manage all your resources.

Subscription * Microsoft Azure Sponsorship

Resource Group * AzureForArchitectsThirdEdition

Create new

Instance Details

Account Name * azureforarchitectthirdedition

API * Core (SQL)

Apache Spark Notebooks (preview) Notebooks with Apache Spark (preview) None

Sign up for Apache Spark preview

Location * (US) West US

Geo-Redundancy Enable Disable

Multi-region Writes Enable Disable

*Up to 33% off multi-region writes is available to qualifying new accounts only. Accounts must be created between December 1, 2019 and February 29, 2020. Offer limited to accounts with both account locations and geo-redundancy, and applies only to multi-region writes in those same regions. Both Geo-Redundancy and Multi-region Writes must be enabled in account settings. Actual discount will vary based on number of qualifying regions selected.

Review + create Previous Next: Networking

图 10. 19　创建 Azure Cosmos 数据库账户

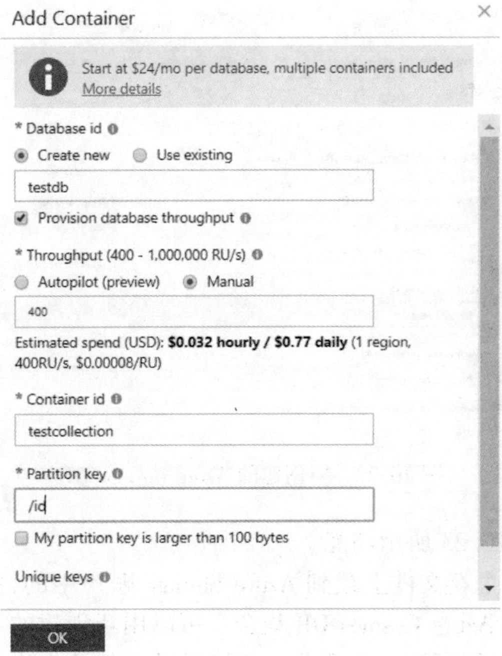

Add Container

Start at $24/mo per database, multiple containers included

More details

* Database id

Create new Use existing

testdb

Provision database throughput

* Throughput (400 - 1,000,000 RU/s)

Autopilot (preview) Manual

400

Estimated spend (USD): **$0.032 hourly / $0.77 daily** (1 region, 400RU/s, $0.00008/RU)

* Container id

testcollection

* Partition key

/id

My partition key is larger than 100 bytes

Unique keys

OK

图 10. 20　添加一个容器

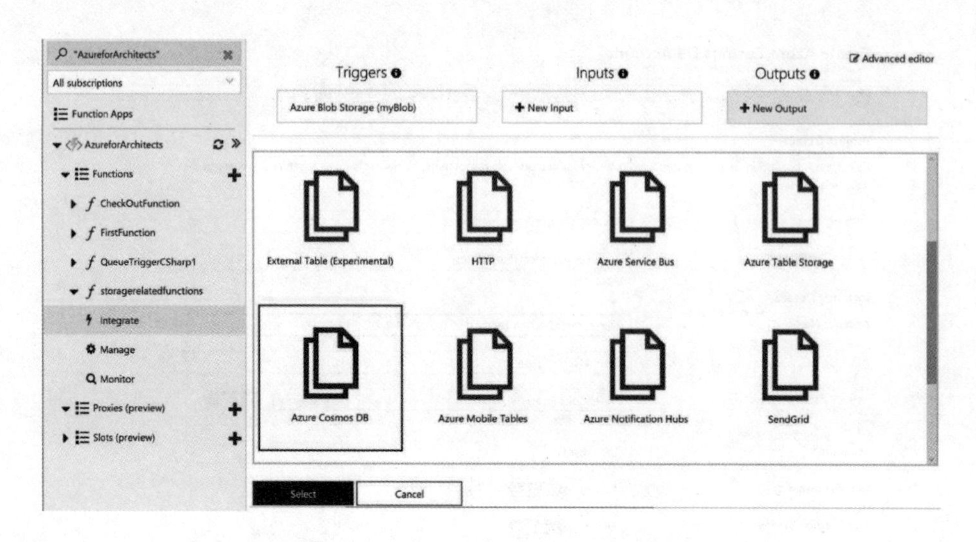

图 10.21　绑定到 Azure Cosmos DB 的输出

(3) 为数据库和集合提供合适的名称(如果集合不存在,选中复选框创建集合),单击 New 按钮选择新创建的 Azure Cosmos DB,并将参数名称保留为 outputDocument,如图 10.22 所示。

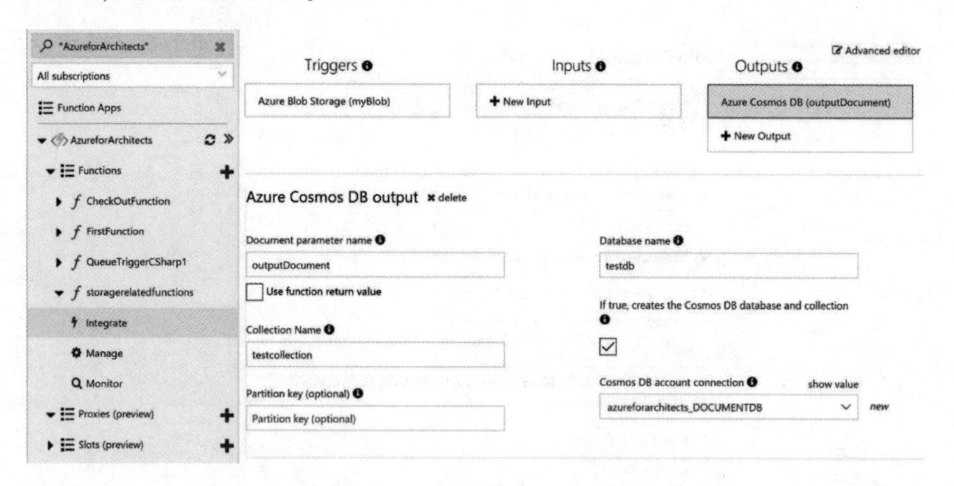

图 10.22　新创建的 Azure Cosmos DB

(4) 修改如图 10.23 所示功能。

(5) 现在,将一个新文件上载到 Azure Storage 账户中的订单集合将执行一个函数,该函数将写入 Azure Cosmos DB 集合。可以用新创建的 Azure Cosmos DB 账户作为触发器绑定来编写另一个函数。它将提供文件的大小,函数可以对其进行操作,如图 10.24 所示。

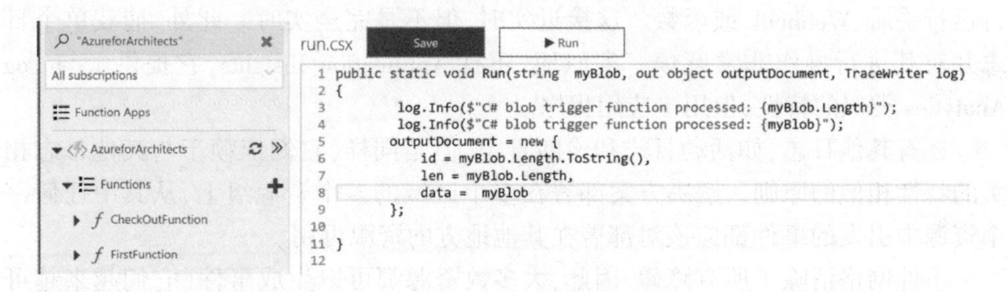

图 10.23　修改函数

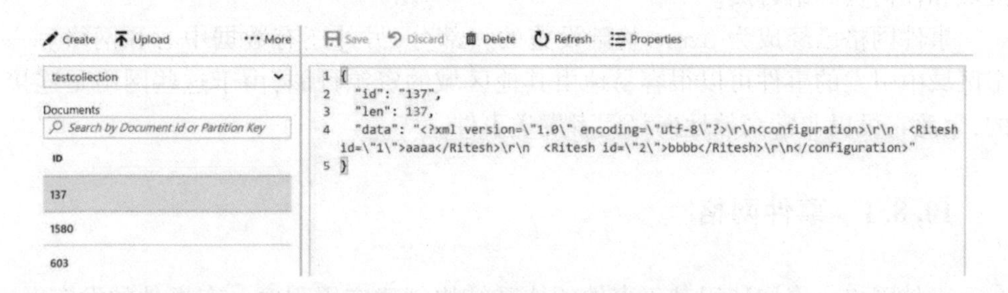

图 10.24　编写触发器绑定函数

本节介绍了如何使用一个函数的输出来检索下一个函数的数据。在下一节中,您将了解如何通过理解 Azure Event Grid 来启用无服务器事件。

10.8 Azure 事件网格

Azure 事件网格是一种相对较新的服务,它也称为无服务器事件平台。它帮助基于事件(也称为事件驱动设计)创建应用程序。在事件网格之前,了解事件是什么以及我们如何处理它们是很重要的。事件是发生的事情,也就是说,改变了主体状态的活动。当一个主体的状态发生变化时,它通常会引发一个事件。

事件通常遵循发布/订阅模式(也通常称为发布/订阅模式),在这种模式中,主题由于其状态更改而引发事件,然后该事件可以由多个相关方(也称为订阅者)订阅。事件的任务是通知订阅者这些更改,并向他们提供数据作为其上下文的一部分。订阅者可以采取他们认为必要的任何行动,这因订阅者而异。

在事件网格之前,没有可以被描述为实时事件平台的服务。只有单独的服务,每个服务都提供自己的事件处理机制。

例如 Log Analytics,也称为 Operations Management Suite(OMS),提供了捕获环境日志和遥测的基础设施,可以在这些基础设施上生成警报。这些警报可用于执行运行手册、Webhook 或函数。这接近实时,但不是完全实时。此外,捕获单个日志并对其进行操作非常麻烦。类似地,还有 Application Insights,它提供了与 Log Analytics 类似的特性,但用于应用程序。

还有其他日志,如活动日志和诊断日志,但是同样,它们依赖于与其他日志相关的特性相似的原则。解决方案部署在多个区域的多个资源组上,从其中任何一个资源中引发的事件都应该对部署在其他地方的资源可用。

事件网格消除了所有障碍,因此,大多数资源都可以生成事件(它们越来越可用),甚至可以生成自定义事件。然后,这些事件可以由订阅内的任何资源、任何区域和任何资源组订阅。

事件网格已经成为 Azure 基础设施的一部分,另外还有数据中心和网络。一个区域中引发的事件可以很容易地由其他区域的资源订阅,由于这些网络是连接的,因此它可以非常高效地向订阅者发送事件。

10.8.1 事件网格

事件网格允许您使用基于事件的体系结构创建应用程序。有事件的发布者,也有事件的消费者;但是,同一个事件可以有多个订阅者。

事件的发布者可以是 Azure 资源,如 Blob 存储、物联网(IoT)集线器等。这些发布者也称为事件源。这些发布者使用开箱即用的 Azure 主题将他们的事件发送到事件网格,不需要配置资源或主题。Azure 资源引发的事件已经在内部使用主题将其事件发送到事件网格。一旦事件到达网格,订阅者就可以使用它。

订阅者或消费者是对事件感兴趣并希望基于这些事件执行操作的资源。这些订阅者在订阅主题时提供事件处理程序。事件处理程序可以是 Azure 函数、自定义 Webhook、逻辑应用程序或其他资源。执行事件处理程序的事件源和订阅者如图 10.25 所示。

当一个事件到达一个主题时,可以同时执行多个事件处理程序,每个处理程序采取自己的操作。

也可以引发自定义事件并将自定义主题发送到事件网格。事件网格提供了用于创建自定义主题的特性,这些主题自动附加到事件网格。这些主题知道事件网格的存储,并自动将它们的消息发送给它。自定义主题有以下两个重要属性。

(1) 端点。这是主题的端点。发布者和事件源使用此端点向事件网格发送和发布其事件。换句话说,主题是使用它们的端点来识别的。

(2) 按键。自定义主题提供两个按键。这些密钥为端点的使用提供了安全性。只有具有这些密钥的发布者才能向事件网格发送和发布消息。

每个事件都有一个事件类型,并被它识别。例如,Blob 存储提供事件类型,如

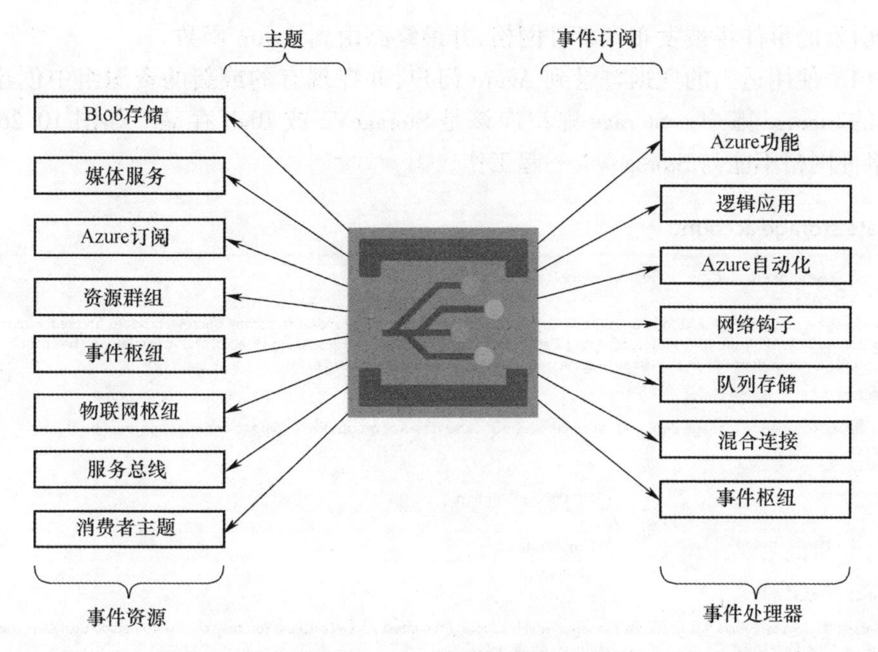

图 10.25　事件网格体系结构

blobAdded 和 blobDeleted。自定义主题可用于发送自定义事件，如 KeyVaultSecretExpired 类型的自定义事件。

另一方面，订阅者能够接受所有消息或仅基于过滤器获取事件。这些筛选器可以基于事件类型或事件有效负载中的其他属性。

每个事件至少有以下 5 个属性。

(1) id。这是事件的唯一标识符。

(2) eventType。事件类型。

(3) eventTime。这是事件引发的日期和时间。

(4) subject。这是对该事件的简短描述。

(5) data。这是一个字典对象，包含特定资源的数据或任何自定义数据（用于自定义主题）。

目前，事件网格的功能并不是对所有资源都可用；然而，Azure 正在不断地使用事件网格功能添加越来越多的资源。

要了解可以引发与事件网格相关的事件的资源以及可以处理这些事件的处理程序的更多信息，请转到 https://docs.microsoft.com/azure/event-grid/overview。

10.8.2　资源事件

在本节中，将提供以下步骤来创建一个解决方案，在这个解决方案中，由 Blob

存储引发的事件将被发布到事件网格,并最终路由到 Azure 函数。

(1) 使用适当的凭据登录到 Azure 门户,并在现有的或新的资源组中创建一个新的 Storage 账户。Storage 账户应该是 StorageV2 或 Blob 存储。如图 10.26 所示,事件网格不能与 StorageV1 一起工作。

Create storage account

Basics　Advanced　Tags　Review + create

Azure Storage is a Microsoft-managed service providing cloud storage that is highly available, secure, durable, scalable, and redundant. Azure Storage includes Azure Blobs (objects), Azure Data Lake Storage Gen2, Azure Files, Azure Queues, and Azure Tables. The cost of your storage account depends on the usage and the options you choose below. Learn more

PROJECT DETAILS

Select the subscription to manage deployed resources and costs. Use resource groups like folders to organize and manage all your resources.

* Subscription　RiteshSubscription

* Resource group　azureclitest

Create new

INSTANCE DETAILS

The default deployment model is Resource Manager, which supports the latest Azure features. You may choose to deploy using the classic deployment model instead. Choose classic deployment model

* Storage account name　storageforeventgrid

* Location　West Europe

Performance　Standard　Premium

Account kind　StorageV2 (general purpose v2)

Replication　Read-access geo-redundant storage (RA-GRS)

Access tier (default)　Cool　Hot

Review + create　Previous　Next : Advanced >

图 10.26　创建一个新的存储账户

(2) 创建一个新的函数应用程序或重用现有的函数应用程序来创建 Azure 函数。Azure 函数将托管在函数应用程序中。

(3) 使用 Azure Event Grid 触发器模板创建一个新函数。安装 Microsoft. Azure. WebJobs. Extensions. EventGrid 扩展,如果它还没有安装,如图10.27 所示。

(4)命名 StorageEventHandler 函数并创建它。以下默认生成的代码将用作事件处理程序,如图 10.28 所示。

存储事件订阅可以通过单击 Add Event Grid 订阅从 Azure Functions 用户界面(UI)配置,也可以从存储账户本身配置。

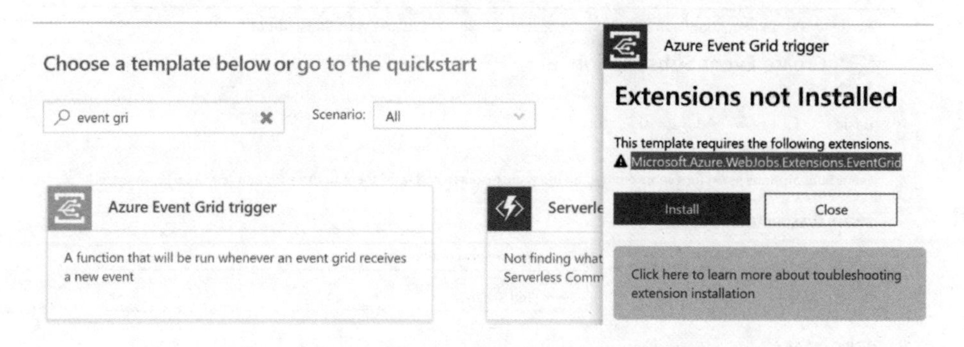

图 10.27　为 Azure Event Grid 触发器安装扩展

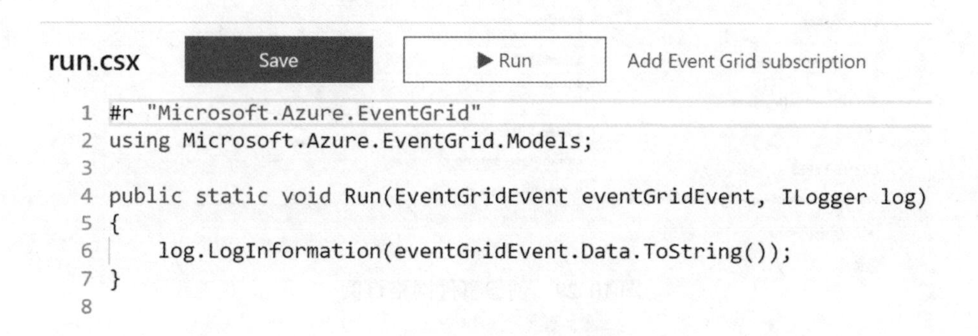

图 10.28　事件处理程序代码

(5) 单击 Azure Functions UI 中的 Add Event Grid 订阅链接,为上一步中创建的存储账户引发的事件添加订阅。为订阅提供一个有意义的名称,然后选择事件模式,再选择事件网格模式。设置“主题类型”为“存储账户”,设置相应的订阅,并设置存储账户所在的资源组,如图 10.29 所示。

确保选中 Subscribe to all event types 复选框,然后单击 Create 按钮(一旦选择了存储账户,就应该启用它)。

(6) 如果我们现在导航到 Azure 门户中的存储账户,并单击左侧菜单中的 E-vents 链接,则存储账户的订阅应该是可见的,如图 10.30 所示。

(7) 创建容器后,将文件上传到 Blob 存储中,然后应该执行 Azure 函数。上传操作将触发一个 blobAdded 类型的新事件,并将其发送到存储账户的 event Grid 主题。如图 10.31 所示,订阅已经设置为从这个主题获取所有事件,函数作为事件处理程序的一部分执行。

在本节中,您了解了如何将由 Blob 存储引发的事件路由到 Azure 函数。在下一节中,您将学习如何利用自定义事件。

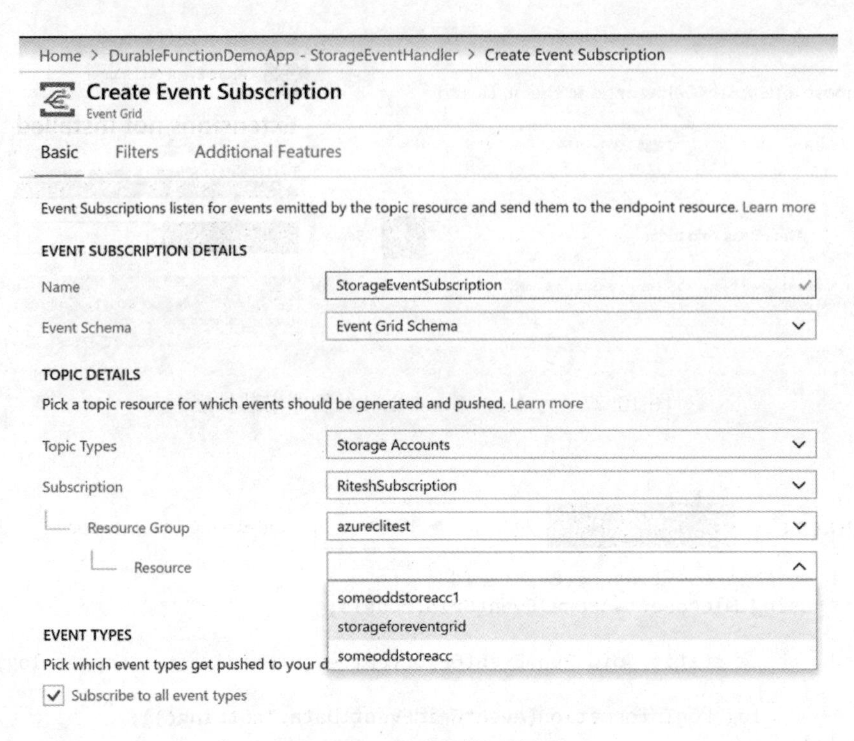

图 10.29　创建事件网格订阅

图 10.30　事件订阅列表

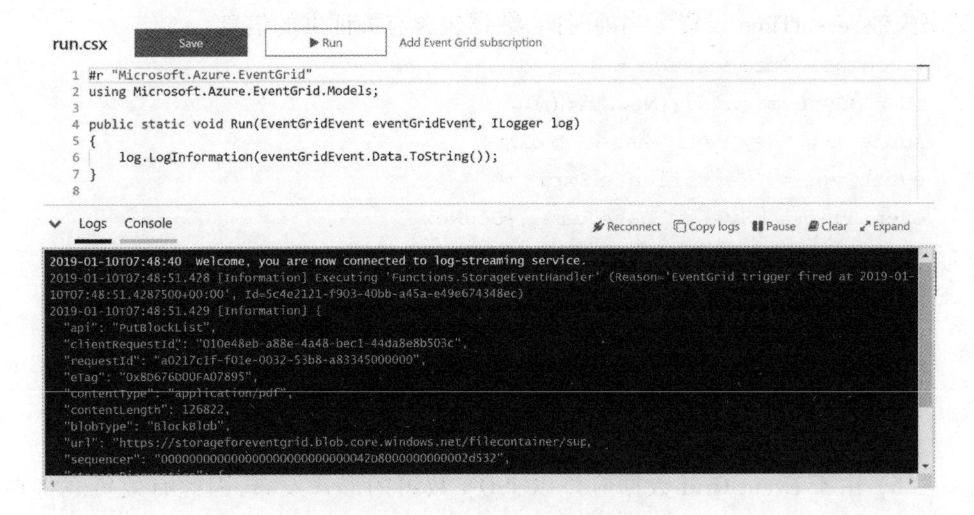

图 10.31 触发一个新的事件

10.8.3 自定义事件

在本例中,将使用自定义事件,而不是使用开箱即用的资源来生成事件。我们将使用 PowerShell 来创建这个解决方案,并重用上一个练习中创建的 Azure 函数作为处理程序。

(1) 使用 Login-AzAccount 和 Set-AzContext cmdlet 登录并连接到您选择的 Azure 订阅。

(2) 下一步是在 Azure 的一个资源组中创建一个新的事件网格主题。New-azeventgridtopic cmdlet 用于创建一个新主题:

```
New-AzEventGridTopic -ResourceGroupName CustomEventGridDemo -Name
"KeyVaultAssetsExpiry" -Location "West Europe"
```

(3) 创建主题后,应该检索其端点 URL 和键,因为需要它们向主题发送和发布事件。Get-AzEventGridTopic 和 Get-AzEventGridTopicKey 被用来检索这些值。注意:Key1 是用来连接到端点的。

```
$topicEndpoint = (Get-AzEventGridTopic -ResourceGroupName containers -Name
KeyVaultAssetsExpiry).Endpoint

$keys = (Get-AzEventGridTopicKey -ResourceGroupName containers -Name
KeyVaultAssetsExpiry).Key1
```

(4) 创建一个新的哈希表,其中包含所有 5 个重要的 Event Grid 事件属性。为该 ID 生成一个新的 id 属性,主题属性设置为密钥库资产失效,eventType 设置为证书失效，eventTime 设置为当前时间，数据包含有关证书的信息：

```
$eventgridDataMessage = @ {
id = [System.guid]::NewGuid()
subject = "Key Vault Asset Expiry"
eventType = "Certificate Expiry"
eventTime = [System.DateTime]::UtcNow
data = @ {
CertificateThumbprint = "sdfervdserwetsgfhgdg"
ExpiryDate = "1/1/2019"
Createdon = "1/1/2018"
}
}
```

（5）由于 Event Grid 数据应该以 JSON 数组的形式发布，因此有效负载将在 JSON 数组中进行转换。"[","]"方括号表示一个 JSON 数组：

```
$finalBody = "[" + $(ConvertTo-Json $eventgridDataMessage) + "]"
```

（6）事件将使用 HTTP 协议发布，并且必须将适当的头信息添加到请求中。请求是使用应用程序/JSON 内容类型发送的，属于主题的键被分配给 aega -sas-key 头。必须将标题和键设置为 aegas -sas-key：

```
$header = @ {
"contentType" = "application/json"
"aeg-sas-key" = $keys}
```

（7）一个新的订阅被创建到带有名称的自定义主题，包含主题的资源组、主题名称、Webhook 端点，以及作为事件处理程序的实际端点。在这种情况下，事件处理程序是 Azure 函数：

```
New-AzEventGridSubscription -TopicName KeyVaultAssetsExpiry
-EventSubscriptionName"customtopicsubscriptionautocar"-ResourceGroupName
CustomEventGridDemo -EndpointType webhook '
-Endpoint "https://durablefunctiondemoapp.
azurewebsites.net/runtime/webhooks/
EventGrid? functionName=StorageEventHandler&code=0aSw6sxvtFmaf XHvt7iOw/
Dsb8o1M9RKKagzVchTUkwe9EIkzl4mCg=='
-Verbose
```

Azure 函数的 URL 可以从 Integrate 选项卡中获得，如图 10.32 所示。

（8）到目前为止，已经配置了订阅者（事件处理程序）和发布者。下一步是向自定义主题发送和发布事件。事件数据已经在前面的步骤中创建，并且通过使用 InvokeWebRequestcmdlet，请求连同主体和头部一起发送到端点：

```
Invoke-WebRequest -Uri $topicEndpoint -Body $finalBody -Headers $header
```

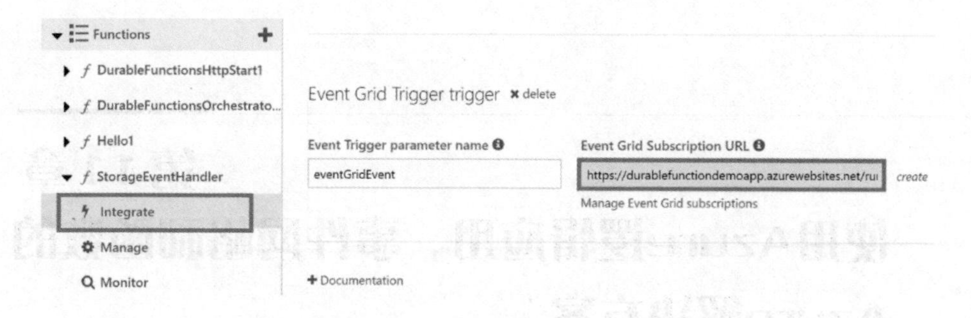

图 10.32 Integrate 选项卡中的事件网格订阅 URL

```
-Method Post
```

API 调用将触发事件,事件网格将发送消息给我们配置的端点,也就是函数应用程序。有了这个活动,我们将结束本章。

10.9 小结

功能从传统方法的演变导致了松散耦合、独立发展、独立的无服务器体系结构的设计,这在早期只是一个概念。功能是一个部署单元,提供一个根本不需要用户管理的环境。他们所需要关心的是为功能编写的代码。Azure 提供了一个成熟的平台,可以基于事件或按需托管功能并无缝集成它们。Azure 中的几乎所有资源都可以参与由 Azure 函数组成的体系结构。未来是功能,因为越来越多的组织希望远离管理基础设施和平台。他们想把这些业务转给云提供商。对于每个处理 Azure 的架构师来说,Azure 函数是必须掌握的基本特性。

本章详细介绍了 Azure 函数、函数即服务、持久函数和事件网格。下一章将专注于 Azure Logic Apps,我们将构建一个完整的端到端解决方案,将多个无服务器服务与其他 Azure 服务(如 Azure 关键库和 Azure 自动化)结合起来。

第 11 章 使用Azure逻辑应用、事件网格和函数的Azure解决方案

本章将继续第 10 章的内容,进一步深入探讨 Azure 中可用的无服务器服务。在第 10 章中,您详细了解了 Azure 函数、函数即服务、持久函数和事件网格。接下来,这一章将集中于理解逻辑应用程序,然后继续创建一个完整的端到端无服务器解决方案,该解决方案结合了多个无服务器和其他类型的服务,如 Key Vault 和 Azure Automation。

在本章中,我们将通过覆盖以下主题进一步探讨 Azure 服务。

(1) Azure 逻辑应用。

(2) 使用无服务器技术创建端到端解决方案。

11.1 Azure 逻辑应用

逻辑应用是 Azure 提供的无服务器工作流,它具有无服务器技术的所有特性,如基于消费的成本计算和无限的可伸缩性。逻辑应用帮助我们使用 Azure 门户轻松构建业务流程和工作流解决方案,它提供了一个拖放 UI 来创建和配置工作流。

使用逻辑应用是集成服务和数据、创建业务项目和创建完整逻辑流的首选方式。在构建逻辑应用程序之前,有几个重要的概念需要理解。

11.1.1 活动

活动是单个的工作单元,活动的例子包括将 XML 转换为 JSON,从 Azure Storage 读取 blobs,以及写入一个 Cosmos DB 文档集合。逻辑应用程序提供了一个工作流定义,它由一个序列中的多个相关活动组成。在逻辑应用中有两种类型的活动。

（1）Trigger。触发器指的是启动一个活动。所有逻辑应用程序都有一个单独的触发器来形成第一个活动，它是创建逻辑应用程序实例并启动执行的触发器。触发器的例子是事件网格消息、电子邮件、HTTP 请求或计划。

（2）Actions。任何非触发器的活动都是步骤活动，每个步骤活动负责执行一个任务。步骤在工作流中相互连接，每个步骤都有一个需要在进入下一个步骤之前完成的操作。

11.1.2 连接器

连接器是帮助将逻辑应用程序连接到外部服务的 Azure 资源，这些服务可以在云中，也可以在本地。例如，有一个连接器用于将逻辑应用程序连接到事件网格。同样，还有另一个连接到 Office 365 Exchange 的连接器。几乎所有类型的连接器都可以在逻辑应用中使用，它们可以用于连接服务。连接器包含连接信息以及使用此连接信息连接到外部服务的逻辑。

连接器的完整列表可在以下网站获得：https://docs.microsoft.com/connectors。

既然您已经了解了连接器，那么，您需要了解如何以循序渐进的方式对它们进行对齐，从而使工作流按照预期的方式工作。在下一节中，我们将重点讨论逻辑应用程序的工作原理。

11.1.3 逻辑应用程序的工作原理

让我们创建一个逻辑应用工作流，当电子邮件账户收到电子邮件时，该工作流将被触发。它用默认的电子邮件回复发送者，并对电子邮件的内容执行情感分析。对于情感分析，在创建逻辑应用程序之前，来自 Text Analytics 的资源应该提供认知服务。

（1）导航到 Azure 门户，登录您的账户，并在资源组中创建一个 Text Analytics 资源。Text Analytics 是认知服务的一部分，具有情感分析、关键短语提取和语言检测等功能。您可以在 Azure 门户中找到该服务，如图 11.1 所示。

（2）提供 Name，Location，Subscription，Resource group，Pricing tier。我们将使用这个服务的免费层（F0 层）在这个演示。

（3）资源配置完成后，导航到 Overview 页面，并复制端点 URL。把它存储在一个临时的位置，在配置逻辑应用程序时需要这个值。

（4）导航到 Keys 页，从 Key 1 复制值并将其存储在一个临时位置，在配置逻辑应用程序时需要这个值。

（5）下一步是创建逻辑应用程序。要创建逻辑应用程序，在 Azure 门户中导

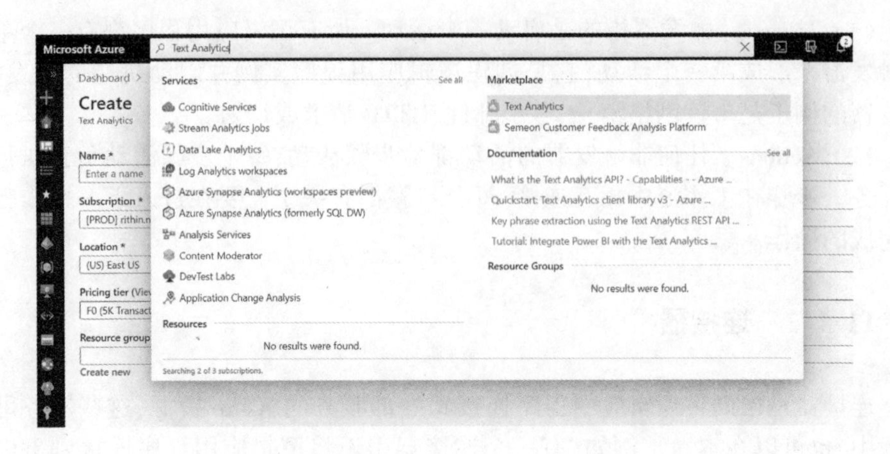

图 11.1　从 Azure 门户导航到 Text Analytics 服务

航到创建逻辑应用程序的资源组。搜索逻辑应用并通过提供 Name, Location, Resource group, Subscription 来创建它。

(6) 创建逻辑应用程序后，导航到资源，在左侧菜单中单击 Logic app designer，然后选择 When a new email is received in Outlook.com 模板来创建一个新的工作流。该模板通过添加样板触发器和活动提供了一个良好的开端，这将增加一个 Office 365 Outlook 触发器自动到工作流。

(7) 单击触发器上的 Sign in 按钮，它将打开一个新的 Internet Explorer 窗口。然后，登录你的账户。成功登录后，一个新的 Office 将创建 365 个电子邮件连接器，其中包含到该账户的连接信息。

(8) 单击 Continue 按钮，将触发器配置为 3min 的轮询频率，如图 11.2 所示。

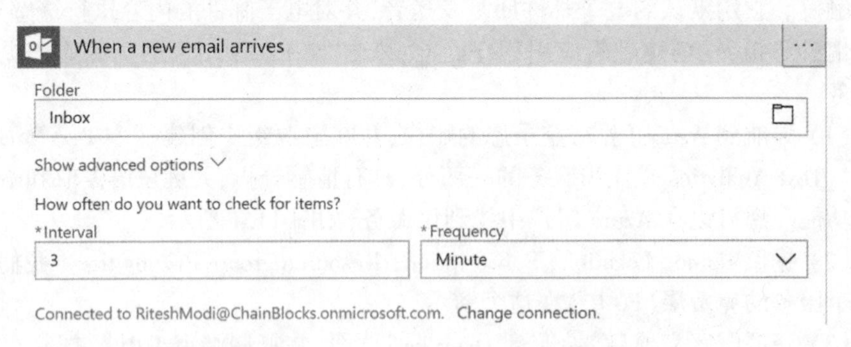

图 11.2　配置具有 3min 轮询频率的触发器

(9) 单击 Next step 添加另一个动作，并在搜索栏中输入关键字 variable。然后，选择 Initialize variable 操作，如图 11.3 所示。

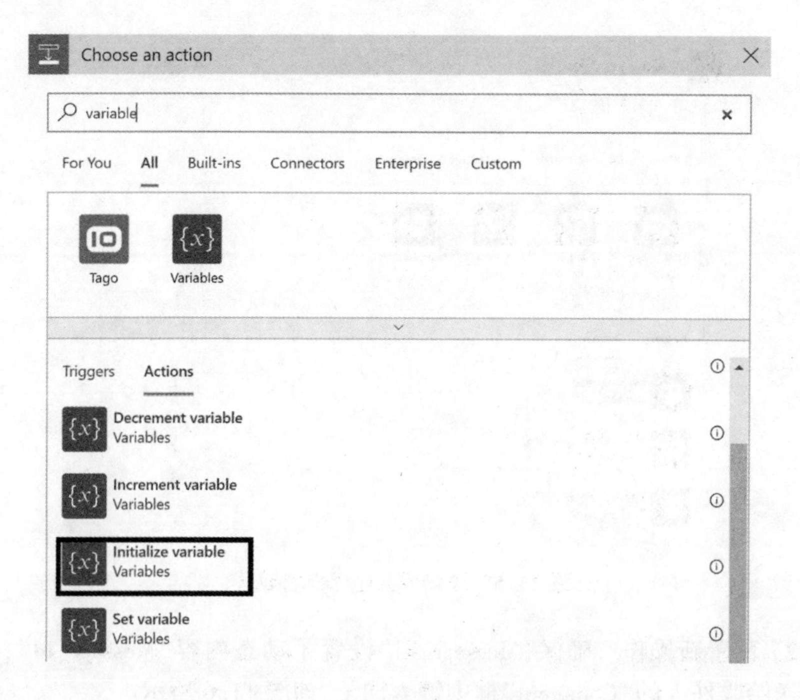

图 11.3　添加 Initialize 变量操作

(10) 接下来,配置变量操作。当单击 Value 框时,将出现一个弹出窗口,其中显示 Dynamic content 和 Expression。动态内容指的是当前操作可用的属性,这些属性由前一个操作和触发器的运行时值填充,变量有助于保持工作流的通用性。在这个窗口中,从 Dynamic content 中选择 Body,如图 11.4 所示。

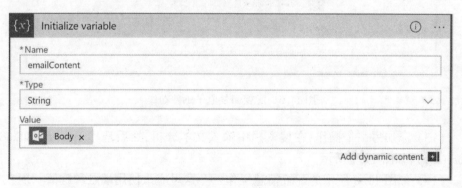

图 11.4　配置可变动作

(11) 通过点击 Add step,在搜索栏中输入 outlook,然后选择 Rely to email 操作来添加另一个操作,如图 11.5 所示。

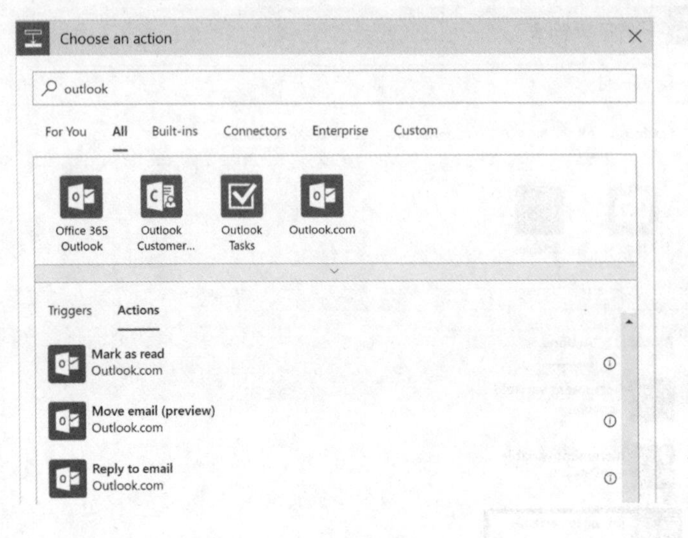

图 11.5　添加回复电子邮件动作

(12) 配置新操作。确保"Message Id"设置了动态内容"Message Id",然后在想要发送给收件人的"Comment"框中键入回复,如图 11.6 所示。

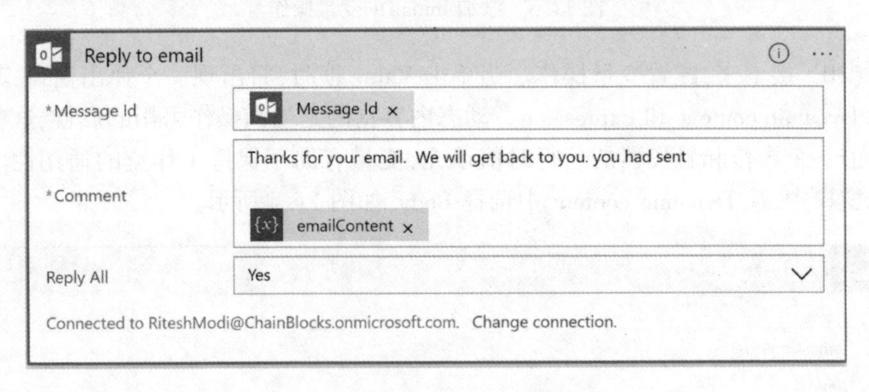

图 11.6　配置回复电子邮件动作

(13) 添加另一个操作,在搜索栏中输入文本分析,然后选择 Detect Sentiment (preview),如图 11.7 所示。

(14) 如图 11.8 所示的配置情感操作——这里应该使用端点和键值。现在单击 Create 按钮。

(15) 通过添加动态内容和选择前面创建的变量 emailContent,为操作提供文本。然后,单击 Show advanced options,并为 Language 选择 en,如图 11.9 所示。

(16) 接下来,通过选择 Outlook 添加一个新动作,然后选择 Send an email。此

Choose an action
text analytics
For You
All
Built-ins
Connectors
Enterprise
Custom
Text Analytics
Triggers
Actions
Detect Language (preview)
Text Analytics
Detect Sentiment (preview)
Text Analytics

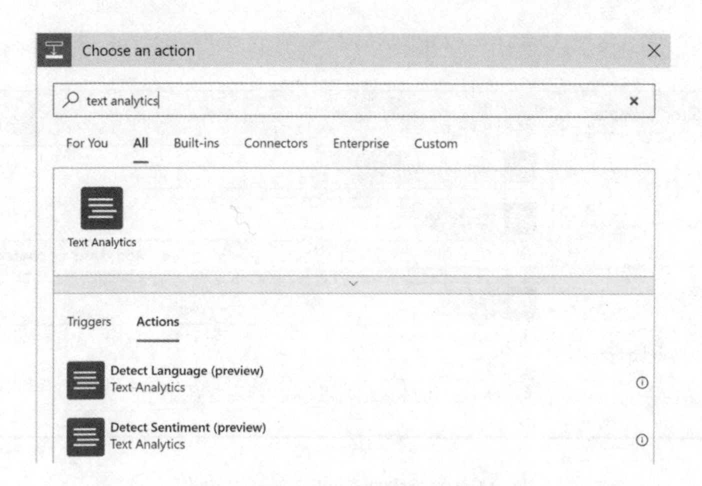

图 11.7　添加检测情感(预览)操作

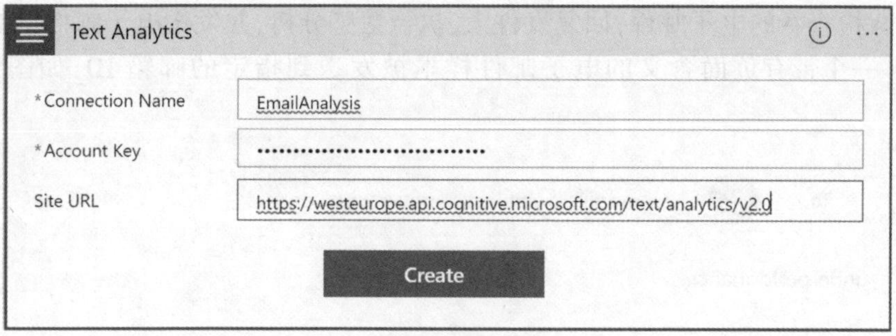

Text Analytics
*Connection Name
EmailAnalysis
*Account Key
Site URL
https://westeurope.api.cognitive.microsoft.com/text/analytics/v2.0
Create

图 11.8　配置检测情感(预览)操作

Detect Sentiment (Preview)
Text
emailContent
Language
en
Hide advanced options
Connected to EmailAnalysis. Change connection.

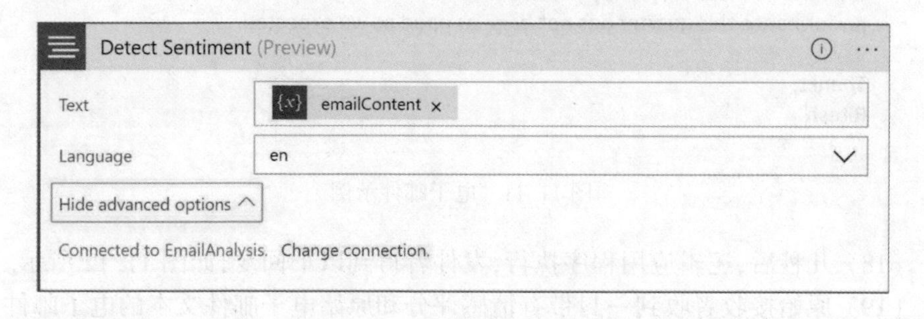

图 11.9　为情感动作选择语言

操作向原始接收者发送主题中带有情感得分的电子邮件内容,它应该按照图 11.10 所示进行配置。如果得分在动态内容窗口中不可见,点击它旁边的 See more 链接。

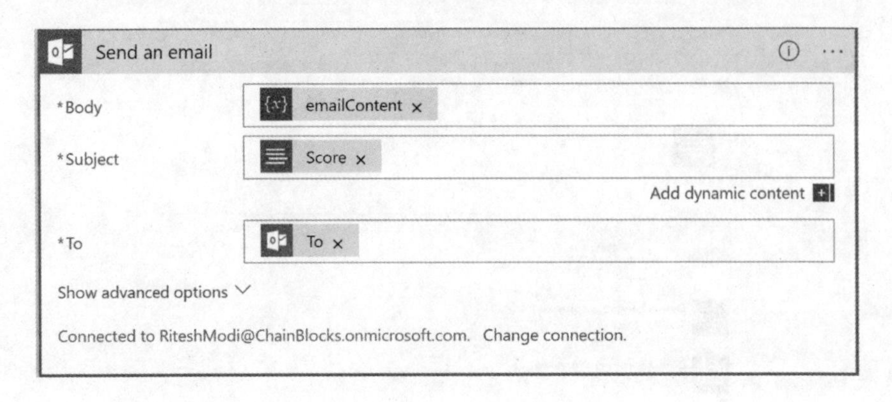

图 11.10 添加 Send an email 动作

(17) 保存逻辑应用程序,导航回概览页面,然后单击 Run trigger。触发器将每 3min 检查新的电子邮件,回复发件人,执行情感分析,并发送电子邮件给原始接收者。一个带有负面含义的电子邮件样本被发送到指定的邮箱 ID,如图 11.11 所示。

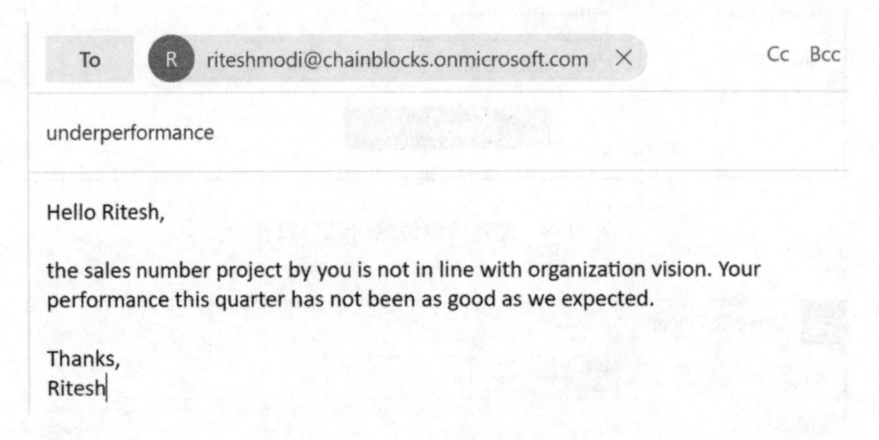

图 11.11 电子邮件示例

(18) 几秒后,逻辑应用程序执行,发件者得到以下回复,如图 11.12 所示。

(19) 原始接收者收到一封带有情感评分和原始电子邮件文本的电子邮件,如图 11.13 所示。评分为 0.731263041496277。

从该活动中,我们能够理解逻辑应用程序的工作方式。当用户的收件箱中收到电子邮件时,应用程序被触发,该过程遵循逻辑应用程序中给出的步骤顺序。在下一节中,您将学习如何创建一个使用无服务器技术创建端到端解决方案。

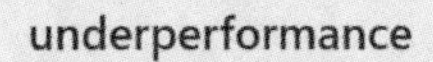

underperformance

Ritesh Modi <RiteshModi@ChainBlock
s.onmicrosoft.com>
Thu 1/10/2019, 7:33 PM

Thanks for your email. We will get back to you. you had sent
Hello Ritesh,

the sales number project by you is not in line with organization vision.
Your performance this quarter has not been as good as we expected.

Thanks,
Ritesh

...

图 11.12　回复电子邮件给原发件人

0.731263041496277

Ritesh Modi
Today, 7:33 PM
Ritesh Modi

This message was sent with low importance.

```
<html>
<head>
<meta http-equiv="Content-Type" content="text/html; charset=utf-8">
<meta content="text/html; charset=iso-8859-1">
<style type="text/css" style="display:none">
<!--
p
	{margin-top:0;
```

图 11.13　电子邮件消息的 HTML 视图

11.2　使用无服务器技术创建端到端解决方案

在本节中，我们将创建一个端到端的解决方案，其中包含我们在前几节中讨论过的无服务器技术。下面的示例将让您了解如何智能地实现工作流，以避免管理开销。在下一个活动中，我们将创建一个工作流，当密钥、秘密和证书存储在 Azure Key Vault 中时通知用户。我们将把它作为一个问题陈述，找出一个解决方案，构建解决方案，并实现它。

11.2.1 问题陈述

我们在这里要解决的问题是：用户和组织不会被告知他们的密钥库中的机密已经过期，并且当过期时，应用程序将停止工作。用户抱怨 Azure 没有提供监控密钥库秘密、密钥和证书的基础设施。

11.2.2 解决方案

这个问题的解决方案是组合多个 Azure 服务，并将它们集成起来，这样用户就可以提前获知机密过期的消息。该解决方案将使用两个渠道发送通知——电子邮件和短信。用于创建此解决方案的 Azure 服务包括。

（1）Azure 密钥库。

（2）Azure Active Directory（Azure AD）。

（3）Azure 事件网格。

（4）Azure Automation。

（5）逻辑应用。

（6）Azure 函数。

（7）SendGrid。

（8）Twilio SMS。

现在您已经了解了将作为解决方案一部分使用的服务，接下来我们为这个解决方案创建一个体系结构。

11.2.3 架构

在上一节中，我们研究了将在解决方案中使用的服务列表。如果我们想实现解决方案，服务应该按正确的顺序排列。架构将帮助我们开发工作流，并向解决方案迈进一步。

解决方案的体系结构由多个服务组成，如图 11.14 所示。

让我们逐一了解这些服务，并了解它们在整个解决方案中所提供的角色和功能。

1. Azure Automation

Azure Automation 提供了运行本，可以使用 PowerShell、Python 和其他脚本语言执行这些运行本来运行逻辑。脚本既可以在本地执行，也可以在云中执行，这为创

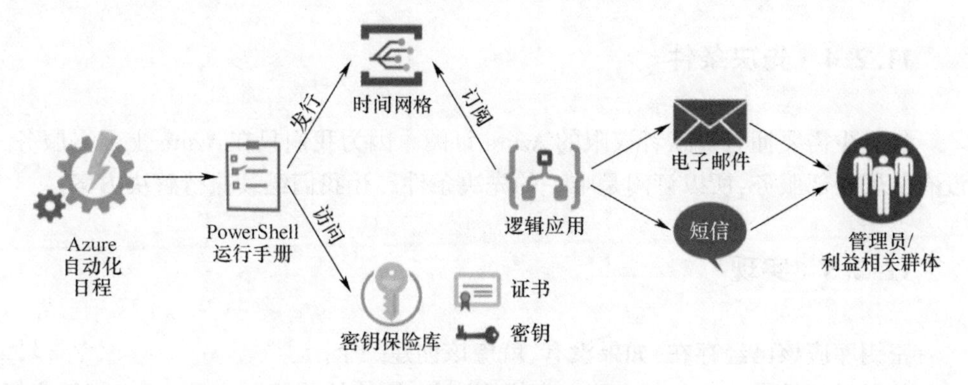

图 11.14　解决方案架构

建脚本提供了丰富的基础设施,这些类型的脚本称为运行本。通常,运行本实现的场景包括停止或启动虚拟机,或创建和配置存储账户。在变量、证书和连接等资产的帮助下,可以很容易地从运行手册连接到 Azure 环境。

在当前的解决方案中,我们希望连接到 Azure 密钥库,读取存储在其中的所有秘密和密钥,并获取它们的过期日期。应该将这些到期日期与今天的日期进行比较,如果到期日期在一个月内,运行本应该使用事件网格自定义主题在事件网格上引发自定义事件。

我们将实现一个使用 PowerShell 脚本的 Azure Automation 运行本来实现这一点。除了运行本之外,还将创建一个调度程序,该调度程序将在每天中午 12 点执行运行本一次。

2. 一个自定义的 Azure 事件网格主题

一旦运行本识别出某个秘密或密钥将在一个月内过期,它将引发一个新的自定义事件,并将其发布到专门为此目的创建的自定义主题。同样,我们将在下一节详细讨论实现。

3. Azure 逻辑应用

逻辑应用程序是提供工作流功能的无服务器服务,我们的逻辑应用程序将被配置为当事件在自定义事件网格主题上发布时触发。触发后,它将调用工作流并依次执行其中的所有活动。一般来说,有多个活动,但是为了本例的目的,我们将调用一个同时发送电子邮件和 SMS 消息的 Azure 函数。在一个完整的实现中,这些通知函数应该在单独的 Azure 函数中单独实现。

4. Azure 的函数

Azure 函数用于通过电子邮件和短信通知用户与涉众机密和密钥过期的情况。SendGrid 用于发送电子邮件,而 Twilio 用于从 Azure 函数发送 SMS 消息。

在下一节中,我们将查看实现解决方案之前的先决条件。

11.2.4 先决条件

您至少需要拥有贡献者权限的 Azure 订阅。因为我们只在 Azure 上部署服务，没有部署外部服务，所以订阅是唯一的先决条件。让我们继续执行解决方案。

11.2.5 实现

密钥库应该已经存在，如果没有，就应该创建一个。

如果需要提供一个新的 Azure 密钥库实例，则应该执行此步骤。Azure 提供了多种提供资源的方式。其中最突出的是 Azure PowerShell 和 Azure CLI，Azure CLI 是一个跨平台的命令行界面，Azure Powershell 是在 Azure 中提供密钥保管库。在这个实现中，我们将使用 Azure PowerShell 来配置密钥库。

在使用 Azure PowerShell 创建密钥库之前，登录是很重要的，这样后续的命令就可以成功执行来创建密钥库。

步骤 1：提供 Azure 密钥库实例。

首先是为样本准备环境，这涉及到登录到 Azure 门户，选择一个适当的订阅；然后创建一个新的 Azure 资源组和一个新的 Azure 密钥库资源。

（1）执行 Connect-AzAccount 命令登录到 Azure，它将在一个新窗口中提示输入凭据。

（2）成功登录后，如果提供的登录 ID 有多个订阅可用，则将列出所有订阅。选择一个合适的订阅是很重要的——这可以通过执行 Set-AzContext cmdlet 来实现：

```
Set-AzContext -SubscriptionId xxxxxxxx-xxxx-xxxx-xxxx-xxxxxxxxxxx
```

（3）在您的首选位置创建一个新的资源组。在本例中，资源组的名称是 IntegrationDemo，它创建于西欧地区：

```
New-AzResourceGroup -Name IntegrationDemo -Location "West Europe" -Verbose
```

（4）创建一个新的 Azure 密钥库资源——在本例中，这个资源库的名称是 keyvaultbook，它可以用于模板部署、磁盘加密、软删除和清除保护：

```
New-AzKeyVault -Name keyvaultbook -ResourceGroupName
IntegrationDemo -Location "West Europe" -EnabledForDeployment
-EnabledForTemplateDeployment -EnabledForDiskEncryption
-EnablePurgeProtection -Sku Standard - Verbose
```

注意：密钥库名称必须是唯一的，您不能对两个密钥库使用相同的名称。上述命令执行成功后，将创建一个新的 Azure 密钥库资源。下一步是提供对密钥库上的服务主体的访问。

步骤 2:创建服务主体。

Azure 没有使用单独的账户来连接到 Azure,而是提供了服务主体,这些服务主体本质上是可以用来连接 Azure 资源管理器和运行活动的服务账户。将用户添加到 Azure 目录/租户可以使他们在任何地方都可用,包括在所有资源组和资源中,这是由于 Azure 的安全继承特性。如果不允许用户访问资源组,则必须显式地撤销用户对资源组的访问。服务主体通过为资源组和资源分配细粒度访问与控制来提供帮助,如果需要,还可以授予它们对订阅范围的访问权。另外,还可以为它们分配细粒度权限,如读者、贡献者或所有者权限。

简而言之,服务主体应该是使用 Azure 服务的首选机制,可以使用密码或证书密钥配置它们,可以使用 New - AzADServicePrincipal 命令创建如下服务主体:

```
$sp = New-AzADServicePrincipal -DisplayName "keyvault-book" -Scope "/
subscriptions/xxxxxxxx-xxxx-xxxx-xxxx-xxxxxxxxxxxx"-Role Owner-StartDate
([datetime]::Now) -EndDate $([datetime]::now.AddYears(1)) -Verbose
```

重要的配置值是范围和角色,范围确定当前在订阅级别显示的服务应用程序的访问区域。范围的有效值如下:

```
/subscriptions/{subscriptionId}
/subscriptions/{subscriptionId}/resourceGroups/{resourceGroupName}
/subscriptions/{subscriptionId}/resourcegroups/{resourceGroupName}/providers/
{resourceProviderNamespace}/{resourceType}/{resourceName}
/subscriptions/{subscriptionId}/resourcegroups/{resourceGroupName}/
providers/{resourceProviderNamespace}/{parentResourcePath}/{resourceType}/
{resourceName}
```

角色提供分配范围的权限。权限的有效值如下:

```
Owner
Contributor
Reader
Resource-specific permissions
```

在上面的命令中,已经为新创建的服务主体提供了所有者权限。

如果需要,我们也可以使用证书。为简单起见,我们将继续使用密码。

通过我们创建的服务主体,机密将被隐藏。您可以尝试以下命令了解这个机密:

```
$BSTR=[System.Runtime.InteropServices.Marshal]::SecureStringToBSTR($sp.
Secret)
$UnsecureSecret = [System.Runtime.InteropServices.
Marshal]::PtrToStringAuto($BSTR)
```

$UnecuresSecret 将拥有您的秘密密钥。

与服务主体一起,将创建应用程序目录应用程序。应用程序充当跨目录的应用程序的全局表示,而主体则类似于应用程序的本地表示。我们可以在不同的目录中使用相同的应用程序创建多个主体,也可以使用 Get-AzAdApplication 命令获得创建的应用程序的详细信息。我们将把这个命令的输出保存到一个变量$app中,因为稍后会用到它:

```
$app = Get-AzAdApplication -DisplayName $sp.DisplayName
```

步骤 3:使用证书创建服务主体。

要使用证书创建服务主体,应执行以下步骤。

(1) 创建自签名证书或购买证书。使用自签名证书创建此端到端应用程序示例。对于实际部署,应该从证书颁发机构购买有效的证书。要创建自签名证书,可以运行以下命令。自签名证书可以导出并存储在本地机器的个人文件夹中——它也有一个有效期:

```
$currentDate = Get-Date
$expiryDate = $currentDate.AddYears(1)
$finalDate = $expiryDate.AddYears(1)
$servicePrincipalName = "https://automation.book.com"
$automationCertificate = New-SelfSignedCertificate -DnsName
$servicePrincipalName -KeyExportPolicy Exportable -Provider "Microsoft
Enhanced RSA and AES Cryptographic Provider" -NotAfter $finalDate
-CertStoreLocation "Cert:\LocalMachine\My"
```

(2) 导出新创建的证书。必须将新证书导出到文件系统中,以便以后可以将它上传到其他目的地,如 Azure AD,以创建服务主体。下面将显示用于将证书导出到本地文件系统的命令。注意:此证书同时具有公钥和私钥,因此在导出它时,必须使用密码保护它,并且密码必须是安全字符串:

```
$securepfxpwd = ConvertTo-SecureString -String 'password' -AsPlainText
-Force # Password for the private key PFX certificate
$cert1 =Get-Item -Path Cert:\LocalMachine\My\$($automation Certificate.
Thumbprint)
Export-PfxCertificate -Password $securepfxpwd -FilePath " C:\
azureautomation.pfx" -Cert $cert1
```

Get-Item cmdlet 从证书存储库读取证书,并将其存储在$cert1 变量中。Export-PfxCertificate cmdlet 实际上将证书存储中的证书导出到文件系统。在本例中,它位于 C:\book 文件夹中。

(3) 从新生成的 PFX 文件中读取内容。创建 X509Certificate2 是为了在内存中保存证书,并且使用 System. Convert 函数将数据转换为 Base64 字符串:

```
$newCert =New-Object System.Security.Cryptography.X509Certificates.
```

```
X509Certificate2 -ArgumentList "C:\azureautomation.pfx", $securepfxpwd
$newcertdata=[System.Convert]::ToBase64String($newCert.GetRawCertData())
```

我们将使用相同的主体从 Azure 连接到 Azure 自动化的账户。应用程序 ID、租户 ID、订阅是很重要的 ID 和证书 thumbprint 值存储在一个临时位置，以便用于配置后续资源：

```
$adAppName = "azure-automation-sp"
$ServicePrincipal = New-AzADServicePrincipal -DisplayName $adAppName
-CertValue $newcertdata -StartDate $newCert.NotBefore -EndDate $newCert.
NotAfter
Sleep 10
New-AzRoleAssignment -ServicePrincipalName $ServicePrincipal.ApplicationId
-RoleDefinitionName Owner -Scope /subscriptions/xxxxx-xxxxxxx-xxxxxx-
Xxxxxxx
```

我们的服务负责人已经准备好了。我们创建的密钥保险库没有访问策略集，这意味着没有用户或应用程序能够访问保险库。在下一步中，我们将向创建的应用字典程序授予访问密钥库的权限。

步骤 4：创建密钥库策略。

在这个阶段，我们已经创建了服务主体和密钥库。但是，服务主体仍然不能访问密钥库。此服务主体将用于查询和列出密钥库中的所有秘密、密钥和证书，并且它应该具有这样做所需的权限。

为了提供新创建的服务主体访问密钥库的权限，我们将返回 Azure PowerShell 控制台并执行以下命令：

```
Set-AzKeyVaultAccessPolicy -VaultName keyvaultbook -ResourceGroupName
IntegrationDemo-ObjectId$ServicePrincipal.Id-PermissionsToKeys get,list,create
-PermissionsToCertificates get,list,import-PermissionsToSecrets get,list-Verbose
```

参考前面的命令块，我们看看以下几点。

（1）Set-AzKeyVaultAccessPolicy 为用户、组和服务主体提供访问权限。它接受密钥保险库名称和服务主体对象 ID，该对象与应用程序 ID 不同。服务主体的输出包含一个 ID 属性，如图 11.15 所示。

图 11.15　查找服务主体的对象 ID

(2) PermissionsToKeys 提供了对密钥库中的密钥的访问,并且向这个服务主体提供了获取、列表和创建权限。没有向该主体提供写入或更新权限。

(3) PermissionsToSecrets 提供了对密钥库中的机密的访问,并且向这个服务主体提供了获取和列表权限。没有向该主体提供写入或更新权限。

(4) Permissionstocertificate 提供了对密钥库中的机密的访问,并向此服务主体提供了获取、导入和列表权限。没有向该主体提供写入或更新权限。

此时,我们已经将服务主体配置为与 Azure 密钥库一起工作。解决的方案是创建一个自动化账户。

步骤 5:创建一个自动化账户。

和以前一样,我们将使用 Azure PowerShell 在资源组中创建一个新的 Azure Automation 账户。在创建资源组和自动化账户之前,应该建立到 Azure 的连接。但是,这一次,使用服务主体的凭据来连接到 Azure。具体步骤如下。

(1) 使用服务应用程序连接到 Azure 的命令如下,该值来自我们在前面步骤中初始化的变量:

```
Login-AzAccount -ServicePrincipal -CertificateThumbprint $newCert.
Thumbprint -ApplicationId $ServicePrincipal.ApplicationId -Tenant "xxxx-
xxxxxx-xxxxx-xxxxx"
```

(2) 确保你可以通过检查 Get-AzContext 来访问。记下订阅 ID,因为在后面的命令中会用到它:

```
Get-AzContext
```

(3) 在连接到 Azure 之后,应该创建一个包含解决方案资源的新资源和一个新的 Azure Automation 账户。资源组命名为"VaultMonitoring",并在西欧地区创建。你也将在这个资源组中创建剩余的资源:

```
$IntegrationResourceGroup = "VaultMonitoring"
$rgLocation = "West Europe"
$automationAccountName = "MonitoringKeyVault"
New-AzResourceGroup-name $IntegrationResourceGroup-Location $rgLocation
New-AzAutomationAccount -Name $automationAccountName -ResourceGroupName
$IntegrationResourceGroup -Location $rgLocation -Plan Free
```

(4) 接下来,创建 3 个自动化变量。它们的值,即订阅 ID、租户 ID 和应用程序 ID,应该已经可以通过前面的步骤使用:

```
New-AzAutomationVariable -Name "azuresubscriptionid"
-AutomationAccountName $automationAccountName -ResourceGroupName
$IntegrationResourceGroup -Value "xxxxxxxx-xxxx-xxxx-xxxx-xxxxxxxxxxx"
-Encrypted $true
New-AzAutomationVariable -Name "azuretenantid"-AutomationAccountName
```

```
$automationAccountName-ResourceGroupName $IntegrationResourceGroup-Value
" xxxxxxxx-xxxx-xxxx-xxxx-xxxxxxxxxxxx " -Encrypted $true
New-AzutomationVariable -Name "azureappid" -AutomationAccountName
$automationAccountName-ResourceGroupName $IntegrationResourceGroup-Value
" xxxxxxxx-xxxx-xxxx-xxxx-xxxxxxxxxxxx " -Encrypted $true
```

（5）现在是上传一个证书的时候了，它将被用来连接到 Azure 自动化：

```
$securepfxpwd = ConvertTo-SecureString -String 'password' -AsPlainText
-Force # Password for the private key PFX certificate
New-AzAutomationCertificate -Name "AutomationCertifcate"-Path"C:\book\
azureautomation.pfx" -Password $securepfxpwd -AutomationAccountName
$automationAccountName -ResourceGroupName $IntegrationResourceGroup
```

（6）下一步是在 Azure Automation 账户中安装与密钥库和事件网格相关的 PowerShell 模块，因为这些模块默认情况下不会安装。

（7）在 Azure 门户中，通过单击左侧菜单中的 Resource Groups 导航到已经创建的 VaultMonitoring 资源组。

（8）单击已经提供的 Azure 自动化账户 MonitoringKeyVault，然后单击左侧菜单中的 Modules。事件网格模块依赖于 Az. profile 模块，因此我们必须在事件之前安装它的网格模块。

（9）单击顶部菜单中的 Browse Gallery，在搜索框中输入 Az. profile，如图 11. 16 所示。

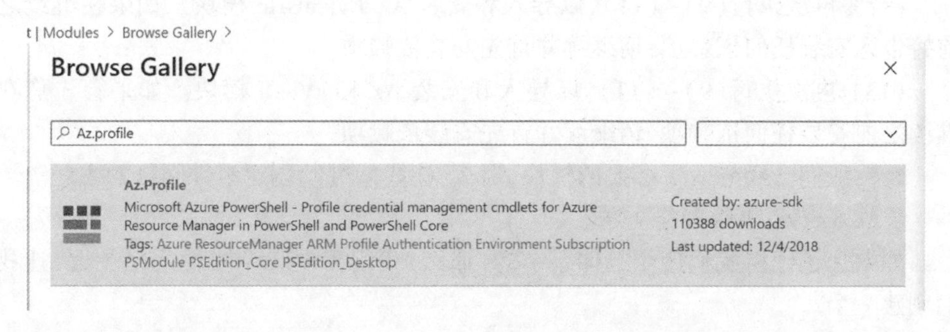

图 11. 16　模块图库中的 Az. Profile 模块

（10）在搜索结果中，选择 Az. Profile 并单击顶部菜单中的 Import 按钮。最后，单击 OK 按钮。这个步骤需要几秒才能完成。等待几秒，即可完成模块的安装。

（11）可以从 Module 菜单项中检查安装的状态。图 11. 17 演示了如何导入一个模块。

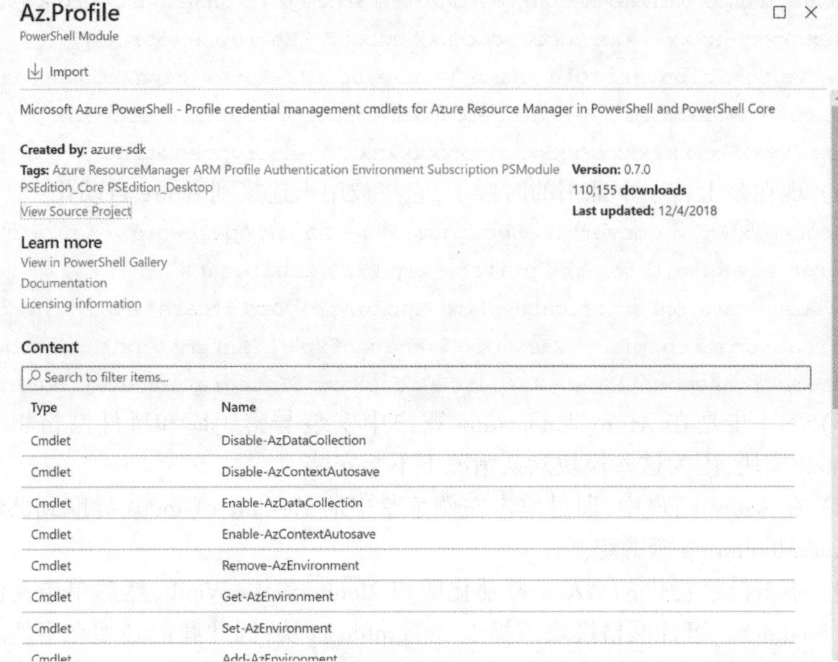

图 11.17　Az. Profile 模块状态

(12) 再次执行(9)~(11),以导入和安装 Az. EventGrid 模块。如果在继续之前警告您安装任何依赖项,请继续并首先安装依赖项。

(13) 再次执行(9)~(11),以导入和安装 Az. KeyVault 模块。如果警告您在继续之前安装任何依赖项,请继续并首先安装依赖项。

既然我们已经导入了必要的模块,那么,让我们继续创建事件网格的主题。

步骤 6:创建事件网格主题。

如果您还记得我们使用的体系结构,那么,我们需要一个事件网格主题,让我们创建一个。

使用 PowerShell 创建事件网格主题的命令如下:

```
New-AzEventGridTopic -ResourceGroupName VaultMonitoring -Name
azureforarchitects-topic -Location "West Europe"
```

使用 Azure 门户创建事件网格主题的过程如下:

(1) 在 Azure 门户中,通过单击左侧菜单中的 Resource Groups 导航到已经创建的 Vaultmonitoring 资源组。

(2) 接下来,单击+Add 按钮并在搜索框中搜索 Event Grid Topic。选择它,然后单击 Create 按钮。

(3) 通过提供名称、选择订阅、选择新创建的资源组、位置和事件模式,在生成的表单中填写适当的值。

正如我们已经讨论过的,事件网格主题提供了源将在其中发送数据的端点。既然我们已经准备好了主题,那么,让我们准备源的自动化账户。

步骤 7:设置运行本。

这一步将专注于创建一个 Azure 自动账户和 PowerShell 运行手册,这些运行手册将包含读取 Azure 密钥库和检索存储在其中的机密的核心逻辑。配置 Azure 自动化所需的步骤如下。

(1) 创建 Azure 自动运行本。在 Azure 门户中,通过单击左侧菜单中的 Resource Groups 导航到已经创建的 Vaultmonitoring 资源组。

(2) 点击已经提供的 Azure 自动化账户 MonitoringKeyVault。单击左侧菜单中的 Runbooks,然后单击顶部菜单中的+Add a Runbook。

(3) 单击 Create a new Runbook 并提供一个名称,我们称为运行手册 CheckExpiredAssets,然后设置 Runbook 类型为 PowerShell,如图 11. 18 所示。

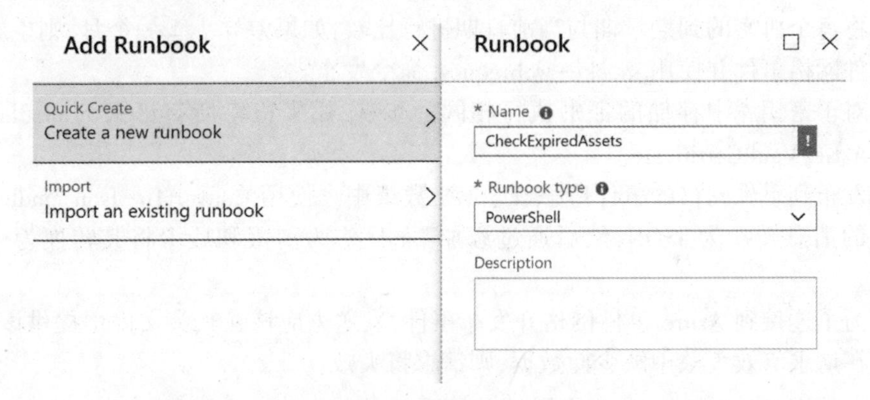

图 11. 18 创建运行本

(4) 编写运行本代码:声明几个变量来保存订阅 ID 、tenantID、应用程序 ID 和证书指纹信息。这些值应该存储在 Azure 自动变量中,并且证书应该上传到自动证书中。上传的证书使用的密钥为 AutomationCertifcate。从这些存储中检索值并分配给变量,代码如下:

```
$subscriptionID =get-AutomationVariable "azuresubscriptionid"
$tenantID = get-AutomationVariable "azuretenantid"
$applicationId = get-AutomationVariable "azureappid"
$cert = get-AutomationCertificate "AutomationCertifcate"
$certThumbprint = ($cert.Thumbprint).ToString()
```

(5) 运行本中的下一段代码帮助使用服务主体和前面声明的变量值登录到

Azure。此外,代码选择适当的订阅。代码如下:

```
Login-AzAccount -ServicePrincipal -CertificateThumbprint $certThumbprint
-ApplicationId $applicationId -Tenant $tenantID
Set-AzContext -SubscriptionId $subscriptionID
```

因为 Azure 事件网格是在本节的步骤 6 中提供的,它的端点和密钥是使用 Get-AzEventGridTopic 和 Get-AzEventGridTopicKey cmdlet 来检索的。

Azure 事件网格生成两个密钥—主密钥和次密钥。第一个键参考如下:

```
$eventGridName = "ExpiredAssetsKeyVaultEvents"
$eventGridResourceGroup = "VaultMonitoring"
$topicEndpoint = (Get-AzEventGridTopic -ResourceGroupName
$eventGridResourceGroup -Name $eventGridName).Endpoint
$keys = (Get-AzEventGridTopicKey -ResourceGroupName
$eventGridResourceGroup -Name $eventGridName ).Key1
```

(6) 接下来,使用迭代检索订阅中提供的所有密钥库。在循环时,使用 Get-AzKeyVaultSecret cmdlet。

将每个机密的到期日期与当前日期进行比较,如果差异小于一个月,则生成一个事件网格事件并使用 invoke-webrequest 命令发布它。

对于密钥库中存储的证书执行相同的步骤,用来检索所有证书的 cmdlet 是 Get-AzKeyVaultCertificate。

发布到事件网格的事件应该在 JSON 数组中。使用 ConvertTo-Json cmdlet 将生成的消息转换为 JSON,然后通过添加[and]作为前缀和后缀将其转换为一个数组。

为了连接到 Azure 事件网格并发布事件,发送方应该在其头文件中提供该键。如果在请求有效负载中缺少此数据,则请求将失败:

```
$keyvaults = Get-AzureRmKeyVault
foreach($vault in $keyvaults) {
$secrets = Get-AzureKeyVaultSecret -VaultName $vault.VaultName
foreach($secret in $secrets) {
if(![string]::IsNullOrEmpty($secret.Expires) ) {
if($secret.Expires.AddMonths(-1) -lt [datetime]::Now)
{
$secretDataMessage =@ {
id = [System.guid]::NewGuid()
subject = "Secret Expiry happening soon !!"
eventType = "Secret Expiry"
eventTime = [System.DateTime]::UtcNow
data = @ {
```

```
"ExpiryDate" = $secret.Expires
"SecretName" = $secret.Name.ToString()
"VaultName" = $secret.VaultName.ToString()
"SecretCreationDate" = $secret.Created.ToString()
"IsSecretEnabled" = $secret.Enabled.ToString()
"SecretId" = $secret.Id.ToString()
}
}
...
Invoke-WebRequest -Uri $topicEndpoint -Body $finalBody -Headers $header
-Method Post -UseBasicParsing
}
}
Start-Sleep -Seconds 5
}
}
```

(7) 单击 Publish 按钮来发布运行手册,如图 11.19 所示。

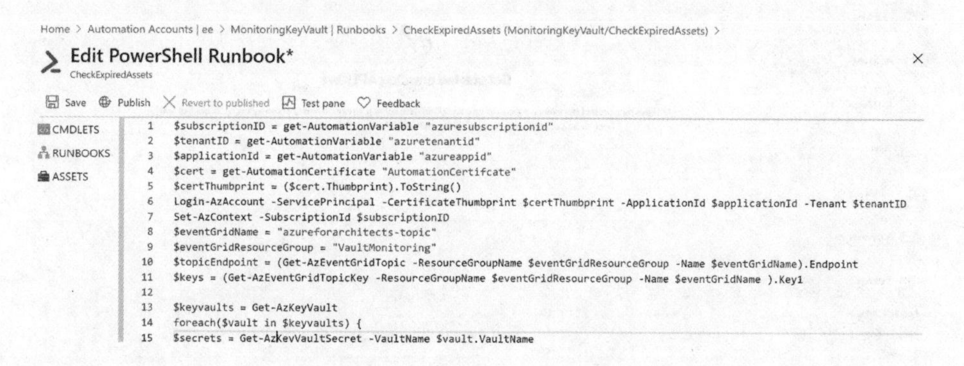

图 11.19 发布运行手册

(8) 调度器。创建一个 Azure 自动调度器资产,在每天中午 12 点执行这个运行簿。在 Azure 的左侧菜单中单击 Schedules,然后单击顶部菜单中的+Add a Schedule。

(9) 在结果表中提供日程安排信息。

这应该结束了 Azure 自动账户的配置。

步骤 8:使用 SendGrid。

在这一步中,我们将创建一个新的 SendGrid 资源。SendGrid 资源用于从应用程序发送电子邮件,而不需要安装 Simple SMTP (Mail Transfer Protocol)服务器。它提供了一个 REST API 和一个 C#软件开发工具包(SDK),通过它可以很容易地发送大量电子邮件。在当前的解决方案中,将使用 Azure 函数来调用 SendGrid api 发送电子邮件,因此需要提供该资源。这个资源有单独的成本,不包括在 Azure 成本中——有一个可用的免费层,可以用来发送电子邮件。

(1) SendGrid 资源就像其他 Azure 资源一样被创建。搜索 sendgrid,我们将在结果中得到 SendGrid Email Delivery;

(2) 选择资源并单击 Create 按钮以打开其配置表单。

(3) 选择合适的定价层。

(4) 提供适当的联系方式。

(5) 勾选"Terms of use"复选框。

(6) 完成表单,然后单击 Create 按钮。

(7) 资源配置完成后,单击顶部菜单中的 Manage 按钮——这将打开 SendGrid 网站。网站可能要求配置电子邮件。然后,从 Settings 部分选择 API Keys,单击 Create API Key 按钮,如图 11.20 所示。

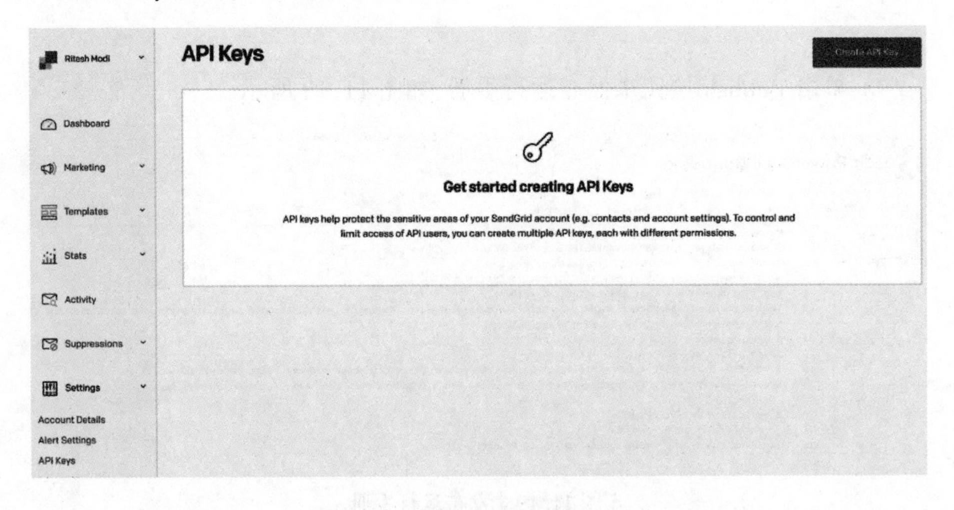

图 11.20　为 SendGrid 创建 API 键

(8) 在结果窗口中,选择 Full Access 并单击 Create & View 按钮。这将为 SendGrid 资源创建密钥;记住这个密钥,因为它会在 SendGrid 的 Azure 函数配置中使用,如图 11.21 所示。

现在我们已经为 SendGrid 配置了访问级别,让我们配置另一个第三方服务,称为 Twilio。

步骤 9:开始使用 Twilio。

在这一步中,我们将创建一个新的 Twilio 账户,Twilio 用于发送批量短信。要在 Twilio 上创建一个账户,请访问 twilio.com 并创建一个新账户。账号创建成功

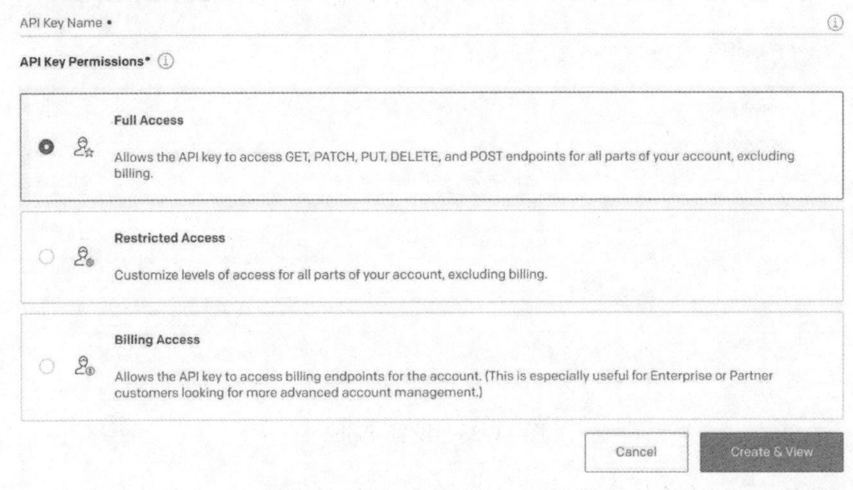

图 11.21　在 SendGrid 门户中设置访问级别

后,会生成一个可以发送短信给收件人的手机号码,如图 11.22 所示。

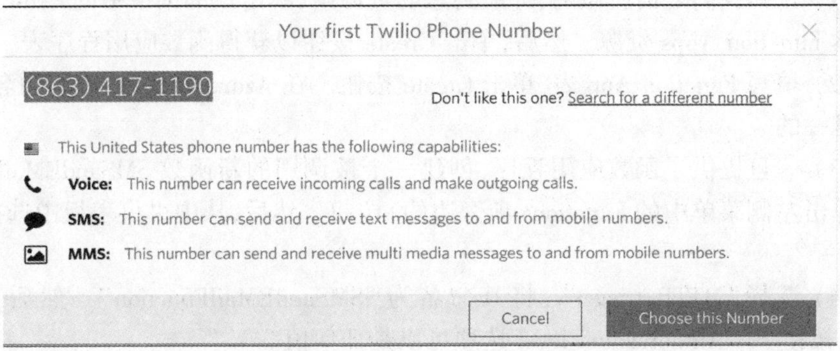

图 11.22　选择 Twilio 数字

Twilio 账户提供了生产密钥和测试密钥。将测试密钥和标记复制到一个临时的位置,如记事本,因为它们将在稍后的 Azure 函数中被需要,如图 11.23 所示。

我们为通知服务准备了 SendGrid 和 Twilio;但是,我们需要一些能够接收事件并通知用户的东西。下面介绍函数式应用程序的作用。在下一节中,我们将创建一个函数应用程序,它将帮助发送短信和电子邮件。

步骤 10:设置一个函数应用程序。

在这一步,我们将创建一个新的功能应用程序,负责发送电子邮件和短信通知。该解决方案中的函数应用程序的目的是向用户发送关于密钥库中的机密过期

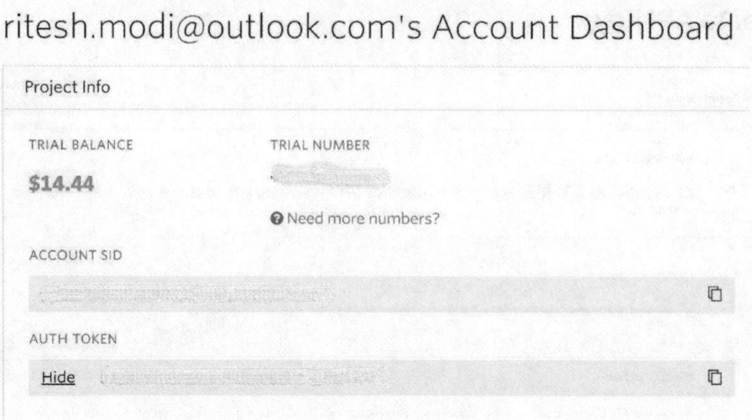

ritesh.modi@outlook.com's Account Dashboard

Project Info

TRIAL BALANCE

$14.44

TRIAL NUMBER

Need more numbers?

ACCOUNT SID

AUTH TOKEN

Hide

图 11.23 设置 Twilio

的通知消息,一个单独的函数将负责发送电子邮件和 SMS 消息——注意:这可以分为两个单独的功能。第一步是创建一个新的函数应用程序,并在其中托管一个函数。

(1) 正如我们之前所做的,导航到您的资源组,单击顶部菜单中的+Add 按钮,并搜索 Function Apps 资源。然后,单击 Create 按钮以获得函数应用程序表。

(2) 填写 Function App 表,单击 Create 按钮。在 Azure 中,函数应用的名称必须是唯一的。

(3) 一旦提供了函数应用程序,创建一个被调用的新函数 SMSandEMailFunction,单击左侧菜单中的 Functions 项旁边的+按钮。然后,从中央仪表板中选择 In-portal。

(4) 选择“HTTP trigger”,将其命名为“SMSandEMailFunction”。然后,单击 Create 按钮——Authorization level 选项可以是任何值。

(5) 删除默认代码,用如下清单所示的代码替换,然后,单击顶部菜单中的 Save 按钮:

```
#r "SendGrid"
#r "Newtonsoft.Json"
#r "Twilio.Api"
using System.Net;
using System;
using SendGrid.Helpers.Mail;
using Microsoft.Azure.WebJobs.Host;
using Newtonsoft.Json;
using Twilio;
```

```
usingSystem.Configuration;
public static HttpResponseMessage Run(HttpRequestMessage req,TraceWriter
log, out Mail message,out SMSMessage sms)
{
log.Info("C# HTTP trigger function processed a request.");
string alldata=req.Content.ReadAsStringAsync().GetAwaiter().GetResult();
message = new Mail();
var personalization = new Personalization();
personalization.AddBcc(new Email(ConfigurationManager.
AppSettings["bccStakeholdersEmail"]));
personalization.AddTo(new Email(ConfigurationManager.
AppSettings["toStakeholdersEmail"]));
var messageContent = new Content("text/html", alldata);
message.AddContent(messageContent);
message.AddPersonalization(personalization);
message.Subject = "Key Vault assets Expiring soon..";
message.From=new Email(ConfigurationManager.AppSettings["serviceEmail"]);
string msg = alldata;
sms = new SMSMessage();
sms.Body = msg;
sms.To = ConfigurationManager.AppSettings["adminPhone"];
sms.From = ConfigurationManager.AppSettings["servicePhone"];
return req.CreateResponse(HttpStatusCode.OK, "Hello ");
}
```

（6）点击左边菜单中的函数应用程序名称，然后再次点击 Application settings 链接在主窗口，如图 11.24 所示。

（7）导航到 Application settings 部分，如图 11.24 所示，并通过为每个条目单击+Add 按钮的新设置来添加一些条目。

注意：条目是键-值对的形式，值应该是实际的实时值。Twilio 网站上应该已经配置了 adminPhone 和 servicePhone。servicePhone 是由 Twilio 生成被用于发送 SMS 消息的电话号码，adminPhone 是应该向其发送 SMS 消息的管理员的电话号码。

还要注意，Twilio 希望目标电话号码根据国家的不同采用特定格式（印度的格式为+91 ××××× ×××××），并注意号码中的空格和国家代码。

我们还需要在应用程序设置中添加 SendGrid 和 Twilio 的密钥。下面的表单中提到了这些设置，你可能已经有了这些值，因为在前面的步骤中执行了该活动。

① SendGridAPIKeyAsAppSetting 的值是 SendGrid 的密钥。

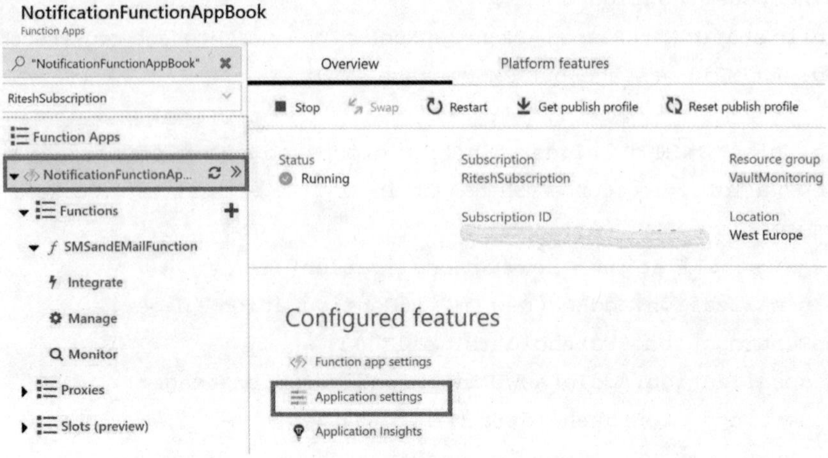

图 11.24　导航到应用程序设置

② TwilioAccountSid 是 Twilio 账户的系统标识符。在步骤 9 中：开始使用 Twilio 中，这个值已经被复制并存储在一个临时位置。

③ TwilioAuthToken 是 Twilio 账户的令牌。在前面的步骤中，这个值已经被复制并存储在一个临时位置。

（8）单击顶部菜单中的 Save 按钮保存设置，如图 11.25 所示。

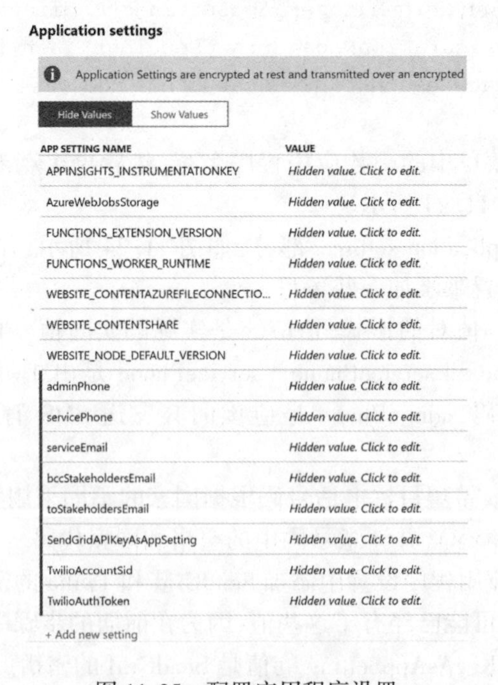

图 11.25　配置应用程序设置

(9) 单击左边菜单中函数名称下方的 Integration 链接,然后单击+ New Output。这是为 SendGrid 服务添加一个输出,如图 11.26 所示。

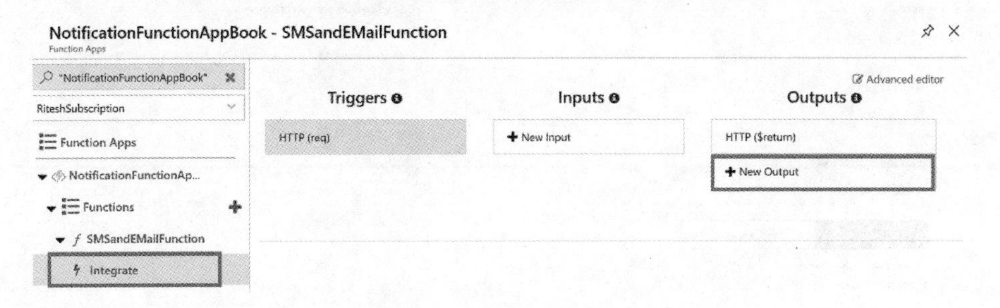

图 11.26 向函数 app 添加输出

(10) 接下来,选择 SendGrid,它可能会要求您安装 SendGrid 扩展。安装扩展将需要几分钟,如图 11.27 所示。

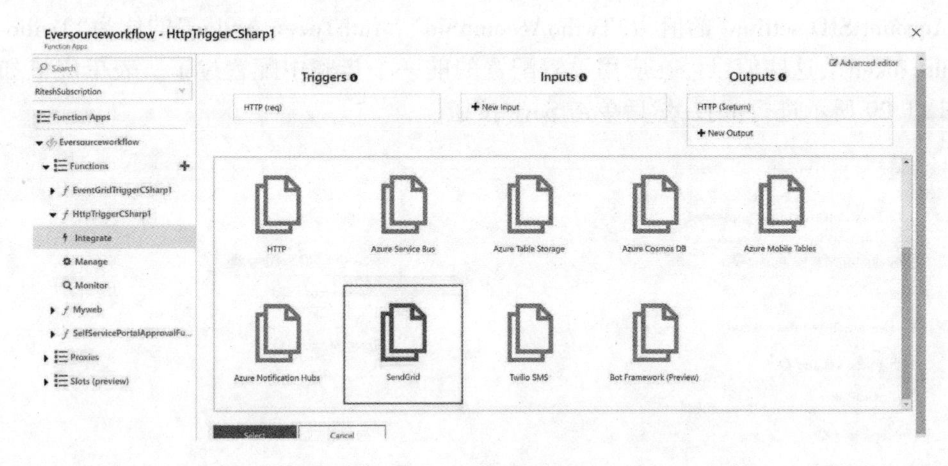

图 11.27 配置功能应用

安装 SendGrid 扩展后,将出现输出配置表单。此表单中的重要配置项是 Message parameter name 和 SendGrid API Key App Setting。Message parameter name 保持默认值,单击下拉列表,选择 SendGridAPIKeyAsAppSetting 作为 API 应用程序设置密钥。这已经在之前的应用设置中配置过了。表单应该如图 11.28 所示进行配置,然后,您需要单击 Save 按钮。

(11) 再次单击+ New Output,这是为 Twilio 服务添加一个输出。

(12) 选择 Twilio SMS,它可能会要求你安装 Twilio 短信扩展。安装扩展,这将花费几分钟。

(13) 安装扩展后,将出现输出配置表单,该表单中的重要配置项是 Message

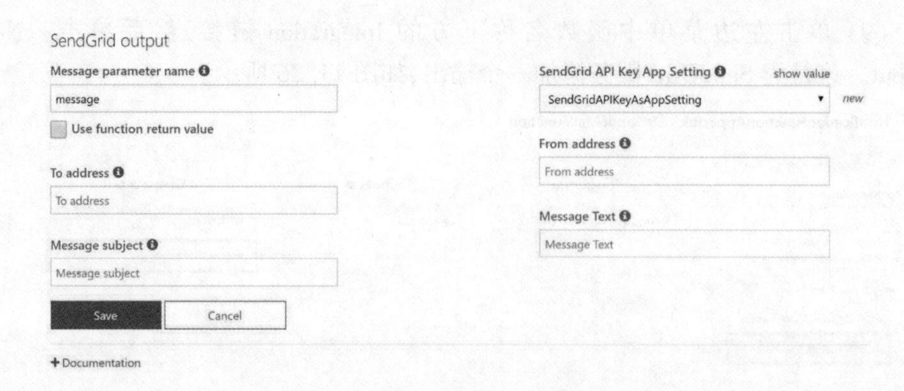

图 11.28 设置 SendGrid

parameter name、Account SID setting、Auth Token setting。修改"Message parameter name"的默认值为"sms",这样做是因为消息参数已经用于 SendGrid 服务参数。"Account SID setting"的值为"TwilioAccountSid""AuthToken setting"的值为"TwilioAuthToken",这些值已经在应用设置配置的前一个步骤中配置过了。表单应该如图 11.29 所示进行配置,然后单击 Save 按钮。

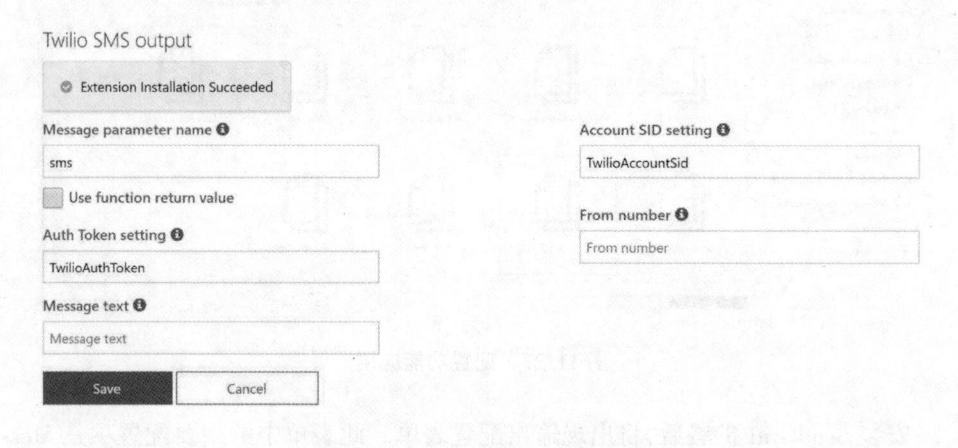

图 11.29 设置 Twilio SMS 输出

我们的 SendGrid 和 Twilio 账户已经准备好。现在是使用连接器并将其添加到逻辑应用程序的时候了。在下一部分中,我们将创建逻辑应用程序,并将使用连接器来处理我们迄今为止创建的资源。

步骤 11:创建逻辑应用程序

在这一步中,我们将创建一个新的逻辑应用程序工作流。我们已经编写了 Azure 自动运行本,它查询所有密钥库中的所有机密,如果发现其中任何一个在一个月内过期,就发布一个事件。逻辑应用程序的工作流充当这些事件的订阅者。

（1）逻辑应用程序菜单中的第一步是创建逻辑应用程序工作流。

（2）单击 Create 按钮后，填写结果表单。我们将逻辑应用程序配置在与此解决方案的其他资源相同的资源组中。

（3）配置逻辑应用程序之后，它将打开设计器窗口。选择空白逻辑应用程序的模板部分。

（4）在结果窗口中，添加一个可以订阅事件网格的触发器。逻辑应用为事件网格提供了一个触发器，您可以搜索这个触发器来查看它是否可用。

（5）接下来，选择 When a resource event occurs（preview）触发器，如图 11.30 所示。

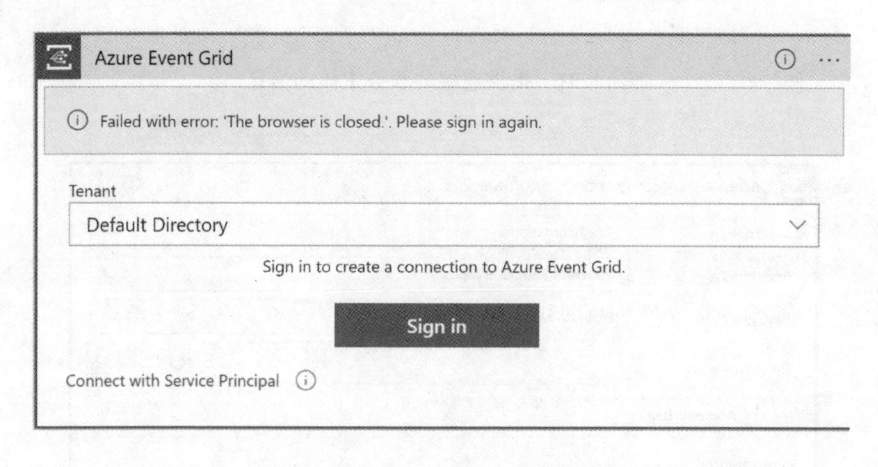

图 11.30 从事件网格中选择触发器

（6）在结果窗口中，选择 Connect with Service Principal。它提供服务主体详细信息，包括应用程序 ID（客户端 ID）、租户 ID 和密码。此触发器不接受使用证书进行身份验证的服务主体——它只接受带有密码的服务主体。在此阶段创建一个新的服务主体，该服务主体通过密码进行身份验证（创建基于密码身份验证的服务主体的步骤在前面的步骤 2 中已经介绍过），并将新创建的服务主体的详细信息用于 Azure 事件网格配置，如图 11.31 所示。

（7）选择订阅。根据服务主体的范围，这将被自动填充。选择 Microsoft.EventGrid.Topics 作为资源类型值，并设置自定义主题的名称为 ExpiredAssetsKeyVaultEvents，如图 11.32 所示。

（8）这一步将创建一个连接器，通过单击 Change connection 可以更改连接信息。

（9）事件网格触发器的最终配置如图 11.33 所示。

（10）在事件网格触发后添加一个新的 Parse JSON 活动——该活动需要 JSON

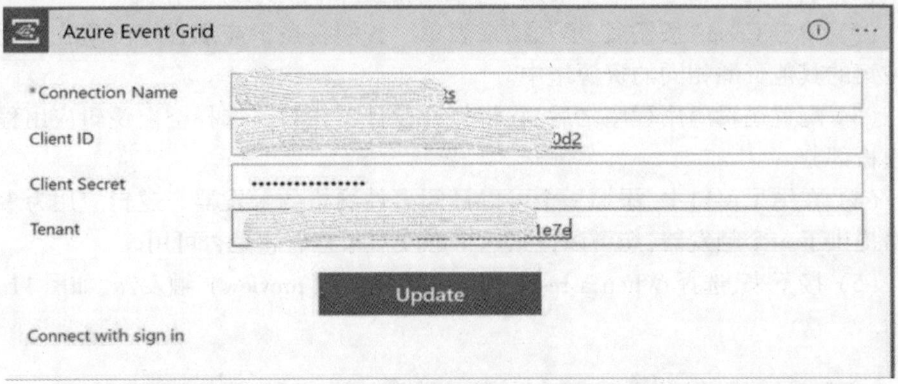

Azure Event Grid

*Connection Name

Client ID

Client Secret

Tenant

Update

Connect with sign in

图 11.31　提供连接的服务主体的信息

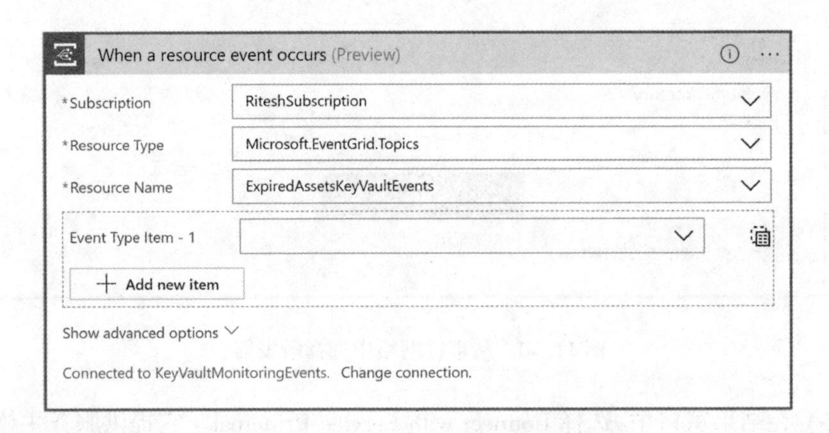

图 11.32　提供事件网格触发器详细信息

模式。通常模式是不可用的，如果提供有效的 JSON，这个活动可以帮助生成模式，如图 11.34 所示。

(11) 单击 Use sample payloadto generate schema，并提供以下数据：

```
{
"ExpiryDate":"",
"SecretName":"",
"VaultName":"",
"SecretCreationDate":"",
"IsSecretEnabled":"",
"SecretId":""
}
```

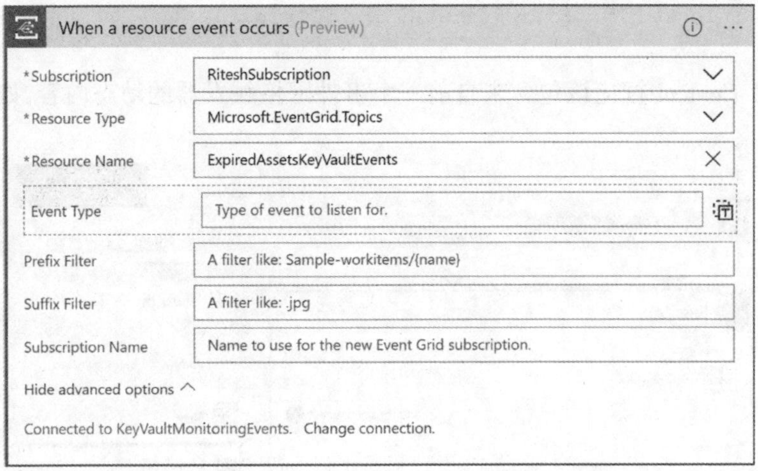

When a resource event occurs (Preview)

*Subscription: RiteshSubscription

*Resource Type: Microsoft.EventGrid.Topics

*Resource Name: ExpiredAssetsKeyVaultEvents

Event Type: Type of event to listen for.

Prefix Filter: A filter like: Sample-workitems/{name}

Suffix Filter: A filter like: .jpg

Subscription Name: Name to use for the new Event Grid subscription.

Hide advanced options

Connected to KeyVaultMonitoringEvents. Change connection.

图 11.33　事件网格触发器的配置

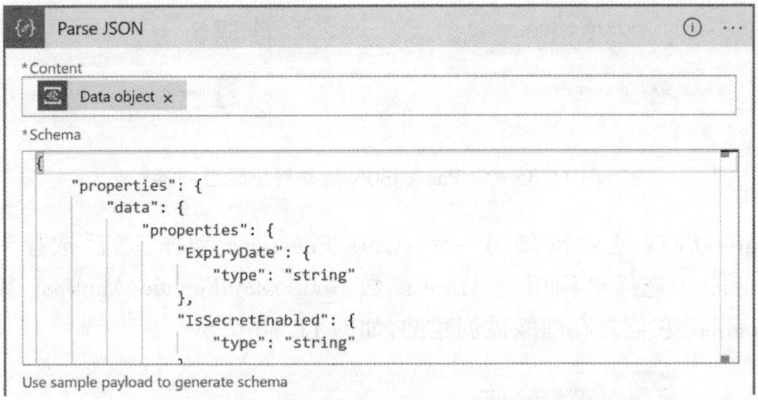

Parse JSON

*Content: Data object

*Schema

```
{
    "properties": {
        "data": {
            "properties": {
                "ExpiryDate": {
                    "type": "string"
                },
                "IsSecretEnabled": {
                    "type": "string"
```

Use sample payload to generate schema

图 11.34　解析 JSON 活动

这里可能会出现一个关于示例有效负载的问题。在这个阶段,如何计算事件网格发布者生成的有效负载?这个问题的答案在于,这个示例负载与 Azure 自动运行本中的数据元素中使用的完全相同。您可以再看一遍下面的代码片段:

```
data= @ {
"ExpiryDate" = $certificate.Expires
"CertificateName" = $certificate.Name.ToString()
"VaultName" = $certificate.VaultName.ToString()
"CertificateCreationDate" = $certificate.Created.ToString()
"IsCertificateEnabled" = $certificate.Enabled.ToString()
```

```
"CertificateId" = $certificate.Id.ToString()
}
```

(12) Content 框应该包含来自前一个事件网格触发器的动态内容,如图 11.35 所示。

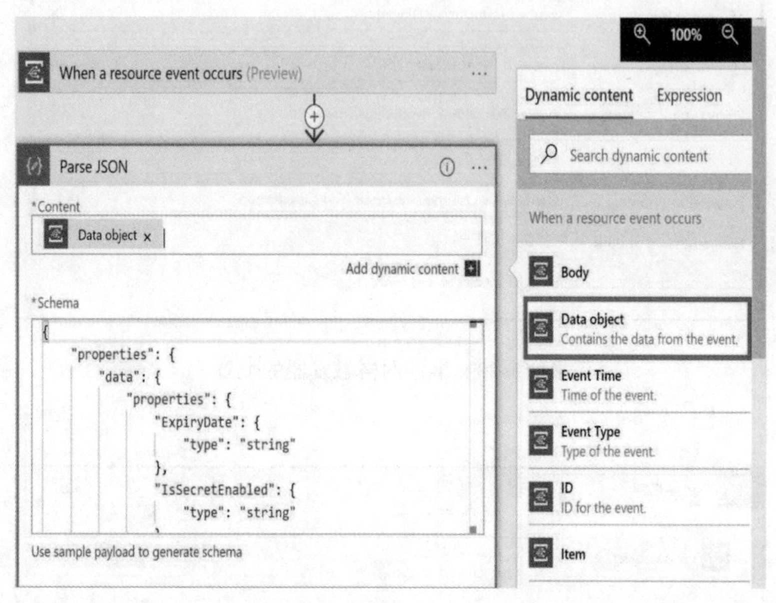

图 11.35　为 Parse JSON 活动提供动态内容

在 Parse JSON 之后添加另一个 Azure Functions 动作,然后选择 Choose an Azure Function。选择被调用的 Azure 函数 NotificationFunctionAppBook 和 SMSAndEmailFunction,它们是在前面被创建的,如图 11.36 所示。

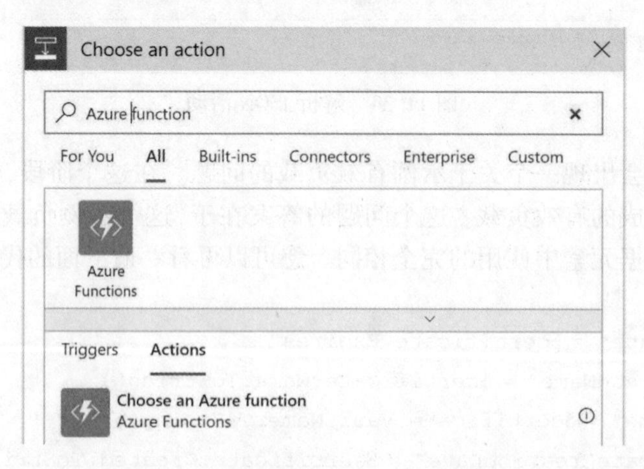

图 11.36　添加 Azure Functions 操作

(13) 单击 Request Body 文本区域,并使用以下代码填充它。这样做是为了在将数据发送到 Azure 函数之前将其转换成 JSON:

```
{
"alldata":
}
```

(14) 将光标放在前面代码中的":"后,单击来自上一个活动中的 Add dynamic content | Body,如图 11.37 所示。

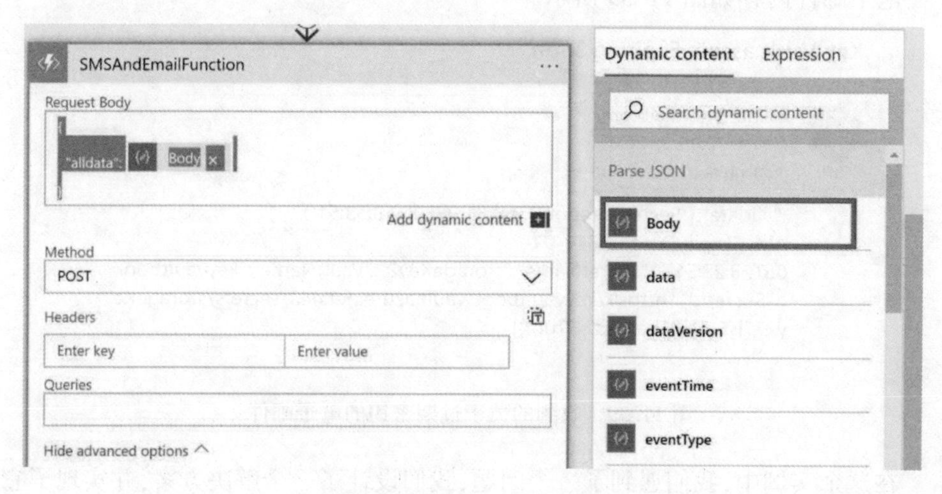

图 11.37　在将数据发送给 Azure 函数之前,将其转换为 JSON

(15) 保存整个逻辑应用程序,如图 11.38 所示。

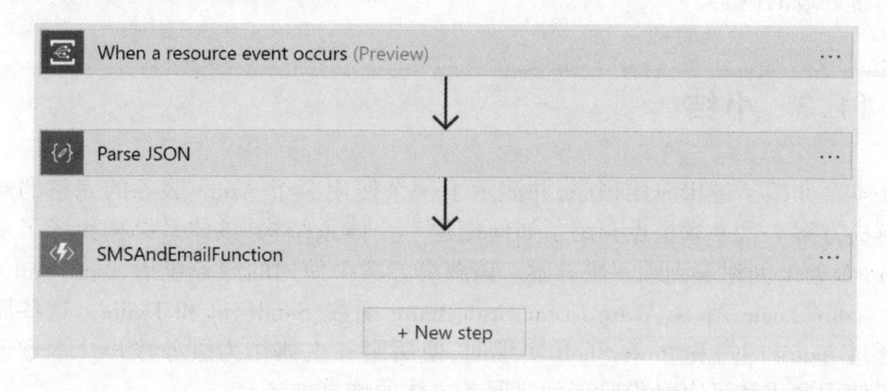

图 11.38　逻辑应用程序工作流

一旦保存逻辑应用程序,您的解决方案就可以进行测试了。如果您没有任何密钥或秘密,请尝试将它们添加到过期日期,以便您可以确认您的解决方案是否有效。

11.2.6 测试

上传一些有过期日期的秘密和证书到 Azure 密钥库,并执行 Azure 自动运行本,运行本按时间表运行。此外,运行本将向事件网格发布事件。应该启用逻辑应用程序,并选择事件并最终调用 Azure 函数来发送电子邮件和 SMS 通知。

电子邮件内容如图 11.39 所示。

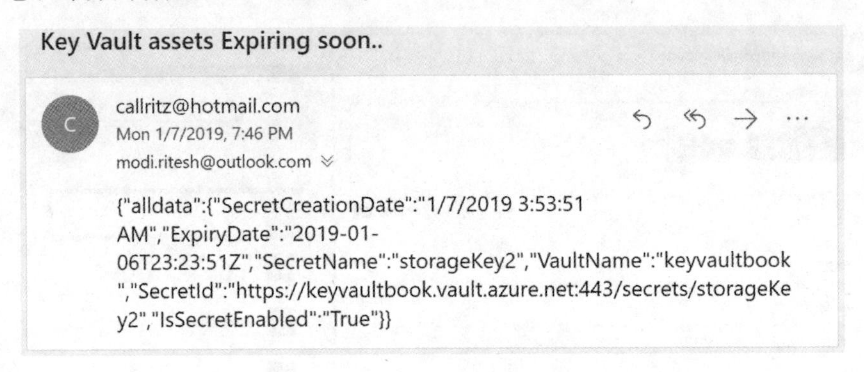

图 11.39 收到的关于过期密钥的电子邮件

在这个实例中,我们遇到了一个问题,我们设计了一个解决方案,并实现了它,这正是架构师这个角色所发生的事情。客户会有特定的要求,您必须基于这些要求开发一个解决方案。在此基础上,我们将结束本章。下面让我们回顾一下本章我们讨论过的内容。

11.3 小结

本章介绍了逻辑应用程序,并演示了一个使用多个 Azure 服务的完整的端到端解决方案。这一章重点介绍了如何创建一个体系结构,该体系结构集成了多个 Azure 服务来创建端到端解决方案。该解决方案中使用的服务包括 Azure Automation、Azure Logic Apps、Azure Event Grid、Azure 函数、SendGrid 和 Twilio。这些服务是通过 Azure 门户和 PowerShell 实现的,使用服务主体作为服务账户。本章还介绍了使用密码和证书身份验证创建服务主体的许多方法。

一个问题的解决方案可以通过多种方式获得。您可以在逻辑应用程序中使用 Outlook 触发器,而不是 SendGrid。对于一个问题,会有很多的解决方法,其中的一个取决于您采取的方法。您对这些服务越熟悉,选择得就越多。在第 12 章中,您将了解 Azure 和 Azure 应用程序体系结构中事件的重要性。

第12章 Azure大数据事件解决方案

事件无处不在，任何改变工作项状态的活动或任务都会生成事件。由于缺乏基础设施和廉价设备，此前物联网（Internet of Things, IoT）的吸引力并不大。历史上，组织使用来自互联网服务提供商（Internet Service Providers, ISP）的托管环境，这些环境上面只有监控系统。这些监测系统引发的事件非常罕见。

然而，随着云计算的出现，情况正在迅速发生变化。随着云上部署的增加，特别是平台即服务（Platform as a Service, PaaS）服务的增加，组织不再需要对硬件和平台进行太多控制，现在每当环境发生变化时，就会引发一个事件。随着云事件的出现，物联网得到了很多关注，事件开始占据中心舞台。

另一个最近的现象是数据可用性的迅速增长，数据的速度、多样性和数量已经激增，因此，对存储和处理数据的解决方案的需求也有所增加。目前，出现了多种解决方案和平台，如Hadoop、用于存储的数据湖、用于分析的数据湖以及机器学习服务。

除了存储和分析之外，还需要能够从各种来源接收数以百万计的事件和消息的服务。此外，还需要能够处理时间数据的服务，而不是处理数据的整个快照。例如，事件数据/物联网数据用于基于实时或接近实时数据做出决策的应用程序，如交通管理系统或监控温度的系统。

Azure提供了大量的服务，帮助从传感器捕获和分析实时数据。在本章中，我们将介绍Azure中的几个事件服务，事件服务如下。

（1）Azure事件枢纽。

（2）Azure流分析。

还有其他的事件服务，如Azure Event Grid不在本章讨论；但是，在第10章Azure集成服务与Azure函数（持久函数和代理函数）已有详细介绍。

12.1 介绍事件

事件在Azure和Azure应用程序体系结构中都是重要的构造，事件在软件生态系统中无处不在。通常,所采取的任何行动都会导致可能被困住的事件,然后可以采取进一步的行动。要继续讨论这个问题,首先了解事件的基础是很重要的。

事件有助于捕获目标资源的新状态。消息是关于条件或状态更改的轻量级通知。事件与消息不同。消息与业务功能相关,如向另一个系统发送订单细节。它们包含原始数据,可以很大。相比之下,事件是不同的,如正在停止的虚拟机就是一个事件。图 12.1 演示了从当前状态到目标状态的转换。

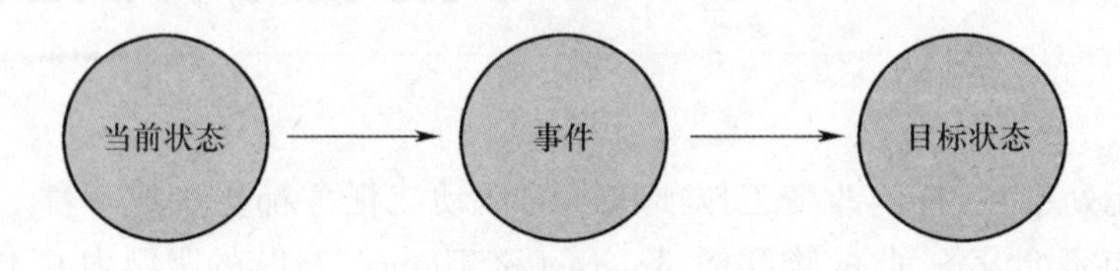

图 12.1　由于事件而产生的状态转换

事件可以作为历史数据存储在持久存储中,也可以用于查找正在不断出现的模式,事件可以看作是不断流的数据。为了捕获、摄取和执行对数据流的分析,需要特殊的基础组件来读取一小段数据并提供分析,这就是 Stream Analytics 服务的用途。

12.1.1　事件流

当事件被摄取并流经时间窗口时进行处理,可以提供对数据的实时洞察。时间窗口可以是 15min,也可以是 1h——窗口由用户定义,取决于从数据中提取的见解。以信用卡刷卡为例——每分钟发生数百万次信用卡刷卡,欺诈检测可以在 1~2min 的时间窗口内通过事件流完成。

事件流指的是可以在数据出现时接收数据的服务,而不是定期接收数据。例如,事件流应该能够在设备发送时接收温度信息,而不是让数据在队列或分段环境中等待。

事件流还具有在传输中查询数据的能力,这是临时数据,存储一段时间,查询发生在移动数据上;因此,数据不是平稳的。此功能在其他数据平台上不可用,因为其他数据平台只能查询存储的数据,而不能查询刚刚被摄取的临时数据。

事件流服务应该能够很容易地扩展到接受数百万甚至数十亿事件,它们应该是高度可用的,以便源可以在任何时候向它们发送事件和数据。实时获取数据并能够处理这些数据,而不是存储在不同位置的数据,是事件流的关键。

但是,当我们已经有这么多具有高级查询执行功能的数据平台时,为什么还需要事件流呢?事件流的主要优点之一是它提供了实时的洞察和信息,这些信息的有用性与时间有关,几分钟或几小时后发现的相同信息可能没有那么有用。让我们考虑一些场景,在这些场景中处理传入数据非常重要,现有的数据平台无法有效、高效地解决这些问题。

(1) 信用卡欺诈检测。当欺诈交易发生时,这种检测应该发生。

(2) 来自传感器的遥测信息。在物联网设备发送关于其环境的重要信息的情况下,当检测到异常时,应通知用户。

(3) 实时仪表板。需要事件流来创建显示实时信息的仪表板。

(4) 数据中心环境遥测。这将让用户知道任何入侵、安全漏洞、组件故障等。

(5) 在企业中应用事件流有很多可能性,它的重要性怎么强调都不为过。

12.1.2 事件中心

Azure Event Hubs 是一个流媒体平台,它提供了与流媒体相关事件的摄入和存储相关的功能,它可以从各种来源摄取数据;这些源可以是物联网传感器或任何使用事件枢纽软件开发工具包(Software Development Kit, SDK)的应用程序,它支持多种协议来摄取和存储数据。这些协议是行业标准,它们包括以下内容。

(1) HTTP。这是一个无状态的选项,不需要活动的会话。

(2) 高级消息队列协议(AdvancedMessaging Queuing Protocol, AMQP)。这需要一个活动的会话(使用套接字建立连接),并与安全网络传输协议(Transport Layer Security, TLS)和安全套接字层(Secure Socket Layer, SSL)工作。

(3) Apache Kafka。这是一个类似于流分析的分布式流媒体平台。然而,流分析旨在对来自不同来源(如物联网传感器和网站)的多个数据流运行实时分析。

事件枢纽是一种事件摄取服务,它不能查询请求并将查询结果输出到另一个位置。这是流分析的责任,将在下一节中讨论。

要从门户创建事件枢纽实例,请在市场中搜索事件枢纽,然后单击 Create 按钮。选择订阅和现有资源组(或创建一个新资源组),为 Event Hubs 命名空间提供一个名称,这是托管它的首选 Azure 区域、定价层(基本或标准,稍后解释)以及吞吐量单元的数量(稍后解释),如图 12.2 所示。

事件枢纽作为一种 PaaS 服务,具有高度分布式、高可用性和高可伸缩性。事件枢纽有以下两个 SKU 或定价层。

(1) 基本功能:这是一个消费者群体的功能,可以保留信息 1 天,它最多可以有 100 个代理连接。

(2) 标准:这是一个最大的 20 个消费群体,可以保留信息 1 天或额外存储 7 天。它最多可以有 1000 个代理连接,也可以在这个 SKU 中定义策略。

图 12.3 显示了创建新的事件枢纽名称空间时可用的不同 SKU,它提供了一个

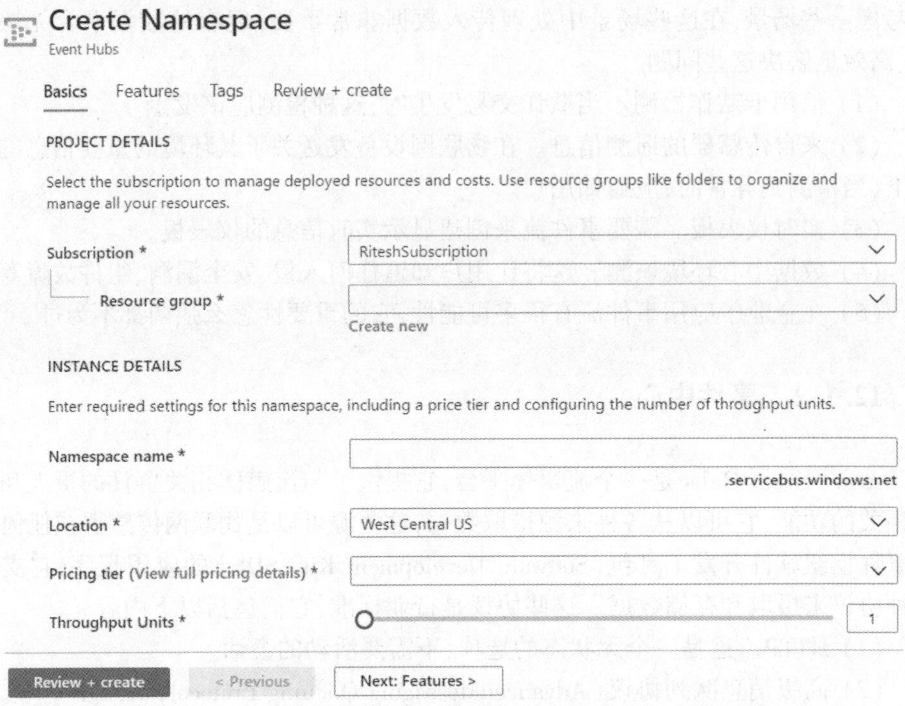

图 12.2 创建事件枢纽名称空间

选择合适的定价层的选项,以及其他重要的细节。

吞吐量也可以在名称空间级别上配置,名称空间是由相同订阅和区域中的多个事件中心组成的容器。吞吐量以吞吐量单位(Throughput Units, TU)计算,每个 TU 提供以下操作。

(1) 每秒最多 1MB 的输入或每秒最多 1000 个进入事件和管理操作。

(2) 每秒最多 2MB 的输出或每秒最多 4096 个事件和管理操作。

(3) 高达 84GB 存储。

TU 的范围为 1~20,并按小时计费。重要的是,在配置事件枢纽名称空间后,不能更改 SKU。在选择 SKU 之前应该进行适当的考虑和计划,规划过程应该包括规划所需的消费组数量和对从事件中心读取事件感兴趣的应用程序数量。

此外,标准 SKU 并非在每个地区都可用。应该在设计和实现事件中心时检查其可用性。检查区域可用性的 URL 是:https://azure.microsoft.com/global-infrastructure/services/?products=event-hubs。

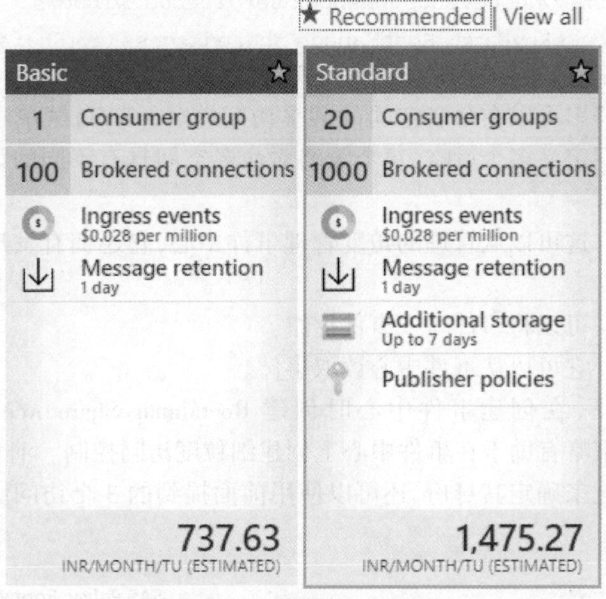

图 12.3　事件枢纽 SKU

12.2　事件中心体系结构

事件中心体系结构有 3 个主要组件：事件生产者、事件中心和事件消费者，如图 12.4 所示。

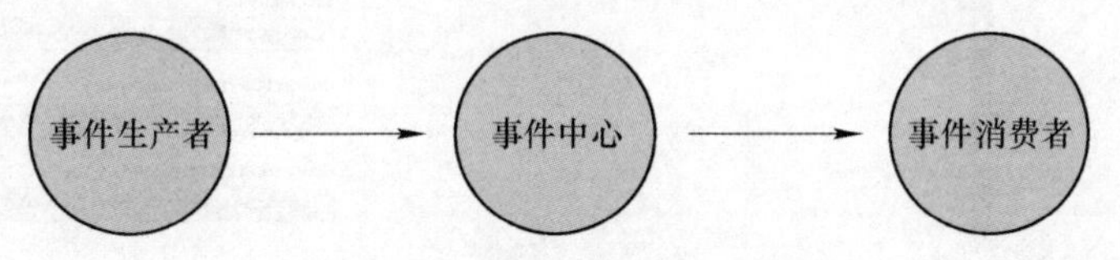

图 12.4　事件枢纽体系结构

事件生成器生成事件并将其发送到事件中心。事件中心存储摄入事件，并将该数据提供给事件消费者。事件消费者是任何对这些事件的感兴趣者，它连接到事件中心以获取数据。

如果没有事件中心命名空间，则无法创建事件中心。事件中心命名空间以容器形式运作，可以承载多个事件中心。每个事件中心命名空间都提供一个唯一的基于 REST 的端点，客户机使用该端点向事件中心发送数据。该命名空间与服务总线工件（如主题和队列）所需的命名空间相同。

事件中心命名空间的连接字符串由其URL、策略名称和密钥组成。以下代码块中显示了一个示例连接字符串：

```
Endpoint=sb://demoeventhubnsbook.servicebus.windows.
net/;SharedAccessKeyName=RootManage SharedAccessKey;SharedAccessKey=M/
E4eeBsr7DA1Xcvw6ziF-glSDNbFX6E49Jfti8CRkbA=
```

该连接字符串可以在命名空间的共享访问签名（SAS）菜单项中找到。可以为一个命名空间定义多个策略，每个策略对命名空间具有不同的访问级别。三个访问级别如下。

（1）管理。这可以从管理的角度管理事件中心，它还拥有发送和监听事件的权限。

（2）发送。可以将事件写入事件枢纽。

（3）监听。它可以从事件中心读取事件。

默认情况下，在创建事件中心时创建RootManageSharedAccessKey策略，如图12.5所示，策略有助于在事件中心上创建细粒度访问控制。消费者使用与每个策略相关联的键来确定其身份，还可以使用前面提到的3个访问级别的任意组合创建其他策略。

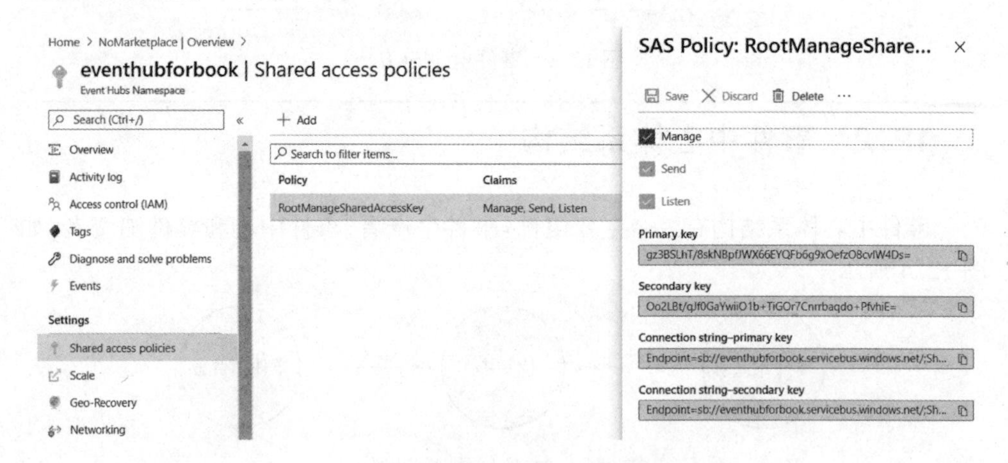

图12.5　事件枢纽中的共享访问策略

事件中心可以通过执行以下操作从事件中心命名空间服务创建。

点击左边菜单中的Event Hubs，然后在结果屏幕中点击+ Event Hub，如图12.6所示。

（1）提供Partition Count和Message Retention字段的值以及您选择的名称，然后，为Capture选择Off，如图12.7所示。

（2）创建事件中心之后，您将在事件中心列表中看到它，如图12.8所示。

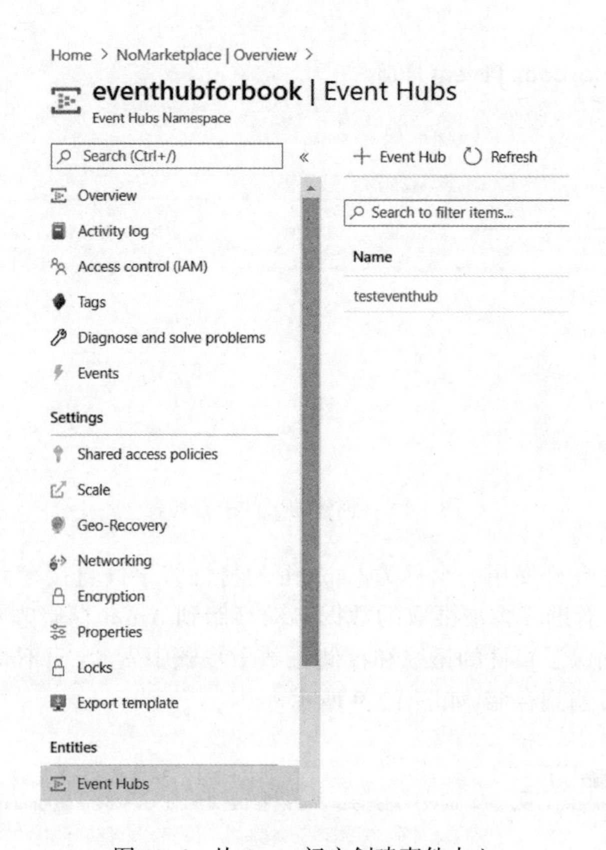

图 12.6　从 Azure 门户创建事件中心

图 12.7　创建一个新的事件中心

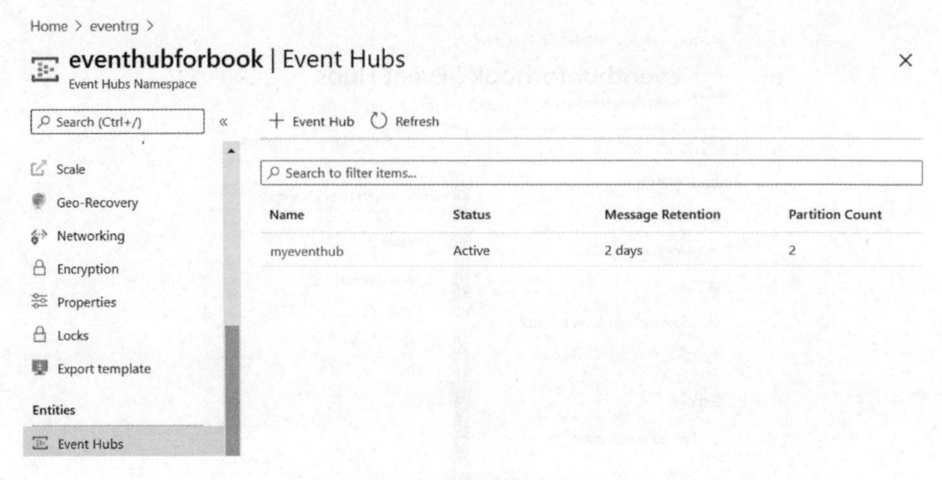

图 12.8 创建的事件中心列表

事件中心还允许使用一个称为 Capture 的特性将事件直接存储到存储账户或数据湖,Capture 有助于将被摄取的数据自动存储到 Azure 存储账户或 Azure 数据湖。这个特性确保了事件的摄取和存储在单个步骤中发生,而不是将数据作为一个单独的活动传输到存储,如图 12.9 所示。

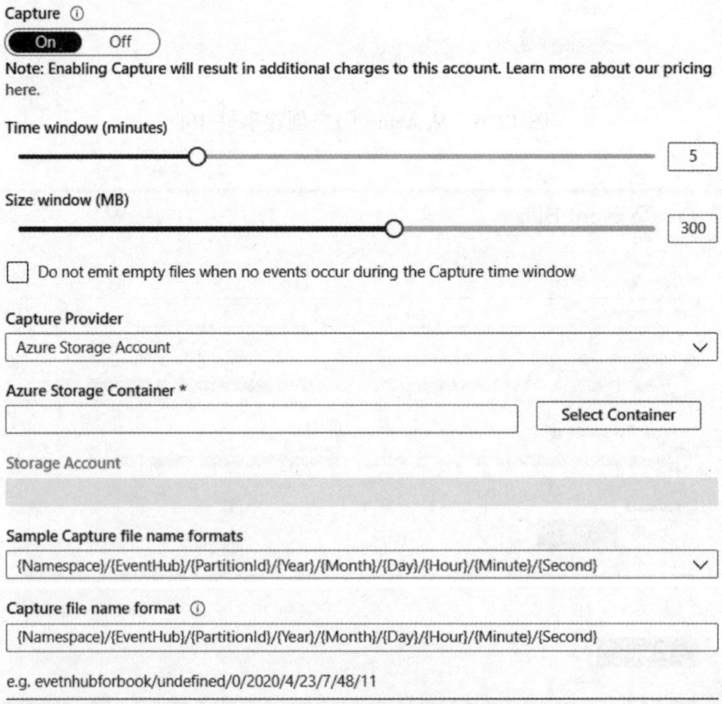

图 12.9 捕获特性选项

通过在事件中心级别添加新策略，可以将单独的策略分配给每个事件中心。在创建策略之后，连接字符串可以从 Azure 门户的安全访问签名左侧菜单项中获得。

由于名称空间可以由多个事件中心组成，因此单个事件中心的连接字符串将类似于下面的代码块。这里的区别在于键值和添加了带有事件中心名称的 EntityPath：

```
Endpoint=sb://azuretwittereventdata.servicebus.windows
=rxEu5K4Y2qsi5wEeOKuOvRnhtgW8xW35UBex4VlIKqg=;EntityPath=myeventhub
```

在创建事件中心时，我们必须将 Capture 选项设置为 Off，并且在创建事件中心后可以重新打开该选项。它有助于将事件自动保存到 Azure Blob 存储或 Azure Data Lake 存储账户。大小和时间间隔的配置如图 12.10 所示。

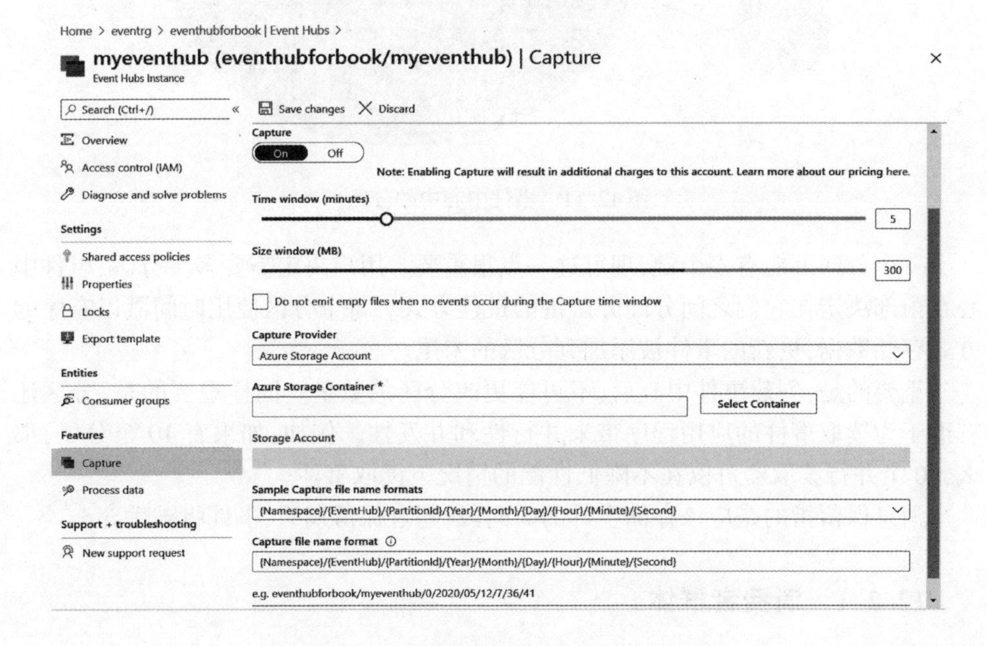

图 12.10　选择捕获事件的大小和时间间隔

在创建事件中心时，我们没有介绍分区和消息保留选项的概念。分区是一个与任何数据存储的可伸缩性相关的重要概念；事件在特定时期内保留在事件中心内。如果所有事件都存储在同一个数据存储中，那么，扩展该数据存储将变得极其困难。每个事件生成器将连接到相同的数据存储，并将它们的事件发送给它。与此相比，数据存储可以将相同的数据划分为多个较小的数据存储，每个数据存储都用一个值唯一标识。

较小的数据存储称为分区，定义分区的值称为分区键，这个分区键是事件数据的一部分。

现在,事件生成器可以连接到事件中心,并且根据分区键的值,事件中心将在适当的分区中存储数据,这将允许事件中心同时并行地摄取多个事件。

决定分区的数量是事件中心可伸缩性的一个关键方面。图 12.11 显示了事件枢纽使用分区键将摄取的数据存储在适当的内部分区中。

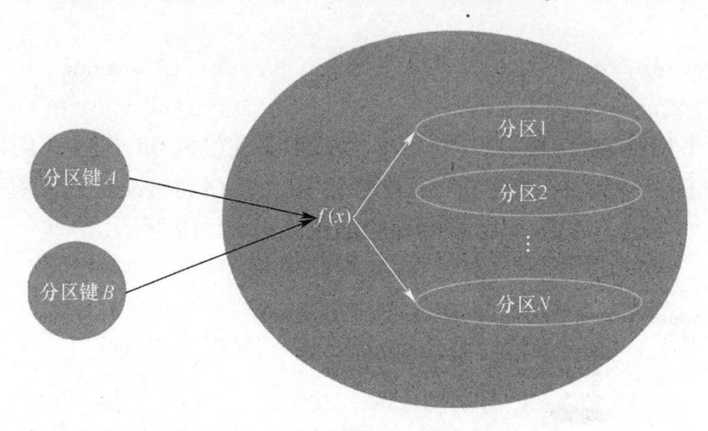

图 12.11　事件中心中的分区

一个分区可能有多个键,理解这一点很重要。用户决定需要多少分区,事件中心在内部决定在它们之间分配分区键的最佳方式。每个分区使用时间戳以有序的方式存储数据,更新的事件被添加到分区的末尾。

重要的是,创建事件中心后,不可能更改分区的数量。同样重要的是,分区还有助于为读取事件的应用程序带来并行性和并发性。例如,如果有 10 个分区,那么,10 个并行读取器可以在不降低性能的情况下读取事件。

消息保留指的是应该存储事件的时间段,超过保留期后,事件将被丢弃。

12.2.1　消费者群体

消费者是从事件中心读取事件的应用程序。为了读取事件,消费者组被创建,以便消费者连接。一个事件中心可以有多个消费者组,每个消费者组都可以访问一个事件中心中的所有分区。每个消费者组对事件中心中的事件构成一个查询,应用程序可以使用消费者组,每个应用程序将获得事件中心事件的不同视图。在创建事件中心时将创建一个默认的$default 消费者组,将一个消费者与一个消费者组相关联以获得最佳性能是一种良好的实践。然而,在一个消费者组的每个分区上都可以有 4 个读取器,如图 12.12 所示。

现在您已经了解了消费者群体,是时候深入了解事件中心吞吐量的概念了。

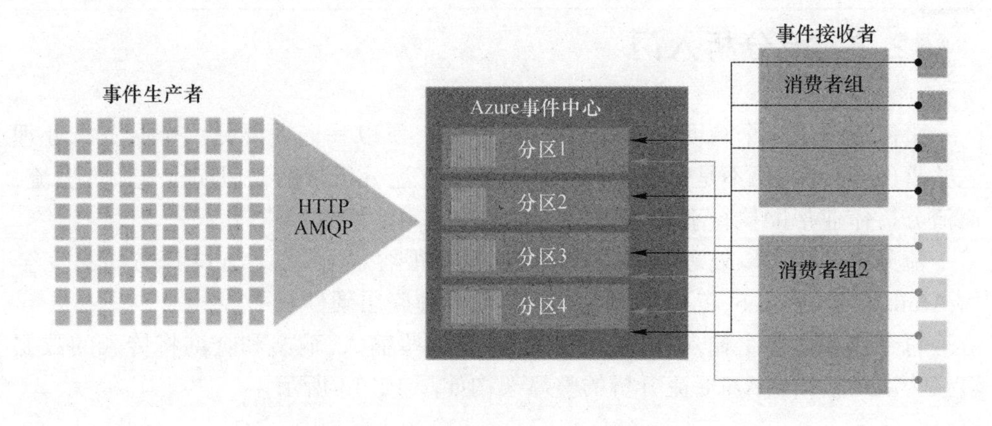

图 12.12 消费者组中的事件接收者

12.2.2 生产量

分区有助于提高可伸缩性,而吞吐量有助于提高每秒的容量。那么,从事件中心的角度来看,能力是什么?它是每秒可以处理的数据量。在事件中心中,单个 TU 允许以下情况。

(1) 每秒 1MB 输入数据或每秒 1000 个事件(以先发生者为例)。

(2) 每秒 2MB 输出数据或每秒 4096 个事件(以先发生者为例)。

如果传入/传出事件的数量或传入/传出总大小超过阈值,自动膨胀选项有助于自动提高吞吐量。吞吐量将向上或向下扩展,而不是节流。创建名称空间时的吞吐量配置如图 12.13 所示。同样,在决定 TU 时应该仔细考虑。

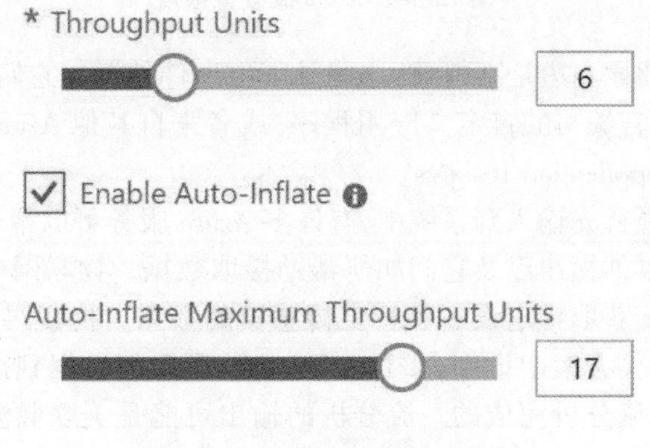

图 12.13 选择 TU 并自动膨胀

12.3 流分析入门

事件枢纽是一个高度可伸缩的数据流平台,所以我们需要另一个服务来处理这些事件作为流,而不是仅仅作为存储的数据。流分析帮助处理和检查大数据流,而流分析作业帮助执行事件处理。

流分析每秒可以处理数百万个事件,而且很容易上手。Azure 流分析是完全由 Azure 管理的 PaaS,流分析的客户不需要管理底层硬件和平台。

每个作业由多个输入、输出和查询组成,这些输入、输出和查询将传入的数据转换为新的输出。Azure 流分析的整体架构如图 12.14 所示。

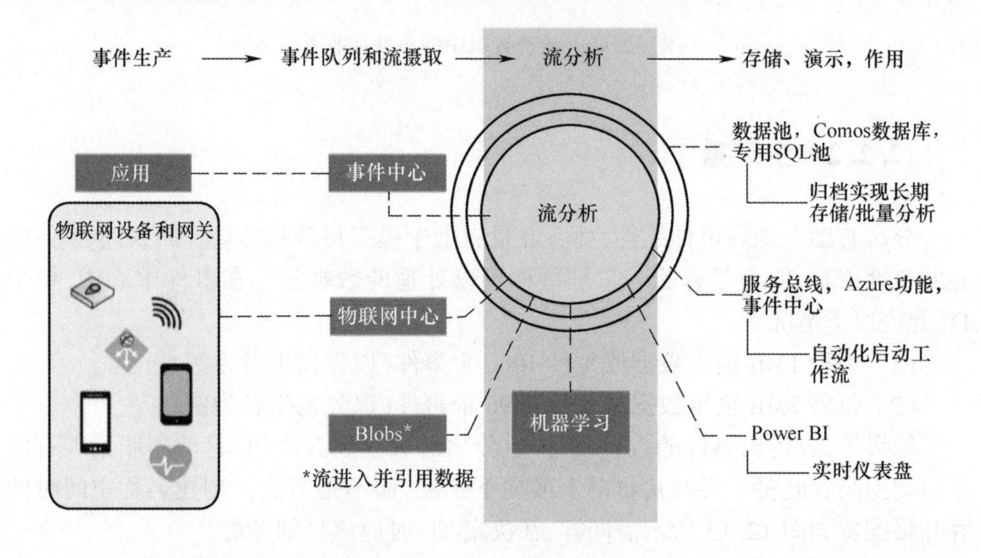

图 12.14 Azure 流分析架构

在图 12.14 的最左边是事件源,这些是产生事件的源。它们可以是物联网设备、用任何编程语言编写的自定义应用程序,或者来自其他 Azure 平台的事件,如 Log Analytics 或 Application Insights。

这些事件必须首先输入到系统中,有许多 Azure 服务可以帮助输入这些数据。我们已经了解了事件枢纽以及它们如何帮助摄取数据。物联网中心(IoT Hub)等其他服务也有助于获取特定设备和特定传感器的数据。物联网中心引入在第 11 章,设计物联网解决方案中详细介绍。当这些被摄取的数据到达流时,会进行处理,该处理是使用流分析完成的。流分析的输出可能是美联储演示平台,如电力 BI,实时数据展示给利益相关者,或存储平台如宇宙 DB、数据湖存储或 Azure 存储,数据可以通过 Azure 阅读和服役后功能和服务总线队列。

流分析有助于在一个时间窗口内从实时摄取的数据中收集见解,并有助于识别模式,它通过 3 个不同的任务来做到这一点。

(1) 输入。数据应该在分析过程中被摄取。数据可以来自事件枢纽、物联网枢纽或 Azure Blob 存储。使用存储账户和 SQL 数据库的多个独立引用输入可用于查询中的数据。

(2) 查询。这是流分析的核心工作,分析摄取的数据,提取有意义的见解和模式。它通过 JavaScript 用户定义函数、JavaScript 用户定义聚合、Azure 机器学习和 Azure 机器学习工作室来实现这一点。

(3) 输出。查询结果可以发送到多个不同类型的目的地,其中突出的是 Cosmos DB、Power BI、Synapse Analytics、Data Lake Storage 和 Functions,如图 12.15 所示。

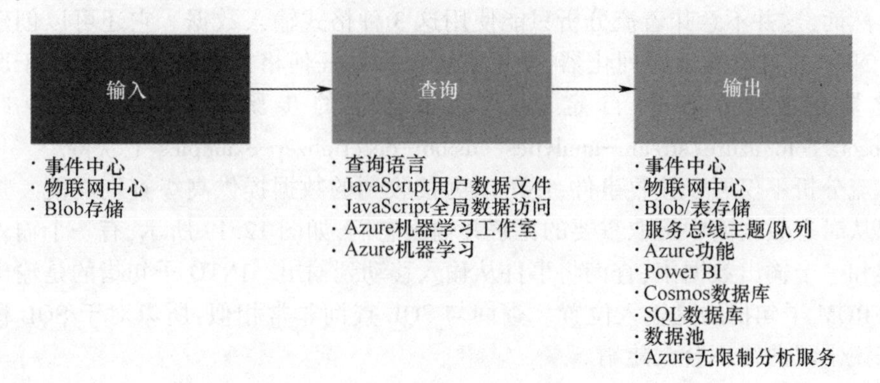

图 12.15　流分析过程

流分析能够每秒接收数百万个事件,并在这些事件之上执行查询。输入数据支持以下 3 种格式中的任何一种。

(1) JavaScript 对象表示法(JavaScript Object Notation, JSON)。这是一种轻量级的、基于明文的格式,人类可读。它由名称-值对组成。下面给出一个 JSON 事件的例子:

```
{
"SensorId": 2,
"humidity": 60,
"temperature": 26C
}
```

(2) CSV (Comma-Separated Values)。这些也是明文值,用逗号分隔。图 12.16 显示了一个 CSV 的示例。第一行是报头,包含 3 个字段,后面是 2 行数据。

```
SensorID, humidity, temperature
2,60,26C
3,65,31C
```

图 12.16　明文值

(3) Avro。这种格式类似于 JSON,但是,它是以二进制格式而不是文本格式存储的:

```
{
    "firstname": "Ritesh",
  "lastname": "Modi",
    "email": "ritesh.modi@ outlook.com"
}
```

然而,这并不意味着流分析只能使用这 3 种格式输入数据。它还可以创建基于 .NET 的自定义反序列化器,使用它可以摄取任何格式的数据,这取决于反序列化器的实现。编写自定义反序列化器的步骤可以在 https://docs.microsoft.com/azure/stream-analytics/custom-deserializer-examples 上获得。

流分析不仅可以接收事件,还可以为接收到的数据提供高级查询功能。查询可以从时态数据流中提取重要的见解并输出它们,如图 12.17 所示,有一个输入数据集和一个输出数据集;查询将事件从输入移动到输出。INTO 子句指的是输出位置,FROM 子句指的是输入位置。查询与 SQL 查询非常相似,所以对于 SQL 程序员来说学习曲线不会太陡峭。

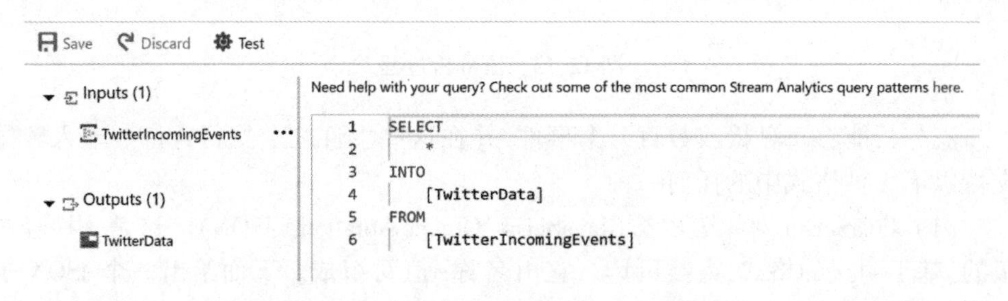

图 12.17　接收 Twitter 数据的流分析查询

事件枢纽提供了将查询输出发送到目标目的地的机制。在撰写本书时,流分析支持事件和查询输出的多个目的地,如前所述,还可以定义可在查询中重用的自定义函数。下面提供了 4 个选项来定义自定义函数。

(1) Azure 机器学习。

(2) JavaScript 自定义函数。

(3) JavaScript 自定义聚合。

(4) Azure 机器学习工作室。

12.3.1 托管环境

流分析作业可以在云上运行的主机上运行，也可以在物联网边缘设备上运行。物联网边缘设备是靠近物联网传感器的设备，而不是在云上。图 12.18 显示了新的 Stream Analytics 作业窗格。

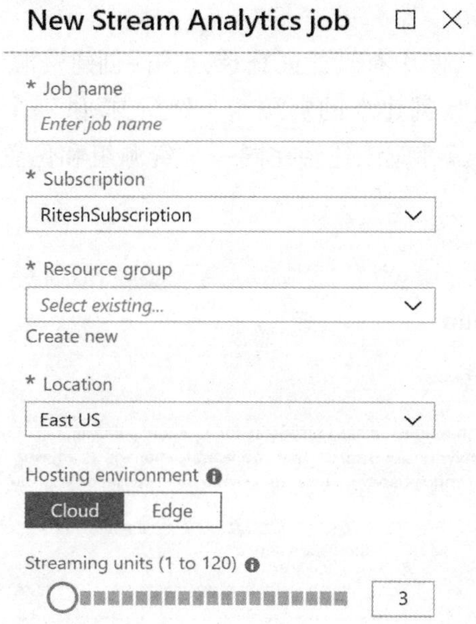

New Stream Analytics job

* Job name

Enter job name

* Subscription

RiteshSubscription

* Resource group

Select existing...

Create new

* Location

East US

Hosting environment

Cloud Edge

Streaming units (1 to 120)

3

图 12.18 创建一个新的 Stream Analytics 作业

12.3.2 流媒体单位

从图 12.18 中，您可以看到流分析唯一的配置是流媒体单元，流单元指的是分配给运行流分析作业的资源(CPU 和内存)。最小流单元为 1，最大流单元为 120。流单元必须根据数据量和对该数据执行的查询数量预先分配；否则，作业将失败。可以在 Azure 门户上上、下扩展流单元。

12.4 一个使用事件枢纽和流分析的示例应用程序

在本节中，我们将创建一个包含多个 Azure 服务的示例应用程序，包括 Azure

逻辑应用程序、Azure 事件枢纽、Azure 存储和 Azure 流分析。在这个示例应用程序中,我们将读取所有包含单词 Azure 的 tweets,并将它们存储在 Azure 存储账户中。要创建这个解决方案,首先需要提供所有必要的资源。

12.5 分配一个新的资源组

导航到 Azure 门户,使用有效凭证登录,点击+创建资源,并搜索资源组。在搜索结果中选择"资源组",创建新的资源组。然后,提供一个名称并选择一个适当的位置。注意:所有资源都应该托管在同一个资源组和位置,以便于删除它们,如图 12.19 所示。

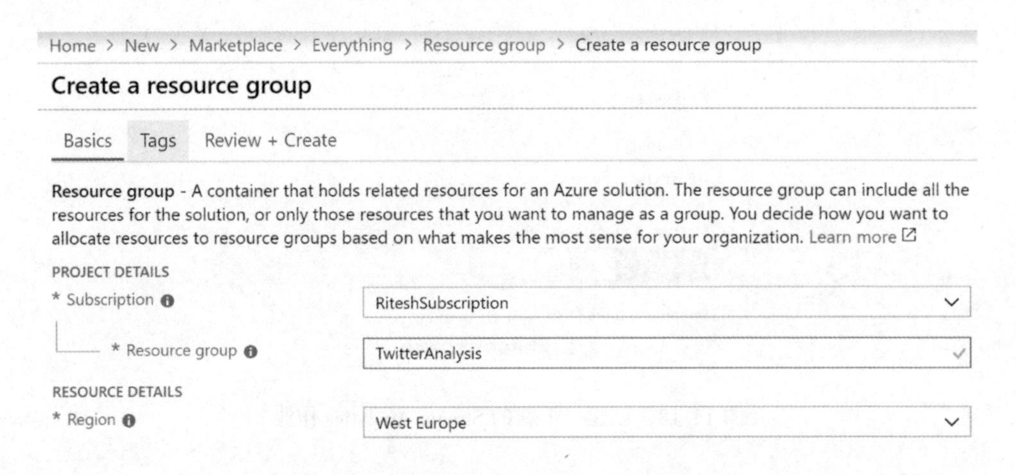

图 12.19 在 Azure 门户中配置一个新的资源组

接下来,我们将创建一个事件枢纽名称空间。

12.5.1 创建事件中心名称空间

点击+创建资源和搜索事件枢纽。从搜索结果中选择事件中心并创建一个新的事件中心。然后,提供名称和位置,并根据前面创建的资源组选择订阅。选择 Standard 作为定价层,并选择 Enable auto - inflation,如图 12.20 所示。

到目前为止,应该已经创建了一个 Event Hubs 名称空间。在创建事件中心之前,必须有一个名称空间。下一步将提供一个事件中心。

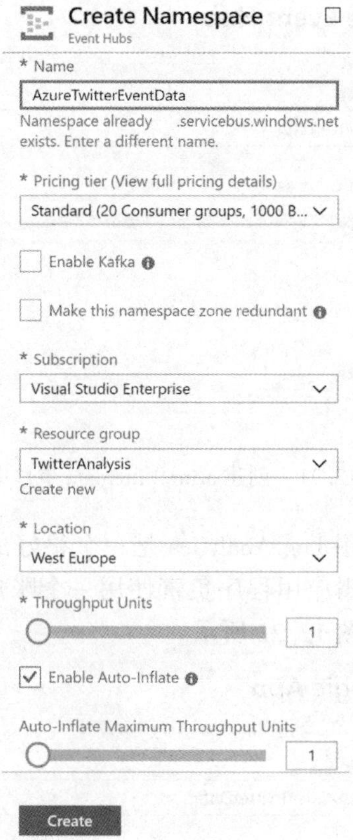

图 12.20　创建事件中心名称空间

12.5.2　创建事件中心

在 Event Hubs 名称空间服务中,单击左侧菜单中的 Events Hubs,然后单击+ Event Hubs 来创建一个新的事件中心。命名为 azuretwitterdata,并提供最佳的分区数量和消息保留值,如图 12.21 所示。

在此步骤之后,您将拥有一个事件中心,可以用来发送事件数据,这些数据存储在数据湖或 Azure storage 账户等持久存储中,供下游服务使用。

12.5.3　配置逻辑应用程序

资源组发放完成后,单击+ Create a resource,搜索 Logic Apps。从搜索结果中选择 Logic Apps 并创建一个新的逻辑应用。然后,提供名称和位置,并根据前面创

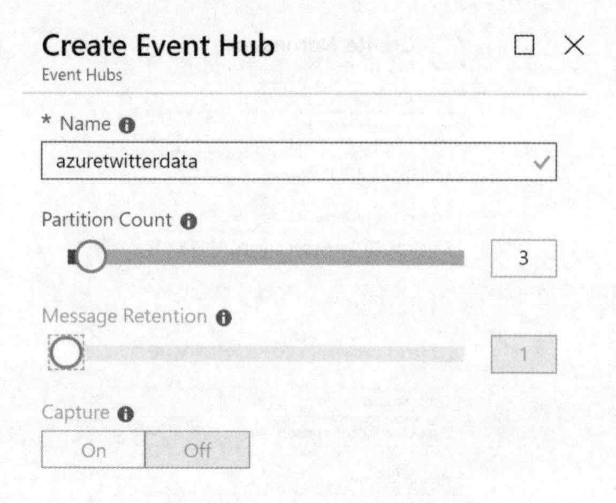

图 12.21　创建 azuretwitterdata 事件中心

建的资源组选择订阅。启用 Log Analytics 是一个很好的实践。在第 11 章中详细介绍了逻辑应用程序。逻辑应用程序负责使用一个账户连接到 Twitter，并获取所有包含 Azure 的 tweets，如图 12.22 所示。

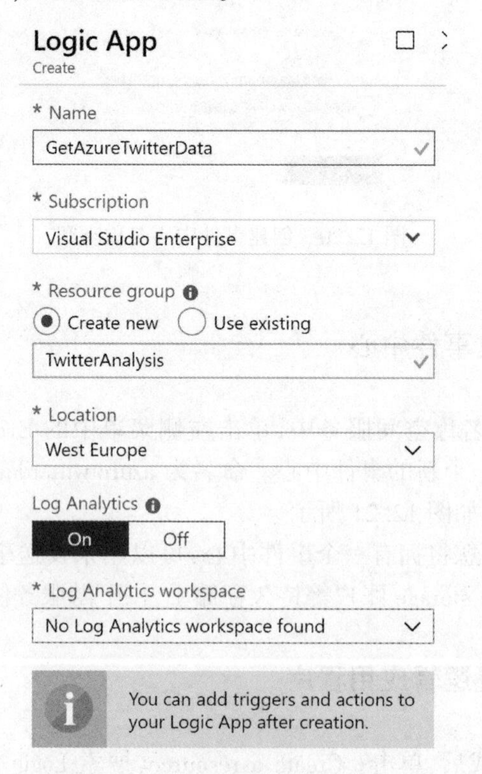

图 12.22　创建逻辑应用程序

创建逻辑应用程序后，在设计图面上选择 When a new tweet is post trigger，登录，然后配置，如图 12.23 所示。在配置这个触发器之前，需要一个有效的 twitter 账户。

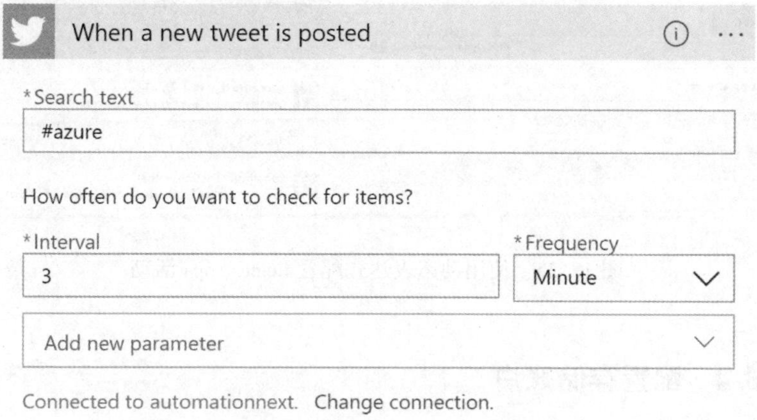

When a new tweet is posted

*Search text

#azure

How often do you want to check for items?

*Interval

3

*Frequency

Minute

Add new parameter

Connected to automationnext. Change connection.

图 12.23 配置传入 tweets 的频率

接下来，在设计器表面上进行 Send 事件操作；该操作负责将 tweets 发送到事件中心，如图 12.24 所示。

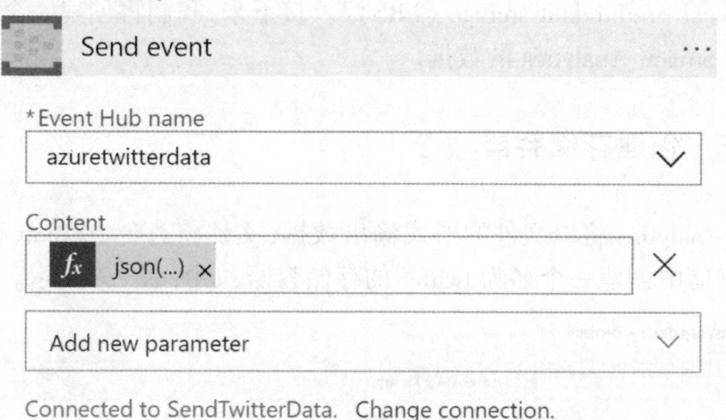

图 12.24 添加向事件中心发送 tweets 的操作

选择在前面的步骤中创建的事件中心的名称。在内容文本框中指定的值是使用 Logic apps 提供的函数和 Twitter 数据动态组合的表达式。单击 Add dynamic content 提供了一个对话框，表达式可以通过这个对话框组成，如图 12.25 所示。

表达式的值如下：

```
json(concat('{','tweetdata:' ,'"',triggerBody()) ['TweetText'],'"','}'))
```

在下一节中，我们将提供存储账户。

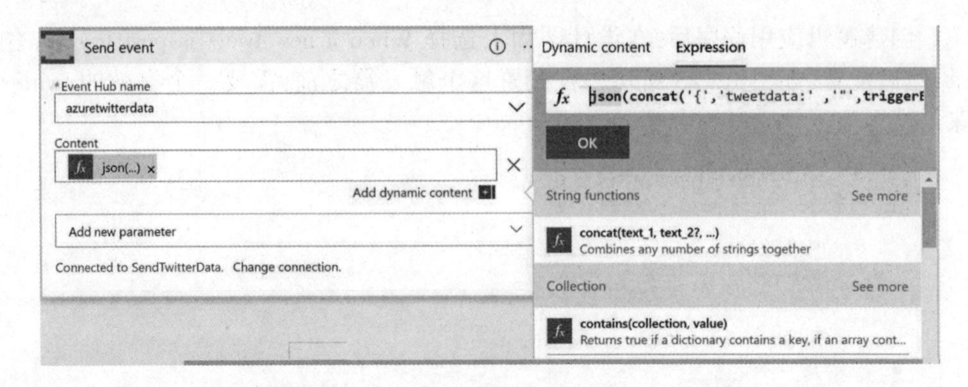

图 12.25 使用动态表达式配置 Logic Apps 活动

12.5.4 配置存储账户

点击+创建资源,搜索存储账户。在搜索结果中选择 Storage Account 并创建一个新的存储账户。然后,提供名称和位置,并根据前面创建的资源组选择订阅。最后,“Account Kind”选择“StorageV2”“Standard for Performance”选择“Replication”,字段选择“local -redundant storage (LRS)”。接下来,我们将创建一个 Blob 存储容器存储来自 Stream Analytics 的数据。

12.5.5 创建存储容器

Stream Analytics 将以文件的形式输出数据,文件将存储在 Blob 存储容器中。将在 Blob 存储中创建一个名为 twitter 的存储容器,如图 12.26 所示。

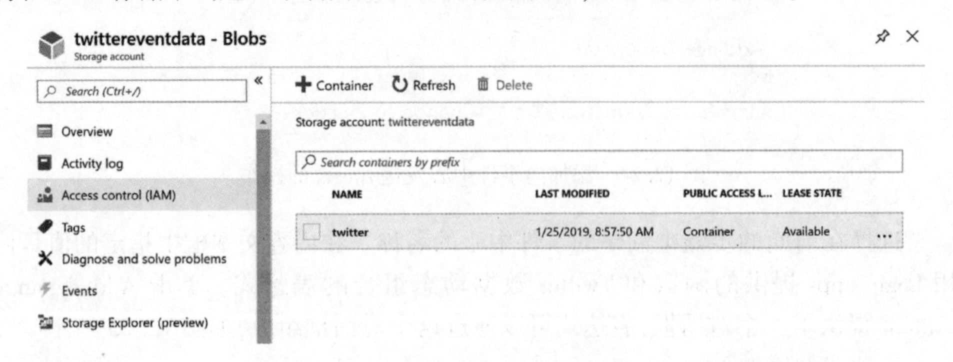

图 12.26 创建一个存储容器

让我们在云上创建一个带有托管环境的新的流分析作业,并将流单元设置为默认设置。

12.6 创建流分析工作

这个流分析作业的输入来自事件中心，所以我们需要从输入菜单配置它，如图12.27 所示。

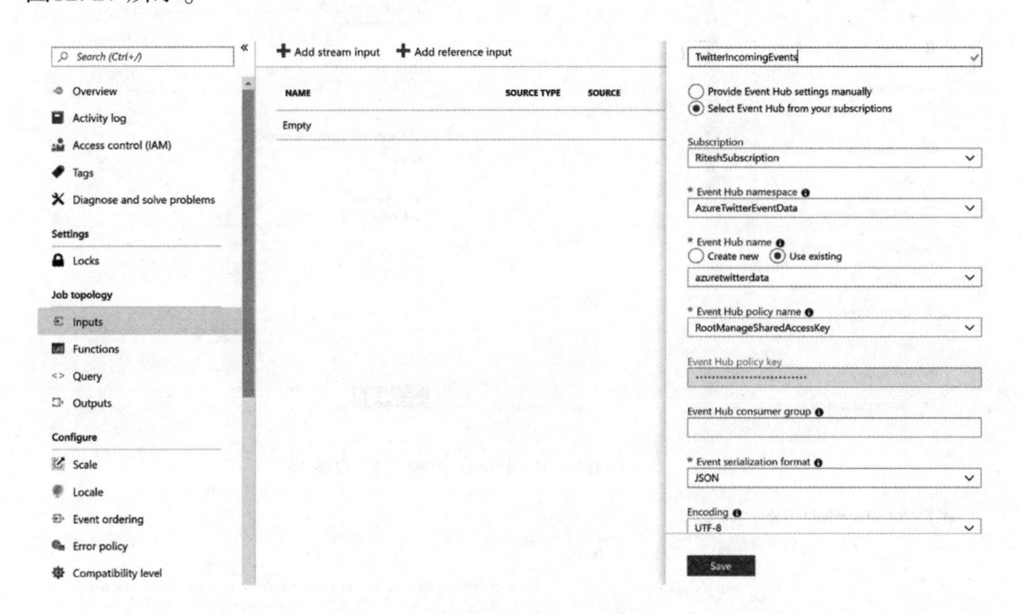

图 12.27 创建输入流分析作业

流分析作业的输出是一个 Blob 存储账户，因此您需要相应地配置输出。提供适合此练习的路径模式；例如，{datetime：ss}是我们在这个练习中使用的路径模式，如图 12.28 所示。

查询非常简单，只是将数据从输入复制到输出，如图 12.29 所示。

虽然这个示例只涉及复制数据，但在将数据加载到目的地之前，可能需要执行更复杂的转换查询。到此结束了应用程序的所有步骤，现在您应该能够运行它了。

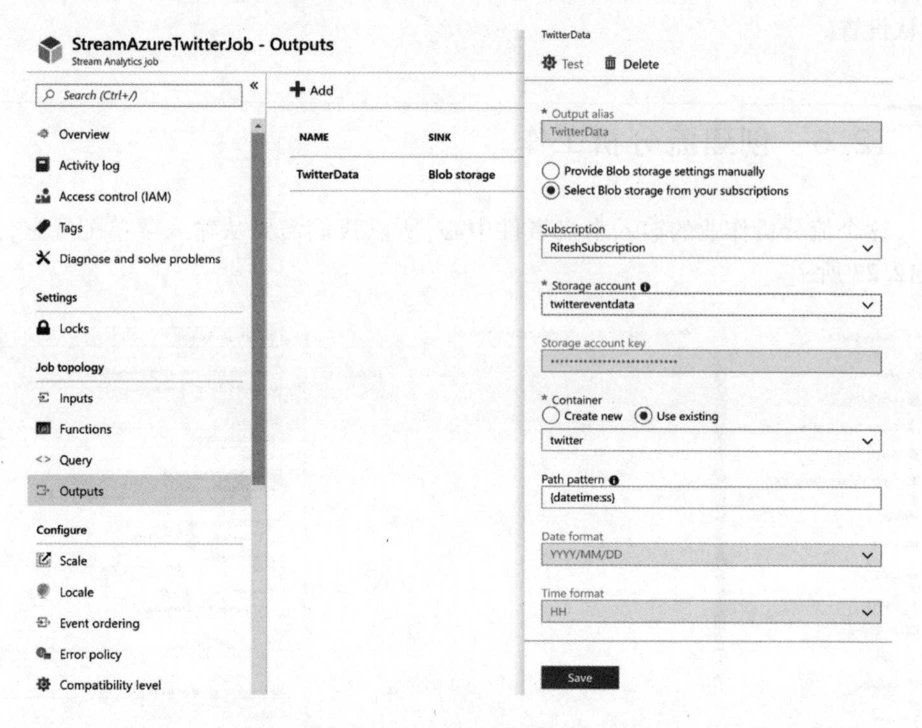

图 12.28　创建一个 Blob 存储账户作为输出

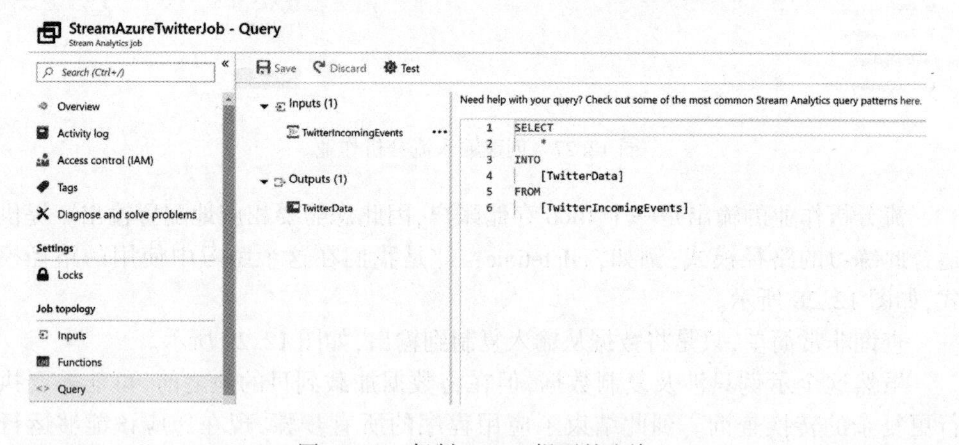

图 12.29　复制 Twitter 提要的查询

12.7　运行应用程序

逻辑应用程序应该被启用,流分析应该运行。现在,运行逻辑应用程序;它将创建一个作业来运行其中的所有活动,如图 12.30 所示。

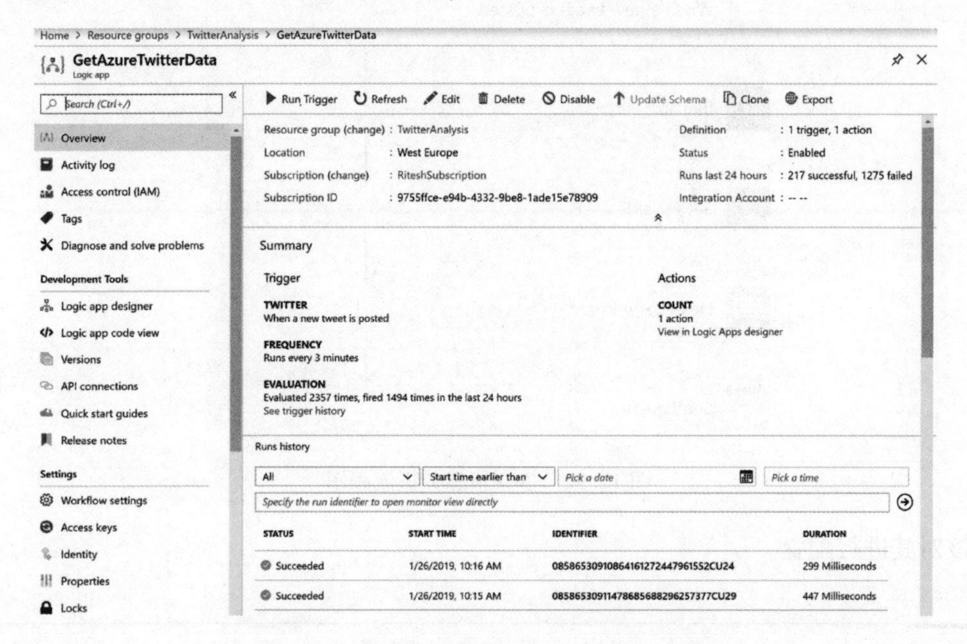

图 12.30　GetAzureTwitterData 应用程序概述

Storage Account 容器需要获取数据,如图 12.31 所示。

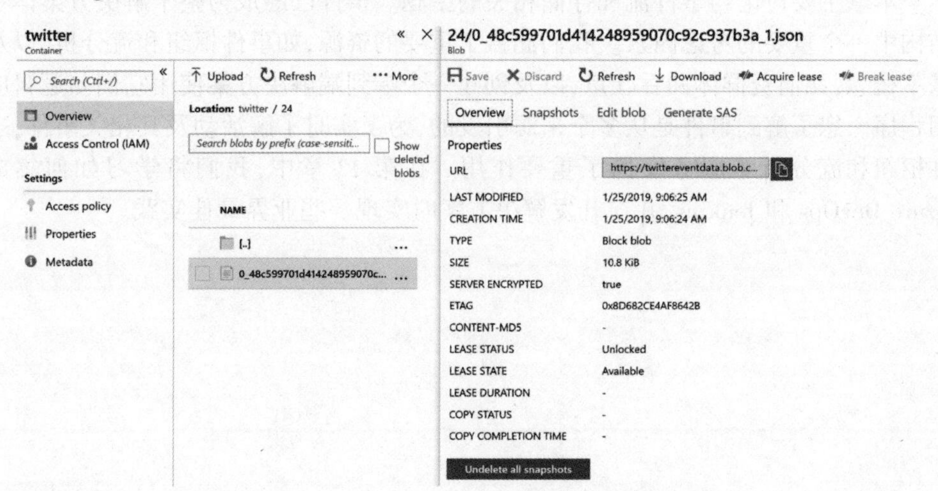

图 12.31　检查 Storage Account 容器数据

作为一个练习,您可以扩展这个示例解决方案,并每 3min 评估 tweets 的情绪。Logic Apps 的工作流程如图 12.32 所示。

要检测情感,您需要使用 Text Analytics API,在在 Logic Apps 中使用之前,应

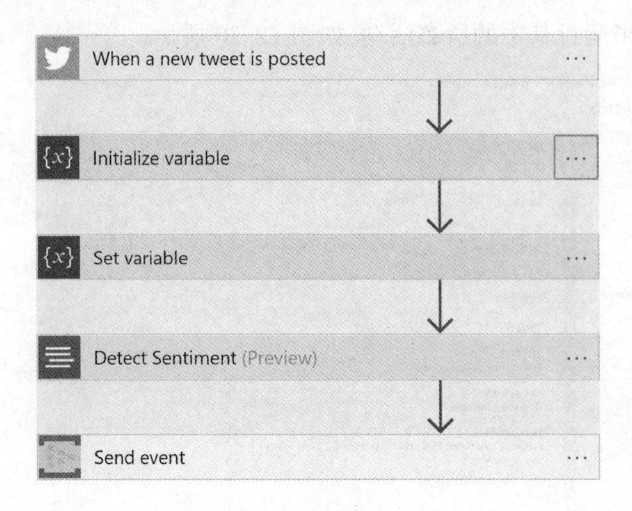

图 12.32　推文情感分析流程图

该对其进行配置。

12.8　小结

本章主要讨论与事件流和存储相关的主题。事件已经成为整个解决方案体系结构中一个重要的考虑因素。我们涵盖了重要的资源,如事件枢纽和流分析,以及基本概念,如消费群体和吞吐量,以及创建一个端到端解决方案使用它们与逻辑应用程序。您了解到事件是从多个来源引发的,为了实时了解活动及其相关事件,事件枢纽和流分析等服务发挥了重要作用。在第 13 章中,我们将学习如何集成 Azure DevOps 和 Jenkins,并在开发解决方案时实现一些业界最佳实践。

第13章
集成Azure DevOps

在第 12 章中，了解了大数据事件及其与 Azure 事件枢纽和流分析服务的关系。软件开发是一项复杂的工作，包括多个过程和工具，并涉及来自不同部门的人员。他们都需要团结在一起，以一种含有凝聚力的方式工作。由于有许多变量，所以向终端客户交付产品时，具有很高风险，一个小小的遗漏或错误的配置可能会导致应用程序崩溃。本章介绍如何采用和实施实践，以大大降低这种风险，并确保高质量的软件能够一次又一次地交付给客户。

在深入讨论 DevOps 的细节之前，先介绍 DevOps 解决的软件公司面临的一系列问题。

（1）不允许改变的僵化组织。

（2）耗时的过程。

（3）在竖井中工作孤立的团队。

（4）单片设计与大爆炸部署。

（5）手动执行。

（6）缺乏创新。

在本章中，我们将讨论以下主题。

（1）DevOps。

（2）DevOps 实践。

（3）Azure DevOps。

（4）DevOps 的准备。

（5）用于 PaaS 解决方案的 DevOps。

（6）基于虚拟机（IaaS）解决方案的 DevOps。

（7）基于容器（IaaS）的 DevOps 解决方案。

（8）Azure DevOps 和 Jenkins。

（9）Azure 自动化。

（10）面向 DevOps 的 Azure 工具。

13.1 DevOps

目前,业界对 DevOps 的定义还没有共识。各组织已经制定了各自对 DevOps 的定义,并试图实现它。他们有自己的观点,一旦他们实现了自动化和配置管理,并使用敏捷流程,他们就认为自己已经实现了 DevOps。

基于我在行业中从事 DevOps 项目的经验,将 DevOps 定义为:DevOps 是关于软件系统的交付机制,它是关于把人们聚集在一起,让他们合作和交流,一起朝着一个共同的目标和愿景工作;它又是关于承担共同的责任、责任和所有权;它还是关于实现促进协作和服务思维的流程。DevOps 支持为组织带来敏捷性和灵活性的交付机制,与流行的观念相反,DevOps 与工具、技术和自动化无关。这些都是有助于协作、实现敏捷过程以及更快更好地向客户交付的推动者。

在互联网上有许多关于 DevOps 的定义,它们并没有错。DevOps 不提供框架或方法,它是一组原则和实践,当在组织、参与或项目中使用时,可以实现 DevOps 和组织的目标和愿景。这些原则和实践并不要求任何特定的过程、工具和技术或环境。DevOps 提供了可以通过任何工具、技术或流程实现的指导,尽管有些技术和流程可能比其他技术和流程更适用于实现 DevOps 原则和实践的愿景。

尽管 DevOps 实践可以在任何向客户提供服务和产品的组织中实现,但在本书中,我们将从软件开发和任何组织的运营部门的角度来研究 DevOps。

那么,什么是 DevOps 呢?DevOps 定义为一组原则和实践,把所有团队、开发人员和业务,包括从项目的开始,一次次更快、更高效的将最终数据交付至最终客户,以一个一致的和可预测的方式,减少投放市场的时间,从而获得竞争优势。

DevOps 之前的定义并没有指明或提及任何特定的过程、工具或技术,它没有规定任何方法或环境。

在任何组织中实现 DevOps 原则和实践的目标都是确保高效与有效地满足涉众(包括客户)的需求和期望。

满足客户的需求和期望时,会发生以下情况。

(1) 客户得到了他们想要的功能。

(2) 客户可以在需要的时候得到他们想要的功能。

(3) 客户可以更快地更新功能。

(4) 交货质量高。

当一个组织能够满足这些期望时,客户就会很高兴并保持忠诚。这反过来又增加了组织的市场竞争力,从而导致更大的品牌和市场估值,它对组织的顶层和底层有直接影响。组织可以进一步投资于创新和客户反馈,为其系统和服务带来持续的变化,以保持相关性。

在任何组织中,DevOps 原则和实践的实现都是由其周围的生态系统指导的。这个生态系统由组织所属的行业和领域组成。

DevOps 基于一套原则和实践,我们将在本章后面详细讨论这些原则和实践。DevOps 的核心原则如下。

(1) 敏捷性。敏捷性增加了对变化的整体灵活性,确保了对每一个变化环境的适应性增加,并提高了生产力。敏捷过程的工作持续时间较短,并且很容易在开发生命周期的早期发现问题,从而减少了技术债务。

(2) 自动化。工具和自动化的采用提高了过程和最终产品的整体效率和可预测性,它有助于更快、更容易、更便宜地做事情。

(3) 协作。协作指的是一个公共存储库、工作职责的轮换、数据和信息的共享,以及提高团队每个成员的生产力的其他方面,从而支持产品的整体有效交付。

(4) 反馈。反馈指的是多个团队之间关于可行和不可行内容的快速与早期反馈循环,它帮助团队确定问题的优先级,并在后续版本中修复它们。

DevOps 的核心实践如下。

(1) 持续集成。持续集成指的是验证和验证开发人员在存储库中推入的代码的质量与正确性的过程,它可以是计划的、手动的或连续的。连续意味着每次开发人员推入代码时,流程将检查各种质量属性;计划意味着在给定的时间计划中,检查将被执行。手动是指管理员或开发人员手动执行。

(2) 配置管理。配置管理是 DevOps 的一个重要方面,并通过从配置管理服务器提取配置或将这些配置按时间表推进,为配置基础设施和应用程序提供指导。每次执行时,配置管理都应该将环境恢复到预期的状态。

(3) 持续交付。持续交付指的是应用程序的准备状态,它能够部署在任何现有的以及新的环境中。它通常在开发和测试等较低的环境中通过发布定义来执行。

(4) 持续部署。持续部署指的是在生产中自动部署环境和应用程序的能力。它通常通过在生产环境中的发布定义来执行。

(5) 持续学习。持续学习指的是理解操作和客户面临的问题,并确保与开发和测试团队进行沟通的过程,以便他们能够在后续版本中修复这些问题,以提高应用程序的整体运行状况和可用性。

13.2 DevOps 的本质

DevOps 不是一个新的范式,然而,它却获得了很大的人气和牵引力。它的采用处于最高水平,而且越来越多的公司正在进行这一旅程。我们特意把 DevOps 说成是一个旅程,因为在 DevOps 中有不同的成熟度级别。虽然成功地实现持续部署和交付被认为是这个过程中最高级的成熟度,但采用源代码控制和敏捷软件开发被认为是 DevOps 旅程的第一步。

DevOps 谈论的第一件事就是打破开发团队和运营团队之间的障碍,它带来了多个团队之间的密切合作,它是关于打破开发人员只负责编写代码并在测试后将其传递给操作部署的思维模式,它还涉及打破运营在开发活动中没有作用的思维模式。操作应该影响产品的计划,并且应该了解发布时出现的特性。他们还应该不断地向开发人员提供关于操作问题的反馈,以便在后续版本中进行修复。他们应该影响系统的设计,以改善系统的操作工作。类似地,开发人员应该帮助操作团队部署系统并在出现事故时解决问题。

DevOps 的定义谈论的是更快、更有效地将系统端到端交付给涉众,它没有讨论交付应该有多快或多有效,它的速度应该足以满足组织的领域、行业、客户细分和需求。对于一些组织来说,季度发布已经足够好了,而对于其他组织来说,可以每周发布一次。从 DevOps 的角度来看,两者都是有效的,这些组织可以部署相关的流程和技术来实现他们的目标发布期限。对于持续集成/持续部署(Continuous Integration/Continuous Deployment, CI/CD),DevOps 没有规定任何特定的时间框架。组织应该根据他们的整体项目、参与和组织愿景确定 DevOps 原则和实践的最佳实现。

该定义还讨论了端到端交付。这意味着,从系统的计划和交付到服务和操作的一切都应该成为采用 DevOps 的一部分。流程应该在应用程序开发生命周期中允许更大的灵活性、模块化和敏捷性。虽然组织可以自由地使用最合适的流程——瀑布式、敏捷式、敏捷开发或其他——但通常情况下,组织倾向于使用基于迭代的交付的敏捷流程。这允许在更小的单元中更快地交付,与大型交付相比,更易于测试和管理。

DevOps 反复以一致和可预测的方式谈论终端客户。这意味着,组织应该不断地使用自动化向客户交付更新和升级的特性。如果不使用自动化,我们就无法实现一致性和可预测性。应该不存在手工工作,以确保高水平的一致性和可预测性。自动化也应该是端到端的,以避免失败。这也表明系统设计应该是模块化的,允许在可靠、可用和可伸缩的系统上更快地交付。测试在一致和可预测的交付中扮演着重要的角色。

实施这些实践和原则的最终结果是,组织能够满足客户的期望和需求。组织能够比竞争对手更快地增长,并通过持续的创新和改进,进一步提高其产品和服务的质量与能力。

现在您已经理解了 DevOps 的思想,下面可以研究核心 DevOps 实践了。

13.3 DevOps 实践

DevOps 由多个实践组成,每个实践为整个过程提供了不同的功能。图 13.1 显示了它们之间的关系,配置管理、持续集成和持续部署构成了支持 DevOps 的核心实践。当我们交付结合了这 3 种服务的软件服务时,我们实现了持续交付。持续交付是组织的能力和成熟度级别,它依赖于配置管理、持续集成和持续部署的成熟度。持续的反馈,在所有阶段,形成反馈回路,帮助提供优质的服务给客户。它可以在所有 DevOps 实践中运行,让我们深入研究这些功能和 DevOps 实践。

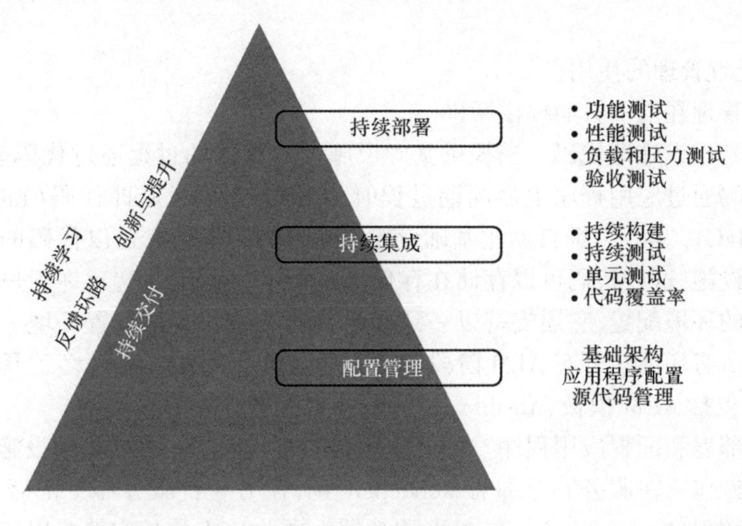

图 13.1　DevOps 实践

13.3.1 配置管理

业务应用程序和服务需要一个可以部署它们的环境。通常,环境是由多个服务器、计算机、网络、存储、容器和更多服务共同工作组成的基础设施,业务应用程序可以部署在这些基础设施之上。业务应用程序被分解为运行在多个服务器上的多个服务(本地服务器或云服务器),每个服务都有自己的配置以及与基础设施配置相关的需求。简而言之,基础设施和应用程序都需要向客户交付系统,它们都有自己的配置。如果配置发生变化,应用程序可能无法按预期工作,从而导致停机和故障。此外,由于应用生命周期管理(Application Lifecycle Management, ALM)流程规定了多个阶段和环境的使用,应用程序将被部署到具有不同配置的多个环境中。应用程序将被部署到开发环境中,以便开发人员查看他们的工作结果。然后,它将被部署到多个测试环境，具有功能测试、负载和压力测试、性能测试、集成测试等不同配置；它还将被部署到预生产环境中，以执行用户验收测试，并最终部署到生产环境中。应用程序将被部署到开发环境中，以便开发人员查看他们的工作结果。然后，它将被部署到多个测试环境，使用不同的配置进行功能测试、负载和压力测试、性能测试、集成测试等；它还将被部署到预生产环境中，以执行用户验收测试，最终部署到生产环境中。

配置管理提供了一组流程和工具，它们有助于确保每个环境和应用程序获得自己的配置。配置管理跟踪配置项，任何环境之间的变化都应该被视为配置项。配置管理还定义了配置项之间的关系，以及一个配置项中的更改如何影响其他配置项。

1）配置管理的使用

配置管理在以下方面提供帮助。

（1）基础设施即代码。当提供基础设施及其配置的过程通过代码表示，并且相同的代码通过应用程序生命周期过程时，它称为基础设施即代码（Infrastructure as Code, IaC）。IaC 帮助自动化基础设施的配置和配置。它还以代码的形式表示整个基础设施，这些代码可以存储在存储库和版本控制中。这允许用户在需要时使用以前的环境配置，它还支持以一致和可预测的方式多次配置环境。以这种方式提供的所有环境在所有 ALM 阶段中都是一致和平等的。有许多工具可以帮助实现 IaC，包括 ARM 模板、Ansible 和 Terraform。

（2）部署和配置应用程序。部署应用程序及其配置是提供基础设施之后的下一步。示例包括在服务器上部署 webdeploy 包，在另一台服务器上部署 SQL 服务器模式和数据（bacpac），以及在 Web 服务器上更改 SQL 连接字符串以代表适当的 SQL 服务器。配置管理存储应用程序在其上部署的每个环境的配置值。

应用的配置应该被监视，也应该一致地维护预期和期望的配置，任何偏离此预期和期望配置的情况都将导致应用程序不可用。配置管理还能够发现变化，并将应用程序和环境重新配置到所需的状态。

有了自动配置管理，团队中没有人需要在生产中部署和配置环境和应用程序，运营团队不依赖于开发团队或冗长的部署文档。

配置管理的另一个方面是源代码控制。业务应用程序和服务由代码和其他构件组成，多个团队成员处理相同的文件。源代码应该始终是最新的，并且只有经过身份验证的团队成员才能访问，代码和其他构件本身就是配置项。源代码控制有助于团队内部的协作和沟通，因为每个人都知道其他人在做什么，冲突在早期阶段就得到了解决。

2）配置管理的分两类

（1）在虚拟机内部。

(2) 在虚拟机之外。

13.3.2 配置管理工具

下面将讨论虚拟机内部可用于配置管理的工具。

1. 状态配置

状态配置(Desired State Configuration, DSC)是 Microsoft 的一个配置管理平台,作为 PowerShell 的扩展而构建。DSC 最初是作为 Windows 管理框架(Windows Management Framework, WMF) 4.0 的一部分推出的。它是 WMF 4.0 和 WMF 5.0 的一部分,适用于 Windows 2008 R2 之前的所有 Windows Server 操作系统。WMF 5.1 在 Windows Server 2016/2019 和 Windows 10 上可用。

2. Chef、Puppet 和 Ansible

除了 DSC 之外,Azure 还支持许多配置管理工具,如 Chef、Puppet 和 Ansible,关于这些工具的细节在本书中没有涉及。在这里阅读更多关于它们的信息:https://docs.microsoft.com/azure/virtual-machines/windows/infrastructure-automation。

下面将介绍用于虚拟机外部配置管理的工具。

3. ARM 模板

ARM 模板是 ARM 中提供资源的主要手段。ARM 模板提供了一个声明性模型,通过它可以指定资源及其配置、脚本和扩展。ARM 模板基于 JavaScript 对象表示法(JavaScript ObjectNotation, JSON)格式,它使用 JSON 语法和约定来声明和配置资源。JSON 文件基于文本、用户友好且易于阅读。可以将它们存储在源代码存储库中,并对它们进行版本控制。它们也是将基础设施表示为代码的一种方法,这些代码可用于可预见、一致、统一地在 Azure 资源组中一次又一次提供资源。

模板在设计和实现中提供了通用和模块化的灵活性。模板让我们能够接受用户的参数,声明内部变量,帮助定义资源之间的依赖关系,链接相同或不同资源组中的资源,以及执行其他模板。它们还提供脚本语言类型的表达式和函数,使它们在运行时是动态的和可定制的。本书中第 15 章和第 16 章是关于 ARM 模板的。现在,关注下一个重要的 DevOps 原则了——持续集成。

13.3.3 持续集成

多个开发人员编写的代码最终存储在一个公共存储库中。当开发人员完成其特性的开发时,代码通常被检入或推入到存储库中。这可能在一天内发生,也可能需要几天或几周。一些开发人员可能正在处理相同的特性,他们也可能遵循相同的实践,在几天或几周内推入/检入代码,这样可能会造成代码的质量问题。DevOps 的原则之一就是快速失败。开发人员应该经常将他们的代码签入/推入到存储库中,并编译代码,以检查他们是否引入了错误,以及这些代码是否与他们的同事所写的代码兼容。如果开发人员不遵循这一实践,他们机器上的代码就会变得太大,很难与其他代码集成。此外,如果编译失败,修复出现的问题将非常困难和耗时。

1. 代码集成

持续集成解决了这些挑战,它通过一系列验证步骤帮助编译和验证开发人员推入/检入的代码。持续集成创建了一个由多个步骤组成的流程流,持续集成由持续自动化构建和持续自动化测试组成。通常,第一步是编译代码。成功编译后,每一步都负责从特定的角度验证代码。例如,可以在已编译的代码上执行单元测试,然后可以执行代码覆盖,以检查单元测试执行哪些代码路径。这些可以揭示是否编写了全面的单元测试,或者是否有空间添加更多的单元测试。持续集成的最终结果是部署包,可以通过持续部署将其部署到多个环境中。

2. 频繁的代码推送

鼓励开发人员每天多次检入他们的代码,而不是在几天或几周后才检入。只要检入或推入代码,持续集成就会启动整个管道的执行。如果编译成功,则执行代码测试和作为管道一部分的其他活动时不会出错;将代码部署到测试环境中,并在其上执行集成测试。

3. 生产力增长

持续集成提高了开发人员的生产能力。他们不需要手动编译代码,一个接一个地运行多种类型的测试,然后在其中创建包。它还减少了在代码中引入 bug 的风险,并且代码不会过时,它为开发人员提供关于代码质量的早期反馈。总体来说,交付的质量是高的,并且通过采用持续集成实践可以更快地交付。连续集成管道的示例如图 13.2 所示。

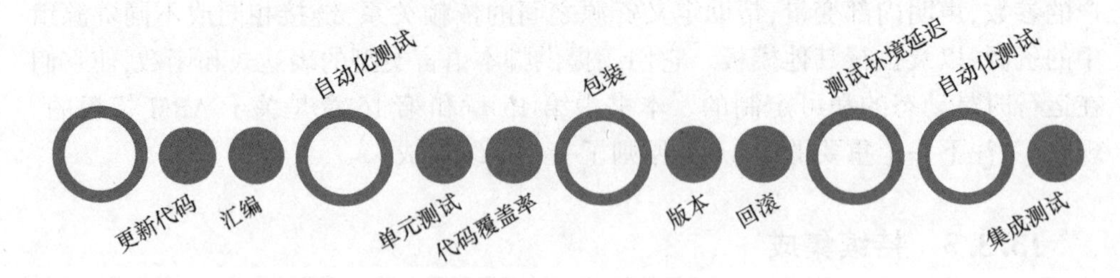

图 13.2 持续集成管道

4. 自动构建

构建自动化包括按顺序执行的多个任务。通常,第一个任务负责从存储库中获取最新的源代码,源代码可能包含多个项目和文件。它们被编译以生成工件,如可执行文件、动态链接库和程序集。成功的构建自动化反映了代码中没有编译时错误。

可以有更多的步骤来构建自动化,这取决于项目的性质和类型。

5. 测试自动化

测试自动化由负责验证代码不同方面的任务组成。这些任务从不同的角度与测试代码相关,并按顺序执行。一般来说,第一步是对代码运行一系列单元测试。单元测试是指通过验证一个特性的行为与其他特性隔离,从而测试一个特性的最小规格的过程。该过程可以是自动的,也可以是手动的;然而,更倾向于自动化单元测试。

代码覆盖是另一种类型的自动测试,可以在代码上执行,以找出运行单元测试时执行了多少代码。它通常用百分比表示,指的是通过单元测试可以测试的代码数量。如果代码覆盖率不接近100%,要么是因为开发人员没有为该行为编写单元测试,要么就是根本不需要未覆盖的代码。

测试自动化的成功执行,不会导致显著的代码失败,应该开始执行打包任务。根据项目的性质和类型,可以有更多的步骤来测试自动化。

6. 封装

封装指的是生成可部署构件的过程,如 MSI、NuGet 和 webdeploy 包,以及数据库包;版本控制;然后将它们存储在一个位置,这样它们就可以被其他管道和流程使用。

持续集成过程完成后,持续部署过程就开始了,这将是下一节的重点内容。

13.3.4 持续部署

当流程达到持续部署时,持续集成已经确保我们拥有应用程序的完整工作部分,现在可以通过不同的持续部署活动进行。持续部署是指通过自动化将业务应用程序和服务部署到生产前和生产环境的能力。例如,持续部署可以提供和配置生产前环境,向其部署应用程序,并配置应用程序。在对预生产环境执行多项验证(如功能测试和性能测试)之后,将通过自动化方式供应、配置生产环境,并部署应用程序。部署过程中没有手动步骤。每个部署任务都是自动化的。持续部署可以提供环境并从头部署应用程序,而如果环境已经存在,则可以将增量更改部署到现有环境中。

所有环境都是通过使用 IaC 的自动化提供的,这确保了所有环境,无论是开发、测试、预生产还是生产,都是相同的。类似地,通过自动化部署应用程序,确保它也在所有环境中统一部署。这些环境中的配置对于应用程序可能是不同的。

持续部署通常与持续集成集成在一起。当持续集成完成它的工作后,通过生成最终的可部署包,持续部署开始工作并启动它自己的管道。这个管道称为发布管道。发布管道由多个环境组成,每个环境由负责提供环境、配置环境、部署应用程序、配置应用程序、在环境上执行操作验证以及在多个环境上测试应用程序的任务组成。

使用持续部署提供了巨大的好处。在整个部署过程中有很高的信心,这有助于在生产中更快和无风险的发布,并且出问题的可能性大大降低,使团队的压力会更小,如果当前版本有问题,可以回到之前的工作环境,如图 13.3 所示。

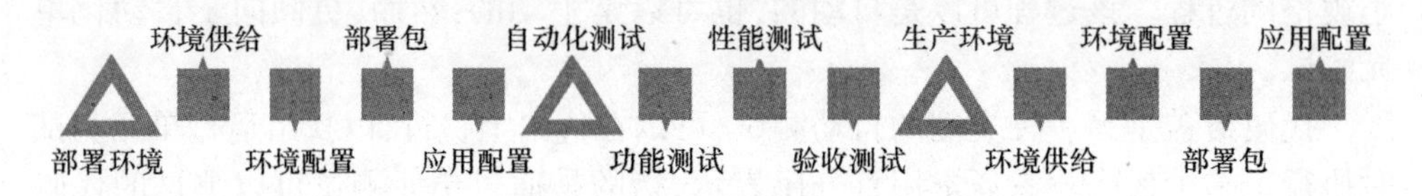

图 13.3　持续部署管道

尽管每个系统都需要它自己的发布管道配置,但是在前面的图表中显示了一个连续部署的例子。需要注意的是,通常情况下,配置和配置多个环境是发布管道的一部分,在转移到下一个环境之前应该寻求批准。审批过程可以是手动的,也可以是自动的,这取决于组织的成熟度。

接下来,我们将研究与测试环境相关的内容。

1. 测试环境部署

一旦从持续集成中获得交付,发布管道就开始了,它应该采取的第一步是从交付中获得所有工件。在此之后,发布管道可能会创建一个全新的裸金属测试环境,或者重用现有的测试环境。这同样依赖于项目的类型和计划在此环境中执行测试的性质、提供和配置环境、部署和配置的应用程序构件。

2. 测试自动化

部署应用程序后,可以在环境上执行一系列测试。这里执行的测试之一是功能测试,功能测试主要是为了验证应用程序的特性完整性和功能。这些测试是根据从客户那里收集的需求编写的,可以执行的另一组测试与应用程序的可伸缩性和可用性有关。这通常包括负载测试、压力测试和性能测试,还应该包括基础设施环境的操作验证。

3. 登台环境部署

登台环境部署与测试环境部署非常相似,唯一的区别是环境和应用程序的配置值将是不同的。

4. 验收测试

验收测试通常由应用程序涉众执行,可以是手动的,也可以是自动的。这一步是从客户的角度验证应用程序功能的正确性和完整性。

5. 部署到生产环境

一旦客户批准,将执行与测试和分段环境部署相同的步骤,唯一的区别是环境和应用程序的配置值特定于生产环境。部署后将进行验证,以确保应用程序按照预期运行。

持续交付是 DevOps 的一个重要原则,与持续部署非常相似;然而,有一些区别。

13.3.5 持续交付

持续交付和持续部署听起来可能与您类似,但它们是不一样的。持续部署是指通过自动化将部署到多个环境并最终部署到生产环境,而持续交付则是生成可在任何环境中随时部署的应用程序包的能力。为了生成易于部署的工件,应该使用持续集成来生成应用程序工件;应该使用新的或现有的环境来部署这些工件,并通过自动化执行功能测试、性能测试和用户验收测试。一旦这些活动成功执行而没有任何错误,应用程序包就认为是可以随时部署的。持续交付包括持续集成和部署到最终验证的环境,它有助于更快地从操作和最终用户获得反馈。然后,该反馈可用于实现后续迭代。

13.3.6 持续学习

通过前面提到的所有 DevOps 实践,我们可以创建优秀的业务应用程序并自动将它们部署到生产环境中;然而,如果持续改进和反馈原则不到位,DevOps 的好处不会持续太久。最重要的是,有关应用程序行为的实时反馈作为来自最终用户和运营团队的反馈传递给开发团队。

反馈应该传递给团队,提供相关信息,告诉他们什么进展顺利,什么进展不顺利。

在构建应用程序的体系结构和设计时,应该考虑到监视、审计和遥测。运营团队应该从生产环境中收集遥测信息,捕获任何 bug 和问题,并将其传递给开发团队,以便在后续版本中对其进行修复。

持续学习有助于应用程序健壮并对失败具有弹性,有助于确保应用程序满足消费者的需求。图 13.4 显示了不同团队之间应该执行的反馈循环。

在经历了与 DevOps 相关的重要实践之后,现在应当了解使这些成为可能的工具和服务了。

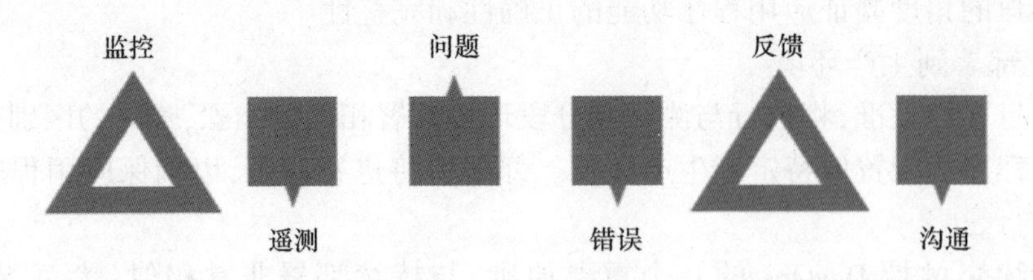

图 13.4　反馈循环

13.4　Azure DevOps

下面我们介绍另一种顶级在线服务,它支持持续集成、持续部署和无缝持续交付:Azure DevOps。实际上,将其称为以单一名称提供的一套服务会更合适。Azure DevOps 是微软提供的 PaaS,托管在云上。同样的服务也可以作为团队基础服务(Team Foundation Services,TFS)。本书中所有的例子都使用了 Azure DevOps。

根据微软公司的说法,Azure DevOps 是一个基于云的协作平台,可以帮助团队共享代码、跟踪工作和发布软件。Azure DevOps 是一个新名称,早期称为 Visual Studio Team Services(VSTS)。Azure DevOps 是一种企业软件开发工具和服务,它使组织能够为他们的端到端应用生命周期管理过程提供自动化设施,从计划到部署应用程序,并从软件系统获得实时反馈,这增加了组织向客户交付高质量软件系统的成熟度和能力。

成功的软件交付包括有效地将许多过程和活动结合在一起。这些包括执行和实现各种敏捷过程,增加团队之间的协作,工件从 ALM 的一个阶段到另一个阶段的无缝和自动转换,以及部署到多个环境。跟踪和报告这些活动以度量和改进交付过程是很重要的,Azure DevOps 让这些活动变得简单而容易,它提供了一整套服务,并支持以下功能。

(1) 通过为整个应用程序生命周期管理提供单个接口,实现每个团队成员之间的协作。

(2) 使用源代码管理服务的开发团队之间的协作。

(3) 使用测试管理服务的测试团队之间的协作。

(4) 通过使用构建管理服务的持续集成来自动验证代码和打包。

(5) 通过使用发布管理服务的持续部署和交付,自动验证应用程序功能、部署和多个环境的配置。

(6) 使用工作管理服务跟踪和工作项管理。

表 13.1 显示了 Azure DevOps 左侧导航栏中一个典型项目的所有可用服务。

表 13.1　Azure DevOps 服务列表

服务	描　述
板子	通过在 sprint 信息旁边显示任务、待办事项和用户描述的当前进度,板子有助于项目的规划,它还提供了看板过程,并帮助描述当前正在进行和完成的任务
回购	回购有助于管理存储库,它提供了创建额外分支、合并分支、解决代码冲突以及管理权限的支持,一个项目中可以有多个存储库
管道	发布和构建管道都是从管道创建和管理的,它有助于构建和发布过程的自动化,在一个项目中可以有多个构建和发布管道
测试计划	所有与测试相关的工件及其管理都可以从测试计划中获得
人工产品	NuGet 包和其他工件在这里存储和管理

Azure DevOps 中的组织充当了安全边界和逻辑容器,提供了实现 DevOps 策略所需的所有服务。Azure DevOps 允许在单个组织中创建多个项目。默认情况下,存储库是在创建项目的同时创建的;然而,Azure DevOps 允许在单个项目中创建额外的存储库。Azure DevOps 组织、项目和存储库之间的关系如图 13.5 所示。

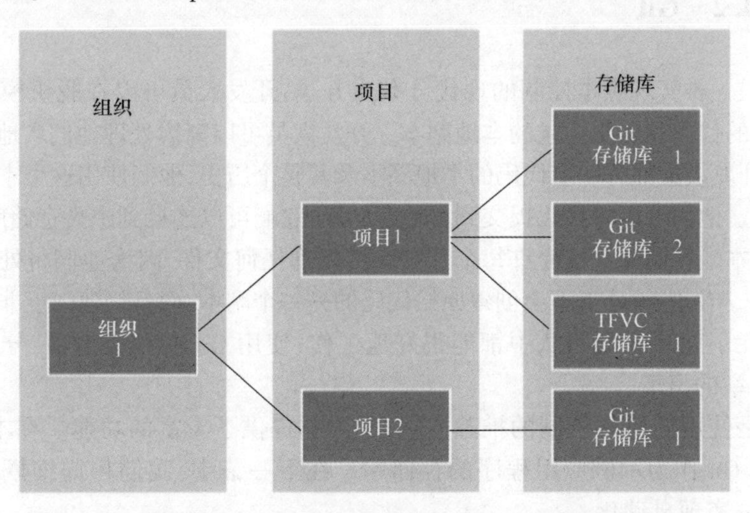

图 13.5　Azure DevOps 组织、项目和存储库之间的关系

Azure DevOps 提供两种类型的存储库。

(1) Git。

(2) 团队基础版本控制(Team Foundation Version Control, TFVC)。

Azure DevOps 还提供了在 Git 或 TFVC 源代码控制存储库之间进行选择的灵活性。在单个项目中可以有 TFS 和 TFVC 存储库的组合。

13.4.1 TFVC

TFVC 是实现版本控制的传统集中方式,其中有一个中央存储库,开发人员可以直接在连接模式下进行工作,以检入他们的更改。如果中央存储库脱机或不可用,开发人员就不能检入他们的代码,而必须等待它在线和可用,其他开发人员只能看到签入的代码。开发人员可以将多个变更分组到一个变更集中,以检入逻辑上分组的代码变更,从而形成一个单一的变更。TFVC 锁定正在进行编辑的代码文件,其他开发人员可以读取被锁定的文件,但不能编辑它,它们必须等待先前的编辑完成并释放锁,然后才能进行编辑。签入和更改的历史在中央存储库中维护,而开发人员拥有文件的工作副本,但没有历史记录。

TFVC 与从事相同项目的大型团队合作得非常好,这使得可以在中央位置控制源代码,它也适用于长期项目,因为历史可以在一个中心位置进行管理。TFVC 在处理大型二进制文件时没有问题。

13.4.2 Git

Git 是一种实现版本控制的现代分布式方式,开发人员可以在脱机模式下处理他们自己的代码和历史记录的本地副本。开发人员可以离线处理他们本地的代码克隆,每个开发人员都有一个代码的本地副本及其整个历史,他们使用这个本地存储库处理更改。他们可以将代码提交到本地存储库,它们可以连接到中央存储库,以根据需要同步本地存储库。这允许每个开发人员处理任何文件,因为他们将处理他们的本地副本。Git 中的分支不会创建原始代码的另一个副本,而且创建速度非常快。

Git 在小型和大型团队中都能很好地工作,使用 Git 的高级选项,分支和合并是轻而易举的事情。

Git 是使用源代码控制的推荐方式,因为它提供了丰富的功能。在本书中,我们将使用 Git 作为示例应用程序的存储库。在下一节中,我们将详细概述如何通过 DevOps 实现自动化。

13.5 准备 DevOps

接下来,我们将重点关注在 Azure 中使用不同模式的流程和部署自动化,其中包括。

(1) 用于 IaaS 解决方案的 DevOps。

(2) 用于 PaaS 解决方案的 DevOps。

(3) 基于容器的解决方案的 DevOps。

一般来说,有些共享服务并不专属于任何一个应用程序。这些服务由来自不同环境(如开发、测试和生产)的多个应用程序使用。对于每个应用程序,这些共享服务的生命周期是不同的。因此,它们拥有不同的版本控制存储库、不同的代码库以及构建和发布管理,它们有自己的计划、设计、构建、测试和发布周期。

这个组的资源是使用 ARM 模板、PowerShell 和 DSC 配置提供的。

构建这些通用组件的总体流程如图 13.6 所示。

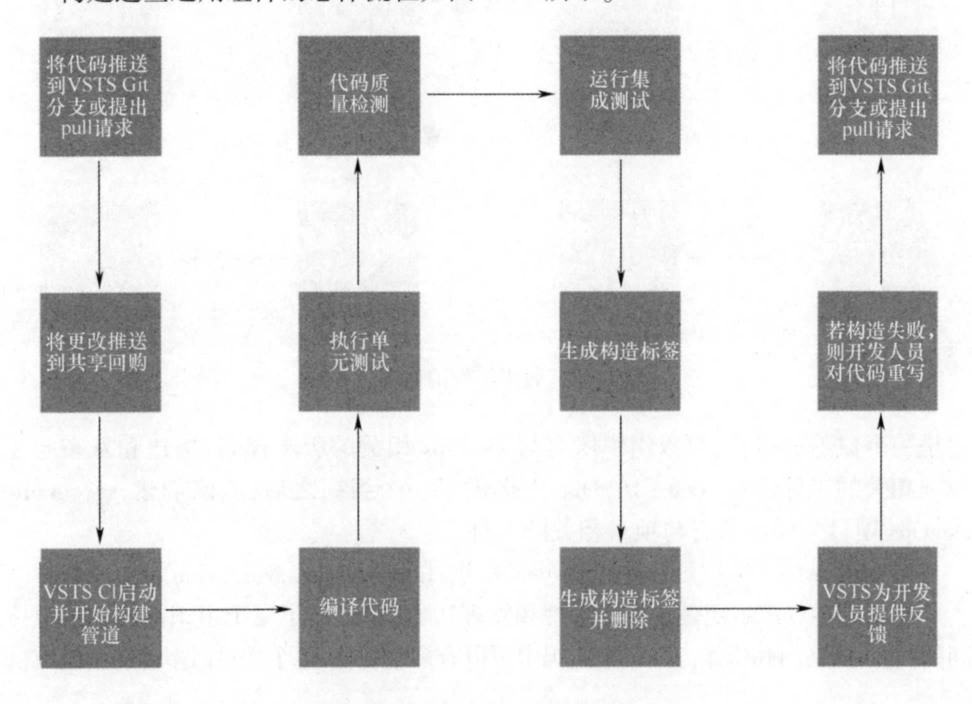

图 13.6　构建通用组件的总体流程

通用组件的发布过程如图 13.7 所示。

在 DevOps 的旅程中,在开始任何软件项目、产品或服务之前,理解和提供通用组件与服务是很重要的。

开始使用 Azure DevOps 的第一步是提供一个组织。

13.5.1　Azure DevOps 组织

版本控制系统需要在代码级进行协作。Azure DevOps 提供了控制系统的集中式和分散式版本,Azure DevOps 还为构建和执行构建与发布管道提供编排服务。

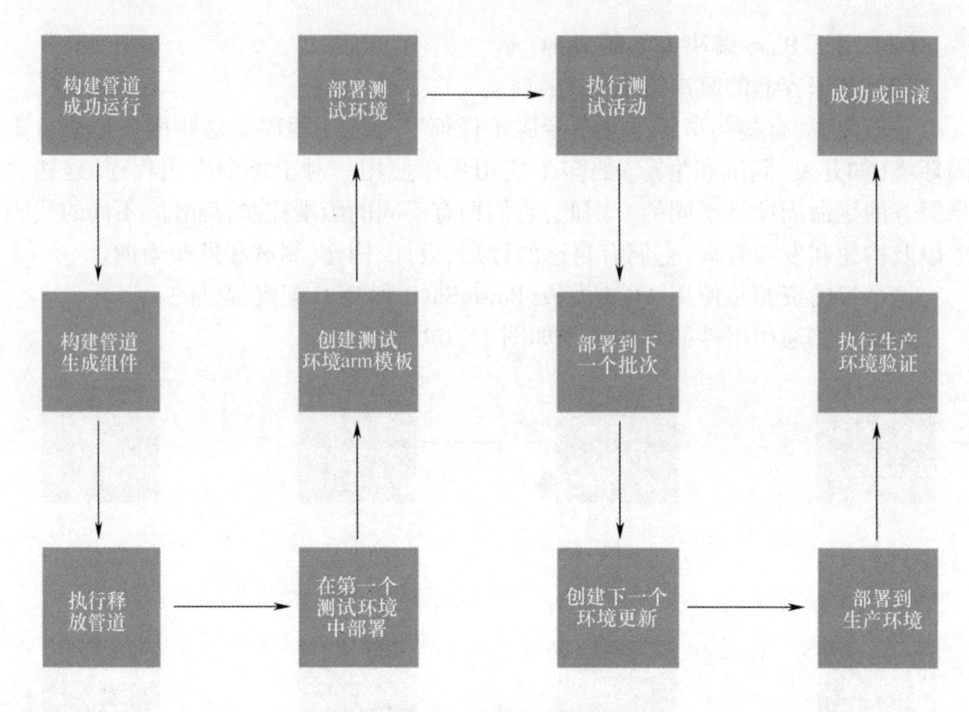

图 13.7 通用组件的发布过程

它是一个成熟的平台,可以组织所有与 DevOps 相关的版本控制、构建和发布与工作项相关的工件。在 Azure DevOps 中提供了一个组织之后,应该创建一个 Azure DevOps 项目来保存所有与项目相关的工件。

Azure DevOps 组织可以通过访问来提供:https://dev. azure. com。

Azure DevOps 组织是顶级的管理和管理边界,它提供了属于组织的团队成员之间的安全性、访问和协作。在一个组织中可以有多个项目,每个项目由多个团队组成。

13. 5. 2 Azure 密钥库

不建议将机密、证书、凭据或其他敏感信息存储在代码配置文件、数据库或任何其他通用存储系统中,但建议将这些重要数据存储在专门为存储机密和凭证而设计的保险库中。Azure Key Vault 提供了这样的服务,Azure Key Vault 是 Azure 提供的资源和服务。现在,继续研究配置的存储选项。

13. 5. 3 提供配置管理服务器/服务

为配置提供存储并将这些配置应用于不同环境的配置管理服务器/服务始终

是自动化部署的良好策略。定制虚拟机上的 DSC 和来自 Azure Automation、Chef、Puppet 和 Ansible 的 DSC 都是一些选项，可以在 Azure 上无缝地用于 Windows 和 Linux 环境。本书使用 DSC 作为所有用途的配置管理工具，它提供了一个保存示例应用程序的所有配置文档(MOF 文件)的拉取服务器。DSC 还维护所有虚拟机和容器的数据库，这些虚拟机和容器配置并向拉取服务器注册，以便从拉取配置文档。

这些目标虚拟机上的本地配置管理器和容器定期检查新配置的可用性以及当前配置的漂移，并向拉服务器报告，它还具有内置的报告功能，提供关于虚拟机中兼容和不兼容节点的信息。拉取服务器是承载 DSC 拉取服务器端点的通用 Web 应用程序。在下一个主题中，我们将讨论一种使用 Log Analytics 实时监控流程的技术。

13.5.4 日志分析

Log Analytics 是 Azure 提供的一种审计和监控服务，用于获取虚拟机和容器中发生的所有更改、漂移和事件的实时信息。它为 IT 管理员提供了一个集中的工作空间和仪表板，用于查看、搜索并对这些虚拟机上发生的所有更改、漂移和事件进行深入搜索，它还提供部署在目标虚拟机和容器上的代理。一旦部署完毕，这些代理就开始将所有更改、事件和漂移发送到集中式工作空间。下面介绍用于部署多个应用程序的存储选项。

13.5.5 Azure 存储账户

Azure Storage 是 Azure 提供的一种以 Blob 形式存储文件的服务。所有用于基础设施和示例应用程序的自动配置、部署及配置的脚本与代码都存储在 Azure DevOps Git 存储库中，并打包和部署在 Azure Storage 账户中。Azure 提供了 PowerShell 脚本扩展资源，可以自动下载 DSC 和 PowerShell 脚本，并在 ARM 模板执行期间在虚拟机上执行它们。此存储作为多个应用程序的所有部署的公共存储。将脚本和模板存储在一个 Storage 账户中，确保它们可以在 Azure DevOps 中的任何项目中使用。在下一节继续探讨图像的重要性。

13.5.6 Docker 和 OS 镜像

虚拟机和容器映像都应该构建为公共服务构建和发布管道的一部分，Packer 和 Docker Build 等工具可以用来生成这些图像。

13.5.7 管理工具

所有的管理工具,如 Kubernetes、DC/OS、Docker Swarm 和 ITIL 工具,都应该在构建和部署解决方案之前提供。

我们用管理工具来总结 13.5 节准备 DevOps。在 DevOps 生态系统中,每个活动都有多种选择,我们应该让它们成为 DevOps 旅程的一部分——这不应该是事后的想法,而应该是 DevOps 计划的一部分。

13.6 用于 PaaS 解决方案的 DevOps

Azure PaaS 应用服务的典型架构如图 13.8 所示。

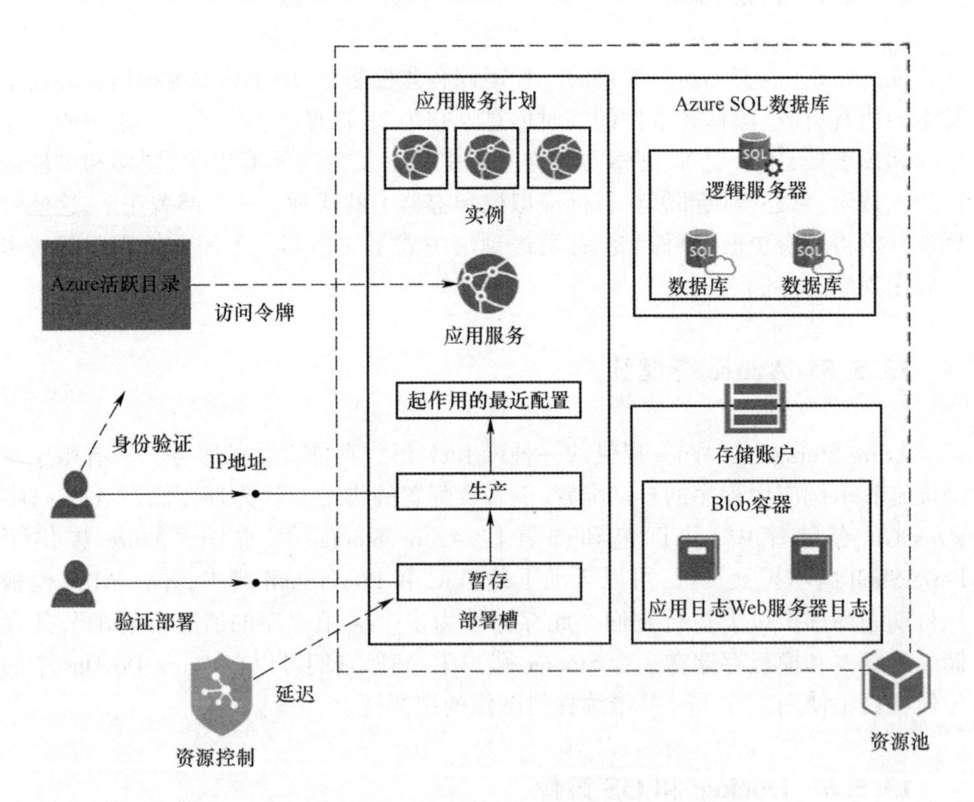

图 13.8 一个典型的 Azure PaaS 应用服务架构

Azure PaaS 应用服务架构展示了一些参与基于 Azure App Service 的云解决方

案架构的重要组件，如 Azure SQL、存储账户和版本控制系统。这些工件应该使用 ARM 模板创建。这些 ARM 模板应该是总体配置管理策略的一部分，它可以有自己的构建和发布管理管道，如图 13.9 所示。

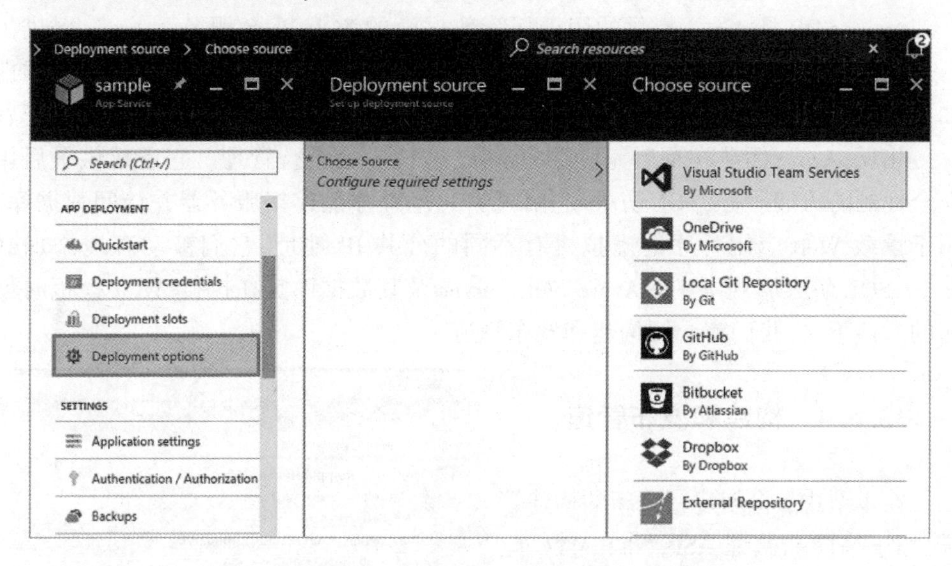

图 13.9　为应用服务选择部署选项

现在我们已经研究了各种部署源选项，接下来深入了解如何在 Azure 上部署云解决方案。

13.6.1　Azure 应用服务

Azure App Service 为云解决方案提供托管服务，它是一个完全管理的平台，提供和部署云解决方案。Azure App Service 减轻了创建和管理基础设施的负担，并为托管云解决方案提供了最低服务水平协议（SLA）。

13.6.2　部署槽

Azure App Service 提供了部署槽，使部署变得无缝和简单。有多个插槽，插槽之间的交换是在 DNS 级别上完成的。这意味着，只要交换 DNS 条目，生产槽中的任何东西都可以与登台槽交换。这有助于将自定义云解决方案部署到交付阶段，并且在所有检查和测试之后，如果发现满意，可以将它们交换到生产中。但是，在交换后的生产中出现任何问题时，可以通过再次交换来恢复生产环境中以前的良好值。让我们继续了解 Azure 提供的数据库及其一些关键特性。

13.6.3 AzureSQL

Azure SQL 是 Azure 提供的用于托管数据库的 SQL PaaS 服务。Azure 提供了一个安全的平台来托管数据库,并拥有完全的所有权来管理服务的可用性、可靠性和可伸缩性。使用 Azure SQL,不需要提供定制的虚拟机、部署 SQL 服务器和配置它。相反,Azure 团队在幕后完成这些工作,并代表您进行管理。它还提供了启用安全性的防火墙服务;只有防火墙允许的 IP 地址才能连接服务器并访问数据库。用于承载 Web 应用程序的虚拟机有不同的公共 IP 地址,它们被动态地添加到 Azure SQL 防火墙规则中。Azure SQL Server 及其数据库是在执行 ARM 模板时创建的。接下来,我们将介绍构建和发布管道。

13.6.4 构建和发布管道

在本节中,将创建一个新的构建管道,用于编译和验证 ASP.NET MVC 应用程序,然后生成用于部署的包。在生成包之后,发布定义将确保在 App Service 中部署到第一个环境,并将 Azure SQL 作为持续部署的一部分。

下面有两种方法可以创建和发布管道。

(1) 使用经典编辑器。

(2) 使用 YAML 文件。

YAML 文件为创建构建和发布管道提供了更多的灵活性。

示例应用程序的项目结构如图 13.10 所示。

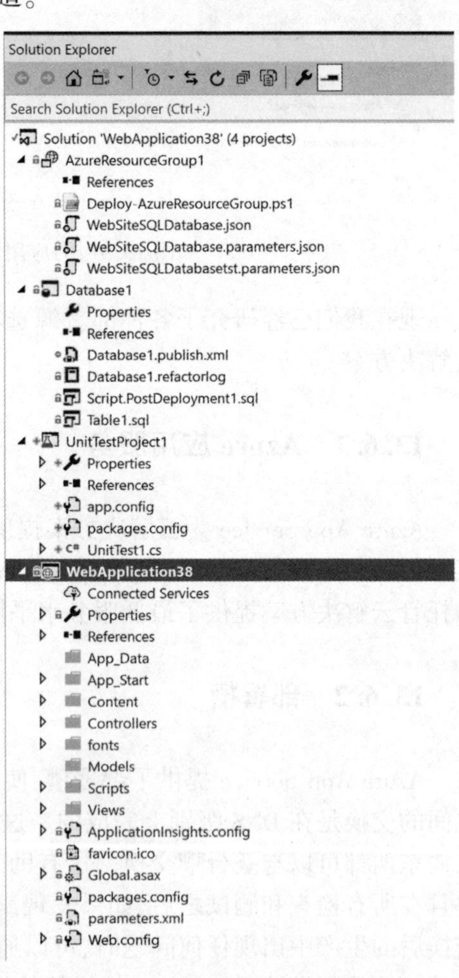

图 13.10 示例应用程序的项目结构

在这个项目中,有一个 ASP.NET MVC 应用程序——主应用程序——它由应用程序页面组成。Web Deploy 包将从这个项目的构建管道中生成,它们最终将出现在 Web Apps 上。另外,还有其他项目也是解决方案的一部分,如下所述。

(1) 单元测试项目。用于对 ASP 进行单元测试的代码和净 MVC 应用程序。此项目的程序集将在生成执行中生成并执行。

(2) SQL 数据库项目。与 SQL 数据库模式、结构和主数据相关的代码 DacPac 文件将使用构建定义从这个项目中生成。

(3) Azure 资源组项目。ARM 模板和参数代码提供了整个 Azure 环境、ASP. NET MVC 应用程序和创建的 SQL 表。

构建应用程序如图 13. 11 所示。

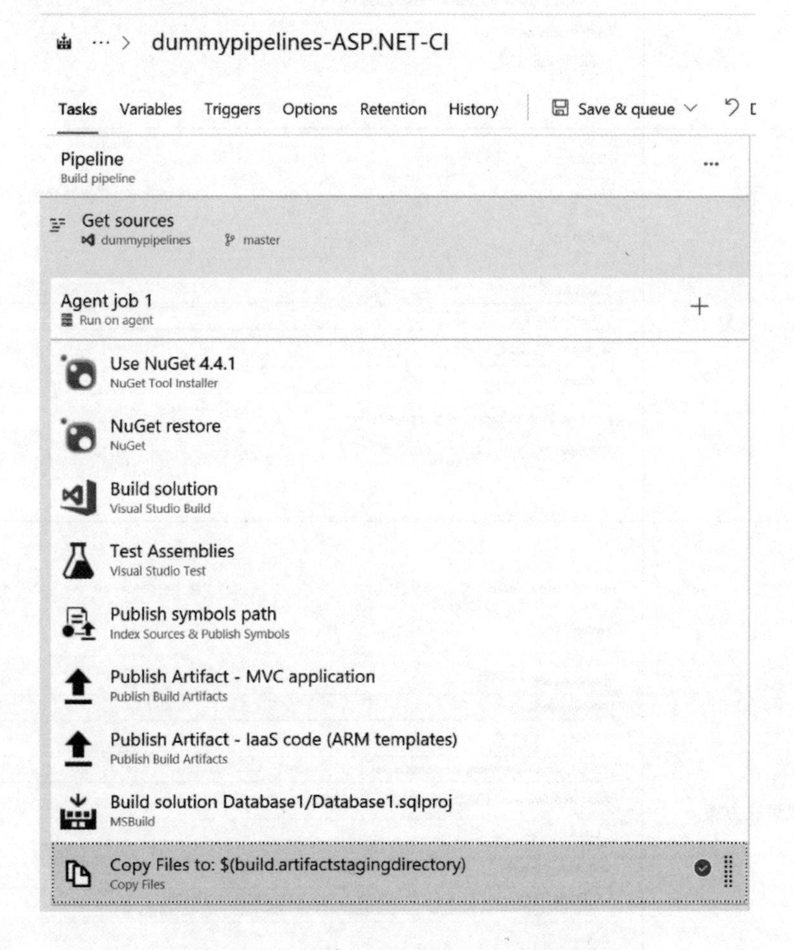

图 13. 11　构建 ASP. NET MVC 应用程序

每个任务的配置如表 13. 2 所列。

表 13.2　构建管道任务的配置

任务名	任务配置
使用 NuGet 4.1.1	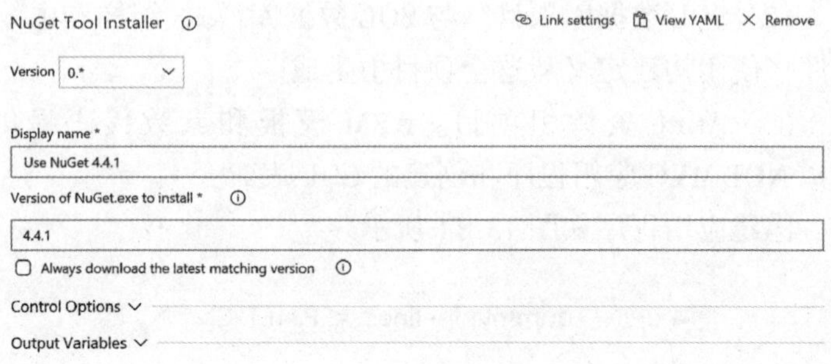 NuGet Tool Installer ⓘ　Link settings　View YAML　× Remove Version 0.* Display name * Use NuGet 4.4.1 Version of NuGet.exe to install * ⓘ 4.4.1 ☐ Always download the latest matching version ⓘ Control Options Output Variables
NuGet 恢复	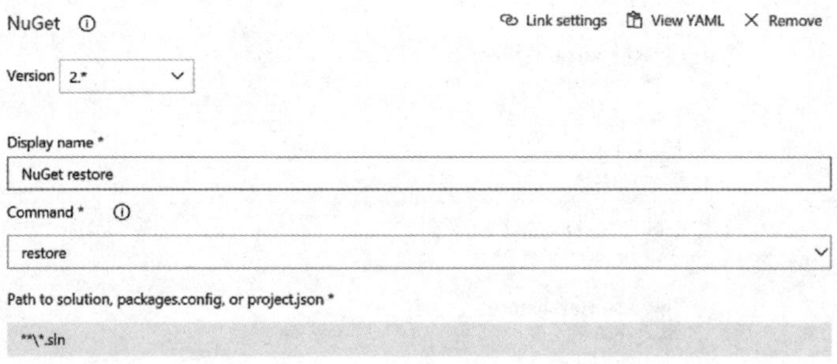 NuGet ⓘ　Link settings　View YAML　× Remove Version 2.* Display name * NuGet restore Command * ⓘ restore Path to solution, packages.config, or project.json * ***.sln
生成解决方案	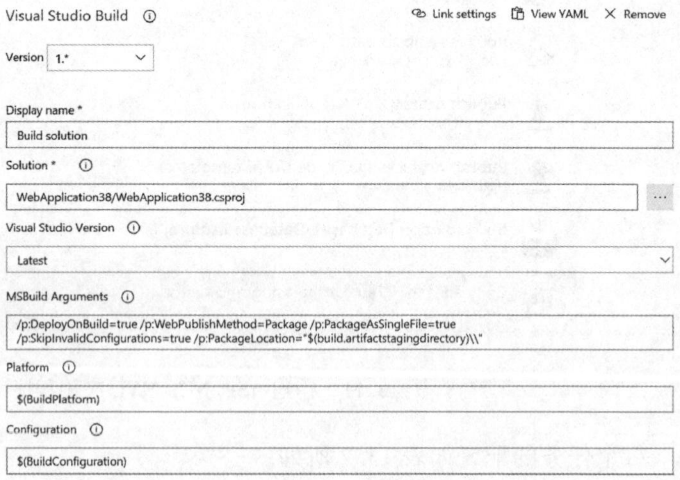 Visual Studio Build ⓘ　Link settings　View YAML　× Remove Version 1.* Display name * Build solution Solution * ⓘ WebApplication38/WebApplication38.csproj Visual Studio Version ⓘ Latest MSBuild Arguments ⓘ /p:DeployOnBuild=true /p:WebPublishMethod=Package /p:PackageAsSingleFile=true /p:SkipInvalidConfigurations=true /p:PackageLocation="$(build.artifactstagingdirectory)\\" Platform ⓘ $(BuildPlatform) Configuration ⓘ $(BuildConfiguration)

续表

任务名	任 务 配 置
测试程序集	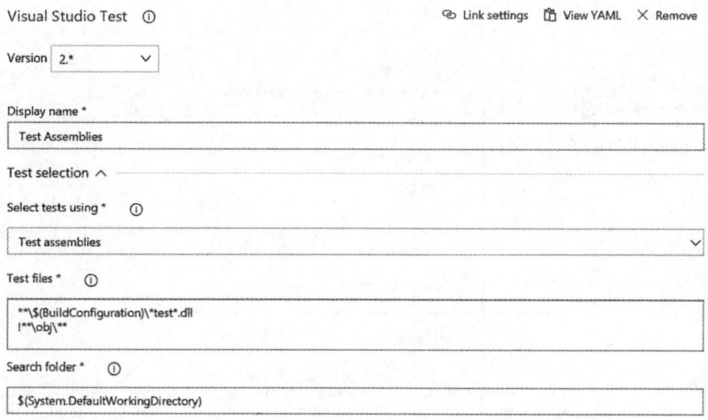 Visual Studio Test ⓘ Link settings View YAML × Remove Version 2.* Display name * Test Assemblies Test selection ^ Select tests using * ⓘ Test assemblies Test files * ⓘ **\$(BuildConfiguration)*test*.dll !**\obj** Search folder * ⓘ $(System.DefaultWorkingDirectory)
发布符号路径	Index Sources & Publish Symbols ⓘ Link settings View YAML × Remove Version 2.* Display name * Publish symbols path Path to symbols folder ⓘ $(Build.SourcesDirectory) Search pattern * ⓘ **\bin***.pdb ☑ Index sources ⓘ ☐ Publish symbols ⓘ
发布工件 ——MVC 应用程序	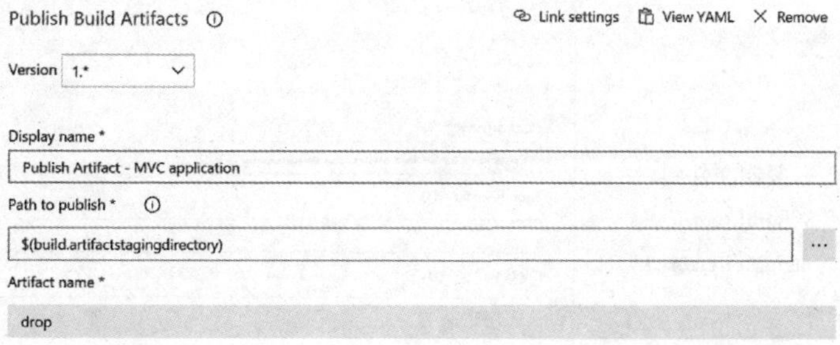 Publish Build Artifacts ⓘ Link settings View YAML × Remove Version 1.* Display name * Publish Artifact - MVC application Path to publish * ⓘ $(build.artifactstagingdirectory) ... Artifact name * drop

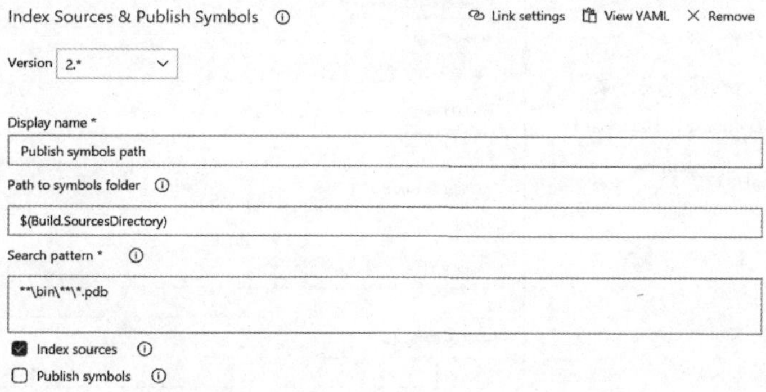

续表

任务名	任 务 配 置
发布工件 ——IaaS 代码(ARM 模板)	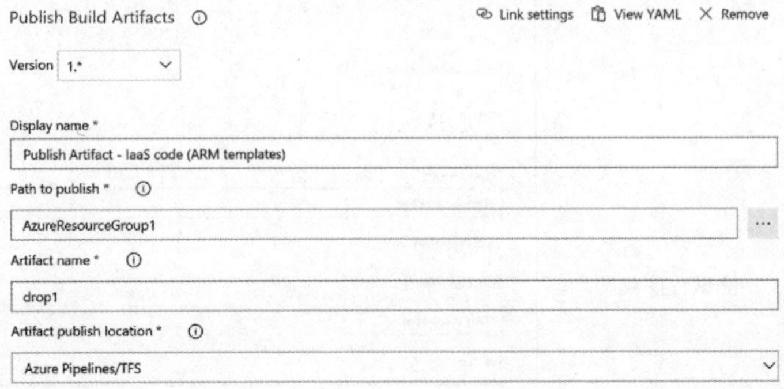 Publish Build Artifacts ⓘ　　Link settings　View YAML　× Remove Version 1.* Display name * Publish Artifact - IaaS code (ARM templates) Path to publish * ⓘ AzureResourceGroup1 Artifact name * ⓘ drop1 Artifact publish location * ⓘ Azure Pipelines/TFS
构建解决方案 Database1/Database1. sqlproj	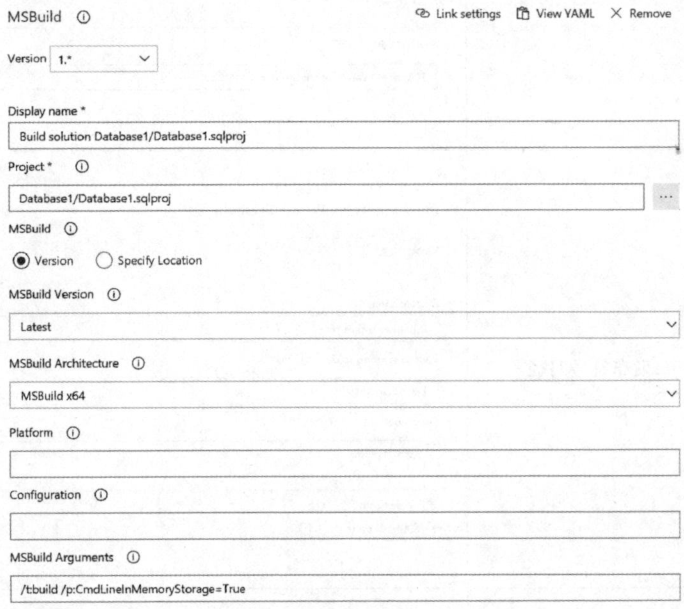 MSBuild ⓘ　　Link settings　View YAML　× Remove Version 1.* Display name * Build solution Database1/Database1.sqlproj Project * ⓘ Database1/Database1.sqlproj MSBuild ⓘ ◉ Version　○ Specify Location MSBuild Version ⓘ Latest MSBuild Architecture ⓘ MSBuild x64 Platform ⓘ Configuration ⓘ MSBuild Arguments ⓘ /t:build /p:CmdLineInMemoryStorage=True
复制文件到 $(build. artifactst aging directory)	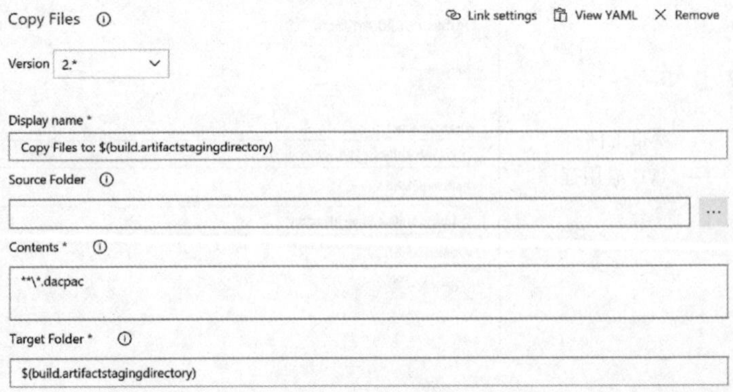 Copy Files ⓘ　　Link settings　View YAML　× Remove Version 2.* Display name * Copy Files to: $(build.artifactstagingdirectory) Source Folder ⓘ Contents * ⓘ ***.dacpac Target Folder * ⓘ $(build.artifactstagingdirectory)

构建管道被配置为持续集成的一部分自动执行,如图 13.12 所示。

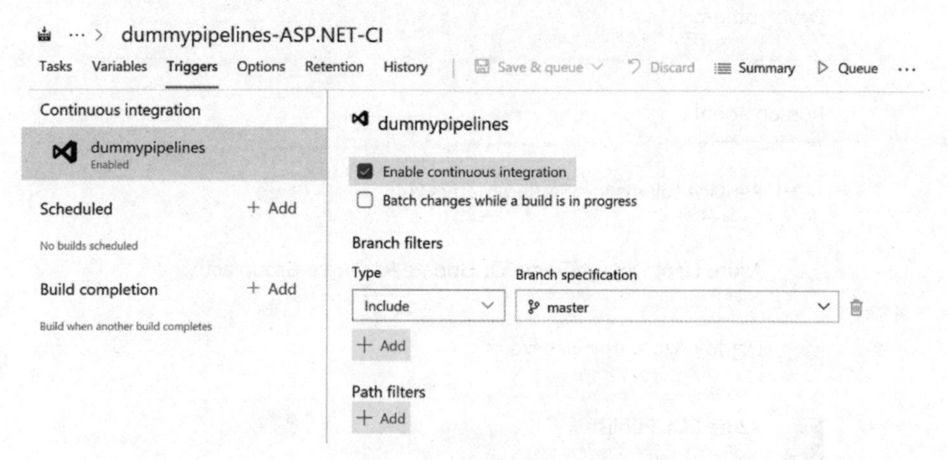

图 13.12　在构建管道中启用持续集成

版本定义由多个环境组成,如开发、测试、系统集成测试(System Integration Testing,SIT)、用户验收测试(User Acceptance Testing,UAT)、预生产和生产。每个环境中的任务都非常相似,添加了特定于该环境的任务。例如,与开发环境相比,测试环境具有与 UI、功能和集成测试相关的额外任务。

这种应用程序的发布定义如图 13.13 所示。

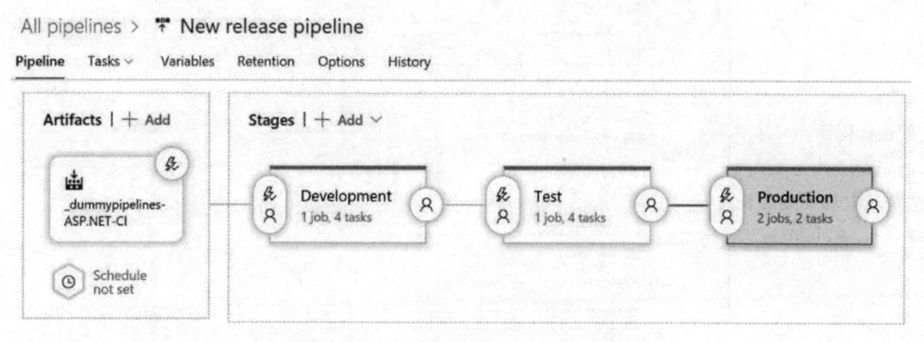

图 13.13　应用程序的发布定义

单个环境的发布任务如图 13.14 所示。

下面列出了每个任务的配置,如表 13.3 所列。

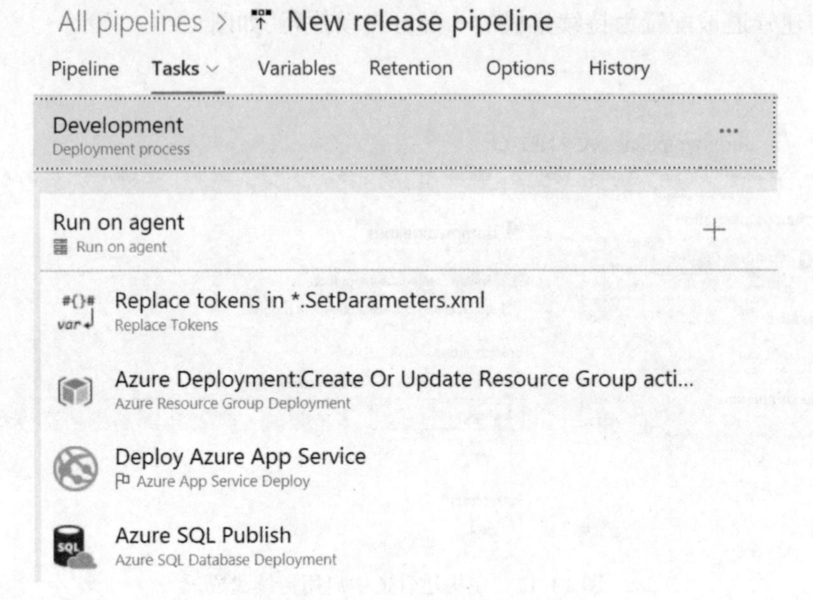

图 13.14　单个环境的发布任务

表 13.3　发布管道任务的配置

任务名	任务配置
替换标记于 *.SetParameters.xml (这是从市场安装的任务)	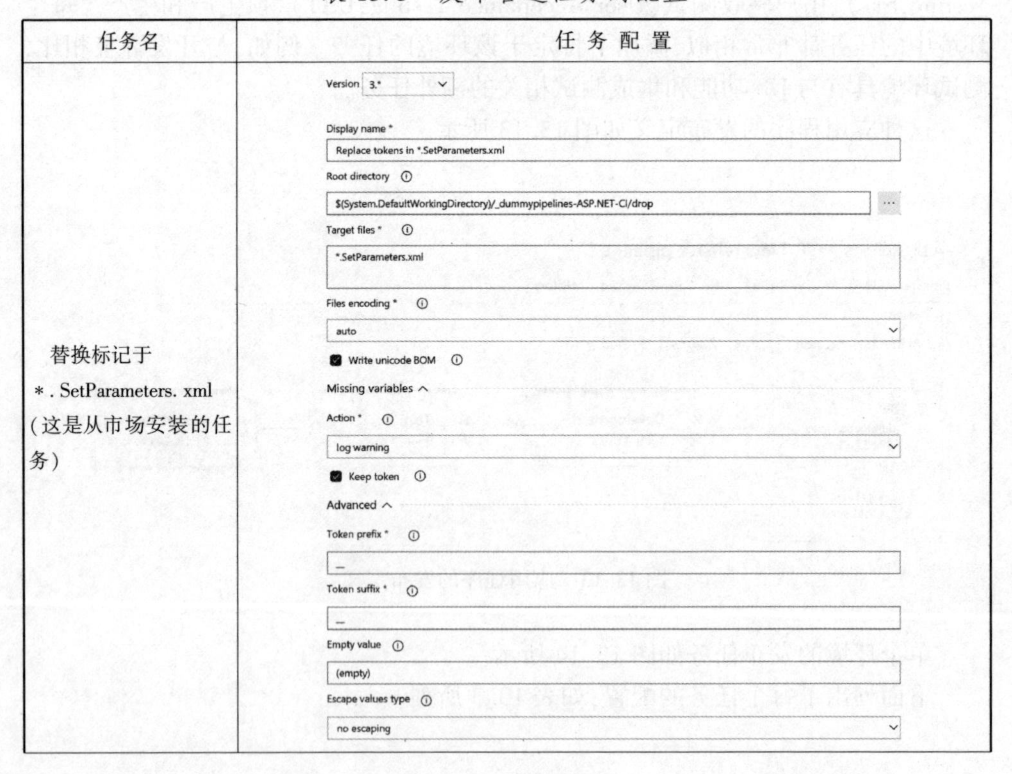

续表

任务名	任 务 配 置
Azure 部署：在 devRG 上创建或更新资源组动作	Azure Resource Group Deployment ⓘ × Remove Version 2.* Display name * Azure Deployment:Create Or Update Resource Group action on devRG Azure Details ^ Azure subscription * ⓘ | Manage myconnection ⓘ Scoped to subscription 'Visual Studio Enterprise' Action * ⓘ Create or update resource group Resource group * ⓘ devRG Location * ⓘ West Europe Template ^ Template location * Linked artifact Template * ⓘ $(System.DefaultWorkingDirectory)/_dummypipelines-ASP.NET-CI/drop1/WebSiteSQLDatabase.json Template parameters ⓘ $(System.DefaultWorkingDirectory)/_dummypipelines-ASP.NET-CI/drop1/WebSiteSQLDatabase.parameters.json Override template parameters ⓘ -sqlserverName $(SQLServerName) -hostingPlanName $(AppServiceName) Deployment mode * ⓘ Incremental
部署 Azure 应用服务	Azure App Service Deploy ⓘ × Remove Version 3.* Display name * Deploy Azure App Service Azure subscription * ⓘ | Manage myconnection ⓘ Scoped to subscription 'Visual Studio Enterprise' App type * ⓘ webApp App Service name * ⓘ $(AppServiceName) ☐ Deploy to slot ⓘ Virtual application ⓘ Package or folder * ⓘ $(System.DefaultWorkingDirectory)/_dummypipelines-ASP.NET-CI/drop/WebApplication38.zip

续表

任务名	任务配置
SQL Azure 发布	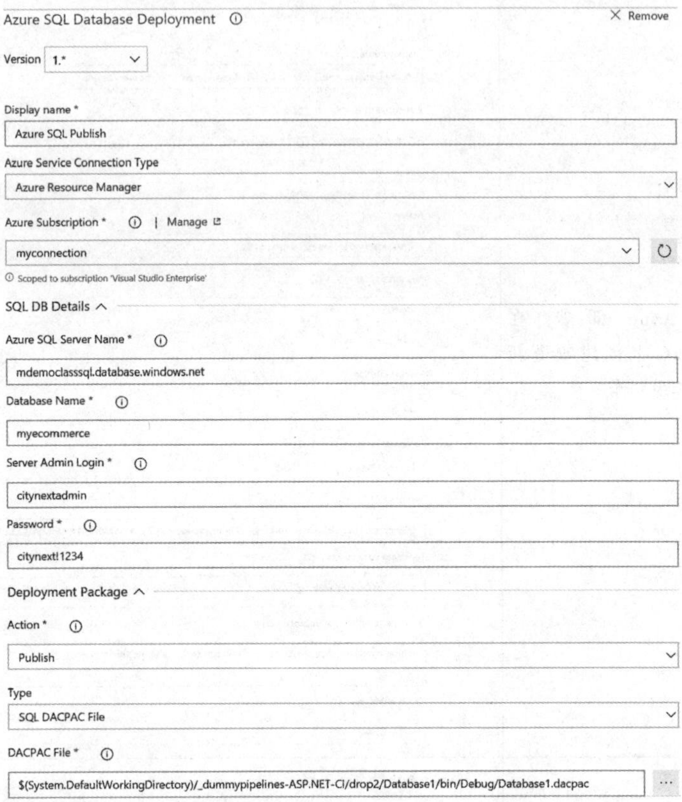 Azure SQL Database Deployment ⓘ × Remove Version 1.* Display name * Azure SQL Publish Azure Service Connection Type Azure Resource Manager Azure Subscription * ⓘ | Manage myconnection ⓘ Scoped to subscription 'Visual Studio Enterprise' SQL DB Details Azure SQL Server Name * ⓘ mdemoclasssql.database.windows.net Database Name * ⓘ myecommerce Server Admin Login * ⓘ citynextadmin Password * ⓘ citynext!1234 Deployment Package Action * ⓘ Publish Type SQL DACPAC File DACPAC File * ⓘ $(System.DefaultWorkingDirectory)/_dummypipelines-ASP.NET-CI/drop2/Database1/bin/Debug/Database1.dacpac

在本节中，您看到了在 Azure DevOps 中配置构建和发布管道的方法。在下一节中，我们将重点讨论不同的体系结构，如 IaaS、容器和不同的场景。

13.7 DevOps 的 IaaS

IaaS 涉及基础设施和应用程序的管理，需要在多个环境中提供、配置和部署多个资源与组件。在继续之前，了解体系结构是很重要的。

基于 IaaS 虚拟机的解决方案的架构如图 13.5 所示。

体系结构中列出的每个组件将在下面讨论。

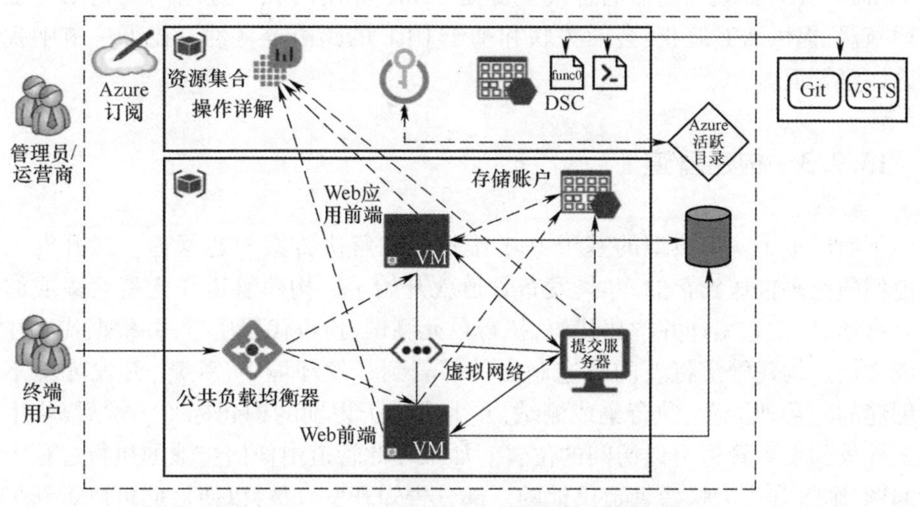

图 13.15　基于 IaaS 虚拟机的解决方案的架构

13.7.1　Azure 虚拟机

托管 Web 应用程序、应用服务器、数据库和其他服务的 Azure 虚拟机是使用 ARM 模板提供的。它们连接到一个虚拟网络,并拥有来自同一网络的私有 IP 地址。虚拟机的公共 IP 是可选的,因为它们连接到一个公共负载均衡器。Operational Insights 代理安装在虚拟机上以监视虚拟机。PowerShell 脚本也在这些虚拟机上执行,从另一个资源组中可用的 Storage 账户下载,以打开相关的防火墙端口,下载适当的包,并安装本地证书,以确保通过 PowerShell 进行访问。Web 应用程序被配置为在这些虚拟机上提供的端口上运行,Web 应用程序的端口号及其所有配置都从 DSC 拉取服务器中拉出并动态分配。

13.7.2　Azure 公共负载均衡器

一个公共负载均衡器附加到一些虚拟机上,以便以轮询的方式向它们发送请求,这通常是前端 Web 应用程序和 API 所需要的。通过为负载均衡器分配公网 IP 地址和 DNS 名称,负载均衡器可以为 Internet 请求提供服务,它在不同的端口上接受 HTTP Web 请求,并将它们路由到虚拟机,它还使用提供的一些应用程序路径探测 HTTP 上的某些端口,还可以应用网络地址转换(Network Address Translation,NAT)规则,以便使用它们登录到使用远程桌面的虚拟机。

Azure 公共负载均衡器的替代资源是 Azure 应用网关。应用网关是第七层负载均衡器,提供 SSL 终止、会话关联和基于 URL 的路由等特性。在下一节中我们讨论构建管道。

13.7.3 构建管道

下面展示了一个典型的基于 IaaS 虚拟机的解决方案构建管道。当开发人员将他们的代码推送到存储库时,发布管道就开始了。构建管道作为持续集成的一部分自动启动,它编译并构建代码,执行单元测试,检查代码质量,并根据代码注释生成文档。构建管道将新的二进制文件部署到开发环境中(注意:开发环境不是新创建的),更改配置,执行集成测试,并生成易于识别的构建标签。然后,将生成的工件放到发布管道可以访问的位置。如果在此管道中任何步骤的执行过程中出现问题,则将其作为构建管道反馈的一部分告知开发人员,以便他们可以重新工作并重新提交更改。构建管道应该根据发现问题的严重程度失败或通过,而不同组织的情况也不同。一个典型的构建管道如图 13.16 所示。

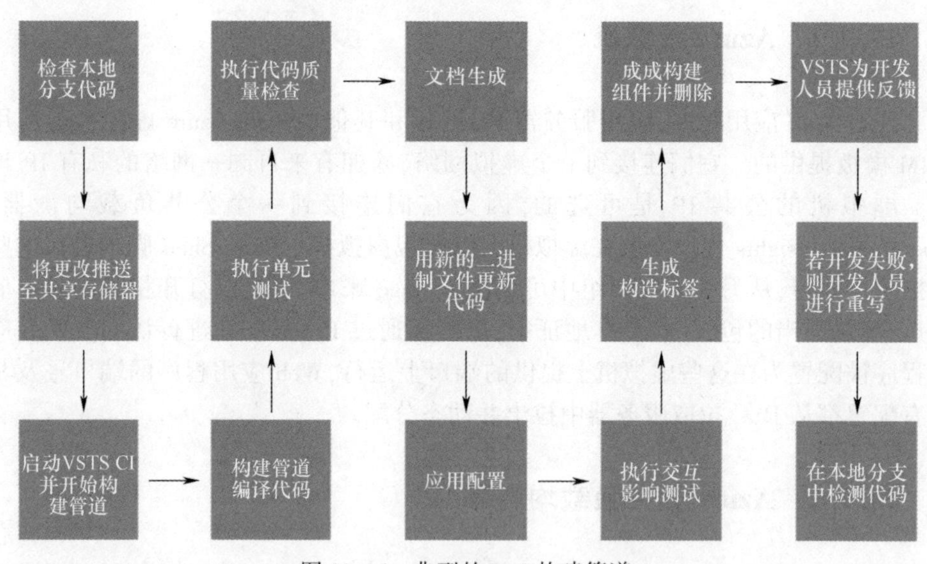

图 13.16 典型的 IaaS 构建管道

与构建管道类似,让我们了解发布管道的实现。

13.7.4 释放管道

下面展示了一个典型的基于 IaaS 虚拟机的部署发布管道,发布管道在构建管道完成后开始,发布管道中的第一步是收集构建管道生成的工件。它们通常是可部署的程序集、二进制文件和配置文档。发布管道执行并创建或更新第一个环境,它通常是一个测试环境。它使用 ARM 模板在 Azure 上提供所有 IaaS 和 PaaS 服务和资源,并对它们进行配置。它们还有助于在创建虚拟机之后作为创建后的步骤执行脚本和 DSC 配置,这有助于在虚拟机和操作系统中配置环境。在这个阶段,将部署和配置来自构建管道的应用程序二进制文件。将执行不同的自动化测试来检查解决方案,如果发现满意,管道将在获得必要的批准后将部署转移到下一个环境。在下一个环境(包括生产环境)中执行相同的步骤。最后,在生产环境中执行操作验证测试,以确保应用程序按预期工作,没有任何偏差。

在这个阶段,如果有任何问题或 bug,就应该进行纠正,并重复整个循环。但是,如果这没有在规定的时间范围内发生,那么,应该在生产环境中恢复最后已知的快照,以减少停机时间。一个典型的释放管道如图 13.17 所示。

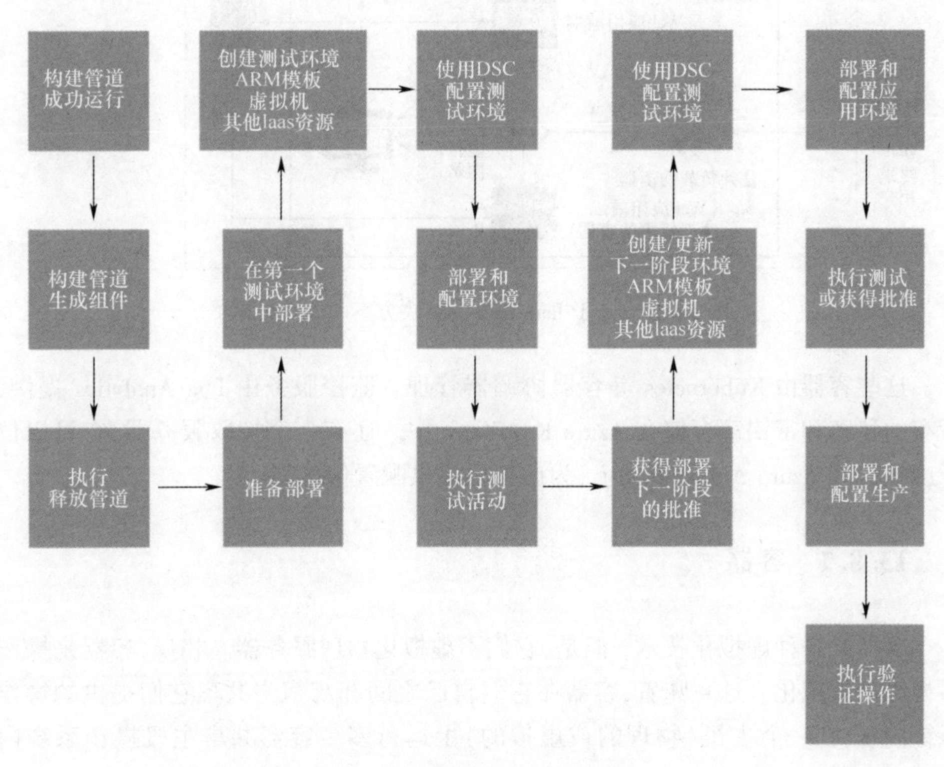

图 13.17　典型的 IaaS 释放管道

本节总结了 IaaS 解决方案的 DevOps 流程,第 14 章将重点讨论虚拟机上的容器。注意:容器也可以运行在 PaaS 上,如 App Service 和 Azure Functions。

13.8 DevOps 的容器

在典型的体系结构中,容器运行时部署在虚拟机上,容器在虚拟机上运行。基于 IaaS 容器的解决方案的典型架构如图 13.18 所示。

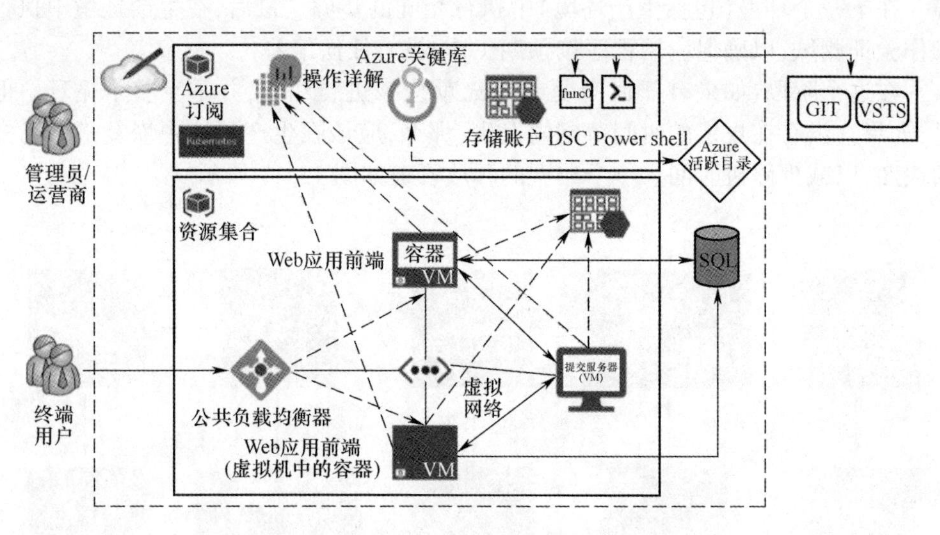

图 13.18　基于 IaaS 容器的解决方案的体系结构

这些容器由 Kubernetes 等容器协调器管理。监控服务由 Log Analytics 提供,所有的秘密和密钥都存储在 Azure Key Vault 中。还有一个拉取服务器,它可以位于虚拟机或 Azure Automation 上,为虚拟机提供配置信息。

13.8.1 容器

容器是一种虚拟化技术, 但是,它们不虚拟化物理服务器。相反,容器是操作系统级的虚拟化。这意味着,容器在它们自己之间和与宿主共享它们提供的操作系统内核,在一个主机(物理的或虚拟的)上运行多个容器共享主机操作系统内核,主机提供了一个操作系统内核,所有运行在它上面的容器都使用它。

容器也完全与它们的主机和其他容器隔离,非常像虚拟机。容器使用操作系统名称空间、Linux 上的控制组来提供对新操作系统环境的感知,并在 Windows 上使用特定的操作系统虚拟化技术。每个容器都获得自己的操作系统资源副本。

1. Docker

Docker 为容器提供管理特性。它包括两个可执行文件。

(1) Docker 守护进程。

(2) Docker 客户端。

Docker 守护进程是管理容器的主力,它是一个管理服务,负责管理主机上与容器相关的所有活动。Docker 客户端与 Docker 守护进程交互,负责捕获输入并将它们发送给 Docker 守护进程。Docker 守护进程提供运行时,图书馆,图形驱动程序,用于创建、管理和监控容器的引擎,以及主机服务器上的图像,它还可以创建用于构建应用程序并将其发送到多个环境的自定义映像。

2. Dockerfile

Dockerfile 是创建容器映像的主要构建块,它是一个简单的基于文本的人类可读文件,没有扩展名,甚至被命名为 Dockerfile。尽管有一种机制可以对其进行不同的命名,但它通常被命名为 Dockerfile。Dockerfile 包含使用基本映像创建自定义映像的指令,这些指令由 Docker 守护进程从上到下依次执行。说明参考了命令及其参数,如 COPY、ADD、RUN 和 ENTRYPOINT。Dockerfile 通过将应用程序部署和配置转换为指令来实现 IaC 实践,这些指令可以被版本化并存储在源代码存储库中。让我们了解下面的构建步骤。

13.8.2 构建步骤

从构建的角度来看,容器和基于虚拟机的解决方案之间没有区别,构建步骤保持不变。下面展示了基于 IaaS 容器的部署的典型发布管道。

13.8.3 发布管道

IaaS 基于容器部署的典型发布管道和发布管道之间的唯一区别是容器映像管理及使用 Dockerfile 与 Docker Compose 创建容器。高级的容器管理工具,如 Docker Swarm、DC/OS 与 Kubernetes,也可以作为发布管理的一部分进行部署和配置。注意:如前所述,这些容器管理工具应该是共享服务发布管道的一部分。图 13.19 显示了基于容器的解决方案的典型发布管道。

下一节的重点是与其他工具集(如 Jenkins)的集成。

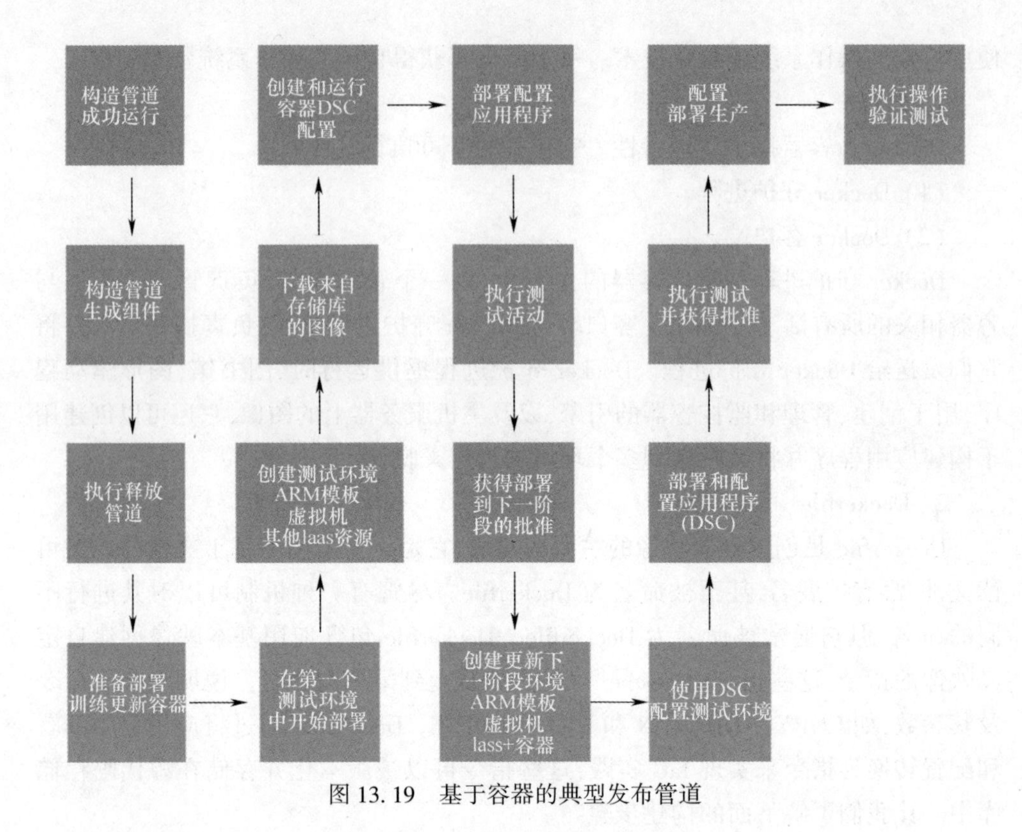

图 13.19　基于容器的典型发布管道

13.9　Azure DevOps 和 Jenkins

Azure DevOps 是一个开放平台编排器，可以与其他编排器工具无缝集成，它还提供了与 Jenkins 很好地集成的所有必要的基础设施和特性。在 Jenkins 上建立了完善的 CI/CD 管道的组织可以利用 Azure DevOps 的先进但简单的特性来重用它们。

Jenkins 可以用作存储库，并可以在 Azure DevOps 中执行 CI/CD 管道，同时也可以在 Azure DevOps 中拥有存储库，并在 Jenkins 中执行 CI/CD 管道。

Jenkins 配置可以作为服务钩子添加到 Azure DevOps 中，任何代码更改提交到 Azure DevOps 存储库时，它都可以触发 Jenkins 中的管道。图 13.20 显示了 Jenkins 在 Azure DevOps 服务钩子的配置。

Jenkins 中有多个触发器执行管道，其中一个是 Code pushed，如图 13.21 所示。也可以部署到 Azure VM 并执行 Azure DevOps 发布管道如下：https://docs.microsoft.com/azure/virtual-machines/linux/tutorialbuild-deploy-jenkins。

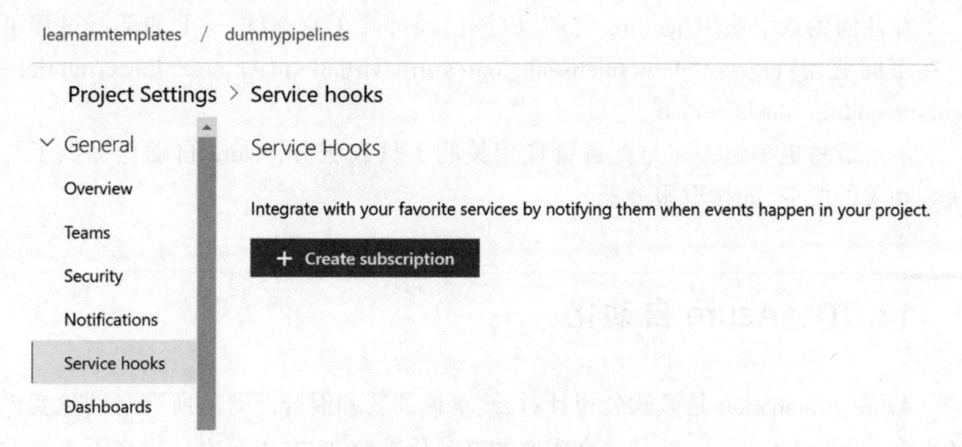

图 13.20　Jenkins 的配置

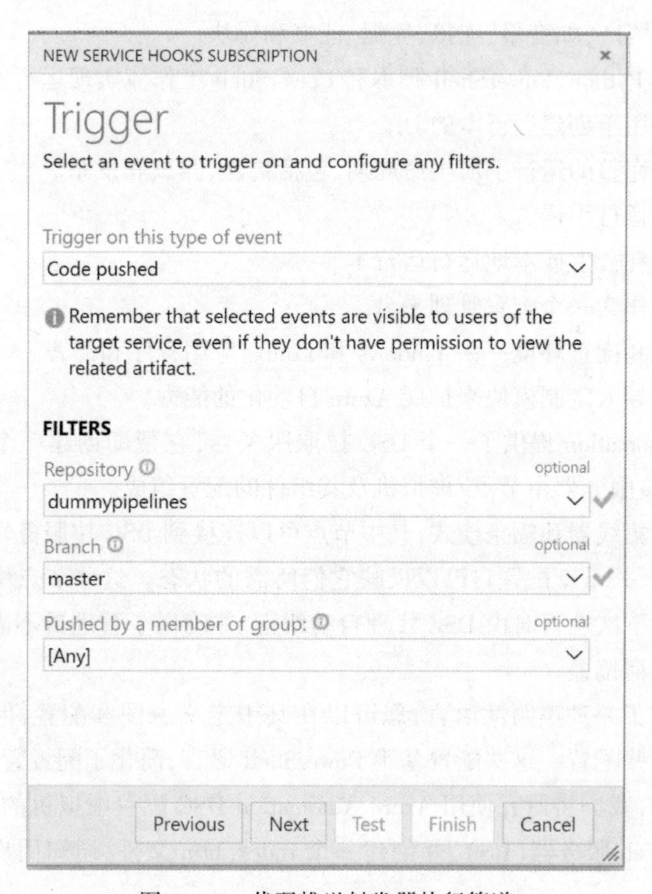

图 13.21　代码推送触发器执行管道

在任何场景中使用 Jenkins 之前,应该已经部署了它。Linux 上的部署过程可以在下面获得:https://docs.microsoft.com/azure/virtual-machines/ linux/tutorial-jenkins-github-docker-cicd。

下一节将更多地关注与配置管理相关的工具和服务,Azure 自动化提供了与 DSC 相关的服务,如拉取服务器。

13.10 Azure 自动化

Azure Automation 是微软公司针对云、本地部署和混合部署的所有自动化实现的平台。Azure Automation 是一个成熟的自动化平台,它在以下方面提供了丰富的功能。

(1) 定义资产,如变量、连接、凭据、证书和模块。

(2) 使用 Python、PowerShell 脚本和 PowerShell 工作流实现运行本。

(3) 提供用于创建运行本的 UI。

(4) 管理完整的运行手册生命周期,包括构建、测试和发布。

(5) 调度运行手册。

(6) 能够在云上或本地运行运行本。

(7) DSC 作为一个配置管理平台。

(8) 管理和配置环境——Windows 和 Linux、应用程序和部署。

(9) 通过导入定制模块来扩展 Azure 自动化的能力。

Azure Automation 提供了一个 DSC 拉取服务器,它帮助创建一个集中的配置管理服务器,该服务器由节点/虚拟机及其组件的配置组成。

它实现了集线器和辐条模式,其中节点可以连接到 DSC 拉服务器并下载分配给它们的配置,并重新配置自己以反映它们所需的状态。这些节点中的任何更改或偏差都将在下次运行时由 DSC 代理自动纠正,并确保了管理员不需要主动监控环境来发现任何偏差。

DSC 提供了一种声明性语言,您可以在其中定义意图和配置,但不知道如何运行和应用这些配置。这些配置基于 PowerShell 语言,简化了配置管理过程。

在本节中,我们将研究使用 Azure Automation DSC 配置虚拟机的简单实现,以安装和配置 Web 服务器(IIS),并创建一个 index.htm 文件,通知用户网站正在维护中。

下面将学习如何提供 Azure Automation 账户。

13.10.1 提供 Azure Automation 账户

在现有的或新的资源组中，从 Azure 门户或 PowerShell 中创建一个新的 Azure Automation 账户。您可能会在图 13.22 中注意到 Azure Automation 为 DSC 提供了菜单项。

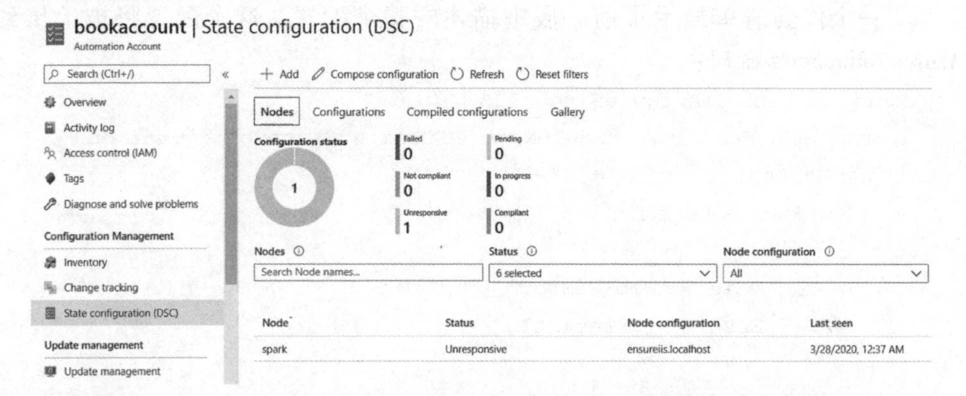

图 13.22　Azure Automation 账户中的 DSC

DSC 提供了以下内容。

(1) DSC 节点。这些节点列出了与当前 Azure Automation DSC 拉取服务器登记的所有虚拟机和容器，这些虚拟机和容器使用来自当前 DSC 拉取服务器的配置进行管理。

(2) DSC 配置。这些列出了所有导入并上传到 DSC pull 服务器的原始 PowerShell 配置，它们是人类可读的格式，不处于编译状态。

(3) DSC 节点配置。这些列出了拉取服务器上可用的、分配给节点-虚拟机和容器的所有 DSC 配置的编译。DSC 配置在编译后生成 MOF 文件，并最终用于配置节点。

在配置了 Azure Automation 账户之后，我们可以创建一个 DSC 配置，在下一节中介绍。

13.10.2　创建一个 DSC 配置

下一步是使用任何 PowerShell 编辑器编写一个 DSC 配置，以反映配置的意图。对于这个示例，创建了一个配置 ConfigureSiteOnIIS。它导入基本的 DSC 模块 PSDesiredStateConfiguration，该模块由配置中使用的资源组成，它还声明了一个节点 Web 服务器。当这个配置被上传和编译后，将生成一个名为 ConfigureSiteOnII-

Swebserver 的 DSC 配置。然后,可以将此配置应用于节点。

配置由一些资源组成,这些资源用于配置目标节点,该资源安装了一个 Web 服务器、ASP. NET 和框架,并在 inetpub\ wwwroot 目录下创建一个 index. htm 文件,其中的内容显示站点正在维护中。有关编写 DSC 配置的更多信息,请参阅 https://docs. microsoft. com/zh - cn/powershell/scripting/dsc/quickstarts/website - quickstart? view=powershell-7. 1。

下一个代码清单显示了前一段中描述的整个配置。这个配置将被上传到 Azure Automation 账户:

```
Configuration ConfigureSiteOnIIS {
  Import-DscResource -ModuleName 'PSDesiredStateConfiguration'
  Node WebServer {
     WindowsFeature IIS
        {
           Name = "Web-Server"
           Ensure = "Present"
        }
        WindowsFeature AspDotNet
        {
           Name = "net-framework-45-Core"
           Ensure = "Present"
           DependsOn = "[WindowsFeature]IIS"
        }
        WindowsFeature AspNet45
           {
              Ensure           = "Present"
              Name             = "Web-Asp-Net45"
              DependsOn = "[WindowsFeature]AspDotNet"
           }
           File IndexFile
           {
              DestinationPath = "C:\inetpub\wwwroot\index.htm"
              Ensure = "Present"
              Type = "File"
              Force = $true
              Contents = '<HTML><HEAD><Title>Website under construction.</
Title></HEAD><BODY>'
              <h1>If you are seeing this page,it means the website is under
maintenance and DSC Rocks !!!!!</h1></BODY></HTML>"
```

```
        }
    }
}
```

在创建一个 DSC 配置之后,它应该被导入到 Azure Automation 中,参见下一节所介绍的内容。

13.10.3 导入 DSC 配置

Azure Automation 仍然不知道 DSC 配置,它在一些本地机器上可用,也应该被上传到 Azure Automation DSC 配置中。Azure Automation 提供了 import-AzureRMAutomationDscConfiguration cmdlet 来将配置导入到 Azure Automation:

```
Import-AzureRmAutomationDscConfiguration-SourcePath "C:\DSC\AA\DSCfiles\ConfigureSiteOnIIS.ps1"-ResourceGroupName "omsauto"-AutomationAccountName "datacenterautomation" -Published -Verbose
```

这些命令将在 Azure Automation 中导入配置。导入之后,应该编译 DSC 配置,以便将其分配给服务器进行遵从性检查和自动修正。

13.10.4 编译 DSC 配置

在 Azure Automation 中提供了 DSC 配置之后,可以要求对其进行编译,Azure Automation 为此提供了另一个 cmdlet。使用 Start-AzureRmAutomationDscCompilationJob cmdlet 来编译导入的配置,配置名称应该与上传的配置名称匹配。编译将创建一个以配置名和节点名命名的 MOF 文件,在本例中为 ConfigureSiteOnIIS Web 服务器。命令的执行情况如下:

```
Start-AzureRmAutomationDscCompilationJob-ConfigurationName ConfigureSiteOnIIS
-ResourceGroupName"omsauto"-AutomationAccountName"datacenterautomation"
-Verbose
```

现在您已经完成了 DSC 节点的配置。在下一节中,您将学习如何为节点分配配置。

13.10.5 为节点分配配置

编译的 DSC 配置可以应用于节点,使用 Register-AzureRmAutomationDscNode 将配置分配给一个节点,NodeConfigurationName 参数标识应该应用到节点的配置名称。这是一个功能强大的 cmdlet,它还可以在节点下载配置并应用它们之前配置 DSC 代理(即本地配置管理器)。可以配置多个 localconfigurationmanager 参数—详细信息可在以下网站获得 https://devblogs.microsoft.com/powershell/ understanding-meta-configuration-in-windows-powershell-desired-stateconfiguration。

让我们看看下面的配置:

```
Register-AzureRmAutomationDscNode -ResourceGroupName "omsauto"
-AutomationAccountName "datacenterautomation" -AzureVMName testtwo
-ConfigurationMode ApplyAndAutocorrect -ActionAfterReboot ContinueConfiguration
-AllowModuleOverwrite $true-AzureVMResourceGroup testone-AzureVMLocation"West Central US"
-NodeConfigurationName "ConfigureSiteOnIIS.WebServer"
-Verbose
```

现在,我们可以通过使用浏览器浏览新部署的网站来测试配置是否已经应用到服务器上,测试成功完成后,让我们继续验证连接。

13.10.6 批准

如果适当,网络安全组和防火墙将为端口 80 打开和启用,并为虚拟机分配一个公共 IP。默认网站可以通过 IP 地址浏览;否则,登录到用于应用 DSC 配置的虚拟机并导航到 http://localhost。

Localhost 显示如图 13.23 所示页面。

If you are seeing this page, it means the website is under maintenance and DSC Rocks !!!!!

图 13.23 Localhost

这就是配置管理的强大之处:无须编写任何重要的代码,只需编写一次配置就可以多次应用于相同或多个服务器,并且可以确保它们将在所需的状态下运行,而无须任何手动干预。在下一节中,我们将查看 Azure DevOps 可用的各种工具。

13.11 DevOps 的工具

如前所述,Azure 是一个丰富而成熟的平台,它支持以下功能。

(1) 多种语言选择。

(2)多种操作系统的选择。

(3) 工具和实用程序的多种选择。

(4) 部署解决方案的多种模式(如虚拟机、应用程序服务、容器和微服务)。

有了这么多的选项和选择,Azure 提供了以下几点。

(1) 开放云。对开源、微软和非微软产品、工具和服务开放。

(2) 灵活的云。终端用户和开发人员可以很容易地利用他们现有的技能和知识来使用它。

(3) 统一管理。提供无缝监控和管理功能。

这里提到的所有服务和功能对于成功实现 DevOps 都很重要。图 13.24 显示了可以用于管理应用生命周期和 DevOps 的不同阶段的开源工具与实用程序。

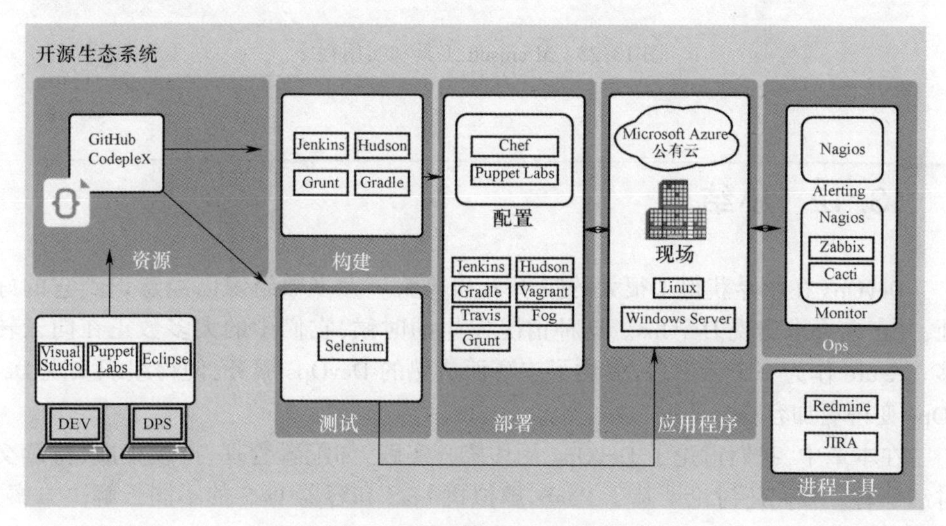

图 13.24　开源工具和实用程序

图 13.25 显示了可以用于管理应用程序生命周期和 DevOps 的不同阶段的 Microsoft 工具和实用程序。同样,这只是所有工具和实用程序的一个小表示,还有更多可用的选项,例如:

(1) Azure DevOps 构建编排用于构建管道;

(2) 微软测试管理器和 Pester 测试;

(3) 部署或配置管理的 DSC、PowerShell 和 ARM 模板;

(4) 日志分析、应用洞察和系统中心运营经理(System Center OperationsManager,SCOM),用于警报和监控;

(5) Azure DevOps 和系统中心服务经理管理进程。

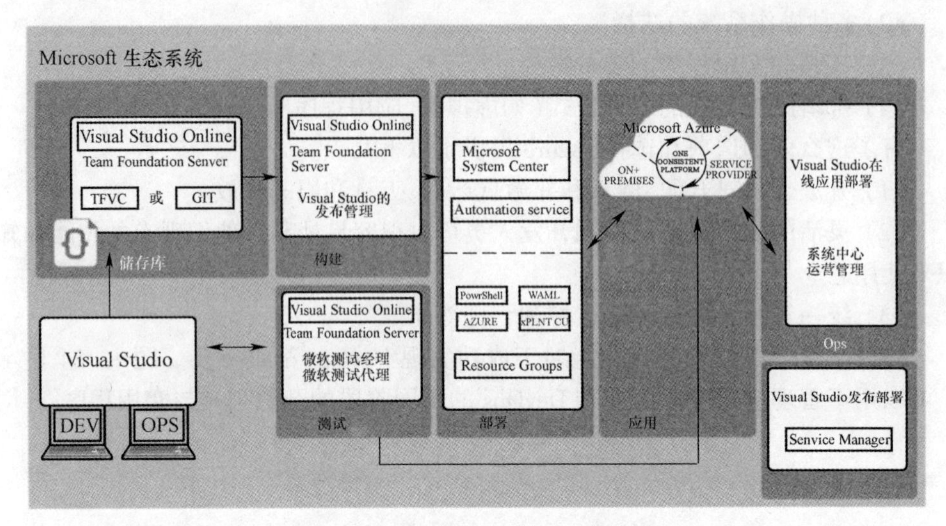

图 13.25 Microsoft 工具和实用程序

13.12 小结

DevOps 在业界获得了很大的吸引力和势头。大多数组织已经意识到它的好处,并正在寻求实现 DevOps。这种情况发生的时候,它们中的大多数正在向云转移。Azure 作为一个云平台,提供了丰富而成熟的 DevOps 服务,使得组织实现 DevOps 变得更加容易。

在本章中,我们讨论了 DevOps 及其核心实践,如配置管理、持续集成、持续交付和部署。我们还讨论了基于 PaaS、虚拟机 IaaS 和容器 IaaS 的不同云解决方案,以及它们各自的 Azure 资源、构建和发布管道。

本章还解释了配置管理、Azure Automation 的 DSC 服务,以及使用拉式服务器自动配置虚拟机。最后,我们讨论了 Azure 在选择语言、工具和操作系统方面的开放性与灵活性。

在第 14 章中,我们将详细介绍 Kubernetes 及其组件和交互,以及 Kubernetes 上的应用程序设计和部署注意事项。

第14章 Azure架构Kubernetes解决方案

容器是过去10年里谈论最多的基础设施组件之一。容器并不是一项新技术,它们已经存在很长一段时间了。它们在Linux环境中流行了20多年。由于容器的复杂性和没有太多的相关文档,所以开发人员社区并不了解它们。然而,在2013年,一家名为Docker的公司成立了,它改变了开发者人员对容器的看法和使用。

Docker在现有的Linux LXC容器上编写了一个健壮的API包装器,使开发人员可以很容易地从命令行界面创建、管理和销毁容器。在对应用程序进行容器化操作时,我们拥有的容器数量可能会随着时间的推移而急剧增加,我们可能会达到需要管理数百甚至数千个容器的地步。这就是容器协调器扮演的角色,Kubernetes就是其中之一。使用Kubernetes,我们可以自动化容器的部署、扩展、联网和管理。

在本章中,我们将介绍以下内容。

(1) 容器的介绍性概念。

(2) Kubernetes的概念。

(3) Kubernetes成功的重要因素。

(4) 使用Azure Kubernetes服务架构解决方案。

现在您已经知道了Kubernetes的用途,让我们从头开始,讨论容器是什么,它们是如何使用Kubernetes进行协调的。

14.1 容器的介绍

容器称为操作系统级虚拟化系统,它们托管、运行在物理服务器或虚拟服务器的操作系统上,实现的性质取决于主机操作系统。例如,Linux容器的灵感来自cgroups,Windows容器是占用空间很小的轻量级虚拟机。

容器是真正的跨平台。容器化的应用程序可以统一地运行在任何平台上,如Linux、Windows或Mac,而不需要进行任何更改,这使得它们具有很高的可移植性,成为组织采用的完美技术,因为它们与平台无关。

此外,容器可以在任何云环境或内部环境中运行,而不需要进行更改。这意味着,如果组织在云上实现容器作为其托管平台,它们也不会绑定到单一的云提供商。他们可以将自己的环境从本地转移到云端。

容器提供了虚拟机通常具有的所有优点,它们有自己的 IP 地址、DNS 名称、身份、网络堆栈、文件系统和其他组件,这些组件给用户一种使用全新操作系统环境的印象。在底层,Docker 运行时通过虚拟化多个操作系统内核级组件来提供这种印象。

所有这些好处为采用容器技术的组织提供了巨大的好处,而 Docker 是这方面的先驱之一,还有其他可用的容器运行时选项,如 CoreOS Rkt(称为 Rocket,已停产)、Mesos Containerizer 和 LXC 容器。组织可以采用他们觉得好用的技术。

容器之前在 Windows 环境中是不可用的,只在 Windows 10 和 Windows Server 2016 中可用。然而,容器现在是 Windows 环境的“头等公民”。

正如前面所提到的,应该像生态系统中的任何其他基础设施组件一样,对容器进行良好的监控、治理和管理。有必要部署一个协调器,如 Kubernetes,它可以帮助您轻松地完成这一任务。在下一节中,您将了解 Kubernetes 的基本原理,以及它的优点。

14.2 Kubernetes 基础知识

许多组织仍然在问:“我们是否需要 Kubernetes,或者任何容器协调器?”当我们考虑大规模的容器管理时,需要考虑扩展性、负载平衡、生命周期管理、连续交付、日志记录和监视等。

您可能会问:“容器不应该做这些吗?”答案是:容器只是拼图的一个低级部分,真正的好处是通过位于容器顶部的工具获得的。在一天结束时,我们需要一些东西来帮助我们编配。

Kubernetes 是一个希腊词,这个词起源于“舵手”或者“船长”。保持 Docker 集装箱的海洋主题,Kubernetes 是这艘船的船长。Kubernetes 通常表示为 K8s,其中 8 代表 Kubernetes 单词中 K 和 s 之间的 8 个字母。

如前所述,容器比虚拟机更灵活。它们可以在几秒内产生,也可以同样迅速地销毁,它们具有与虚拟机相似的生命周期;然而,它们需要在环境中被监视、治理和积极地管理。

使用现有的工具集来管理它们是可能的。即使如此,像 Kubernetes 这样的专业工具可以提供有价值的好处。

(1) Kubernetes 本质上具有自愈能力。当一个 Pod(现在读作“容器”)在 Kubernetes 环境下,Kubernetes 将确保一个新的 Pod 是在一个节点或另一个节点上的其他地方创建的,以响应代表应用程序的请求。

(2) Kubernetes 还简化了应用程序的升级过程,它提供了开箱即用的特性,帮助您使用原始配置执行多种类型的升级。

(3) 它有助于实现蓝绿部署。在这种类型的部署中,Kubernetes 将在旧版本的应用程序旁边部署新版本的应用程序,一旦确认新应用程序如预期的工作,一个 DNS 开关将切换到新版本的应用程序。旧的应用程序部署可以继续存在以进行回滚。

(4) Kubernetes 还帮助实现滚动升级部署策略。在这里,Kubernetes 将一次部署一个服务的新版本应用程序,一次拆除一个服务的旧版本应用程序。它将继续执行此活动,直到旧部署中没有剩余的服务为止。

(5) Kubernetes 可以部署在本地数据中心,也可以使用基础设施即服务(IaaS)模式部署在云上。这意味着,开发人员首先创建一组虚拟机,并在其上部署 Kubernetes。还有一种替代方法是使用 Kubernetes 作为平台即服务(PaaS)。Azure 提供了一个称为 Azure Kubernetes service (AKS)的 PaaS 服务,它为开发人员提供了一个开箱即用的 Kubernetes 环境。

在部署方面,Kubernetes 有两种部署方式。

(1) 非托管集群。可以通过在裸机或虚拟机上安装 Kubernetes 和任何其他相关包来创建非托管集群,在非托管集群中,将有主节点和工作节点(以前称为从属节点),主节点和工作节点携手协调容器。如果您想知道这是如何实现的,在本章的后面,我们将探索 Kubernetes 的完整架构。现在,只需知道有主节点和工作节点即可。

(2) 托管集群。托管集群通常由云提供商提供,云提供商为您管理基础设施。在 Azure 中,这种服务称为 AKS,Azure 将提供有关修补和管理基础设施的积极支持。使用 IaaS,组织必须确保节点和基础设施的可用性与可扩展性。在 AKS 的情况下,主组件将不可见,因为它是由 Azure 管理的。然而,工作节点(从属节点)将是可见的,并将部署到一个单独的资源组中,因此您可以在需要时访问这些节点。

与非托管集群相比,使用 AKS 的主要好处如下 。

(1) 如果您使用非托管集群,则需要努力使解决方案具有高可用性和可扩展性。除此之外,您还需要适当的更新管理来安装更新和补丁。在 AKS 中,Azure 完全管理了这一点,使开发人员能够节省时间,提高效率。

(2) 与其他服务的本地集成,如 Azure 容器注册表可以安全地存储容器图像,Azure DevOps 可以集成 CI/CD 管道,Azure 监视器用于日志记录,以及用于安全性的 Azure 活动目录。

（3）可扩展性和更快的启动速度。

（4）支持虚拟机规模集。

虽然这两种部署的基本功能没有区别，但 IaaS 形式的部署提供了立即添加新插件和配置的灵活性，而 Azure 团队可能需要一些时间才能使用 AKS。此外，Kubernetes 的更新版本在 AKS 内相当快，没有太多延迟。

我们已经介绍了 Kubernetes 的基础知识。此时您可能想知道 Kubernetes 是如何做到这一切的。在下一节中，我们将研究 Kubernetes 的组件以及它们是如何协同工作的。

14.3 Kubernetes 体系结构

理解 Kubernetes 的第一步是理解它的体系结构。我们将在下一节中详细讨论每个组件，但是对体系结构进行高层次的概述将有助于您理解组件之间的交互。

14.3.1 Kubernetes 集群

Kubernetes 需要物理节点或虚拟节点来安装两种类型的组件。

（1）Kubernetes 控制平面组件，或主组件。

（2）Kubernetes 工作节点（从属节点），或非主组件。

图 14.1 提供了 Kubernetes 集群的高级概述，稍后我们将更详细地介绍这些组件。

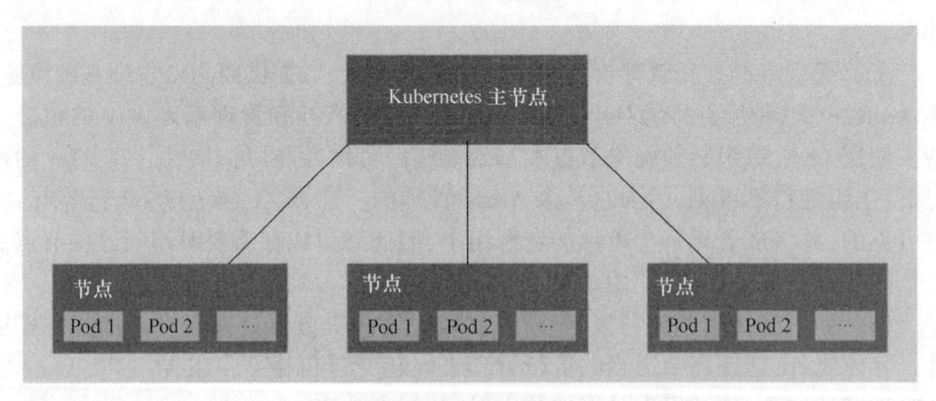

图 14.1 Kubernetes 集群概述

控制平面组件负责管理和治理 Kubernetes 环境与 Kubernetes 从属。

所有的节点-主节点和从属节点-共同组成集群。换句话说，集群是节点的集合。它们是虚拟的或物理的，彼此连接，并且可以使用 TCP 网络堆栈进行访问。外界将不知道集群的大小或功能，甚至不知道工作节点的名称。节点唯一知道的是 API 服务的地址，它们通过 API 服务与集群交互。对他们来说，集群就是运行应用程序的一台大型计算机。

Kubernetes 在内部决定适当的策略，使用控制器选择有效的、健康的节点，使应用程序能够平稳运行。

控制平面组件支持高可用配置。到目前为止，我们已经讨论了集群及其工作原理。在下一节中，我们将讨论集群的组件。

14.3.2 Kubernetes 组件

Kubernetes 组件分为主组件和节点组件两类。主组件也称为集群的控制平面，控制平面负责管理工作节点和集群中的 Pods。集群的决策权限是控制平面，它还负责与集群事件相关的检测和响应。图 14.2 描述了 Kubernetes 集群的完整体系结构。

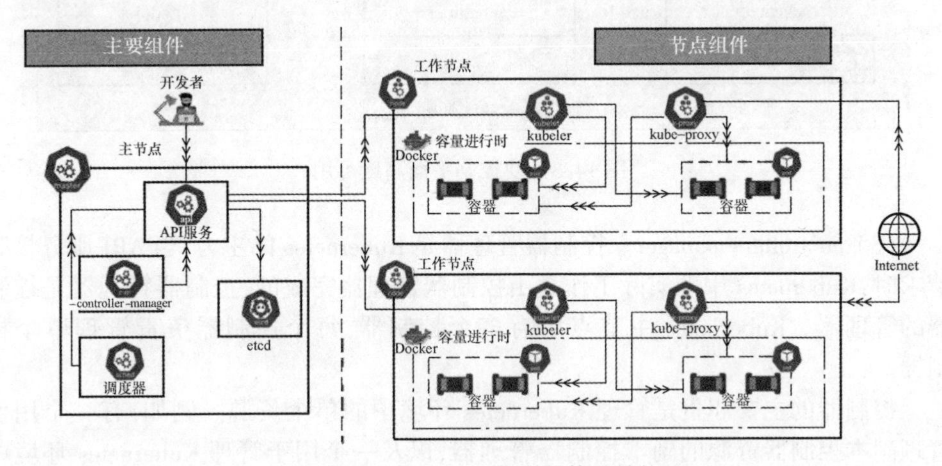

图 14.2 Kubernetes 集群的体系结构

要正确管理集群，您需要了解其中的每个组件。让我们继续讨论什么是主组件。

（1）API 服务。API 服务无疑是 Kubernetes 的“大脑”，它是 Kubernetes 内部所有活动的核心组件。每个客户端请求（除了少数例外）最终都由 API 服务来决定请求的流程，它单独负责与 etcd 服务交互。

（2）etcd（集群的数据存储）。etcd 是 Kubernetes 的数据存储，只有 API 服务被允许与 etcd 通信，并且 API 服务可以在 etcd 上执行创建、读取、更新和删除

(CRUD)活动。当请求与 API 服务一起结束时,在验证之后,API 服务可以执行任何 CRUD 操作,具体取决于 etcd 请求。etcd 是一种分布式、高可用性的数据存储。etcd 可以有多个安装,每个安装都有一个数据副本,并且它们中的任何一个都可以服务于来自 API 服务的请求。在图 14.3 中,您可以看到有多个实例在控制平面中运行,以提供高可用性。

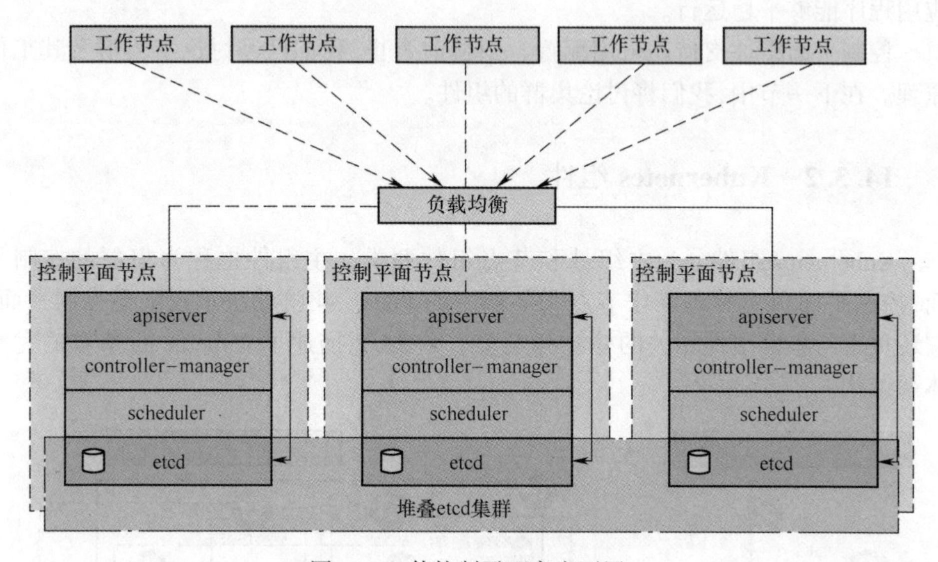

图 14.3　使控制平面高度可用

(3) controller-manager。控制器管理器是 Kubernetes 的主力,当 API 服务接收请求时,Kubernetes 中的实际工作是由控制器管理器完成的,控制器管理器是控制器的管理器。Kubernetes 主节点中有多个控制器,每个控制器负责管理单个控制器。

控制器的主要职责是管理 Kubernetes 环境中的单个资源。例如,有一个用于管理副本控制器资源的副本控制器管理器,以及一个用于管理 Kubernetes 环境中的副本集的副本集控制器。控制器在 API 服务上保持监视,当它接收到对由它管理的资源的请求时,控制器执行它的工作。

控制器的主要职责之一是保持循环运行,并确保 Kubernetes 处于所需要的状态,如果有任何偏离期望的状态,控制器应该把它带回期望的状态,部署控制器监视 API 服务创建的任何新部署资源。如果发现了新的部署资源,部署控制器将创建一个新的副本集资源,并确保副本集始终处于所需的状态。副本控制器不断循环运行,并检查环境中的实际 Pod 数量是否与所需的 Pod 数量匹配。如果 Pod 因任何原因死亡,副本控制器会发现实际计数减少了 1,它会在同一个节点或另一个节点中调度一个新的 Pod。

(4) 调度器。调度器的工作是在 Kubernetes 从属节点上调度 Pod,它不负责创建 Pod,但是它完全负责将 Pod 分配给 Kubernetes 从属节点。它通过考虑节点的当前状态、它们的繁忙程度、它们的可用资源以及 Pod 的定义来实现。Pod 可能对特定节点有偏好,调度会在将 Pod 调度到节点时考虑这些请求。

现在我们将探索部署在集群中的每个工作节点中的节点组件。

(1) kubelet。API 服务、调度器、控制器和 etcd 部署在主节点上,kubelet 部署在从属节点上。它们充当 Kubernetes 主组件的代理,负责管理节点上本地的 Pod。每个节点上有一个 kubelet,kubelet 从主组件获取命令,并向主组件(如 API 服务和控制器管理器)提供关于节点和 Pod 的运行状况、监视和更新信息。它们是主节点和从属节点之间进行管理通信的管道。

(2) kube-proxy。kube-proxy 和 kubelet 一样,部署在从属节点上。它负责监视 Pod 和服务,以及根据 Pod 和服务可用性的任何变化更新本地 iptables 和 netfilter 防火墙规则,这确保了在创建新的 Pod 和服务或删除现有的 Pod 和服务时更新节点上的路由信息。

(3) 容器运行时。当今生态系统中有许多容器供应商和提供商, Docker 是其中最著名的,尽管其他的也越来越受欢迎。这就是为什么在我们的架构中,用 Docker 标识容器运行时。Kubernetes 是一个通用的容器协调器,它不与任何单个容器供应商(如 Docker)紧密耦合,它应该可以在从属节点上使用任何容器运行时来管理容器的生命周期。

为了在 Pod 中运行容器,已经开发了一种基于行业的标准,称为容器运行时接口(Container Runtime Interface,CRI),并被所有先进的公司所使用。该标准提供了应该遵循的规则,以实现与 Kubernetes 等协调器的互操作性。Kubelets 不知道节点上安装了哪些二进制容器,它们可以是 Docker 二进制文件或任何其他二进制文件。

由于这些容器运行时是用基于通用行业的标准开发的,所以不管您使用的是哪个运行时,kubelet 都能够与容器运行时通信,从而将容器管理从 Kubernetes 集群管理中分离出来。容器运行时的职责包括创建容器、管理容器的网络堆栈以及管理桥接网络。由于容器管理与集群管理是分开的,Kubernetes 不会干涉容器运行时的职责。

我们讨论的组件适用于非托管和托管 AKS 群集。但是,主组件不会向最终用户公开,因为在 AKS 的情况下,Azure 会管理所有这些。在本章的后面,我们将介绍 AKS 的体系结构,您将了解非托管集群并更清楚地了解这些系统之间的差异。

接下来,您将了解一些最重要的 Kubernetes 资源,也称为原语,这些知识既适用于非托管集群,也适用于 AKS 集群。

14.4 Kubernetes 原语

您已经了解到 Kubernetes 是一个用于部署和管理容器的协调系统。Kubernetes 定义了一组构建块,也称为原语。这些原语一起可以帮助我们部署、维护和扩展容器化的应用程序。下面让我们了解每个原语并理解它们的角色。

14.4.1 Pod

Pod 是 Kubernetes 中最基本的部属单元。一个好奇的人立即想到的问题是 Pod 与容器有何不同?Pod 是容器顶部的包装器。换句话说,容器包含在 Pod 中。一个 Pod 内可以有多个容器,但是,最佳实践是建立一个 Pod 包含一个容器的关系,这并不意味着我们不能在一个 Pod 中拥有多个容器。一个 Pod 中有多个容器也可以,只要有一个主容器,其余都是辅助容器。还有一些模式,如 sidecar 模式,可以用多容器 Pod 来实现。

每个 Pod 都有自己的 IP 地址和网络堆栈,所有容器共享网络接口和堆栈。Pod 中的所有容器都可以使用主机名在本地访问。

一个简单的 YAML 格式的 Pod 定义如下:

```
---
apiVersion: v1
kind: Pod
metadata:
 name: tappdeployment
 labels:
   appname: tapp
   ostype: linux
spec:
 containers:
 - name: mynewcontainer
   image: "tacracr.azurecr.io/tapp:latest"
   ports:
   - containerPort: 80
     protocol: TCP
     name: http
```

所示的 Pod 定义有一个名称并定义了一些标签,服务资源可以使用这些标签向其他 Pod、节点和外部自定义资源公开。它还基于存储在 Azure Container

Registry 中的自定义映像定义单个容器,并为容器打开端口 80。

14.4.2 服务

Kubernetes 允许使用多个实例创建 Pod,这些 Pod 应该可以从集群中的任何 Pod 或节点访问,可以直接使用 Pod 的 IP 地址访问 Pod。然而,这并不理想。Pod 是短暂的,如果之前的 Pod 宕机了,它们可能会得到一个新的 IP 地址。在这种情况下,应用程序很容易崩溃。Kubernetes 提供了服务,它将 Pod 实例从它们的客户端解耦。Pod 可以被创建和拆除,但 Kubernetes 服务的 IP 地址保持不变和稳定。客户端可以连接到服务 IP 地址,每个 Pod 都有一个端点,它可以向它发送请求。如果有多个 Pod 实例,它们的每个 IP 地址将作为端点对象对服务可用。当 Pod 宕机时,将更新端点,以反映当前 Pod 实例及其 IP 地址。

服务与 Pod 高度解耦,服务的主要目的是对在其服务选择器定义中有标签的 Pod 进行排队。服务定义了标签选择器,并基于标签选择器,将 Pod IP 地址添加到服务资源中。可以独立地管理 Pod 和服务。

一个服务提供多种 IP 地址方案,有 4 种类型服务,即集群 IP、节点端口、负载平衡器和使用应用程序网关的入口控制器。

最基本的方案称为集群 IP,它是一个只能从集群内部访问的内部 IP 地址。集群 IP 的工作原理如图 14.4 所示。

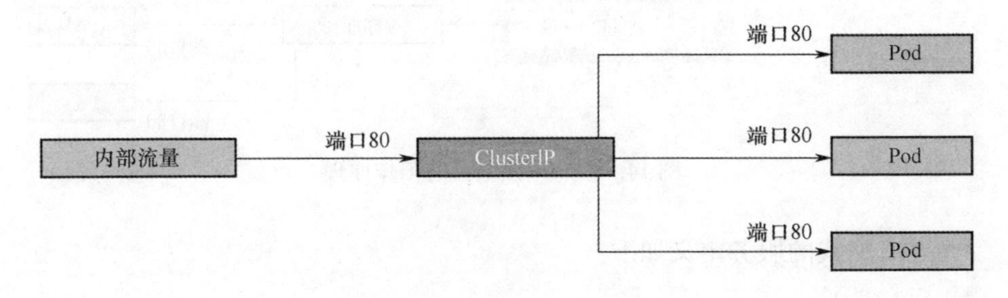

图 14.4 集群 IP 的工作原理

集群 IP 还允许创建节点端口,并使用它获得集群 IP。但是,它也可以在集群中的每个节点上打开一个端口,可以使用集群 IP 地址以及使用节点 IP 和节点端口的组合到达 Pod,如图 14.5 所示。

服务不仅可以引用 Pod,还可以引用外部端点。最后,服务还允许创建基于负载平衡器的服务,该服务能够从外部接收请求并使用集群 IP 和将它们重定向到 Pod 实例节点端口内部,如图 14.6 所示。

还有最后一种服务称为入口控制器,它提供了一些高级功能,如基于 URL 的

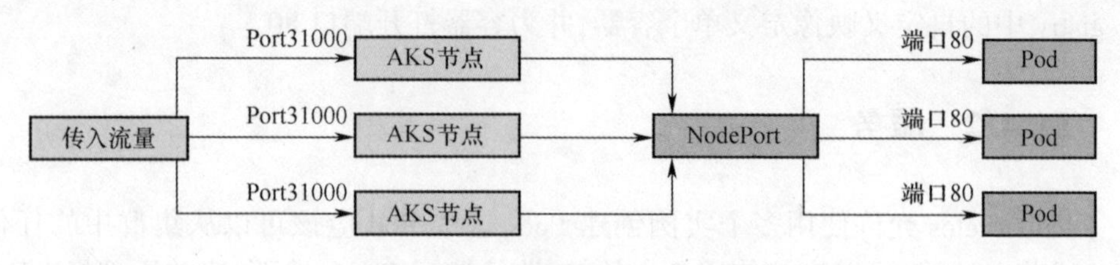

图 14.5　节点端口的工作原理

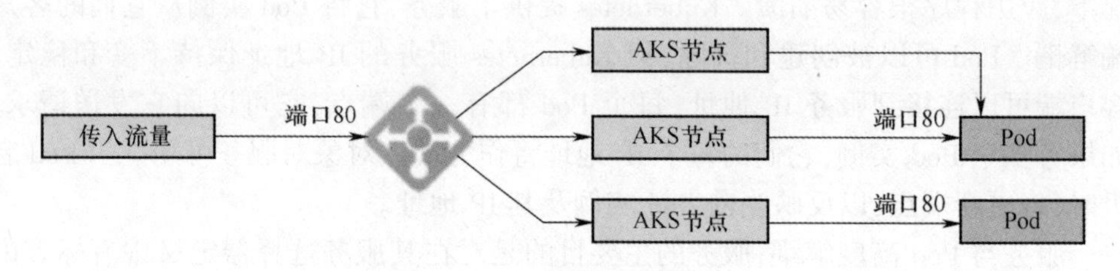

图 14.6　负载平衡器的工作原理

路由，如图 14.7 所示。

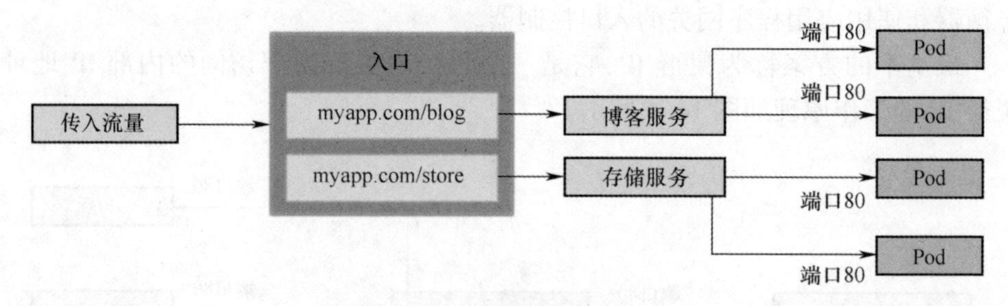

图 14.7　入口控制器的工作原理

YAML 格式的服务定义如下：

```
apiVersion: v1
kind: Service
metadata:
  name: tappservice
  labels:
    appname: tapp
    ostype: linux
spec:
  type: LoadBalancer
  selector:
```

```
    appname: myappnew
  ports:
  - name: http
    port: 8080
    targetPort: 80
    protocol: TCP
```

这个服务定义使用标签选择器创建一个基于负载平衡器的服务。

14.4.3 部署

与副本集和 Pod 相比,Kubernetes 部署是更高级别的资源,部署提供与应用程序的升级和发布相关的功能。部署资源创建一个副本集,副本集管理 Pod。当副本集已经存在时,了解部署资源的需求很重要。

部署在升级应用程序中起着重要的作用。如果应用程序已经在生产环境中,并且需要部署新版本的应用程序,有一些选项可供您选择。

(1) 删除现有的 Pod 并创建新的 Pod。在这种方法中,应用程序会有停机时间,因此,只有在停机时间可以接受的情况下才应该使用这种方法。如果部署包含错误,并且您必须回滚到以前的版本,那么停机时间就会增加。

(2) 蓝绿部署。在这种方法中,现有的 Pod 继续运行,并使用新版本的应用程序创建一组新的 Pod。外部无法访问新的 Pod。测试成功完成后,Kubernetes 开始指向新的 Pod。旧的 Pod 可以保持原样,也可以随后被删除。

(3) 滚动升级。在这种方法中,现有的 Pod 一次删除一个,而新应用程序版本的新 Pod 一次创建一个。新的 Pod 以增量方式部署,而旧 Pod 以增量方式减少,直到它们的数量为零。

所有这些方法都必须在没有部署资源的情况下手动执行。一个部署资源使整个发布和升级过程自动化。如果当前部署存在任何问题,它还可以帮助自动回滚到以前的版本。

下面的代码清单显示了一个部署的定义:

```
---
apiVersion: apps/v1
kind: Deployment
metadata:
  name: tappdeployment
  labels:
    appname: tapp
    ostype: linux
```

```
spec:
  replicas: 3
  selector:
    matchLabels:
     appname: myappnew
  strategy:
    type: RollingUpdate
    rollingUpdate:
      maxSurge: 1
      maxUnavailable: 1
   template:
metadata:
 name: mypod
 labels:
   appname: myappnew
spec:
 containers:
 - name: mynewcontainer
   image: "tacracr.azurecr.io/tapp:latest"
   ports:
   - containerPort: 80
     protocol: TCP
     name: http
```

需要注意的是,部署具有一个策略属性,该属性决定是使用重新创建策略还是使用回滚升级策略。重新创建将删除所有现有的 Pod 并创建新的 Pod,它还通过提供可在单次执行中创建和销毁的最大 Pod 数量包含与回滚升级相关的配置详细信息。

14.4.4 副本控制器和副本集

Kubernetes 的副本控制器资源确保指定所需的数量 Pod 实例总是在集群中运行。副本控制器会监视任何偏离所需状态的情况,并创建新的 Pod 实例来满足所需状态。

副本集是副本控制器的新版本,副本集提供了与副本控制器相同的功能,只是有一些高级功能。其中最主要的是定义与 Pod 关联的选择器的丰富功能。使用副本集,可以定义副本控制器中缺少的动态表达式。

建议使用副本集而不是副本控制器。

下面的代码清单显示了一个定义副本集资源的示例：

```
---
apiVersion: apps/v1
kind: ReplicaSet
metadata:
  name: tappdeployment
  labels:
    appname: tapp
    ostype: linux
spec:
  replicas: 3
  selector:
    matchLabels:
      appname: myappnew
template:
  metadata:
    name: mypod
    labels:
      appname: myappnew
spec:
  containers:
  - name: mynewcontainer
    image: "tacracr.azurecr.io/tapp:latest"
    ports:
    - containerPort: 80
      protocol: TCP
      name: http
```

需要注意的是，副本集有一个 replicas 属性，它决定了 Pod 实例的数量，以及 selector 属性，它定义了应该由副本集管理的 Pod，最后是 template 属性，它定义了 Pod 本身。

14.4.5 配置映射和机密

Kubernetes 提供了两种重要的资源来存储配置数据。配置映射用于存储不安全敏感的一般配置数据。一方面，通用应用程序配置数据，如文件夹名称、卷名称和 DNS 名称，可以存储在配置映射中；另一方面，敏感数据，如凭据、证书和机密，应该存储在机密资源中。这个机密数据被加密并存储在 Kubernetes etcd 数据存储中。

配置映射和机密数据都可以作为环境变量或 Pod 中的卷使用。

要使用这些资源的 Pod 的定义应该包含对它们的引用,现在我们已经介绍了 Kubernetes 原语和每个构建块的作用。接下来,您将学习 AKS 的体系结构。

14.5 AKS 体系结构

在前一节中,我们讨论了非托管集群的体系结构。现在,我们将探索 AKS 的体系结构。阅读本节后,您将能够指出非托管集群和托管集群(在本例中为 AKS)的体系结构之间的主要区别。

当创建一个 AKS 实例时,只创建工作节点。主组件由 Azure 管理,主组件是 API 服务、调度器、etcd 和控制管理器(我们前面讨论过)。kubelet 和 kube-proxy 部署在工作节点上,节点和主组件之间的通信使用 kubelet 进行,它充当节点的 Kubernetes 集群,如图 14.8 所示。

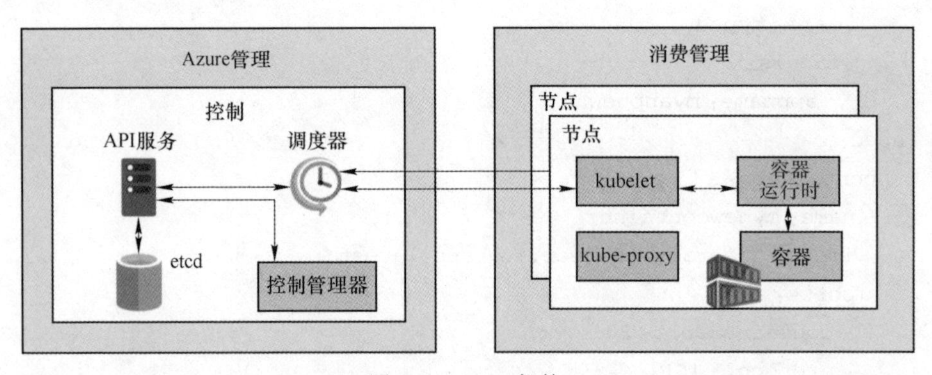

图 14.8　AKS 架构

当用户请求 Pod 实例时,该用户请求将与 API 服务连接。API 服务检查和验证请求细节并将其存储在 etcd(集群的数据存储)中,还将创建部署资源(如果 Pod 请求被封装在部署资源中)。部署控制器监视任何新部署资源的创建,如果它看到一个,它就根据用户请求中提供的定义创建一个副本集资源。

副本集控制器监视任何新的副本集资源的创建,当看到资源被创建时,它会请求调度器调度 Pod。调度器有自己的过程和规则来寻找用于托管 Pod 的适当节点,调度程序将节点通知给 kubelet,然后 kubelet 获取 Pod 的定义,并使用安装在节点上的容器运行时创建 Pod,最终 Pod 在其定义内创建容器。

kube-proxy 帮助维护本地节点上 Pod 和服务信息的 IP 地址列表,以及更新本地防火墙和路由规则。回顾一下我们到目前为止所讨论的内容,我们从

Kubernetes 体系结构开始,然后转向原始体系结构,接着是 AKS 架构。既然您已经清楚了这些概念,让我们继续,在下一节中创建 AKS 集群。

14.6 部署 AKS 集群

AKS 可以通过 Azure 门户、Azure 命令行界面(Command-line Interface,CLI)、Azure PowerShell cmdlet、ARM 模板,由所支持语言或 Azure ARM REST API 提供的软件开发工具包(Software Development Tits,SDK)。

Azure 门户是创建 AKS 实例的最简单方法;但是,要启用 DevOps,最好使用 ARM 模板、CLI 或 PowerShell 创建 AKS 实例。

14.6.1 创建 AKS 集群

让我们创建一个资源组来部署我们的 AKS 集群。在下面的 Azure CLI 中,使用 az group create 命令:

```
az group create -n AzureForArchitects -l southeastasia
```

这里-n 表示资源组的名称,-l 表示位置。如果请求成功,您将看到类似的响应,如图 14.9 所示。

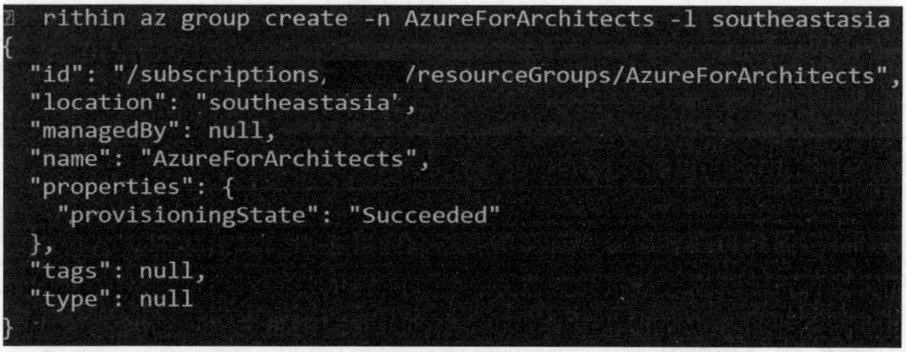

```
rithin az group create -n AzureForArchitects -l southeastasia
{
  "id": "/subscriptions,       /resourceGroups/AzureForArchitects",
  "location": "southeastasia",
  "managedBy": null,
  "name": "AzureForArchitects",
  "properties": {
    "provisioningState": "Succeeded"
  },
  "tags": null,
  "type": null
}
```

图 14.9 创建资源组

现在我们已经准备好了资源组,我们将继续使用 az aks create 命令创建 AKS 集群。下面的命令将在 AzureForArchitects 资源组中创建一个名为 AzureForArchitects-AKS 的集群,节点数为 2。--generate-ssh-keys 参数将允许创建 RSA(Rivest -Shamir-Adleman)密钥对,一种公钥密码系统:

```
az aks create --resource-group AzureForArchitects \
--name AzureForArchitects-AKS \
--node-count 2 \
--generate-ssh-keys
```

如果命令成功,您将看到类似的输出,如图 14.10 所示。

```
rithin az aks create --resource-group AzureForArchitects \
> --name AzureForArchitects-AKS \
> --node-count 2 \
> --generate-ssh-keys
{
  "aadProfile": null,
  "addonProfiles": null,
  "agentPoolProfiles": [
    {
      "availabilityZones": null,
      "count": 2,
      "enableAutoScaling": null,
      "maxCount": null,
      "maxPods": 110,
      "minCount": null,
      "name": "nodepool1",
      "orchestratorVersion": "1.15.11",
      "osDiskSizeGb": 100,
      "osType": "Linux",
      "provisioningState": "Succeeded",
      "type": "AvailabilitySet",
      "vmSize": "Standard_DS2_v2",
      "vnetSubnetId": null
    }
  ],
  "apiServerAuthorizedIpRanges": null,
  "dnsPrefix": "AzureForAr-AzureForArchitec-1b2287",
  "enablePodSecurityPolicy": null,
  "enableRbac": true,
  "fqdn": "azureforar-azureforarchitec-1b2287-72aecee5.hcp.southeastasia.azmk8s.io",
```

图 14.10　创建 ASK 集群

在整个集群中,您将看到一行条目,上面写着"nodeResourceGroup":"MC_AzureForArchitects_AzureForArchitects-AKS_southeastasia"。在创建 AKS 集群时,会自动创建第二个资源来存储节点资源。

我们的集群已经供应,现在需要连接到集群并与它交互。为了控制 Kubernetes 集群管理器,我们将使用 kubectl。在下一节中,将快速了解 kubectl。

14.6.2　kubectl

kubectl 是开发人员和基础设施顾问与 AKS 互动的主要组件。kubectl 帮助创建包含 HTTP 头和正文的 REST 请求,并将其提交给 API 服务器。报头包含身份验证细节,如令牌或用户名/密码组合。主体以 JSON 格式包含实际有效负载。

kubectl 命令与 verbose 开关一起使用时,可以提供丰富的日志细节。交换机的输入为整数,取值范围为 0~9,可以从详细日志中查看。

14.6.3 连接到集群

要本地连接到集群,我们需要安装 kubectl。Azure Cloud Shell 已经安装了 kubectl。如果需要本地连接,请使用 az aks install-cli 安装 kubectl。

为了将 kubectl 配置为连接到 Kubernetes 集群,我们需要下载凭据并使用它们配置 CLI,这可以使用 az aks get-credentials 命令来完成。使用如下命令:

```
az aks get-credentials \
--resource-group AzureForArchitects \
--name AzureForArchitects-AKS
```

现在,我们需要验证是否已连接到集群。如前所述,我们将使用 kubectl 与集群通信,kubectl get node 将显示集群中的节点列表。在创建过程中,我们将节点计数设置为 2,因此输出应该有两个节点。此外,我们需要确保节点的状态为 Ready。输出如图 14.11 所示。

```
? rithin kubectl get nodes
NAME                        STATUS   ROLES   AGE   VERSION
aks-nodepool1-31051128-0    Ready    agent   64m   v1.15.11
aks-nodepool1-31051128-1    Ready    agent   64m   v1.15.11
```

图 14.11　获取节点列表

因为我们的节点处于 Ready 状态,让我们继续创建一个 Pod。在 Kubernetes 中有两种方式可以创建资源。

(1) 命令式。在这个方法中,我们使用 kubectl run 和 kubectl expose 命令来创建资源。

(2) 声明性。我们通过 JSON 或 YAML 文件描述资源的状态。当我们讨论 Kubernetes 原语时,您看到了每个构建块的大量 YAML 文件。我们将把文件传递给 kubectl apply 命令来创建资源,并且将创建文件中声明的资源。

让我们首先采用命令式的方法,创建一个名为 webserver 的 Pod,运行一个端口 80 的 NGINX 容器:

```
kubectl run webserver --restart=Never --image nginx --port 80
```

命令执行成功后,CLI 会提示状态,如图 14.12 所示。

```
? rithin kubectl run webserver --restart=Never --image nginx --port 80
pod/webserver created
```

图 14.12　创建一个 Pod

现在我们已经尝试了命令式方法，接下来让我们使用声明式方法。可以使用我们在 14.4.1 节 Pod 中讨论的 YAML 文件的结构 Kubernetes 原语部分，并根据您的需求修改它。

我们将使用 NGINX 图像，Pod 将被命名为 webserver-2。

您可以使用任何文本编辑器来创建文件。最终的文件如下：

```
apiVersion: v1
kind: Pod
metadata:
  name: webserver-2
  labels:
     appname: nginx
     ostype: linux
spec:
     containers:
     - name: wenserver-2-container
       image: nginx
       ports:
       - containerPort: 80
         protocol: TCP
         name: http
```

在 kubectl apply 命令中，我们将文件名传递给-f 参数，如图 14.13 所示，您可以看到 Pod 已经创建。

```
� rithin kubectl apply -f nginx.yaml
pod/webserver-2 created
```

图 14.13 使用声明性方法创建 Pod

因为我们已经创建了 pod，所以我们可以使用 kubectl get pod 命令列出所有的 Pod。Kubernetes 使用名称空间的概念对资源进行逻辑隔离。默认情况下，所有命令都指向默认名称空间。如果希望对特定的命名空间执行操作，可以通过-n 参数传递命名空间名称。在图 14.14 中，您可以看到 kubectl get pod 返回我们在上一个示例中创建的 Pod，它驻留在默认的名称空间中。同样，当我们使用--all-namespaces 时，输出返回所有名称空间中的 Pod。

现在我们将创建一个运行 NGINX 的简单部署，并使用一个将其公开给互联网的负载平衡器。YAML 文件如下：

```
#Creating a deployment that runs six replicas of nginx
apiVersion: apps/v1
```

```
▯ rithin kubectl get pods
NAME          READY   STATUS    RESTARTS   AGE
webserver     1/1     Running   0          70m
webserver-2   1/1     Running   0          58m
▯ rithin kubectl get pods --all-namespaces
NAMESPACE     NAME                                    READY   STATUS    RESTARTS   AGE
default       webserver                               1/1     Running   0          70m
default       webserver-2                             1/1     Running   0          58m
kube-system   coredns-698c77c5d7-l2wbd                1/1     Running   0          145m
kube-system   coredns-698c77c5d7-v96gq                1/1     Running   0          142m
kube-system   coredns-autoscaler-5bd7c6759b-7kpzq     1/1     Running   0          145m
kube-system   kube-proxy-95jmg                        1/1     Running   0          142m
kube-system   kube-proxy-qsfwq                        1/1     Running   0          143m
kube-system   kubernetes-dashboard-74d8c675bc-jzhcf   1/1     Running   1          145m
kube-system   metrics-server-7d654ddc8b-txbt9         1/1     Running   1          145m
kube-system   tunnelfront-79fc68b7f-qwzvj             1/1     Running   0          145m
```

图 14.14　列出所有的 Pods

```
kind: Deployment
metadata:
  name: nginx-server
spec:
  replicas: 6
  selector:
    matchLabels:
      app: nginx-server
template:
  metadata:
    labels:
      app: nginx-server
spec:
  containers:
  - name: nginx-server
    image: nginx
    ports:
    - containerPort: 80
      name: http
---
#Creating Service
apiVersion: v1
kind: Service
metadata:
  name: nginx-service
    spec:
```

```
    ports:
    - port: 80
    selector:
      app: nginx-server
---
apiVersion: v1
kind: Service
metadata:
  name: nginx-lb
spec:
  type: LoadBalancer
  ports:
  - port: 80
  selector:
    app: nginx-server
```

我们将使用 kubectl apply 命令并将 YAML 文件传递给-f 参数。

成功后,将创建所 3 三个服务,如果执行 kubectl get deployment nginx-server 命令,将看到 6 个副本正在运行,如图 14.15 所示。

```
? rithin kubectl get deployment nginx-server
NAME           READY   UP-TO-DATE   AVAILABLE   AGE
nginx-server   6/6     6            6           8m17s
? rithin kubectl get pods
NAME                            READY   STATUS    RESTARTS   AGE
nginx-server-777ff65664-j7lgw   1/1     Running   0          8m25s
nginx-server-777ff65664-kxtzx   1/1     Running   0          8m25s
nginx-server-777ff65664-mh8hj   1/1     Running   0          8m25s
nginx-server-777ff65664-wn79x   1/1     Running   0          8m25s
nginx-server-777ff65664-xc7kc   1/1     Running   0          8m25s
nginx-server-777ff65664-xl4nk   1/1     Running   0          8m25s
```

图 14.15　检查部署

由于部署已经准备好,我们需要检查我们创建的负载平衡器的公共 IP 是什么,我们可以使用 kubectl get service nginx-lb --watch 命令。当负载均衡器初始化时,EXTERNAL-IP 将显示为<pending>,--wait 参数将让命令在前台运行,而当公共 IP 被分配后,我们将能够看到一条新的线,如图 14.16 所示。

```
? rithin kubectl get service nginx-lb --watch
NAME       TYPE           CLUSTER-IP    EXTERNAL-IP     PORT(S)        AGE
nginx-lb   LoadBalancer   10.0.140.48   <pending>       80:30686/TCP   68s
nginx-lb   LoadBalancer   10.0.140.48   52.187.70.177   80:30686/TCP   115s
```

图 14.16　查找负载平衡器的公共 IP

现在我们有了公共 IP,我们可以进入浏览器并看到 NGINX 登录页面,如图14.17 所示。

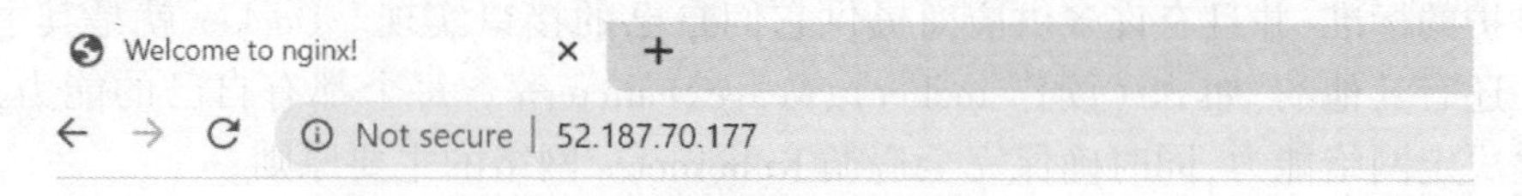

图 14.17　NGINX 登录页面

类似地,您可以使用我们在 14.4 节 Kubernetes 原语中讨论的 YAML 文件来创建不同类型的资源。

管理员需要在 kubectl 命令中使用许多命令,如 logs、describe、exec 和 delete。本节的目的是让您能够创建一个 AKS 集群,连接到集群,并部署一个简单的 Web 应用程序。

14.7　AKS 网络

网络在 Kubernetes 集群中形成了一个核心组件。主组件应该能够访问从属节点和运行在它们其上的 Pod,而工作节点应该能够在它们之间以及与主组件通信。

令人惊讶的是,核心 Kubernetes 根本不管理网络堆栈,它是容器运行时在节点上的工作。

Kubernetes 规定了 3 个重要的原则,任何容器运行时都应该遵守。

(1) Pod 应该能够与其他 Pod 通信,而不需要对它们的源地址或目的地址进行任何转换,这是使用网络地址转换(Network Address Translation,NAT)执行的。

(2) 代理,如 kubelet 应该能够与节点上的 Pod 直接通信。

(3) 直接托管在主机网络上的 Pod 仍然可以与集群中的所有 Pod 通信。

在 Kubernetes 集群中,每个 Pod 都有一个唯一的 IP 地址,以及一个完整的网络堆栈,类似于虚拟机。它们都连接到容器网络接口(Container Networking Interface, CNI)组件创建的本地桥接网络。CNI 组件还创建了 Pod 的网络堆栈。

桥接网络然后与主机网络通信,成为从 Pod 到网络的流量的管道,反之亦然。

CNI 是由云原生计算基金会(Cloud Native Computing Foundation,CNCF)管理和维护的标准,并且有许多供应商提供它们自己的接口实现。Docker 就是其中之一。还有其他的,如 rkt(读作 rocket)、weave、calico 等。每个都有自己的能力,并独立决定网络能力,同时确保完全遵循 Kubernetes 网络的主要原则。

AKS 提供两种不同的网络模型。

(1) Kubenet。

(2) AzureCNI。

14.7.1 Kubenet

Kubenet 是 AKS 默认的网络框架,在 Kubenet 下,每个节点得到连接的虚拟网络子网的 IP 地址。Pod 不从子网获得 IP 地址,相反,一个单独的寻址方案被用来为 Pod 和 Kubernetes 服务提供 IP 地址。在创建一个 AKS 实例时,为 Pod 和服务设置 IP 地址范围是很重要的。由于 Pod 与节点不在同一个网络中,来自 Pod 和到 Pod 的请求总是被 NATed 或路由,以节点 IP 地址替换源 Pod IP,反之亦然。

在用户定义路由中,Azure 最多可以支持 400 条路由,而且集群不能超过 400 个节点。图 14.18 显示了 AKS 节点如何从虚拟网络接收 IP 地址,而不是节点中创建的 Pod,如图 14.18 所示。

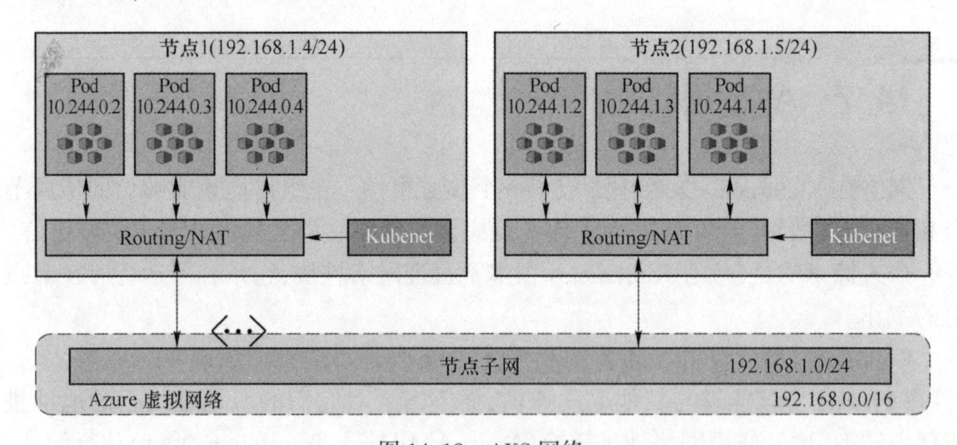

图 14.18 AKS 网络

默认情况下,这个 Kubenet 配置为每个节点 110 个 Pod。这意味着,在默认情况下,Kubernetes 集群中最多可以有 110×400 个 Pod。每个节点的 Pod 的最大数目是 250 个。

当 IP 地址可用性和用户定义的路由不是约束时,应该使用这种方案。

在 Azure CLI 中,您可以执行以下命令来使用这个网络堆栈创建一个 AKS 实例:

```
az aks create \
    --resource-group myResourceGroup \
    --name myAKSCluster \
    --node-count 3 \
    --network-plugin kubenet \
    --service-cidr 10.0.0.0/16 \
    --dns-service-ip 10.0.0.10 \
    --pod-cidr 10.244.0.0/16 \
    --docker-bridge-address 172.17.0.1/16 \
    --vnet-subnet-id $SUBNET_ID \
    --service-principal <appId> \
    --client-secret <password>
```

注意:所有的 IP 地址是如何显式地提供给服务资源、Pods、节点和 Docker 桥接的,这些是不重叠的 IP 地址范围。还要注意,Kubenet 是作为网络插件使用的。

14.7.2 Azure CNI(高级网络)

在 Azure CNI 中,每个节点和 Pod 都直接从网络子网中获得一个 IP 地址。这意味着,一个子网中有多少唯一的 IP 地址,就有多少个 Pod。这使得 IP 地址范围规划在这种网络策略下变得更加重要。

需要注意的是,Windows 托管只能使用 Azure CNI 网络堆栈。此外,一些 AKS 组件,如虚拟节点和虚拟 kubelet,也依赖于 Azure CNI 堆栈。有必要保留 IP 地址,这取决于将要创建的 Pod 的数量。子网上应该总是有额外的 IP 地址可用,以避免耗尽 IP 地址或避免由于应用程序需求而需要为更大的子网重建集群。

默认情况下,这个网络堆栈为每个节点配置 30 个 Pod,可以将 250 个 Pod 配置为每个节点的最大 Pod 数量。

使用这个网络堆栈创建一个 AKS 实例需要执行的命令如下:

```
az aks create \
    --resource-group myResourceGroup \
    --name myAKSCluster \
    --network-plugin azure \
    --vnet-subnet-id <subnet-id> \
    --docker-bridge-address 172.17.0.1/16 \
    --dns-service-ip 10.2.0.10 \
    --service-cidr 10.2.0.0/24 \
```

```
    --generate-ssh-keys
```

注意:所有的 IP 地址是如何显式地提供给 Service 资源、Pod、节点和 Docker 桥的,这些是不重叠的 IP 地址范围。另外,Azure 是作为网络插件使用的。

到目前为止,您已经学习了如何部署解决方案和管理 AKS 集群的网络。安全性是需要解决的另一个重要因素。在下一节中,我们将重点讨论 AKS 的访问和身份选项。

14.8 AKS 的访问和身份

Kubernetes 集群可以通过多种方式进行保护。

服务账户是 Kubernetes 的主要用户类型之一。Kubernetes API 管理服务账户,经过授权的 Pod 可以使用服务账户的凭证与 API 服务器通信,这些凭证存储为 Kubernetes Secrets。Kubernetes 没有任何自己的数据存储或身份提供商,它将身份验证的责任委托给外部软件。

它提供了一个身份验证插件,用于检查给定的凭据并将它们映射到可用的组。如果身份验证成功,请求将传递给另一组授权插件,以检查集群上用户的权限级别,以及命名空间范围内的资源。

对于 Azure 来说,最好的安全集成是使用 Azure AD。使用 Azure AD,您还可以将您的本地身份带到 AKS,以提供账户和安全性的集中管理。Azure AD 集成的基本流程如图 14.19 所示。

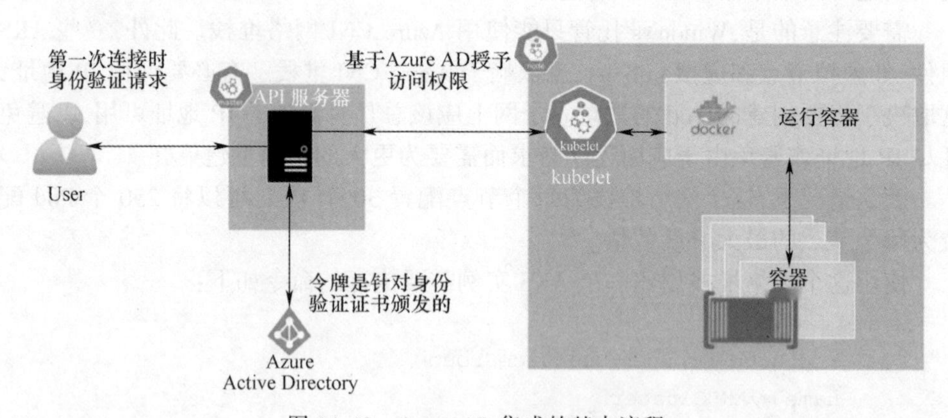

图 14.19 Azure AD 集成的基本流程

用户或组可以授予访问一个命名空间内或跨集群的资源的权限。在前一节中,我们使用 az aks get-credential 命令获取凭据和 kubectl 配置上下文。当用户试图与 kubectl 交互时,会提示他们使用 Azure AD 凭证登录。Azure AD 验证凭据,并为用户颁发令牌。根据它们拥有的访问级别,可以访问集群或命名空间中的资源。

此外,您可以利用 Azure 基于角色的访问控制(Role-Based Access Control, RBAC)来限制对资源组中的资源的访问。

在下一节中,我们将讨论虚拟 kubelet,这是向外扩展集群的最快方法之一。

14.9 虚拟 kubelet

虚拟 kubelet 目前正在预览中,由 CNCF 组织管理。这是一个相当创新的方法,AKS 使用可扩展性的目的,虚拟 kubelet 作为 Pod 部署在 Kubernetes 集群上。在 Pod 中运行的容器使用 Kubernetes SDK 创建一个新的节点资源,并将自己作为一个节点表示给整个集群。集群组件(包括 API 服务、调度器和控制器)将其视为一个节点,并在其上调度 Pod。

然而,当一个 Pod 被调度到这个伪装成节点的节点上时,它将与它的后端组件(称为提供者)通信,以创建、删除和更新 Pod。Azure 上的一个主要提供者是 Azure 容器实例,Azure Batch 也可以用作提供商。这意味着,容器实际上是在容器实例或 Azure Batch 上创建的,而不是在集群本身上;但是,它们是由集群管理的。虚拟 kubelet 的架构如图 14.20 所示。

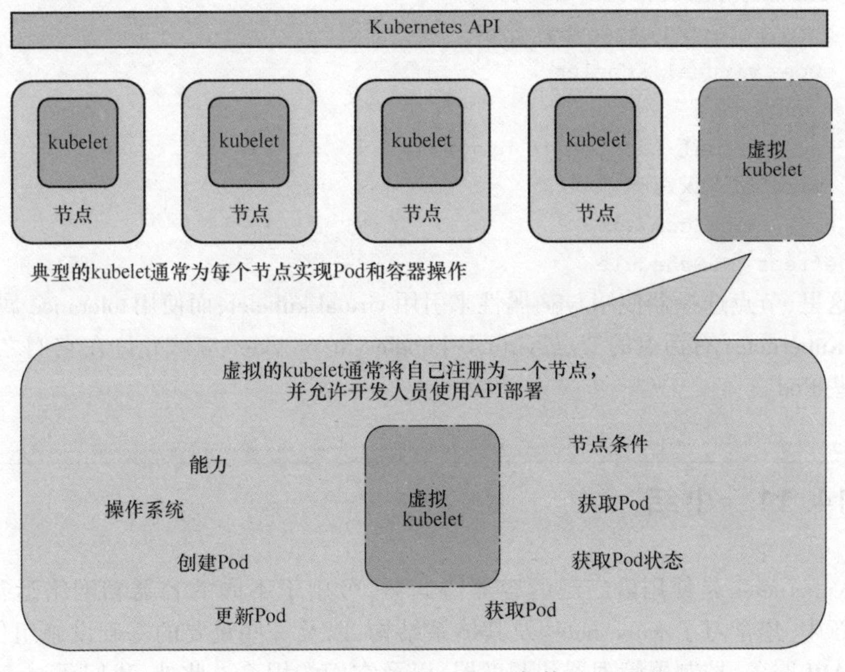

图 14.20 虚拟 kubelet 架构

注意:虚拟 kubelet 表示为集群中的一个节点,可以帮助托管和管理 Pod,就像普通的 kubelet 一样。然而,虚拟 kubelet 有一个局限性,这就是我们将在下一节中讨论的内容。

14.10 虚拟节点

虚拟 kubelet 的一个限制是,部署在虚拟 kubelet 提供程序上的 Pod 是隔离的,不与集群中的其他 Pod 通信。如果这些提供程序上的 Pod 需要与集群中的其他 Pod 和节点通信,反之亦然,那么应该创建虚拟节点。虚拟节点是在托管 Kubernetes 集群节点的同一虚拟网络的不同子网上创建的,这可以实现 Pod 之间的通信。在编写本书时,只有 Linux 操作系统支持使用虚拟节点。

虚拟节点给出一个节点的感知,但是节点不存在。在这样一个节点上调度的任何东西实际上都是在 Azure 容器实例中创建的。虚拟节点基于虚拟的 kubelet,但具有集群和 Azure 容器实例之间无缝通信的额外功能。

在虚拟节点上部署 Pod 时,Pod 定义应该包含一个适当的节点选择器来引用虚拟节点,以及容忍度,代码如下:

```
nodeSelector:
  kubernetes.io/role: agent
  beta.kubernetes.io/os: linux
  type: virtual-kubelet
tolerations:
- key: virtual-kubelet.io/provider
  operator: Exists
- key: azure.com/aci
  effect: NoSchedule
```

这里,节点选择器使用 type 属性来引用 virtual kubelet,而使用 tolerance 属性来通知 Kubernetes 有污点的节点,virtual-kubelet. io/provider 应该允许在它们之上部署这些 Pod。

14.11 小结

Kubernetes 是使用最广泛的容器协调器,可用于不同的容器和网络运行时。在本章中,您学习了 Kubernetes 及其体系结构,以及一些重要的基础设施组件,如 etcd、API 服务、控制器管理器和调度器,以及它们的用途。此外,我们还讨论了可以部署来管理应用程序的重要资源,如 Pod、副本控制器、副本集、部署和服务。

AKS 提供了两种不同的网络堆栈——Azure CNI 和 Kubenet,它们为 Pod 分配 IP 地址提供了不同的策略。Azure CNI 从底层子网向 Pod 提供 IP 地址,而 Kubenet 只使用虚拟 IP 地址。

我们还介绍了 Azure 专门提供的一些特性,如虚拟节点和虚拟 kubelet 的概念。在第 15 章中,我们将学习如何使用 ARM 模板配置资源。

第15章 使用ARM模板的交叉订阅部署

Azure 资源管理器(ARM)模板是 Azure 上提供资源和配置资源的首选机制。

ARM 模板有助于实现一个相对较新的范例,称为基础架构代码(IaC)。ARM 模板将基础架构及其配置转换为代码,并有许多优点。IaC 为跨环境的部署带来了高度的一致性和可预测性,它还确保在投入生产之前可以测试环境,最后,它为部署过程、维护和治理提供了高度的保障。

本章将讨论以下问题。

(1) ARM 模板。

(2) 使用 ARM 模板部署资源组。

(3) 跨订阅和资源组部署资源。

(4) 使用链接模板部署交叉订阅和资源组部署。

(5) 创建平台即服务(Platform as a Service, PaaS)、数据、基础设施即服务(IaaS)解决方案的 ARM 模板。

15.1 ARM 模板

IaC 的一个突出优势是它可以进行版本控制,它还可以跨环境重用,这在部署中提供了高度的一致性和可预测性,并确保部署 ARM 模板的影响和结果无论部署多少次都是相同的,这个特性称为幂等性。

ARM 模板是随着 ARM 规范的引入而推出的,从那时起,它的特性越来越丰富,成熟度也越来越高。重要的是,要理解在实际的资源配置和 ARM 模板中配置的可用性之间通常有几个星期到几个月的特性差距。

每个资源都有自己的配置。这种配置可以通过多种方式受到影响,包括使用 Azure PowerShell、Azure 命令行界面(Command-line Interface ,CLI)、Azure 软件开发工具包(Software Development Kit, SDK)、表层状态转化(Representational State Transfer, REST)、应用程序编程接口(Application Programming Interface, API)和

ARM 模板。

每种技术都有自己的开发和发布生命周期,这与实际的资源开发不同。让我们通过一个例子来理解这一点。

Azure 数据库资源有其自身的节奏和开发生命周期,这种资源的消费者又有自己的开发生命周期,与实际的资源开发不同。如果数据库在 12 月 31 日获得它的第一个版本,那么,它的 Azure PowerShell cmdlet 可能不会在同一天发布,甚至可能在明年的 1 月 31 日发布;类似地,这些特性在 REST API 和 ARM 模板中的可用性可能在 1 月 15 日左右。

ARM 模板是基于 JSON 的文档,当执行时,它会调用 Azure 管理平面上的一个 REST API,并将整个文档提交给它。REST API 有自己的开发生命周期,资源的 JSON 模式也有自己的生命周期。

这意味着,在一个资源中开发一个特性需要在至少 3 个不同的组件中进行,然后才能从 ARM 模板中使用它们。这三个组件包括:

(1) 资源本身;

(2) 资源的 REST API;

(3) ARM 模板资源模式。

ARM 模板中的每个资源都有 API 版本属性。此属性有助于决定应该使用哪个 REST API 版本来提供和部署资源。图 15.1 显示了从 ARM 模板到资源 API 的请求流,这些 APIs 负责创建、更新和删除资源。

图 15.1　资源 API 的请求流

资源配置,如 ARM 模板中的存储账户如下:

```
{
 "type": "Microsoft.Storage/storageAccounts",
  "apiVersion": "2019-04-01",
   "name": "[variables('storage2')]",
   "location": "[resourceGroup().location]",
   "kind": "Storage",
   "sku": {
              "name": "Standard_LRS"
          }
   }
```

在前面的代码中,这个定义 sku 的模式的可用性取决于 ARM 模板模式的开发。REST API 的可用性及其版本号是由 API 版本决定的,它恰好是 2019-04-01。实际的资源是由 type 属性决定的,它有以下两个部分。

(1) 提供资源的命名空间。Azure 中的资源托管在名称空间中,相关资源托管在同一名称空间中。

(2) 资源类型。使用类型名称引用资源。

在这种情况下,资源由其提供者名称和类型来标识,这恰好是 Microsoft. Storage/storageaccounts。

以前,ARM 模板期望资源组在部署前可用,它们也仅限于在单个订阅中部署到单个资源组。

这意味着,ARM 模板可以在一个资源组中部署所有资源,ARM 模板现在增加了将资源部署到同一订阅或多个订阅中的多个资源组的功能。现在可以创建资源组作为 ARM 模板的一部分,这意味着,现在可以将多个区域中的资源部署到不同的资源组中。

为什么我们需要从 ARM 模板中创建资源组?为什么我们需要同时进行交叉订阅和资源组部署?

要了解创建资源组和交叉订阅部署的价值,我们需要了解在这些特性可用之前是如何执行部署的。

资源组是部署 ARM 模板的前提条件。在部署模板之前,应该创建资源组。开发人员使用 PowerShell、Azure CLI 或 REST API 来创建资源组,然后启动 ARM 模板的部署。这意味着,任何端到端部署都包含多个步骤。第一步是提供资源组,下一步是将 ARM 模板部署到这个新创建的资源组。可以使用单个 PowerShell 脚本或 PowerShell 命令行中的单个步骤执行这些步骤。PowerShell 脚本应该完成与异常处理相关的代码,注意边缘情况,并确保在它可以用于企业之前没有漏洞。需要注意的是,资源组可以从 Azure 中删除,下一次脚本运行时,它们可能是可用的。它会失败,因为它可能假定资源组存在。简而言之,将 ARM 模板部署到资源组应该是一个原子步骤,而不是多个步骤。

将其与在同一个 ARM 模板中创建资源组及其组成资源的能力进行比较。在部署模板时,如果资源组还不存在,它将确保创建资源组,并在创建后继续向资源组部署资源。

我们还将看到这些新特性如何帮助消除与灾难恢复站点相关的一些技术限制。

在这些特性之前,如果您必须部署一个在设计时考虑到灾难恢复的解决方案,那么有两个单独的部署:一个部署用于主要区域;另一个部署用于次要区域。例如,如果您正在部署一个 ASP. NET MVC 应用程序使用应用服务,您将创建一个应用服务并为主区域配置它，然后您将使用相同的模板、不同的参数文件进行另一个部署到另一个区域。如前所述，在另一个区域部署另一组资源时，ARM 模板使用的参数应该是不同的，以反映两个环境之间的差异。参数将包括更改，如结构化查询语言（Structure Query Language，SQL）连接字符串、域和 IP 地址，以及环境特有的其他配置项。

有了交叉订阅和资源组部署，就可以在创建主站点的同时创建灾难恢复站点。这消除了两个部署，并确保相同的配置可以在多个站点上使用。

15.2 使用 ARM 模板部署资源组

在本节中，将编写和部署一个 ARM 模板，它将在同一个订阅中创建两个资源组。

要使用 PowerShell 部署资源组和交叉订阅资源的模板，应该使用最新版本的 PowerShell。编写本文书时，正在使用 Azure 模块 3.3.0 版本，如图 15.2 所示。

```
PS C:\WINDOWS\system32> get-module -Name az

ModuleType Version    Name
---------- -------    ----
Script     3.3.0      az
```

图 15.2 验证最新的 Azure 模块版本

如果最新的 Azure 模块没有安装，可以使用以下命令安装：

```
install-module  -Name az  -Force
```

现在创建一个 ARM 模板，该模板将在同一个订阅中创建多个资源组。ARM 模板代码如下：

```
{
  "$schema": "https://schema.management.azure.com/schemas/2015-01-01/
deploymentTemplate.json#",
   "contentVersion": "1.0.0.0",
   "parameters": {
     "resourceGroupInfo": {
       "type": "array"    },
     "multiLocation": {
       "type": "array"
     }
```

```
},
"resources": [
  {
  "type": "Microsoft.Resources/resourceGroups",
  "location": "[parameters('multiLocation')[copyIndex()]]",
  "name": "[parameters('resourceGroupInfo')[copyIndex()]]",
  "apiVersion": "2019-10-01",
  "copy": {
    "name": "allResourceGroups",
    "count": "[length(parameters('resourceGroupInfo'))]"
  },
  "properties": {}
  }
  ],
    "outputs": {}
  }
```

代码的第一个部分是关于 ARM 模板所期望的参数,这些是强制性参数,部署这些模板的任何人都应该为它们提供值,必须为这两个参数提供数组值。

第二个部分是资源 JSON 数组,它可以包含多个资源。在这个例子中,我们正在创建资源组,所以它是在资源部分中声明的。由于使用了 copy 元素,资源组在循环中得到了供应。copy 元素确保资源运行指定的次数,并在每次迭代中创建一个新资源。如果我们为 resourceGroupInfo 数组参数发送两个值,那么数组的长度将是两个,并且 copy 元素将确保 resourceGroup 资源被执行两次。

模板中的所有资源名对于资源类型来说都应该是唯一的。copyIndex 函数用于将当前迭代号分配给资源的总体名称,它应该是唯一的。此外,我们希望在不同的区域中创建资源组,使用作为参数发送的不同的区域名。使用 copyIndex 函数为每个资源组分配名称和位置。

下面是显示参数文件的代码,这段代码非常简单,它为前一个模板所期望的两个参数提供了数组值。这个文件中的值应该根据您的环境改变所有参数:

```
{
  "$schema": "https://schema.management.azure.com/schemas/2015-01-01/
deploymentParameters.json#",
   "contentVersion": "1.0.0.0",
   "parameters": {
     "resourceGroupInfo": {
       "value": [ "firstResourceGroup", "SeocndResourceGroup" ]
     },
```

```
      "multiLocation": {
        "value": [
          "West Europe",
          "East US"
        ]
      }
    }
}
```

15.2.1 部署 ARM 模板

要使用 PowerShell 部署该模板,请按以下命令使用有效凭证登录到 Azure:

```
Login-AzAccount
```

有效凭据可以是用户账户或服务主体。然后,使用新发布的 New-AzDeployment cmdlet 来部署模板。部署脚本可以在 multipleResourceGroups.ps1 文件中获得:

```
New-AzDeployment-Location"West Europe"-TemplateFile "c:\users\rites\source\repos\CrossSubscription\CrossSubscription\multipleResourceGroups.json"-TemplateParameterFile"c:\users\rites\source\repos\CrossSubscription\CrossSubscription\multipleResourceGroups.parameters.json"-Verbose
```

这里不能使用 New-AzResourceGroupDeployment cmdlet,理解这一点很重要,因为 New-AzResourceGroupDeployment cmdlet 的范围是一个资源组,它希望资源组作为先决条件可用。为了在订阅级别部署资源,Azure 发布了一个新的 cmdlet,它可以在资源组范围之上工作。新的 cmdlet new- azdeployment 在订阅级别工作,也可以在管理组级别进行部署。使用 New-AzManagementGroupDeployment cmdlet,管理组的级别高于订阅。

15.2.2 使用 Azure CLI 部署模板

同样的模板也可以使用 Azure CLI 进行部署,下面介绍使用 Azure CLI 部署模板的步骤。

(1) 使用最新版本的 Azure CLI 使用 ARM 模板创建资源组。在编写本书时,2.0.75 版本已经用于部署模板,如图 15.3 所示。

(2) 使用以下命令登录到 Azure 并选择正确的订阅:

```
az login
```

(3) 如果登录访问多个订阅,使用以下命令选择适当的订阅:

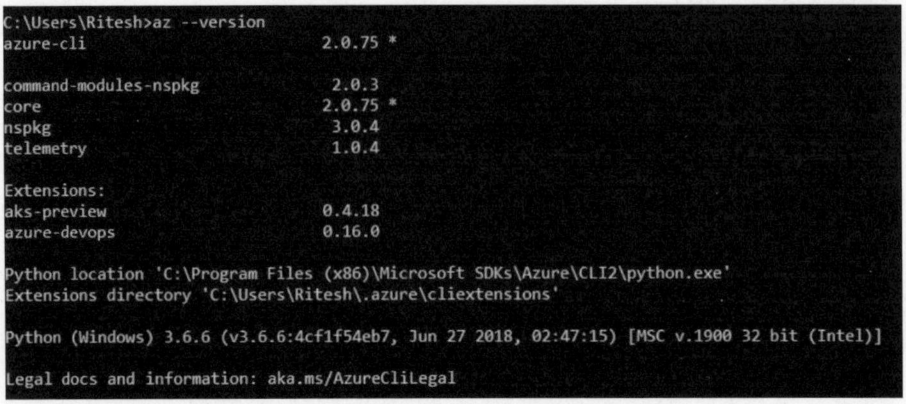

```
C:\Users\Ritesh>az --version
azure-cli                          2.0.75 *

command-modules-nspkg               2.0.3
core                               2.0.75 *
nspkg                               3.0.4
telemetry                           1.0.4

Extensions:
aks-preview                        0.4.18
azure-devops                       0.16.0

Python location 'C:\Program Files (x86)\Microsoft SDKs\Azure\CLI2\python.exe'
Extensions directory 'C:\Users\Ritesh\.azure\cliextensions'

Python (Windows) 3.6.6 (v3.6.6:4cf1f54eb7, Jun 27 2018, 02:47:15) [MSC v.1900 32 bit (Intel)]

Legal docs and information: aka.ms/AzureCliLegal
```

图 15.3　检查 Azure CLI 的版本

```
az account set – subscriptionxxxxxxxx-xxxx-xxxx-xxxx-xxxxxxxxxxxx
```

(4) 使用以下命令执行部署。部署脚本可以在 multipleResourceGroupsCLI. txt 文件中获得:

```
C:\Users\Ritesh>az deployment create-location westus-template-file "C:\
users\rites\source\repos\CrossSubscription\CrossSubscription\azuredeploy.
json-parameters @ "C:\users\rites\source\repos\CrossSubscription\
CrossSubscription\azuredeploy.parameters.json"-verbose
```

一旦执行了该命令,在 ARM 模板中定义的资源就应该反映在 Azure 门户上。

15.3　交叉订阅和资源组部署资源

在上一节中,资源组被创建为 ARM 模板的一部分。Azure 的另一个特性是使用单个 ARM 模板从单个部署同时将资源提供给多个订阅。在本节中,我们将为两个不同的订阅和资源组提供一个新的存储账户。部署 ARM 模板的人将选择其中一个订阅作为基本订阅,使用它们将启动部署,并将存储账户提供到当前和另一个订阅中。部署此模板的先决条件是执行部署的人员应该至少有两个订阅的访问权限,并且他们对这些订阅具有贡献者权限。此处显示了代码列表,可在随附代码中的 CrossSubscriptionStorageAccount. json 文件中得到:

```
{
   "$schema": "https://schema.management.azure.com/schemas/2015-01-01/
deploymentTemplate.json#",
      "contentVersion": "1.0.0.0",
      "parameters": {
```

```
        "storagePrefix1": {
          "type": "string",
          "defaultValue": "st01"
        ...
          "type": "string",
          "defaultValue": "rg01"
        },
        "remoteSub": {
          "type": "string",
          "defaultValue": "xxxxxxxx-xxxx-xxxx-xxxx-xxxxxxxxxxxx"
        }
      ...
                      }
                    }
                  ],
                  "outputs": {}
                }
              }
            }
    ],
    "outputs": {}
}
```

需要注意的是,代码中使用的资源组的名称应该已经在各自的订阅中可用。如果资源组不可用,该代码将抛出一个错误。此外,资源组的名称应该与 ARM 模板中的名称精确匹配。

下面将显示部署该模板的代码。在本例中,我们使用 New-AzResourceGroup-Deployment,因为部署的范围是一个资源组。部署脚本位于 CrossSubscriptionStorageAccount. ps1 代码包中的文件:

```
New-AzResourceGroupDeployment  -TemplateFile "<< path to your
CrossSubscriptionStorageAccount.json file >>" -ResourceGroupName "<<provide
your base subscription resource group name>>" -storagePrefix1 <<provide prefix
for first storage account>> -storagePrefix2 << provide prefix for first storage
account>> -verbose
```

一旦命令被执行,ARM 模板中定义的资源应该在 Azure 门户中得到反映。

15.3.1 交叉订阅和资源组部署的另一个示例

在本节中,我们将从一个 ARM 模板和一个部署中,在两个不同的订阅、资源组和区域中创建两个存储账户。我们将使用嵌套模板方法和 copy 元素为不同订阅中的这些资源组提供不同的名称和位置。

但是,在我们可以执行下一组 ARM 模板之前,应该提供一个 Azure 密钥库实例作为先决条件,并向其中添加一个密钥。这是因为存储账户的名称是从 Azure 密钥库中检索的,并作为参数传递给 ARM 模板以调配存储账户。

要使用 Azure PowerShell 调配 Azure 密钥库,可以执行下一组命令。以下命令的代码可在 CreateKeyVaultandSetSecret. ps1 文件中得到:

```
New-AzResourceGroup -Location <<replace with location of your key vault>>
-Name <<replace with name of your resource group for key vault>> -verbose
New-AzureRmKeyVault -Name <<replace with name of your key vault>>
-ResourceGroupName <<replace with name of your resource group for
key vault>>-Location <<replace with location of your key vault>>
-EnabledForDeployment-EnabledForTemplateDeployment-EnabledForDiskEncryption
-EnableSoftDelete -EnablePurgeProtection -Sku Standard -Verbose
```

应该注意到,从 New-AzKeyVault 的结果中记录资源标识。该值需要在参数文件中替换,如图 15.4 所示。

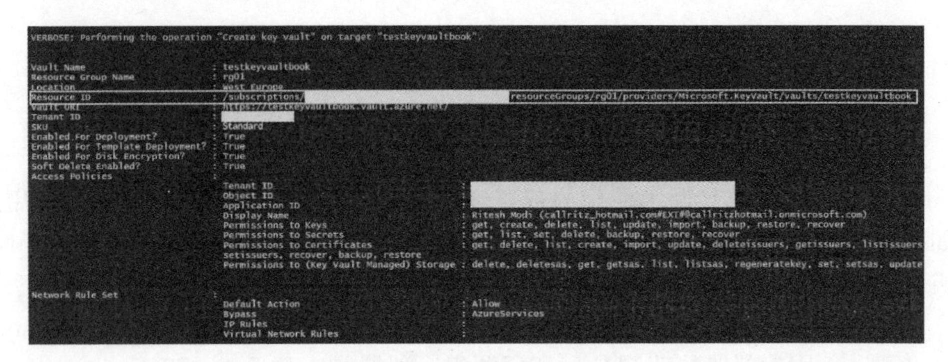

图 15.4　创建密钥库实例

执行以下命令,向新创建的 Azure 密钥库实例添加新密码:

```
Set-AzKeyVaultSecret -VaultName <<replace with name of your key vault>> -Name
<<replace withname of yoursecret>> -SecretValue $(ConvertTo-SecureString
-String <<replace with value of your secret>> -AsPlainText -Force ) -Verbose
```

代码清单位于代码包中的 CrossSubscriptionNestedStorageAccount. json 文件中:

```
{
  "$schema": "https://schema.management.azure.com/schemas/2015-01-01/
deploymentTemplate.json#",
  "contentVersion": "1.0.0.0",
  "parameters": {
```

```
    "hostingPlanNames": {
      "type": "array",
      "minLength": 1
    },
  ...
      "type": "Microsoft.Resources/deployments",
      "name": "deployment01",
      "apiVersion": "2019-10-01",
      "subscriptionId": "[parameters('subscriptions')[copyIndex()]]",
      "resourceGroup": "[parameters('resourceGroups')[copyIndex()]]",
      "copy": {
        "count": "[length(parameters('hostingPlanNames'))]",
        "name": "mywebsites",       "mode": "Parallel"
      },
    ...
              "kind": "Storage",
              "properties": {
              }
            }
          ]
...
```

下面是参数文件的代码。它在 CrossSubscriptionNestedStorageAccount. parameters. json 文件中：

```
{
  "$schema": "https://schema.management.azure.com/schemas/2015-01-01/
deploymentParameters.json#",
  "contentVersion": "1.0.0.0",
  "parameters": {
    "hostingPlanNames": {
  ...
    "storageKey": {
      "reference": {
        "keyVault": { "id": "<<replace it with the value of Key vault
ResourceId noted before>>" },
        "secretName": "<<replace with the name of the secret available in
Key vault>>"
      }
    }
```

```
    }
}
```

下面是用于部署前一个模板的 PowerShell 代码。部署脚本可在 CrossSubscriptionNestedStorageAccount. ps1 文件中获得：

```
New-AzResourceGroupDeploymen-TemplateFile"c:\users\rites\source\repos\
CrossSubscription\CrossSubscription\CrossSubscriptionNestedStorageAccount.
json" -ResourceGroupName rg01 -TemplateParameterFile "c:\
users\rites\source\repos\CrossSubscription\CrossSubscription\
CrossSubscriptionNestedStorageAccount.parameters.json" -Verbose
```

一旦执行了该命令，在 ARM 模板中定义的资源就应该反映在 Azure 门户中。

15.4 使用链接模板部署交叉订阅和资源组部署

前面的示例使用嵌套模板部署到多个订阅和资源组。在下一个示例中，我们将使用链接模板在单独的订阅和资源组中部署多个应用服务计划。链接模板存储在 Azure Blob 存储中，使用策略对其进行保护。这意味着，只有存储账户密钥的持有人或有效的共享访问签名才能访问该模板。访问密钥存储在 Azure 密钥库中，并使用 storageKey 元素下的引用从参数文件中访问。您应该将 website. json 文件上传到 Azure Blob 存储中的一个容器中。website. json 文件是一个链接模板，负责提供应用服务计划和应用服务。文件使用私有（无匿名访问）策略进行保护，如图 15.5 所示。隐私策略确保匿名访问不被允许。在这个例子中，我们创建了一个名为 armtemplates 的容器，并使用私有策略来设置它。

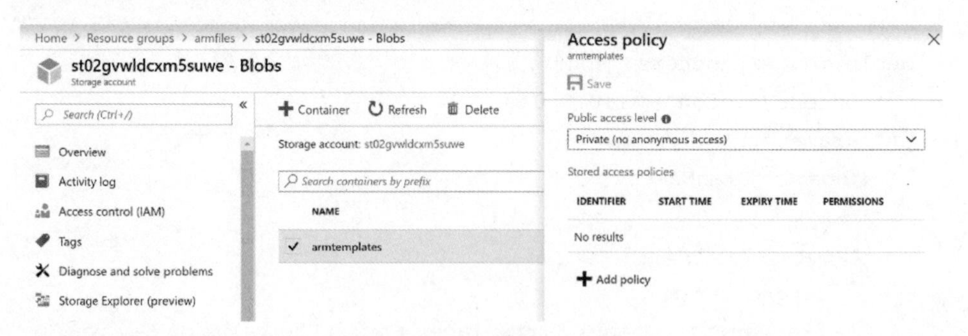

图 15.5　设置容器的私有策略

只能使用共享访问签名（SAS）密钥访问此文件。可以使用图 15.6 中左边菜单中的共享访问签名项，从 Azure 门户为存储账户生成 SAS 密钥。您应该单击 Generate SAS and connection string 按钮来生成 SAS 令牌。注意：SAS 令牌只显示一次,不会存储在 Azure 中。所以,复制它并存储在某个地方,这样它就可以上传到 Azure 密钥库中。图 15.6 显示了 SAS 令牌的生成。

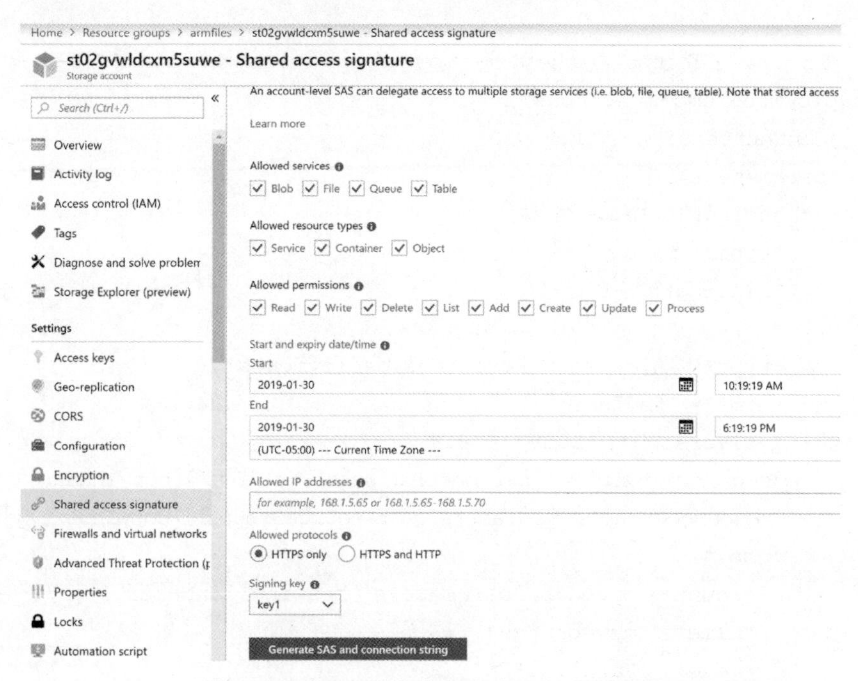

图 15.6　在 Azure 门户中生成一个 SAS 令牌

我们使用上一节中创建的同一个密钥库实例,只需确保密钥库实例中有两个可用的秘密:第一个秘密是 StorageName;另一个是 StorageKey。在密钥库实例中创建这些秘密的命令如下:

```
Set-AzKeyVaultSecret -VaultName "testkeyvaultbook" -Name "storageName"
-SecretValue $(ConvertTo-SecureString -String "uniquename" -AsPlainText
-Force ) -Verbose

Set-AzKeyVaultSecret -VaultName "testkeyvaultbook" -Name "storageKey"
-SecretValue $(ConvertTo-SecureString -String "? sv=2020-03-28&ss=bfqt&srt=sc
o&sp=rwdlacup&se=2020-03-30T21:51:03Z&st=2020-03-30T14:51:03Z&spr=https&sig=
gTynGhj20er6pDl7Ab% 2Bpc29WO3% 2BJhvi% 2BfF% 2F6rHYWp4g% 3D" -AsPlainText -Force)
-Verbose
```

建议您根据存储账户更改密钥库实例的名称和密钥值。

在确保密钥库实例具有必要的保密性之后,可以使用 ARM 模板文件代码交叉订阅和资源组部署嵌套模板。

这里也显示了,ARM 模板代码可以在 CrossSubscriptionLinkedStorageAccount.

Json 文件中得到。建议修改该文件中的 templateUrl 变量的值,它应该使用一个有效的 Azure Blob 存储文件位置进行更新:

```
{
  "$schema": "https://schema.management.azure.com/schemas/2015-01-01/deploymentTemplate.json#",
  "contentVersion": "1.0.0.0",
  "parameters": {
    "hostingPlanNames": {
      "type": "array",
      "minLength": 1
  ...
      "type": "Microsoft.Resources/deployments",
      "name": "fsdfsdf",
      "apiVersion": "2019-10-01",
      "subscriptionId": "[parameters('subscriptions')[copyIndex()]]",
      "resourceGroup": "[parameters('resourceGroups')[copyIndex()]]",
      "copy": {
        "count": "[length(parameters('hostingPlanNames'))]",
        "name": "mywebsites",
        "mode": "Parallel"
    ...
  ]
}
```

下面显示参数文件的代码。建议您更改参数值,包括密钥库实例的资源 ID 和机密名称。应用程序服务名称应该是唯一的,否则模板将无法部署。参数文件的代码可在 CrosssubscriptionLinkedStorageAccoun . parameters. json 代码文件中获得:

```
{
  "$schema": "https://schema.management.azure.com/schemas/2015-01-01/deploymentParameters.json#",
  "contentVersion": "1.0.0.0",
  "parameters": {
    "hostingPlanNames": {
      "value": [ "firstappservice", "secondappservice" ]
    ...
    "storageKey": {
      "reference": {
        "keyVault": { "id": "/subscriptions/xxxxxxxx-xxxx-xxxx-xxxx-xxxxxxxxxxxx/resourceGroups/keyvaluedemo/providers/Microsoft.KeyVault/
```

```
vaults/forsqlvault1" },
        "secretName": "storageKey"
      }
    }
  }
}
```

下面是部署模板的命令。部署脚本可在 crosssubscriptionlinkdstorageaccount.PS1 文件中获得:

```
New-AzureRmResourceGroupDeployment  -TemplateFile "c:\users\
rites\source\repos\CrossSubscription\CrossSubscription\
CrossSubscriptionLinkedStorageAccount.json"-ResourceGroupName <<replace
with the base subscription resource group name >> -TemplateParameterFile
"c:\users\rites\source\repos\CrossSubscription\CrossSubscription\
CrossSubscriptionLinkedStorageAccount.parameters.json" -Verbose
```

一旦执行了该命令,在 ARM 模板中定义的资源就应该反映在 Azure 门户中。现在您已经知道了如何跨资源组和订阅提供资源,我们可以使用 ARM 模板创建的一些解决方案。

15.5 使用 ARM 模板的虚拟机解决方案

基础设施即服务(IaaS)资源和解决方案可以使用 ARM 模板部署和配置,与 IaaS 相关的主要资源是虚拟机资源。

在 Azure 中创建一个虚拟机资源依赖于多个其他资源,创建虚拟机所需的一些资源包括。

(1) 用于承载操作系统和数据磁盘的存储账户或托管磁盘。

(2) 虚拟网络和子网。

(3) 网络接口卡。

还有其他可选的资源包括。

(1) Azure 负载均衡器。

(2) 网络安全组。

(3) 公网 IP 地址。

(4) 路由表等。

本节将介绍使用 ARM 模板创建虚拟机的过程。正如前面在本节中提到的,在创建虚拟机资源本身之前,我们需要创建一些虚拟机资源所依赖的资源。

需要注意的是,并不总是需要创建依赖资源。只有当它们不存在时,才应该创建它们。如果它们已经在 Azure 订阅中可用,那么,虚拟机资源可以通过引用这些依赖资源来提供。

模板依赖于在执行模板时应该提供给它的一些参数。这些变量与资源的位置和它们的一些配置值有关。这些值是从参数中获取的,因为它们可能在不同的部署之间发生变化,所以使用参数有助于保持模板的通用性。

第一步是创建一个存储账户,如下面所示的代码:

```
{
    "type": "Microsoft.Storage/storageAccounts",
    "name": "[variables('storageAccountName')]",
    "apiVersion": "2019-04-01",
    "location": "[parameters('location')]",
    "sku": {
      "name": "Standard_LRS"
    },
    "kind": "Storage",
    "properties": {}
    },
```

创建存储账户之后,应该在 ARM 模板中定义一个虚拟网络。需要注意的是,存储账户和虚拟网络之间不存在依赖关系,它们可以并行创建。子网作为虚拟网络资源的子资源,都配置了自己的 IP 范围;子网范围一般小于虚拟网络 IP 范围:

```
{
  "apiVersion": "2019-09-01",
  "type": "Microsoft.Network/virtualNetworks",
  "name": "[variables('virtualNetworkName')]",
  "location": "[parameters('location')]",
  "properties": {
    "addressSpace": {
      "addressPrefixes": [
       "[variables('addressPrefix')]"
      ]
    },
    "subnets": [
      {
        "name": "[variables('subnetName')]",
        "properties": {
          "addressPrefix": "[variables('subnetPrefix')]"
        }
```

```
            }
          ]
        }
      },
```

如果需要通过公网访问虚拟机,也可以创建一个如下所示的公网 IP 地址。同样,它是一个完全独立的资源,可以与存储账户和虚拟网络并行创建:

```
      {
        "apiVersion": "2019-11-01",
        "type": "Microsoft.Network/publicIPAddresses",
        "name": "[variables('publicIPAddressName')]",
        "location": "[parameters('location')]",
        "properties": {
          "publicIPAllocationMethod": "Dynamic",
          "dnsSettings": {
            "domainNameLabel": "[parameters('dnsLabelPrefix')]"
          }
        }
      },
```

创建虚拟网络、存储账户和公网 IP 地址后,即可创建网络接口。网络接口依赖于虚拟网络和子网资源,它也可以选择与一个公共 IP 地址相关联。代码如下:

```
      {
          "apiVersion": "2019-11-01",
          "type": "Microsoft.Network/networkInterfaces",
          "name": "[variables('nicName')]",
          "location": "[parameters('location')]",
          "dependsOn": [
               "[resourceId('Microsoft.Network/publicIPAddresses/',
  variables('publicIPAddressName'))]",
               "[resourceId('Microsoft.Network/virtualNetworks/',
  variables('virtualNetworkName'))]"
             ],
             "properties": {
               "ipConfigurations": [
                 {
                   "name": "ipconfig1",
                   "properties": {
                     "privateIPAllocationMethod": "Dynamic",
                     "publicIPAddress": {
```

```
"id": "[resourceId('Microsoft.Network/
publicIPAddresses',variables('publicIPAddressName'))]"
        },
    "subnet": {
    "id": "[variables('subnetRef')]"
        }
      }
    }
  ]
 }
},
```

需要注意的是,公共 IP 地址和子网都是由它们的唯一 Azure 标识符引用的。

创建网络接口之后,我们就拥有了创建虚拟机所需的所有资源。下一个代码块展示了如何使用 ARM 模板创建虚拟机,它依赖于网卡和存储账户。这间接地创建了对虚拟网络、子网和公共 IP 地址的依赖关系。

对于虚拟机,我们配置了必需的资源配置,包括类型、API 版本、位置和名称,以及任何依赖项,如下面的代码:

```
{
"apiVersion": "2019-07-01",
"type": "Microsoft.Compute/virtualMachines",
"name": "[variables('vmName')]",
"location": "[resourceGroup().location]",
"tags": {
"displayName": "VirtualMachine"
    },
"dependsOn": [
"[concat('Microsoft.Storage/storageAccounts/',
variables('storageAccountName'))]",
"[concat('Microsoft.Network/networkInterfaces/', variables('nicName'))]"
    ],
"properties": {
"hardwareProfile": { "vmSize": "[variables('vmSize')]" },
"availabilitySet": {
"id": "[resourceId('Microsoft.Compute/availabilitySets',
parameters('adAvailabilitySetName'))]"
       },
"osProfile": {
"computerName": "[variables('vmName')]",
```

```
"adminUsername": "[parameters('adminUsername')]",
"adminPassword": "[parameters('adminPassword')]"
        },
"storageProfile": {
"imageReference": {
"publisher": "[variables('imagePublisher')]",
"offer": "[variables('imageOffer')]",
"sku": "[parameters('windowsOSVersion')]",
"version": "latest"
          },
"osDisk": { "createOption": "FromImage" },
"copy": [
            {
"name": "dataDisks",
"count": 3,
"input": {
"lun": "[copyIndex('dataDisks')]",
"createOption": "Empty",
"diskSizeGB": "1023",
"name": "[concat(variables('vmName'),'-datadisk', copyIndex('dataDisks'))]"
              }
            }
          ]
        },
"networkProfile": {
"networkInterfaces": [
            {
"id": "[resourceId('Microsoft.Network/networkInterfaces',
variables('nicName'))]"
            }
          ]
        }
      }
    }
```

在上述代码中,虚拟机配置如下。

(1) 硬件配置文件。虚拟机的大小。

(2) 操作系统配置文件。登录虚拟机的名称和凭据。

(3) 存储配置文件。为虚拟机存储虚拟硬盘(VHD)文件的存储账户,包括数据磁盘。

(4) 网络配置文件。对网络接口卡的引用。

下一节将介绍一个使用 ARM 模板提供平台即服务解决方案的示例。

15.6 使用 ARM 模板的 PaaS 解决方案

平台即服务(PaaS)资源和解决方案可以使用 ARM 模板部署。与 PaaS 相关的主要资源之一是 Azure 网页应用程序,在本节中,我们将重点介绍使用 ARM 模板在 Azure 上创建网页应用程序。

模板希望在执行它时提供一些参数。所需的参数是应用服务计划的 SKU、托管资源的 Azure 区域以及应用服务计划的 SKU 容量。

在模板中声明了两个变量,使其具有通用性和可维护性。第一个 hostingPlan-Name 是应用服务计划名;第二个 webSiteName 是应用服务本身。

在 Azure 中,至少应该为一个工作的网页应用程序声明和供应两种资源,它们包括。

(1) Azure 应用服务计划。

(2) Azure 应用服务。

在 Azure 上创建网络应用的第一步是定义 Azure 应用服务计划的配置。以下代码定义了一个新的应用服务计划,需要注意的是,资源类型是 Microsoft. Web/serverfarms。该计划的大多数配置值,如位置、名称和容量,都作为 ARM 模板的参数:

```
{
"apiVersion": "2019-08-01",
"name": "[variables('hostingPlanName')]",
"type": "Microsoft.Web/serverfarms",
"location": "[parameters('location')]",
"tags": {
"displayName": "HostingPlan"
        },
"sku": {
"name": "[parameters('skuName')]",
"capacity": "[parameters('skuCapacity')]"
        },
"properties": {
"name": "[variables('hostingPlanName')]"
```

```
    }
  },
```

计划后应提供的下一个资源是应用服务本身。创建这两种资源之间的依赖关系非常重要,这样在创建应用服务本身之前就已经创建了计划:

```
{
"apiVersion": "2019-08-01",
"name": "[variables('webSiteName')]",
"type": "Microsoft.Web/sites",
"location": "[parameters('location')]",
"dependsOn": [
"[variables('hostingPlanName')]"
    ],
"properties": {
"name": "[variables('webSiteName')]",
"serverFarmId": "[resourceId('Microsoft.Web/serverfarms',
variables('hostingPlanName'))]"
    },
"resources": [
        {
"apiVersion": "2019-08-01",
"type": "config",
"name": "connectionstrings",
"dependsOn": [
"[variables('webSiteName')]"
          ],
"properties": {
"DefaultConnection": {
"value": "[concat( 'sql connection string here')]",
"type": "SQLAzure"
          }
        }
      }
    ]
  }
```

在上面的代码中,定义了 Microsoft. Web/sites 类型的资源,它依赖于计划。同时,它还使用了应用服务计划,并使用 serverFarmId 与之关联。上面的代码进一步声明了一个连接字符串,可用于连接到 SQL Server 数据库。

本节展示了一个使用 ARM 模板在 Azure 上创建 PaaS 解决方案的示例。类似地,其他 PaaS 解决方案,包括 Azure 功能应用程序、Kubernetes 服务和 Service Fabric 等,都可以使用 ARM 模板创建。

15.7 使用 ARM 模板的数据相关解决方案

Azure 中有很多与数据管理和存储相关的资源。一些重要的数据相关资源包括 Azure SQL、Azure Cosmos DB、Azure 数据湖存储、数据湖分析、Azure Synapsis、数据仓库和数据工厂。

所有这些资源都可以使用 ARM 模板来提供和配置。在本节中,我们将创建一个 ARM 模板来提供一个数据工厂资源,负责使用存储过程将数据从 Azure Blob 存储迁移到 Azure SQL 数据库。

您将在模板中找到参数文件,这些值可能在不同的部署之间发生变化;我们将保持模板的通用性,以便您也可以在其他部署中轻松地自定义和使用它。

本节的全部代码可以在以下网站中获得:https://github.com/Azure/azurequickstart-templates/blob/master/101-data-factory-blob-to-sql-copy-stored-proc。

第一步是在 ARM 模板中声明数据工厂的配置,代码如下所示:

```
"name": "[variables('dataFactoryName')]",
"apiVersion": "2018-06-01",
"type": "Microsoft.DataFactory/datafactories",
"location": "[parameters('location')]",
```

每个数据工厂都有多个链接服务。这些链接的服务充当连接器,将数据导入数据工厂,或者数据工厂可以向它们发送数据。下面的代码清单为 Azure 存储账户创建了一个链接服务,Blob 将从其中读入数据工厂,并为 Azure SQL 数据库创建了另一个链接服务:

```
{
"type": "linkedservices",
"name": "[variables('storageLinkedServiceName')]",
"apiVersion": "2018-06-01",
"dependsOn": [
"[variables('dataFactoryName')]"
        ],
"properties": {
"type": "AzureStorage",
"description": "Azure Storage Linked Service",
```

```
"typeProperties": {
"connectionString":
"[concat('DefaultEndpointsProtocol=https;
AccountName=',parameters('storageAccountName'),';
AccountKey=',parameters('storageAccountKey'))]"
        }
      }
    },
    {
"type": "linkedservices",
"name": "[variables('sqlLinkedServiceName')]",
"apiVersion": "2018-06-01",
"dependsOn": [
"[variables('dataFactoryName')]"
      ],
"properties": {
"type": "AzureSqlDatabase",
"description": "Azure SQL linked service",
"typeProperties": {
"connectionString": "[concat('Data Source=tcp:', parameters('sqlServerName'),
'.database.windows.net,1433;Initial Catalog=', parameters('sqlDatabaseName'),
';Integrated Security=False;User ID=', parameters('sqlUserId'), ';Password=',
parameters('sqlPassword'), ';Connect Timeout=30;Encrypt=True')]"
        }
      }
    },
```

在链接服务之后,可以为 Azure 数据工厂定义数据集了。数据集有助于识别应该读取和放置在数据工厂中的数据,它们还可以表示在转换期间需要由数据工厂存储的临时数据,或者甚至是将写入数据的目标位置。下一个代码块创建 3 个数据集,分别对应刚才提到的数据集的每个方面。

读取数据集显示在下面的代码块中:

```
{
"type": "datasets",
"name": "[variables('storageDataset')]",
"dependsOn": [
"[variables('dataFactoryName')]",
"[variables('storageLinkedServiceName')]"
      ],
```

```
"apiVersion": "2018-06-01",
"properties": {
"type": "AzureBlob",
"linkedServiceName": "[variables('storageLinkedServiceName')]",
"typeProperties": {
"folderPath": "[concat(parameters('sourceBlobContainer'),'/')]",
"fileName": "[parameters('sourceBlobName')]",
"format": {
"type": "TextFormat"
        }
      },
"availability": {
"frequency": "Hour",
"interval": 1
      },
"external": true
    }
  },
```

中间数据集显示在以下代码行中:

```
{
"type": "datasets",
"name": "[variables('intermediateDataset')]","dependsOn": [
"[variables('dataFactoryName')]",
"[variables('sqlLinkedServiceName')]"
    ],
"apiVersion": "2018-06-01",
"properties": {
"type": "AzureSqlTable",
"linkedServiceName": "[variables('sqlLinkedServiceName')]",
"typeProperties": {
"tableName": "[variables('intermediateDataset')]"
      },
"availability": {
"frequency": "Hour",
"interval": 1
      }
    }
  },
```

此处显示了用于目标的数据集：

```
{
"type": "datasets",
"name": "[variables('sqlDataset')]",
"dependsOn": [
"[variables('dataFactoryName')]",
"[variables('sqlLinkedServiceName')]"
          ],
"apiVersion": "2018-06-01",
"properties": {
"type": "AzureSqlTable",
"linkedServiceName": "[variables('sqlLinkedServiceName')]",
"typeProperties": {
"tableName": "[parameters('sqlTargetTable')]"
           },
"availability": {
"frequency": "Hour",
"interval": 1
           }
          }
        },
```

最后，我们需要数据工厂中的管道，它可以将所有数据集和链接的服务聚集在一起，并帮助创建提取-转换-加载数据解决方案。管道由多个活动组成，每个活动完成一个特定的任务。正如您现在看到的，所有这些活动都可以在 ARM 模板中定义。第一个活动将存储账户中的 Blob 复制到一个中间 SQL Server，如下所示：

```
{
"type": "dataPipelines",
"name": "[variables('pipelineName')]",
"dependsOn": [
"[variables('dataFactoryName')]",
"[variables('storageLinkedServiceName')]",
"[variables('sqlLinkedServiceName')]",
"[variables('storageDataset')]",
"[variables('sqlDataset')]"
          ],
"apiVersion": "2018-06-01",
"properties": {
"description": "Copiesdata from Azure Blob to Sql DB while invoking stored
```

```
procedure",
"activities": [
            {
"name": "BlobtoSqlTableCopyActivity",
"type": "Copy",
"typeProperties": {
"source": {
"type": "BlobSource"
                },
"sink": {
"type": "SqlSink",
"writeBatchSize": 0,
"writeBatchTimeout": "00:00:00"
                }
               },
"inputs": [
                {
"name": "[variables('storageDataset')]"
                }
               ],
"outputs": [
                {
"name": "[variables('intermediateDataset')]"
                }
               ]
            },
            {
"name": "SqlTabletoSqlDbSprocActivity",
"type": "SqlServerStoredProcedure",
"inputs": [
                {
"name": "[variables('intermediateDataset')]"
           }
               ],
"outputs": [
                {
"name": "[variables('sqlDataset')]"
                }
```

```
                ],
    "typeProperties": {
    "storedProcedureName": "[parameters('sqlWriterStoredProcedureName')]"
                },
    "scheduler": {
    "frequency": "Hour",
    "interval": 1
                },
    "policy": {
    "timeout": "02:00:00",
    "concurrency": 1,
    "executionPriorityOrder": "NewestFirst",
    "retry": 3
                }
              }
            ],
    "start": "2020-10-01T00:00:00Z",
    "end": "2020-10-02T00:00:00Z"
          }
        }
      ]
    }
```

最后一个活动将数据从中间数据集复制到最终目标数据集,还有管道应该运行的开始和结束时间。

本节重点介绍为数据相关解决方案创建 ARM 模板。在下一节中,我们将讨论在 Azure 上使用活动目录和域名系统创建数据中心的 ARM 模板。

15.8 使用活动目录和域名系统在 Azure 上创建 IaaS 解决方案

在 Azure 上创建 IaaS 解决方案意味着创建多个虚拟机,将一个虚拟机提升为域控制器,并使其他虚拟机作为加入域的节点加入域控制器。这意味着,安装一个域名解析服务器,以及(可选)一个用于安全访问这些虚拟机的跳转服务器。

该模板在虚拟机上创建一个活动目录簇,它根据提供的参数创建多个虚拟机。该模板创建以下内容。

(1) 几个可用性设置。

(2) 虚拟网络。

(3) 网络安全组定义允许和不允许的端口和 IP 地址。

然后,该模板执行以下操作。

(1) 提供一个或两个域,默认情况下创建根域,子域是可选的。

(2) 为每个域提供两个域控制器。

(3) 执行所需的状态配置脚本,将虚拟机提升为域控制器。

我们可以使用“使用 ARM 模板的虚拟机解决方案”一节中讨论的方法来创建多个虚拟机。但是,如果需要高可用性,这些虚拟机应该是可用性集的一部分。要注意的是,可用性集为部署在这些虚拟机上的应用程序提供 99.95%的可用性,而可用性区域提供 99.99%的可用性。

可用性集可以按如下代码进行配置:

```
{
"name": "[variables('adAvailabilitySetNameRoot')]",
"type": "Microsoft.Compute/availabilitySets",
"apiVersion": "2019-07-01",
"location": "[parameters('location')]",
"sku": {
"name": "Aligned"
     },
"properties": {
"PlatformUpdateDomainCount": 3,
"PlatformFaultDomainCount": 2
     }
  },
```

创建可用性集之后,应该在虚拟机配置中添加一个额外的概要文件,以将虚拟机与可用性集关联起来,如下面的代码:

```
"availabilitySet" : {
"id": "[resourceId('Microsoft.Compute/availabilitySets',
parameters('adAvailabilitySetName'))]"
     }
```

注意:为了在虚拟机中使用负载平衡器,可用性集是必需的。

虚拟网络配置中还需要另一个更改是增加域名服务器信息,如下面的代码:

```
{
"name": "[parameters('virtualNetworkName')]",
"type": "Microsoft.Network/virtualNetworks",
"location": "[parameters('location')]",
"apiVersion": "2019-09-01",
```

```
"properties": {
"addressSpace": {
"addressPrefixes": [
"[parameters('virtualNetworkAddressRange')]"
        ]
    },
"dhcpOptions": {
"dnsServers": "[parameters('DNSServerAddress')]"
    },
"subnets": [
        {
"name": "[parameters('subnetName')]",
"properties": {
"addressPrefix": "[parameters('subnetRange')]"
            }
        }
    ]
  }
},
```

最后,要将虚拟机转换为活动目录,应该在虚拟机上执行 PowerShell 脚本或所需状态配置(DSC)脚本。即使将其他虚拟机加入域,也应该在这些虚拟机上执行另一组脚本。

可以使用 CustomScriptExtension 资源在虚拟机上执行脚本,如下面所示的代码:

```
{
"type": "Microsoft.Compute/virtualMachines/extensions",
"name": "[concat(parameters('adNextDCVMName'),'/PrepareNextDC')]",
"apiVersion": "2018-06-01",
"location": "[parameters('location')]",
"properties": {
"publisher": "Microsoft.Powershell",
"type": "DSC",
"typeHandlerVersion": "2.21",
"autoUpgradeMinorVersion": true,
"settings": {
"modulesURL": "[parameters('adNextDCConfigurationModulesURL')]",
"configurationFunction": "[parameters('adNextDCConfigurationFunction')]",
"properties": {
```

```
"domainName": "[parameters('domainName')]",
"DNSServer": "[parameters('DNSServer')]",
"DNSForwarder": "[parameters('DNSServer')]",
"adminCreds":{
"userName": "[parameters('adminUserName')]",
"password": "privateSettingsRef:adminPassword"
            }
          }
        },
"protectedSettings":{
"items":{
"adminPassword": "[parameters('adminPassword')]"
        }
      }
    }
  },
```

在本节中,我们使用 IaaS 范例在 Azure 上创建了一个数据中心。我们创建了多个虚拟机,并将其中一个转换为域控制器,安装了域名服务器,并为其分配了一个域。现在,网络上的其他虚拟机可以加入该域,它们可以在 Azure 上形成一个完整的数据中心。

请参考 https://github.com/Azure/azure-quickstart-templates/tree/master/301-create-ad-forest-with-subdomain 获取在 Azure 上创建数据中心的完整代码列表。

15.9 小结

使用单个部署将资源部署到多个订阅、资源组和区域的选项提供了增强的部署能力,减少了部署中的错误,并获得了更好的优势,如创建灾难恢复站点和实现高可用性。

在本章中,您看到了如何使用 ARM 模板创建几种不同的解决方案,包括:创建包含虚拟机的基于基础架构的解决方案;使用 Azure 应用服务的基于平台的解决方案;使用数据工厂资源的数据相关解决方案(包括其配置),在 Azure 上的数据中心,虚拟机、活动目录和域名系统安装在虚拟机之上。

在第 16 章中,我们将重点介绍如何创建模块化的 ARM 模板,这对于真正想要将 ARM 模板提升到下一个层次的架构师来说是一项必不可少的技能。本章还向您展示各种设计 ARM 模板和创建可重用与模块化 ARM 模板的方法。

第16章
ARM模板模块化设计与实现

我们知道有多种方法可以编写 Azure 资源管理器(Azure Resource Manager, ARM)模板。在 Azure 中使用 Visual Studio 和 Visual Studio Code 编写一个提供所有必要资源的软件是非常容易的。一个 ARM 模板可以包含 Azure 上解决方案所需的所有资源。这个单一的 ARM 模板可以小到只有几个资源,也可以是一个包含许多资源的更大的模板。虽然编写一个包含所有资源的单一模板是相当诱人的,但明智的做法是:事先将一个 ARM 模板实现划分为多个较小的 ARM 模板,这样可以避免未来与它们相关的麻烦。

在本章中,我们将介绍如何以模块化的方式编写 ARM 模板,这样它们就可以在一段时间内不断发展,并且在测试和部署方面投入的精力最少。然而,在编写模块化模板之前,最好先了解以模块化方式编写这些模板所解决的问题。

本章将涉及以下问题。

(1) 单个模板的问题。

(2) 理解嵌套和链接部署。

(3) 链接模板。

(4) 嵌套模板。

(5) 自由流配置。

(6) 已知配置。

现在,让我们详细探讨上述问题,这将帮助您使用行业最佳实践编写模块化模板。

16.1 单一模板方法的问题

从表面上看,一个包含所有资源的大型模板可能目前不会有问题,但将来可能会出现问题。下面我们讨论使用单个大型模板时可能出现的问题。

16.1.1 降低了更改模板的灵活性

使用一个包含所有资源的大型模板将来会很难更改它。由于所有依赖项、参数和变量都在一个模板中,与较小的模板相比,更改模板可能要花费相当多的时间并可能会对模板的其他部分产生影响,这可能会被忽略,还会引入 bug。

16.1.2 大模板故障排除

大型模板很难排除故障,这是众所周知的事实。模板中资源的数量越多,对模板进行故障排除就越困难。模板将在其中部署所有资源,而寻找错误需要经常部署模板。在等待模板部署完成的同时,开发人员可能会降低生产率。

此外,部署单个模板比部署较小的模板更耗时,开发人员必须等待包含错误的资源被部署后才能采取任何行动。

16.1.3 滥用依赖

在较大的模板中,资源之间的依赖关系也会变得更加复杂。由于 ARM 模板的工作方式很容易滥用 dependsOn 特性,模板中的每个资源都可以引用之前的所有资源,而不是构建依赖关系树。如果一个资源依赖于 ARM 模板中的所有其他资源,ARM 模板不会报错,即使那些其他资源可能在它们自己内部有相互依赖关系。这使得更改 ARM 模板很容易出错,有时甚至不能更改它们。

16.1.4 敏捷性降低

通常,一个项目中有多个团队,每个团队在 Azure 中拥有自己的资源。这些团队将发现很难使用单个 ARM 模板,因为应该由单个开发人员来更新它们。与多个团队一起更新单个模板可能会导致冲突和难以解决的合并,拥有多个较小的模板可以使每个团队编写自己的 ARM 模板。

16.1.5 缺乏可重用性

如果您只有一个模板,那么这就是您所拥有的全部,使用这个模板意味着部署所有资源。如果不进行一些操作(如添加条件资源),就不可能开箱即用地选择单个资源。单个大型模板失去了可重用性,因为您获取了所有资源或没有资源。知道单个大型模板有这么多的问题,编写模块化模板是一个很好的实践,这样我们就可以获得如下好处。

(1) 多个团队可以单独使用模板。

(2) 模板可以在项目和解决方案之间重用。

(3) 模板易于调试和故障排除。

现在我们已经讨论了单个大型模板的一些问题,在下一节中,我们将考虑模块化模板的关键,以及它们如何帮助开发人员实现有效的部署。

16.2 理解单一责任原则

单一责任原则是 SOLID 设计原则的核心原则之一,它指出类或代码段应该负责单个函数,并且应该完全拥有该功能。只有在当前功能中存在功能变化或 bug 时,代码才应该发生变化;否则就不应该发生变化,此代码不应因其他组件或不属于当前组件的代码的更改而更改。将同样的原则应用于 ARM 模板可以帮助我们创建只负责部署单一资源或功能的模板,而不是部署所有资源和一个完整的解决方案。使用这个原则将帮助您创建多个模板,每个模板负责单个资源或较小的资源组,而不是所有资源。

16.2.1 更快的故障排除和调试

每个模板部署都是 Azure 中的一个独立的活动,是由输入、输出和日志组成的单独实例。当为部署一个解决方案而部署多个模板时,每个模板部署都有单独的日志条目及其输入和输出描述。与使用单个大型模板相比,使用这些独立的日志从多个部署中隔离 bug 和故障排除要容易得多。

16.2.2 模块化的模板

当一个大型模板被分解为多个模板时,其中每个较小的模板负责自己的资源,这些资源由包含它的模板负责是单独拥有并进行维护的,可以说,我们拥有模块化模板,这些模块化模板中的每个模板都遵循单一职责原则。在学习如何将大型模板划分为多个较小的可重用模板之前,有必要了解创建较小模板背后的技术,以及如何组合它们以部署完整的解决方案。

16.2.3 部署资源

ARM 提供了一个链接模板的工具。虽然我们已经详细讨论了链接模板，但我们还是要在这里提到它，以帮助您理解链接模板如何帮助我们实现模块化、组合和可重用性。

ARM 模板提供了称为部署的专门资源，可以从 Microsoft. Resources 获得资源名称空间。ARM 模板中的部署资源看起来非常类似下面的代码段：

```
"resources": [
  {
    "apiVersion": "2019-10-01",
    "name": "linkedTemplate",
    "type": "Microsoft.Resources/deployments",
    "properties": {
        "mode": "Incremental",
        <nested-template-or-external-template>
    }
  }
]
```

这个模板是自解释的，模板资源中最重要的两个配置是类型和属性。这里的类型指的是部署资源，而不是任何特定的 Azure 资源（存储、虚拟机等），而属性则指定了部署配置，包括链接模板部署或嵌套模板部署。

但是，部署资源是为了做什么呢？部署资源的任务是部署另一个模板。另一个模板可以是单独的 ARM 模板文件中的外部模板，也可以是嵌套模板。这意味着，可以从一个模板调用其他模板，就像函数调用一样。

在 ARM 模板中可以有嵌套的部署级别。这意味着，一个模板可以调用另一个模板，被调用的模板也可以调用另一个模板，这可以进行 5 级嵌套调用，如图16.1 所示。

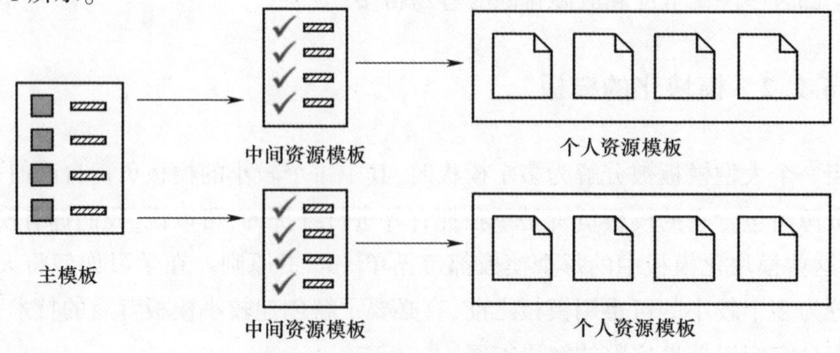

图 16.1　模板分解为更小的模板

16.3 相关模板

链接模板是调用外部模板的模板,外部模板存储在不同的 ARM 模板文件中。链接模板的示例如下:

```
"resources": [
  {
    "apiVersion": "2019-10-01",
    "name": "linkedTemplate",
    "type": "Microsoft.Resources/deployments",
    "properties": {
      "mode": "Incremental",
      "templateLink": {
        "uri":"https://mystorageaccount.blob.core.windows.net/
AzureTemplates/newStorageAccount.json",
        "contentVersion":"1.0.0.0"
      },
      "parametersLink": {
        "uri":"https://mystorageaccount.blob.core.windows.net/
AzureTemplates/newStorageAccount.parameters.json",
        "contentVersion":"1.0.0.0"
      }
    }
  }
]
```

与前一个模板相比,这个模板中的其他重要属性是 templateLink 和 parametersLink。现在,templateLink 引用外部模板文件位置的实际 URL, parametersLink 是对应参数文件的 URL 位置。重要的是,要注意调用方模板应该对被调用模板的位置具有访问权限。例如,如果外部模板存储在 Azure Blob 存储中,该存储由密钥保护。那么,调用方模板必须能够使用适当的安全访问签名(Secure Access Signature,SAS)密钥,以便能够访问链接的模板。

也可以提供显式的内联参数,而不是 parametersLink 值,如下所示:

```
"resources": [
  {
    "apiVersion": "2019-10-01",
    "name": "linkedTemplate",
```

```
    "type": "Microsoft.Resources/deployments",
    "properties": {
      "mode": "Incremental",
      "templateLink": {
        "uri":"https://mystorageaccount.blob.core.windows.net/
  AzureTemplates/newStorageAccount.json",
        "contentVersion":"1.0.0.0"
      },
      "parameters": {
        "StorageAccountName":{"value": "
                              [parameters('StorageAccountName')]"}
        }
    }
  }
]
```

现在您已经很好地理解了链接模板。一个密切相关的主题是嵌套模板,下一节将详细讨论它。

16.4 嵌套模板

与外部链接模板相比,嵌套模板是 ARM 模板中相对较新的特性。嵌套模板不会在外部文件中定义资源。这些资源是在调用者模板本身和部署资源中定义的,如下所示:

```
"resources": [
  {
  "apiVersion": "2019-10-01",
  "name": "nestedTemplate",
  "type": "Microsoft.Resources/deployments",
  "properties": {
    "mode": "Incremental",
    "template": {
      "$schema": "https://schema.management.azure.com/schemas/2015-
            01-01/deploymentTemplate.json#",
      "contentVersion": "1.0.0.0",
      "resources": [
      {
        "type": "Microsoft.Storage/storageAccounts",
```

```
            "name": "[variables('storageName')]",
            "apiVersion": "2019-04-01",
            "location": "West US",
            "properties": {
              "accountType": "Standard_LRS"
            }
          }
        ]
      }
    }
  }
]
```

在此代码段中,我们可以看到存储账户资源作为部署资源的一部分嵌套在原始模板中。与使用 templateLink 和 parametersLink 属性不同,资源数组用于在单个部署中创建多个资源。使用嵌套部署的优点是:可以使用父类中的资源的名称来重新配置它们。通常,具有名称的资源在模板中只能存在一次。嵌套模板允许我们在同一个模板中使用它们,并确保所有模板都是自给自足的,而不是单独存储,并且它们可能对那些外部文件也可能不可访问。

现在我们已经了解了模块化 ARM 模板背后的技术,那么,我们应该如何将一个大模板分割成更小的模板呢?有多种方法可以将大型模板分解为较小的模板。微软推荐以下模式来分解 ARM 模板,如图 16.2 所示。

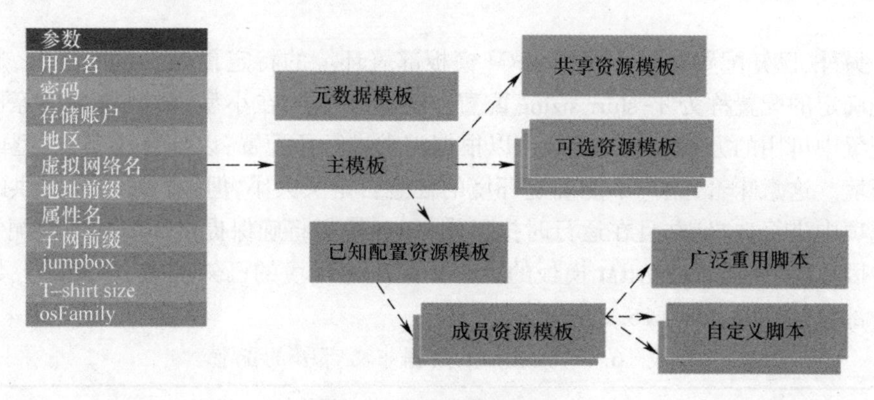

图 16.2　模板分解策略

当我们将大型模板分解为较小的模板时,总是会有用于部署解决方案的主模板。这个主模板或主模板在内部调用其他嵌套或链接的模板,然后它们依次调用其他模板,最后部署包含 Azure 资源的模板。

主模板可以调用一个已知的配置资源模板,而配置资源模板又会调用包含

Azure 资源的模板。已知的配置资源模板是特定于项目或解决方案的,它没有许多与之相关的可重用因素。成员资源模板是由已知配置资源模板调用的可重用模板,主模板还可以调用共享资源模板和其他资源模板(如果它们存在)。

了解已知的配置是重要的,模板可以作为已知配置或自由流配置来编写。

16.5 畅通的配置

ARM 模板可以作为通用模板来编写,大多数(如果不是全部)赋给变量的值都是作为参数获得的。这允许使用模板的人传递他们认为在 Azure 中部署资源所需的任何值。例如,部署模板的人可以为其存储和网络选择任意大小、任意数量的虚拟机以及任意配置的虚拟机。这就是所谓的自由流配置,大多数配置都是允许的,模板来自于用户,而不是在模板中声明。

这种配置存在一些挑战。最大的问题是:并不是每个 Azure 区域和 Azure 数据中心都支持所有的配置。如果不允许在特定位置或区域创建资源,模板将无法创建资源。自由流配置的另一个问题是:用户可以提供他们认为必要的任何价值,而模板会重视它们,因此增加了成本和部署占用空间,即使它们不是完全必需的。

16.6 已知的配置

另外,已知配置是用于使用 ARM 模板部署环境的特定预先确定的配置,这些预先确定的配置称为 T-shirt sizing 配置。类似于 T 恤在小型、中型和大型等预定义配置中可用的方式,ARM 模板可以根据需求进行预配置,以部署小型、中型或大型环境。这意味着,用户不能确定环境的任意自定义大小,但他们可以从提供的各种选项中进行选择,并且在运行时执行的 ARM 模板将确保提供环境的适当配置。

因此,创建模块化 ARM 模板的第一步是决定环境的已知配置。Azure 上数据中心部署的配置,如表 16.1 所列。

表 16.1 Azure 上数据中心部署的配置

T-Shirt Size	ARM 模板配置
小	4 个带有 7GB 内存和 4 个 CPU 核的虚拟机
中	8 个拥有 14GB 内存和 8 个 CPU 核的虚拟机
大	16 个虚拟机,28GB 内存,8 个 CPU 核

现在我们知道了配置,因而可以创建模块化的 ARM 模板。编写模块化 ARM

模板有两种方式。

(1) 组合模板。组合模板链接到其他模板,组合模板的例子包括主模板和中间模板。

(2) 叶子级模板。叶子级模板是包含单一 Azure 资源的模板。

ARM 模板可以根据技术和功能分为模块化模板。

用下面的理想方法来决定模块化并编写一个 ARM 模板。

(1) 定义资源或叶级模板组成的单一资源。在图 16.3 中,最右边的模板是叶级模板。在图中,同一列中的虚拟机、虚拟网络、存储和其他都表示叶级模板。

(2) 使用叶级模板构建环境特定的模板。这些特定于环境的模板提供了 Azure 环境,如 SQL Server 环境、App Service 环境或数据中心环境。让我们更深入地探讨这个主题。以 Azure SQL 环境为例,要创建 Azure SQL 环境,需要多种资源,至少应该准备一个逻辑 SQL Server、一个 SQL 数据库和一些 SQL 防火墙资源。所有这些资源都在叶级的单个模板中定义,这些资源可以组合在一个模板中,该模板具有创建 Azure SQL 环境的能力。任何想要创建 SQL 环境的人都可以使用这个组合模板。图 16.3 将数据中心、消息传递、应用程序服务和数据库服务作为特定于环境的模板。

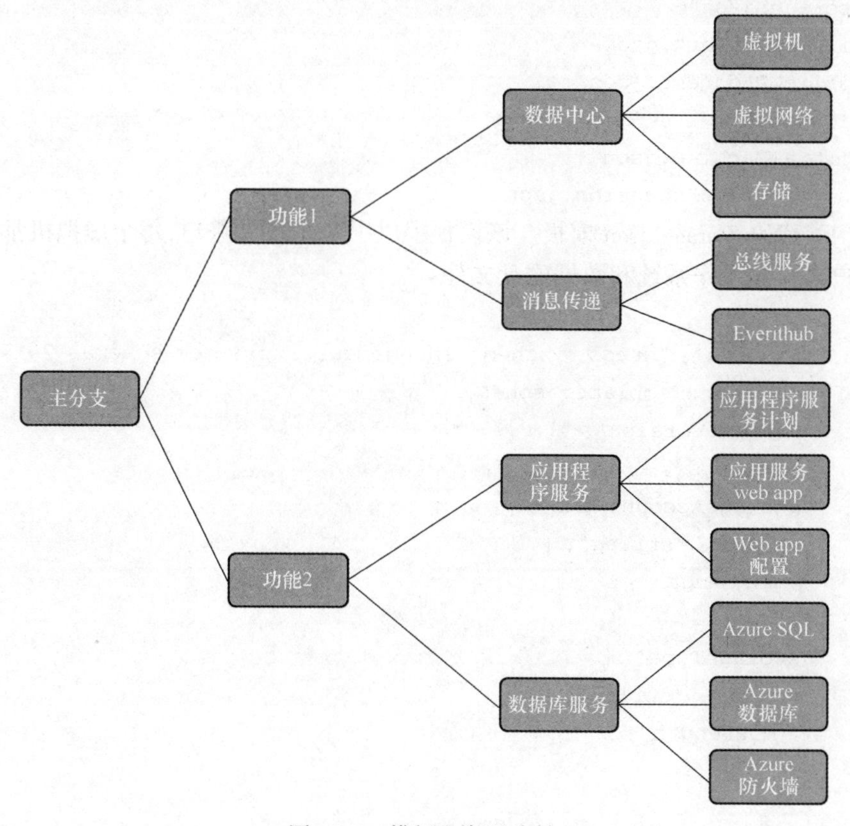

图 16.3　模板和资源映射

(3) 创建具有更高抽象的模板,将多个特定环境的模板组合成解决方案,这些模板由上一步中创建的特定于环境的模板组成。例如,要创建一个需要一个 App Service 环境和一个 SQL 环境的电子商务库存解决方案,可以将两个环境模板(App Service 和 SQL Server)组合在一起。图 16.3 有 Function1 和 Function2 模板,它们由子模板组成。

(4) 最后,应该创建一个主模板,它应该由多个模板组成,每个模板都能够部署一个解决方案。

以上创建模块化设计模板的步骤可以通过图 16.3 很容易理解。

现在,让我们实现图 16.3 中显示的部分功能。在这个实现中,我们将使用模块化方法提供一个带有脚本扩展的虚拟机。自定义脚本扩展部署 Docker 二进制文件,并在 Windows Server 2016 虚拟机上准备一个容器环境。

下面,我们将使用模块化的方法创建一个使用 ARM 模板的解决方案。如前所述,第一步是创建单个资源模板,这些单独的资源模板将用于组成能够创建环境的其他模板,创建虚拟机需要这些模板,这里显示的所有 ARM 模板都可以在附带的章节代码中获得。模板名称和代码如下:

```
Storage.json
virtualNetwork.json
PublicIPAddress.json
NIC.json
VirtualMachine.json
CustomScriptExtension.json
```

(1) 代码 Storage.json 模板。该模板提供了一个存储账户,每个虚拟机都需要该账户来存储操作系统和数据磁盘文件:

```
{
  "$schema": "https://schema.management.azure.com/schemas/2015-01-
01/deploymentTemplate.json#",
  "contentVersion": "1.0.0.0",
  "parameters": {
    "storageAccountName": {
      "type": "string",
      "minLength": 1
    },
    "storageType": {
      "type": "string",
      "minLength": 1
    },
  ...
```

```
    "outputs": {
      "resourceDetails": {
        "type": "object",
        "value": "[reference(parameters('storageAccountName'))]"
      }
    }
}
```

(2) 公共 IP 地址模板的代码。可以通过互联网访问的虚拟机需要为其网络接口卡分配一个公共 IP 地址资源。尽管将虚拟机公开到互联网是可选的,但是该资源可能用于创建虚拟机。以下代码可在 PublicIPAddress. json 文件中获得:

```
{
    "$schema": "https://schema.management.azure.com/schemas/2015-01-
01/deploymentTemplate.json#",
    "contentVersion": "1.0.0.0",
  "parameters": {
    "publicIPAddressName": {
      "type": "string",
      "minLength": 1
    },
    "publicIPAddressType": {
      "type": "string",
      "minLength": 1
  ...
      }
    }
  ],
  "outputs": {
    "resourceDetails": {
      "type": "object",
      "value": "[reference(parameters('publicIPAddressName'))]"
    }
  }
}
```

(3) 虚拟网络的代码。Azure 上的虚拟机需要一个虚拟网络来进行通信,该模板将用于在 Azure 上创建一个具有预定义地址范围和子网的虚拟网络。以下代码在 virtualNetwork. json 文件中获得:

```
{
    "$schema": "https://schema.management.azure.com/schemas/2015-01-
```

```
    01/deploymentTemplate.json#",
        "contentVersion": "1.0.0.0",
          "parameters": {
            "virtualNetworkName": {
              "type": "string",
              "minLength": 1
          ...
        },
        "subnetPrefix": {
          "type": "string",
          "minLength": 1
        },
        "resourceLocation": {
          "type": "string",
          "minLength": 1
        }
    ...
            "subnets": [
              {
                "name": "[parameters('subnetName')]",
                "properties": {
                  "addressPrefix": "[parameters('subnetPrefix')]"
                }
              }
            ]
          }
        }
      ],
    "outputs": {
      "resourceDetails": {
        "type": "object",
        "value": "[reference(parameters('virtualNetworkName'))]"
      }
    }
}
```

(4) 网络接口卡的代码。虚拟机需要虚拟网卡来连接虚拟网络,并接收和发送来自 internet 的请求。代码在 VirtualMachine. json 文件中获得:

```
{
    "$schema": "https://schema.management.azure.com/schemas/2015-01-01/deploymentTemplate.json#",
    "contentVersion": "1.0.0.0",
  "parameters": {
    "nicName": {
      "type": "string",
      "minLength": 1
    },
"publicIpReference": {
  "type": "string",
  "minLength": 1
...
[resourceId(subscription().subscriptionId,resourceGroup().name,'Microsoft.Network/publicIPAddresses', parameters('publicIpReference'))]",
  "vnetRef": "[resourceId(subscription().subscriptionId,resourceGroup().name,'Microsoft.Network/virtualNetworks', parameters('virtualNetworkReference'))]",
  "subnet1Ref": "[concat(variables('vnetRef'),'/subnets/', parameters('subnetReference'))]"
  },
  ...
              "id": "[variables('subnet1Ref')]"
             }
           }
         }
       ]
     }
   }
  ],
"outputs": {
  "resourceDetails": {
    "type": "object",
    "value": "[reference(parameters('nicName'))]"
    }
  }
}
```

(5) 创建虚拟机的代码。每个虚拟机都是 Azure 中的一个资源,注意:该模板没有引用存储、网络、公共 IP 地址或之前创建的其他资源。此引用和组合将在本节稍后使用另一个模板进行。以下代码在 VirtualMachine. json 文件中获得：

```
{
   "$schema": "https://schema.management.azure.com/schemas/2015-01
01/deploymentTemplate.json#",
   "contentVersion": "1.0.0.0",
  "parameters": {
  "vmName": {
   "type": "string",
   "minLength": 1
 ...
   },
   "imageOffer": {
    "type": "string",
    "minLength": 1
   },
   "windowsOSVersion": {
    "type": "string",
    "minLength": 1
   },
...
"outputs": {
  "resourceDetails": {
   "type": "object",
   "value": "[reference(parameters('vmName'))]"
   }
  }
}
```

(6) 用于创建自定义脚本扩展的代码。该资源在分配后在虚拟机上执行 PowerShell 脚本，该资源还提供了在 Azure 虚拟机中执行配置后任务的机会。以下代码可在 CustomScriptExtension. json 文件中获得：

```
{
   "$schema": "http://schema.management.azure.com/schemas/2015-01-01/
deploymentTemplate.json#",
   "contentVersion": "1.0.0.0",
   "parameters": {
    "VMName": {
     "type": "string",
```

```
        "defaultValue": "sqldock",
        "metadata": {
...
            "commandToExecute": "[concat('powershell -ExecutionPolicy
Unrestricted -file docker.ps1')]"
          },
          "protectedSettings": {
        }
      }
    }
  ],
  "outputs": {
  }
}
```

(7) 定制脚本扩展的 PowerShell 代码,它准备 Docker 环境。注意:在执行 PowerShell 脚本时可能会重新启动虚拟机,这取决于是否已经安装了 Windows 容器特性。下面的脚本安装 NuGet 包、DockerMsftProvider 提供程序和 Docker 可执行文件。docker.ps1 文件中附带章节代码:

```
#
# docker.ps1
#
Install-PackageProvider -Name Nuget -Force -ForceBootstrap -Confirm:$ false
Install-Module -Name DockerMsftProvider -Repository PSGallery -Force
-Confirm:$ false -verboseInstall-Package -Name docker -ProviderName
DockerMsftProvider -Force -ForceBootstrap -Confirm:$ false
```

所有之前看到的链接模板都应该上传到 Azure Blob 存储账户中的容器中。这个容器可以应用一个私有访问策略,就像您在第 15 章看到的那样;但是,对于本例,我们将把访问策略设置为 container。这意味着,可以在不使用 SAS 令牌的情况下访问这些链接模板。最后,让我们关注编写主模板。在主模板中,所有链接的模板被组合在一起以创建一个解决方案——用于部署虚拟机并在其中执行脚本。同样的方法也可以用于创建其他解决方案,如提供由多个相互连接的虚拟机组成的数据中心。以下代码在 Master.json 文件中获得:

```
{
  "$ schema": "https://schema.management.azure.com/schemas/2015-01-01/
deploymentTemplate.json#",
  "contentVersion": "1.0.0.0",
  "parameters": {
```

```
    "storageAccountName": {
      "type": "string",
      "minLength": 1
    ...
    },
  "subnetName": {
    "type": "string",
    "minLength": 1
    },
    "subnetPrefix": {
      "type": "string",
      "minLength": 1
    ...
    "windowsOSVersion": {
      "type": "string",
      "minLength": 1
    },
    "vhdStorageName": {
      "type": "string",
      "minLength": 1
    },
    "vhdStorageContainerName": {
      "type": "string",
      "minLength": 1
...[concat('https://',parameters('storageAccountName'),'armtfiles.blob.
core.windows.net/',variables('containerName'),'/Storage.json')]",
        "contentVersion": "1.0.0.0"
    },
    "parameters": {
      "storageAccountName": {
        "value": "[parameters('storageAccountName')]"
      },
      "storageType": {
        "value": "[parameters('storageType')]"
      },
      "resourceLocation": {
        "value": "[resourceGroup().location]"
        ...
```

```
"outputs": {
  "resourceDetails": {
    "type": "object",
    "value": "[reference('GetVM').outputs.resourceDetails.value]"
  }
  }
}
```

主模板调用外部模板,并协调它们之间的相互依赖关系。外部模板应该位于已知的位置,以便主模板可以访问和调用它们。在这个例子中,外部模板存储在 Azure Blob 存储容器中,该信息通过参数传递给 ARM 模板。

可以通过设置访问策略来保护 Azure Blob 存储中的外部模板。下面显示用于部署主模板的命令,它看起来像一个复杂的命令,但大多数值都用作参数,建议在运行前修改这些参数的值。链接模板已经上传到 armtemplates 容器中名为 st02gvwldcxm5suwe 的存储账户中。如果资源组当前不存在,则应该创建该资源组。第一个命令用于在 West Europe 地区创建一个新的资源组:

```
New-AzResourceGroup -Name "testvmrg" -Location "West Europe" -Verbose
```

其余的参数值用于配置每个资源。存储账户名和 dnsNameForPublicIP 值在 Azure 中应该是唯一的:

```
New-AzResourceGroupDeployment -Name "testdeploy1" -ResourceGroupName
testvmrg -Mode Incremental -TemplateFile "C:\chapter 05\Master.json"
-storageAccountName "st02gvwldcxm5suwe" -storageType "Standard_LRS"
-publicIPAddressName "uniipaddname" -publicIPAddressType "Dynamic"
-dnsNameForPublicIP "azureforarchitectsbook" -virtualNetworkName
vnetwork01 -addressPrefix "10.0.1.0/16" -subnetName "subnet01" -subnetPrefix
"10.0.1.0/24" -nicName nic02 -vmSize "Standard_DS1" -adminUsername "sysadmin"
-adminPassword $(ConvertTo-SecureString -String sysadmin@123 -AsPlainText
-Force) -vhdStorageName oddnewuniqueacc -vhdStorageContainerName vhds
-OSDiskName mynewvm -vmName vm10 -windowsOSVersion 2012-R2-Datacenter
-imagePublisher MicrosoftWindowsServer -imageOffer WindowsServer
-containerName armtemplates -Verbose
```

在本节中,我们介绍了将大型模板分解为较小的可重用模板,并在运行时将它们组合在一起,从而在 Azure 上部署完整的解决方案的最佳实践。随着本书的进展,我们将一步一步地修改 ARM 模板,直到我们探索了它的核心部分。我们使用 Azure PowerShell cmdlet 来启动在 Azure 上部署模板。让我们继续讨论 copy 和 copyIndex。

16.7 理解 copy 和 copyIndex

很多时候,需要一个特定资源或一组资源的多个实例。例如,您可能需要提供10个相同类型的虚拟机。在这种情况下,为了创建这些实例而部署模板10次是不明智的,更好的替代方法是使用ARM模板的copy和copyIndex特性。

copy是每个资源定义的一个属性。这意味着,它可以用于创建任何资源类型的多个实例。

下面通过一个在单个ARM模板部署中创建多个存储账户的示例来理解这一点。

下一个代码片段将连续创建10个存储账户,可以通过在mode属性中使用Parallel而不是Serial来并行创建:

```
"resources":[
    {
        "apiVersion":"2019-06-01",
        "type":"Microsoft.Storage/storageAccounts",
        "location":"[resourceGroup().location]",
        "name":"[concat(variables('storageAccountName'),copyIndex())]",
        "tags":{
            "displayName":"[variables('storageAccountName')]"
        },
        "sku":{
            "name":"Premium_ZRS"
        },
        "kind":"StorageV2",
        "copy":{
            "name":"storageInstances",
            "count":10,
            "mode":"Serial"
        }
    }
],
```

在上述代码中,已使用copy连续发放了10个存储账户示例。所有10个实例的存储账户名称必须是唯一的,通过使用copyIndex将原始存储名称与索引值连接起来,使它们是唯一的。copyIndex函数返回的值在每次迭代中都会改变;它将从0开始,进行10次迭代。这意味着,它将在最后一次迭代中返回9。

现在我们已经学习了如何创建一个 ARM 模板的多个实例,下面深入研究如何保护这些模板免受已知漏洞的侵害。

16.8 确保手臂模板

与创建企业 ARM 模板相关的另一个重要方面是适当地保护它们。ARM 模板包含关于基础设施的资源配置和重要信息,因此它们不应该被破坏或被未授权的人访问保护 ARM 模板的。

第一步是将它们存储在存储账户中,并停止对存储账户容器的任何匿名访问。一方面,应该为存储账户生成 SAS 令牌,并在 ARM 模板中使用链接模板,这将确保只有 SAS 令牌的持有者才能访问模板。另一方面,这些 SAS 令牌应该存储在 Azure Key Vault 中,而不是硬编码到 ARM 模板中,这将确保负责部署的人员也不能访问 SAS 令牌。

保护 ARM 模板的另一个步骤是确保任何敏感信息和秘密,如数据库连接字符串、Azure 订阅和租户标识符、服务主体标识符、IP 地址等,都不应该在 ARM 模板中硬编码。它们都应该被参数化,并且值应该在运行时从 Azure Key Vault 中获取。但是,在使用这种方法之前,在执行任何 ARM 模板之前,必须先将这些秘密存储在 Key Vault 中。

下面的代码展示了在运行时使用参数文件从 Azure Key Vault 中提取值的一种方法:

```
{
    "$schema": https://schema.management.azure.com/schemas/2016-01-
01/deploymentParameters.json#,
    "contentVersion": "1.0.0.0",
    "parameters": {
        "storageAccountName": {
            "reference": {
            "keyVault": {
                "id": "/subscriptions/--subscription id --/
    resourceGroups/rgname/providers/Microsoft.KeyVault/vaults/keyvaultbook"),
            "secretName": "StorageAccountName"
            }
        }
    }
```

```
    }
}
```

在这个代码清单中,定义了一个参数,它引用 Azure Key Vault 来在部署期间的运行时获取值。Azure 密钥库标识符和秘密名称已作为输入值提供。

现在,您已经学习了如何保护 ARM 模板。下面,看看如何识别它们之间的各种依赖关系,以及如何在多个模板之间实现通信。

16.9 在 ARM 模板之间使用输出

在使用链接模板时很容易被忽略的一个重要方面是,链接模板中可能存在资源依赖关系。例如,SQL Server 资源可能位于与虚拟机资源不同的链接模板中。如果我们想为虚拟机的 IP 地址打开 SQL Server 防火墙,那么,应该能够在分配虚拟机之后将此信息动态地传递给 SQL Server 防火墙资源。如果 SQL Server 和虚拟机资源在同一个模板中,可以使用 REFERENCES 函数引用 IP 地址资源的简单方法来实现这一点。如果希望在不同的模板中共享资源的运行时属性值,那么,对于链接模板来说就会稍微复杂一些。ARM 模板提供了一个输出配置,负责从当前模板部署生成输出并将其返回给用户。例如,可以使用引用函数输出一个完整的对象,如下面的代码清单所示,也可以只输出一个 IP 地址作为字符串值:

```
"outputs": {
    "storageAccountDetails": {
        "type": "object",
        "value": "[reference(resourceid
            ('Microsoft.Storage/storageAccounts',
            variables('storageAccountName')))]",
    "virtualMachineIPAddress": {
        "type": "string",
        "value": "[reference(variables
            ('publicIPAddressName')).properties.ipAddress]"
        }
    }
}
```

主模板可以使用链接模板中的参数。当一个链接模板被调用时,输出可用于主模板,该主模板可以作为参数提供给下一个链接或嵌套模板。通过这种方式,可以将资源的运行时配置值从一个模板发送到另一个模板。主模板中的代码类似于这里显示的代码;这是用来调用第一个模板的代码:

```
{
    "type": "Microsoft.Resources/deployments",
    "apiVersion": "2017-05-10",
    "name": "createvm",
    "resoureceGroup": "myrg",
    "dependsOn": [
        "allResourceGroups"
    ],
    "properties":{
        "mode": "Incremental",
        "templateLink":{
            "uri": "[variables(
                'templateRefSharedServicesTemplateUri')]",
            "contentVersion": "1.0.0.0"
        },
        "parameters": {
            "VMName": {
                "value": "[variables('VmName')]"
            }
        }
    }
}
```

上述来自主模板的代码片段调用了一个负责分配虚拟机的嵌套模板。嵌套模板有一个输出部分,提供虚拟机的 IP 地址。主模板在其模板中有另一个部署资源,该资源将接受输出值并将其作为参数发送给下一个嵌套模板,在运行时传递 IP 地址。代码如下:

```
{
    "type": "Microsoft,Resources/deployments",
    "apiVersion": "2017-05-10",
    "name": "createSQLServer",
    "resourceGroup": "myrg",
    "dependsOn": [
        "createvm"
    ],
    "properties": {
        "mode": "Incremental",
        "templateLink": {
            "uri": "[variables('templateRefsql')]",
```

```
            "contentVersion": "1.0.0.0"
        },
        "parameters": {
            "VMName": {
                "value": "[reference
('createvm').outputs.virtualMachineIPAddress.value]"
            }
        }
    }
}
```

在前面的代码清单中,调用了一个嵌套模板,并向它传递了一个参数。该参数的值来自前一个链接模板的输出,该输出名为 virtualMachineIPAddress。现在,嵌套模板将动态获取虚拟机的 IP 地址,并可以将其用作白名单的 IP 地址。使用这种方法,我们可以将运行时值从一个嵌套模板传递到另一个嵌套模板。

16.10 小结

ARM 模板是 Azure 中提供资源的首选方式。它们本质上是幂等的,为环境创建带来了一致性、可预测性和可重用性。在本章中,我们学习了如何创建一个模块化的 ARM 模板。团队用高质量的时间以适当的方式设计 ARM 模板是很重要的,这样多个团队就可以一起工作。它们是高度可重用的,并且需要最小的变更来发展。在本章中,我们学习了如何创建设计安全的模板,如何在单个部署中提供多个资源实例,以及如何使用 ARM 模板的输出部分将一个嵌套模板的输出传递给另一个嵌套模板。第 17 章将转移到 Azure 中另一种非常流行的技术——无服务器技术。Azure 函数是 Azure 的主要无服务器资源之一,我们将对其进行全面深入的介绍,包括持久函数。

第17章 设计物联网解决方案

在第 16 章中,您学习了 ARM 模板。到目前为止,我们一直在处理 Azure 中的体系结构问题及其解决方案。然而,本章不是基于一般化的体系结构。事实上,它探索了 21 世纪最具颠覆性的技术之一。本章将详细讨论物联网(IoT)和 Azure。

Azure 物联网是指一组由微软管理的云服务,这些云服务可以连接、监控和控制数十亿物联网资产。换句话说,一个物联网解决方案包括一个或多个物联网设备,这些设备不断地与云中一个或多个后端服务器通信。

本章将涵盖以下问题。

(1) Azure 和物联网。

(2) Azure 物联网概述。

(3) 设备管理。

(4) 设备注册。

(5) 设备到物联网集线器通信。

(6) 扩展物联网解决方案。

(7) 物联网解决方案的高可用性。

(8) 物联网协议。

(9) 使用消息属性路由消息。

17.1 物联网

互联网发明于 20 世纪 80 年代,后来被广泛使用。几乎所有人都开始使用互联网,并开始创建自己的静态网页。最终,静态内容变成动态的,可以根据上下文动态生成。在几乎所有的情况下,都需要一个浏览器来访问互联网。市面上有很多浏览器,如果没有它们,使用互联网是一个挑战。

在 21 世纪的第一个 10 年,有一个有趣的发展正在出现——手持设备的崛起,如移动电话和计算机。移动电话开始变得更便宜,而且无处不在。这些手持设备的硬件和软件性能得到了显著改善,以至于人们开始在移动设备上使用浏览器,而不是在台式机上。但是,一个特别明显的变化是移动应用程序的崛起,这些移动应用程序从商店下载,并连接到互联网,与后端系统对话。在过去的10年中,有上百万的应用程序,几乎包含了所有能想到的功能。这些应用的后端系统建立在云端,这样它们就可以快速扩展。这是一个应用程序和服务器连接的时代。

但这是创新的顶峰吗？互联网的下一个改革是什么？现在,另一个范式已经占据了中心舞台——物联网。除了移动设备和平板设备联网之外,为什么其他设备不能联网呢？以前,这种设备只能在特定的市场上使用,它们价格昂贵,大众无法获得,而且硬件和软件功能有限。然而,自这10年的第一部分以来,这些设备的商业化一直在大规模地增长。这些设备变得越来越小,在硬件和软件方面更强大,有更多的存储和计算能力,可以通过各种协议连接到互联网,几乎可以连接到任何东西。这是一个将设备连接到服务器、应用程序和其他设备的时代。

这导致了物联网应用可以改变行业运作方式的想法的形成,以前闻所未闻的较新的解决方案正在开始被实现。这些设备可以连接到任何东西上;它们可以获取信息并将其发送到后端系统,后端系统可以获取所有设备的信息,并对事件采取行动或报告。

在许多商务用例中都可以利用物联网传感器和控制。例如,它们可以用于车辆跟踪系统,该系统可以跟踪车辆的所有重要参数,并将这些细节发送到中央数据存储进行分析。智能城市项目还可以利用各种传感器来跟踪污染水平、温度和街道拥堵。物联网还进入了与农业相关的活动,如测量土壤肥力、湿度等。您可以访问微软物联网技术案例研究,网址是 https://microsoft.github.io/techcasestudies/#technology=IoT&sortBy=featured,提供给企业如何利用 Azure 物联网的真实示例。

在我们探索与物联网相关的工具和服务之前,将首先详细介绍物联网架构。

17.2 物联网架构

在了解 Azure 及其物联网特性和服务之前,了解创建端到端物联网解决方案所需的各种组件是很重要的。

考虑到全球各地的物联网设备每秒向一个集中数据库发送数百万条消息。为什么要收集这些数据呢？答案是提取事件、异常和异常值的丰富信息,这些信息与那些设备正在监视的东西有关。

让我们更详细地理解这一点。物联网体系结构可以分为以下几个阶段。

(1) 连通性。此阶段涉及设备和物联网服务之间的连接。

(2) 身份识别。连接到物联网服务后,首先要识别设备,并确保允许它向物联网服务发送设备遥测数据,这是通过身份验证过程完成的。

(3) 捕获数据。在此阶段,物联网服务捕获并接收设备遥测数据。

(4) 摄取数据。在此阶段,物联网服务摄取设备遥测数据。

(5) 存储数据。存储设备遥测。它可以是临时的,也可以是永久的。

(6) 数据转换。将遥测数据转换以作进一步处理,包括扩充现有数据和推断数据。

(7) 分析数据。转换后的数据用于发现模式、异常和见解。

(8) 介绍报告。用仪表板和报告了解,此外,还可以生成可以调用自动化脚本和流程的通知。

图 17.1 显示了一个通用的基于物联网的架构。数据由设备产生或收集,发送到云网关。云网关依次将数据发送到多个后端服务进行处理。云网关是可选组件,当设备本身由于资源限制或缺乏可靠的网络而不能向后端服务发送请求时,应该使用它们。这些云网关可以整理来自多个设备的数据,并将其发送到后端服务。这些数据可以通过后端服务进行处理,并以见解或指示板的形式显示给用户。

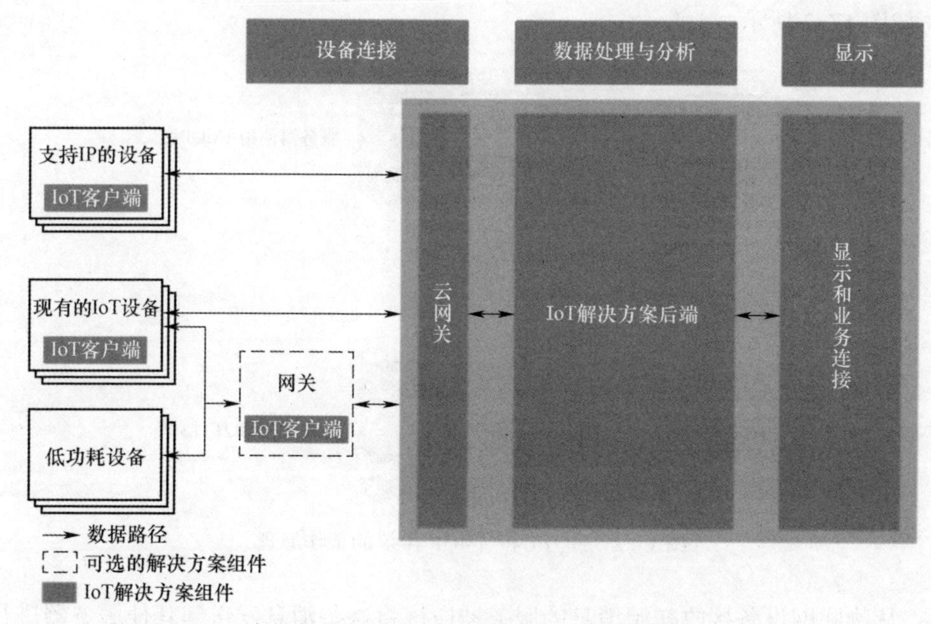

图 17.1 一个通用物联网应用程序架构

现在我们已经清楚了架构,让我们继续了解物联网设备如何与其他设备通信。

17.2.1 连通性

物联网设备需要通信才能与其他设备连接,连接类型多种多样,如区域内的设备之间、设备与中央网关之间、设备与物联网平台之间可以存在连接。

在所有这些情况下,物联网设备都需要连接能力。这种功能可以是互联网连接、蓝牙、红外或任何其他近设备通信的形式。然而,一些物联网设备可能没有能力连接到互联网。在这些情况下,它们可以连接到一个网关,该网关又可以连接到互联网。

物联网设备使用协议发送消息。主要的协议是高级消息队列协议(Advanced Message Queuing Protocol, AMQP)和消息队列遥测传输协议(Message Queue Telemetry Transport, MQTT)。

设备数据应该发送到IT基础设施。MQTT协议是设备到服务器协议,设备可以使用该协议向服务器发送遥测数据和其他信息。一旦服务器通过MQTT协议接收到消息,它需要使用基于消息和队列的可靠技术将消息传输到其他服务器。AMQP是IT基础设施中以可靠和可预测的方式在服务器之间移动消息的首选协议,如图17.2所示。

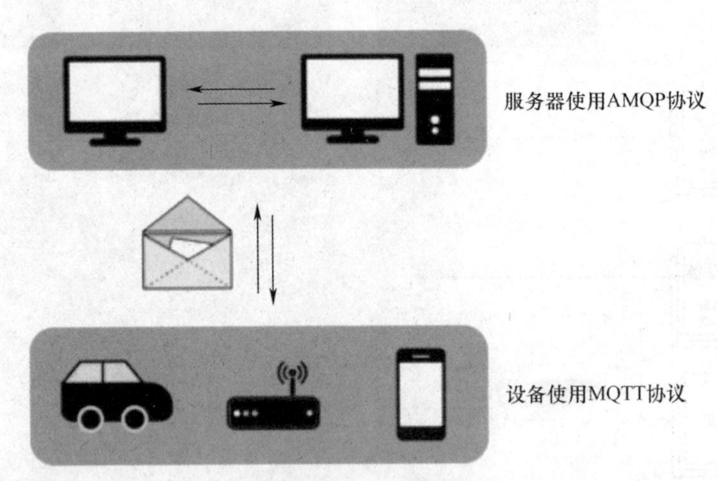

图17.2 MQTT和AMQP协议的工作原理

从物联网设备接收初始消息的服务器应该将这些消息发送到其他服务器进行必要的处理,如保存到日志、评估、分析和介绍。

部分设备不具备连接互联网的能力,或者不支持与其他服务器技术兼容的协议。为了使这些设备能够与物联网平台和云一起工作,可以使用中间网关。网关有助于连接和网络能力缓慢且不一致的内置设备;这些设备可能使用不标准的协议,或者它们的能力可能在资源和能力方面受到限制。

在这种情况下,当设备需要额外的基础设施来连接到后端服务时,可以部署客户机网关。这些网关接收来自附近设备的消息,并将其转发(或推)到 IT 基础设施和物联网平台以供进一步消费。如果需要,这些网关能够进行协议转换。

在本节中,您了解了如何与其他设备实现通信,以及网关在通信中扮演的角色。在下一节,我们将讨论身份识别。

17.2.2 身份识别

物联网设备应在云平台注册。不应该允许未注册的设备连接到云平台。这些设备应该被注册并被分配一个身份。当连接到云时,设备应该发送它的身份信息。如果设备发送此身份信息失败,则连接失败。在本章的后面,您将看到如何使用模拟应用程序为设备生成标识。正如您已经知道的,物联网设备被部署来捕获信息,在下一节中,我们将简要讨论捕获过程。

17.2.3 捕获数据

物联网设备应该能够捕获信息。例如,它们应该具有读取或监测空气或土壤中的水分含量的能力,这种信息可以根据频率捕获——甚至可能每秒捕获一次。一旦信息被捕获,设备应该能够将其发送到物联网平台进行处理。如果设备不能直接连接到物联网平台,它可以连接到中间云网关,并让其推送捕获的信息。

捕获数据的大小和捕获频率对设备来说是最重要的。设备是否有本地存储来临时存储捕获的数据是应该考虑的另一个重要方面。例如,如果有足够的本地存储可用,设备可以在脱机模式下工作。甚至移动设备有时也充当连接到各种仪器的物联网设备,并具有存储数据的能力。一旦我们捕获了数据,需要将其摄取到物联网平台进行进一步分析,在下一节中,我们将探讨摄取数据。

17.2.4 摄取数据

由设备捕获和生成的数据应被发送到一个物联网平台,该平台能够吸收和消耗这些数据,从中提取有意义的信息和见解。摄取服务是一个关键的服务,因为它的可用性和可伸缩性会影响传入数据的吞吐量。如果由于可伸缩性问题而开始限制数据,或者由于可用性问题而不能摄取数据,那么数据将丢失,数据集可能会有偏差。我们已经捕获了数据,需要一个地方来存储这些数据。在下一节中,您将了解有关存储数据的知识。

17.2.5 存储数据

物联网解决方案通常处理数百万甚至数十亿条记录,跨越太字节甚至吉字节级数据。这是有价值的数据,可以提供关于业务及其运行状况的见解。这些数据需要以一种可以对其执行分析的方式存储。存储应该随时可供分析、应用程序和服务使用。从性能角度来看,存储解决方案应该提供足够的吞吐量和延迟,并具有高可用性、可伸缩性和安全性。下一节介绍处理存储和分析数据所需的数据转换。

17.2.6 数据转换

物联网解决方案通常是数据驱动的,需要处理的数据量相当大。想象一下,每辆车都有一个设备,每 5s 发送一次信息。如果有 100 万辆汽车在发送信息,这将等于每天 2.88 亿条信息,每月 80 亿条信息。总之,这些数据包含了许多隐藏的信息和见解;然而,仅仅通过观察这类数据是很难理解的。

物联网设备捕获和存储的数据可以用于解决商业问题,但并非所有捕获的数据都很重要。解决问题可能只需要数据的子集。此外,物联网设备收集的数据也可能不一致。为了确保数据是一致的,没有偏见或曲解的,应该对其执行适当的转换,以便为分析做好准备。在转换过程中,数据被过滤、排序、删除、丰富并转换为结构,这样数据就可以被更下游的组件和应用程序使用。在呈现转换后的数据之前,我们需要对其进行一些分析。作为工作流程的下一步,我们将讨论分析。

17.2.7 分析数据

在上一节中转换的数据将成为分析步骤的输入。根据所面临的问题,可以对转换后的数据执行不同类型的分析。以下是可以执行的不同类型的分析。

(1) 描述性分析。这种类型的分析有助于找到关于物联网设备及其总体运行状况状态的模式和详细信息。这一阶段识别并总结数据,以供更高级的分析阶段进一步使用,它将有助于总结、发现与概率相关的统计数据、识别偏差和其他统计任务。

(2) 诊断性分析。这种类型的分析比描述性分析更高级,它建立在描述性分析的基础上,试图回答关于某些事情为什么会发生的疑问。也就是说,它试图找到事件的根本原因,它试图通过假设和相关性等高级概念来寻找答案。

(3) 预测性分析。这类分析试图预测未来可能发生的事情,它根据过去的数据做出预测,回归就是基于过去数据的例子之一。例如,预测分析可以预测汽车的价格、股票在股市上的行为、汽车轮胎何时会爆裂等。

(4) 规范性分析。这种类型的分析是最先进的。这一阶段有助于确定应采取的行动,以确保设备和解决方案的健康状况不下降,并确定要采取的主动措施。这一阶段分析的结果可以帮助避免未来的问题,并从根源上消除问题。

在最后一个阶段,分析的输出以一种人类可读的方式呈现,以便更广泛的观众理解和解释。接下来,我们将讨论介绍报告。

17.2.8 介绍报告

分析有助于基于数据确定答案、模式和见解,这些见解还需要以所有涉众都能理解的格式提供给他们。为此,可以统计或动态地生成指示板和报告,然后将它们呈现给涉众。利益相关者可以使用这些报告来采取进一步的行动,并不断改进他们的解决方案。

作为对前面所有步骤的快速回顾,我们在这一节的开始介绍了连通性,其中介绍了用于从不支持标准协议的设备发送数据的网关。然后,我们讨论了身份识别以及如何捕获数据。捕获的数据随后被摄取并存储,以便进行进一步的转换。转换之后,在将数据呈现给所有涉众之前,需要对数据进行分析。当我们在 Azure 上工作时,在下一节中,我们将讨论 Azure 物联网,并从 Azure 的角度考虑到目前为止我们所学到的基本概念。

17.3 Azure 物联网

现在,您已经了解了端到端物联网解决方案的各个阶段;这些阶段中的每一个都是至关重要的,它们的正确实施是任何解决方案成功的必要条件。Azure 为每一个阶段提供了大量的服务,除了这些服务,Azure 还提供 Azure 物联网集线器,这是 Azure 的核心物联网服务和平台,它能够承载复杂、高可用性和可扩展的物联网解决方案。在介绍了物联网集线器的其他服务后,我们将深入了解物联网集线器,如图 17.3 所示。

在下一节中,我们将遵循与覆盖物联网架构类似的模式,学习 Azure 物联网的通信、身份识别、捕获数据、摄取数据、存储数据、数据转换、分析数据和介绍报告。

17.3.1 连通性

物联网集线器为设备连接到物联网集线器提供所有重要的协议套件。

设备	设备连接	存储	分析	显示&作用
	事件	SQL数据库	机器学习	应用程序服务
	服务总线	表/团存储	流分析	Power BI
	外部数据来源	宇宙空间数据库	HDInsight	通知中心
		外部数据来源	数据工厂	移动服务
		时间序列的见解	Databricks	逻辑应用程序

图 17.3 物联网解决方案的设备和服务列表

(1) HTTPS。HTTPS 安全方法使用由一对密钥组成的证书,称为公私密钥,用于在设备和物联网集线器之间加密和解密数据,它提供了从设备到云的单向通信。

(2) AMQP。AMQP 是应用程序之间发送和接收消息的行业标准,它为信息的安全性和可靠性提供了丰富的基础设施,这也是它在物联网空间中得到广泛应用的原因之一。它提供了设备到集线器和集线器到设备的功能,设备可以使用它来使用基于声明的安全(Claims-Based Security, CBS)或简单身份验证和安全层(Simple Authentication and Security Layer, SASL)进行身份验证。它主要用于有现场网关的场景,一个与多个设备相关的身份可以将遥测数据传输到云。

(3) MQTT。MQTT 是应用程序之间发送和接收消息的行业标准,它提供了设备到集线器和集线器到设备的功能,并主要用于每个设备都有自己的身份并直接通过云进行身份验证的场景。

在下一节中,我们将讨论身份识别以及如何对设备进行身份验证。

17.3.2 身份识别

物联网集线器为设备提供认证服务。它提供了为每个设备生成唯一标志哈希的接口。当设备发送包含哈希的消息时,物联网集线器可以在其自己的数据库中检查是否存在这样的散列之后对其进行身份验证。现在让我们看看如何捕获数据。Azure 提供物联网网关,使不符合物联网 Hub 的设备能够适应并推送数据。

17.3.3 捕获数据

本地网关或中间网关可以部署在设备附近,以便多个设备可以连接到单个网关来捕获和发送它们的信息。同样,也可以部署多个具有本地网关的设备集群。可以在云上部署云网关,它能够从多个源捕获和接收数据,并将其用于物联网集线器。如前所述,我们需要摄取捕获的数据。在下一节中,您将学习如何使用物联网集线器进行摄取。物联网集线器可以是设备和其他应用程序的单一接触点。换句话说,物联网信息的摄取是物联网集线器服务的责任。还有其他服务,如事件枢纽和服务总线消息传递基础设施,可以接收传入的消息;然而,使用物联网集线器来获取物联网数据的好处和优势远远超过使用事件集线器与服务总线消息传递的好处和优势。事实上,物联网中心是专门为在 Azure 生态系统中接收物联网消息而设计的,以便其他服务和组件可以对其进行操作。摄入的数据存储到存储。在进行任何类型的转换或分析之前,让我们在下一节中探讨存储在工作流中的角色。

17.3.4 摄取数据

物联网集线器可以是设备和其他应用程序的单一接触点。换句话说,物联网消息的摄取是物联网集线器服务的责任。还有其他服务,如事件集线器和服务总线消息传递基础架构,可以摄取传入消息;但是,使用物联网集线器来摄取物联网数据远远超过使用事件集线器与服务总线消息传递的好处和优势。事实上,物联网集线器是专门用于在 Azure 生态系统中摄取物联网消息的目的,以便其他服务和组件可以采取行动。摄入的数据存入到存储。在我们进行任何类型的转换或分析之前,让我们探索存储在下一节工作流程中的角色。

17.3.5 存储数据

Azure 提供了多种从物联网设备存储消息的方式。这些包括存储关系数据、无模式 NoSQL 数据和 Blob。

(1) SQL 数据库。SQL 数据库提供存储关系数据,JSON 和 XML 文档。它提供了一种丰富的 SQL 查询语言,并使用一个完整的 SQL 服务器作为服务。如果设备上的数据定义良好,并且模式不需要经常更改,则可以将其存储在 SQL 数据库中。

(2) Azure 存储。Azure 存储提供了表存储和 Blob 存储,表存储有助于将数据存储为实体,其中模式并不重要。Blob 帮助在容器中以 Blob 的形式存储文件。

(3) Cosmos DB。Cosmos DB 是一个成熟的企业级 NoSQL 数据库,它是一种能够存储无模式数据的服务,是一个可以跨越大洲的全球分布式数据库,提供了数据的高可用性和可伸缩性。

(4) 外部数据源。除了 Azure 服务之外,客户可以自带或使用自己的数据存储,如 Azure 虚拟机上的 SQL 服务器,并可以使用它们以关系格式存储数据。

下一节是关于转换和分析数据。

17.3.6 转换和分析数据

Azure 提供了多种资源来对所摄取的数据执行作业和活动。

(1) 数据工厂。Azure 数据工厂是一种基于云的数据集成服务,允许我们在云中创建数据驱动的工作流,以协调和自动化数据移动和数据转换。Azure 数据工厂帮助创建和调度数据驱动的工作流(称为管道),可以从不同的数据存储中摄取数据;通过 Azure HDInsight、Hadoop、Spark、Azure Data Lake Analytics、Azure Synapse Analytics、Azure Machine Learning 等计算服务处理和转换数据;并将输出数据发布到商业智能(Business Intelligence, BI)应用程序的数据仓库,而不是传统的提取-转换-加载(Extract-Transform-Load, ETL)平台。

(2) Azure Databricks。Databricks 提供了一个完整的、托管的、端到端的 Spark 环境,它可以帮助使用 Scala 和 Python 进行数据转换,它还提供了使用传统 SQL 语法操作数据的 SQL 库,它比 Hadoop 环境的性能更好。

(3) Azure HDInsight。微软和 Hortonworks 联手,用 Azure 提供一个大数据分析平台,帮助企业。HDInsight 是一个高性能的,完全管理的云服务环境,由 Apache Hadoop 和 Apache Spark 使用微软 Azure HDInsight 提供动力。利用微软和 Hortonworks 业界领先的大数据云服务,它可以帮助无缝加速工作负载。

(4) Azure Stream Analytics。这是一个完全管理的、实时的数据分析服务,帮助执行流数据的计算和转换。Stream Analytics 可以检查来自设备或流程的大量数据流,从数据流中提取信息,并寻找模式、趋势和关系。

(5) 机器学习。机器学习是一种数据科学技术,允许计算机使用现有数据来预测未来的行为、结果和趋势。使用机器学习,计算机根据我们创建的模型学习行为。Azure 机器学习是一种基于云的预测分析服务,可以快速创建和部署预测模型作为分析解决方案。它提供了一个现成的算法库,可以在联网的 PC 上创建模型,并快速部署预测解决方案。

(6) Azure Synapse Analytics。原名 Azure 数据仓库。Azure Synapse Analytics 提供的分析服务非常适合企业数据仓库和大数据分析。它支持直接流摄取,可以与 Azure 物联网集线器集成。

现在,您已经熟悉了 Azure 中用于物联网设备接收数据的转换和分析工具,让我们继续学习如何显示这些数据。

17.3.7 介绍报告

在对数据进行了适当的分析之后,应该将数据以他们可以使用的格式呈现给利益相关者。有很多方法可以从数据中获得见解。其中包括通过使用 Azure 应用程序服务部署的网页应用程序呈现数据,将数据发送到通知中心,然后通知移动应用程序等。然而,提供和使用见解的理想方法是使用 Power BI 报告和仪表板。Power BI 是微软的一个可视化工具,用于在互联网上呈现动态报表和仪表板。

综上所述,Azure 物联网与物联网架构的基本概念紧密结合。它遵循相同的过程;然而,Azure 让我们可以根据自己的需求自由选择不同的服务和依赖项。在下一节中,我们将重点关注 Azure 物联网集线器,这是一种托管在云上、完全由 Azure 管理的服务。

17.4 Azure 物联网集线器

物联网项目通常是复杂的,复杂的原因是设备和数据量大,设备遍布世界各地,例如,监视和审计设备用于存储数据、转换和分析吉字节级数据,并最终根据见解采取行动。此外,这些项目的孕育期很长,而且它们的需求会因为时间表而不断变化。

如果一个企业想要尽快启动一个物联网项目,那么,它很快就会意识到我们提到的问题并不是那么容易解决的。这些项目需要足够的硬件来处理计算和存储,以及能够处理大量数据的服务。

物联网中心是一个平台,旨在更快、更好、更容易地交付物联网项目。它提供所有必要的功能和服务,包括。

(1) 设备注册。

(2) 设备连接。

(3) 现场网关。

(4) 云网关。

(5) 行业协议的实现,如 AMQP 和 MQTT 协议。

(6) 用于存储传入消息的集线器。

(7) 基于消息属性和内容的消息路由。

(8) 用于不同类型处理的多个端点。

(9) 连接到 Azure 上的其他服务,用于实时分析等。

我们已经概述了 Azure 物联网集线器,所以让我们深入了解更多关于协议的信息,以及设备如何注册到 Azure 物联网集线器。

17.4.1 协议

Azure 物联网集线器本身支持通过 MQTT、AMQP 和 HTTP 进行通信。在某些情况下,设备或现场网关可能无法使用这些标准协议之一,将需要协议适配。在这种情况下,可以部署自定义网关。Azure 物联网协议网关可以通过桥接物联网集线器和物联网集线器之间的流量,实现物联网集线器端点的协议适配。在下一节中,我们将讨论设备如何注册到 Azure 物联网集线器。

17.4.2 设备注册

设备在向物联网集线器发送消息之前应该进行注册。设备注册可以使用 Azure 门户手动完成,也可以使用物联网集线器 SDK 自动完成。Azure 还提供了一些示例模拟应用程序,通过它们可以方便地注册用于开发和测试目的的虚拟设备。还有一个树莓派在线模拟器,可以用作虚拟设备,显然,还有其他物理设备可以配置为连接到物联网 Hub。

如果您想要模拟通常用于开发和测试目的的本地 PC 上的设备,那么,Azure 文档中有多种语言版本的教程。这些可以在 https://docs. microsoft. com/azure/iot-hub/iot-hub-get-started-simulate 上找到。

树莓派网络模拟器可在 https://docs. microsoft. com/azure/iot-hub/ iot-hub-raspberry-pi-web-simulator-get-started 上找到,对于需要向物联网集线器注册的物理设备,注册的步骤在 https://docs. microsoft. com/azure/iot-hub iot-hub-get-started-physical 上。

为了使用 Azure 门户手动添加设备,物联网集线器提供了物联网 devices 菜单,可用于配置新设备。选择 New 选项将允许您创建一个新设备,如图 17.4 所示。

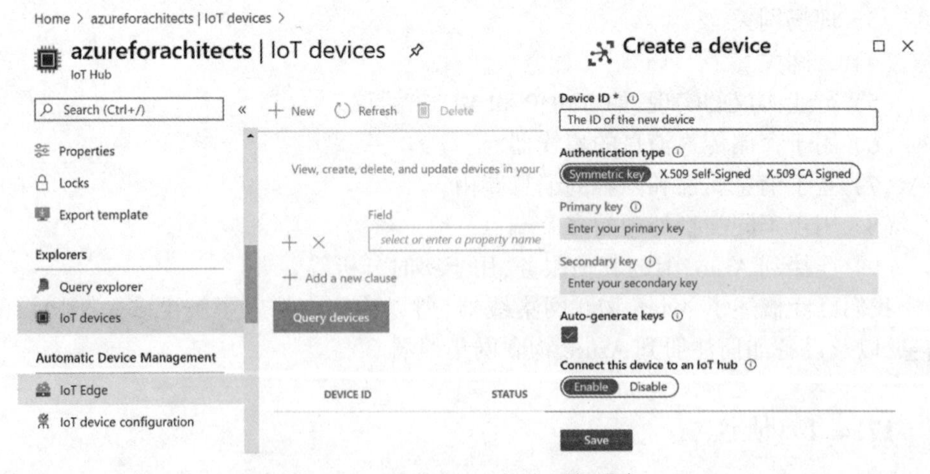

图 17.4 通过 Azure 门户添加设备

创建设备标识后,每个设备都应该使用物联网集线器的主密钥连接字符串来连接,如图 17.5 所示。

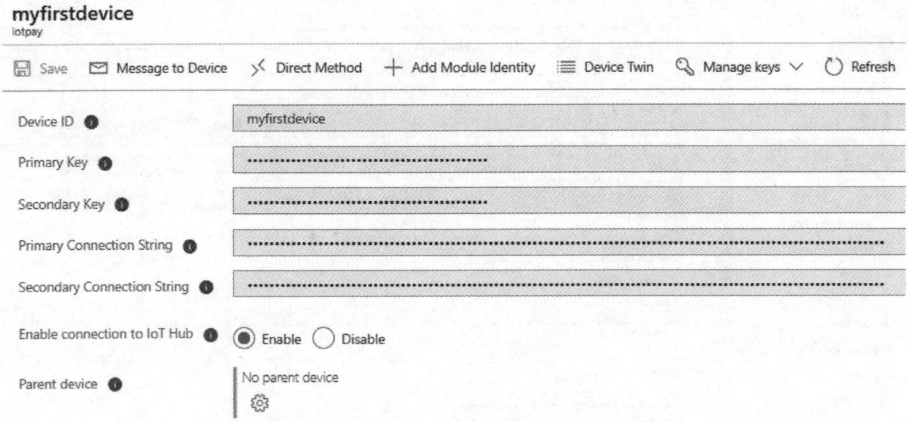

图 17.5　为每个设备创建连接字符串

在这个阶段,设备已经在物联网集线器注册,我们的下一个任务是实现设备和物联网集线器之间通信。下一节将让您很好地理解如何进行消息管理。

17.4.3　消息管理

设备在物联网中心注册后,可以开始与物联网中心交互。消息管理是指物联网设备和物联网集线器之间的通信或交互是如何完成的,这种交互可以是从设备到云,也可以是从云到设备。

1. 设备到云消息

在这种通信中必须遵循的最佳实践之一是:尽管设备可能会捕获大量信息,但只有重要的数据才应该传输到云。信息的大小在物联网解决方案中非常重要,因为物联网解决方案通常具有非常大的数据量,即使是 1KB 额外的数据流入也会导致吉字节的存储和处理的浪费。每个消息都有属性和有效负载,属性定义消息的元数据。此元数据包含有关设备、标识、标签和其他有助于路由与标识消息的属性的数据。

设备或云网关应连接到物联网集线器传输数据,物联网集线器提供公共端点,设备可以利用这些端点连接和发送数据。物联网集线器应被视为后端处理的第一个接触点,物联网集线器能够进一步传输这些消息并将其路由到多个服务。默认情况下,消息存储在事件中心中,可以为不同类型的消息创建多个事件中心。设备用于发送和接收数据的内置端点可以在物联网集线器的 Built-in endpoints 页面中看到。图 17.6 显示了如何找到内置端点。

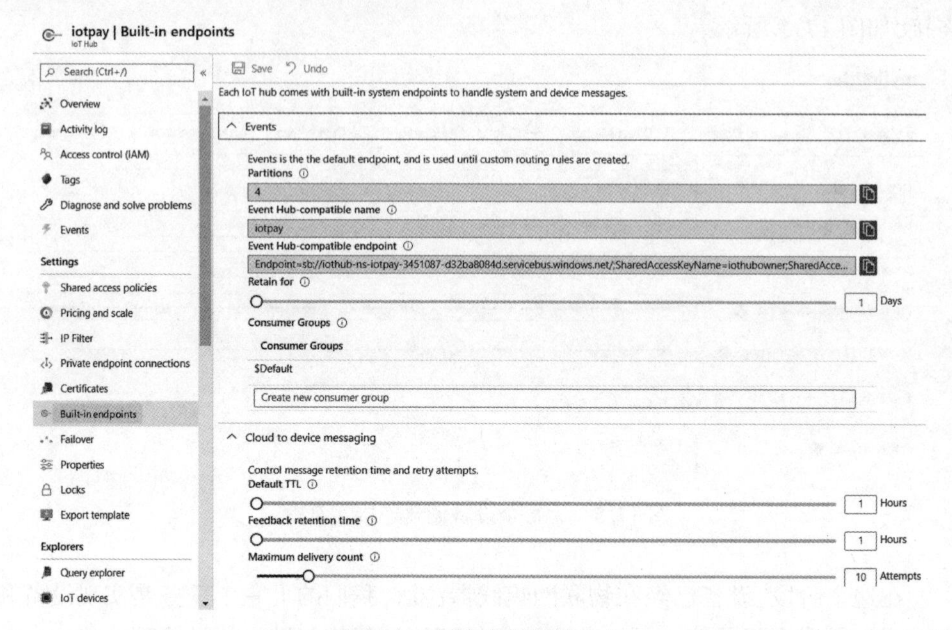

图 17.6 创建多个事件中心

消息可以根据消息头和消息体属性路由到不同的端点,如图 17.7 所示。

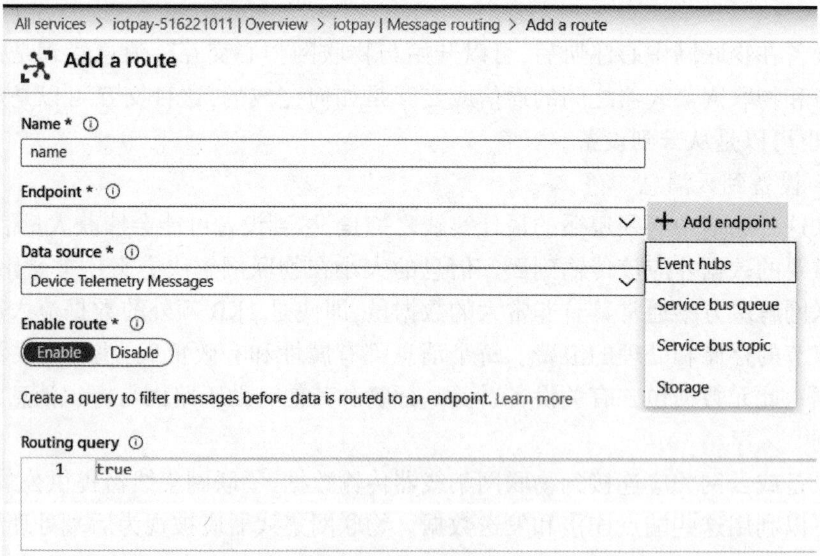

All services > iotpay-516221011 | Overview > iotpay | Message routing > Add a route

Add a route

Name * ⓘ

name

Endpoint * ⓘ

+ Add endpoint

Event hubs

Service bus queue

Service bus topic

Storage

Data source * ⓘ

Device Telemetry Messages

Enable route * ⓘ

Enable Disable

Create a query to filter messages before data is routed to an endpoint. Learn more

Routing query ⓘ

```
1  true
```

图 17.7 添加到不同端点的新路由

默认情况下,物联网中心中的消息在那里停留 7 天,其大小可达 256KB。

微软提供了一个模拟向云发送消息的示例模拟器。它有多种语言版本;C#版本可以在 https://docs. microsoft. com/azure/iot-hub/iot-hub-csharp-csharp-c2d 上查看。

2. 云到设备消息

联物网集线器是一种提供双向消息传递基础设施的托管服务。消息可以从云发送到设备,然后根据消息,设备可以对其进行操作。有 3 种云到设备的信息传递模式,而设备的交互控制通常采用直接方法,如开启和关闭快门,它们遵循请求-响应模式。

使用 Azure 物联网设置设备属性提供了 device twin 属性。例如,设置发送时间间隔为 30min。Device twin 是存储设备状态信息(如元数据、配置和条件)的 JSON 文档,物联网集线器为物联网集线器中的每个设备保持一个 Device twin。

云到设备的消息用于向设备应用程序发送单向通知。这遵循了“先发后忘”的模式。

在每个组织中,安全都是一个大问题,即使在物联网设备和数据的情况下,这个问题仍然存在。我们将在下一节讨论安全性。

17. 4. 4 安全

安全性是基于物联网应用的一个重要方面。基于物联网的应用包括使用公共互联网连接后端应用的设备。确保设备、后端应用程序与连接不受恶意用户与黑客攻击,应该被视为这些应用程序成功的首要任务。

物联网应用主要建立在互联网上,在确保解决方案不受影响方面,安全应发挥主要作用。

(1) 对于使用 HTTP 和 HTTPS REST 端点的设备,由证书保护的 REST 端点确保从设备传输到云的消息,反之亦然,都经过了良好的加密和签名。这些消息对入侵者来说应该毫无意义,而且应该极其难以破解。

(2) 如果设备连接到本地网关,则本地网关应使用安全的 HTTP 连接到云设备在发送任何消息之前应该注册到物联网集线器。

(3) 传递到云端的信息应该持久化到保护良好的存储中。应该使用存储在 Azure 关键库中适当的 SAS 令牌或连接字符串进行连接。

(4) Azure 关键库应该用于存储所有的秘密消息、密码和凭证,包括证书。

(5) Azure 物联网安全中心为您的物联网资产中的每一个设备、物联网边缘和物联网集线器提供威胁预防和分析。我们可以基于安全评估在 Azure 安全中心构建自己的仪表板。一些关键特性包括 Azure 安全中心的集中管理、自适应威胁防护和智能威胁检测。在实现安全物联网解决方案时考虑 Azure 安全中心是一个最佳实践。

接下来,我们将着眼于物联网中心的可扩展性。

17.4.5 可扩展性

物联网集线器的可伸缩性与其他服务略有不同。在物联网集线器中,有两种类型的消息。

(1) 传入。设备到云的消息。

(2) 传出。云到设备的消息。

两者都需要考虑到可伸缩性。物联网集线器在供应期间提供了两个配置选项来配置可伸缩性。这些选项在配置后也可用,可以进行更新,以更好地满足解决方案的可伸缩性需求。物联网集线器可用的可扩展性选项如下。

(1) 库存管理单元(Stock Keeping Unit, SKU)版本,这是物联网集线器的大小。

(2) 单元的数量。

1. SKU 版本

物联网集线器中的 SKU 决定了集线器每天每个单元可以处理的消息数量,这包括传入和传出消息。

(1) 免费。允许每单位每天有 8000 条消息,并且允许接收和发送消息,最多可以提供 1 个单元。本版本适合于熟悉物联网集线器服务并测试其功能。

(2) 标准(S1)。这允许每单位每天 400000 条消息,并允许传入和传出消息,最多可以提供 200 个单元。本版本适用于少量消息。

(3) 标准(S2)。允许每单位每天发送 600 万条消息,并允许接收和发送消息,最多可以提供 200 个单元。本版本适合于大量的消息。

(4) 标准(S3)。这允许每单位每天发送 3 亿条消息,并允许传入和传出消息,最多可以提供 10 个单元。本版本适用于非常多的消息。

在物联网中心的 Pricing and scale 页面下,Azure 门户提供升级和扩展选项。选项如图 17.8 所示。

您可能会注意到,标准 S3 层最多允许 10 个单元,而其他标准单元允许 200 个单元,这与用于运行物联网服务的计算资源的大小直接相关。与其他层相比,标准 S3 的虚拟机的大小和能力明显更高,而其他层的大小保持不变。

2. 单位

单元定义在服务后运行的每个 SKU 的实例数。例如,标准 S1 SKU 层的 2 个单位将意味着物联网集线器每天能够处理 $400k \times 2 = 800k$ 消息。

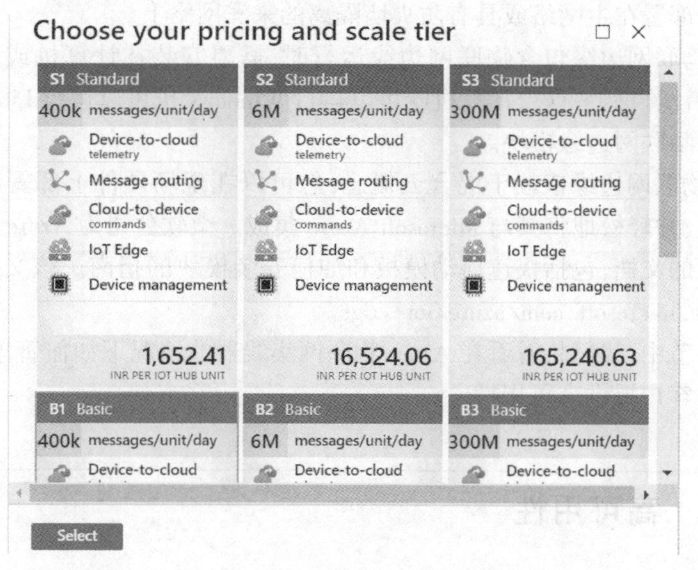

图 17.8　选择定价和规模层

更多的单元将增加应用程序的可伸缩性。图 17.9 所示为物联网集线器的 Pricing and scale 页面，您可以看到当前的定价层和单位数量。

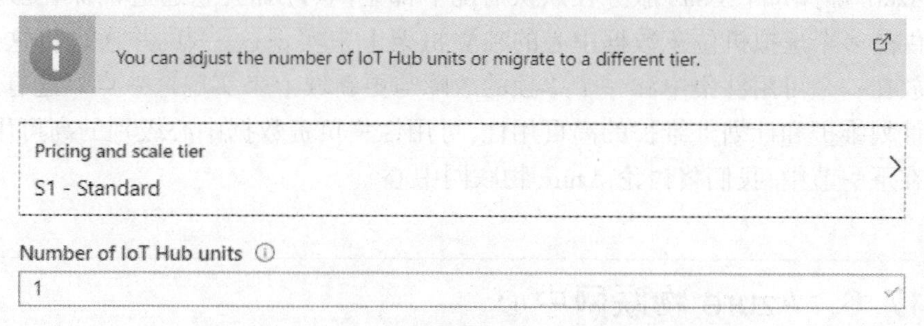

图 17.9　调整或迁移物联网 Hub 单元的选项

Azure 物联网集线器目前蓬勃发展的服务之一是 Azure 物联网边缘，这是一个建立在 Azure 物联网集线器上的完全托管服务。我们将在下一节探讨 Azure 物联网边缘是什么。

17.4.6　Azure 物联网边缘

微软 Azure 物联网边缘利用边缘计算实现物联网解决方案。边缘计算是指在您的本地网络中可用的计算资源，就在您的网络的末端，也就是公共互联网的起点。这可以部署在主网络或具有防火墙隔离的来宾网络上。

Azure 物联网边缘包含物联网边缘运行时,需要安装在计算机或设备上。容器将安装在计算机上,这台计算机既可以运行 Windows 也可以运行 Linux。容器的角色是运行物联网边缘模块。

Azure 物联网边缘依赖于混合云概念,您可以在现场硬件上部署和管理物联网解决方案,并轻松地将其与 Microsoft Azure 集成。微软公司为 Azure 物联网边缘提供了全面的文档,包括快速启动模板和如何安装模块的指南。该文档的链接是 https://docs.microsoft.com/azure/iot-edge。

在下一节中,我们将看看在 Azure 物联网集线器的情况下如何管理基础设施,以及如何向客户提供高可用性。

17.5 高可用性

物联网集线器是 Azure 提供的平台即服务(PaaS)。客户和用户不直接与物联网集线器服务运行的虚拟机的基础数量和大小进行交互。用户决定区域、物联网中心的 SKU 和他们的应用程序的单元数量。其余的配置由 Azure 在幕后确定和执行。Azure 确保每个 PaaS 服务在默认情况下都是高可用的,它通过确保在服务后面提供的多个虚拟机位于数据中心的独立机架上来实现这一点,并通过将这些虚拟机放在一个可用性集中和一个单独的故障与更新域上来实现这一点。这有助于确保计划维护和计划外维护的高可用性,可用性集负责数据中心级别的高可用性。

在下一节中,我们将讨论 Azure 物联网中心。

17.6 Azure 物联网中心

Azure 物联网中心提供了一个平台来构建企业级物联网应用程序,以安全、可靠和可扩展的方式满足您的业务需求。物联网中心消除了开发、维护和管理物联网解决方案的成本。

物联网中心提供集中管理,可以对设备、设备条件、规则创建和设备数据进行管理与监控。在图 17.10 中,您可以看到一些在创建 Azure 物联网中心应用程序期间在 Azure 门户中可用的模板。

模板将为您提供一个良好的开端,您可以根据自己的需求定制模板。这将为您在开发阶段节省大量时间。在撰写本书时,Azure 物联网中心提供了 7 天的试用,您可以在这里查看这项服务的价格。Azure 物联网中心对每一个正在开发物

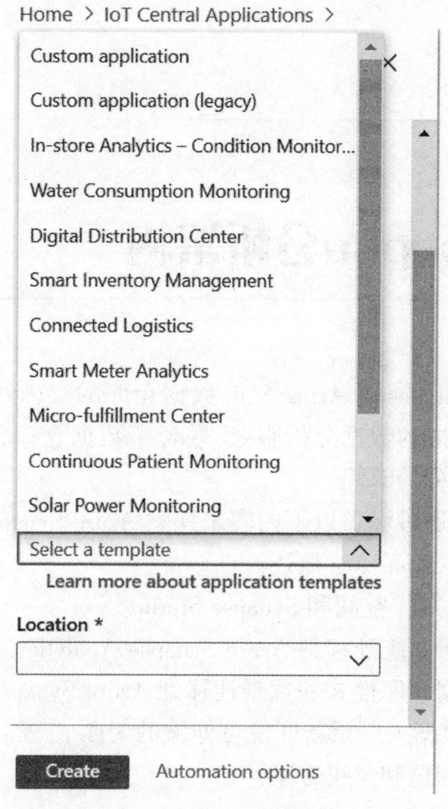

图 17.10　创建 Azure 物联网中心应用

联网应用程序的组织来说都是一个福音。

17.7　小结

物联网是 21 世纪最大的新兴技术之一，它已经在颠覆行业。以前听起来不可能的事情现在突然变得可能了。

在本章中，我们探讨了物联网集线器，并讨论了以比其他解决方案更快、更好、更便宜的方式向客户交付物联网解决方案。我们还讨论了物联网如何快速跟踪整个开发生命周期，并帮助企业加快上市时间。最后，您了解了 Azure 物联网边缘和 Azure 物联网中心。

为了帮助您有效地分析不断增长的数据量，我们将在第 18 章讨论 Azure Synapse Analytics。

第18章 Azure Synapse分析架构

Azure Synapse Analytics 是 Azure SQL 数据仓库的突破性发展。Azure Synapse 是一个完全管理的、集成的数据分析服务,融合了数据仓库、数据集成和大数据处理,加速了形成单一服务的时间。

在本章中,我们将通过涵盖以下内容来探索 Azure Synapse Analytics。

(1) Azure Synapse Analytics 概述。

(2) 介绍 Synapse 工作空间和 Synapse Studio。

(3) 从现有的遗留系统迁移到 Azure Synapse Analytics。

(4) 将现有的数据仓库模式和数据迁移到 Azure Synapse Analytics。

(5) 使用 Azure 数据工厂重新开发可伸缩的 ETL 流程。

(6) 常见的迁移问题和解决方案。

(7) 安全注意事项。

(8) 帮助迁移到 Azure Synapse Analytics 的工具。

18.1 Azure Synapse Analytics

目前,随着廉价的存储和高弹性的存储容量,组织正在积累比以往任何时候都多的数据。设计一个解决方案来分析如此大量的数据,从而提供关于业务的有意义的见解,这可能是一个挑战。许多企业面临的一个障碍是需要管理和维护两种类型的分析系统。

(1) 数据仓库。提供有关业务的关键见解。

(2) 数据湖。通过各种分析方法,提供关于客户、产品、员工和流程的有意义的见解。

这两个分析系统对企业都至关重要,但它们各自独立运作。与此同时,企业需要从所有的组织数据中获得见解,以保持竞争力,并创新流程以获得更好的结果。

对于需要构建自己的端到端数据管道的架构师,必须采取以下步骤。

(1) 从不同的数据源获取数据。

(2) 将所有这些数据源加载到数据湖中进行处理。

(3) 对一系列不同的数据结构和类型执行数据清理。

(4) 准备、转换和建模数据。

(5) 通过 BI 工具和应用程序为成千上万的用户提供清理后的数据。

到目前为止,每一个步骤都需要不同的工具。市场上有这么多不同的服务、应用程序和工具,选择最适合的服务、应用程序和工具可能是一项艰巨的任务。

有许多服务可用于接收、加载、准备和提供数据。基于开发人员所选择的语言,有无数用于数据清理的服务。此外,一些开发人员可能更喜欢使用 SQL,一些开发人员可能希望使用 Spark,而另一些开发人员可能更喜欢使用无代码环境来转换数据。

即使在选择了看似合适的工具集合之后,这些工具通常也存在一个陡峭的学习曲线。此外,由于不兼容,架构师在维护不同平台和语言上的数据管道时可能会遇到意想不到的挑战。面对如此多的问题,实现和维护一个基于云的分析平台可能是一项艰巨的任务。

Azure Synapse Analytics 解决了这些问题,它简化了整个现代数据仓库模式,允许架构师专注于在统一环境中构建端到端分析解决方案。

18.2 架构师的常见场景

架构师面临的最常见的场景之一是不得不想出一个将现有的遗留数据仓库解决方案迁移到现代企业分析解决方案的计划。凭借其无限的可伸缩性和统一的体验,Azure Synapse 已经成为许多架构师考虑的首选之一。在本章的后面,我们还将讨论从现有的遗留数据仓库解决方案迁移到 Azure Synapse Analytics 的常见架构考虑。

在下一节中,我们将提供 Azure Synapse Analytics 关键特性的技术概述。刚接触 Azure Synapse 生态系统的架构师将在阅读本章后获得有关 Azure Synapse 的必要知识。

18.3 Azure Synapse Analytics 概述

Azure Synapse Analytics 使数据专业人员能够在利用统一体验的同时构建端到端分析解决方案。它为 SQL 开发人员提供了丰富的功能、无服务器的按需查询、机器学习支持、原生嵌入 Spark 的能力、协作笔记本和数据集成到单一服务中。开发人员可以通过不同的引擎从各种受支持的语言(如 C#、SQL、Scala 和 Python)中进行选择。

Azure Synapse Analytics 的一些主要功能如下:

(1) 使用池(完全供应)和按需(无服务器)的 SQL 分析;

(2) Spark 完全支持 Python、Scala、C#和 SQL;

(3) 具有无代码大数据转换经验的数据流;

(4) 数据集成和编排,以集成数据和操作代码开发;

(5) 由 Azure Synapse Link 提供的混合事务/分析处理(HTAP)原生云版本。

为了访问上述所有功能,Azure Synapse Studio 提供了一个统一的 Web UI。

这种单一的集成数据服务对于企业来说是有利的,因为它加速了 BI、AI、机器学习、物联网和智能应用的交付。

Azure Synapse Analytics 可以以闪电般的速度从数据仓库和大数据分析系统中的所有数据中得出并交付见解,它使数据专业人员能够使用熟悉的语言(如 SQL)以皮字节级的规模查询关系数据库和非关系数据库。此外,无限并发、智能工作负载管理和工作负载隔离等高级特性有助于优化关键任务工作负载的所有查询的性能。

18.3.1 什么是工作负载隔离?

大规模运行企业数据仓库的一个关键特性是工作负载隔离。这是在计算集群中保证资源预留的能力,以便多个团队可以处理数据,而不会相互妨碍,如图 18.1 所示。

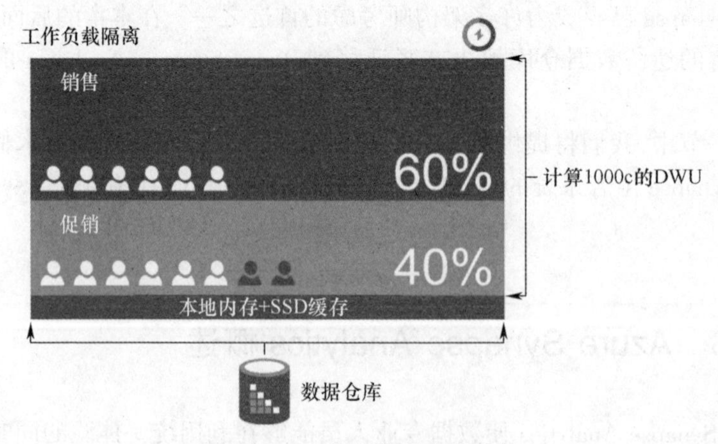

图 18.1 工作负载隔离的示例

通过设置几个简单的阈值,可以在集群中创建工作负载组。它们会根据工作负载和集群自动调整,但它们总是保证运行工作负载的用户的高质量体验。参考 https://techcommunity.microsoft.com/t5/data-architecture-blog/configuring-workload-isolation-in-azure-synapse-analytics/ba-p/1201739 阅读更多关于在 Azure Synapse Analytics 中配置工作负载隔离的信息。

为了充分了解 Azure Synapse 的优点,我们将首先看一下 Synapse 工作空间和 Synapse Studio。

18.3.2 Synapse 工作空间和 Synapse Studio 介绍

Azure Synapse 的核心是工作空间。工作区是包含数据仓库中的分析解决方案的顶级资源。Synapse 工作空间支持关系和大数据处理。

Azure Synapse 为数据准备、数据管理、数据仓库、大数据分析、BI 和 AI 任务提供了统一的 Web UI 体验,称为 Synapse Studio。与 Synapse 工作空间一起,Synapse Studio 是数据工程师与数据科学家共享和协作他们的分析解决方案的理想环境,如图 18.2 所示。

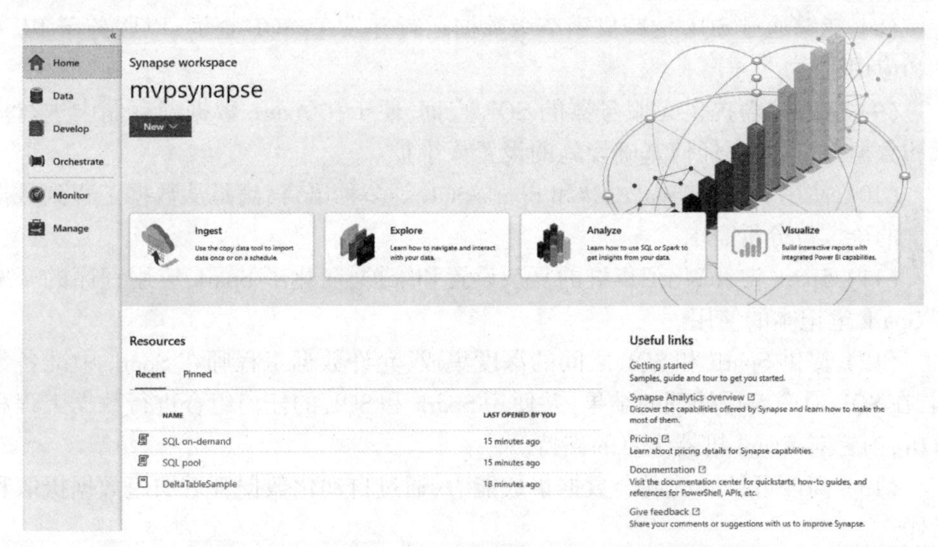

图 18.2 Azure Synapse Studio 中的一个 Synapse 工作空间

以下部分重点介绍了 Synapse 工作空间和 Synapse Studio 的功能、关键特性、平台细节和最终用户服务。

1. 功能

(1) 一个快速、高度弹性和安全的数据仓库,具有行业领先的性能和安全性。

（2）能够使用熟悉的T-SQL语法和SQL查询工具探索Azure数据库存储与数据仓库。

（3）Apache Spark与Azure机器学习集成。

（4）混合数据集成，加速数据吸收和分析过程的运营化（吸收、准备、转换和服务）。

（5）使用Power BI集成生成业务报告并提供服务。

2. 关键特征

（1）创建和操作用于数据摄入和编排的管道。

（2）使用Synapse Studio直接探索Azure数据湖存储或数据仓库中的数据，以及任何到工作空间的外部连接。

（3）使用笔记本和T-SQL查询编辑器编写代码。

（4）如果你不喜欢自己写代码，可作为代码自由的数据转换工具。

（5）在不离开环境的情况下，监控、保护和管理您的工作空间。

（6）整个分析解决方案的基于Web的开发体验。

（7）Azure Synapse SQL池中的备份和恢复特性允许创建恢复点，以方便恢复或将数据仓库复制到以前的状态。

（8）能够通过SQL池跨皮字节级数据运行并发T-SQL查询，以服务于BI工具和应用程序。

（9）SQL按需提供无服务器的SQL查询，便于在Azure数据湖存储中进行探索和数据分析，无须任何基础设施的设置或维护。

（10）使用Python、Scala、C#和Spark SQL等多种语言，满足从数据工程到数据科学的全方位分析需求。

（11）Spark池，简化了集群的复杂设置和维护，简化了Spark应用程序的开发和Spark笔记本的使用。

（12）提供Spark和SQL之间的深度集成，允许数据工程师在Spark中准备数据，在SQL池中编写处理的结果，并使用Spark和SQL的任何组合进行数据工程和分析，内置对Azure机器学习的支持。

（13）高度可扩展的混合数据集成能力，通过自动化数据管道加速数据摄取和操作。

（14）提供安全、部署、监控、计费一体化的无缝集成服务。

3. 平台

（1）同时支持供应计算和无服务器计算，发放的计算示例包括SQL计算和Spark计算。

（2）预置计算允许团队分割他们的计算资源，以便他们可以控制成本和使用，更好地与他们的组织结构一致。

(3) 另外,无服务器计算允许团队按需使用服务,而无须供应或管理任何底层基础设施。

(4) Spark 和 SQL 引擎之间的深度集成。

在下一节,我们将介绍 Azure Synapse 的其他特性,包括用于 Synapse、Synapse SQL、按需 SQL、Synapse 管道和 Azure 的 Apache Spark、Synapse Link for Cosmos DB。

18.3.3 Apache Synapse 的突触

对于需要 Apache Spark 的客户,Azure Synapse 通过 Azure Databricks 提供第一方支持,并且完全由 Azure 管理。最新版本的 Apache Spark 将自动提供给用户,以及所有的安全补丁。您可以使用自己选择的语言快速创建笔记本,如 Python、Scala、SparkSQL 和 . net for Spark。

如果您在 Azure Synapse Analytics 中使用 Spark,它将作为软件提供服务提供。例如,您可以在不设置或管理自己服务(如虚拟网络)的情况下使用 Spark。Azure Synapse Analytics 将为您提供底层的基础架构。这允许您在 Azure Synapse Analytics 环境中立即使用 Spack。

在下一节中,我们将探索 Synapse SQL。

18.3.4 Synapse SQL

Synapse SQL 允许使用 T-SQL 查询和分析数据,有以下两种型号可供选择。

(1) 充分配置模型。

(2) SQL 按需(无服务器)模型。

1. SQL 随需应变

SQL 随需应变提供无服务器的 SQL 查询,这使得 Azure 数据湖存储的探索和数据分析更容易,无须任何设置或基础设施维护,如表 18.1 所列。

表 18.1 不同基础设施的比较

传统 IT	IaaS	PaaS	无服务器	SaaS
应用程序	应用程序	应用程序	应用程序	应用程序
数据	数据	数据	数据	数据
运行时间	运行时间	运行时间	运行时间	运行时间
中间件	中间件	中间件	中间件	中间件
操作系统	操作系统	操作系统	操作系统	操作系统
虚拟化	虚拟化	虚拟化	虚拟化	虚拟化
服务器	服务器	服务器	服务器	服务器

续表

传统 IT	IaaS	PaaS	无服务器	SaaS
存储	存储	存储	存储	存储
联网	联网	联网	联网	联网

关键特性如下。

(1) 分析师可以专注于分析数据,而不必担心管理任何基础设施。

(2) 客户可以从一个简单而灵活的定价模式中受益,因为他们只为自己使用的东西付费。

(3) 它使用熟悉的 T-SQL 语言语法和市场上最好的 SQL 查询优化器,SQL 查询优化器是查询引擎背后的大脑。

(4) 随着需求的增长,您可以轻松且相互独立地扩展计算和存储。

(5) 通过元数据同步和本地连接器与 SQL Analytics Pool 和 Spark 无缝集成。

2. Synapse 管道

Synapse 管道允许开发人员为数据移动和数据处理场景构建端到端工作流。Azure Synapse Analytics 使用 Azure 数据工厂(ADF)技术提供数据集成功能,ADF 对现代数据仓库管道至关重要的关键特性可以在 Azure Synapse Analytics 中得到。在 AzureSynapse Analytics 工作区中,所有这些特性都封装在一个公共安全模型中,即基于角色访问控制(RBAC)。

图 18.3 显示了一个直接集成在 Azure Synapse Analytics 环境中的数据管道和 ADF 活动的例子。

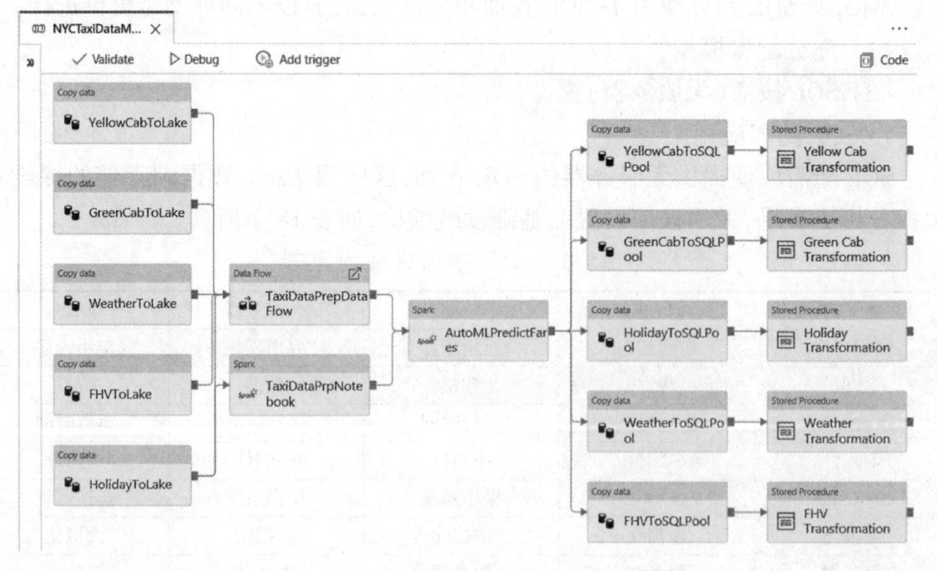

图 18.3　Azure Synapse Analytics 中的数据管道

关键特征如下。

(1) 集成的平台服务,用于管理、安全、监控和元数据管理。

(2) Spark 和 SQL 之间的本地集成。使用 Spark 从/到 SQL 分析中读取和写入一行代码。

(3) 能够创建一个 Spark 表,并通过 SQL Analytics 即时查询它,而无须定义一个模式。

(4) "Key-free"环境。通过单点登录和 Azure 活动目录直通,无须密钥或登录就可以与 Azure 数据湖存储进行交互(ADLS) /数据库。

在下一节中,我们将介绍用于 Cosmos DB 的 Azure Synapse Link。

18.3.5 Cosmos DB 的 Azure Synapse Link

Azure Synapse Link 是 HTAP 的原生云版本,它是 Azure Synapse 的一个扩展。正如我们之前了解到的,Azure Synapse 是一个用于对数据湖和数据仓库执行分析的单一托管服务,使用无服务器和预置计算。通过 Azure Synapse Link,这个范围也可以扩展到操作数据源。

Azure Synapse Link 消除了传统操作和分析系统中的瓶颈。Azure Synapse 通过跨所有数据服务将计算与存储分离,从而实现了这一点。在事务方面,Cosmos DB 是一个高性能、地理复制、多模型数据库服务。在分析方面,Azure Synapse 提供了无限的可伸缩性。您可以独立地扩展事务和分析的资源,这使原生云 HTAP 成为现实。只要用户指出他们希望在 Cosmos DB 中提供哪些数据用于分析,这些数据就可以在 Synapse 中使用。它获取您希望分析的操作数据,并自动维护它的面向分析的柱状版本。因此,对 Cosmos DB 中操作数据的任何更改都会不断更新到 Link 数据和 Synapse 中。

使用 Azure Synapse Link 的最大好处是:它减轻了对计划批处理的需求,或者不必构建和维护操作管道。

正如前面提到的,Azure Synapse 是架构师将现有的遗留数据仓库解决方案迁移到现代企业分析解决方案的首选平台。在下一节中,我们将讨论从现有的遗留数据仓库解决方案迁移到 Azure Synapse Analytics 时的常见架构注意事项。

18.4 从现有的遗留系统迁移到 Azure Synapse Analytics

目前,许多组织正在将他们的遗留数据仓库解决方案迁移到 Azure Synapse Analytics 可以获得 Azure Synapse 的高可用性、安全性、速度、可伸缩性、节省成本和性能。

对于运行 Netezza 等遗留数据仓库系统的公司来说,情况甚至更糟,因为 IBM 已经宣布停止对 Netezza 的支持(https://www.ibm.com/support/pages/end-support-dates-netezza-5200-netezza-8x50zseries-and-netezza-10000-series-appliances)。

几十年前,一些公司选择 Netezza 来管理和分析大量数据。目前,随着技术的发展,基于云的数据仓库解决方案的好处远远超过了本地的相应解决方案。Azure Synapse 是一个无限的基于云计算的分析服务,具有无与伦比的洞察力,加速了为企业提供 BI、AI 和智能应用的交付。凭借其多集群和独立的计算和存储体系结构,Azure Synapse 可以快速扩展,这是 Netezza 等遗留系统无法实现的。

本节涵盖了计划、准备和执行将现有遗留数据仓库系统成功迁移到 Azure Synapse Analytics 时的架构考虑因素与高级方法。在适当的时候,将给出 Netezza 的具体例子和参考。本章不准备成为一个全面的逐步的迁移手册,而是一个实用的概述,以帮助您进行迁移计划和确定项目范围。

本章还确定了一些常见的迁移问题和可能的解决方案,它还提供了 Netezza 和 Azure Synapse Analytics 之间差异的技术细节,应该将它们作为迁移计划的一部分加以考虑。

18.4.1 为什么要将遗留数据仓库迁移到 Azure Synapse 分析

通过迁移到 Azure Synapse Analytics,拥有传统数据仓库系统的公司可以利用云技术的最新创新,并将基础设施维护和平台升级等任务委托给 Azure。

迁移到 Azure Synapse 的客户已经获得了它的许多好处,包括以下几点。

(1) 性能。Azure Synapse Analytics 通过使用大规模并行处理(MPP)和自动内存缓存等技术,提供了最佳的关系数据库性能。要了解更多信息,请查看 Azure Synapse Analytics 体系结构(https://docs.microsoft.com/azure/synapse-analytics/sql-data-warehouse/massivelyparallel-processing-mpp-architecture)。

(2) 速度。数据仓库是过程密集型的,它涉及数据摄取、转换数据、清理数据、聚合数据、集成数据以及生成数据可视化和报表,将数据从原始数据源移动到数据仓库所涉及的许多过程是复杂和相互依赖的。一个单一的瓶颈会减缓整个管道的速度,而数据量的意外峰值会放大对速度的需求。当数据的及时性很重要时,Azure Synapse Analytics 可以满足快速处理的需求。

(3) 改进的安全性和遵从性。Azure 是一个全球可用的、高度可扩展的、安全的云平台,它提供了许多安全特性,包括 Azure Active Directory、RBAC、托管身份和托管私有端点。Azure Synapse Analytics 位于 Azure 生态系统中,它继承了上述所有优点。

(4) 弹性和成本效率。在数据仓库中,工作负载处理的需求可能会波动。有时,这些波动可以在峰值和低谷之间急剧变化。例如,假日期间可能会出现销售数据的突然激增。云弹性允许 Azure Synapse 可以根据需求快速增加或减少其容量,而不会对基础设施的可用性、稳定性、性能和安全性造成影响。最重要的是,您只需要为实际使用付费。

(5) 设施管理。消除数据仓库的数据中心管理和操作的开销,允许公司将有价值的资源重新分配到产生价值的地方,并专注于使用数据仓库交付最佳信息和洞察力。从而降低了总体拥有成本,并为您的运营费用提供了更好的成本控制。

(6) 可扩展性。数据仓库中的数据量通常会随着时间的推移和历史记录的收集而增长,随着数据和工作负载的增加,Azure Synapse Analytics 可以通过增加资源来匹配这种增长。

(7) 成本节约。运行本地遗留数据中心非常昂贵(考虑到服务器和硬件、网络、物理房间空间、电力、冷却和人员配备的成本),这些费用可以通过 Azure Synapse Analytics 大大减少。随着计算层和存储层的分离,Azure Synapse 提供了一个非常有利可图的性价比。

Azure Synapse Analytics 为您提供了真正的按需付费的云平台可伸缩性,而无须随着数据或工作负载的增长而进行复杂的重新配置。

既然您已经了解了迁移到 Azure Synapse Analytics 的好处,我们将开始讨论迁移过程。

18.4.2 三步迁移过程

一个成功的数据迁移项目始于一个精心设计的计划。有效的计划考虑到许多需要考虑的组件,尤其要注意体系结构和数据准备。以下介绍三步迁移过程计划。

1. 准备

(1) 定义要迁移的范围。

(2) 建立迁移的数据和流程清单。

(3)定义数据模型更改(如果有)。

(4) 定义源数据提取机制。

(5) 确定使用合适的 Azure(和第三方)工具和服务。

(6) 尽早对员工进行新平台培训。

(7) 搭建 Azure 目标平台。

2. 迁移

(1) 从小例子做起。

(2) 尽可能实现自动化。

(3) 利用 Azure 内置的工具和特性来减少迁移工作量。
(4) 迁移表和视图的元数据。
(5) 迁移需要维护的历史数据。
(6) 迁移或重构存储过程和业务流程。
(7) 迁移或重构 ETL/ELT 增量加载过程。
3. 迁移后
(1) 监控和记录工艺的所有阶段。
(2) 利用所获得的经验为未来的迁移构建模板。
(3) 如果需要,重新设计数据模型。
(4) 测试应用程序和查询工具。
(5) 测试和优化查询性能。
接下来,我们将讨论两种类型的迁移策略。

18.4.3 两种类型的迁移策略

架构师应该通过评估现有的数据仓库来开始迁移计划,以确定哪种迁移策略最适合他们的情况。下面有两种类型的迁移策略需要考虑。

1. 升降及换班策略

对于提升和转移策略,现有的数据模型将不变地迁移到新的 Azure Synapse Analytics 平台。这样做的目的是通过将更改的范围减至最小,从而将迁移所需的风险和时间降至最低。

提升和转移是遗留数据仓库环境的好策略。

Netezza 适用于下列任何一种情况。
(1) 要迁移单个数据集市。
(2) 数据已经处于精心设计的星型或雪花型模式中。
(3) 迁移到现代云环境的时间和成本压力很大。

2. 重新设计策略

在遗留数据仓库随着时间不断发展的情况下,重新设计它以保持最佳性能级别或支持新类型的数据可能是必要的。这可能包括底层数据模型中的更改。

为了降低风险,建议首先使用提升和转移策略进行迁移,然后使用重新设计策略在 Azure Synapse Analytics 上逐步实现数据仓库数据模型的现代化。数据模型的完全更改将增加风险,因为它将影响源到数据仓库的 ETL 作业和下游的数据集市。

在下一节中,我们将提供一些建议,介绍如何在迁移之前降低现有遗留数据仓库的复杂性。

18.4.4 在迁移之前降低现有遗留数据仓库的复杂性

在前一节中,我们介绍了两种迁移策略。作为一项最佳实践,在最初的评估步骤中,要认识到任何简化现有数据仓库并记录它们的方法。其目标是在迁移之前降低现有遗留数据仓库系统的复杂性,从而使迁移过程更容易。

以下是一些关于如何降低现有遗留数据仓库复杂性的建议。

(1) 迁移前删除并归档不使用的表。避免迁移不再使用的数据,这将有助于减少要迁移的总体数据量。

(2) 将物理数据集市转换为虚拟数据集市。将必须迁移的内容最小化,降低总拥有成本,提高敏捷性。

在下一节中,我们将进一步了解为什么应该考虑将物理数据集市转换为虚拟数据集市。

18.4.5 将物理数据集市转换为虚拟数据集市

在迁移遗留数据仓库之前,请考虑将当前物理数据集市转换为虚拟数据集市。通过使用虚拟数据集市,您可以消除数据集市的物理数据存储和 ETL 作业,而不会在迁移之前失去任何功能。这里的目标是减少要迁移的数据存储的数量,减少数据的副本,减少总成本,并提高敏捷性。要实现这一点,在迁移数据仓库之前,您需要从物理数据集市切换到虚拟数据集市。我们可以将此视为迁移之前的数据仓库现代化步骤。

1. 物理数据集市的缺点

(1) 相同数据的多个副本。

(2) 更高的总成本。

(3) ETL 作业受到影响,难以更改。

2. 虚拟数据集市的优点

(1) 简化数据仓库架构。

(2) 不需要存储数据的副本。

(3) 更敏捷。

(4) 更低的总成本。

(5) 使用下推优化来利用 Azure Synapse Analytics 的强大功能。

(6) 易更改。

(7) 易于隐藏敏感数据。

在下一节中,我们将讨论如何将现有的数据仓库模式迁移到 Azure Synapse Analytics。

18.4.6 将现有的数据仓库模式迁移到 Azure Synapse Analytics

迁移现有遗留数据仓库的模式涉及迁移现有暂存表、遗留数据仓库和依赖数据集市模式。

为了帮助您理解模式迁移的规模和范围,我们建议创建现有遗留数据仓库和数据集市的清单。

以下是帮助您收集所需资料的清单。

(1) 行数。

(2) 分段、数据仓库和数据集市数据大小:表和索引。

(3) 数据压缩比。

(4) 当前硬件配置。

(5) 表(包括分区):标识小维度表。

(6) 数据类型。

(7) 视图。

(8) 索引。

(9) 对象的依赖关系。

(10) 使用对象。

(11) 函数,包括开箱即用函数和用户定义函数(UDF)。

(12) 存储过程。

(13) 可伸缩性需求。

(14) 增长预测。

(15) 工作负载需求:并发用户。

完成清单后,您现在可以决定要迁移的模式的范围。从本质上讲,有 4 个选项可以确定遗留数据仓库模式迁移的范围。

(1) 每次迁移一个数据集市,如图 18.4 所示。

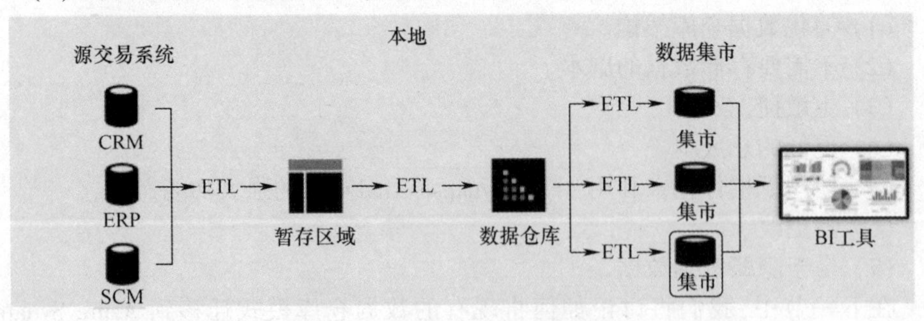

图 18.4 一次迁移一个数据集市

（2）一次迁移所有数据集市，然后迁移数据仓库，如图 18.5 所示。

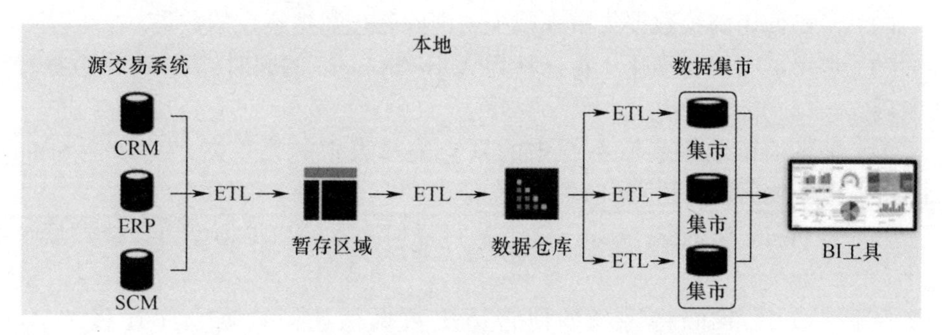

图 18.5　一次迁移所有数据集市，然后迁移数据仓库

（3）同时迁移数据仓库和暂存区域，如图 18.6 所示。

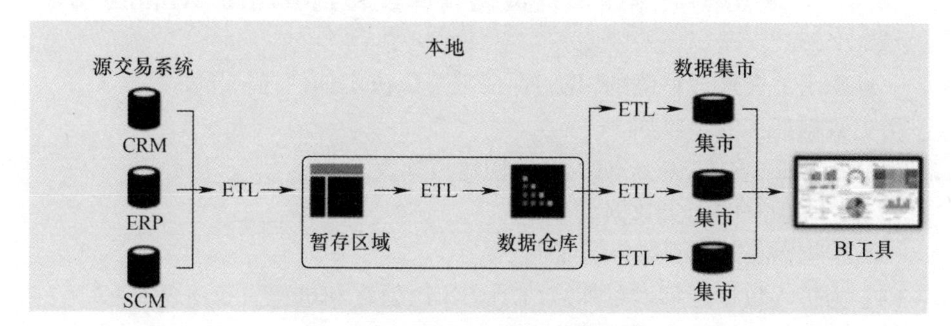

图 18.6　同时迁移数据仓库和暂存区域

（4）一次迁移所有东西，如图 18.7 所示。

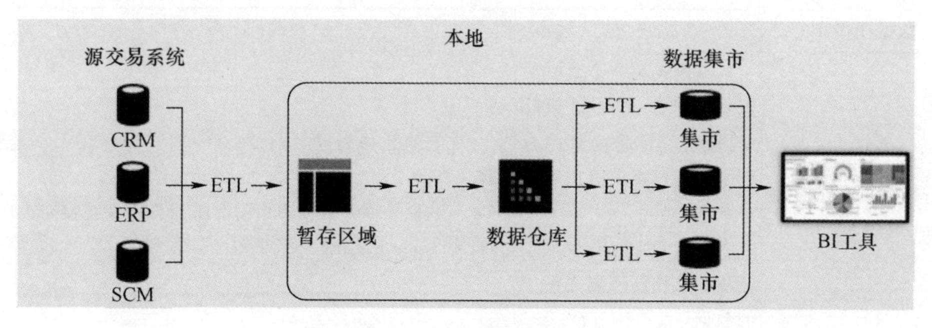

图 18.7　一次性迁移所有内容

在选择选项时请记住，目标是实现在性能上匹配或超过当前遗留数据仓库系统的物理数据库设计，并且最好以更低的成本。

下面总结一下关于模式迁移的建议。

(1) 避免迁移不必要的对象或进程。

(2) 考虑使用虚拟数据集市来减少或消除物理数据集市的数量。

(3) 尽可能实现自动化。在迁移到 Azure Synapse 的同时,应该考虑数据操作的实现。

(4) 使用遗留数据仓库系统中的系统编目表中的元数据,为 Azure Synapse Analytics 生成数据定义语言(DDL)。

(5) 在 Azure Synapse Analytics 上执行任何必要的数据模型更改或数据映射优化。

在下一节中,我们将讨论如何将历史数据从遗留数据仓库迁移到 Azure Synapse Analytics。

18.4.7 将历史数据从遗留数据仓库迁移到 Azure Synapse 分析

一旦确定了模式迁移范围,我们现在就可以决定如何迁移历史数据了。

历史数据迁移的步骤如下。

(1) 在 Azure Synapse Analytics 上创建目标表。

(2) 迁移现有的历史数据。

(3) 根据需要迁移函数和存储过程。

(4) 为传入数据迁移增量加载(ETL/ELT)暂存和进程。

(5) 应用所需的任何性能调优选项。

表 18.2 列出了 4 种数据迁移选项及其优缺点。

表 18.2 数据迁移选项及其优缺点

数据迁移选项	优　点	缺　点
首先迁移数据集市数据,其次是数据仓库数据	·一次迁移一个数据集市是一种渐进的、低风险的方法,它还将为部门分析最终用户提供更快的商业案例证明; ·后续 ETL 迁移仅限于迁移的依赖性数据集市中的数据	·在您的迁移完成之前,将有一些数据存在于本地和 Azure 上; ·从数据仓库到数据集市的 ETL 处理需要连接防火墙,并针对 Azure Synapse 进行更改
首先迁移数据仓库数据,其次是数据集市	·所有数据仓库历史数据被迁移	·将依赖的数据集市留在本地并不理想,因为 ET1 需要将数据流回数据中心; ·增量数据迁移没有真正的机会
一起迁移数据仓库和数据集市	·所有数据一次性迁移	·潜在风险较高; ·ETL 极有可能会一起迁移

续表

数据迁移选项	优点	缺点
将物理集市转换为虚拟集市并仅迁移数据仓库	·没有要迁移的数据集市数据存储； ·无须迁移数据仓库中的ETL； ·只有数据仓库的数据迁移； ·数据备份更少； ·无功能损失； ·降低总体拥有成本； ·更灵活； ·更简单的总体数据架构； ·可以在Azure Synapse中查看	·如果嵌套视图无法支持虚拟数据集市,则可能需要Azure上的第三方数据虚拟化软件； ·在数据仓库数据迁移之前,所有的数据集市都需要被转换； ·虚拟集市和数据仓库到虚拟集市的映射需要移植到Azure上的数据虚拟化服务器,并重定向到Azure Synapse

在下一节中,我们将讨论如何将现有的ETL流程迁移到Azure Synapse Analytics。

18.4.8 将现有的ETL流程迁移到Azure Synapse Analytics

将现有的ETL流程迁移到有许多可用的选项Azure Synapse Analytics。表18.3列出了一些基于现有ETL作业构建方式的ETL迁移选项。

表18.3 ETL迁移选项

如何构建现有ETL作业	迁移选项	为什么要迁移以及要注意什么
自定义3GL代码和脚本	·计划使用ADF重新开发这些	·代码不提供元数据沿袭； ·如果作者已经离开,很难维护； ·如果暂存表位于旧数据仓库中； ·并且SQL用于转换数据,则使用T-SQL解决差异
在旧数据仓库DBMS中运行的存储过程	·计划使用ADF重新开发这些	·传统数据仓库和Azure Synapse之间可能存在显著差异； ·无元数据沿袭； ·需要仔细评估,但关键优势可能是管道作为代码的方法,这在ADF中是可能的

续表

如何构建现有 ETL 作业	迁移选项	为什么要迁移以及要注意什么
图形化 ETL 工具(如 Informatica 或 Talend)	·继续使用现有的 ET 工具,并将目标切换到 Azure Synapse; ·可能移动到现有 ETL 工具的 Azure 版本,并移植元数据以在 Azure 上运行 ELT 作业,确保您能够访问本地数据源; ·使用 ADF 控制 ETL 服务的执行	·避免重新开发; ·将风险降至最低,迁移速度更快
数据仓库自动化软件	·继续使用现有 ETL 工具,切换目标并转移到 Azure Synapse	·避免重新开发; ·将风险降至最低,迁移速度更快

在下一节中,我们将讨论如何使用 ADF 重新开发可伸缩的 ETL 过程。

18.4.9 使用 ADF 重新开发可伸缩的 ETL 进程

处理现有遗留 ETL 过程的另一种选择是使用 ADF 重新开发它们。ADF 是一个 Azure 数据集成服务,用于创建数据驱动的工作流(称为管道),以协调和自动化数据移动及数据转换。您可以使用 ADF 创建和调度管道,以从不同的数据存储中摄取数据。ADF 可以使用 Spark、Azure Machine Learning、Azure HDInsight Hadoop、Azure data Lake 等计算服务对数据进行处理和转换分析,如图 18.8 所示。

下一节将提供一些关于迁移查询、BI 报告、仪表板和其他可视化的建议。

18.4.10 关于迁移查询、BI 报告、仪表板和其他可视化的建议

如果遗留系统使用标准 SQL,那么,将查询、BI 报告、仪表板和其他可视化从遗留数据仓库迁移到 Azure Synapse Analytics 非常简单。

然而,通常情况并非如此。在这种情况下,必须采取不同的策略。

(1) 首先确定要迁移的高优先级报告。

(2) 通过使用情况统计信息来标识从未使用过的报表。

(3) 避免迁移任何不再使用的东西。

(4) 一旦制作了要迁移的报告列表,它们的优先级,以及未使用的要绕过的报告,都需要确认这个列表。

(5) 对于正在迁移的报告,尽早识别不兼容性,以评估迁移工作。

(6) 考虑数据虚拟化,以保护 BI 工具和应用程序免受迁移过程中可能发生的

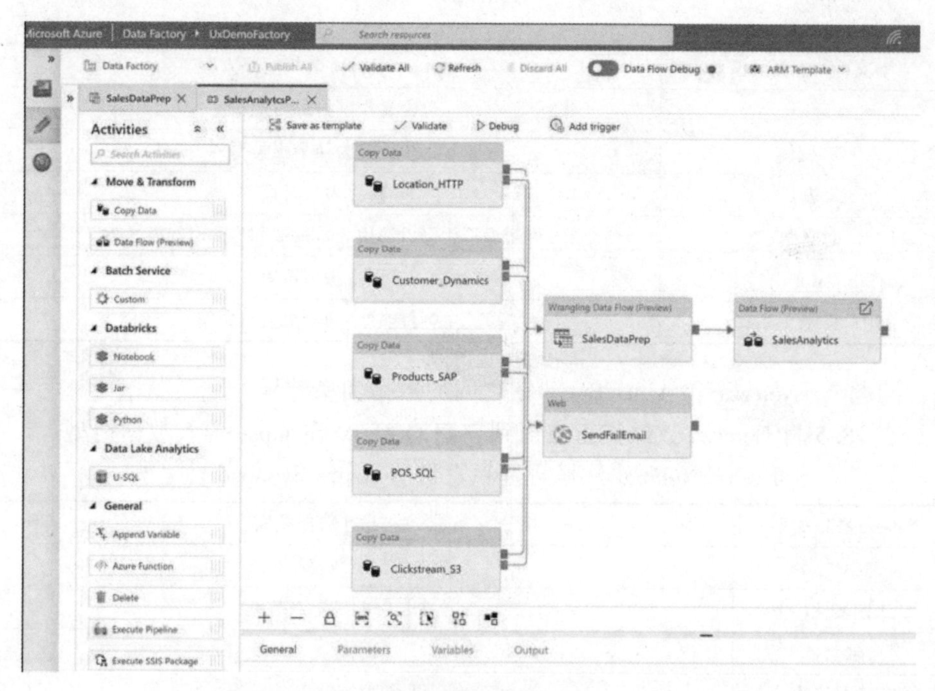

图 18.8　使用 ADF 重新开发可伸缩的 ETL 过程

对数据仓库/数据集市、数据模型的机构更改。

18.4.11　常见的迁移问题和解决方案

在迁移过程中,您可能会遇到一些需要克服的问题。在本节中,我们将重点介绍一些常见问题,并为您提供可以实现的解决方案。

问题 1　不支持的数据类型和解决方案

表 18.4 显示了遗留数据仓库系统中不受支持的数据类型,以及 Azure Synapse Analytics 的合适解决方案。

表 18.4　Azure Synapse Analytics 中不支持的数据类型和合适的变通方法

不支持的数据类型	Azure Synapse 分析解决方案
几何学	可变长度
地理学	可变长度
层次结构	可变长度(4000)
映像	可变长度
文本	可变长字符串

续表

不支持的数据类型	Azure Synapse 分析解决方案
ntext	包含 n 个字符的可变长度
sql 变体	将列拆分为几个强类型列
表	转化为临时表
时间戳	重新编写代码以使用 daetime2 和当前时间戳函数
xml	可变长字符串
用户自定义类型	尽可能转换回本机数据类型

问题 2　Netezza 和 Azure Synapse 之间的数据类型差异

表 18.5 将 Netezza 数据类型映射到它们的 Azure Synapse 等效数据类型。

表 18.5　Netezza 数据类型和它们的 Azure Synapse 对等物

Netezza 数据类型	Azure Synapse 数据类型
长整型数字	长整型数字
二进制变化(n)	n 位变长度的二进制数据
布尔变量	比特
字节型整数	非常小的整数
字符变化(n)	n 位变长度的二进制数据
字符	CHAR(n)
日期	日期
十进制(p,s)	十进制(p,s)
双精度	浮点型
浮点型(n)	浮点型(n)
整数	整数型
间隔	Azure Synapse 目前不直接支持间隔数据类型,但可以使用时间函数(如 DATEDIFF)计算间隔数据类型
金钱	金钱
国家特征变量(n)	NVARCHAR(n)
国家特征(n)	NCHAR(n)
数据类型(p,s)	数据类型(p,s)
实数	实数
短整型	短整型
地理类型	Azure Synapse 目前不支持地理类型等空间数据类型,但数据可以存储为 VARCHAR 或 VARBINARY

续表

Netezza 数据类型	Azure Synapse 数据类型
时间	时间
带时区的时间	带有时区信息的新数据类型
时间戳	时期时间型

问题 3　完整性约束的差异

密切关注遗留数据仓库或数据集市与 Azure Synapse Analytics 之间的完整性约束差异。在图 18.9 中,左边代表了带有主键和外键约束的旧数据仓库系统,右边是新的 Azure Synapse Analytics 环境。

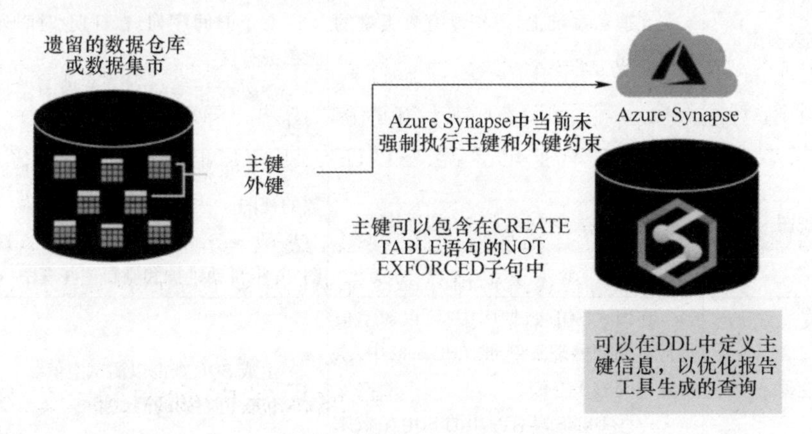

图 18.9　完整性约束的差异

下一节将全面介绍如何在从遗留数据仓库迁移到 Azure Synapse Analytics 期间的其他常见的 SQL 不兼容性问题。

18.5　常见的 SQL 不兼容性和解决方案

本节将提供有关遗留数据仓库系统和 Azure Synapse Analytics 之间常见 SQL 不兼容性和解决方案的技术细节;解释和比较两者的区别,并使用一个快速参考表提供解决方案,您可以在以后开始迁移项目时参考这个表。

我们将讨论的问题如下。

(1) SQL 数据定义语言(DDL)的差异和解决方案。

(2) SQL 数据操作语言(DML)的差异和解决方案。

(3) SQL 数据控制语言(DCL)的差异和解决方案。

(4) 扩展的 SQL 差异和解决方案。

18.5.1 SQL DDL 的差异和解析

在本节中,我们将讨论遗留数据仓库系统和 Azure Synapse Analytics 之间的 SQL DDL 差异和解决方案,如表 18.6 所列。

表 18.6 遗留系统和 Azure Synapse 之间的 SQL DDL 差异

问题	遗留数据仓库系统	解决
专有表类型	·在遗留系统上,识别专有表类型的任何使用	·迁移到 Azure Synapse Analytics 中的标准表。 ·对于时间序列,在日期/时间列上进行索引或分区。 ·需要在相关的时态查询中添加额外的过滤
视图	·从目录表和 DDL 脚本中识别视图	·必须重新编写具有专有 SQL 扩展或函数的视图。 · Azure Synapse Analytics 还支持物化视图,并将自动维护和刷新这些视图
空值	·在旧式 SQL 数据库中,可以对空值进行不同的处理。例如,在 Oracle 中,空字符串等效于空值。 ·一些 DBMS 具有专用的 SQL 函数来处理空值,如 Oracle 中的 NVL	·生成 SQL 查询以测试空值。 ·包含可空列的测试报告

18.5.2 SQL DML 的差异和解决方案

在本节中,我们将讨论遗留数据仓库系统和 Azure Synapse Analytics 之间的 SQL DML 差异与解决方案,如表 18.7 所列。

表 18.7 Netezza 和 Azure Synapse 之间的 SQL DML 差异

函数	Netezza	Azure Synapse 等同于
STRPOS	SELECT STRPOS('ABCDEFG','BCD')...	SELECT CHARINDEX('BC[ )','ABCDEFG')...
AGE	SELECT AGE('25-12-1940','25-12-2020') FROM...	SELECT DATEDIFF(day,'1940-12-25','2020-12-25') FROM...
NOW()	NOW()	CURRENT_TIMESTAMP

续表

函数	Netezza	Azure Synapse 等同于
SEQUENCE	CREATE SEQUENCE…	在 Azure Synapse Analytics 上使用 IDENTITY 列重写
UDF	Netezza UDF 是用 nzLua 或 C++编写	在 Azure Synapse Analytics 上的 T-SQL 中重写
存储过程	Netezza 存储过程是用 NZPLSQL（基于 Postgres PL/pgSQL）编写的	在 Azure Synapse Analytics 上的 T-SQL 中重写

接下来，我们将讨论遗留数据仓库系统和 Azure Synapse Analytics 之间的 SQL DCL 的区别与解决方案。

18.5.3 SQL DCL 的差异和解决方案

在本节中，我们将讨论遗留数据仓库系统和 Azure Synapse Analytics 之间的 SQL DCL 差异与解决方案。Netezza 支持两类访问权限：管理员和对象。表 18.8 映射了 Netezza 访问权限及其对应的 Azure Synapse 对等物，以便快速参考。

1. 将 Netezza 的管理员权限映射到 Azure Synapse 的等价物上

表 18.8 将 Netezza 的管理员权限映射到 Azure Synapse 的等价物上。

表 18.8 Netezza 管理员权限及其 Azure Synapse 对等物

管理员权限	说明	Azure Synapse 对等物
备份	允许用户创建备份并运行 nbackup 命令	Azure Synapse SQL 池中的备份和还原功能
[创建]集合	允许用户创建用户定义聚合（UDA），对现有 UDA 进行操作的权限由对象权限控制	Azure Synapse 的创建函数功能结合了 Netezza 聚合功能
[创建]数据库	允许用户创建数据库，对现有数据库的操作权限由对象权限控制	创建数据库
[创建]外部表	允许用户创建外部表，对现有表进行操作的权限由对象权限控制	创建表
[创建]函数	允许用户创建自定义项，对现有 UDF 进行操作的权限由对象权限控制	创建函数
[创建]组	允许用户创建组，对现有组进行操作的权限由对象权限控制	创建角色
[创建]索引	仅供系统使用，用户无法创建索引	创建索引

续表

管理员权限	说　明	Azure Synapse 对等物
[创建]库	允许用户创建共享库，对现有共享库进行操作的权限由对象权限控制	N/A
[创建]物化视图	允许用户创建物化视图	创建视图
[创建]程序	允许用户创建存储过程，操作现有存储过程的权限由对象权限控制	创建程序
[创建]架构	允许用户创建架构，对现有架构进行操作的权限由对象权限控制	创建架构
[创建]序列	允许用户创建数据库序列	N/A
[创建]同义词	允许用户创建同义词	创建同义词
[创建]表	允许用户创建表，对现有表进行操作的权限由对象权限控制	创建表
[创建]临时表	允许用户创建临时表，对现有表进行操作的权限由对象权限控制	创建表
[创建]用户	允许用户创建用户，对现有用户的操作权限由对象权限控制	创建用户
[创建]视图	允许用户创建视图，对现有视图进行操作的权限由对象权限控制	创建视图
[管理]硬件	允许用户查看硬件状态、管理 SPU、管理拓扑和镜像以及运行诊断测试	通过 Azure Synapse 中的 Azure 门户自动管理
[管理]安全	允许用户运行与管理和配置历史数据库相关的命令和操作；管理多级安全对象，包括指定用户和组的安全性；以及管理用于审计数据数字签名的数据库密钥	通过 Azure Synapse 中的 Azure 门户自动管理
[管理]系统	允许用户执行以下管理操作：启动/停止/暂停/恢复系统、中止会话，以及查看分布图、系统统计信息和日志。用户可以使用以下命令：nzsystem、nzstate、nzstats 和 nzsession	通过 Azure Synapse 中的 Azure 门户自动管理
恢复	允许用户恢复系统，用户可以运行 nzrestore 命令	在 Azure Synapse 中自动处理
不受限制	允许用户创建或更改 UDF 或聚合，以在无隔离模式下运行	N/A

2. 将 Netezza 对象的特权映射到它们的 Azure Synapse 对等物

表 18.9 将 Netezza 对象的特权映射到 Azure Synapse 的等价物，以供快速参考。

表 18.9 Netezza 对象特权及其 Azure Synapse 对等物

对象特权	说明	Azure Synapsc 对等物
中止	允许用户中止会话，适用于组和用户	终止数据库连接
修改	允许用户修改对象属性，应用于所有对象	修改
删除	允许用户删除表行，仅适用于表	删除
交付	允许用户放置对象，适用于所有对象类型	交付
执行	允许用户运行 UDF、UDA 或存储过程	执行
统计数据	允许用户在表或数据库上生成统计信息，用户可以运行“生成统计信息”命令	在 Azure Synapse 中自动处理
修整	允许用户为已删除或过期的行回收磁盘空间，并通过组织键重新组织表，或为具有多个存储版本的表迁移数据	在 Azure Synapse 中自动处理
插入	允许用户在表中插入行，仅适用于表	插入
列表	允许用户以列表或其他方式显示对象名称，应用于所有对象	列表
选择	允许用户选择（或查询）表中的行，适用于表和视图	选择
截断	允许用户删除表中的所有行，仅适用于表	截断
更新	允许用户修改表行，仅适用于表	更新

18.5.4 扩展的 SQL 差异和解决方案

表 18.10 描述了在迁移到 Azure Synapse Analytics 时扩展的 SQL 差异和可能的解决方案。

表 18.10 扩展的 SQL 差异和解决方案

SOL 扩展	说　明	如何迁移
UDFs	·可以包含任意代码； ·可以用各种语言（如 Lua 和 Java）； 进行编码； ·可以在 SQL SELECT 语句中调用，调用方式与使用 SUM（和 AVG）等内置函数相同	·在 T-SQL 中使用 CREATE 函数并重新编码

续表

SOL 扩展	说　明	如何迁移
存储过程	·可以包含一个或多个 SQL 语句以及围绕这些 SQL 语句的过程逻辑； ·用标准语言(如 Lua)或专用语言(如 Oracle PL/SQL)实现	·在 T-SQL 中重新编码； ·一些有助于迁移的第三方工具； ·数据测量； ·WhereScape
触发物	·Azure Synapse 不支持	·使用 Azure 生态系统的其他部分可以实现同等功能。例如,对于流式输入数据,使用 Azure StreamAnalytics
数据库内的分析	·Azure Synapse 不支持	·大规模运行高级分析,如机器学习模型,以使用 Azure Databricks； ·Azure Synapse 开启了使用 Spark MLlib 执行机器学习功能的可能性； ·迁移到 Azure SQL 数据库并使用预测功能
地理空间数据类型	·Azure Synapse 不支持	·存储地理空间数据(如纬度/经度)和流行格式(如 Well-KnownText),WKT 和众所周知的二进制(WKB),并使用地理空间客户端工具直接访问它们

在本节中,我们讨论了架构师在迁移项目期间可能遇到的常见迁移问题和可能的解决方案。在下一节中,我们将讨论架构师应该注意的安全注意事项。

18.6　安全注意事项

在任何数据仓库系统中,保护和保护数据资产都是至关重要的。在规划数据仓库迁移项目时,还必须考虑安全性、用户访问管理、备份和恢复。例如,数据加密可能是强制性的行业和政府法规,如 HIPAA、PCI 和 FedRAMP,以及非监管行业。

Azure 包含许多作为标准的特性和功能,传统上这些特性和功能必须在遗留数据仓库产品中定制构建。Azure Synapse 支持静态数据加密和动态数据加密。

18.6.1　静止数据加密

(1) 透明数据加密(TDE)可以动态加密和解密 Azure Synapse 数据、日志与相关备份。

(2) Azure Data Storage 还可以自动加密非数据库数据。

18.6.2 数据的运动

默认情况下,所有到 Azure Synapse Analytics 的连接都是加密的,使用 TLS 和 SSH 等行业标准协议。

此外,动态数据屏蔽(Dynamic Data Masking, DDM)可用于基于数据屏蔽规则对给定用户类的数据进行模糊处理。

作为最佳实践,如果遗留数据仓库包含复杂的权限、用户和角色层次结构,请考虑在迁移过程中使用自动化技术。您可以使用遗留系统中的现有元数据来生成必要的 SQL,以便在 Azure Synapse Analytics 上迁移用户、组合特权。

在本章的最后一部分,我们将回顾一些架构师可以选择的工具,以帮助从遗留数据仓库系统迁移到 Azure Synapse 分析。

18.7 帮助迁移到 Azure Synapse Analytics 的工具

现在我们已经介绍了迁移过程的计划和准备以及概述,让我们看看可以用于将遗留数据仓库迁移到 Azure Synapse Analytics 的工具。我们要讨论的工具如下。

(1) ADF。

(2) Azure 数据仓库迁移工具

(3) 微软物理数据传输服务。

(4) 微软数据摄取服务。

18.7.1 ADF

ADF 是一个完全管理的、按需付费的混合数据集成服务,适用于云规模 ETL 处理。它提供以下功能。

(1) 在内存中并行处理和分析数据,以扩展和最大化吞吐量。

(2) 创建数据仓库迁移管道,编排并自动将数据移动、数据转换和数据加载到 Azure Synapse Analytics。

(3) 还可以通过将数据导入 Azure 数据湖,大规模处理和分析数据,并将数据加载到数据仓库,从而实现数据仓库的现代化。

(4) 支持基于角色的用户界面,为 IT 专业人员映射数据流,并为业务用户提供自助数据处理。

(5) 可以连接跨数据中心、云和 SaaS 应用程序的多个数据存储。

(6) 超过 90 个本地建造和维护免费连接器可用(https://azure.microsoft.com/services/data-factory)。

(7) 能否在同一个管道中混合和匹配角力和映射数据流,以准备大规模数据。

(8) ADF 编配可以控制数据仓库迁移到 Azure SynapseAnalytics。

(9) 可以执行 SSIS ETL 包。

18.7.2 Azure 数据仓库迁移工具

Azure 数据仓库迁移工具可以从本地 SQL 中迁移数据基于服务器的数据仓库到 Azure Synapse。它提供以下功能。

(1) 使用类似向导的方法,从基于 SQL Server 的数据仓库执行模式和数据的提升与迁移。

(2) 您可以选择包含要导出到 Azure Synapse 表的本地数据库。然后,您可以选择要迁移的表和迁移模式。

(3) 自动生成在 Azure Synapse 上创建等价空数据库和表所需的 T-SQL 代码。提供连接详细信息后一旦向 Azure Synapse 提供了连接信息,可以运行生成的 T-SQL 来迁移模式。

(4) 在模式创建之后,您可以使用工具来迁移数据。这将从基于 SQL server 的本地数据仓库导出数据,并生成批量复制程序(Bulk Copy Program, BCP)命令将数据加载到 Azure Synapse 中。

18.7.3 微软物理数据传输服务

在本节中,我们将介绍一些可以用于物理数据传输的常见微软服务,包括 Azure ExpressRoute、AzCopy 和 Azure 数据框。

1. Azure ExpressRoute

Azure ExpressRoute 允许你在数据中心和 Azure 之间建立私有连接,而不需要经过公共互联网。它提供以下功能。

(1) 带宽可达 100Gb/s。

(2) 低延迟。

(3) 直接连接到您的广域网(WAN)。

(4) 私有连接到 Azure。

(5) 提高速度和可靠性。

2. AzCopy

AzCopy 是一个命令行工具,用于从存储账户复制文件和 Blob,它提供以下功能。

(1) 能够通过互联网从 Azure 复制数据。

(2) AzCopy 与必要的 ExpressRoute 带宽的结合可能是向 Azure Synapse 传输数据的最佳解决方案。

3. Azure 数据框

Azure 数据框允许您快速、可靠、经济有效地将大量数据传输到 Azure,Azure 数据框提供以下功能。

(1) 能够传输大量数据(数十兆字节到数百兆字节)。

(2) 没有网络连接限制。

(3) 非常适合一次性迁移和初始批量迁移。

18.7.4 微软数据摄取服务

在这一节中,我们将看看可以用于数据摄取的常见 Microsoft 服务,包括。

(1) 混合基。

(2) BCP。

(3) SqlBulkCopy API。

(4) 标准 SQL 支持。

1. 混合基(推荐方法)

PolyBase 为 Azure Synapse 提供了最快、最具可伸缩性的批量数据加载分析。它提供以下功能。

(1) 使用并行加载提供最快的吞吐量。

(2) 可以从 Azure Blob 存储中的平面文件或通过连接器从外部数据源读取。

(3) 与 ADF 紧密集成。

(4) 创建表 AS 或插入……选择。

(5) 可以将暂存表定义为 HEAP 类型,以便快速加载。

(6) 支持行长达 1MB 的长度。

2. BCP

BCP 可以用于从任何 SQL Server 环境中导入和导出数据,包括 Azure Synapse Analytics。它提供以下功能。

(1) 支持大于 1MB 的行。

(2) 最初为早期版本的 Microsoft SQL Server 开发。

关于 BCP 实用程序的更多信息,请参阅 https://docs.microsoft.com/sql/tools/

bcp-utility。

3. SqlBulkCopy API

SqlBulkCopy API 是相当于 BCP 功能的 API,它提供以下功能。

(1) 允许以编程方式实现加载过程。

(2) 能力批量加载 SQL Server 表与数据从选定的来源。

关于这个 API 的更多信息,请参阅 https://docs.microsoft.com/dotnet/api/system.data.sqlclient.sqlbulkcopy。

4. 标准 SQL 支持

Azure Synapse Analytics 支持标准 SQL,包括以下功能。

(1) 将 SELECT 语句的单个行或结果加载到数据仓库表中。

(2) 在 PolyBase 中使用 INSERT...SELECT 语句将从外部数据源提取的数据批量插入到数据仓库表中。

本节提供了架构上的注意事项和高层次的方法,用于计划、准备和执行将现有遗留数据仓库系统成功迁移到 Azure Synapse Analytics,它包含了丰富的信息,您可以稍后在开始向 Azure Synapse 迁移项目时参考这些信息分析。

18.8 小结

Azure Synapse Analytics 是一种无限的分析服务,具有无与伦比的时间洞察力,加速为企业提供 BI、AI 和智能应用程序。通过将遗留数据仓库迁移到 Azure Synapse,您将获得很多好处分析,包括性能、速度、改进的安全性和遵从性、弹性、受管理的基础设施、可伸缩性与节约成本。

使用 Azure Synapse,拥有不同技能集的数据专业人员可以轻松地协作、管理和分析他们最重要的数据——所有这些都在相同的服务中。从 Apache Spark 集成了强大而可信的 SQL 引擎,实现了无代码的数据集成和管理,Azure Synapse 是为每一位数据专业人士打造的。

本章提供了将现有遗留数据仓库系统迁移到 Azure Synapse Analytics 所需的架构注意事项和高级方法论。

成功的数据迁移项目始于精心设计的计划,有效的计划考虑到许多需要考虑的组件,尤其要注意体系结构和数据准备。

在成功迁移到 Azure Synapse 之后,您可以探索其他功能丰富的 Azure 分析生态系统中的 Microsoft 技术,进一步实现数据仓库架构的现代化。

以下是一些值得思考的想法。

(1) 将暂存区和 ELT 处理转交给 Azure 数据湖与 ADF。

（2）以通用数据模型格式一次性构建可信的数据产品，并在任何地方使用，而不仅仅是在数据仓库中。

（3）通过 ADF 映射和调整数据流，使业务和 IT 部门能够协同开发数据准备管道。

（4）在 ADF 中建立分析管道，对数据进行批处理和实时分析。

（5）建立和部署机器学习模型，为您已经知道的知识添加额外的见解。

（6）将数据仓库与实时流数据集成。

（7）通过使用 PolyBase 创建逻辑数据仓库，简化对多个 Azure 分析数据存储中的数据和见解的访问。

在第 19 章中，您将详细了解 Azure 认知服务，重点是构建将智能作为核心引擎的解决方案。

第19章 架构的智能解决方案

云技术已经改变了很多东西,包括以一种敏捷的、可扩展的、按需付费的方式创建智能应用程序。在云技术兴起之前的应用程序通常并不包含智能,主要原因如下。

(1) 耗时且容易出错。

(2) 在不断进行的基础上编写、测试和试验算法非常困难。

(3) 缺乏足够的数据。

(4) 非常昂贵。

在过去的10年中,有两件事发生了变化,这两件事导致了比过去更智能的应用程序的诞生。这两件事是:云的成本效益、按需的无限可伸缩性;数据的容量、多样性和速度可用性。

在这一章中,我们将讨论可以帮助用Azure构建智能应用程序的架构。本章涉及的一些主题如下。

(1) 人工智能的进化。

(2) Azure AI流程。

(3) Azure认知服务。

(4) 建立光学字符识别服务。

(5) 使用Cognitive Search .NET SDK构建一个可视化功能服务。

19.1 人工智能的进化

人工智能并不是一个新的知识领域。事实上,这项技术是几十年创新和研究的结果。但是,由于下列原因,在过去几十年里执行该方案是一项挑战。

(1) 成本。人工智能实验在自然界是昂贵的,而且没有云技术。所有的基础设施都是从第三方购买或租用的。实验的建立也很耗时,而且需要大量的技能才能开始。还需要大量的存储和计算能力,这在社区中普遍缺乏,只有少数人拥有。

（2）缺少数据。几乎没有任何智能手持设备和传感器可以产生数据。数据在本质上是有限的，必须获取，这再次使人工智能应用成本高昂。数据也不太可靠，对数据本身普遍缺乏信心。

（3）难点。AI 算法没有足够的文档记录，主要是数学家和统计学家的领域。它们很难在应用程序中创建和利用。想象一下 15 年前光学字符识别（Optical Character Recognition，OCR）系统的诞生。当时几乎没有任何库、数据、处理能力或必要的技能来开发使用 OCR 的应用程序。

虽然数据的流入随着时间的推移而增加，但仍然缺乏以增加业务价值的方式理解数据的工具。此外，良好的 AI 模型是基于足够精确的数据，并经过算法训练，能够解决现实生活中的问题。云技术和大量的传感器与手持设备都重新定义了这一领域。

通过云技术，可以为基于人工智能的应用提供按需的存储和计算资源。云基础设施为数据迁移、存储、处理和计算提供了大量资源，以及生成见解并最终提供报告和仪表板。它以更快的速度、最小的成本完成所有这些工作，因为它不涉及任何物理问题。下面我们深入了解构建基于 AI 的应用程序背后发生了什么。

19.2 Azure AI 流程

每个基于 AI 的项目在运行前都需要经历一定的步骤，让我们来探索这 7 个阶段。

19.2.1 数据摄取

在此阶段中，将从各种来源捕获并存储数据，以便在下一个阶段中使用。数据在存储之前会被清理，任何偏离标准的情况都会被忽略，这是数据准备的一部分。数据可以有不同的速度、变化和体积，它的结构可以类似于关系数据库，如 JSON 文档的半结构化，或图像、Word 文档的非结构化等。

19.2.2 数据转换

摄取的数据被转换为另一种格式，因为它可能不能以当前格式使用。数据转换通常包括数据的清理和过滤、消除数据中的偏差、通过将数据与其他数据集结合来扩充数据、从现有数据中创建额外数据等，这也是数据准备的一部分。

19.2.3 分析

上一阶段的数据将用于分析,分析阶段包含与在数据中发现模式、进行探索性数据分析以及从数据中产生进一步的见解相关的活动。然后,将这些见解与现有数据一起存储,以供下一阶段使用。这是模型打包过程的一部分。

19.2.4 数据建模

一旦数据得到扩充和清理,AI 算法就可以获得适当和必要的数据,从而生成有利于实现总体目标的模型。这是一个称为实验的迭代过程,通过使用各种数据组合(特性工程)来确保数据模型是健壮的。这也是模型打包过程的一部分。

这些数据被输入学习算法以识别模式,这个过程称为训练模型。随后,利用测试数据对模型进行验证,以验证模型的有效性和效率。

19.2.5 验证模型

一旦模型被创建,就会使用一组测试数据来验证它的有效性。如果从试验数据中得到的分析能反映实际情况,则模型是健全的和可用的,测试是 AI 过程中的一个重要方面。

19.2.6 部署

该模型被部署到生产中,以便可以将实时数据输入到该模型中,以获得预测的输出。然后,可以在应用程序中使用该输出。

19.2.7 监控

对部署到生产中的模型进行持续监控,以便今后对所有输入数据进行分析,并对有效性模型进行再培训和改进。

从本质上来说,AI 阶段和过程是耗时且反复的。因此,基于它们的应用程序具有长期运行、实验性和资源密集型的固有风险,并且会因成本超支而延迟,成功的机会也很低。

记住这些事情,开发人员可以在他们的应用程序中使用基于人工智能的开箱即用的解决方案,使其智能化。这些 AI 解决方案应该很容易从应用中使用,并且应该具有以下特性。

(1) 跨平台。使用任何平台的开发者都应该能够使用这些服务。它们应该部署在 Linux、Windows 或 Mac 上,并且不存在任何兼容性问题。

(2) 跨语言。开发者应该能够使用任何语言来使用这些解决方案。开发人员不仅会遇到更短的学习曲线,而且他们也不需要改变首选的语言选择来使用这些解决方案。

这些解决方案应该使用行业标准和协议作为服务部署。通常,这些服务作为 HTTP REST 端点可用,可以使用任何编程语言和平台调用它们。

有许多这样的服务类型可以建模和部署,供开发人员使用,一些例子如下。

(1) 语言翻译。在这种服务中,用户提供一种语言的文本,并获得另一种语言的对应文本作为输出。

(2) 字符识别。这些服务接受图像并返回其中的文本。

(3) 语音到文本转换。这些服务可以将输入语音转换为文本。

现在我们已经讨论了构建基于 AI/ ML 的项目的细节,让我们深入研究 Azure 提供的各种认知服务的应用程序。

19.3 Azure 认知服务

Azure 提供了一个称为 Azure 认知服务的伞状服务。Azure 的认知服务是一组服务,开发人员可以在其应用程序中使用这些服务,从而将其转换为智能应用程序,如表 19.1 所列。

表 19.1 Azure 认知服务

视觉	Web 搜索	语言	语言	决策
·计算机视觉 ·人脸 ·视频索引器 ·自定义愿景 ·表单识别器(预览) 墨水识别器(预览)	·Bing 自动提示 ·Bing 自定义搜索 ·Bing 实体搜索 ·Bing 图像搜索 ·Bing 新闻搜索 ·Bing 拼写检查 ·Bing 视频搜索 ·Bing Web 搜索	·沉浸式阅读器(预览) ·语言理解 ·QnA 制造商 ·文本分析 ·翻译人员	·语音到文本 ·文本到语音 ·语音翻译 ·说话人识别,(预览)	·异常检测器(预览) ·内容仲裁 ·个性化设置

这些服务根据其性质分为五大类。这 5 个类别如下。

19.3.1 视觉

该 API 提供了图像分类算法,并通过提供有意义的信息来帮助图像处理。计算机视觉可以通过图像提供关于不同物体、人、角色、情感等的各种信息。

19.3.2 搜索

这些 API 有助于搜索相关的应用程序。他们帮助搜索基于文本、图像、视频,并提供自定义搜索选项。

19.3.3 语言

这些 API 基于自然语言处理,帮助提取关于用户提交文本的意图以及实体检测的信息。它们还有助于文本分析和不同语言的翻译。

19.3.4 语音

这些 API 有助于将语音转换为文本、文本转换为语音以及语音翻译。它们可以用来摄取音频文件,并根据内容代表用户采取行动。Cortana 就是一个示例,它使用类似的服务,基于语音为用户采取行动。

19.3.5 决策

这些 API 有助于异常检测和内容审核,它们可以检查图像、视频和文本中的内容,找出应该突出显示的模式。这类应用程序的一个例子是显示关于成人内容的警告。

现在您已经了解了认知服务的核心,让我们详细讨论它们是如何工作的。

19.4 理解认知服务

Azure 认知服务由 HTTP 端点组成,这些端点接受请求并将响应发送回调用者。几乎所有的请求都是 HTTP POST 请求,并且同时包含头和正文。

认知服务的配置生成了两个重要的构件,它们帮助调用者成功地调用端点。

它生成一个端点 URL 和一个唯一的密钥。

URL 的格式为 https://{azure location}. api. cognitive. microsoft. com/{cognitive type}/{version}/{sub type of service}? {query parameters}。一个示例网址是:https://eastus. api. cognitive. microsoft. com/vision/v2. 0/ocr? language=en&detectOrientation=true。

美国东部 Azure 地区提供认知服务。服务的类型是使用版本 2 的计算机视觉,子类型是 OCR,每个顶级类别通常有一些子类型。最后,还有一些查询字符串参数,如 language 和 detectOrientation,每个服务类别和子类别的查询参数不同。

报头或查询参数应该提供端点所需的键值以保证调用成功。

键值应该与请求一起分配给 Ocp-Apim-Subscription-Key 报头键。

请求体的内容可以是简单的字符串、二进制文件或两者的组合。根据值的不同,应该在请求中设置适当的内容类型头。

可能的报头值如下。

(1) application/octet-stream。

(2) multipart/form-data。

(3) application/json。

发送二进制数据时使用 octet-stream,发送字符串值时使用 json。form-data 可用于发送二进制和文本的多个组合值。

该键是一个唯一的字符串,用于验证调用方是否已被授予调用 URL 的权限。此密钥必须得到保护,以便其他不能调用端点的人员无法访问它。在本章的后面,您将看到保护这些密钥的方法。

19.4.1 消费认知服务

使用认知服务有两种方式。

(1) 直接使用 HTTP 端点。在这种情况下,通过使用适当的值制作报头和请求体来直接调用端点。然后,解析返回值并从中提取数据。认知服务中的所有人工智能服务都是 REST API。它们接受 JSON 格式的 HTTP 请求和其他格式的请求,并以 JSON 格式进行响应。

(2) 使用 SDK。Azure 提供多个软件开发工具包(Software Development Kits, SDK)。有 . NET、Python、Node. js、Java 和 Go 语言可用的 SDK。

在下一节中,我们将使用两种方式来研究其中一种认知服务的使用。让我们通过使用 HTTP 端点构建一些 AI 服务来探索这个问题。

19.5 构建 OCR 服务

在本节中,我们将使用 C#和 PowerShell 展示一些直接使用 HTTP 端点的 AI 服务。下一节将重点介绍如何使用 . NET SDK 进行相同的操作。

在使用认知服务构建项目之前,第一步是提供 API 本身。

光学字符识别作为视觉 API 可用,可以使用如下所示的 Azure 门户提供。通过导航到 Cognitive Services > Compute Vision > Create 来创建一个视觉 API,如图 19.1 所示。

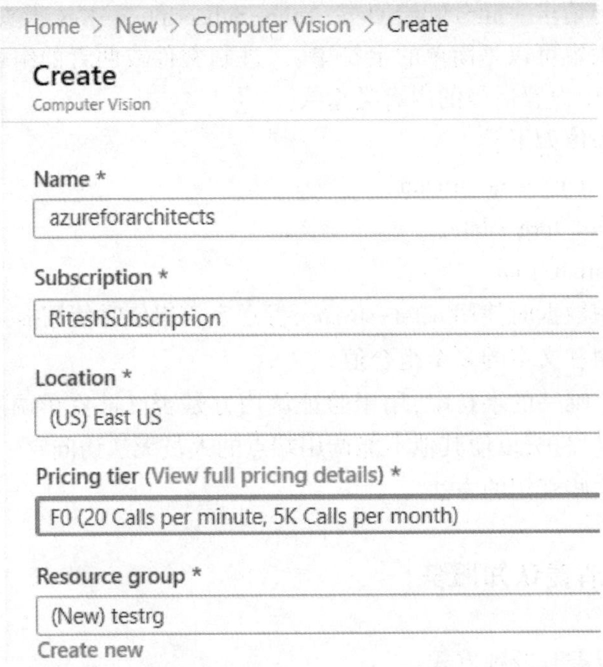

图 19.1 创建一个视觉 API

一旦提供了 API,概述页面将提供使用该 API 的所有细节,它提供基本 URL 和关键信息。记下稍后会用到的密钥,如图 19.2 所示。

它还提供了一个 API 控制台来快速测试 API。单击它将打开一个新窗口,其中包含与此服务相关的所有端点。单击 OCR 将提供一个表单,可以在该表单中填写适当的数据并执行服务端点,它还提供了一个完整的响应,如图 19.3 所示。URL 作为请求 URL 可用,该请求是一个带有 POST 方法的典型 HTTP 请求。该 URL 指向美国东部 Azure 地区的端点,它还与视觉组的 API、版本 2 和 OCR 端点有关。

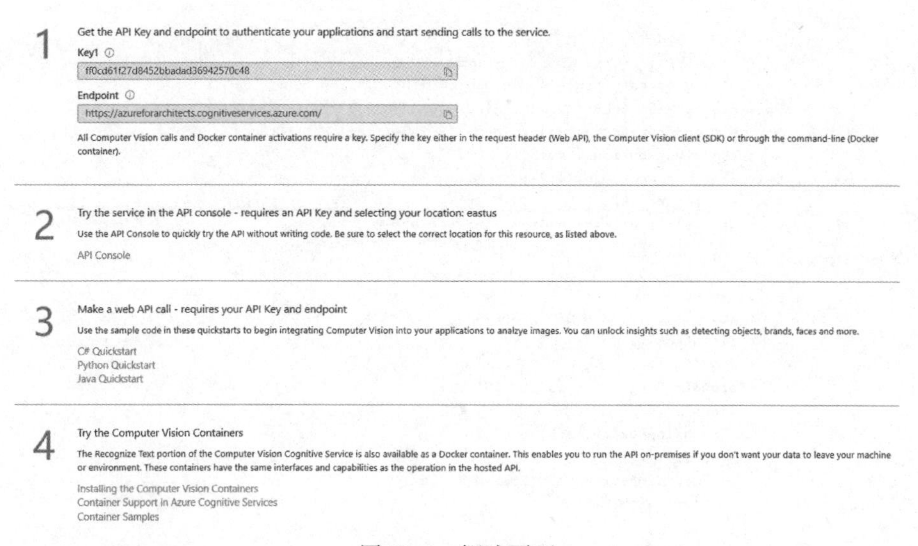

图 19.2　概述页面

订阅密钥在名称为 ocp-api-msubscription-key 的报头中传递。报头还包含以 application/json 作为值的 Content-Type 键。这是因为请求体包含一个 JSON 字符串。请求体采用 JSON 格式,带有应从中提取文本的图像的 URL。

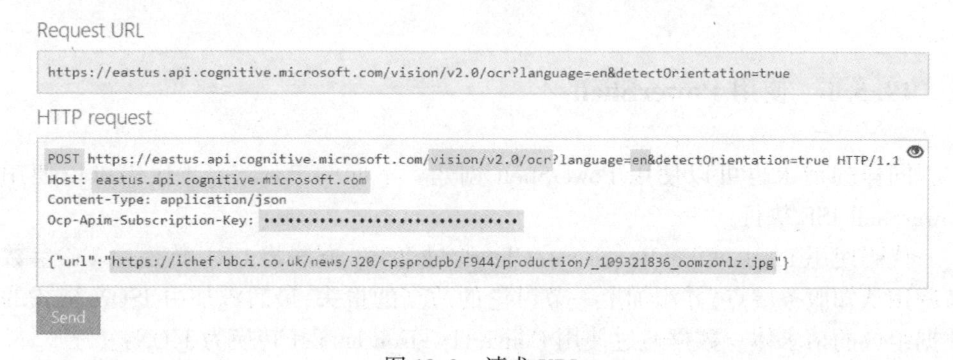

图 19.3　请求 URL

可以通过单击 Send 按钮将请求发送到端点。如果一切正常,它将产生一个 2000K 的 HTTP 响应,如图 19.4 所示。如果有一个错误的请求值,响应将是一个错误的 HTTP 代码。

响应包含与计费使用相关的详细信息、端点生成的内部请求 ID、内容长度、响应内容类型(JSON)以及响应的数据和时间。响应的内容由一个带有文本坐标和实际文本本身的 JSON 有效负载组成。

Response content

```
csp-billing-usage: CognitiveServices.ComputerVision.OCR=1
apim-request-id: 6b08bdc8-edac-41e0-9361-f9679373b7e1
Strict-Transport-Security: max-age=31536000; includeSubDomains; preload
x-content-type-options: nosniff
Date: Sat, 04 Apr 2020 14:02:35 GMT
Content-Length: 257
Content-Type: application/json; charset=utf-8

{
  "language": "en",
  "textAngle": -0.029670597283902981,
  "orientation": "Up",
  "regions": [{
    "boundingBox": "159,136,80,18",
    "lines": [{
      "boundingBox": "159,136,80,18",
      "words": [{
        "boundingBox": "159,137,44,17",
        "text": "MY02"
      }, {
        "boundingBox": "210,136,29,15",
        "text": "ZRO"
      }]
    }]
  }]
}
```

图 19.4　2000K 的 HTTP 响应

19.5.1　使用 PowerShell

同样的请求也可以使用 PowerShell 创建。下面的 PowerShell 代码可以使用 PowerShell ISE 执行。

代码使用 Invoke-WebRequest cmdlet 通过 POST 方法将 URL 传递给 Uri 参数来调用认知服务端点,并添加上一节讨论的适当的报头,最后添加由 JSON 格式的数据组成的请求体。数据通过使用 ConvertTo-Json cmdlet 转换为 JSON:

```
$ret = Invoke-WebRequest -Uri "https://eastus.api.cognitive.microsoft.
com/vision/v2.0/ocr?language=en&detectOrientation=true" -Method Post
-Headers @{"Ocp-Apim-Subscription-Key"="ff0cd61f27d8452bbadad36942
570c48";"Content-type"="application/json"}-Body $(ConvertTo-Json-InputObject
@{"url"="https://ichef.bbci.co.uk/news/320/cpsprodpb/F944
/production/_109321836_oomzonlz.jpg"})

$val = Convertfrom-Json $ret.content
```

```
foreach ($region in $val.regions) {
    foreach($line in $region.lines) {
        foreach($word in $line.words) {
            $word.text
        }
    }
}
```

来自 cmdlet 的响应保存在一个变量中,该变量也包含 JSON 格式的数据。使用 Convertfrom-Json cmdlet 将数据转换为一 PowerShell 对象,并循环查找文本中的单词。

19.5.2 使用 C#

在本节中,我们将构建一个应该接受用户请求的服务,提取图像的 URL,构造 HTTP 请求,并将其发送到认知服务端点。认知端点返回一个 JSON 响应。从响应中提取适当的文本内容并返回给用户。

1. 架构和设计

一个智能应用程序是一个 ASP.net 核心 MVC 应用程序。MVC 应用程序是由开发人员在开发机器上构建的,经过持续集成和交付管道,生成 Docker 映像,并将 Docker 映像上传到 Azure 容器注册表。这里解释了应用程序的主要组件,以及它们的用法,如图 19.5 所示。

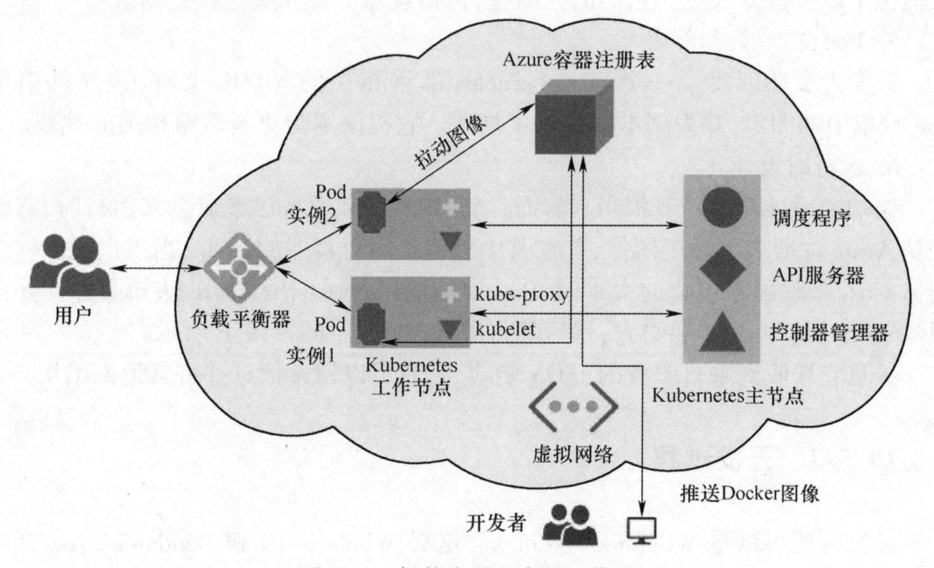

图 19.5 智能应用程序的工作流

2. Docker

Docker 是容器技术的主要参与者之一,可跨平台使用,包括 Linux、Windows 和 Mac。在开发应用程序和服务时考虑到容器化可以提供跨云和地点部署它们的灵活性,以及在本地部署它们的灵活性。它还消除了对主机平台的任何依赖,这再次减少了对平台即服务的依赖。Docker 帮助创建自定义映像,并且可以根据这些映像创建容器。这些映像包含使应用程序或服务工作所需的所有依赖项、二进制文件和框架,并且它们是完全独立的。这使得它们成为微服务等服务的一个很好的部署目标。

3. Azure 容器注册表

Azure 容器注册表是一个类似于 Docker Hub 的注册表,用于在存储库中存储容器映像,可以创建多个存储库并在其中上传多个映像。映像有一个名称和一个版本号,它们一起形成一个完全限定的名称,用于在 Kubernetes Pod 定义中引用它们。这些映像可以被任何 Kubernetes 生态系统访问和下载。这样做的一个前提条件是,应该预先创建用于提取映像的适当秘密。它不需要与 Kubernetes 节点在同一个网络上,事实上,创建和使用 Azure 容器注册表也需要网络。

4. Azure Kubernetes 服务

智能应用程序可以接受图像的 URL 来检索其中的文本,它可以托管在普通的虚拟机上,甚至可以托管在 Azure App 服务中。然而,在 Azure Kubernetes 服务中部署提供了很多优势,这在第 8 章中已经介绍过。现在,重要的是要知道这些应用程序在本质上是自修复的,并且 Kubernetes 主服务器自动维护的实例数量最少,同时提供了以多种方式更新它们的灵活性,包括蓝绿部署和金丝雀更新。

5. Pod、副本集和部署

开发人员还创建了一个与 Kubernetes 部署相关的 YAML 文件,该文件引用 Pod 规范中的图像,并为副本集提供了规范。它提供了与更新策略相关的规范。

6. 运行时设计

架构和设计与前一节相同。然而,当应用程序或服务已经启动并运行时,它已经从 Azure 注册表下载了图像,并在其中创建了运行容器的 Pod。当用户提供一个图像 URL 来解码它包含的文本时,Pod 中的应用程序调用 Azure 认知服务计算机视觉 API 并将 URL 传递给它,然后等待服务的响应,如图 19.6 所示。

一旦它接收到来自服务的 JSON 响应,它就可以检索信息并将其返回给用户。

19.5.3 开发过程

开发环境可以是 Windows 或 Linux。这对 Windows 10 和 Windows 2016/2019 服务器都有效。当使用 Windows 时,为 Windows 部署 Docker 是很有用的,这样它

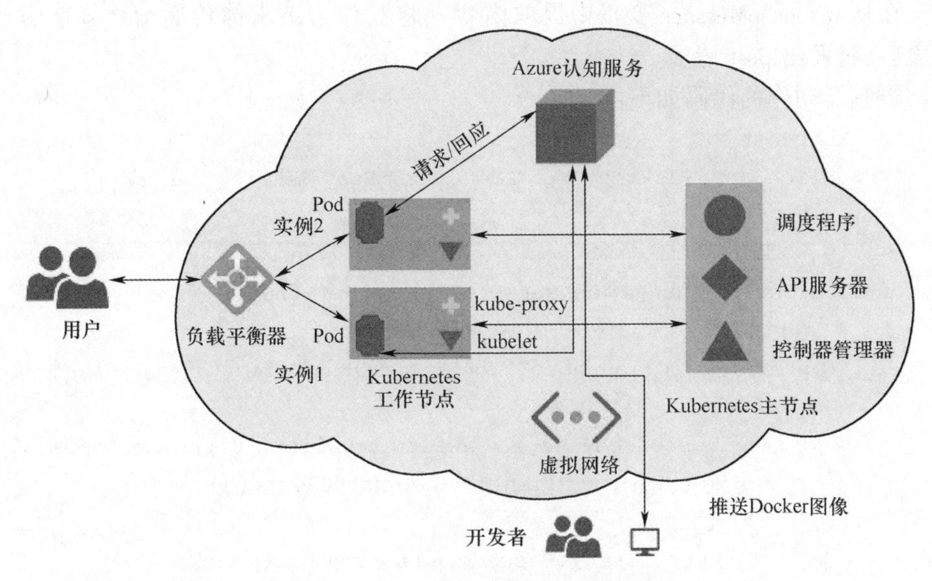

图 19.6　智能应用程序的工作流

将创建一个 Linux 和 Windows Docker 环境。

使用 Visual Studio 2019 创建 ASP. NET Core Web 应用程序项目时，应选择 Docker 支持选项，并将 Windows 或 Linux 作为值。根据选择的值，将在 Dockerfile 中生成适当的内容。Dockerfile 的主要区别在于基础镜像名称，与 Windows 相比，它在 Linux 上使用不同的图像。

在为 Windows 安装 Docker 时，它还会安装一个 Linux 虚拟机，因此打开 Hyper-V 管理程序很重要。

在本例中，不是将数据作为 JSON 字符串发送，而是下载图像，并将二进制数据发送到认知服务端点。

它有一个接受 URL 值的字符串输入的函数，它使用适当的报头值和包含 URL 的请求体调用认知服务，报头应包含供应服务时认知服务提供的密钥。请求体中的值可以包含 JSON 形式的普通字符串值，也可以包含二进制图像数据本身，应当相应地设置报头的 content-type 属性。

代码声明了与认知服务相关的 URL 和密钥，这仅用于演示目的。URL 和密钥应该放在配置文件中。

使用 HttpClient 对象，用户提供的 URL 对应的图像将被下载并存储在 responseMessage 变量中。另一个 HttpClient 对象被实例化，它的报头被 Ocp-Apim-Subscription-Key 和 content-type-keys 填充。content-type 的值是 application/octet-stream，因为二进制数据被传递到端点。

在从 responseMessage 变量中提取内容并将其作为请求体传递给认知服务端点之后,将发出 post 请求。

控制器动作的代码如下:

```
[HttpPost]
public async Task<string> Post([FromBody] string value)
{
    string myurl = " https://eastus.api.cognitive.microsoft.com/
vision/v2.0/ocr? language=en&detectOrientation=true
    string token = "......................";
    using (HttpClienthttpClient = new HttpClient())
    {
        var responseMessage = await httpClient.GetAsync(value);
        using (var httpClient1 = new HttpClient())
        {
            httpClient1.BaseAddress = new Uri(myurl);
          httpClient1.DefaultRequestHeaders.Add("Ocp-Apim-
Subscription-Key", token);

          HttpContent content = responseMessage.Content;
          content.Headers.ContentType = new
mediaTypeWithQualityHeaderValue("application/octet-stream");
          var response = await httpClient1.PostAsync(myurl,content);
          var responseContent = await response.Content. ReadAsBy-
teArrayAsync();
          string ret = Encoding.ASCII.GetString(responseContent,
0, responseContent.Length);
          dynamic image = JsonConvert.
DeserializeObject<object>(ret);
          string temp = "";
          foreach (var regs in image.regions)
          {
              foreach (var lns in regs.lines)
              {
                  foreach (var wds in lns.words)
                  {
                      temp += wds.text + " ";
                  }
              }
```

```
            }
            return temp;
        }
    }
}
```

端点完成其处理后,它会返回带有 JSON 负载的响应。上下文被提取并反序列化为 . NET 对象。多个循环被编码以从响应中提取文本。

在本节中,我们创建了一个简单的应用程序,该应用程序使用认知服务从使用 OCR API 的特征中提取单词并将其部署在 Kubernetes Pod 中,此流程和架构可用于任何想要使用认知服务 API 的应用程序。接下来,我们将了解另一个认知服务 API,并称为视觉功能。

19. 6 使用认知搜索网络构建一个可视化功能服务 SDK

最后一部分是关于创建一个使用 OCR 认知端点在图像中返回文本的服务。在本节中,将创建一个新的服务,该服务将返回图像中的可视特性,如描述、标记和对象。

19. 6. 1 使用 PowerShell

PowerShell 中的代码类似于前面的 OCR 示例,所以这里不再重复。这个 URL 不同于前面的代码示例,如图 19. 7 所示。

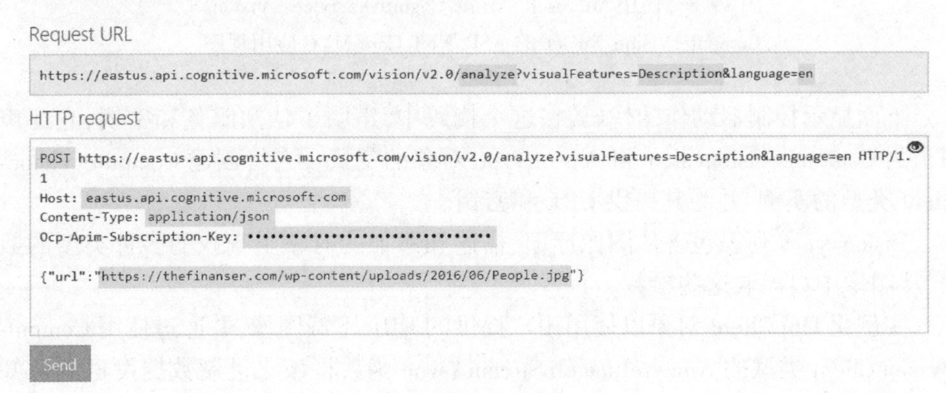

图 19. 7 请求 URL

请求是使用 POST 方法发出的,URL 指向美国东部 Azure 地区的端点。它还使用版本 2 以及视觉 API。

认知服务访问键是名为 ocp-apim-subscription-key 的 HTTP 报头的一部分。报头还包含以 application/ json 作为值的 content-type。这是因为请求的主体包含一个 JSON 值,该主体具有应该从中提取文本的图像的 URL。

响应将是包含图像内容和描述的 JSON 格式。

19.6.2 使用 .NET

这个例子同样是一个 ASP. NET Core MVC 应用程序,有 Microsoft. Azure. CognitiveServices. Vision. ComputerVision NuGet 包安装在里面,如图 19.8 所示。

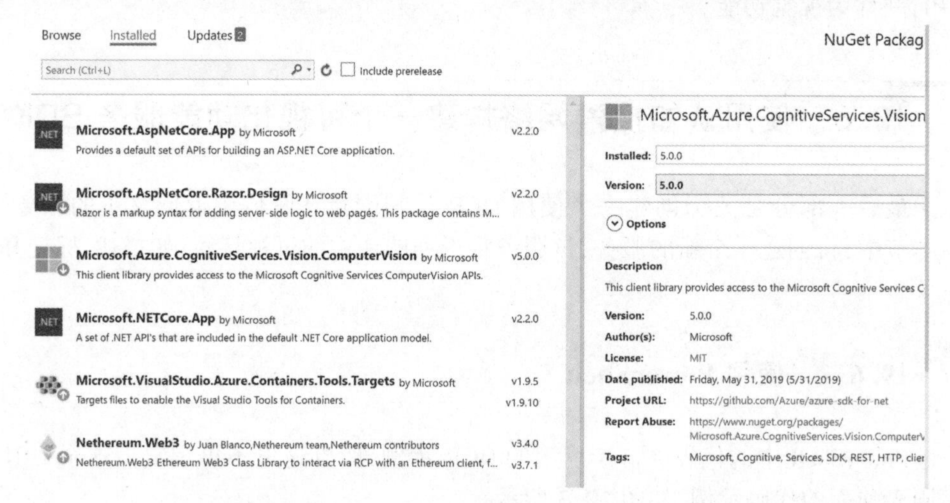

图 19.8 使用 Microsoft. Azure. CognitiveServices. Vision. ComputerVision NuGet 的 ASP. NET Core MVC 应用程序

下面显示控制器动作的代码,在这个代码中,声明了认知服务和密钥,它还声明了为 ComputerVisionClient 和 VisionType 对象的变量。它将创建 ComputerVisionClient 类型的实例,并为其提供 URL 和密钥。

VisionTypes 列表包含从图像标记、描述和添加的对象中查找的多种类型的数据,从图像中只提取这些参数。

实例化 HttpClient 对象以使用用户提供的 URL 下载图像,并通过使用 ComputerVisionClient 类型的 AnalyzeImageInStreamAsync 函数将该二进制数据发送到认知服务端点:

```
[HttpPost]
        public string Post([FromBody] string value)
```

```
    {
        private string visionapiurl = " https://
eastus.api.cognitive.microsoft.com/vision/v2.0/
analyze? visualFeaure=tags,description,objects&language=en";
        private string apikey = "e55d36ac228f4d718d365f1fcddc0851";
        private ComputerVisionClientclient;
        private List<VisualFeatureTypes>visionType = new
List<VisualFeatureTypes>();

client=new ComputerVisionClient(new ApiKeyServiceClientCredentials(apikey))
{
                Endpoint = visionapiurl
            };
            visionType.Add(VisualFeatureTypes.Description);
            visionType.Add(VisualFeatureTypes.Tags);
            visionType.Add(VisualFeatureTypes.Objects);

            string tags = "";
            string descrip = "";
            string objprop = "";
            using (HttpClienthc = new HttpClient()) {
                var responseMessage=hc GetAsync(value).GetAwaiter().
GetResult();
                Stream streamData = responseMessage.Content.
    ReadAsStreamAsync().GetAwaiter().GetResult();
                var result=client.AnalyzeImageInStreamAsync(streamData,
  visionType).GetAwaiter().GetResult();
                foreach (var tag in result.Tags) {
                tags += tag.Name + " ";
                }

                foreach (var caption in result.Description.Captions)
                {
                    descrip += caption.Text + " ";
                }

                foreach (var obj in result.Objects)
                {
```

```
                objprop += obj.ObjectProperty + " ";
            }
        }
    return tags;
    //return descrip or objprop
}
```

遍历结果并将标记返回给用户。类似地,描述和对象属性也可以返回给用户。现在让我们看看可以保护服务密钥公开的方法。

19.7 保障认知服务的关键

有多种方法可以保护密钥暴露给其他参与者,这可以使用 Azure 中的 API 管理资源来完成,也可以使用 Azure 函数代理来完成。

Azure 函数代理可以引用任何 URL,无论是内部还是外部。当请求到达函数代理时,它将使用认知服务的 URL 和密钥来调用认知终节点,还将覆盖请求参数,添加传入的图像 URL 并将其作为 POST 数据附加到认知终结点 URL 。当响应从服务返回时,它将覆盖响应,删除报头,并将 JSON 数据传回给用户。

19.8 消费认知服务

使用认知服务遵循一致的模式,每个认知服务都可以作为 REST API 使用,每个 API 都需要使用不同的参数集。调用这些 URL 的客户端应该检查文档中的相关参数,并为它们提供值。使用 URL 是使用认知服务的一种相对原始的方法,Azure 为每种服务和多种语言提供了 SDK,客户可以使用这些 SDK 与认知服务一起工作。

语言理解智能服务(Language Understanding Intelligence Service,LUIS)创作 API 可以在 https://{luis resource name}-authoring. cognitiveservices. azure. com/获得,生产 API 可以在 https://{azureregion}. api. cognitive. microsoft. com/luis/prediction/v3. 0/apps/{application id}/slots/production/predict? subscription-key={cognitive key}&verbose=true&show-all-intents=true&log=true&query=YOUR_QUERY_HER 获得。

类似地,Face API 可以在 https://{endpoint}/face/v1.0/ detect[? returnFaceId][&returnFaceLandmarks][&returnFaceAttributes][&recognitionModel][&returnRecognitionModel][&detectionModel]上获得。

有许多认知服务 API,每一个都有不同的风格 URL,了解这些 URL 的最好方法是使用 Azure 文档。

19.9 小结

在本章中,您了解了在 Azure 中创建智能应用程序的部署体系结构和应用程序体系结构。Azure 提供具有多个端点的认知服务——每个端点负责执行与人工智能相关的算法并提供输出。几乎所有的认知服务端点都以类似的方式处理 HTTP 请求和响应,这些端点也可以使用 Azure 为不同语言提供的 SDK 来调用,您还看到了一个使用它们获得可视化特性的示例。有不止 50 个不同的端点,建议您使用 Azure 提供的 API 控制台特性来理解端点的本质。